普通高等教育农业农村部“十三五”规划教材

植物保护
案例分析教程

ZHIWU BAOHU ANLI FENXI JIAOCHENG

潘慧鹏◎主　编

霍静倩　李晓刚◎副主编

中国农业出版社

北　京

内容摘要

农业有害生物危害严重影响作物生产，造成巨大经济损失。植物保护对于控制有害生物的发生与危害、保障农业生产具有重要意义。本书收集了38个来自国内外的植物保护真实案例，其中，涉及害虫防治的案例15个，植物病害的案例11个，杂草防治及植保其他领域的案例12个。这些案例有的是本领域的经典案例，如“改治并举，根除蝗虫——我国蝗灾治理经验”“长盛不衰的井冈霉素”“冲绳地区应用辐射不育技术根绝瓜实蝇”等；更多的是编写者对其所从事研究领域的工作经验总结，如“混合释放赤眼蜂防治水稻二化螟技术开发及推广应用”“我国棉铃虫的治理”“利用澳洲瓢虫防治吹绵蚧”等；也有部分是近年来新发生的有害生物案例，如“我国红火蚁的入侵扩张、危害与防控”“海南岛椰心叶甲的入侵危害与防控”“南方水稻黑条矮缩病的发现与防控策略”等，更有植物保护新技术在害虫防控领域应用的案例，如“RNAi转基因抗虫玉米防控玉米根萤叶甲”等。编者希望通过对这些案例的分析，为读者提供发现及解决类似问题的思路。

本书主要根据全日制资源利用与植物保护学的教学需求编写，注重对各种植物保护案例的分析，发现其中的问题并解决问题，可以作为植物保护专业硕士研究生的教材，也可以作为植物保护相关专业本科生选修课的教学用书，以及从事相关农技工作的参考用书。

由于编者水平所限，书中不妥之处在所难免，希望读者批评指正。

主　　编： 潘慧鹏

副 主 编： 霍静倩　李晓刚

编写人员（以姓氏笔画为序）：

王　磊　王少山　王菁菁　云晓鹏　叶恭银
白全江　冯俊涛　吕宝乾　刘　冰　刘　勇
刘琼光　杜　磊　李秀霞　李晓刚　李湘民
吴　华　吴国星　岑伊静　邱宝利　何　林
何　顺　何自福　余向阳　张　彤　张　珂
张松柏　张金林　陆宴辉　卓　侃　罗建军
周　利　周利娟　周国辉　胡琼波　钟国华
姚洪渭　钱　坤　翁群芳　高　熹　梁　沛
彭正强　蒋军喜　韩日畴　蔡志平　臧连生
颜　珣　潘洪生　潘慧鹏　霍静倩

主　　审： 叶恭银

序　言

植物保护在保障农作物健康生长和防治农业病虫草害等方面发挥重要作用。2015 年 7 月，在各位编写者和审稿者的努力下，《植物保护案例分析教程》顺利出版，为全日制农业专业学位硕士的教学提供了重要参考，同时在作为本科生选修课的教学用书和相关农业技术工作者参考书方面具有一定意义。为适应我国现代农业发展和新农科人才培养需求，2021 年又组织了以全国植物保护领域中青年专家为主的编写队伍，对《植物保护案例分析教程》进行修订完善。

本书坚持理论与实际、经典与现代相结合，在保留原书中大部分案例内容的基础上，根据编者对其所从事研究领域的实践经验和研究最新进展，充分吸收相关新案例，使内容有了较大的扩充和拓展，更具前沿性。根据植物保护专业特点，全书案例共分三大部分，分别是害虫防治相关案例、植物病害案例和杂草防治及植保其他领域案例。本次完善新邀请了来自全国 11 家大学和科研院所的专家参与，全书共收录了 38 个案例。

本书的修订完善工作如下：主审为浙江大学叶恭银教授，主编为华南农业大学潘慧鹏副教授，副主编为河北农业大学霍静倩副教授和湖南农业大学李晓刚教授。所有案例稿件经过编写者整理和修改后由审稿专家进行统一修订并提出修改意见。其中，害虫防治案例审稿专家为叶恭银教授、张文庆教授和陈斌教授，植物病害案例审稿专家为蒋军喜教授和何自福研究员，杂草防治与植保其他领域案例审稿专家为张金林教授、李俊凯教授和李有志教授。

本书在修订完善过程中得到 2015 年教材主编华南农业大学胡琼波教授，副主编河北农业大学张金林教授和江西农业大学蒋军喜教授的关心和鼓励，同时得到中国农业出版社责任编辑的专业指导和大力支持。

在此，谨对所有关心和支持本书修订完善工作的各位专家、领导表示衷心的感谢！

本书虽然经过修订完善，但书中疏漏错误之处在所难免。在此，我代表所有编写者恳请广大读者朋友批评指正，及时提出宝贵意见。

浙江大学

叶恭银

2021年10月

目　　录

序言

绪论 …… 1
案例1　混合释放赤眼蜂防治水稻二化螟技术开发及推广应用 …… 8
案例2　我国棉铃虫的治理 …… 23
案例3　烟粉虱的入侵、暴发与控制 …… 38
案例4　海南岛椰心叶甲的入侵危害与防控 …… 51
案例5　利用澳洲瓢虫防治吹绵蚧 …… 60
案例6　改治并举，根除蝗害——我国蝗灾治理经验 …… 67
案例7　冲绳地区应用辐射不育技术根绝瓜实蝇 …… 76
案例8　我国水稻褐飞虱的抗药性治理 …… 82
案例9　白僵菌轻简化施用技术用于防治马尾松毛虫 …… 92
案例10　我国红火蚁的入侵扩张、危害与防控 …… 101
案例11　我国向日葵螟的暴发与防控 …… 116
案例12　昆虫病原线虫安全防控韭菜重要害虫
——韭菜迟眼蕈蚊幼虫 …… 125
案例13　利用大豆、马铃薯间作技术防控花椒桑拟轮蚧 …… 137
案例14　南方水稻黑条矮缩病的发现与防控策略 …… 145
案例15　稻瘟病的大发生及其病原菌致病性分化 …… 157
案例16　赣南地区防治柑橘溃疡病发展脐橙生产 …… 170
案例17　西北地区小麦全蚀病的发生危害与自然衰退 …… 181
案例18　我国马铃薯晚疫病的化学防治 …… 192
案例19　长盛不衰的井冈霉素 …… 200
案例20　番茄黄化曲叶病毒病在我国的暴发与防控 …… 206
案例21　番茄褪绿病毒病在我国的暴发与防控 …… 219
案例22　吉安地区车前穗枯病的发生及综合防治 …… 231
案例23　柑橘黄龙病在我国的发生、危害与防控 …… 241
案例24　象耳豆根结线虫在我国的发生与防控 …… 252

案例 25　河北地区黄顶菊的入侵与防治策略 …… 262
案例 26　我国稻田杂草化学防治与抗药性治理 …… 273
案例 27　寄生性杂草列当的防治 …… 299
案例 28　华北冬麦田节节麦的危害与综合治理 …… 309
案例 29　玉米地杂草刺果瓜的危害与综合防治 …… 317
案例 30　刺萼龙葵的危害与综合治理 …… 324
案例 31　转基因抗虫棉花的安全评价与应用 …… 333
案例 32　RNAi 转基因抗虫玉米防控玉米根萤叶甲 …… 348
案例 33　溴氰虫酰胺纳米缓释剂防治田间稻纵卷叶螟兼治二化螟的应用 …… 359
案例 34　茶叶中农药残留的形成与控制 …… 368
案例 35　棉蚜的化学防治及抗药性治理 …… 379
案例 36　喷杆可伸缩静电喷雾器 …… 386
案例 37　两种植物源农药的研发与应用 …… 398
案例 38　利用可降解型除草布物理防除黄连杂草 …… 409

绪　论

2009年，教育部发布了《关于做好全日制硕士专业学位研究生培养工作的若干意见》（教研〔2009〕1号），决定扩大招收以应届本科毕业生为主的全日制硕士专业学位范围，继而，专业型硕士学位研究生招生规模不断扩大。据教育统计数据，2015—2020年，专业学位招生数从26.1万人增加至60.2万人，而同期学术学位招生数从30.9万人增加至38.8万人，可见专业学位的招生数增加幅度明显大于学术学位。其中，农业硕士（农业推广硕士）研究生招生数从2015年的2.1万人增加至2020年的5.1万人，并且这其中主要增加的是专业学位招生数。随着专业学位硕士研究生的不断增加，所带来的教学问题越来越突出。

与学术学位不同，专业学位旨在针对本行业职业需求，培养高层次应用型人才，以适应从事具有高度专业性的工作[1]。全日制专业学位农业硕士与非全日制专业学位农业硕士有很大的区别，后者生源是有工作经验的专业技术或管理工作者，培养目标着眼于工作后职业能力的提升；而前者生源以应届本科生为主，他们与学术学位研究生一样缺乏实践经验，知识面较窄，其培养目标着眼于工作前职业能力的储备[2]。因此，全日制专业学位农业硕士在培养目标、课程设置、教学形式及评价方式等方面与学术学位及非全日制专业学位农业硕士研究生教育应该有明显不同，课程体系中应增加实际能力培养及案例分析的教学内容[3]。

案例教学法（case-based teaching method）最先为哈佛大学商学院所采用，随后在美国及欧洲等西方国家教育中流行开来。案例教学法通过一系列的真实案例材料，为学生提供可供分析的素材，引导学生积极思考，在思考中学生自己得出结论，加深学生对所学原理知识的理解和运用[4]。近年来，案例教学法在我国高校的课程教学中越来越多地采用[5-6]，但是在农科专业的大学与研究生教学中少有尝试。为了配合研究生教育教学改革，针对全日制专业学位农业硕士的特点开设植物保护案例分析课程，笔者推出了本教材，旨在提供植物保护领域理论与实践相结合的真实案例材料，促进专业学位研究生提高分析和解决实际问题的能力。

一、案例的含义与特点

案例（case），最早源于古希腊、古罗马时代的医学领域，常被称作病例，法学上称为判例或案例。案例又称情景，一个案例就是一个实际情景的描述，在这个情景中，包含有一个或多个疑难问题，同时也可能包含有解决这些问题的方法。

关于案例的含义，大致有以下几种观点：一是特定情景说，认为案例就是对特定情景的描述。如中国案例研究会会长余凯成认为：所谓案例，就是为了一定的教学目的，围绕选定的问题，以事实作为素材，而写成的某一特定情景的描述①。二是事务记录说。如 Gragg 认为：案例就是一个商业事务的记录，管理者实际面对的困境，以及作出决策所依赖的事实、认识和偏见等都在其中有所显现。通过向学生展示这些真正的和具体的事例，促使他们对问题进行相当深入的分析和讨论，并考虑最后应采取什么样的行动②。三是故事说，认为案例是包含多种因素在内的故事。如 Richert 认为：教学案例描述的是教学实践，它以丰富的叙述形式，向人们展示了一些包含教师和学生的典型行为、思想、感情在内的故事③。四是多重含义说。如 Towl 认为：一个出色的案例，是老师与学生就某一具体事实相互作用的工具，是以实际生活情景中肯定会出现的事实为基础所展开的课堂讨论，是进行学术探讨的支撑点，是关于某种复杂情景的记录。一般是在让学生理解这个情景之前，首先将其分解成若干成分，然后再将其整合在一起④。

由此可见，案例所描述的是实际情景，它不能用摇椅上杜撰的事实来代替，也不能用由抽象的、概括化理论中演绎出的事实来代替，这两者在一定程度上更多的是一种类似于小说的叙述方式。所谓案例就是为了一定目的，围绕选定的一个或几个问题，以事实为素材而对某一实际情景的客观描述。一般说来，案例具有以下几个特点[7]：

1. 真实性 案例取材于工作与生产、生活中的实际，不是凭借个人的想象力和创造力而杜撰出来的。

2. 完整性 案例的传述要有一个从开始到结束的完整情节，并包括一些戏剧性的冲突。

---

① 参见：王希华，路雅洁．“案例教学”法探析．中小学老师培训（中学版），1994（2）：10－11.

② 参见：郑金洲．案例教学：教师专业发展的新途径．教育理论与实践，2002（7）：36－41.

③ 参见：刘双．案例教学若干问题的辨析．教学与管理，2003（6）：31－32.

④ 参见：张宝臣．高师教育学案例教学法的内涵与实施原则．黑龙江高考研究，2002（6）：63－64.

3. 典型性　案例是由一个或几个问题组成的，内容完整，情节具体详细，是具有一定代表性的典型事例，代表着某一类事物或现象的本质属性，概括和辐射许多理论知识，包括学生在实践中可能会遇到的问题，从而不仅使学生掌握有关的原理和方法，也为他们将这些理论和方法运用于实践奠定一定的基础。

4. 启发性　教学中所选择的案例是为一定的教学目的服务的，因此，每一案例都应能够引人深思，启迪思路，进而深化理解教学内容。

5. 时空性　案例中的事件应置于一定的时空框架之中，也就是要说明事件发生的时间、地点等。

二、植物保护案例及其分类

（一）植物保护案例的特点

植物保护的范围非常广泛，从学科分类来看，植物保护学属于农学学科门类中的一个一级学科，其有 3 个二级学科：植物病理学、农业昆虫与害虫防治、农药学。植物保护学作为农学门类中 4 个与种植业有关的一级学科之一，具有明显的跨学科特色。从技术层面来看，植物保护技术涉及实验室的研发技术、田间的应用技术以及营销和推广技术等。从植物保护所要保护的对象来看，涉及各种农林植物，如粮食作物、蔬菜作物等。从植物保护所要抑制的对象来看，涉及各种有害生物，如植物病原物、植物害虫、农田杂草、农业害鼠及其他有害生物。从植物保护实现的方法（有害生物防治方法）来看，包括植物检疫、农业防治、物理防治、生物防治及化学防治等。因此，植保案例构成的要素往往变得非常复杂，且因其时空条件、作物与有害生物种类及环境条件等不同而变化。因此，植物保护案例具有技术性、复杂性和综合性等特点。

1. 技术性　植物保护是一门应用型学科，目的是为了解决农业有害生物防治中的技术问题。因此，植保案例面对的是生物学问题，是人通过采取技术措施解决这些生物学问题的过程，而不像法律、管理学、营销学等案例，主要面对的是人的问题。植保案例往往涉及有害生物的识别与鉴定技术，以及这些有害生物的防治控制技术，包括研发与实际应用技术等。案例分析需要从技术层面发现问题，然后灵活运用技术来解决问题。

2. 复杂性　首先是时空上的复杂性，有害生物发生与危害往往具有很大的时间与空间跨度，很多案例是长期的、大范围的，例如飞蝗在我国大范围为害了几千年，稻褐飞虱跨国界迁飞为害等。其次是研究系统的复杂性，这个系统中包括了农作物、有害生物及环境等子系统，各子系统又包含许多因子，它们相互作用和相互影响，形成了十分复杂的关系。因此，植保案例构成的要素往往变得非常复杂，且因其时空条件、作物与有害生物种类及环境条件等不同而变化。在案例分析中，如何把握关键要素的影响十分重要而又困难。

3. 综合性 植物保护学的跨学科特点，决定了植保案例的学科综合性。一个植保案例除了植保学科本身的植病、昆虫与农药知识与技术外，还涉及栽培学、育种学、微生物学、植物学以及气象学、生态学、化学、物理学等学科的相关知识与技术。植保案例的综合性还体现在植物保护技术应用的综合性，在“预防为主，综合防治”的植保方针指导下，对有害生物防治采取综合运用各种植保措施的防治策略，因此，植保应用案例往往不是单一的技术，而是多种技术的综合。

（二）植物保护案例的构成要素

植保案例构成要素比较复杂，不同案例的要素构成也不相同。一般来说，植保案例的构成要素包括有害生物、作物、植保技术、环境与人等。在这些要素中，如果说人是主体要素的话，那么，有害生物、作物（或农产品）和环境都是客体要素，而植保技术则是人用以调整有害生物、作物和环境要素之间相互关系的工具。

（三）植物保护案例的分类

由于植物保护的范围广，植保案例可从不同角度进行分类。

1. 按植保技术发展进程分类

（1）研发案例。是指某项新技术或新产品研发的案例。例如，一种新农药的研发、生防产品的研发等。研发案例的技术含量高，要求学生具有较高的理论与技术水平。

（2）应用案例。是指将植保技术应用于有害生物防治方面的案例。例如，何时何地某种作物某种有害生物防治的案例。应用案例中，不一定使用新技术，更可能是将现有技术综合、灵活地运用起来，解决生产中的实际问题。

（3）推广案例。是指将新技术推广开来，尤其是指新的植保技术应用于田间有害生物防治方面的案例。因此，推广案例不仅包含技术，还包含产品营销及传播方面的知识。

2. 按植保技术的作用对象分类

（1）植物病害案例。作用对象是植物（或农产品）的病原生物，如真菌、细菌与病毒等，控制这些病原生物的危害就是植物保护的目的。

（2）农业害虫案例。作用对象是为害植物及农产品贮藏运输过程中的害虫，通过开发新技术或采用适当现有技术控制这些害虫，形成了该类案例。

（3）农田杂草和其他有害生物案例。作用对象是杂草和其他有害生物，如牛筋草、软体动物、鼠类等。

3. 按植保技术实现的方法分类

（1）植物检疫案例。通过制订和实施植物检疫，防止有害生物输入与输出的案例。

（2）农业防治案例。通过栽培与育种措施防治有害生物的案例。

（3）物理防治案例。通过物理方法，如光、电、水、温，以及工程技术等措施控制有害生物的案例。

（4）化学防治案例。通过使用化学农药防治有害生物的案例。

（5）生物防治案例。通过应用天敌、有益微生物及其代谢产物防治有害生物的案例。

三、植物保护案例分析的教学

（一）案例分析的教学目标

案例分析的教学目标应该按照学生的培养目标来制定，并且，案例分析的教学目标应该区别于农业昆虫学、植物病理学、植物化学保护及生物防治等课程的教学目标，不能与之重复。案例分析应注重培养学生综合运用这些课程中相关知识的能力。

因此，笔者认为，植物保护案例分析的教学目标，是通过提供植物保护技术研发、应用及推广过程中的典型案例，以植保技术应用案例为重点，使学生学会案例分析方法，通过案例分析能够抓住影响该案例的关键因素，并且举一反三，能够发现农业有害生物成灾与防控的关键问题，掌握制订不同农业有害生物防治方案的方法，提高综合灵活运用各种植物保护技术解决实际问题的能力。

（二）案例分析的教学过程

教学过程是落实教学内容，实现教学目标的关键步骤。像其他案例分析型课程一样，本课程的教学过程应该强调学生的主动参与，要将课内与课外教学结合起来。根据教学实践，一般将植保案例分析的教学过程分为两个阶段。

第一阶段：案例介绍。教师选好案例以后，要求学生预习有关内容，收集有关材料，熟悉该案例的背景及有关理论与技术知识，比如有害生物的生物学特性、发生危害情况、成灾原因等。案例介绍就是讲述该案例的发生发展过程，就像讲故事，是否精彩，除了故事本身内容外，还与教师的教学技巧、对案例的理解深度及相关知识的把握密切相关。

案例介绍过程中，首先要熟悉案例的时空背景，掌握相关的知识，根据因果关系组织案例故事，巧妙设置悬念，在教学中可通过“直序”和“倒序”引入案例故事；二是注意收集和整理图片与视频材料，给学生更丰富的感官刺激，以调动学习兴趣；三是注意收集和整理突出案例重要性的材料，比如经济损失有多大，生态影响甚至政策影响有多深远，人们关注程度有多高等方面的材料。

第二阶段：分析讨论。此阶段通过提问答问或质疑解疑的方式，使学生在了解案例概况的基础上，能够深入分析该案例解决什么（植保技术）问题，充分认识这些问题发生的根源与经济技术背景，掌握解决这些问题的技术原理与所采用方法的背景条件，发现该案例中的创新性思维闪光点，从而能够举一反三，利用本案例的知识处理相似的实际问题。

分析讨论时，一是要注意分析案例发生的背景，包括当时的经济技术和自然环境条件，因为有害生物的发生成灾、防治策略与措施的制订实施都离不开当时当地的条件。二是要注意挖掘案例中的创新发明灵感或思维的闪光点，这是案例的精髓，将给予学习者有益的启发。三是要注意拓宽思路，假设更多的相似案例场景，分析可能出现的问题和解决途径，达到举一反三的目的。

（三）教学效果评价

案例教学法的整个实施过程十分强调学生的主动参与，对学生学习效果的评价标准和评估方法要做出相应的改变。对于本课程的学习成绩考核，建议采用综合评价的方法，即学习成绩由课堂表现、期末测试和课堂出勤状况等部分组成。课堂表现考查学生在课堂上的参与程度与效果，每个学生都要有提问和回答问题的机会，如果选课学生人数较多，可考虑分组，每次课由各组代表提问与答问。期末测试可以是撰写课程论文，如要求提交一个植物保护技术的案例分析报告，也可以采取开卷或者闭卷考查形式，分析1～2个小型案例。课程总评成绩中课堂表现占30%～40%、期末测试占50%～60%、课堂出勤占10%左右。

参考文献

[1] 赵岩，朱爱军．科学学位与专业学位研究生培养模式比较研究［J］．高等农业教育，2012（6）：73-76.

[2] 郑国生，王磊．专业学位与学术学位研究生教育的特征分析与比较［J］．高等农业教育，2011（4）：69-72.

[3] 高雷，刘宇航，杨红，等．农科专业学位教育面临的问题和对策［J］．高等农业教育，2013（1）：91-93.

[4] 蓝力民，赵克禹．案例分析的教学功能探讨——以旅游管理专业教学为例［J］．高教论坛，2011（10）：47-50.

[5] 教军章，何颖．行政管理案例分析课程的合理化设计［J］．黑龙江教育（高教研究与评估），2010（4）：51-52.
[6] 夏燕琴．安全分析在专业学位研究生课程教学中的实施探讨［J］．中国校外教育，2013（10）：100.
[7] 张家军，靳玉乐．论案例教学的本质与特点［J］．中国教育学刊，2004（1）：48-50.

撰稿人

胡琼波：男，博士，华南农业大学植物保护学院教授。E-mail：hqbscau@scau.edu.cn

案例1

混合释放赤眼蜂防治水稻二化螟技术开发及推广应用

一、案例材料

(一) 东北地区水稻二化螟的发生危害现状

二化螟是水稻重要蛀食性害虫，初孵的蚁螟在水稻分蘖期的叶鞘内群集为害造成“枯鞘”，幼虫钻蛀稻茎为害时可造成枯心，孕穗期为害造成死孕穗，抽穗期为害造成白穗，成熟期为害造成虫伤株，增加瘪粒（图 1－1）。20 世纪 90 年代以前，在黑龙江和吉林水稻生产中，从未出现过二化螟严重危害的报道，然而，自 1990 年以来，二化螟种群数量显著上升，目前已成为东北地区水稻生产上最重要的常发性害虫，严重威胁当地水稻生产。通常未防治的田块常年被害株率 20%～30%，减产约 20%，严重地块可减产 50%左右[1-2]。

图 1－1　水稻二化螟对水稻的典型为害状
A. 枯鞘　B. 枯心　C. 白穗

(二) 水田专用放蜂器

考虑水田害虫防治的特殊环境，最初设计了一种结构简单、操作简便、能够保护寄生蜂卵的释放装置（图 1－2）（中国发明专利 201320503873.5）[3]，适合以大卵（柞蚕卵、蓖麻蚕卵）、小卵（米蛾卵、麦蛾卵或小菜蛾卵）或人工假卵为寄主繁育赤眼蜂的田间释放。

该放蜂装置，由承重体、隔片、载虫体三部分组成（图 1－2），其中：承重体为半球体，内壁均匀分布若干小卡片，端口外部为一周凸起的卡壳，卡壳下部为一外缘环；隔片上均匀分布若干缝隙；载虫体也为半球体，中上部均匀分布若干出虫孔。载虫体与承重体扣合后构成一中部具有外缘环的球体结构。在承重体空间注入配重物，在隔片上部空间放入人工繁殖的被赤眼蜂寄生的卵，再将载虫体和承重体扣合成一体。使用时将放蜂器直接抛投到水田中，其自动漂浮于水面，赤眼蜂羽化后主动从出虫孔爬出并搜寻害虫。

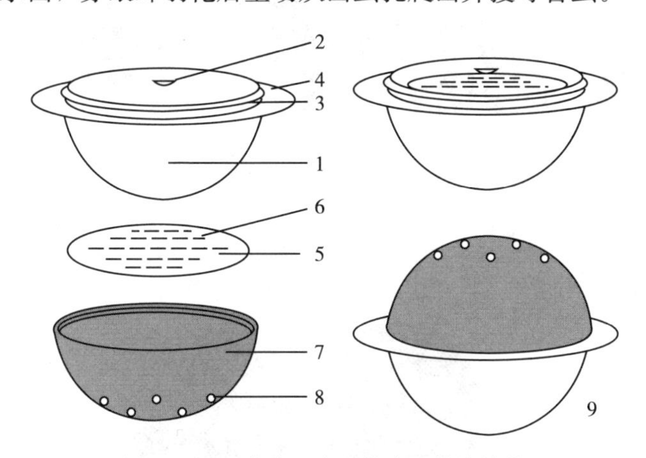

图 1－2　适合水田应用的寄生蜂放蜂器

1. 承重体　2. 卡点　3. 卡壳　4. 外缘环　5. 隔片
6. 缝隙　7. 载虫体　8. 出虫孔　9. 球形装置整体

自 2013 年开发设计和田间使用水田专用放蜂器以来，这项技术被农技推广人员和广大稻农普遍接受。通过不断的田间实践，并且为了提升放蜂效果和符合国家绿色环保发展战略需求，放蜂器的外观设计和制作材质也在不断发展变化，制作材质由塑料成分变成以可降解的玉米淀粉为主，颜色由浅色更新为深色，出虫孔由针孔型升级为线型（图 1－3）。而且，为了降低从出虫孔进入的少量水对寄生蜂的影响，放蜂器最终开发为双腔结构（图 1－4）（中国发明专利 201620742714.4）[4]，寄生卵放置于内腔，出虫孔位于内腔外侧，即使有少量水进入，也会进入外腔中，不会对寄生卵造成影响。特别是这种新型球形放蜂器不仅适合人工投放，还适合植保无人机作业。

利用开发的水田专用球形放蜂器，操作者不用下水田，在稻田池埂上即可实施人工抛投，放蜂器在重力作用下，其承重体先落入水中，装有天敌昆虫的载虫体会漂浮于水面，使寄生蜂避免被捕食性天敌取食以及雨淋破坏。更为重要的是，该装置可机械化生产，容易包装，节省空间，便于运输[5]。

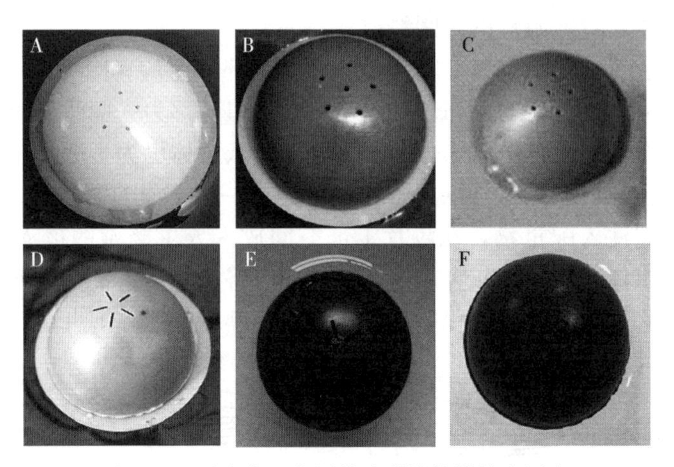

图 1-3　适合水田专用的球形放蜂器的发展史

A. 2013 版　B. 2014 版　C. 2015 版　D. 2016 版　E. 2017 版　F. 2018 版

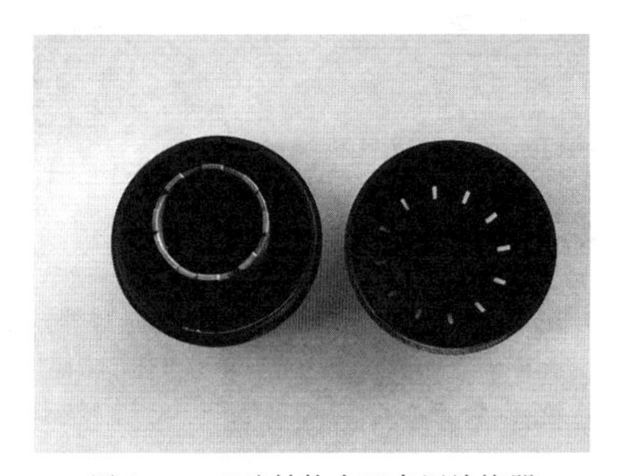

图 1-4　双腔结构水田专用放蜂器

（三）利用放蜂器混合释放稻螟赤眼蜂和松毛虫赤眼蜂防治二化螟

1. 蜂种来源　田间自然种群的稻螟赤眼蜂和松毛虫赤眼蜂分别以小卵（米蛾卵）和大卵（柞蚕卵）为中间寄主大量繁育获得。

2. 放蜂地点　吉林市永吉县、松原市前郭县、长春市双阳区、通化市辉南县等吉林省水稻主产区。

3. 放蜂时间　根据二化螟预测预报结果，确定第一次放蜂时间为 2014 年 6 月 23 日。

4. 放蜂量　利用放蜂器混合包装释放松毛虫赤眼蜂和稻螟赤眼蜂，操作流程如图 1-5。每次每公顷松毛虫赤眼蜂 12 万头＋稻螟赤眼蜂 3 万头，平均分装在 3 个放蜂器中，间隔 5d 放蜂 1 次，放蜂 3 次，每公顷共计放蜂 45 万头。各示范点分别放蜂防治水稻二化螟面积 333.3hm^2，总计 1 333.3hm^2。

图 1-5　利用放蜂器混合包装释放大、小卵蜂防治水稻螟虫技术流程
A. 大卵繁育松毛虫赤眼蜂　B. 小卵繁育稻螟赤眼蜂　C. 大、小卵蜂混合包装
D. 田间抛投放蜂器　E. 赤眼蜂寄生二化螟卵块　F. 放蜂器自动漂浮于水面
G. 水田环境快速降解的放蜂器

5. 防治效果比较　2014 年在吉林市永吉县示范地点设置 7.3hm^2 核心放蜂区，放蜂处理如下：①每次每公顷松毛虫赤眼蜂 12 万头＋稻螟赤眼蜂 3 万头，间隔 5d 放蜂 1 次，放蜂 3 次，防治面积 1.67hm^2。②每次每公顷螟黄赤眼蜂 12 万头＋稻螟赤眼蜂 3 万头，间隔 5d 放蜂 1 次，放蜂 3 次，防治面积 1.67hm^2。③水稻二化螟性诱剂，每公顷设置 15 点，防治面积 1.67hm^2。④水稻二化螟性诱剂＋松毛虫赤眼蜂＋稻螟赤眼蜂，防治面积 1.67hm^2。⑤空白对照，不使用任何防治措施，0.67hm^2。水稻收割前，在各放蜂处理的中心区域采取平行跳跃式取样方法，调查 3 点，每点连续调查 100 穴，记录总株数、白穗数、虫伤株数。数据分析结果表明，松毛虫赤眼蜂和稻螟赤眼蜂混合释放对二化螟的防治效果最好，高达 84.52%（表 1-1）。

表 1-1　永吉县赤眼蜂防治水稻二化螟效果调查（2014 年 9 月 14 日）

处　理	操作方法	防治成本（元/hm^2）	百穴白穗数（穗）	虫伤株率（%）	校正防效（%）
松毛虫赤眼蜂(TD)＋稻螟赤眼蜂（TJ）	每次每公顷 12 万头 TD＋3 万头 TJ，放蜂 3 次	225.0	0.00	0.26±0.11c	84.52
螟黄赤眼蜂（TC）＋稻螟赤眼蜂	每次每公顷 12 万头 TC＋3 万头 TJ，放蜂 3 次	300.0	0.33	0.40±0.09c	76.19
松毛虫赤眼蜂＋稻螟赤眼蜂＋性诱剂	每公顷 15 个性诱剂，每次每公顷 12 万头 TD＋3 万头 TJ，放蜂 3 次	675.0	0.67	0.56±0.20c	66.67
性诱剂	每公顷 15 个性诱剂	450.0	5.33	1.11±0.15b	33.93
空白对照	无任何防治措施	—	5.67	1.68±0.15a	—

二、问题

1. 水田专用放蜂器的发明有什么启发?

2. 为什么稻螟赤眼蜂和松毛虫赤眼蜂是适合东北地区防治水稻二化螟的蜂种?

3. 为什么用大卵繁育松毛虫赤眼蜂和小卵繁育稻螟赤眼蜂混合释放防治水稻二化螟?

4. 稻螟赤眼蜂和松毛虫赤眼蜂混合释放适合在东北地区推广防治水稻二化螟的关键原因是什么?

三、案例分析

1. 水田专用放蜂器的发明有什么启发?

配套适合水田专用放蜂器具的研发：考虑水田作物栽培管理的实际情况，即进行有害生物防治时，需要穿靴子下水田，操作非常不便，但应用设计制作的适合水田专用球形放蜂器后，操作者不用下水田，在稻田池埂上即可将具有一定重量的放蜂器抛投入水田，操作省时、省工、省力，一人每天 8h 可以释放赤眼蜂防治水稻螟虫 $40hm^2$ 左右，而人工施药一人每天 8h 能防治 $3hm^2$ 左右。此外，适合水田应用的放蜂器设计为球形，容易包装，节省空间，便于运输，而且还能有效避免捕食性天敌对赤眼蜂的捕食。基于水田专用放蜂器的发明，一项好的应用天敌昆虫防治害虫的技术能否大面积推广，不仅要考虑天敌因子本身，配套放蜂器具的研发也至关重要。

2. 为什么稻螟赤眼蜂和松毛虫赤眼蜂是适合东北地区防治水稻二化螟的蜂种?

(1) 蜂种来源于当地自然种群。当地寄生蜂能更好地适应当地气候、生境和寄主条件[5-6]，而稻螟赤眼蜂和松毛虫赤眼蜂是东北地区田间寄生二化螟卵的自然种群。

(2) 田间自然优势种群。水稻二化螟卵寄生蜂的自然种群动态监测调查发现，当地田间存在稻螟赤眼蜂、螟黄赤眼蜂、玉米螟赤眼蜂和松毛虫赤眼蜂 4 种赤眼蜂以及 1 种黑卵蜂。其中，稻螟赤眼蜂发生期最早，发生量最大，持续时间最长，是寄生水稻二化螟卵的田间优势种群。水稻二化螟卵寄生蜂发生于 7 月初，寄生蜂发生高峰出现在二化螟当代成虫羽化高峰期，发生期历时 2 个月之久。

(3) 寄生能力强。提供 0～4 日龄二化螟寄主卵时，总的来看，松毛虫赤眼蜂表现出最好的寄生能力[7]。18～26℃，松毛虫赤眼蜂寄生数量最多；30～34℃，稻螟赤眼蜂寄生数量最多，其次是松毛虫赤眼蜂。不同湿度条件下，总的来看，稻螟赤眼蜂表现出最好的寄生能力，50%～70%相对湿度条件下，松毛虫赤眼蜂也表现出较好的寄生能力[8]。综合来看，在各温湿度条件下，玉米螟赤眼蜂表现出的寄生能力最差。

3. 为什么用大卵繁育松毛虫赤眼蜂和小卵繁育稻螟赤眼蜂混合释放防治水稻二化螟？

大、小卵繁育赤眼蜂混合释放有效降低生产成本：单独应用小卵（米蛾卵）繁育稻螟赤眼蜂（45 万头/hm^2）防治水稻二化螟的生产成本约750 元/hm^2，而应用放蜂器混合释放大卵（柞蚕卵）繁育松毛虫赤眼蜂（36 万头/hm^2）和小卵繁育稻螟赤眼蜂（9 万头/hm^2），生产成本约 225 元/hm^2，成本降低 70%。混合释放大、小卵繁育赤眼蜂防治水稻二化螟的成本与应用化学农药的成本基本相当，但用工成本显著降低。

大、小卵繁育赤眼蜂混合释放田间应用防治效果较好：根据性诱剂监测结果，在二化螟发生高峰期，每次每公顷释放松毛虫赤眼蜂 12 万头＋稻螟赤眼蜂 3 万头，间隔 5d 放蜂 1 次，每公顷共放蜂 45 万头，对二化螟的防治效果高达 80%以上，与化学农药防治效果基本相当。

在优势蜂种筛选、田间防治效果评估、小卵蜂生产线建立以及适合水田释放应用放蜂器成功开发的基础上，吉林省在全国率先开始大面积推广应用赤眼蜂防治水稻二化螟技术。2014 年以来，吉林省开始推广示范赤眼蜂混合释放防治水稻二化螟技术，特别是 2016 年以来，吉林省将赤眼蜂混合释放防治水稻二化螟技术列为政府物资采购项目，共投入专项资金 3 870 万元，2016—2020 年，累计推广示范面积 237 333.3hm^2（图 1－6）。2018 年以来，吉林省政府将赤眼蜂混合释放防治水稻二化螟技术列为农业主推技术，每年推广应用面积约 66 666.7hm^2。除了吉林省大面积推广应用赤眼蜂防治二化螟技术以外，目前该技术也已辐射应用到辽宁、四川、上海、浙江、贵州等地区。

4. 稻螟赤眼蜂和松毛虫赤眼蜂混合释放适合在东北地区推广防治水稻二化螟的关键原因是什么？

在东北地区，作物害虫种类相对单一，如果能筛选到当地主要害虫的优势天敌种类，容易实现对害虫的有效控制。在东北地区水稻生产上，水稻二化螟是最重要的常发性害虫，而在南方稻区，除水稻二化螟外，还有稻纵卷叶螟以及稻飞虱等其他重要害虫的发生。因此，依托筛选的稻螟赤眼蜂和松毛虫赤眼蜂优势蜂种，在水稻二化螟发生期进行田间释放可以有效控制水稻二化螟的发生危害。

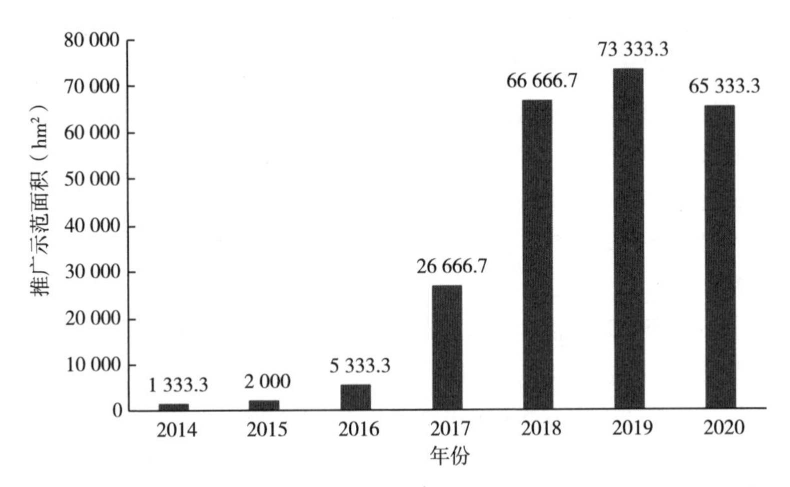

图 1-6　2014—2020 年赤眼蜂混合释放防治水稻二化螟技术在吉林省的推广应用

四、补充材料

(一) 水稻二化螟的形态与习性

二化螟（*Chilo suppressalis* Walker）俗称钻心虫、蛀心虫。属鳞翅目螟蛾科草禾螟属。

1. 形态特征　二化螟为变态昆虫，4 种虫态特征见图 1-7。

成虫：雄蛾体长 10～12mm，翅展 20～25mm，头、胸部背面淡灰褐色，复眼黑色或淡黑色，下唇须前伸，前翅近长方形，黄褐色或灰褐色，翅面散布褐色小黑点，中室顶端具 1 个紫黑色斑点，其下方排列有 3 个同色的斑点，边缘具 7 个小黑点。后翅白色，近外缘渐带淡黄褐色。雌蛾较雄蛾略大，体长 12～15mm，翅展 25～31mm，头、胸部背面及前翅均为黄褐色或淡黄褐色，翅面小黑点很少，无紫色斑点，外缘亦具 7 个小黑点。

卵：扁平椭圆形，长约 1.2mm，宽约 0.7mm。卵块大多数呈带状排列，由数粒至百粒卵组成，排列呈鱼鳞状，上面覆盖有透明的胶质物。初产为乳白色，渐变为乳黄色、黑褐色、灰黑色，将近孵化时，出现“黑头卵”。

幼虫：一般 6 龄，也有 5 龄或 7 龄。老熟幼虫体淡褐色，体长 20～31mm，体背有 5 条棕红色纵线。辨别幼虫虫龄大小可依据口诀：一龄头黑，二龄黄，三龄背线呈点线，四龄点线相连，五龄背线较光滑，六龄 5 线同粗大[9]。

蛹：体长 11～17mm，圆筒形，初化时为淡黄褐色，腹部背面尚有 5 条棕色纵纹，以后变为棕褐色，纵纹渐消失。雌、雄蛹的分类依据：雌蛹第 7、8 腹节有 1 条纵裂缝；雄蛹第 8、9 腹节周围凸起，中间凹陷[10]。

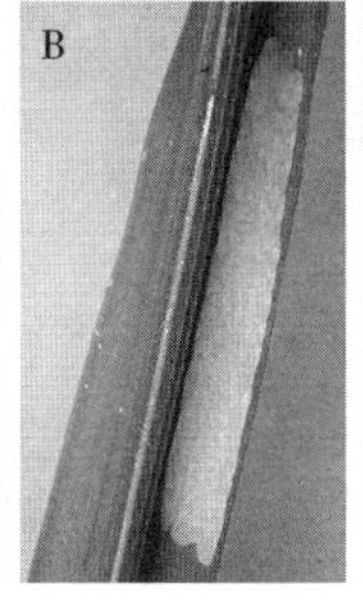

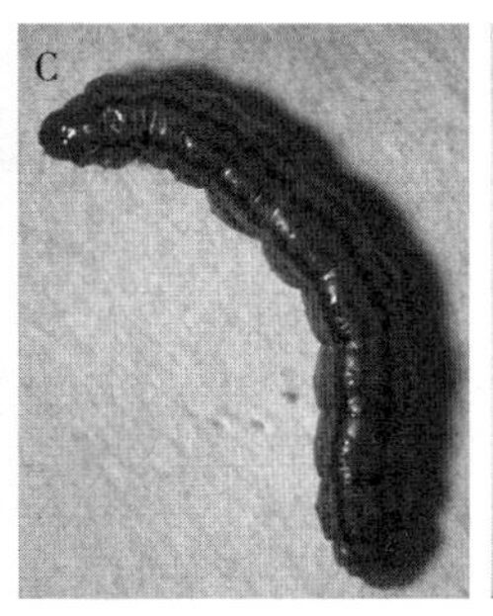

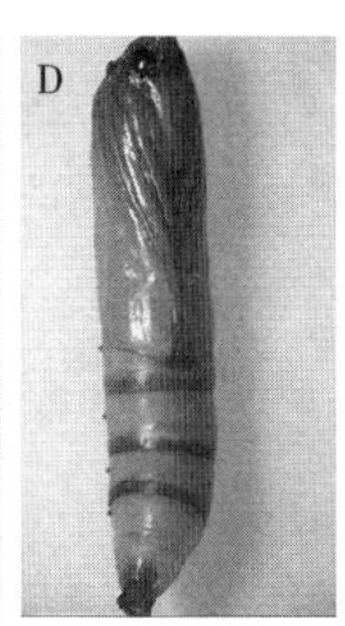

图1-7　二化螟各虫态

A. 成虫　B. 卵　C. 幼虫　D. 蛹

2. 生活史及主要习性　水稻二化螟在吉林省1年发生1代或不完全2代。越冬幼虫的化蛹始期在6月上旬，盛期在6月中下旬；羽化始期在6月中下旬，盛期在6月末至7月初；成虫产卵盛期在6月末至7月初；幼虫为害盛期在7月中下旬[9]。随着全球温室效应的加剧、水稻栽培农事活动的提前，二化螟的发生期也有所提前，造成不完全2代现象日趋明显。

多数四至六龄幼虫在水稻茎秆内越冬，少数幼虫在田间稻茬及其他杂草上越冬，翌年6月中下旬开始复苏活动。在水稻茎秆内越冬后的幼虫，多数爬到水稻根部准备化蛹，蛹期7～11d。越冬代成虫羽化多在夜间进行。成虫白天在水稻或杂草丛中静伏不动，夜间飞出活动，有较强的趋光性。成虫在羽化后的当晚或第二天即可产卵，产卵时多选择叶片宽而长、秆高、分蘖多以及茎秆表面光滑、茎秆粗而组织疏松的水稻品种，卵多数产在水稻叶片背面，少数产在叶片正面及茎秆上。

（二）东北地区四种赤眼蜂的鉴定

从田间采集到四种寄生水稻二化螟卵的赤眼蜂，其成虫形态见图1-8，经雄性外生殖器鉴定，结果见表1-2和图1-9。初步鉴定四种赤眼蜂为稻螟赤眼蜂（*Trichogramma japonicum*）、螟黄赤眼蜂（*T. chilonis*）、松毛虫赤眼蜂（*T. dendrolimi*）和玉米螟赤眼蜂（*T. ostriniae*）。

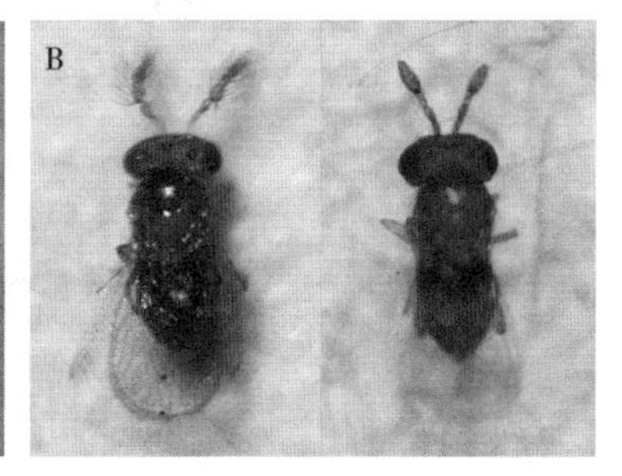

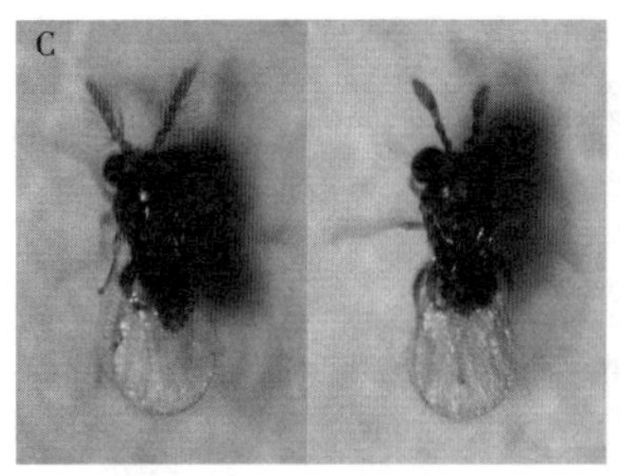

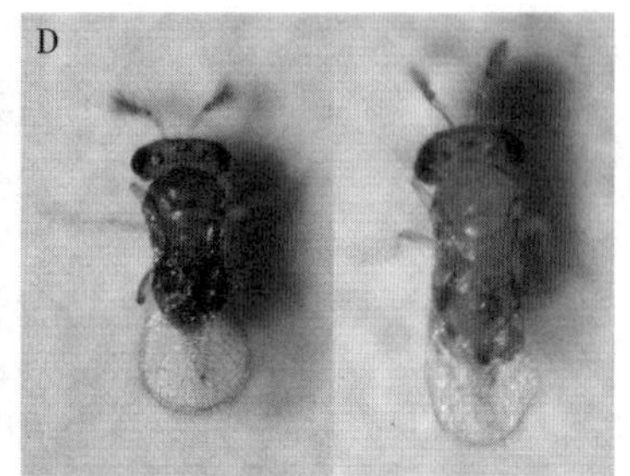

图 1-8　四种赤眼蜂成虫的形态

A. 稻螟赤眼蜂　B. 螟黄赤眼蜂　C. 玉米螟赤眼蜂　D. 松毛虫赤眼蜂

表 1-2　四种赤眼蜂外生殖器各部位长度及其与 *D* 的比值

	稻螟赤眼蜂	螟黄赤眼蜂	松毛虫赤眼蜂	玉米螟赤眼蜂
D（μm）	122.00±15.25	116.00±20.43	115.00±10.61	134.40±10.45
阳基背突（μm）	40.00±3.56	60.00±9.35	89.00±6.52	71.00±7.00
阳基背突/*D*	0.33	0.52	0.77	0.53
腹中突（μm）	—	47.00±11.51	74.00±4.18	59.40±2.41
腹中突/*D*	—	0.41	0.64	0.44
钩爪长度（μm）	41.00±4.18	58.00±11.51	86.00±8.22	72.40±7.30
钩爪长度/*D*	0.34	0.50	0.75	0.54

注：*D* 为腹中突基部至阳基侧瓣末端的长度。

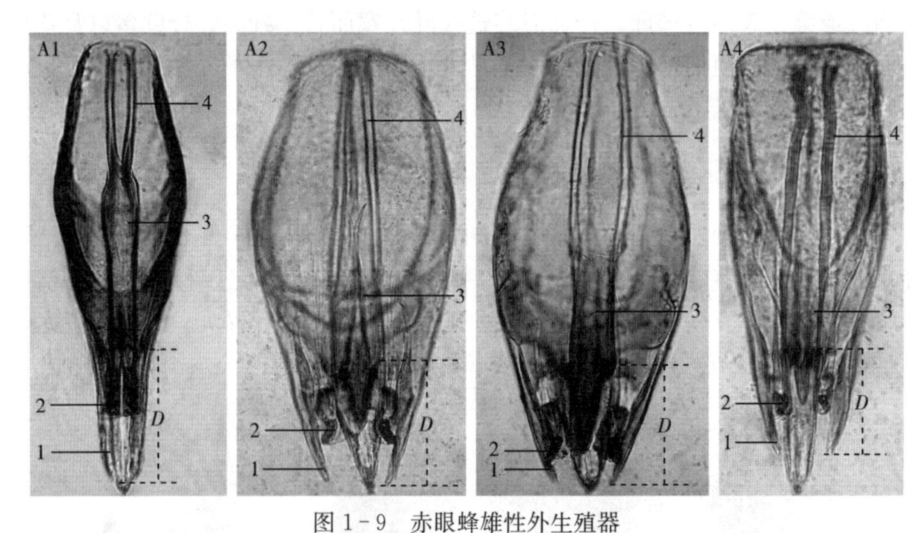

图 1-9　赤眼蜂雄性外生殖器

A1. 稻螟赤眼蜂　A2. 螟黄赤眼蜂　A3. 松毛虫赤眼蜂　A4. 玉米螟赤眼蜂

D. 腹中突基部至阳基侧瓣末端的长度　1. 侧瓣　2. 钩爪　3. 阳茎　4. 阳茎内突

分子生物学鉴定：对四种赤眼蜂的 ITS2 进行 PCR 扩增和测序，进一步确证吉林省当地采集的四种赤眼蜂为稻螟赤眼蜂、螟黄赤眼蜂、松毛虫赤眼蜂和玉米螟赤眼蜂（图1-10）[11]。

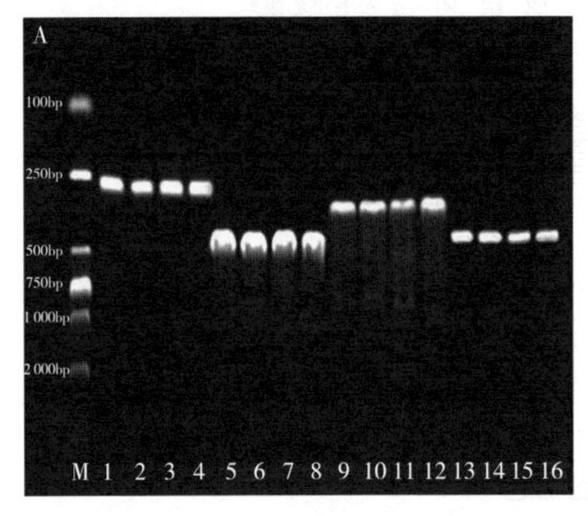

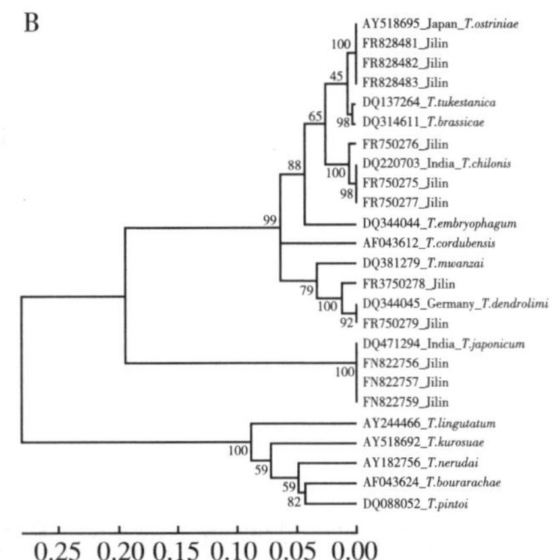

图1-10　四种赤眼蜂的分子生物学鉴定

A. PCR扩增产物电泳检测结果　M. marker　1～4. 稻螟赤眼蜂特异引物对稻螟赤眼蜂的扩增结果　5～8. 螟黄赤眼蜂特异引物对螟黄赤眼蜂的扩增结果　9～12. 松毛虫赤眼蜂特异引物对松毛虫赤眼蜂的扩增结果　13～16. 玉米螟赤眼蜂特异引物对玉米螟赤眼蜂的扩增结果

B. 基于供试赤眼蜂和GenBank数据库选定的赤眼蜂种的ITS2序列构建的系统发育树

（三）水稻二化螟卵寄生蜂田间自然种群动态监测

2010年6—9月，利用人工接种二化螟卵的方法对当地水稻二化螟卵寄生蜂的田间自然种群动态进行了监测调查。二化螟卵寄生蜂田间卵粒寄生率见图1-11A。各寄生蜂不同时期发生量统计结果见图1-11B。各寄生蜂在不同时期发生比例亦有不同，见图1-11C。结果表明，吉林省水稻二化螟卵寄生蜂发生于7月初，寄生蜂发生高峰出现在二化螟当代成虫羽化高峰期，发生期历时2个月之久。稻螟赤眼蜂发生期最早，发生量最大，持续时间最长，是吉林省水稻二化螟卵寄生蜂的田间优势种群[12]。

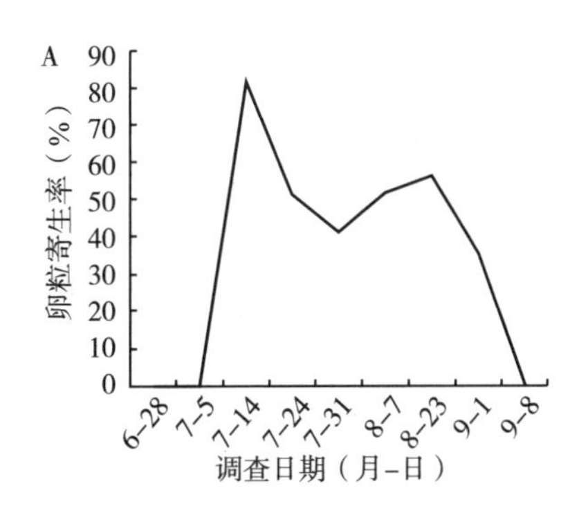

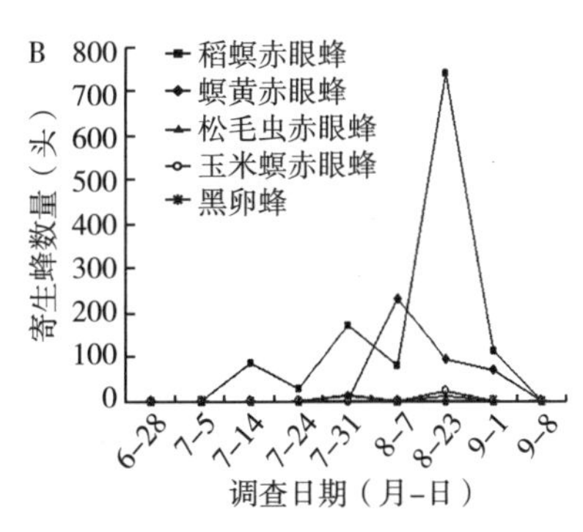

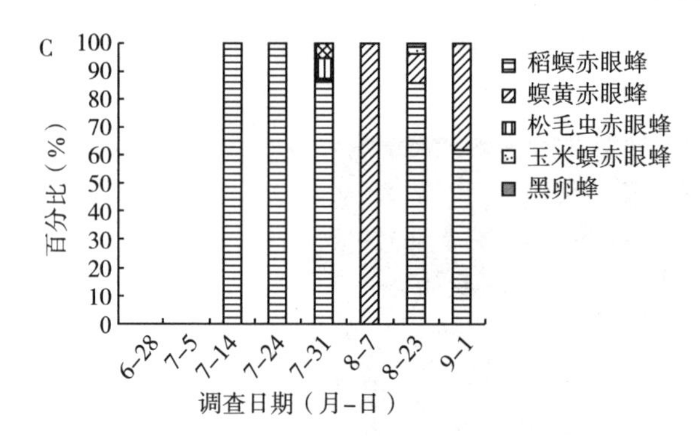

图 1-11　二化螟卵寄生蜂田间发生情况调查

A. 二化螟卵粒的寄生率　B. 各二化螟卵寄生蜂田间发生动态　C. 不同时期各寄生蜂发生比例

（四）水稻二化螟优势卵寄生蜂的筛选

1. 四种赤眼蜂对不同日龄二化螟卵的寄生能力比较　四种赤眼蜂在 24h 内对不同日龄水稻二化螟卵的寄生数量比较结果如图 1-12 所示。不同龄期二

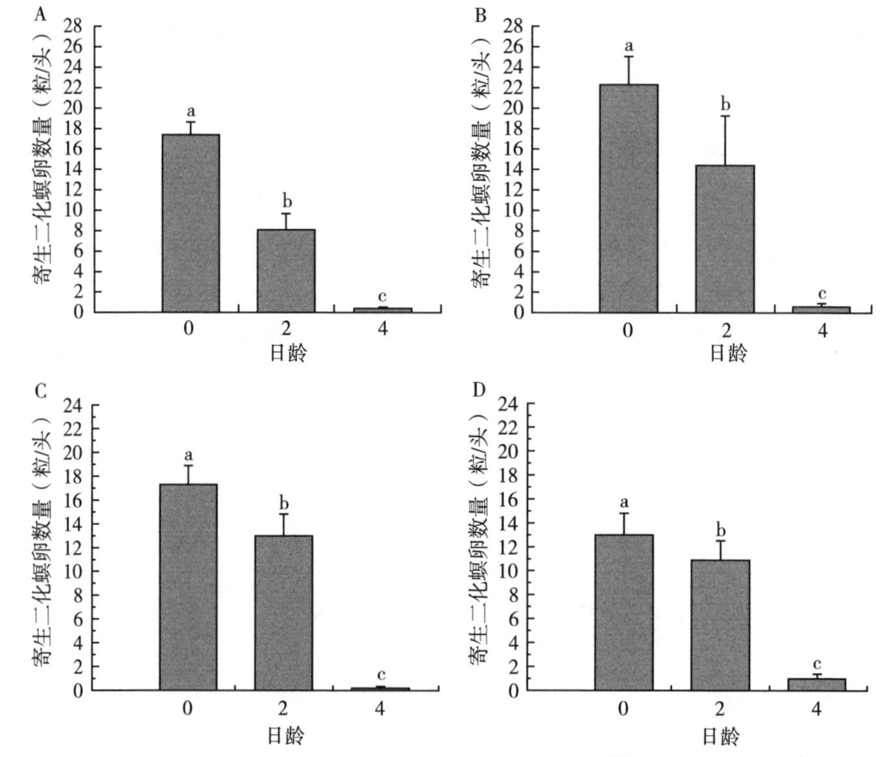

图 1-12　不同赤眼蜂 24h 内寄生不同日龄二化螟卵数量比较

A. 稻螟赤眼蜂　B. 松毛虫赤眼蜂　C. 螟黄赤眼蜂　D. 玉米螟赤眼蜂

化螟卵均能被四种赤眼蜂接受，总体均呈现随着卵龄的增加寄生能力明显下降的趋势。当提供0～2日龄二化螟寄主卵时，松毛虫赤眼蜂、稻螟赤眼蜂和螟黄赤眼蜂表现出相似的寄生能力。提供4日龄卵时，四种蜂的寄生数量均很低，玉米螟赤眼蜂寄生能力最强，其次是稻螟赤眼蜂和松毛虫赤眼蜂，螟黄赤眼蜂寄生能力最差。总的来看，松毛虫赤眼蜂和稻螟赤眼蜂对0～4日龄二化螟卵寄生能力较强[7]。

2. 四种赤眼蜂在不同温湿度条件下的寄生能力比较

（1）对温度的反应。如图1-13（左）所示，除30℃外，四种赤眼蜂在其他各温度条件下的寄生数量均存在明显差异。18～26℃，松毛虫赤眼蜂寄生数量最多；26℃时，松毛虫赤眼蜂与稻螟赤眼蜂和螟黄赤眼蜂寄生数量无显著差异；30～34℃，稻螟赤眼蜂寄生数量最多，其次是松毛虫赤眼蜂。由图1-13（左）可知，四种赤眼蜂在不同温度下的寄生数量存在显著差异，稻螟赤眼蜂在26℃和30℃下的寄生数量明显高于18～22℃，螟黄赤眼蜂在26℃下的寄生数量显著高于其他温度，松毛虫赤眼蜂在18～26℃下的寄生数量无显著差异，但明显高于34℃，玉米螟赤眼蜂在22～30℃的寄生数量无显著差异[8]。

（2）对相对湿度的反应。由图1-13（右）可知，四种赤眼蜂在各湿度条件下的寄生数量均存在明显差异。相对湿度30%～50%，稻螟赤眼蜂寄生数量最多；相对湿度50%～70%，松毛虫赤眼蜂、稻螟赤眼蜂和螟黄赤眼蜂寄生数量无显著差异；相对湿度30%～70%，玉米螟赤眼蜂寄生数量最少；相对湿度90%，螟黄赤眼蜂寄生数量最多，其次是稻螟赤眼蜂和玉米螟赤眼蜂，松毛虫赤眼蜂寄生数量最少。由图1-13（右）可知，四种赤眼蜂在不同湿度下的寄生数量存在显著差异，稻螟赤眼蜂、螟黄赤眼蜂和松毛虫赤眼蜂在相对湿度70%下的寄生数量显著高于其他湿度条件，而玉米螟赤眼蜂在相对湿度70%～90%的寄生数量明显高于相对湿度30%～50%[8]。

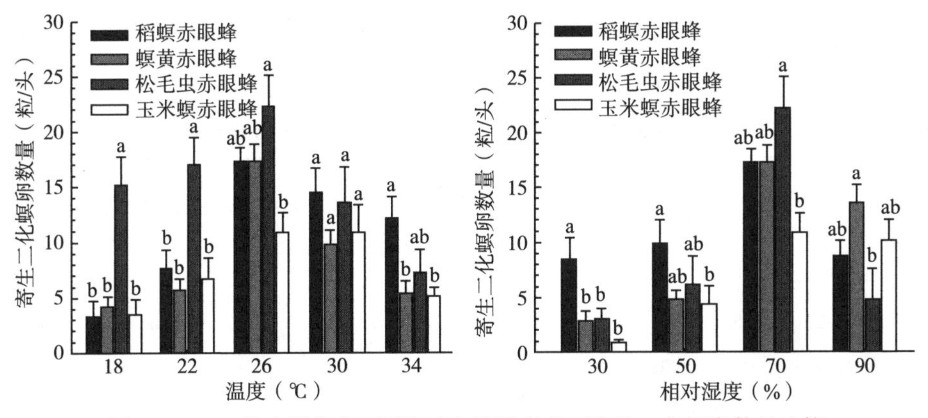

图1-13　四种赤眼蜂在不同温度与湿度条件下寄生二化螟卵数量比较

总的来看，松毛虫赤眼蜂和稻螟赤眼蜂具有更宽的温度适应范围，螟黄赤眼蜂虽在相对湿度70%～90%下表现出较好的寄生能力，但适宜寄生温度范围窄（仅26℃表现好）。

3. 四种赤眼蜂对替代繁育寄主的适应性

（1）以米蛾卵为中间繁育寄主。四种赤眼蜂以米蛾卵为中间繁育寄主时的生物学参数比较见表1-3，四种赤眼蜂均适合利用米蛾卵进行繁育。螟黄赤眼蜂、松毛虫赤眼蜂和玉米螟赤眼蜂的日寄生量（56.0～58.7粒）明显高于稻螟赤眼蜂（37.5粒）；螟黄赤眼蜂在米蛾卵上的发育时间最短（8.7d），其次是稻螟赤眼蜂（9.1d），而松毛虫赤眼蜂和玉米螟赤眼蜂发育时间最长（9.4d和9.6d）；稻螟赤眼蜂、松毛虫赤眼蜂和玉米螟赤眼蜂的羽化率均高于87%[12]。

表1-3　四种赤眼蜂以米蛾卵为中间繁育寄主的生物学参数比较

蜂种	24h寄生数量（粒）	羽化率（%）	发育历期（d）	后代雌雄比
稻螟赤眼蜂	37.5±1.4b	87.7±1.9b	9.1±0.1b	70.1±3.9a
螟黄赤眼蜂	58.7±1.0a	81.7±0.8c	8.7±0.1c	77.6±2.6a
松毛虫赤眼蜂	56.0±3.1a	95.5±0.7a	9.4±0.1a	79.9±2.0a
玉米螟赤眼蜂	56.2±2.5a	89.47±1.3b	9.6±0.1a	81.2±4.6a

（2）以柞蚕卵为中间繁育寄主。四种赤眼蜂以柞蚕卵为中间繁育寄主时的生物学参数比较见表1-4。四种赤眼蜂中松毛虫赤眼蜂、螟黄赤眼蜂和玉米螟赤眼蜂均能寄生柞蚕卵，但只有松毛虫赤眼蜂和螟黄赤眼蜂能完成发育并顺利羽化。松毛虫赤眼蜂和螟黄赤眼蜂在柞蚕卵上的发育历期无显著差异（约12d），羽化率均高于89%。但松毛虫赤眼蜂在柞蚕卵上的羽化孔数和羽化蜂数明显高于螟黄赤眼蜂。总的来看，柞蚕卵最适合松毛虫赤眼蜂繁育，其次是螟黄赤眼蜂[12]。

表1-4　四种赤眼蜂以柞蚕卵为中间繁育寄主的生物学参数比较

蜂种	寄生率（%）	羽化孔数（个）	羽化蜂数（头）	羽化率（%）	发育历期（d）	后代雌雄比
稻螟赤眼蜂	0c	0c	0c	0b	0b	0c
螟黄赤眼蜂	15.7±2.3b	0.9±0.1b	38.0±2.4b	94.3±1.6a	12.5±0.3a	93.5±1.1b
松毛虫赤眼蜂	38.6±3.3a	2.4±0.3a	66.9±4.6a	89.4±3.8a	12.1±0.2a	96.2±0.4a
玉米螟赤眼蜂	11.4±3.5b	0c	0c	0b	0	0

综合以上结果，在水田高湿温度多变的小气候环境条件下，稻螟赤眼蜂和松毛虫赤眼蜂是防治水稻二化螟的较理想蜂种。

4. 优势蜂种生物防治效果测定 室外网室释放赤眼蜂防治水稻二化螟的试验结果见表 1-5。结果表明释放稻螟赤眼蜂对二化螟的控制效果最好，寄生率高达 75.6%，明显好于松毛虫赤眼蜂和螟黄赤眼蜂，松毛虫赤眼蜂和螟黄赤眼蜂对二化螟的寄生率无明显差异[12]。

表 1-5 网室释放赤眼蜂对水稻二化螟卵的寄生效果比较

蜂种	释放二化螟成虫数（对）	释放赤眼蜂数量（头）	抽样调查二化螟卵粒数（粒）	寄生率（%）
稻螟赤眼蜂	6	100	139.7	75.6±6.2a
螟黄赤眼蜂	6	100	126.3	53.7±4.2b
松毛虫赤眼蜂	6	100	111.7	55.1±3.6b
对照	6	0	163.7	0c

参考文献

[1] 王晓丽，张晓波，孔祥梅．水稻二化螟发生规律及防治的初步研究［J］．吉林农业科学，1996（4）：43-45.

[2] 尹立安，徐春红．水稻二化螟的发生与综合防治［J］．辽宁农业科学，2001（5）：52.

[3] 臧连生，阮长春，邵玺文，等．一种适合水田释放寄生蜂防治水稻害虫的放蜂装置：201320503873.5［P］．2014-01-15.

[4] 张俊杰，苗麟，阮长春，等．一种防治水田作物害虫的双层镂空球状赤眼蜂放蜂器：201620742714.4［P］．2016-12-21.

[5] Zang L S，Wang S，Zhang F，et al. Biological control with *Trichogramma* in China：history，present status and perspectives［J］．Annu Rev Entomol，2021，66：463-484.

[6] Smith S M. Biological control with *Trichogramma*：advances，success，and potential of their use［J］．Ann Rev Entomol，1996，41：375-406.

[7] Zhang J J，Ren B Z，Zang L S，et al. Effects of host-egg ages on host selection and suitability of four Chinese *Trichogramma* species，egg parasitoids of the rice striped stem borer，*Chilo suppressalis*［J］．Bio Control，2014，59：159-166.

[8] Yuan X H，Song L W，Zang L S，et al. Performance of four Chinese *Trichogramma* species as biocontrol agents of the rice striped stem borer，*Chilo suppressalis*，under various temperature and humidity regimes［J］．J Pest Sci，2012，85：497-504.

[9] 崔德文．农业昆虫学［M］．长春：吉林科学技术出版社，1990.

[10] 周祖铭．二化螟蛹期分级的发育特征及其不同温度下的历期［J］．昆虫知识，1987，24（2）：69，116.

[11] 郭震，阮长春，臧连生，等．稻螟赤眼蜂 rDNA 特异引物设计及诊断引物在赤眼蜂分子鉴定中的应用 [J]. 中国水稻科学，2021，26 (1)：123 - 126.
[12] 郭震．水稻二化螟卵寄生蜂的采集、鉴定及田间种群动态监测 [D]. 长春：吉林农业大学，2011.

撰稿人

臧连生：博士，贵州大学精细化工研究开发中心研究员。E - mail：lsz0415@163. com

我国棉铃虫的治理

一、案例材料

（一）我国棉铃虫的发生危害

棉铃虫［*Helicoverpa armigera*（Hübner）］属鳞翅目夜蛾科，是一种世界性害虫，广泛分布于亚洲、非洲、澳大利亚和欧洲等地区。在我国，各大棉区均有发生。棉铃虫属多食性害虫，我国已知的寄主植物有20多科200多种。在栽培作物中除为害棉花外，还取食小麦、玉米、大豆、花生、番茄、辣椒等。

20世纪70—80年代，棉铃虫间歇性暴发成灾[1]。其中，1971年、1972年、1973年、1978年、1982年和1990年棉铃虫在黄河流域和长江流域棉区的局部地区大发生。在其他棉区，棉铃虫也有不同程度的发生，在个别环境条件适宜的年份暴发严重。

20世纪90年代初，棉铃虫在我国连续大暴发，严重制约了棉花及其他多种农作物的生产[1-2]。1992年棉铃虫在全国棉区空前大发生，持续时间之长、发生范围之广为历史之最。一代棉铃虫为害小麦，田间幼虫量是历年同期平均值的几倍至几百倍，有些麦田的地表，被一层灰白色的虫粪所覆盖。如河南省北部棉区，一些发生较重的地方麦穗被害率达62%。二代棉铃虫不仅棉花受害严重，在棉铃虫发生密度较高的地方，凡是绿色植物上，都有棉铃虫的卵和幼虫。如山东省乐陵市花园乡一块棉田，百株累计卵量达40 730粒。鲁西北棉区许多地方，棉田累计卵量是前23年总卵量之和。三代棉铃虫危害范围继续扩大，即使是常年棉铃虫发生危害较轻的河北省北部的唐山、秦皇岛、承德、张家口地区以及山西省中部的阳泉市、文水县等，当年花生、玉米、高粱、番茄、茄子、西瓜上均遭受棉铃虫的严重危害。四代棉铃虫继续在南北方棉区普遍大发生，如山西省有些防治较差的棉田，棉株顶部秋桃和叶片被吃光，每株仅剩3～4个秋桃；安徽省沿江棉区，一些发生较重的棉田，百株虫量达130头左右；湖北省、江苏省棉田百株累计卵量最高达1 300～1 700粒。

各地全年仅防治棉铃虫，一般用药防治6～8次，最高达12次以上。虽经大力防治，河北、河南、山西、辽宁等省仍有一些棉田因受害严重而毁弃。经统计，1992年黄河流域各省皮棉损失率均在25%以上，全国棉铃虫造成的直接经济损失达100多亿元。1993年棉铃虫继续大发生，发生程度仅次于1992年。7—9月，由于我国棉区气温普遍偏低，且多风雹、暴雨，对棉铃虫的发生数量有明显抑制作用，使1993年棉铃虫发生呈前重后轻，逐代减轻的态势。1994年全国棉区大部分气温持续偏高，降水量偏少，出现严重旱情，气象条件有利于棉铃虫的发生，棉铃虫的发生呈逐代递增型。五代棉铃虫以往只有在个别年份发生，且基本不造成危害，1994年成为有史以来最高纪录年份，百株棉花累计卵量山东省496粒，河北省800～1 500粒，河南省3 812粒。1995年、1997年全国棉区棉铃虫继续偏重发生。

2000年前后，转Bt基因抗虫棉（简称Bt棉花）大面积种植，全国各大棉区棉铃虫种群发生数量明显减少、危害程度减轻，棉铃虫的发生危害得到了有效控制[3]。2010年以来，随着农作物种植结构调整，黄河流域和长江流域Bt棉花种植面积大幅度下降，棉铃虫种群发生再次加重[4]。

（二）我国棉铃虫的防治

中华人民共和国成立以来，我国棉铃虫的防治大致经历了3个时期：20世纪80年代以前，以化学防治为主；20世纪90年代，为综合防治；2000年以来，主要是Bt棉花种植应用[2,5]。

20世纪50—60年代，我国棉铃虫防治措施比较落后，很多地方还以人工捕捉幼虫等传统农事操作为主。据记载，1965年河北全省发动200万群众，逐株捉虫，仅石家庄地区就捉了5亿头棉铃虫幼虫。有机氯农药逐渐开始用于棉铃虫防治，至20世纪60年代末期成为棉铃虫主要防治手段。20世纪70年代，有机磷农药被大量用于棉铃虫防治。棉铃虫生物防治的研究和应用也发展较快，如保护利用瓢虫、草蛉控制棉铃虫，试用Bt制剂、核型多角体病毒（NPV）和青虫菌防治棉铃虫。此外，利用杨树枝把、黑光灯诱杀棉铃虫成虫的方法在部分棉区得到推广应用。20世纪80年代，菊酯类化学农药大面积使用，在棉铃虫的防治中发挥着主要的作用。此外，种植诱集植物、成虫诱杀、天敌保护、微生物农药使用等技术得到了普及推广。

随着棉铃虫对菊酯类农药等的抗药性问题日益严重，综合防治被认为是棉铃虫防治的根本出路。由此，提出了“一代监测、二代保顶、三代保蕾、四代保铃”为主的综防新策略和科学防治指标。研究发现灌浆期麦穗上的一代棉铃虫幼虫数量与棉田二代棉铃虫的危害轻重有密切关系，由此发展了二代棉铃虫的预测预报技术，用麦田扫网调查幼虫量可以提前20d以上准确预测棉田二代棉铃虫的发生程度。通过选用科学施药方法，掌握适宜的施药时期，生物制剂与化学农药合理配合施用等措施，明显地提高了棉铃虫防治效果，有效地控制了棉铃虫的危害。

1997年我国在黄河流域地区正式商业化种植Bt棉花，2000年长江流域地区开始种植应用，目前我国Bt棉花种植面积占据全国棉花种植总面积的95%。Bt棉花对田间棉铃虫种群的控制效果明显，种植Bt棉花已成为我国棉铃虫防治的主要途径。为了缓解棉铃虫对Bt棉花抗药性的产生与发展，提出了以天然庇护所为核心的棉铃虫Bt抗药性预防性治理对策与技术体系，同时提出了Bt棉花上棉铃虫幼虫的防治指标。2010年前后，黄河流域和长江流域Bt棉花种植面积开始大幅度下降，玉米、花生等其他寄主作物面积扩大，促进了棉铃虫种群发生危害。过去，棉铃虫防治以棉田为主。现在，棉铃虫的主要为害对象日趋多样化，由棉花扩展为玉米、花生、大豆、向日葵、蔬菜等多种作物，种群防控难度明显加大。基于棉铃虫防控技术研发进展，现阶段采取以成虫防治和幼虫防治并重的绿色防控对策，并逐步推进以成虫防治为主、以幼虫防治为辅的区域防控对策。成虫防治重点选择生物食诱剂、杀虫灯等诱杀措施，幼虫非化学防治可以使用NPV、Bt、中红侧沟茧蜂等技术产品，化学防治可选择多杀菌素、茚虫威、氟铃脲、氯虫苯甲酰胺等化学药剂。通过成虫防治，压低虫源基数，降低转移危害和突发暴发的可能性，实现棉铃虫区域种群控制[6]。

二、问题

1. 为什么20世纪90年代初棉铃虫会特大暴发?

2. 为什么20世纪90年代提出“一代监测、二代保顶、三代保蕾、四代保铃”的棉铃虫综合防治对策?

3. Bt棉花种植对棉铃虫种群发生有什么样的调控作用?

4. 为什么要采用“高剂量/庇护所”策略预防棉铃虫对Bt棉花的抗性?

5. 近年来农作物种植结构调整为何增加了棉铃虫种群灾变风险?

三、案例分析

1. 为什么20世纪90年代初棉铃虫会特大暴发?

导致20世纪90年代初我国棉铃虫连年大暴发的因素主要包括气候条件、棉铃虫自身抗药性以及寄主食物资源[1-2,7-8]。

(1) 气候干旱。棉铃虫耐干旱能力强，在干旱气候条件下存活率和繁殖率高。我国长江流域降水量较多，本不是棉铃虫的常发区，但是如果遇到干旱气候，棉铃虫会大发生。如湖北荆州资料显示，7月、8月上中旬三、四代棉铃虫大发生，这两个月的降水量均在60mm以下。20世纪70年代初和90年代初长江流域较干旱，这两个阶段棉铃虫在这个区域大发生。典型的如1994年7月下旬至9月上旬整个长江流域出现连续约50d的干旱无雨期，造成四代棉铃虫在当地特大暴发。长江流域的高密度三代成虫扩散波及黄河流域，使其中南部第四代棉铃虫大发生。黄河流域棉区，在棉铃虫发生期间，常年气候较干旱，有利于其种群发生，是棉铃虫的常发区。由于棉铃虫在土壤中化蛹，在蛹期降水量大的年份，蛹的死亡率高，对下一代棉铃虫有明显的抑制作用。分析河南新乡棉区的棉铃虫和气象历史资料发现，当蛹期降水量超过100mm时，下一代棉铃虫在棉田的发生就轻；而雨量适中、分布均匀、无旱象的年份，则对其发生更有利。1991年冬季普遍偏暖，利于棉铃虫越冬蛹存活；1992年春季温度回升快，黄河流域2月气温高出历史均值的2～10℃，而且上升平稳，5月上旬各地普降小到中雨，利于越冬蛹的羽化，使一代蛾量和幼虫量高；5—6月一二代发生期间，气温偏高、雨量均匀，没有灾害性天气，利于种群繁衍，促使当年棉铃虫特大暴发。1993年，河北、山东、河南三省交界的主产棉区二代棉铃虫发生量与特大发生的1992年相当，到三代棉铃虫发生期的7月上中旬，该棉区连续下雨或暴雨，部分棉田短期被淹，使当年三代棉铃虫发生量显著低于1992年。由于棉田湿度大，使四代棉铃虫的发生程度不但轻，而且被白僵菌寄生率达90%以上，基本为自然条件所控制。

（2）抗药性强。由于化学农药能及时有效地控制棉铃虫的危害，棉农习惯于大剂量、多次重复使用某单一高效药剂防治棉铃虫，当防治效果降低时，又加大用药剂量，增加施药次数，使棉铃虫对这些杀虫剂很快产生抗药性，随后田间用药量越来越大，防治效果也越来越差。如20世纪60年代开始应用滴滴涕（DDT）防治棉铃虫，到20世纪70年代中期，河南新乡棉区的棉铃虫对滴滴涕产生了25～30倍的抗药性，20世纪70年代末河南、河北棉区棉铃虫对滴滴涕产生了115～136倍的高抗药性。1980年以后菊酯类杀虫剂开始试验并推广应用于棉铃虫的防治，但因缺乏宏观保护性管理措施以及较长时期在棉田单一使用，使棉铃虫对菊酯类杀虫剂也产生了较高的抗药性。中国农业科学院植物保护研究所的田间棉铃虫对菊酯类农药的抗药性监测结果表明，到1990年河南新乡棉区棉铃虫对溴氰菊酯的抗性与1980年相比增长100倍左右。如1980年用溴氰菊酯3 000倍液，防治棉铃虫效果高达100%，持续药效可达10～15d，到1986年需用1 500倍液才能获得理想效果，到1990年田间应用1 000倍液对棉铃虫的防治效果仅为90%左右，持续药效也只有5d左右。过量施用化学农药，使棉铃虫抗药性迅速增长，进而加大用药量和次数，使得抗药性问题更加严重，造成棉铃虫无法控制的恶性循环是20世纪90年代初棉铃虫大暴发的一个重要原因。

（3）食物资源丰富。棉铃虫是多食性害虫。在各代棉铃虫发生期间，由于各棉区棉花种植方式和其他作物布局不同，棉铃虫在棉花和其他作物上的发生情况有所差异。自1980年以后，麦、棉间作和夏播棉面积迅速扩大，春玉米面积缩小而夏玉米面积扩大，棉花生育期推迟、秋桃数量增加，使三、四代棉铃虫食物资源丰富。棉花与各种豆类、芝麻、蔬菜作物套种，棉花秸秆拔除时间晚，土地不能彻底耕翻，使蛹的成活率提高，有利于棉铃虫在棉田的大发生。连续多年的棉区作物布局和种植方式的变化，使棉铃虫的寄主作物面积扩大，生长周期延长，在一年之中棉铃虫的发生期比往年提早同时又延长。

2. 为什么20世纪90年代提出“一代监测、二代保顶、三代保蕾、四代保铃”的棉铃虫综合防治对策？

20世纪80年代末至90年代初期，棉铃虫对菊酯类等常规杀虫剂产生了严重抗药性，田间化学防治基本失效，加之气候条件适宜等原因，棉铃虫在黄河流域和长江流域棉区连年暴发成灾，对棉花及其他多种农作物生产造成了严重危害。这一时期，综合防治被认为是棉铃虫治理的根本出路。在“预防为主，综合防治”的植物保护工作方针的指导下，20世纪90年代初中国农业科学院植物保护研究所发展了我国棉铃虫的综合防治对策与技术体系，以当时国内最大棉区、棉铃虫常发区——黄河流域地区为例，提出了“一代监测、二代保顶、三代保蕾、四代保铃”的棉铃虫综合防治策略[2,9]。

一代监测：一代棉铃虫绝大多数在麦田为害。越冬代成虫发生期与小麦抽穗期基本吻合，雌虫将卵产在麦穗上。初孵幼虫钻入颖壳取食内表皮和花器，很难发现。二至三龄以后，幼虫钻出颖壳，藏在麦穗的小穗缝隙处，咬破颖壳取食正在灌浆的麦粒，直至幼虫老熟一直蛀食麦粒。平常年份棉铃虫在麦田发生密度很低，每平方米少于1头，对小麦不会造成明显损失。只有在大发生年份幼虫密度达10～20头/m^2时，对小麦产量才有一定影响。据中国科学院动物研究所在特大发生的1992年调查，棉铃虫为害小麦减产＜4%，与河南省获嘉县植保站在1993年（第二个大发生年）调查的结果一致。因此，在麦田防治棉铃虫很难获得收益，却会杀伤大量麦田天敌，是不符合IPM（有害生物综合治理）原则的。有一种意见认为，麦田棉铃虫是棉田二代棉铃虫的主要虫源，防治麦田一代棉铃虫是为了压低棉田二代棉铃虫的虫口。但是实践证明麦田防治棉铃虫并未明显减轻二代棉铃虫对棉田的压力。如1993年虽然在麦田大面积防治棉铃虫，但仍没有减少棉田的防治次数、防治规模和用药量。这是因为黄河流域麦田面积很大，一般是棉田的4～10倍，在大发生条件下，即使普遍开展麦田棉铃虫的防治工作，麦田的残虫羽化后集中到棉田产卵，仍会构成二代棉铃虫在棉田的高密度种群。因此，对一代棉铃虫的策略主要是搞好麦田的虫情监测，由此预测二代棉铃虫在棉田的发生程度。

二代保顶：二代棉铃虫为害棉茎顶端、棉蕾和嫩叶。在气温偏高、棉花生长较快时，棉铃虫仅为害棉茎顶端周围的幼芽叶，使叶片残破，而生长点未受害，棉茎能继续生长。在棉铃虫早发生年份，幼虫为害时气温偏低，棉茎生长慢，顶端生长点常遭破坏，形成断头棉，断头以下 3～4 个叶腋处长出粗壮的徒长枝杈，上面只有叶片而不见蕾、花，使棉株严重减产，农民称为“公棉花”，这是二代棉铃虫对棉花的最大危害。1992 年棉铃虫造成棉花严重减产，主要是顶端被害所致。春播棉在二代棉铃虫发生期有较强的补偿能力，基部果枝上的蕾被害脱落后，会促进中部果枝长出更多的蕾，这些蕾虽然发育迟些，但仍属于“迟伏桃”，能正常成熟。因此本阶段一定程度的蕾受害脱落并不导致减产。二代棉铃虫的防治对策主要应保护棉茎顶端不受害，对于蕾的被害，只要棉铃虫幼虫数量得到适度控制，可以利用棉花本身的补偿能力来保证所需要的蕾数。

三代保蕾：三代棉铃虫发生期，适合其取食产卵的寄主植物明显增多。二代棉铃虫成虫羽化后除在棉田产卵外，还大量分散到玉米、花生、豆类、芝麻和多种蔬菜等作物上产卵，使三代棉铃虫在棉田的发生量明显减少。平常年份三代棉铃虫在有些棉田的幼虫发生量降低到防治指标以下，因此只需要局部用杀虫剂加以控制。但这时棉花的补偿能力已大大下降，蕾和幼铃的受害对产量有直接影响，必须严格按防治指标展开药剂防治。三代卵和初孵幼虫分散到棉花的群尖周围，与二代棉铃虫主要集中在主茎顶端周围不同，喷药时要比二代棉铃虫细致周到，才能收到良好防治效果。简而言之，三代棉铃虫的防治对策以保蕾为主。

四代保铃：四代棉铃虫蛀食棉铃，被蛀部分以后形成僵瓣，在多雨潮湿的条件下，受害铃容易霉烂脱落。这个阶段棉铃虫幼虫的天敌较多，常起到重要的自然控害作用。较突出的如在温度偏高、多雨条件下，幼虫被白僵菌和拟深绿青霉菌大量寄生，有的年份和地区寄生率超过 90%，可以基本不用农药防治，还使越冬蛹的密度大减而越冬死亡率上升。但在干旱年份棉铃虫大发生时，自然控制作用就不那么明显，必须认真开展农药防治。总之，四代棉铃虫的防治对策以保铃为主。

中国农业科学院植物保护研究所综合采用了上述一整套防治策略技术，1992 年使河南省新乡县 3 333.3hm^2 棉花免受棉铃虫猖獗危害，较非示范区增产 40%～60%，防治成本降低 25%，成为全国唯一在棉铃虫暴发年份大面积成功控制棉铃虫危害的综合防治典范。后来，这套技术被国家科委、农业部等部门在全国范围内进行示范推广，在 20 世纪 90 年代棉铃虫科学防治中发挥了重要作用，取得了显著的经济和社会效益。

3. Bt 棉花种植对棉铃虫种群发生有什么样的调控作用?

1997 年，我国开始商业化种植 Bt 棉花。Bt 棉花植株表达形成杀虫蛋白，对棉铃虫低龄幼虫具有很强的毒杀作用。小区试验表明，Bt 棉花和常规棉花上棉铃虫落卵量没有显著差异，而 Bt 棉花上棉铃虫幼虫发生密度显著降低。这表明，Bt 棉花对棉铃虫成虫产卵选择习性没有影响，但能有效控制幼虫数量。区域性监测发现，Bt 棉花种植以后，棉花及其他作物（玉米、花生、大豆、蔬菜等）上棉铃虫种群发生数量明显下降，并与 Bt 棉花种植率的提升呈显著负相关。这说明，Bt 棉花的种植不仅有效控制了 Bt 棉田棉铃虫种群，还明显减轻了其他非转基因寄主作物上棉铃虫的危害，从而减少了这些作物上化学农药的使用量。Bt 棉花种植之前，黄河流域地区棉花上棉铃虫一般发生 3 代（2～4 代），世代重叠现象严重；随着 Bt 棉花的种植，现在仅二代棉铃虫有一定发生，三、四代发生数量极低，各世代产卵持续时间和产卵量显著下降，几乎不再发生世代重叠现象。棉铃虫具有远距离迁飞能力，能在不同省份、不同寄主作物间转移扩散。Bt 棉花能对棉铃虫区域性控制的主要原因：棉铃虫一代成虫主要把卵产在棉花上，棉田成为其他作物上随后各代棉铃虫的虫源地。Bt 棉花杀死了大部分的棉铃虫二代幼虫，从而压低了其他作物上的虫源基数。对整个棉铃虫种群来说，Bt 棉花成了一个致死性的诱集植物。因此，Bt 棉花种植使整个种植区内多种作物上棉铃虫种群发生得到了有效控制[10]。

4. 为什么要采用“高剂量/庇护所”策略预防棉铃虫对 Bt 棉花的抗性?

与化学农药的使用一样，随着 Bt 棉花的大面积推广应用，棉铃虫等靶标害虫在持续的选择压力下，会对 Bt 杀虫蛋白逐步产生抗性，最终将导致 Bt 棉花对靶标害虫失去控制作用。因此，建立靶标害虫抗性预防治理对策与技术体系是保障 Bt 棉花可持续利用的基本前提，也是这一阶段棉铃虫综合治理的关键问题。美国、澳大利亚、加拿大等国家普遍采用的是“高剂量/庇护所”策略。通过颁布政府法规，强制性要求棉农在 Bt 棉花周围种植一定比例的普通棉花作为“庇护所”，“庇护所”上产生的敏感种群和 Bt 棉花上存活下来的抗性种群间随机交配产生抗性杂合子，再通过“高剂量”Bt 棉花杀死抗性杂合子，从而防止或延缓靶标害虫对 Bt 棉花产生抗性。如果 Bt 棉花中 Bt 杀虫蛋白表达量不能达到“高剂量”，则要求“庇护所”的比例大大提高。我国棉花主产区大都是以小农户为主的小规模生产模式，无法实施美国等国家强制性要求种业公司与农场主设置人工“庇护所”治理靶标害虫抗性的策略，因此，结合我国国情，中国农业科学院植物保护研究所发展了以天然“庇护所”利用为核心的棉铃虫对 Bt 棉花的抗性预防治理对策与技术[11]。

天然“庇护所”：棉铃虫的寄主植物范围广泛。在自然条件下，大豆和花生田二至三代棉铃虫和玉米田三至四代棉铃虫幼虫密度显著高于 Bt 棉田，可分别为二至四代棉铃虫提供有效“庇护所”。利用$^{12}C/^{13}C$稳定性同位素分析技术和微量棉酚分析技术对棉铃虫成虫种群结构的定量分析显示，棉花种植区二至四代棉铃虫成虫来自棉田的残存个体低于种群数量的 10%，8—10 月 65%以上的棉铃虫成虫来自玉米田。模型分析表明，我国棉区主要作物种植模式 Bt 棉花＋大豆（花生）＋玉米种植因大豆和花生可为二至三代棉铃虫提供“庇护所”，玉米可为三至四代棉铃虫提供“庇护所”而成为抗性低风险模式；少数地区采用 Bt 棉花＋玉米种植模式因缺少二代棉铃虫“庇护所”，或者 Bt 棉花＋大豆（花生）种植模式因大豆（花生）对四代棉铃虫“庇护所”功能较弱而成为相对高风险模式。理论最佳种植模式为 Bt 棉花（种植面积＜30%）＋大豆或花生（＞40%）＋玉米或番茄等蔬菜（＞30%）。棉铃虫具有区域性迁飞转移习性，也可明显降低高风险种植模式下的抗性风险。

目前国内外已有多种 Bt 作物产品，很多产品的 Bt 杀虫蛋白与我国 Bt 棉花中的 Cry1A 蛋白存在正交互抗性问题，如果商业化种植此类 Bt 作物将减少棉铃虫的天然“庇护所”，而大幅度增加 Bt 棉花棉铃虫的抗性风险。从国家长期利益的战略高度讲，应禁止表达与 Bt－Cry1A 蛋白具有正交互抗性的 Bt 作物在我国的商业化种植。

“高剂量”：Bt 蛋白表达棉花品种的种植将通过增加棉铃虫的存活数量，而加大棉铃虫的抗性风险。因此，Bt 棉花品种进行商业化之前，都需要通过国家组织的在 Bt 杀虫蛋白表达量、抗虫效率及其稳定性、纯合度等方面的强制性检测。只有 Bt 杀虫蛋白表达量高和稳定的棉花品种才能获得转基因作物安全证书，而 Bt 杀虫蛋白表达量低和稳定性差的品种将直接淘汰、不能进入商业化阶段。这种管理方式保障了我国生产中 Bt 棉花的“高剂量”，以实现降低抗性昆虫杂合子存活率、延缓抗性发展的目的。

1997 年以来的系统监测数据显示，在我国大面积种植 Bt 棉花的情况下，田间棉铃虫种群对 Cry1Ac 的敏感性水平有所降低，但尚未产生明显的抗性，Bt 棉花仍然可以高效控制棉铃虫的发生与危害[12]。这些结果表明，棉铃虫 Bt 抗性预防治理对策的应用是十分成功的。

5. 近年来农作物种植结构调整为何增加了棉铃虫种群灾变风险？

随着国家种植业结构的战略性调整，黄河流域、长江流域地区棉花种植面积大幅度降低，而玉米等其他作物种植面积持续上升。2010 年以来，Bt 棉田棉铃虫种群发生稳定，较前期没有明显变化；而玉米、花生、蔬菜等作物上棉铃虫卵和幼虫发生密度不断增加，危害程度明显加重[4]。导致上述变化的原因有如下两点：①Bt 棉花种植面积大幅度减少，玉米等非 Bt 作物种植规模显著上升，Bt 棉花在棉铃虫寄主作物中种植率下降，使 Bt 棉花对棉铃虫区域性种群发生的调控能力明显减弱，导致棉铃虫种群基数不断增加，发生程度逐年加重。②随着棉花种植面积的急剧下降以及玉米、花生等种植规模的增加，一代棉铃虫成虫大量选择在苗期玉米、花生等植株上产卵，进而导致二代幼虫取食苗期玉米与花生等嫩叶，使其受损严重，这种现象在以前棉花大规模种植情况下是十分罕见的。这表明，随着作物种植结构调整，棉铃虫的季节性寄主转换规律已发生明显变化，二代主要寄主作物已由棉花扩展到了玉米、花生等作物，从而形成了 Bt 棉花种植区棉铃虫季节性寄主转换的新链条，削弱了 Bt 棉花对棉铃虫区域种群的控制能力，促进了棉铃虫种群的快速恢复和增殖。

四、补充材料

（一）棉铃虫的形态特征（图 2－1）

成虫：体长 14～18mm，翅展 30～38mm，雌蛾赤褐色或黄褐色，雄蛾青灰色，前翅近外缘有一暗褐色宽带，带内有清晰的白点 8 个，外缘有 7 个红褐色小点，排列于翅脉间。环状纹圆形具褐边，中央有一褐点。后翅灰白色，外缘暗褐色宽带中央常有两个相连的灰白斑。复眼球形，绿色。

卵：近半球形，高 0.51～0.55mm，宽 0.44～0.48mm。中部通常有 24～34 条直达底部的纵棱，每 2 条纵棱间有 1 条纵棱分为二叉或三叉，纵棱间有横道 18～20 条。初产卵乳白色或翠绿色，逐渐变黄色，近孵化时变为红褐色或紫褐色，顶部黑色。

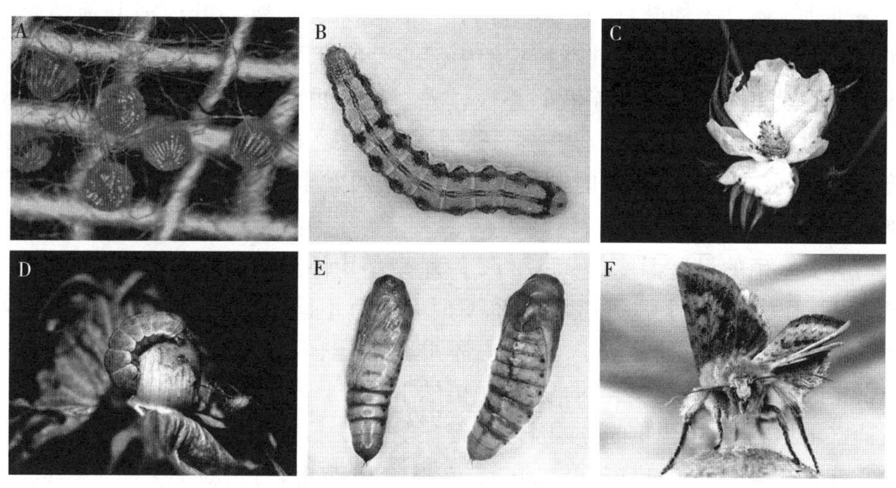

图 2－1　棉铃虫各虫态及其为害状

A. 卵　B. 幼虫　C. 幼虫取食花蕾　D. 幼虫取食棉铃　E. 蛹　F. 成虫

（毛志明，2014）

幼虫：可分为5～6个龄期，多数为6个龄期。体色变异较大，有绿色、淡绿色、黄白色、淡红色等。初孵幼虫头壳漆黑，身上条纹不明显，随着虫龄增加，前胸盾板斑纹和体线变化渐趋复杂。背线一般有2条或4条，气门上线可分为不连续的3～4条线，其上有连续白纹，体表满布褐色和灰色小刺，腹面有黑色或黑褐色小刺。

蛹：体长14～23.4mm，宽4.2～6.5mm，纺锤形。初蛹体色乳白至褐色，常带绿色；复眼、翅芽、足均半透明。后期蛹逐渐变为深褐至黑褐色，直到全身发黑，此时即将羽化。雌蛹生殖孔位于腹部腹面第8节，与肛门距离较远；雄蛹生殖孔位于腹部腹面第9节，与肛门距离较近。滞育蛹在化蛹后3～4d，头部后颊部分仍有斜行黑点4个。

（二）棉铃虫的生活习性

棉铃虫成虫多在夜间羽化，19:00至次日2:00羽化最多，占总羽化数的65.1%，少数在白天上午羽化。羽化后当夜即可交配，一生可交尾1～5次。羽化后第2～5天开始产卵，产卵期一般5～10d，越冬代和末代稍长一些。成虫交尾、产卵和取食花蜜等活动主要在夜间进行，一般有3次明显的飞翔活动时间。第1次在日落后3h内，在18:00—21:00，以19:30—20:30最盛，多在开花的蜜源植物上边飞翔边取食，称为黄昏飞翔，这次飞翔雌蛾比雄蛾早0.5h左右。第2次在1:30—4:00，以2:00—2:30最活跃，主要是觅偶和交尾，称为婚飞。第3次在黎明前，找寻隐蔽处所，称为黎明飞翔。日出后停止飞翔活动，栖息于棉叶背面、花冠内，以及玉米、高粱心叶内或其他植物丛间。成虫飞翔能力强，往往在植株的中部或上部穿飞。对黑光灯和半干的杨柳枝叶有较强趋性，而对糖醋液的趋性较差。棉铃虫雌蛾比雄蛾早羽化1～2d，在黑光灯和杨树枝把诱蛾调查中，每一代开始雌蛾多于雄蛾，当雌蛾与雄蛾比接近1∶1或蛾量突然上升时则为当代棉铃虫的发生高峰。后期雄蛾显著多于雌蛾。

成虫繁殖的最适温度是25～30℃。雌蛾平均怀卵量超过1 200粒，产卵率高达97%以上。高于30℃或低于20℃时，则有不同程度的下降。15℃时每雌蛾平均怀卵仅200余粒，35℃时成虫怀卵量和产卵率急剧下降。成虫产卵期常与寄主的孕蕾开花期吻合。卵散产在植株上，产卵部位随寄主种类不同而异。同种寄主植物上的产卵部位又因代别而有变化。如6月中下旬的二代棉铃虫卵主要分布在顶梢、嫩叶正面、幼蕾、苞叶及嫩茎上，占总卵数的80%以上。7—8月的三、四代棉铃虫卵多产在群尖、上部幼蕾和嫩叶上。

卵的孵化率一般为80%～100%。受精卵初产时乳白色，以后顶部出现紫黑色的晕环，临孵化时顶部全变为紫黑色。未受精卵初产时乳白色或鲜黄色，以后逐渐干瘪。卵历期一般 2～4d。幼虫经常在一个部位取食少许即转移到他处为害，常随虫龄增长，由上而下从嫩叶到蕾、铃依次转移为害。幼虫转移为害时间主要在 5:30—19:30，尤以 5:30—12:00 最为频繁，占总转移次数的 50%，12:00—19:30 占 37.5%。

初孵幼虫通常先吃掉卵壳，然后取食嫩叶、嫩梢、幼蕾、花、铃等器官。大部分初孵幼虫吃过卵壳后转移到叶背栖息，当天不食不动，翌日大多转移到中心生长点、幼蕾、苞叶内或上部果枝嫩梢上取食，第 3 天蜕皮。蜕皮前不食不动。幼虫一至二龄若受惊有吐丝下坠的习性。二代一至二龄幼虫主要为害生长点和幼蕾。生长点轻度受害对棉株生长无明显影响，但严重受害后顶心出现黑褐色，然后坏死，使棉株不能继续生长，随后顶部长出许多分叉，形成“多头棉”。幼蕾受害后变黄、脱落。三龄以后多钻入蕾、花、铃内为害。在蕾期幼虫通过苞叶或直接蛀入蕾中取食，虫粪排出蕾外，被害蕾蛀孔较大，直径约 5mm，被害蕾苞叶张开，变为黄色而脱落。花期幼虫钻入花中取食花粉和花柱或从子房基部蛀入为害，被食害花一般不能结铃。在铃期幼虫从青铃基部蛀入，往往蛀食一空，留下铃壳，有时仅取食一室至数室，留下的其他各室也引起腐烂。蛀食铃时虫体大半外露，虫粪也排在铃外。据田间定期调查统计，每头二代幼虫食害 10～13 个蕾，0.5～0.6 个生长点；每头三代幼虫食害 8～9 个蕾，0.3 朵花，2.5～2.9 个铃。部分三至四龄幼虫在 9:00 前后有钻出蕾、铃爬到叶面的习性。每次蜕皮前幼虫自食料中爬出，静止不动，也不取食，约 0.5d 开始蜕皮。大部分幼虫将所蜕的皮吃掉，仅留头壳。

幼虫龄数多少与食料种类和环境条件有关。如取食棉花蕾、铃的五龄幼虫与六龄幼虫各半，有时以五龄幼虫为主；取食豌豆、向日葵果实的以五龄幼虫为主；取食玉米嫩穗、小麦嫩粒和番茄果实的以六龄幼虫为主。在同样温度下，幼虫历期也随食料而异。一般取食番茄的历期长，取食向日葵、豌豆的历期短，而取食棉花、小麦的介于两者之间。各龄幼虫大致历期：一龄 2～5d，二龄 2～4d，三龄 2～3d，四龄 2～4d，五龄 2～3d，六龄 2～5d，幼虫历期 12～24d。

幼虫老熟后多在 9:30—12:00 吐丝下坠入地筑土室化蛹。入土前停食 0.5～4h，并排空体内粪便。土室直径约 10mm，长约 20mm，土室一般在离棉株 25～50cm 的疏松土中，入土深度 2.5～6cm，最深达 9cm。仅个别在枯铃或青铃内化蛹。化蛹前有一预蛹期，一般 1～3d。蛹期 10～14d，因性别而有不同。一般雌虫蛹期短于雄虫，因此每代蛾子的羽化，前期雌多于雄，后期相反雄多于雌，而在高峰期雌雄数量相近。

棉铃虫以滞育蛹越冬，出现 50%的滞育蛹的时期，长江流域的湖北、江苏多在9月上中旬至10月上旬，黄河流域多在9月上中旬，新疆在9月上旬。决定出现滞育蛹的主要因素是日照长短，温度和食料也十分重要。棉铃虫幼虫在25℃的适温下，日照14h是决定蛹滞育的临界点，此时有50%的蛹滞育；日照短于14h，蛹全部滞育。较低的温度会延长引起滞育的日照期，在20℃时滞育的临界日照期为14～15h，在25℃时为13～14h，而在28℃时即使幼虫经每昼夜12h的短日照期，滞育蛹仍不到50%。食料对棉铃虫种群滞育临界期出现迟早也有明显的影响，如幼虫取食棉铃、番茄等食料引起滞育的日照临界期比取食棉叶的短。

根据棉铃虫适应当地气候的滞育、抗寒特点，我国棉铃虫被划分为4个地理型：热带型、亚热带型、温带型、新疆型。随纬度升高，过冷却点降低，抗寒能力增强。热带型棉铃虫分布在我国华南地区，没有滞育能力；亚热带型棉铃虫分布在长江流域，少数具有滞育能力；温带型棉铃虫分布在黄河流域，具有滞育能力；新疆型棉铃虫分布在新疆，具有滞育能力。棉铃虫不能在我国东北越冬，但具有长距离迁飞能力，东北棉铃虫种群是从黄河流域迁飞过去的。

（三）棉铃虫的发生规律

棉铃虫在各棉区年发生代数由北向南逐渐增多，在北纬40°以北地区，包括辽河流域棉区、新疆、甘肃、河北北部、山西北部一年发生3代，部分2代，少数4代。北纬32°—40°的黄河流域棉区及部分长江流域棉区包括河北大部、河南、山东、山西东南部、陕西关中、湖北北部、安徽北部和江苏北部等棉区，每年发生4代，有的年份有不完整的5代。北纬25°—32°的长江流域棉区，包括江苏，浙江，湖北荆州、黄冈，江西九江、南昌，安徽南部，湖南洞庭湖地区和四川中部等棉区，每年发生5代，有的年份出现不完整的6代。北纬25°以南的华南棉区，包括广东曲江、广西柳州、湖南南部和云南开远，每年发生6代，在云南部分地区，可发生7代，冬季蛹不滞育。

在新疆地区，越冬蛹5月开始羽化，一代成虫产卵高峰期新疆南部在6月上旬，新疆北部在6月中旬，主要产在胡麻、豌豆、早番茄、直播玉米等作物上，此外紫草、曼陀罗上也有。二代产卵高峰新疆南部在7月上中旬，新疆北部在7月中旬，主要产在玉米、棉花、番茄、烟草、辣椒等作物上，三代产卵高峰均在8月，主要产在玉米、烟草、棉花、晚番茄、高粱上。

黄河流域棉区以滞育蛹越冬，至4月中下旬始见成虫，一代幼虫主要为害小麦、豌豆、越冬苜蓿、苕子、早番茄等，为害盛期为5月中下旬。二代幼虫为害盛期在6月下旬至7月上旬，主要为害棉花，其他寄主还有番茄、苜蓿等。三代幼虫为害盛期在7月下旬至8月上旬，发生期延续的时间长，主要为害棉花、玉米、豆类、花生、番茄等。四代幼虫除为害上述作物外，还为害高粱、向日葵及苜蓿等豆科绿肥作物，部分非滞育蛹当年羽化，并可产卵、孵化，但幼虫因温度逐渐降低不能满足其发育而死亡。

长江流域棉区越冬蛹4月底至5月初羽化，第一代幼虫主要为害小麦、豌豆、苕子、苘麻和锦葵科植物。棉花、玉米、芝麻和冬瓜等是二至四代幼虫的主要寄主。四代成虫始见于9月上中旬。五代幼虫发生于9月下旬至11月上旬，主要在秋玉米、高粱、向日葵及菜豆等蔬菜及其他寄主上为害。以五代滞育蛹越冬。

棉铃虫在棉田发生时间和为害轻重，因地区、代别和年份不同而有明显差异。辽宁和新疆以第二代为害较重，黄河流域棉区常年是二、三代为害严重，少数年份四代发生量大，主要为害夏播棉花和晚熟棉花。长江流域棉区为间歇性大发生，常以三、四代为害严重。

（四）Bt棉花的研发及在我国的应用

苏云金芽孢杆菌（Bt）是一种革兰氏阳性土壤芽孢杆菌，在芽孢形成期可产生具有杀虫活性的伴孢晶体。伴孢晶体对鳞翅目、双翅目和鞘翅目等一些害虫具有毒杀活性。Bt杀虫作用的主要过程：昆虫取食Bt后，晶体蛋白（原毒素）在昆虫碱性肠道内溶解，经过中肠蛋白酶的消化作用，将原毒素降解为活性蛋白，活性蛋白与中肠膜受体结合，毒蛋白插入昆虫中肠细胞膜，形成跨膜离子通道或孔洞，导致细胞溶解，最终使昆虫死亡。20世纪30年代，Bt生物制剂正式商业化并被广泛用于多种农作物害虫防治。目前Bt制剂是全世界产量最大、使用最广的微生物杀虫剂，具有对人畜和非靶标生物安全、环境兼容性好等优点。但Bt制剂同时具有药效慢、持效期短的缺点，此外其控害效果易受紫外线照射、降雨等外界环境影响，且成本高，从而限制了其在生产上的应用范围。

20世纪80年代，随着分子生物学与基因工程技术的不断发展，科学家们从苏云金芽孢杆菌中成功分离出编码杀虫晶体蛋白的Bt基因，经修饰改造后导入棉花基因组，使其自身合成产生杀虫晶体蛋白，获得转基因棉花植株，然后再通过常规方法选育出Bt棉花新品系。Bt棉花可以在全生育期、整个植株表达产生Bt杀虫晶体蛋白，从而使棉花植株成为Bt蛋白的植物工厂。与Bt生物制剂相比，Bt棉花具有如下几方面突出优势：①在不同环境条件下，Bt棉花的杀虫蛋白表达量相对恒定，Bt棉花控害效果比较稳定，受阳光钝化、雨水冲淋等环境因子影响较小。②Bt杀虫蛋白对靶标害虫低龄幼虫的控制效果好，而随着幼虫龄期的增加，防效将逐步减弱。在Bt制剂的应用实践中，一旦错过幼虫低龄这一防治适期，防效将大幅度降低；同时在生产中很多害虫世代重叠严重、虫龄不整齐，这给Bt制剂的应用带来了巨大挑战，是导致其田间防治效果不稳定的主要原因。而在Bt棉花上，害虫幼虫孵化后就会通过取食植物第一时间摄入Bt杀虫蛋白，从而在最佳时期发挥其最佳防效，控制效率显著提高。③Bt制剂生产、运输和使用成本高，而Bt棉花植株自身全生育期生产Bt杀虫蛋白，无须成本。Bt棉花改变了Bt的传统使用方式，提高了Bt的防治效果及其稳定性。

1997年我国开始商业化应用Bt棉花，当年Bt棉花种植面积仅为10万hm^2。随后，Bt棉花在我国的种植面积迅速增长。据ISAAA（国际农业生物技术应用服务组织）统计资料显示，1998年我国推广面积为26万hm^2，占全国棉花种植总面积的2%左右，2013年Bt棉花种植面积达到420万hm^2，占棉花种植总面积的90%，到2017年Bt棉花种植面积为278万hm^2，占棉花种植总面积的近95%。目前，我国商业化应用Bt棉花中主要导入的外源基因为*Cry1Ac*或*Cry1Ac/Cry1Ab*融合基因*Cry1A*，表现为抗鳞翅目的棉铃虫和红铃虫[13]。

参考文献

[1] 姜瑞中，曾昭慧，刘万才，等．中国农作物主要生物灾害实录：1949—2000［M］．北京：中国农业出版社，2005.

[2] 郭予元．棉铃虫的研究［M］．北京：中国农业出版社，1998.

[3] Wu K M. Monitoring and management strategy for *Helicoverpa armigera* resistance to Bt cotton in China［J］．J Invertebr Pathol，2007，95：220－223.

[4] 陆宴辉，姜玉英，刘杰，等．种植业结构调整增加棉铃虫的灾变风险［J］．应用昆虫学报，2018，55（1）：19－24.

[5] Wu K M，Guo Y Y. The evolution of cotton pest management practices in China［J］．Annu Rev Entomol，2005，50：31－52.

[6] 陆宴辉，梁革梅，张永军，等．二十一世纪以来棉花害虫治理成就与展望［J］．应用昆虫学报，2020，57（3）：477－490.

[7] 沈晋良，吴益东．棉铃虫的抗药性与治理［M］．北京：中国农业出版社，1995.

[8] 屈西峰，姜玉英，邵振润．棉铃虫预测预报新技术［M］．北京：中国科学技术出版社，2000.

[9] 中国农业科学院植物保护研究所棉花害虫研究组．控制棉铃虫猖獗危害的区域性综合防治关键技术体系的研究［J］．中国农业科学，1995，28（1）：1－7.

[10] Wu K M，Lu Y H，Feng H Q，et al. Suppression of cotton bollworm in multiple crops in China in areas with Bt toxin－containing cotton［J］．Science，2008，321：1676－1678.

[11] Jin L，Zhang H N，Lu Y H，et al. Large－scale test of the natural refuge strategy for delaying insect resistance to transgenic Bt crops［J］．Nature Biotechnol，2015，33（2）：169－174.

[12] Zhang D D, Xiao Y T, Chen W B, et al. Field monitoring of *Helicoverpa armigera* (Lepidoptera: Noctuidae) Cry1Ac insecticidal protein resistance in China (2005—2017) [J]. Pest Manag Sci, 2019, 75 (3): 753-759.
[13] 陆宴辉. 转基因棉花 [M]. 北京: 中国农业科学技术出版社, 2020.

撰稿人

陆宴辉：男，博士，中国农业科学院植物保护研究所研究员。E-mail: luyanhui@caas. cn

潘洪生：男，博士，新疆农业科学院植物保护研究所研究员。E-mail: panhongsheng0715@163. com

3 案例3

烟粉虱的入侵、暴发与控制

一、案例材料

2000年，烟粉虱成虫肆虐河北廊坊、任丘，规模之大实属历史罕见，成团烟粉虱成虫乱飞乱撞（2000年8月29日《人民日报》）。2000年，天津空中飘着烟粉虱，市民走路发现迎面飘来很多白色粉层，进入人的耳朵与鼻子中（2000年9月19日《人民日报》）。2000年是历史上烟粉虱发生最重的一年，每片冬瓜叶、茄子叶上烟粉虱成虫多达1 500头，若虫不计其数，绝大多数农田减产30%～70%，广东中山沙堆、珠海伊甸园等蔬菜生产基地近乎绝产。

2006年9月19日，荆楚网报道，武汉三镇街头飞舞的烟粉虱给市民的日常生活带来影响。在一辆开往青山方向的540路公交车上，就读武汉大学的小刘刚上车坐定，面对车窗外涌进的白色“虫阵”，一手捂住了口鼻，另一只手则忙着驱赶。

2006年3月，在上海孙桥地区发现番茄黄化曲叶病毒病，同年秋冬季浙江几个地区也相继发生了严重的番茄黄化曲叶病毒病。山东于2007年在济宁市鱼台县唐马乡首次发现番茄黄化曲叶病毒病症状的番茄病株，至2009年番茄黄化曲叶病毒病在山东全面扩散暴发成灾，使番茄等重要经济作物严重减产甚至绝产。目前全国已有20多个省份发现该病，并且在我国自东向西、由南向北迅速蔓延扩张，浙江、福建、广东、广西、云南、江苏、安徽、山东、河南、河北、山西、新疆等番茄主产区相继发现番茄黄化曲叶病毒病，危害程度不断加剧，对番茄生产构成了严重威胁。

2013年7—8月，湛江南菜北运蔬菜基地烟粉虱大暴发。蔬菜生产基地的人们逐渐发现，大棚与露地的黄瓜、番茄、茄子、辣椒、芥蓝、花椰菜等蔬菜叶片上附着有密密麻麻的淡黄色、近圆形的微小虫体，这些虫体发育到成虫后变为白色，一旦蔬菜植株摇动便会在空中飞舞，甚至飞入人的耳朵、鼻孔与口中，尽管多次使用药剂喷杀，但效果不佳。被该害虫持续为害的蔬菜，果实畸形，叶片萎缩、黄化，嫩叶卷曲，叶片上面往往滋生霉菌，植株生长不良，并逐渐枯萎死亡。该害虫的为害严重影响了蔬菜的产量与品质。

2007—2015年，连续近10年的全国范围内烟粉虱生物型的调查结果表明：在我国多数省份B型烟粉虱已经被Q型烟粉虱取代，同时，番茄黄化曲叶病毒病在我国发生危害的范围也不断扩大。据不完全统计，该病在我国每年的发生面积超过6.67万hm^2，造成的经济损失高达20亿美元。此外专家预测该病发生面积可能会以年增20%的速度在全国各地蔓延，给我国的番茄生产带来严重威胁。

2019年9月29日，山东省菏泽市多位市民向《牡丹晚报》1600000新闻热线反映，菏泽市区空中、植物叶表上突现大量“白色粉末”，经常会附着在头发和衣服上，一不小心还会进入眼中、口中，让人很担心。“这几天小区绿植叶面上经常能看见一些白色的小点，原先以为是灰尘，但有一次孩子玩耍时发现是小虫子，吓了我一跳，咱也不知道是啥，挺担心的……”市民袁女士告诉记者。情况确实如她所说，记者也注意到市区街道两旁绿植上，的确有不少白色带翅小虫，部分严重区域，叶面上表面或下表面密密麻麻的一层，看着很是瘆人。经菏泽市林业局首席专家鉴定，空中、绿植上的“白色粉末”是属于半翅目粉虱科的烟粉虱。

二、问题

1. 什么原因造成2000年至今，烟粉虱在我国间歇性暴发成灾？

2. 烟粉虱的主要危害方式是什么？其与番茄生产中黄化曲叶病毒病的关系又是什么？

3. 我国烟粉虱的主要类群有哪些？B型烟粉虱被Q型烟粉虱取代的生态学机制是什么？

4. 根据露地蔬菜栽培与保护地蔬菜栽培方式的差异，烟粉虱的防控应采取什么样的针对性策略？

三、案例分析

1. 什么原因造成2000年至今，烟粉虱在我国间歇性暴发成灾？

2000年烟粉虱在我国暴发成灾，其原因归结于20世纪90年代中期外来烟粉虱种群（B型）在我国的不断入侵与扩散。当一种外来入侵害虫（如B型烟粉虱）入侵到一个新的生境以后，由于摆脱了原来寄生蜂、捕食性昆虫、病原微生物等天敌因素以及环境因素的制约，加之新的环境中食料充足、气候适宜，入侵害虫在经过一定程度的数量积累后，就会暴发成灾，对农业生产造成极大的危害。2000 年至今的 20 多年间，烟粉虱在华南、华东和华北地区呈现间歇性暴发局面，也主要与其蔬菜、经济作物和花卉植物等的种植面积、种植模式及生产管理方式等有着密切的关系。

我国的烟粉虱最早记载于 1949 年，分布于广东、广西、海南、福建、云南、上海、浙江、江苏、湖北、四川、陕西、北京等省份，但一直是农业生产中的次要害虫，究其原因是此阶段我国的烟粉虱是土著种，种群数量少，取食危害能力弱。然而，20 世纪 90 年代中期，B 型烟粉虱由国外入侵到我国（据系统发育关系研究，B 型烟粉虱是由美国入侵到我国的），因其寄主植物广以及繁殖力、抗药性和耐热能力强等特点，B 型烟粉虱在我国迅速传播与蔓延，到 2005 年几乎已遍及我国所有的省份[1-2]。此外，2003 年前后，Q 型烟粉虱在云南的一品红上被发现（推测 Q 型烟粉虱是 1999 昆明世界园艺博览会期间，由地中海国家如西班牙，经花卉苗木的输入进入我国）。研究表明，与 B 型烟粉虱相比，Q 型烟粉虱有着更强的抗药性和传播植物病毒的能力[3-4]。经过近 20 年的综合治理，目前我国的烟粉虱危害已经被控制在一个较低的水平，但仍然有个别地区因为生产管理不善导致烟粉虱间歇性暴发，湛江蔬菜基地烟粉虱暴发危害的原因就属于此种情况。

烟粉虱之所以能够在全世界范围内迅速传播扩散并暴发成灾，另外的原因是其具有众多的寄主植物和较强的抗药性。

烟粉虱可以在数百种植物上取食与繁殖。据调查，在广州地区烟粉虱的寄主植物达 176 种（变种），而在全国范围内，发现烟粉虱可为害的寄主植物超过 361 种（邱宝利等，2001；Li et al.，2011）。烟粉虱对寄主植物的适应性表现为行为适应和生理适应两个方面。当入侵种烟粉虱进入一个新的生境时，对当地寄主植物的危害程度往往与当地可供选择的植物种类有关。当缺乏嗜好的寄主植物时，烟粉虱对潜在的寄主植物也可以取食。在“饥饿”状态下，烟粉虱在原本不嗜好的寄主植物上取食和产卵的概率增加，而当烟粉虱在此类非嗜好性寄主植物上有了产卵和取食经历后，对该类植物的适应能力就会明显增强。

在生理代谢方面，作为典型的半翅目昆虫，烟粉虱取食植物韧皮部汁液，这种刺吸式取食方式使烟粉虱可以避免多种潜在的对咀嚼式口器昆虫有毒性的植物化学防御物质，使其在同其他植食者竞争中处于有利地位。此外，烟粉虱还可以通过自身的解毒酶和保护酶等实现对寄主植物营养需求的调控，这使得入侵型烟粉虱能够适应更多种类的寄主植物，这也是目前烟粉虱研究领域的热点问题之一。中国农业科学院蔬菜花卉研究所张友军团队研究发现，烟粉虱可以“偷窃”植物源解毒酶基因 *BtPMaT1*，进而分解掉其取食植物的防御毒素，从而导致烟粉虱具有广泛的寄主植物适应性。这项成果 2021 年 4 月以封面论文的形式发表在国际顶级权威期刊 *Cell* 上，这也是我国农业昆虫学研究领域的第一篇 *Cell* 文章[5]。

烟粉虱体表有一层蜡粉，可以大大减少化学药剂在其体表的停留时间及药物剂量。同时，化学杀虫剂的长期不合理使用，使得烟粉虱对化学农药的抗药性不断增加，所以烟粉虱的抗药性已成为其暴发成灾的关键因素之一。一般来讲，烟粉虱不同发育阶段对化学农药的抗药性有所差异，以卵和低龄若虫的抗药性较低，高龄若虫、伪蛹和成虫的抗药性较高。

从我国多地进行的田间药效试验结果发现，农业生产上普遍使用的有机磷、拟除虫菊酯和氨基甲酸酯等常规杀虫剂对烟粉虱的防治效果明显下降，一些药剂甚至失去防治效果。因此，无论是在国内还是国外，烟粉虱的抗药性问题早已不容忽视，亟待广泛开展烟粉虱抗药性监测，了解烟粉虱的抗药性水平及抗药性发展动态，为制定和实施烟粉虱的抗药性治理与有效防控提供依据[2,6]。

2. 烟粉虱的主要危害方式是什么？其与番茄生产中黄化曲叶病毒病的关系又是什么？

当前，烟粉虱在世界各地广泛传播与蔓延，每年造成的经济损失达到数十亿美元，其危害已成为全球性的严重问题。烟粉虱对植物造成危害的方式是多方面的，归结起来主要有 3 种：一是直接刺吸植物汁液，导致植株营养不良，受害叶片褪绿、萎蔫甚至枯死，同时分泌大量蜜露导致煤污病的发生；二是引起植物生理异常，导致植物果实不规则成熟，植物叶片逐渐黄化、枯萎等；三是传播植物病毒，引发植物病毒病，植物叶片卷曲、植株黄化或矮化，相较于前两者，后者所造成的危害要严重得多。截至目前，烟粉虱被认为是番茄黄化曲叶病毒（*Tomato yellow leaf curl virus*，TYLCV）的唯一传播媒介，除了 TYLCV 之外，烟粉虱还可以传播其他近 200 多种植物病毒，常见植物病毒主要包括双生病毒科（*Geminiviridae*）的菜豆金黄花叶病毒属（*Begomovirus*）、长线型病毒科（*Closteroviridae*）的毛形病毒属（*Crinivirus*）、马铃薯 Y 病毒科（*Potyviridae*）的甘薯病毒属（*Ipomovirus*）、伴生豇豆病毒科（*Secoviridae*）的番茄灼烧病毒属（*Torradovirus*）以及乙型长线形病毒科（*Betaflexiviridae*）的麝香石竹潜隐病毒属（*Carlavirus*）等[7]。

3. 我国烟粉虱的主要类群有哪些？B 型烟粉虱被 Q 型烟粉虱取代的生态学机制是什么？

如前所述，自 20 世纪 90 年代中后期，烟粉虱在我国危害逐年加重，对烟粉虱的种群演化进化领域的研究也随之增多。对于烟粉虱的类群及其分类地位，科学界尚有争议（详见补充材料）：较早的研究认为烟粉虱是一个包含了诸多生物型的复合种（species complex），如A、B、Q、K型等；2010年，更多的国际学者认为烟粉虱是一个种的复合（complex species），因此烟粉虱的不同生物型也被提升到了“隐种（cryptic species）”阶元，B型和Q型根据其地理分布，分别被赋予 Middle East - Asia Minor 1 和 Mediterranean 隐种[8]。目前世界上已知的烟粉虱隐种接近40个，包括AsiaⅡ1、AsiaⅡ7等。为叙述方便，本文仍然使用“生物型”的概念。

近20年来，对我国农业生产造成严重危害的烟粉虱主要是入侵我国的B型和Q型烟粉虱。B型烟粉虱在世界范围内入侵，在包括我国在内的许多国家或地区取代了土著烟粉虱种群[9]。2003年，在我国云南首次发现外来入侵的Q型烟粉虱[3]。研究表明，Q型烟粉虱的获毒和持毒能力高于B型烟粉虱，传毒频率也显著高于B型烟粉虱[4]。在随后15年的田间调查中发现，多数地区B型烟粉虱已经被Q型烟粉虱所取代，后者已成为我国农区烟粉虱的优势生物型。

自然界中，烟粉虱的灾变与烟粉虱生物型的更替密切相关，首先是入侵的B型烟粉虱逐步取代了土著烟粉虱[9]，而在田间，B型烟粉虱又很容易被Q型烟粉虱所取代。烟粉虱生物型的替代，与化学药剂的大量使用、寄主植物以及与植物病毒的互惠效应等多种因素相关。

第一，化学药剂的大量使用是Q型烟粉虱取代B型烟粉虱的关键因素。研究表明，对于大部分杀虫剂，Q型烟粉虱比B型烟粉虱具有更高的抗药性，尤其是对烟碱类杀虫剂，Q型烟粉虱的抗药性更强、更稳定[10-12]。在没有农药选择压力下，Q型烟粉虱对新烟碱类杀虫剂的抗药性比较稳定，而B型烟粉虱的抗药性则会快速下降；而在没有农药选择压力的棉花寄主上，B型烟粉虱具有更高的生存优势；化学药剂的大量使用可导致Q型烟粉虱在与B型烟粉虱的竞争取代中获得竞争优势[6]。

第二，寄主植物是影响B型与Q型烟粉虱竞争取代、种群更替的重要生态因子。B型烟粉虱与Q型烟粉虱对寄主植物的适应性不同。国外研究发现，在一些杂草和农作物上Q型烟粉虱比B型烟粉虱具有更强的生物学优势[13]。国内研究发现，在辣椒上Q型烟粉虱比B型烟粉虱具有更强的生物学优势[14]。在早期田间调查中也发现了B型烟粉虱与Q型烟粉虱对辣椒适应性不同[15]，如将B型烟粉虱和Q型烟粉虱按各50%的占比分别接种到一品红、辣椒、番茄和甘蓝4种寄主植物上，结果发现在一品红和辣椒植株上，Q型烟粉虱分别经过8代和2代取代了B型烟粉虱[6]，而在番茄和甘蓝植株上，B型烟粉虱的种群繁殖能力则强于Q型烟粉虱。

第三，Q型烟粉虱和B型烟粉虱与植物病毒的互惠共生程度存在差异。田间调查发现Q型烟粉虱携带TYLCV的百分比高于B型烟粉虱。例如，对

2009年采自我国18个省的55个烟粉虱种群2 750个烟粉虱进行的TYLCV检测结果表明，Q型烟粉虱的带毒率为24.4%，显著高于B型烟粉虱的4.2%[4]；对辽宁各地系统调查也发现类似的现象[16]。深入研究发现，在携带TYLCV棉花上，TYLCV对B型烟粉虱的生长发育呈现不利作用，而对Q型烟粉虱的生长发育呈中性作用。与健康的番茄植株相比，在感染TYLCV的番茄植株上，TYLCV显著促进了Q型烟粉虱的生长发育，而不利于B型烟粉虱的生长发育。烟粉虱与TYLCV的互作在一定意义上有助于田间Q型烟粉虱取代B型烟粉虱。

4. 根据露地蔬菜栽培与保护地蔬菜栽培方式的差异，烟粉虱的防控应采取什么样的针对性策略？

无论是露地蔬菜栽培还是保护地蔬菜栽培，对于烟粉虱的防治，首先要做好其监测与预防工作，从源头上把烟粉虱种群数量压低。

（1）烟粉虱种群的动态监测。及时采取正确的防治方法，对控制烟粉虱的扩散危害至关重要，而要做好此项工作，必须首先做好烟粉虱的发生时期及发生数量等监测工作。在农业生产中，由于烟粉虱体型微小，其卵和低龄若虫的数量难以区分和鉴别，所以一般来讲多通过监测烟粉虱成虫的发生期和发生量，进而推算出烟粉虱各个虫态的发生期和发生量。

①烟粉虱发生量和发生期监测。监测烟粉虱种群数量的方法可分为两类，即直接取样监测成虫的方法和间接取样监测成虫的方法。目前在预测预报上常用的是叶片翻转直接监测成虫和黄板诱捕间接监测成虫两种方法。黄板除了可以用于烟粉虱的种群数量监测之外，还对烟粉虱成虫具有一定的诱杀效果。使用黄板是一种适合烟粉虱发生数量较少时的简便有效的防治措施。

翻转叶片监测成虫：烟粉虱和温室白粉虱等粉虱害虫的成虫通常聚集在嫩叶背面取食和产卵，监测取样时，可用手小心地翻转植株顶部第3～4片完全展开的叶片，调查叶片上粉虱成虫的数量；在田间取样时，利用五点法或“之”字形法随机抽取100片叶就能很好地估计成虫的种群密度。

利用黄板监测和诱杀烟粉虱，均是利用了烟粉虱成虫对黄色具有强烈正趋性的特点。目前国内外学者在利用黄板监测和防治烟粉虱方面做了比较多的研究，并取得了较为理想的效果[17-18]。在使用黄板监测时，黄板放置的高度、放置方式（水平或垂直）、放置时间都会影响黄板对烟粉虱的诱集数量。黄板不仅对烟粉虱成虫具有较好的诱集诱杀作用，还对农业生产中其他重要的小型害虫如有翅瓜蚜、斑潜蝇、飞虱、叶蝉等均具有一定的诱杀作用，是害虫综合防治中的一种重要手段。放置黄板的时间应该选择在害虫发生初期，越早越好，害虫一旦大暴发，黄板对其种群的控制作用就相对不足。

②烟粉虱周年发生动态及世代数。烟粉虱在一年内的发生动态及发生世代数可以通过田间调查和室内研究而获得，经过若干年的数据积累后，可用于烟粉虱发生危害的预测预报。田间调查发现，烟粉虱在我国各地均可发生，由北向南随着年平均气温的上升，其发生世代数也不断增加。在北方地区烟粉虱一年可发生 11 代，冬季可在温室的杂草上越冬；广东地区由于气候温暖，一年可发生 15 代左右，无越冬现象。

（2）烟粉虱种群发生的预防。烟粉虱若虫在寄主叶片上固定取食，成虫本身的飞行能力也较弱。烟粉虱在世界各地的扩散蔓延主要是借助国际间花卉苗木的调运。因此，预防烟粉虱种群入侵、扩散与蔓延的措施要重点做好以下几个方面。

①严格开展植物检疫。在烟粉虱或者其新生物型尚未发生的地区，一定要严格实施植物检疫，禁止疫情严重发生区的植物调运，杜绝烟粉虱随花卉苗木等植物传入；严格实施进口检疫许可和口岸查验制度，加强疫情监测工作。

②清除田间杂草，降低虫口基数。烟粉虱是一种多食性的害虫，可以在 600 多种寄主植物上繁殖为害。在温室、棚室、大田或露地上，在农作物收获以后，烟粉虱往往会集中在温室周围、田边、路边和沟边的杂草上，成为为害下一季农作物或翌年春天大暴发的虫源。因此，清除温室、田边的杂草可以大大降低下一季蔬菜上或者第二年春季烟粉虱种群的虫口基数，减少其对作物的危害程度。

③清洁田园，切断传染虫源。在农作物收获后，大棚、温室或田间留下的蔬菜作物的残枝败叶往往都会附着有烟粉虱的卵、若虫或成虫，成为潜在的烟粉虱传染虫源。因此，蔬菜作物的残枝败叶不能随意丢弃或堆积，而应及时将其清理出温室、大棚或大田，集中烧毁或掩埋，从而切断烟粉虱在不同生长季节、不同作物之间的传播，降低烟粉虱暴发的概率。

（3）烟粉虱的综合防控技术。以往的防控经验表明，单靠某一种方法很难将烟粉虱的危害控制在经济阈值允许的范围之内，因此必须依靠耕作生态调控、理化诱杀、生物防治以及化学药剂扑杀相结合的综合防控技术。

①通过改变耕作模式减少烟粉虱的传播危害。为有效防止烟粉虱的传播扩散，在农业生产中应尽量避免连片种植烟粉虱嗜好、作物生长期和收获期不同的作物，以减少烟粉虱在不同作物上获得连续生存、为害的条件。在广东，烟粉虱发生一年有两个高峰期，即 5—7 月和 9—11 月，生产上可以调节作物播种期。烟粉虱嗜好的蔬菜应尽量提早种植，使其在烟粉虱种群大发生到来之前成熟，或推迟在秋末种植，尽量错过烟粉虱种群暴发期。建议实行作物轮作、间作和诱杀。将烟粉虱嗜好和非嗜好的作物进行轮作，可以减少棚室或大田中

烟粉虱的种群数量；或者利用烟粉虱对作物的选择特性，在生产中将烟粉虱嗜好与非嗜好的作物进行间作，也可以间接降低烟粉虱的危害。

②理化诱杀技术。除了上述介绍的利用黄板诱杀烟粉虱之外，大棚高温闷杀对烟粉虱也有一定的致死作用。高温（>35℃）可以抑制烟粉虱的生长发育。长时间暴露在高温的环境中，烟粉虱会因身体失水过多而逐渐死亡。因此，夏季在一些密闭性较好的玻璃温室或塑料大棚内可以利用高温杀灭烟粉虱。此外，利用防虫网等隔离设施将烟粉虱拒之于屏障之外，从而达到保护蔬菜作物的目的，也是目前生产上最为常用的物理防治技术之一。

此外，研究表明，顺式-3-六烯醇、反式-2-己醇、芫荽醇、壬醛、辛醛和反式-2-六烯等化合物对烟粉虱有着较强的诱集作用。中国科学院动物研究所研发的基于烟粉虱信息素的诱集诱芯，和黄板联合使用时，可以显著提高对烟粉虱的诱集数量。

③烟粉虱的生物防治。烟粉虱的寄生性天敌种类相当丰富。在我国烟粉虱的寄生性天敌昆虫超过20种，主要种类包括古桥桨角蚜小蜂（*Eretmocerus furuhashii*）、双斑恩蚜小蜂（*Encarsia bimaculata*）、丽蚜小蜂（*Encarsia formosa*）和浅黄蚜小蜂（*Encarsia sophia*）等。与寄生性天敌相比，烟粉虱的捕食性天敌种类更加丰富，其中日本刀角瓢虫（*Sergangium japonicus*）、淡色斧瓢虫（*Axinoscymnus cardilus*）、红星盘瓢虫（*Phrynocaria congener*）等种群数量比较大。在烟粉虱发生初期的保护地释放寄生蜂与捕食性瓢虫，对烟粉虱都有较好的控制效果[19]。

④烟粉虱的化学防治。当前，化学防治仍然是烟粉虱防治的重要手段，但化学农药的选择和使用一定要遵循科学、合理、适量、适时的原则，并且要注意农药的混用和轮用。目前在生产中，防控烟粉虱的杀虫剂类型和种类主要有：昆虫生长调节剂（噻嗪酮、苯氧威、蚊蝇醚、伏虫隆、呋喃虫酰肼等）、烟碱类杀虫剂（吡虫啉、氯噻啉、噻虫嗪、氟虫腈、啶虫脒、吡蚜酮）、植物源杀虫剂（苦皮藤素、印楝素、苦参碱、桉叶素、血根碱）、微生物源杀虫剂（阿维菌素）等。

（4）露地蔬菜栽培与保护地蔬菜栽培防治烟粉虱的核心策略。

①露地蔬菜上烟粉虱的防控。露地蔬菜田对于烟粉虱的防治，首先是利用黄板做好烟粉虱种群的监测工作，依照蔬菜作物的不同类型（叶菜、茄果类）按照一定的密度放置黄板，定期监测。在烟粉虱发生初期，黄板的使用可以诱杀部分成虫，若烟粉虱大量发生再考虑使用化学药剂喷杀。在将烟粉虱种群数量控制在较低水平之后，可以使用黄板随时监测烟粉虱种群的变化。在当季蔬菜收获以后、下一季蔬菜种植之前，需要系统规划蔬菜的品种、布局与种植时间，实行清园处理，然后开展烟粉虱的综合治理，防止烟粉虱再次暴发成灾。

采用药剂喷杀防控烟粉虱时，建议选择1.8%阿维菌素1 000～1 500倍和10%吡丙醚1 000倍的混合液喷杀，或者选择1.8%阿维菌素1 000～1 500倍和22.4%螺虫乙酯2 000倍的混合液喷杀，对烟粉虱的效果较好。

②保护地蔬菜上烟粉虱的防控。保护地大棚或网室内，烟粉虱的防控手段比露地更丰富。蔬菜种植以后，要在棚室内放置一定数量的黄板，对烟粉虱种群进行监测。同露地蔬菜一样，在烟粉虱发生初期，黄板的使用可以诱杀部分成虫，有条件的地方可以释放烟粉虱寄生蜂——丽蚜小蜂以及瓢虫等捕食性天敌对烟粉虱若虫进行控制。如果黄板诱杀与天敌昆虫寄生捕食等防控措施做得到位，基本上可以将烟粉虱种群控制在经济阈值允许的范围内。

当前期措施未能控制烟粉虱种群暴发时，可以考虑利用熏烟技术杀灭，药剂为20%异丙威烟剂，于18:00—19:00，每个棚室6～8包，由里向外依次点燃，然后密闭棚室至翌日早上，通风。如有必要可清理燃灰，使棚室内整洁。熏烟情况下，成虫和若虫基本都会死亡。如果第二天早上检查，发现烟粉虱防控效果不好，可以再喷施一次农药（措施同露地蔬菜）。

四、补充材料

（一）烟粉虱的分类地位

烟粉虱［*Bemisia tabaci*（Gennadius）］，又称棉粉虱、甘薯粉虱、一品红粉虱，属半翅目（Hemiptera）粉虱科（Aleyrodidae）小粉虱属（*Bemisia*），是一种体型微小的植食性昆虫，其若虫和成虫均以刺吸式口器取食植物汁液。烟粉虱最早于1889年在希腊的烟草上发现，故通常称为烟粉虱。

目前，烟粉虱是一种全世界广泛分布的重大害虫，由于所在生境的地理位置、气候条件、寄主植物的差异等因素，烟粉虱不同种群之间产生了较大的生物学与生态学变异，并先后出现了很多的同物异名，到1978年烟粉虱的同物异名达到了22种。由此产生了烟粉虱的“生物型”概念（是指同一物种内在形态上无法区分，但在生物学特性上存在显著差异的不同种群），并一直沿用到21世纪初期。在烟粉虱的近40个“生物型”中，分布最广、危害最为严重的是B型与Q型。

在2010年前后，国内外学者对烟粉虱生物型的命名与分类地位的争议到了一个新的阶段，提出了烟粉虱隐种（cryptic species）的概念。他们通过基于线粒体细胞色素氧化酶Ⅰ（mitochondrial cytochrome oxidase Ⅰ，mtCOⅠ）的系统发育分析，将遗传差异3.5%作为划分不同隐种的标准。目前发现烟粉虱是一个包括至少40个隐种的复合种。各隐种之间虽然外部形态无法区分，但遗传结构差异明显。同时，不同隐种又分属于不同大遗传群组，各个大遗传群组之间的 mtCOⅠ基因序列差异度在 11%以上[8]。这就为区分烟粉虱不同隐种提供了一个量化标准。

（二）烟粉虱的识别特征

烟粉虱为不完全变态昆虫，其生活周期包括卵、若虫和成虫 3 个虫期。若虫有 4 个龄期，通常人们将四龄若虫的前半期称为“四龄若虫”，后半期称为“伪蛹”。

1. 卵　椭圆形，长约 0.2mm，顶部尖，端部有卵柄，与叶面垂直，卵柄通过产卵器插入叶表裂缝中。卵初产时为白色或淡黄色，随着发育时间的增加颜色逐渐加深，孵化前变为深褐色。卵有时散产，在叶背分布不规则（图 3-1），有时则产成一个圆形。

2. 若虫　有 4 个龄期。一龄若虫体长 0.2～0.4mm，淡绿色至浅黄色。初孵若虫椭圆形，扁平，有足和触角，可短时间爬行，体周围有蜡质短毛，尾部有 2 刚毛。二龄以后足和触角退化至只有 1 节，固定在叶片上取食为害（图 3-1）。

3. 伪蛹　椭圆形，扁平，体长 0.6～0.9mm，蛹壳黄色或橙黄色，蛹壳边缘薄，无周缘蜡丝。胸气门外常有蜡缘饰，左右对称。管状孔长三角形，舌状突长匙状，顶部三角形，具有 1 对刚毛，尾沟基部有 5～7 个瘤状突起（图 3-1）。

4. 成虫　雌虫体长 0.9～1.0mm，雄虫体长 0.8～0.9mm。体淡黄色，翅白色无斑点，被有白色蜡粉。触角 7 节，复眼黑红色。跗节 2 爪，中垫狭长如叶片。雌虫尾部钝圆，雄虫尾部比较尖（图 3-1）。

烟粉虱为两性生殖，正常交配受精的雌虫产下雄性和雌性后代，雌雄性比约为 1∶1，而未交配或未能成功交配受精的雌虫产下的子代均为雄性。烟粉虱一年发生的世代数因其地理分布不同而有差异。研究表明，在温带地区露地每年可发生 4～6 代，在热带和亚热带地区一年可发生 11～15 代，世代重叠。在 26℃下，从卵发育到成虫需要 21～25d，成虫的寿命为 10～40d，每头雌虫可产卵 30～400 粒。寄主植物不同，烟粉虱的发育历期、存活率、成虫寿命与繁殖力也会不同（邱宝利等，2003）。

（三）烟粉虱的广泛入侵及其种群分布

系统发育学研究表明，B 型烟粉虱原产于北非、中东地区，其本身的飞行迁移能力较弱，但它可以借助不同地区之间的花卉苗木调运而向世界各地扩散。至 20 世纪末，B 型烟粉虱已经成功入侵中国、美国、哥伦比亚、澳

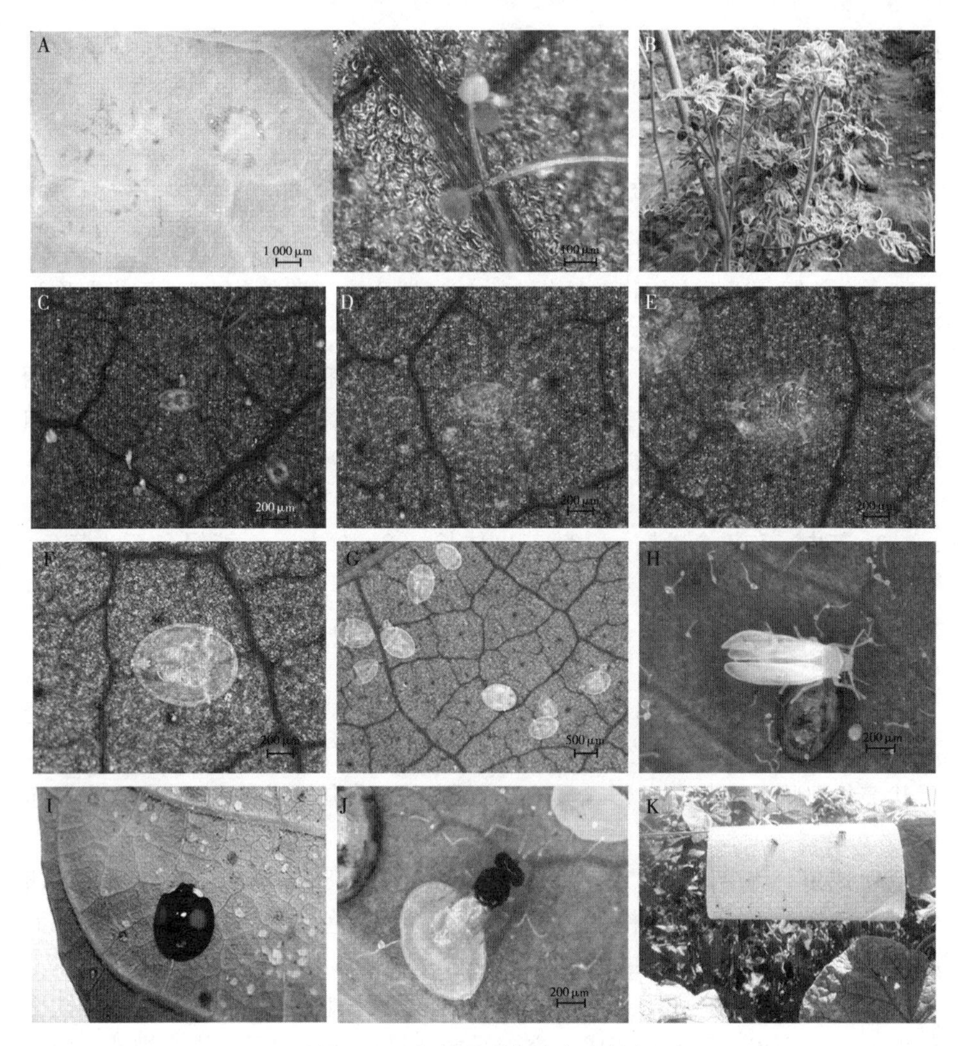

图 3-1　烟粉虱形态及防治方法

A. 卵　B. 番茄被害状　C. 一龄若虫　D. 二龄若虫　E. 三龄若虫　F. 四龄若虫　G. 伪蛹　H. 成虫　I. 红星盘瓢虫成虫　J. 丽蚜小蜂成虫　K. 黄板诱虫

[邱宝利（广州，2014）]

大利亚、韩国、巴西等 51 个国家，成为一种世界性的入侵害虫。烟粉虱另外一种生物型——Q 型最初发现在地中海地区，近年来也在许多国家急剧扩散。总之，烟粉虱目前已经广泛分布于全球除南极洲外各大洲的 100 多个国家和地区。

参考文献

[1] 罗晨，姚远，王戎疆，等．利用 mtDNACO Ⅰ基因序列鉴定我国烟粉虱的生物型 [J].

昆虫学报，2002，45（6）：759－763.
[2] 任顺祥，邱宝利．中国粉虱及其持续控制 [M]. 广州：广东科技出版社，2008.
[3] Chu D，Zhang Y J，Brown J K，et al. The introduction of the exotic Q biotype of *Bemisia tabaci*（Gennadius） from the Mediterranean region into China on ornamental crops [J]. Fla Entomol，2006，89（2）：168－174.
[4] Pan H P，Chu D，Yan W Q，et al. Rapid spread of tomato yellow leaf curl virus in China is aided differentially by two invasive whiteflies [J]. PLoS ONE，2012，7：e34817.
[5] Xia J X，Guo Z J，Yang Z Z，et al. Whitefly hijacks a plant detoxification gene that neutralizes plant toxins [J]. Cell，2021，184（7）：1693－1705.
[6] Pan H P，Preisser E L，Chu D，et al. Insecticides promote viral outbreaks by altering herbivore composition [J]. Ecol Appl，2015，25：1585－1595.
[7] 卢丁伊慧，刘勇，戈大庆，等．烟粉虱为害特点及其综合防治技术 [J]. 长江蔬菜，2020，18：69－71.
[8] De Barro P J，Liu S S，Boykin L M，et al. *Bemisia tabaci*：A statement of species status [J]. Annu Rev Entomol，2011，56：1－19.
[9] Liu S S，De Barro P J，Xu J，et al. Asymmetric mating interactions drive widespread invasion and displacement in a whitefly [J]. Science，2007，318（5857）：1769－1772.
[10] Luo C，Jones C M，Devine G，et al. Insecticide resistance in *Bemisia tabaci* biotype Q（Hemiptera：Aleyrodidae） from China [J]. Crop Prot，2010，29（5）：429－434.
[11] Li X C，Degain B A，Harpold V S，et al. Baseline susceptibilities of B and Q biotype *Bemisia tabaci* to anthranilic diamides in Arizona [J]. Pest ManagSci，2012，68（1）：83－91.
[12] Xie W，Liu Y，Wang S L，et al. Sensitivity of the whitefly *Bemisia tabaci*（Hemiptera：Aleyrodidae） to several new insecticides in China：effects of insecticide type and whitefly species，strain and stage [J]. J Insect Sci，2014，14（1）：261.
[13] 褚栋，刘国霞，陶云荔，等．烟粉虱Q型与B型种群动态及其影响因子研究进展 [J]. 植物保护学报，2007（3）：326－330.
[14] Chu D，Tao Y L，Chi H. Influence of plant combinations on population characteristics of *Bemisia tabaci* biotypes B and Q [J]. J Econ Entomol，2012，105（3）：930－935.
[15] 徐婧，王文丽，刘树生．Q型烟粉虱在浙江局部地区大量发生危害 [J]. 植物保护，2006，32（4）：121.
[16] Zhang W M，Fu H B，Wang W H，et al. Rapid spread of a recently introduced *tomato yellow leaf curl virus* and its vector whitefly *Bemisia tabaci*（Gennadius） in Liaoning Province（China） [J]. J Econ Entomol，2014，107（1）：98－104.
[17] 周福才，杜予州，孙伟，等．黄板对菜地烟粉虱的诱集作用研究 [J]. 华东昆虫学报，2003，12（1）：96－100.
[18] 邱宝利，任顺祥．利用黄板监测烟粉虱及其寄生蜂的种群动态 [J]. 昆虫知识，2006，43（1）：53－56.

[19] Li S J，Xue X，Ahmed M Z，et al. Host plants and natural enemies of *Bemisia tabaci* (Homoptera：Aleyrodidae) in China [J]. Insect Sci，2011，18：101-120.

撰稿人

邱宝利：男，博士，华南农业大学植物保护学院教授。E-mail：baileyqiu@scau. edu. cn

案例4

海南岛椰心叶甲的入侵危害与防控

一、案例材料

（一）椰心叶甲的入侵危害

20世纪70年代初，椰心叶甲［*Brontispa longissima*（Gestro）］随种苗调运传入我国台湾，1976年受害苗约4 000株，1978年受害植株已达4万株以上，20世纪80年代末，枯死椰子树逾10万株[1]。1994年3月首次在海南省检获椰心叶甲，此后多次从来自不同国家和地区的棕榈科植物上截获该虫[2]。

1999年8月27日至10月29日，广东省南海动植物检疫局相继6次在从我国台湾进口的华盛顿椰子和光叶加州蒲葵中检出椰心叶甲，这是该虫首次在广东省口岸检疫中检获。1999年9月，广东省番禺市发现椰心叶甲危害[3-4]。2000年10月2日，广西凭祥出入境检验检疫局的工作人员在广西凭祥市浦寨边贸点对一批50株来自越南的椰子树苗实施检疫时截获椰心叶甲，这是我国口岸首次在自越南入境我国的树苗中截获该虫[4]。2001年1月，深圳出入境检验检疫局的工作人员在深圳某花木场进口棕榈苗上发现椰心叶甲[3]。1999—2001年的短短两三年内，椰心叶甲已扩散至广东大部分地区，如珠海、深圳、东莞、中山、佛山和惠州等城市[5]。

2002年6月，首次在海南省海口市凤翔路发现椰心叶甲。2002年7—9月开展第一次椰心叶甲普查工作时发现，海南海口、三亚两市发生疫情，染虫区面积约0.67万 hm^2，共调查棕榈科植物1 152万株，被害株数有3.1万株[6]。2003年8月前，海南海口、三亚、文昌、万宁、琼海、定安、陵水和屯昌均发生了椰心叶甲疫情，椰心叶甲感染区面积达1.53万 hm^2，10万多株棕榈科植物被害[6]。2005年，椰心叶甲在海南省各个县市感染的椰树部分枯萎和顶冠变褐甚至植株死亡（图4-1），对海南的旅游业造成极大的影响，是海南省近年发生最为严重的外来入侵生物灾害[7]。

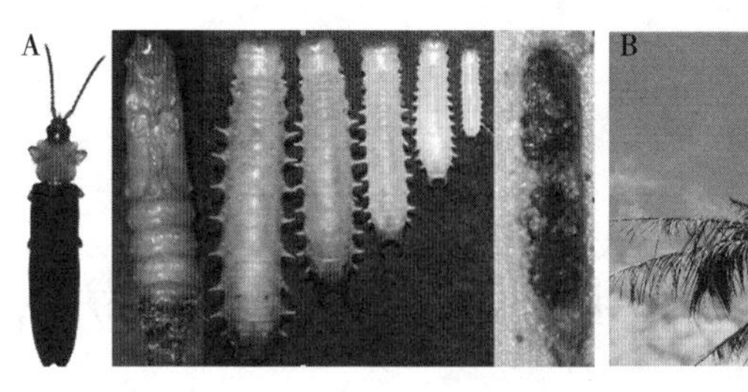

图 4-1 椰心叶甲各虫态与椰子树被害状
A. 椰心叶甲各虫态 B. 椰子树被害状

（二）椰心叶甲的防控

对椰心叶甲的防控，主要采取“查、治、封、研”四字防治措施。“查”就是组织力量全面普查与监测，严防疫情扩散或加重危害；“治”就是采取化学防治、物理防治和生物防治等多种方法相结合的综合防治措施；“封”就是检疫封锁，加强对地区与地区之间棕榈科植物的调运检疫，并对非法经销椰子等棕榈科植物的违法行为进行坚决打击；“研”就是各科研单位发挥各自优势开展联合攻关。

首先加强检疫防治，在调运绿化苗木的过程中严格检查和检疫，发现有虫苗木时及时进行药剂喷洒，禁止其调运。对于来自疫区而检疫未发现椰心叶甲各虫态的，准予试种一段时间，并加强后续监管监测。试种期间尽量与其他棕榈科植物隔离。

椰心叶甲在我国广东省和海南省暴发危害初期，由于灾情严重及传播迅速，防治上以化学农药防治为主，可以迅速压低虫口密度。主要方法有药剂喷雾法、根部埋药法、茎干注药法及挂药包防治法。由于传统药剂喷雾法对环境污染大，且在广大乡村存在椰子林较小、道路不便、机动车无法施药等问题，因此不适合采用传统药剂喷雾法。理论上讲，茎干注射和根部埋药防治椰心叶甲，操作相对方便，是一种非常理想的施药方法，但具有胃毒、触杀及内吸传导作用的药剂如灭多威等效果却较差，原因可能是椰子的输导组织有其特殊性，药液部分被分解或未能较好地被输送到心叶。此外，注药后，茎干上的注药孔口有药液渗出也是影响防治效果的原因之一[8]。挂药包法是将药包固定在植株心叶上，让药剂随水或人工淋水自然流到害虫为害部位从而杀死害虫。挂药包法不但没有喷灌引起的雾滴飘移污染，而且药剂只流向害虫为害部位，药剂有效利用率高，对环境污染小，成为化学防治椰心叶甲的主要方法。

国外曾有利用绿僵菌成功防治椰心叶甲的事例。1982 年，西萨摩亚利用绿僵菌有效控制了椰心叶甲的危害[9]。尽管绿僵菌在速效性和防效上弱于化学药剂，但却具有防治成本低、对环境友好安全的优点。中国农业科学院农业环境与可持续发展研究所研制出适用于林间防治椰心叶甲的绿僵菌剂型，同时提出了“隔株施药、点片结合、综合防治、持续控制”的椰心叶甲可持续控制技术。广东省林业科学研究院根据不同林相研究出绿僵菌稀疏林地挂药包法、成片低矮林地水剂喷雾法、高大成片林地机械喷粉等技术。

目前有两种寄生蜂在控制椰心叶甲方面取得较好效果。一种为椰心叶甲蛹寄生蜂——椰心叶甲啮小蜂（*Tetrastichus brontispae*），原产印度尼西亚，自1932年开始先后被各国或地区引进23次。另一种为椰心叶甲幼虫寄生蜂——椰甲截脉姬小蜂（*Asecodes hispinarum*），原产西萨摩亚与巴布亚新几内亚[10]，2003年6月被成功引进越南，同年8月在危害严重的越南南部的槟知、沿江等4省释放获得成功。椰心叶甲在我国海南暴发后，中国热带农业科学院环境与植物保护研究所以及椰子研究所分别从越南胡志明农林大学和我国台湾科技大学（屏东）引进椰甲截脉姬小蜂和椰心叶甲啮小蜂。椰甲截脉姬小蜂引进以后进行隔离研究，对其生物学特性、风险性评估等方面开展研究[10]。由此成功创制了一套规模化繁育寄生蜂的技术与饲养设施，形成完整的生产工艺流程，极大地降低了繁蜂成本。目前中国热带农业科学院环境与植物保护研究所和椰子研究所已建成4个繁蜂工厂，日生产寄生蜂规模为200万头，年生产规模达7亿头，其中椰甲截脉姬小蜂5.25亿头，椰心叶甲啮小蜂1.75亿头。2004—2013年累计生产寄生蜂35亿头。根据寄生蜂寄生椰心叶甲不同虫态和椰心叶甲世代重叠严重等特点，中国热带农业科学院环境与植物保护研究所彭正强研究团队首创了两种寄生蜂林间大面积混合释放技术。啮小蜂与姬小蜂为1∶3，在林间混合释放寄生蜂，每亩①椰林挂放蜂器1个，放蜂量约为椰心叶甲种群数量的2倍（蜂虫比2∶1），每月放蜂1次，连续释放4～6次，寄生蜂可建立自然种群。成片椰子、槟榔等棕榈科植物林或生态环境较好的地区，椰甲截脉姬小蜂对椰心叶甲三至四龄幼虫的平均寄生率为61%，椰心叶甲啮小蜂对蛹的平均寄生率为52%，最高均可达100%，可长期控制椰心叶甲的发生，而在零散棕榈科植物、生态环境较差的地区或遇特寒年份，需不定期补充放蜂（图4-2）。

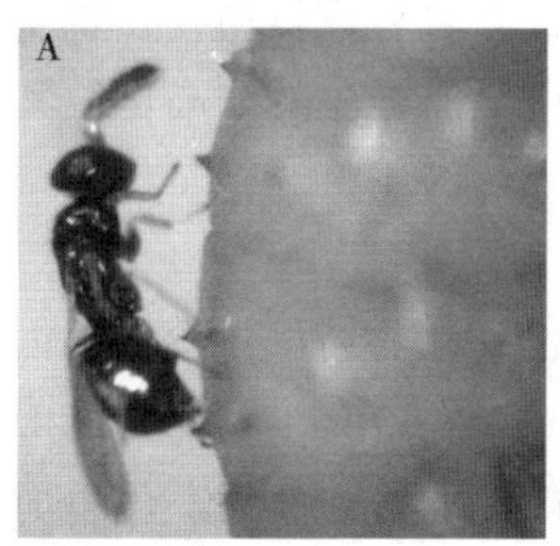

① 亩为非法定计量单位，1亩=1/15hm²。——编者注

图 4-2 椰心叶甲啮小蜂人工繁殖、田间释放和防治效果
A. 正在产卵 B. 人工繁殖 C. 田间释放 D. 防治效果比较（上为未放蜂；下为放蜂）

二、问题

1. 椰心叶甲在我国南方地区成灾的原因是什么？
2. 海南成功控制椰心叶甲危害的策略是什么？

三、案例分析

1. 椰心叶甲在我国南方地区成灾的原因是什么？

椰心叶甲除了通过棕榈科植物苗木运输扩散传播外，自身具有一定的飞行扩散能力，特别是借助风力，可进行远距离传播，导致该害虫扩散蔓延成灾；椰心叶甲生殖力强，取食量大、生活周期长、种群增长率高是导致该害虫猖獗的重要因素；通过系统的野外调查和室内评价，发现本地虽然有椰心叶甲的捕食性天敌和病原微生物寄生，但是未发现专一性有效天敌，缺乏有效天敌因子是椰心叶甲暴发的重要原因；椰心叶甲寄主适应性和野外寄主调查表明，椰心叶甲寄主广泛，包括椰子、槟榔、大王棕等 26 属 36 种棕榈科植物，寄主范围广是该害虫种群快速建立和扩张的基础；椰心叶甲具有较强的耐高低温和饥饿能力，显示了该害虫具有抗逆能力。

2. 海南成功控制椰心叶甲危害的策略是什么？

不论化学防治还是生物防治都有其优缺点，例如化学防治见效快，但面临“3R”问题，即害虫的抗性（resistance）、害虫的再增猖獗（resurgence）、药剂的残留（residue）；生物防治可以克服化学防治的缺点，但是生物防治具有效果滞后性、不稳定性、易受生态环境影响等缺点；同时，椰心叶甲又是新的入侵性害虫，植物检疫是控制该虫扩散的重要措施。因此，防治椰心叶甲必须因地制宜采取综合防治策略。根据海南地区棕榈科植物分布区域的环境特点及防治要求，整合绿僵菌施用、寄生蜂保护与释放、挂药剂包等防控技术，形成三种不同类型的子系统：①棕榈科植物集中分布区或生态环境较好地区，如海南省文昌市东郊椰林地区，以释放天敌寄生蜂为主，辅以绿僵菌施用等防控措施，遇到特寒年份，开春及时补充天敌寄生蜂；②椰心叶甲新发生区或零星发生区，以疫点的检疫拔除为主；③园林景观区，天敌寄生蜂、绿僵菌及化学防治等防治措施同时并用，如琼海市博鳌镇地区，主要景观点的棕榈科植物需逐株长期挂药包，四周释放寄生蜂与绿僵菌，遇到特寒年份，开春及时补充天敌寄生蜂。

四、补充材料

（一）椰心叶甲的分类地位

椰心叶甲［*Brontispa longissima*（Gestro）］属鞘翅目（Coleoptera）叶甲科（Chrysomelidae）。它有多个异名，分别为 *Brontispa castanes* Lea，*B. froggatti* Sharp，*B. javana* Weise，*B. reicherti* Uhmann，*B. selebensis* Gestro，*B. simmondsi* Maulik，*B. longissima* var. *javana* Weise，*B. longissima* var. *selebensis* Gestro，*Oxycephala longipennis* Gestro，*O. longissima* Gestro。其英文名有 coconut leaf beetle，coconut hispid，coconut leaf hispid，coconut hispine beetle，palm leaf beetle，palm heart leafminer，new hebrides coconut hispid，coconut leaf bud hispa，brontispa，coconut hispid beetle。中文名又称红胸叶虫、椰子扁金花虫、椰棕扁叶甲、椰子刚毛叶甲。

（二）椰心叶甲的危害特点

椰心叶甲仅为害棕榈科植物最幼嫩的心叶部分，幼虫、成虫均在未展开的心叶内取食表皮薄壁组织，一般沿叶脉平行取食，形成狭长的与叶脉平行的褐色坏死线，危害严重时叶子枯干。一旦寄主心叶抽出，害虫也随即离去，寻找新的隐蔽场所取食危害。成年树受害后期往往表现部分枯萎和顶冠变褐甚至植株死亡。通常幼树和不健康树更容易受害。

（三）椰心叶甲的寄主

椰心叶甲是棕榈科植物上的重要害虫之一，主要随植株远距离传播。其寄主有椰子（*Cocos nucifera*）、槟榔（*Areca catechu*）、假槟榔（*Archontophoenix alexandrae*）、亚历山大椰子（*Archontophoenix alexandrae*）、皇后葵

(*Arecastrum romanzoffianum*)、省藤（*Calamus ritang*）、鱼尾葵（*Caryota ochlandra*）、散尾葵（*Chrysalidocarpus lutescens*）、西谷椰子（*Metroxylon sagu*）、王棕（*Roystonea regia*）、棕榈（*Trachycarpus fortunei*）、大丝葵（*Washingtonia robusta*）、东澳棕（*Carpentaria acuminata*）、油椰（*Elaeis guineensis*）、蒲葵（*Livistona chinensis*）、短穗鱼尾葵（*Caryota mitis*）、软叶刺葵（*Phoenix roebelenii*）、象牙椰子（*Phytelephas macrocarpa*）、酒瓶椰子（*Hyophorbe lagenicaulis*）、公主棕（*Dictyosperma album*）、红槟榔（*Cyrtastachys renda*）、青棕（*Ptychosperma macarthuri*）、海桃椰子（*Ptychosperma elegans*）、老人葵（*Washingtonia filifera*）、海枣（*Phoenix dactylifera*）、斐济榈（*Pritchardia pacifica*）、短蒲葵（*Livistona muelleri*）、红棕榈（*Latania lontaroides*）、刺葵糠榔（*Phoenix loureirii*）、岩海枣（*Phoenix rupicoda*）、孔雀椰子（*Caryota urens*）等棕榈科植物，其中椰子为最主要的寄主植物。

（四）椰心叶甲的生物学特性及发生规律

椰心叶甲世代发育起点温度约为11℃，有效积温约为966℃，24～28℃为其种群生长的适宜温度。低于17℃时，卵的孵化率明显降低。该害虫在海南1年发生4～5代，在广东1年发生3代以上，具有明显的世代重叠现象。在海南每个世代约需要274d，其中卵期3～5d；幼虫有3～6个龄期，幼虫期30～40d；预蛹期3d，蛹期5～6d；成虫寿命超过220d。成虫羽化10d后开始产卵。一生交配多次，交配时间以傍晚居多。每头雌虫一生可产卵120粒左右，最多达196粒，卵产于椰子树心叶的虫道内，通常3～5粒卵呈一纵列黏着于叶面，周围有取食的残渣和排泄物。成虫和幼虫均具有负趋光性、假死性，喜聚集在未展开的心叶基部活动，见光即迅速爬离，寻找隐蔽处。成虫具有一定的飞翔能力。

（五）椰心叶甲啮小蜂的生物学特性和扩繁技术

椰心叶甲啮小蜂从卵至蛹期均在寄主体内度过。在22～26℃，相对湿度65%～85%条件下，卵期2～3d，幼虫期6～7d，蛹期（含预蛹期）10～11d；羽化后，成蜂在没有补充营养的情况下，平均存活2～4d。椰心叶甲啮小蜂的最佳繁育温度为22～26℃，相对湿度65%～85%，高于30℃或低于20℃都不利于该寄生蜂的发育。该蜂发育不受光照影响，可在自然光照条件下繁育。椰心叶甲啮小蜂偏雌性，雌蜂约占75%，每头寄主（椰心叶甲蛹）平均出蜂量约为20头。椰心叶甲啮小蜂的发育起点温度为7.4℃，有效积温为368.3℃，在海南每年可发生17～19代。在上述条件下，椰心叶甲啮小蜂羽化高峰期在开始羽化后的最初2h（90%～95%）。该蜂羽化不久即能交配，雄蜂一生能交配多次，雌蜂通常也有几次交配动作。当多对成蜂在一起时，雄蜂有明显的交配竞争行为，一头雄蜂会干扰正在交配的另一头雄蜂。每头寄主上可有多头寄生蜂同时进行产卵，每头蜂可以在不同寄主上产卵。观察发现椰心叶甲啮小蜂将卵产于椰心叶甲表皮下的脂肪体组织内，多粒卵集中在一起。椰心叶甲啮小蜂具有强烈的趋光性。

通过人工繁育椰心叶甲啮小蜂所需的繁蜂场地：繁蜂室保持温度为25～27℃，相对湿度70%～80%，光照12h。繁蜂室还需采购繁蜂盒（长30cm×宽20cm×高12cm的塑料盒，盒盖有长10cm×宽5cm的开口，开口用100目铜纱网覆盖）、繁蜂架（放置繁蜂盒用，大小可根据蜂盒数量而定，木条或金属制成，架脚要隔水防蚁）和繁蜂器具。接蜂前应对繁蜂器具用3%石炭酸或70%乙醇消毒1h，每半年利用3%（体积比）双氧水喷雾消毒繁蜂室，防止细菌、真菌等的污染。

通过人工繁育椰心叶甲啮小蜂的操作技术：①种蜂的获得。自然环境条件下生长发育或室内人工繁育一代或二代椰心叶甲啮小蜂，挑选虫体较大（椰心叶甲啮小蜂体长≥1mm）、活力较强的个体，控制合理的性别比（雌：雄＝3：1），用棉花或海绵吸附10%（体积比）的蜂蜜水为种蜂提供营养。②接蜂方法。挑选椰心叶甲1～2日龄蛹1 000头，放入繁蜂盒内，然后接上椰心叶甲啮小蜂种蜂1 400头，用10%的蜂蜜水补充营养，盖好盒盖并用透明胶密封，将繁蜂盒放在繁蜂架上培育子代蜂。③接种蜂量。按照雌蜂与寄主1：1的数量比进行接蜂。④复壮技术。寄生蜂每繁殖15代后到野外采集被寄生椰心叶甲僵虫或僵蛹，挑选出节间拉长不能活动、表面光亮而薄的被寄生幼虫或被寄生蛹，以单头放入指形管内在26℃的人工气候箱中培育。从羽化的椰心叶甲啮小蜂成蜂中选择体壮、个体大、活动能力强的作为种蜂，淘汰弱蜂。

（六）椰甲截脉姬小蜂的生物学特性和扩繁技术

椰甲截脉姬小蜂从卵至蛹期均在寄主体内度过。在22～26℃，相对湿度65%～85%条件下，卵期2～3d，幼虫期6～7d，蛹期（含预蛹期）7～8d；羽化后，成蜂在没有补充营养的情况下，可存活2～3d。椰甲截脉姬小蜂的最佳繁育温度为23～28℃，高于30℃或低于20℃都不利于该寄生蜂的发育。椰甲截脉姬小蜂的最佳繁育湿度为65%～85%。该蜂发育不受光照影响，可在自然光照条件下繁育。椰甲截脉姬小蜂偏雌性，雌蜂约占75%，每头雌蜂的怀卵量约为53粒，每头寄主（椰心叶甲四龄幼虫）平均出蜂量约为60头。椰甲截脉姬小蜂的发育起点温度为10.7℃，有效积温为261.3℃，在海南每年可发生 16～20 代。在上述条件下，椰甲截脉姬小蜂羽化高峰期在开始羽化后的最初 2h（85%～95%）。该蜂羽化不久即能交配，雄蜂一生能交配多次，雌蜂通常也有几次交配动作。当多对成蜂在一起时，雄蜂有明显的交配竞争行为，一头雄蜂会干扰正在交配的另一头雄蜂。每头寄主上可有多头寄生蜂同时进行产卵，每头蜂可以在不同寄主上产卵。观察发现，椰甲截脉姬小蜂将卵产于椰心叶甲表皮下的脂肪体组织内，多粒卵集中在一起。椰甲截脉姬小蜂具有强烈的趋光性。

通过人工繁育椰甲截脉姬小蜂所需的繁蜂场地：繁蜂室保持温度为 25～27℃，相对湿度 70%～80%，光照 12h。繁蜂室还需采购繁蜂盒（长 30cm×宽 20cm×高 12cm 的塑料盒，盒盖有长 10cm×宽 5cm 的开口，开口用 100 目铜纱网覆盖）、繁蜂架（放置繁蜂盒用，大小可根据蜂盒数量而定，木条或金属制成，架脚要隔水防蚁）和繁蜂器具。接蜂前应对繁蜂器具用 3%石炭酸或 70%乙醇消毒 1h，每半年利用 3%（体积比）双氧水喷雾消毒繁蜂室，防止细菌、真菌等的污染。

通过人工繁育椰甲截脉姬小蜂的操作技术：①种蜂的获得。自然环境条件下生长发育或室内人工繁育一代或二代椰甲截脉姬小蜂，挑选虫体较大（椰甲截脉姬小蜂体长≥0.6mm）、活力较强的个体，控制合理性别比（雌：雄＝3：1），用棉花或海绵吸附 10%（体积比）的蜂蜜水为种蜂提供营养。②接蜂方法。挑选干净、鲜嫩的椰子叶，剪成 5cm 长的片段，每盒放入 10 片，同时接入椰心叶甲四龄幼虫 400 头，然后接上椰甲截脉姬小蜂种蜂 550 头，用 10%的蜂蜜水补充营养。盖好盒盖并用透明胶密封，将繁蜂盒放在繁蜂架上培育子代蜂。③接种蜂量。按照雌蜂与寄主 1：1 的数量比进行接蜂。④复壮技术。寄生蜂每繁殖 15 代后到野外采集被寄生椰心叶甲僵虫或僵蛹，挑选出节间拉长不能活动、表面光亮而薄的被寄生幼虫或被寄生蛹，以单头放入指形管内在 26℃的人工气候箱中培育。从羽化的椰甲截脉姬小蜂成蜂中选择体壮、个体大、活动能力强的作为种蜂，淘汰弱蜂。

参考文献

[1] 黄法余，梁广勤，梁琼超，等．椰心叶甲的检疫及防除 [J]. 植物检疫，2000（3）：158－160.

[2] 黄法余，梁琼超，赖天忠，等．南海口岸多次截获椰心叶甲和红棕象甲 [J]. 植物检疫，2000（2）：69.

[3] 陈志粦，林朝森，谢森，等．热带观赏植物几种重要害虫的药剂防治技术 [J]. 植物检疫，2002（5）：274－277.

[4] 龚秀泽，白志良．从越南入境的椰子树苗中截获椰心叶甲初报 [J]. 广西植保，2001（4）：29－30.

[5] 张志祥，程东美，江定心，等．椰心叶甲的传播、危害及防治方法［J］．昆虫知识，2004（6）：522-526.
[6] 吕宝乾，陈义群，包炎，等．引进天敌椰甲截脉姬小蜂防治椰心叶甲的可行性探讨［J］．昆虫知识，2005（3）：254-258.
[7] 罗湘粤，钱军．海南省椰心叶甲危害现状及生物防治策略分析［J］．热带林业，2010，38（2）：48-49，10.
[8] 吕宝乾，金启安，温海波，等．入侵害虫椰心叶甲的研究进展［J］．应用昆虫学报，2012，49（6）：1708-1715.
[9] Voegele J M. Biological control of *Brontispa longissima* in Western Samoa：an ecological and economic evaluation［J］．Agri Ecosyst Environ，1989，27（1-4）：315-329.
[10] Lu B Q，Tang C，Peng Z Q，et al. Biological assessment in quarantine of *Asecodes hispinarum* Boucek（Hymenoptera：Eulophidae）as an imported biological control agent of *Brontispa longissima*（Gestro）（Coleoptera：Hispidae）in Hainan，China［J］．Biol Control，2008，45（1）：29-35.

撰稿人

彭正强：男，硕士，中国热带农业科学院环境与植物保护研究所研究员。E-mail：lypzhq@163.com

吕宝乾：男，博士，中国热带农业科学院环境与植物保护研究所研究员。E-mail：yhlu@ippcaas.cn

5 案例5

利用澳洲瓢虫防治吹绵蚧

一、案例材料

吹绵蚧（*Icerya purchasi* Maskell）原产大洋洲，随自然和人为传播而遍及全球。吹绵蚧的繁殖力强，寄主范围广，有73科146属184种寄主植物，尤其喜食柑橘类植物[1]。吹绵蚧以雌成虫或若虫群集在嫩芽、新梢及枝干上，刺吸植物营养，引起大量落叶、落果，枝条干枯，树势衰弱，严重时全株枯死。另外，虫体在生活过程中不断排出“蜜露”，诱发寄主植物煤污病，使叶片和枝条变黑，影响光合作用。吹绵蚧为害柑橘，导致柑橘产量锐减，受害轻的树，着果量少，果实不能充分膨大，受害重的树整株死亡。吹绵蚧为害重的柑橘树，煤烟病也相应发生严重，一虫一病伴随发生，使得树势更加衰败。该虫（害）一旦发生，利用化学防治很难达到好的防治效果。

19世纪后期，由美国人柯培尔（Koebele）在加利福尼亚州首创的应用澳洲瓢虫防治吹绵蚧是生物防治领域的经典案例。19世纪中叶，美国加利福尼亚由于气候温和及特别肥沃的土壤等良好的自然条件，刺激了柑橘种植业的大发展，吹绵蚧随着柑橘苗木的引进而侵入。1868年在Menlo Perk镇开始发现吹绵蚧，短短几年内，蔓延到洛杉矶及加利福尼亚南部。至1880年，吹绵蚧已遍布整个加利福尼亚橘园。此情况受到美国农业部的重视，于1888年委派Koebele去吹绵蚧的原产地澳大利亚寻找天敌，不久带回了两种天敌，即澳洲瓢虫［*Rodolia cardinalis*（Mulsant）］和一种寄生蝇［*Crypotochetum iceryae*（Williston）］。在旧金山饲养后释放于洛杉矶橘园。释放的结果令人相当鼓舞，在几个月内，瓢虫和寄生蝇迅速繁殖和自然扩散，加利福尼亚南部猖獗危害的吹绵蚧就被降低到了无害水平[2]。

纵观澳洲瓢虫的引进历程可以看到，1888年澳洲瓢虫从澳大利亚输入美国加利福尼亚，往后几年澳洲瓢虫又从美国加利福尼亚输送到夏威夷；1891年从美国加利福尼亚输回新西兰；1892年从美国加利福尼亚输往埃及；1894年输入美国佛罗里达；1897年输往葡萄牙；1901年到达意大利；1931年输往苏联[3]。这一引进天敌防治害虫成功的事例给全世界的昆虫工作者和农业工作者带来了极大的鼓舞。

澳洲瓢虫输入我国有两条途径：一条途径是经美国夏威夷、日本输入我国台湾，另一条途径是由苏联输入我国广州。蒲蛰龙先生1957年由苏联将澳洲瓢虫引入我国广州，经繁殖和释放，有效消灭了当地吹绵蚧的危害[4]。20世纪80—90年代，四川省平昌县，由于全县掀起柑橘发展大高潮，苗木调运严重失控，各乡（镇）盲目购苗，带进了大量病虫，导致全县500余亩柑橘遭受吹绵蚧危害，50%的柑橘树濒临毁灭。为了控制吹绵蚧危害，1998年引进澳洲瓢虫300头，经室内化蛹后，集中释放入该县尖山乡三房锦橙园中心位置吹绵蚧密度最大的6株柑橘树上，放后用杂草挂于树冠上部遮阴，让其自然繁衍扩散。同时，以危害程度基本相同的白衣（镇）大梁柑橘园用化学药剂防治作对照。结果，释放澳洲瓢虫的柑橘园1.5hm^2（2 700株），吹绵蚧不到半年基本全歼，而药剂防治的0.8hm^{2}柑橘园（1 500株），其吹绵蚧死亡率仅65.3%。经人工迁移，室内繁衍，在不到5年的时间里，便将全县近7万株柑橘树和柑橘园间作的豆科植物上的吹绵蚧全歼，有效地控制了全县柑橘吹绵蚧危害[5]。

二、问题

1. 为什么澳洲瓢虫能够控制吹绵蚧危害？
2. 澳洲瓢虫被引入后为什么没有对当地生态系统造成不良影响？
3. 吹绵蚧暴发危害的关键条件是什么？
4. 化学防治柑橘吹绵蚧的效果为什么不理想？

三、案例分析

1. 为什么澳洲瓢虫能够控制吹绵蚧危害？

首先，这是由于澳洲瓢虫捕食的特殊性。澳洲瓢虫虽然并不表现单食性，但是吹绵蚧是其最喜好的食物。调查发现 *Rodilia* 属中，每种捕食性瓢虫专食介壳虫中 Monophlebinae 亚科的某种对象，吹绵蚧就是属于该亚科的。*Rodilia*属瓢虫和 Monophlebinae 亚科介壳虫间的关系是在长期进化过程中形成的[3]。

其次，澳洲瓢虫较之吹绵蚧发育速度快、取食能力强。在湿润的亚热带地区，澳洲瓢虫一年发生6代以上，在良好的气候条件下，澳洲瓢虫的发育能不间断地进行，而吹绵蚧一年发生3～4代。澳洲瓢虫每头雌虫可产卵300～600

粒。其卵产于吹绵蚧卵囊之下或与卵囊并列而产，孵化出来的澳洲瓢虫幼虫窜入吹绵蚧虫卵堆中，在卵堆间转移取食卵粒。成虫羽化后也同样取食介壳虫。

澳洲瓢虫的捕食性和寄生性天敌很少。

澳洲瓢虫对气候的适应力强，具有显著的抗寒能力。澳洲瓢虫对于气候的要求和柑橘发芽对于气候的要求是一致的。

吹绵蚧本身呆滞的生活方式和它的群落密集型有利于澳洲瓢虫的取食，也是澳洲瓢虫能够控制吹绵蚧危害的一个重要原因。

2. 澳洲瓢虫被引入后为什么没有对当地生态系统造成不良影响?

澳洲瓢虫被引入后，绝大多数都能成功地控制吹绵蚧危害，能够在本地定殖，并且不会对本地瓢虫种群产生不利影响，生态安全性好。其关键原因是澳洲瓢虫的食性专一，虽然其能取食其他粉蚧甚至蚜虫，但是吹绵蚧是其最喜好的寄主，并且引入地往往难以找到澳洲瓢虫的寄主昆虫，例如，浙江引入澳洲瓢虫后，经 20 多年田间观察，未发现其他的捕食对象，至于其最喜爱的寄主之一——埃及吹绵蚧（*Icery aegyptiaea* Dougl.）在浙江并不存在[6]。专一的食性，使澳洲瓢虫的种群密度与吹绵蚧的种群密度形成了密切相关性，在吹绵蚧密度很低时，澳洲瓢虫也只能维持在低的密度水平，因此，不会对生态系统造成破坏。

3. 吹绵蚧暴发危害的关键条件是什么?

首先，吹绵蚧食性杂。由于寄主植物丰富，南方温度适合吹绵蚧生存，北方保护地栽培，吹绵蚧一年四季均有食物，不存在食物来源不够的问题，为吹绵蚧的大发生提供了食物基础。

其次，吹绵蚧一年发生多代，繁殖能力强。我国南方一年发生 3～4 代，北方温室内一年发生 4～5 代。其产卵期长达 1 个月，每头雌虫可产卵数百粒，多者达 2 000 粒。

第三，吹绵蚧具有特殊的交配与繁殖方式。吹绵蚧种群中大多数为雌虫，极少数为雄虫，并且雌虫中多数为雌雄同体，交配时雌虫迎合雄虫。吹绵蚧既可雌雄异体生殖，也可行孤雌生殖。受精卵都发育成雌雄同体的后代，未受精的卵则发育成雄虫。

第四，因为吹绵蚧属于外来入侵生物，在其原产地有许多特定的限制因子在起作用，尤其是特殊的捕食和寄生的天敌作为重要的限制因子控制着该物种的种群密度，因此吹绵蚧在其原产地通常不会造成较大的危害。然而当它们一旦侵入新区之后，由于逃脱了限制因子的控制，其种群迅速扩张。

4. 化学防治柑橘吹绵蚧的效果为什么不理想?

首先，由于吹绵蚧体表被有很厚的蜡质，触杀型的化学杀虫剂难以进入其体内，所以这类杀虫剂的防治效果不好。

其次，内吸性杀虫剂虽然能够通过植物吸收进入虫体，但吹绵蚧繁殖力强，容易形成抗药性，防效因之而降低。并且，由于吹绵蚧寄主范围太广，许多寄主并非农作物，使用化学农药会大量增加防治成本。有的寄主植物属于高大的乔木，喷施化学农药的难度也很大。因此，化学防治不是控制吹绵蚧的好选择。

四、补充材料

（一）吹绵蚧的生物学

1. 分类地位　吹绵蚧（*Icerya purchasi* Maskell）属半翅目（Hemiptera）蚧总科（Coccoidea）珠蚧科（Margarodidae）。

2. 分布与危害　在国内分布于甘肃、陕西、辽宁、河北、山西、山东、福建、湖南、湖北、广东、广西、四川、贵州、云南和台湾等地；国外分布于日本、朝鲜、菲律宾、印度尼西亚和斯里兰卡，欧洲、非洲、北美洲也有分布。吹绵蚧食性很杂，在甘肃省武都区、文县以为害刺槐、柑橘为主，除此之外还为害杏树、梨树、杨树、槐树、李树、桃树、榆树、苹果、葡萄、樱桃、玉米等200多种植物。以雌成虫或若虫群集在嫩芽、新梢及枝干上，刺吸植物营养引起大量落叶、落果，枝条干枯，树势衰弱，严重时全株枯死。另外，虫体在生活过程中不断地排出“蜜露”，使寄主植物诱发煤污病，使叶片和枝条变黑，影响光合作用。

3. 形态（图5-1）

（1）成虫。雌成虫橘红色、椭圆形，长4～7mm、宽3～3.5mm，腹面扁平，背面隆起，呈龟甲状。体外被有白色而微黄的蜡粉及絮状蜡丝；腹末白色U形卵囊初甚小，随产卵而增大，囊有隆脊线15条。雄成虫体小细长，橘红色，长2.9mm，黑色前翅长而狭、翅展6mm，口器退化；腹部8节，末节具肉质状突2个，其上各长毛3根；黑色触角10节，各节轮生刚毛。

（2）卵。长椭圆形，初产橙黄色，长0.65mm、宽0.29mm，日久渐变橘红色。

（3）若虫。初孵若虫卵圆形，橘红色，长0.66mm、宽0.32mm，附肢与体多毛，体被淡黄色蜡粉及蜡丝；黑色触角6节，足黑色。二龄后雌雄异形，雌若虫椭圆形，深橙红色，长1.8～2.1mm、宽0.9mm，背面隆起，散生黑色小毛，蜡粉及蜡丝减少；雄若虫体狭长，体被薄蜡粉。三龄雌若虫长3～3.5mm、宽2～2.2mm，体色暗淡，仍被少量黄白色蜡粉及蜡丝，触角9节，口器及足均黑色。

（4）蛹。三龄雄虫为预蛹，长3.6mm、宽1mm，色淡，口器退化，具附肢和翅芽。椭圆形蛹橘红色，长 2.5～4.2mm、宽 1～1.4mm，腹末凹入呈叉状。

（5）茧。长椭圆形，白色，外窥可见蛹体。

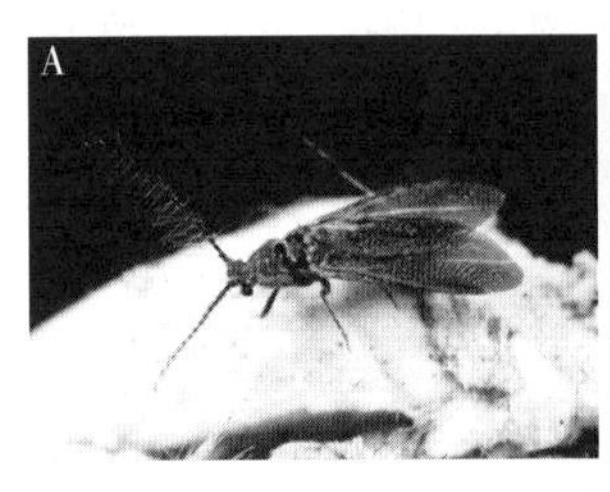

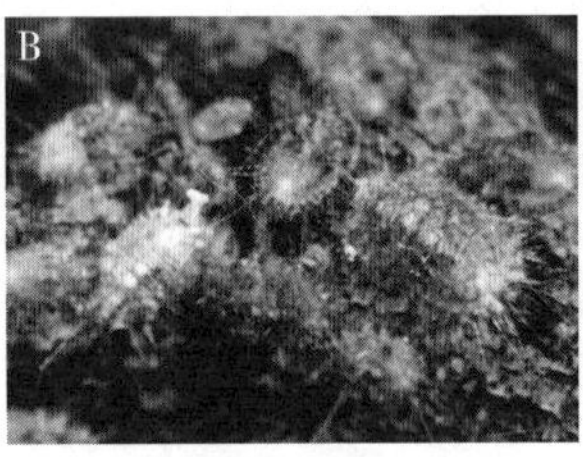

图 5-1　吹绵蚧的形态

A. 雄成虫停在卵囊上　B. 雌虫　C. 带有卵囊的雌虫

4. 生活习性　在我国不同地区和栽培条件下一年发生 2～5 代，多以若虫和部分雌成虫越冬，一般 4～6 月发生严重。甘肃一年 2 代，一代卵 3 月上旬开始出现（少数最早在上年 12 月即开始产卵），5 月下旬为若虫盛孵期，卵期平均为 14～27d，若虫期约 50d，成虫于 7 月中旬最盛。二代卵于 7 月上旬至 8 月中旬发生，8 月上旬最盛，卵期 10d 左右，若虫于 8～9 月为盛期，若虫期长达 50～100d，成虫于 10 月中旬发生，或以若虫越冬。若虫二龄后逐渐迁移至枝干阴面群集为害。繁殖力强，产卵期长达 1 个月，每雌可产卵数百粒，多者达 2 000 粒。温暖潮湿的环境有利于该虫的发生。

初孵若虫活跃，一、二龄向树冠外层迁移，多寄居新梢及叶背的叶脉两旁。二龄后向大枝及主干爬行。成虫喜集居于主梢阴面及枝杈处，吸取树液并营囊产卵，不再移动。温暖潮湿的气候利于其发生，过于干旱的气候及霜冻天气对其发生不利。二龄雄虫在枝条裂缝处或杂草间结茧化蛹，雄虫数目极少，不及雌虫的 1%。雄虫飞翔力弱，通常只能飞 0.33～0.66mm，所以其交配是雌虫迎合雄虫。吹绵蚧可雌雄异体受精，又可孤雌生殖，因其雌虫是雌雄同体的伪雌，这保证了其特殊的繁殖[7]。

（二）澳洲瓢虫的生物学

1. 分类地位　澳洲瓢虫（*Rodolia cardinalis* Muls.）属鞘翅目（Coleoptera）瓢虫科（Coccinellidae）。

2. 分布　原产大洋洲，先后引进到世界许多国家，在中国主要分布于南方各柑橘产区。

3. 生活习性　澳洲瓢虫适应能力强，食性专一，最喜捕食吹绵蚧。澳洲瓢虫在我国的发生代数因地而异。在昆明地区，世代重叠，生活史不整齐，一年四季都有卵、幼虫、蛹、成虫各虫态（图5-2）。室内饲养一年发生7代。

成虫羽化当天可进行交配，交配后1～28d开始产卵，冬季个别成虫则在交配后49d才开始产卵。产卵期1～63d，以3～14d居多。雌虫产卵期越长，则产卵量越多，如产卵期1～9d的，产卵量在58粒左右，11～17d的在100粒以上，19～31d的为218～390粒，34～63d的为494～607粒。每雌一生产卵量，以102～177粒为多数，最多可产607粒，最少仅1粒。一般8—9月羽化的成虫产卵量最多，可达220～607粒，6—7月羽化的成虫产卵量最少，为1～58粒。雌虫日产卵量最多为49粒，最少为1粒。卵多产在吹绵蚧雌虫体背和卵囊上，如卵囊外表破裂，则亦偶产在卵囊中。产卵对温度要求不甚严格，在冬季低温12℃时，仍有个别雌虫产卵，但产卵量少，只见3粒。成虫晴天甚为活跃，喜在光照条件好的树上活动。有假死性，受惊动即假死落地。成虫寿命，雌虫为28～149d，雄虫为7～111d。

卵红色，近孵化时呈灰色，卵期6～11d。

初孵幼虫常群集于吹绵蚧腹面取食，然后分散。幼虫共4龄，一龄幼虫期3～7d，二龄2～7d，三龄2～11d，四龄3～15d。老熟幼虫常在叶背、枝条和树干缝隙中化蛹。如在树干缝隙多的树上，化蛹部位则多在树干缝隙中，叶背则较少。在树干裂缝少的树上，则在叶背化蛹居多。蛹单个或聚集。预蛹期8～17d，蛹期8～25d。

成虫和幼虫都能捕食吹绵蚧，雌虫一生捕食若蚧62～454只，雄虫一生捕食若蚧17～338只，雌虫的捕食量大于雄虫，成虫的捕食量大于幼虫，幼虫随着龄期的增长，捕食量也逐渐增大。澳洲瓢虫的成虫和幼虫不是每日都取食，而是停食一日或连续数日，甚至有极少数幼虫在一龄或二龄或三龄期不食猎物，而仍可蜕皮。一生停食日数，雌性幼虫最多为7d，成虫最多为27d；雄性幼虫最多为6d，成虫最多为22d[8]。

图5-2　澳洲瓢虫的形态

A. 成虫　B. 吹绵蚧卵壳上的幼虫　C. 蛹

参考文献

[1] 张格成，黄良炉．利用澳洲瓢虫防治吹绵蚧初步研究［J］．昆虫学报，1963（Z1）：

688－700.
[2] 鲁布卓夫 ИA，汤祊德．关于澳洲瓢虫防治吹绵介壳虫的问题［J］．昆虫知识，1955（1）：35－38.
[3] 杨志信，王秀琴．世界柑橘害虫生物防治历史概述［J］．中国南方果树，2008（3）：34－37.
[4] 蒲蛰龙，何等平，邓德．自苏联引进的澳洲瓢虫和孟氏隐唇瓢虫的饲养繁殖及田间散放初报［J］．华南农业科学，1957（1）：61－63.
[5] 邹开彬．吹绵蚧的克星——澳洲瓢虫［J］．四川农业科技，2009（1）：53.
[6] 任伊森．黄岩橘区引进澳洲瓢虫防治吹绵蚧72年来经验总结［J］．浙江柑橘，1987（1）：16－18.
[7] 李广．吹绵蚧的危害特征及防治措施［J］．甘肃科技，2012（5）：155－156.
[8] 祁景良，王玉英．云南引进澳洲瓢虫二十五年［C］．全国瓢虫学术讨论会论文集，1988：26－27.

撰稿人

胡琼波：男，博士，华南农业大学植物保护学院教授。E－mail：hqbscau@hqbscau.edu.cn

6 案例6

改治并举，根除蝗害——我国蝗灾治理经验

一、案例材料

（一）历史上的蝗灾

我国的蝗灾是指东亚飞蝗［*Locusta migratoria manilensis*（Meyen）］大范围的猖獗危害，对农业生产造成重大损失。

关于蝗虫的最早文字记载，可以追溯到殷代甲骨文。《史记》记载了前243年“蝗虫从东方来，蔽天”。此后，蝗虫便又叫作“飞蝗”。前707—1956年的2 663年曾发生蝗灾800次以上，平均每2～3年有一次地区性的大发生，5～7年发生一次大范围的猖獗危害[1]。

《五行志》记载：唐贞元元年（785年）“夏蝗，东自海，西尽河陇，蔽天旬日不息。所至草木叶及畜毛靡有孑遗，饿殍枕道。秋矣辅大蝗，田稼食尽，百姓饥，捕蝗为食”。《元史》记载，元至正十九年（1359年）“五月山东、河南、河东、关中等处蝗飞蔽天，人马不能行，所落沟堑尽平。八月己卯，蝗自河北飞渡流汴梁，食田禾一空”。中华民国时期的特大蝗灾有3次，即1929年、1933年和1938年，飞蝗曾蔓延到10个省份265个县。而20世纪40年代初期几乎连年发生蝗害，所造成的损失非常巨大，致使千百万劳动人民流离失所，痛苦不堪[1]。

20世纪50年代，黄淮平原的飞蝗发生情况仍然相当严重，发生数量和面积也还很大。发生范围曾经波及8个省份[1]。20世纪60—70年代，蝗虫基本没有造成大的灾害，但是80年代以后，飞蝗危害又有抬头的趋势，但其危害程度均在控制范围以内，未造成50年代以前那样巨大的损失。

例如，1993年，河北衡水南部的衡水湖，第一代东亚飞蝗发生面积2.8万 hm^2，密度之大距当时近20年前所未有[2]。1995年，河北白洋淀地区夏季东亚飞蝗（简称夏蝗）特大发生，形成大面积高密度群居型蝗蝻[3]。2002年，天津、山东、河北、河南等14个省份夏蝗发生面积达150万 hm^2，蝗虫主要发生在环渤海湾沿海湖库区、黄河下游部分滩区、微山湖区

及沿淮部分地区[4]。

（二）蝗灾治理

我国人民对于蝗虫的认识与防治，大致经历了以下 3 个时期：古代的经验性观察与人工捕打时期；近代的引进西方科学技术，开展初步研究时期；中华人民共和国成立后的研究与防治结合，改治并举根除蝗害时期[5]。

1. 古代的经验性观察与人工捕打 这一时期自先秦时代至清末，历经 2 000多年。早在汉代，汉平帝元始二年（公元 2 年）即遣使捕蝗，并以石斗授钱，奖励治蝗。唐代，开元四年（716 年），宰相姚崇独排众议，坚持应治蝗与可治蝗的正确思想，采用焚烧与沟埋结合的措施，取得治蝗胜利。以后历代统治者对治蝗都有一些规定。特别是明代徐光启，根据历史经验和亲自对蝗区环境的观察，提出治蝗九条，提到“涸泽者，蝗之原本也，欲除蝗，图之此其地矣”，区分蝗虫发生地及延及地、传入地，提出种植蝗不食的作物、修水利、种水田等治蝗措施。可见，早在古代，我国人民对蝗虫发生的主导因素就有了初步认识，形成了捕蝗组织、捕蝗方法、奖惩制度等方面的治蝗经验。但是，这一时期对蝗虫的种类、形态、习性和发生规律缺乏精密、系统的观察，治蝗技术只是停留在人工捕打的水平上，蝗灾发生频次高，损失重[5]。

2. 近代的引进西方科学技术与初步研究 中华民国时期，我国学者开始发表有关蝗虫的论著。1914 年，北京中央农事试验所章祖纯发表《北京蝗虫名录》；1917 年，我国微生物学奠基人戴芳澜发表《说蝗》；1922 年元旦成立江苏省昆虫局，1928 年，该局以蝗虫为研究重点，设立治蝗研究所。这一时期，在蝗虫的分类、分布、生活习性、发生规律、预测预报及防治方法等方面都取得了很大成绩，但是蝗虫的防治水平还是停留在主要靠人工捕打上，比如 1944 年在晋冀鲁豫边区政府领导下，太行区人民群众 25 万人投入一场声势浩大的打蝗斗争，范围涉及 23 个县，据其中 10 个县的统计，共消灭蝗虫 9 175kg。抗日战争胜利后，我国开展了滴滴涕、六六六的治蝗试验，但没有规模化田间治蝗应用[5]。

3. 中华人民共和国成立后的研究与防治结合，改治并举根除蝗害 中华人民共和国成立初期，中央政府在农业部内设立了专门机构，统一领导全国治蝗工作，并由国家负担治蝗药械及费用。由华北农业科学研究所与中国科学院昆虫研究所主要承担有关蝗虫的研究工作，配合治蝗。从组织领导和技术上保证治蝗工作，为我国蝗灾根治奠定了基础。这一时期又分为 3 个阶段[5]：

人工捕打为主的阶段（1949—1952 年）：此阶段由于药械供应困难，主要依靠人工捕打，包括挖封锁沟、烧杀、迎头沟截杀等方法，以扑灭蝗虫。同时，积极开展六六六的研制和毒饵治蝗、飞机治蝗的试验。

药剂防治为主的阶段（1953—1958年）：在药械供应已有一定保证的情况下，从1953年起实行“药剂防治为主，人工扑打为辅”的治蝗方针，要求采取多种方法，连续大面积防治，把高密度的蝗群消灭在三龄以前的幼蝻阶段。同年在河北、山东、河南、安徽、江苏5省建立23个专业性治蝗站，加强技术指导。停止了单纯耕挖蝗卵及挖封锁沟这两种古籍中长期提倡、前几年亦曾采用的方法。1954年提出了“改治结合，根除蝗害”的理论，并拟订了根治洪泽湖和微山湖的蝗害方案[6]。1956年农业部植保局公布了飞蝗的预测预报试行办法。1958年开始，中国科学院昆虫研究所在山东省金乡县与当地合作建立金乡县根除蝗害的小范围试验性样板。由于实行连续大面积药剂防治，压低了飞蝗虫口密度，有些地区开始出现大面积低密度以及点、片高密度的可喜局面。各地大力兴修水利、开垦荒地等农田基本建设的发展，为改造飞蝗发生地创造了条件。

改治并举的阶段（1959年以后）：1959年总结了河北、山东、河南、江苏、安徽5省的治蝗经验和科学研究成果，同时制订了我国自己的“依靠群众、勤俭治蝗、改治并举、根除蝗害”的治蝗方针（简称改治并举，根除蝗害）。“改”是改造蝗区的自然面貌，变有利于飞蝗繁殖的生境为不利，其中包括控制水文变化、发展渔业、绿化空隙土地和改造自然植被为正常农田等；“治”是以化防为中心的迅速压低虫口密度的措施。改造飞蝗的发生地，结合不同类型蝗区的结构与特点，在掌握飞蝗发生动态和蝗区形成演变的规律基础上，因地制宜地进行全面规划与改造。规划的主要内容一般包括治水、治蝗和改造农业环境等几个方面，同时还考虑到，这是农、林、牧、副、渔综合规划的一部分。改造主要是改变发生地的水利条件、小气候条件、土壤条件和植被（以断绝蝗虫食物来源）这4个方面。从20世纪60年代初到中期，由于大规模兴修水利、治河、调整水系，改善了水涝现象，使蝗区自然环境发生改变，改造进展较快。以微山湖、洪泽湖蝗区为例，一直到1976年皆不需防治，尤以1963年、1964年、1969年、1970年发生最轻，然而1977—1978年由于连续特大干旱，洪泽湖水位由12.5m下降到11m以下，致使许多滩地全部露出水面，夏蝗向退水地带聚集产卵，引起秋蝗大发生，不得不再次用飞机防治。直到1979年秋季洪泽湖水位恢复到12.5m，再次达到不需防治的标准。这充分表明蝗区改造后的成果能否巩固，仍取决于控制湖水水位的能力[5]。

总之，中华人民共和国成立以来，在党和政府的强有力领导下，在科研人员的积极参与下，通过全国主要蝗区广大群众的共同努力，几千年来危害深重的蝗灾已经得到控制，并且初步取得了长期以来人们所向往追求的改造蝗区根除蝗害的伟大胜利。

二、问题

1. 为什么飞蝗成灾与黄淮大平原上的“三年一涝、两年一旱”的旱涝相间情况有着密切的因果关系？

2. 为什么“改治结合”是根治蝗害的基本策略？

3. 为什么20世纪80年代以后飞蝗发生又有抬头的趋势？

三、案例分析

1. 为什么飞蝗成灾与黄淮大平原上的“三年一涝、两年一旱”的旱涝相间情况有着密切的因果关系？

黄淮大平原是我国主要的蝗区，产蝗地主要分布在黄河、淮河两岸的洼地、荒湖、河沿、湖滩等处。旱涝引起水位高低变化，导致植被群丛的发育状态及生态类型演替，影响土壤理化性质和人类活动的强度，这不仅直接或间接影响飞蝗适宜产卵生境的扩张与收缩、蝗卵及幼蝻的成活率，还影响蛙类、寄生蜂等飞蝗天敌数量变化。

东亚飞蝗产卵于土壤，因此土壤含水量与土壤温度直接影响蝗卵的存活率与发育。蝗卵适宜的土壤含水量为10%～20%（沙土为10%～12%，壤土为15%～18%，黏土为18%～20%）[7]。

黄淮大平原蝗区年降水量虽然不大，但降水量集中在夏季，易引起水涝，大水过后往往又是旱年，因此具有“易涝易旱、旱涝兼备”的特点。年降水量越大，对蝗虫的发生越为不利，降水引起水位上升不利于蝗卵存活与发育，同时降水引起温度降低延缓蝗虫发育。因此大水引起的涝年往往蝗虫发生量小。而大水后次年一般降水量较小，气温较高，湖面水位下降，湖滩面积增大，有利于蝗虫产卵及生长发育，同时水涝之后地肥草茂，芦苇面积增大，蝗虫食料丰富，生殖率提高。并且，上年大水后蝗虫密度稀少，人们思想麻痹，放松了防治，使蝗虫得以乘机再起。因此涝年后的旱年往往飞蝗暴发危害[8-9]。

2. 为什么“改治结合”是根治蝗害的基本策略？

飞蝗适生区具有适于飞蝗种群增长的气候、土壤及水文等自然地理条件，为飞蝗提供了不同类型的产卵繁殖场所；有丰富的飞蝗喜食植物分布，为飞蝗整个生长季节提供较好的营养补充；而天敌对飞蝗的抑制作用小，使飞蝗可经常保持一定数量的种群。因此，要消灭蝗害，必须运用系统生态学原则，改变飞蝗适生区的自然状态。

“改”是指改造蝗区的自然面貌，通过改变发生地的水利条件、小气候条件、土壤条件和植被（以断绝蝗虫食物来源）这四个方面使其不利于飞蝗繁殖，主要包括兴修水利以控制水文变化、发展渔业、改造自然植被为正常农田和绿化空隙土地等措施。

“治”是以化学防治为中心的迅速压低虫口密度的防治措施。在飞蝗大发生的初期，施用化学杀虫剂迅速压低虫口密度，可保护附近农作物并制止蝗群迁飞扩散。

可见，通过“改”可逐渐压缩适合飞蝗发生的区域，“改”是控制飞蝗的一种长效工程，但投资巨大，难以在短期内发挥作用，因此必须与快速压低虫口密度的“治”结合起来。“改”与“治”结合，相互作用，以“治”保护“改”的成效，通过“改”压缩“治”的面积，逐渐达到巩固，使农药使用量减少，同时由于人类正常生产活动和天敌的增加，亦有利于制止飞蝗再度发生[6]。

3. 为什么20世纪80年代以后飞蝗发生又有抬头的趋势?

首先，世界性和区域性气候异常、旱涝频繁，有利于蝗虫适生条件的生成、存在或重现。全球气候变化，春季气温回暖早，夏季炎热，冬季暖冬，致使蝗卵越冬死亡率低，蝗蝻发生期普遍提早，东亚飞蝗发生世代有北移趋势(1～2代区与2～3代区均已出现发生2代与3代的情景)[10]。

其次，黄河、淮河、海河等流域的流量变化（流量大小、持续时间长短、水位涨落、淹滩面积等）与断流变化（时间频繁、早晚、久暂、河段长短等）以及蝗区的河流、湖泊、水库、沿海的水位涨落等，均对飞蝗发生区的范围和发生密度造成显著影响[11]。

第三，植被条件变化有利于飞蝗发生，如白洋淀地区，由于塑料工业的发展，使席苇的经济价值变小，渔民放松了对芦苇的管理，不再对芦苇生产进行投入。以前，每年早春渔民对苇田进行河泥施肥，人工或化学除草，现在对苇田不再施河泥肥料，很少除草。芦苇生长矮小，由原来经济价值较高的席苇变成了植株较矮的柴苇，造成蝗区面积扩大[3]。

第四，由于市场经济影响，农民弃农经商，农田抛荒或耕作粗放，造成荒洼地不断扩大，为蝗虫的发生创造了条件。另外，水利工程失修，以及对蝗情、水情、旱情和气候变化动态发展的侦查监测有所忽视，掌握不足、不及时，甚至失误以及测报防治机构及其专业人员素质水平下降等人为因素，均对蝗害治理有极为重要的影响[3]。

四、补充材料

（一）蝗虫、飞蝗与土蝗

在分类学上，蝗虫属直翅目蝗总科（Acridoidae）。蝗总科分为5个科：

大腹蝗科（Pneumscidae）、枝蝗科（Proscopiidae）、菱蝗科（Tetrigidae）、短角蝗科（Eumastacidae）和蝗科（Acrididae）。前2个科分布于非洲、南美洲等地，我国只有后3个科分布。蝗虫有1万多种，我国发现400多种。

飞蝗属于蝗科斑翅蝗亚科（Oedipodinae）飞蝗属（*Locusta*），我国有东亚飞蝗［*Locusta migratoria manilensis*（Meyen）］（图6-1）、亚洲飞蝗（*Locusta migratoria migratoria* L.）和西藏飞蝗（*Locusta migratoria tibetensis* Chen）3个亚种。飞蝗又因生活习性和形态的不同分为散居型（phase solitaria）和群居型（phase gregaria）。

图6-1　东亚飞蝗

A. 东亚飞蝗成虫正在产卵（李寿鹏摄）　B. 散居型东亚飞蝗（吴钜文原图）

土蝗是指除飞蝗、稻蝗和竹蝗外的其他蝗虫的总称[12]，又叫土蚂蚱，形状略似飞蝗，种类很多，分布地区很广，多生活在山区坡地以及平原低洼地区的高岗、堤埂、地头等处。但不成群飞翔，也很少飞到较远的地区，危害性比飞蝗小。重要种类有黄胫小车蝗（*Oedaleus infernalis* Sauss）、亚洲小车蝗（*Oedaleus asiaticus* B. - Bienko）、笨蝗（*Haplotropis brunneriana* Sauss）、短星翅蝗（*Calliptamus abbreviatus* Ikonn）、长额负蝗［*Atractomorpha lata*（Motschoulsky）］、大垫尖翅蝗［*Epacromius coerulipes*（Ivan.）］等。为害作物因种类不同而异，除为害禾本科粮食作物外，还可为害棉花、蔬菜等作物，也取食杂草。

（二）关于中国飞蝗种下分类阶元

传统上，我国的飞蝗分为东亚飞蝗、亚洲飞蝗和西藏飞蝗3个亚种。东亚飞蝗主要分布在东部季风区，亚洲飞蝗主要分布在西北干旱、半干旱草原区，西藏飞蝗主要分布在青藏高寒区的河谷与湖泊沿岸地带。但是，张德兴等[13]以非洲飞蝗为外群，在8个微卫星DNA位点，对我国海南、西藏、四川（西部）、新疆、内蒙古、吉林、辽宁、天津、河北、山东、江苏、安徽、河南、山西、陕西的飞蝗标本的盲分析结果表明，我国飞蝗应重新划分为如下三大类群，即青藏种群、海南种群和北方种群，其中青藏种群包括所分析的西藏、四川西部的飞蝗，海南种群包括海南岛 4 个地方种群的飞蝗，北方种群包括蒙新高原、东北平原、黄淮平原、陕西和山西的飞蝗。三大类群间存在显著的遗传分化，而且各大类群间的遗传差异远大于各大类群内种群间的差异。海南的飞蝗与传统上一直被认为是东亚飞蝗的我国东部地区的飞蝗之间有显著的遗传差别，这种差别已达亚种水平。鉴于东亚飞蝗主要是根据在热带蝗区（如菲律宾）采集到的标本而定名，而海南岛的蝗区类型与菲律宾等东南亚蝗区相同，因此，海南岛的飞蝗当属东亚飞蝗。我国东部地区的飞蝗种群与蒙新高原及东北的飞蝗种群稳定地聚集在一起，形成一个区别于其他种群的北方种群，它们应共同被视为亚洲飞蝗亚种。西藏飞蝗与我国其他地区的飞蝗间存在着显著差别，在系统进化树上为独立的一支，应该视为一个独立亚种——西藏飞蝗。

但是，为方便起见，本文所指的东亚飞蝗还是指传统上所称的东亚飞蝗。

（三）东亚飞蝗的发生区

东亚飞蝗在我国分布于东部，包括平原坡地和岛屿上的低平草地，发生地北界在北纬 42°，发生地的海拔高度一般在 100m 以下，仅山谷盆地及小面积河谷地超过 400m。东亚飞蝗在我国的主要发生地为黄淮海平原，地势海拔多在 50m 以下。至于长江中下游的平原与湖滨洼地，以及西江、南渡河等下游的小冲积平原亦曾有飞蝗大发生，但蝗区面积远比华北平原小，并且发生频次亦低。

根据飞蝗的发生特点，我国蝗区分为 3 个等级：发生基地、一般发生地和临时发生地[14]。

发生基地（常年发生地）：具有飞蝗滋生繁殖最适宜的条件，平时保持有密度较高的小蝗群，大发生时即由此向外扩散迁移。

一般发生地（即适生区）：平时仅有少数飞蝗活动，只有当自然条件适宜时，才出现飞蝗死亡率低和繁殖率高，以及外地飞蝗迁入即可就地繁殖的情况。

临时发生区（扩散区）：正常情况下不适于飞蝗滋生。主要由于飞蝗死亡率高，缺乏发育和繁殖场所，在大的自然变化下，成为飞蝗的临时发生地，一旦恢复正常，飞蝗种群易迅速消失。

根据我国蝗区的自然地理特点，蝗区分为 4 个类型：滨湖蝗区、沿海蝗区、河泛蝗区和内涝蝗区。滨湖蝗区包括白洋淀、洪泽湖、微山湖，以及鄱阳湖、洞庭湖等湖泊区；沿海蝗区包括渤海和黄海沿海地区；河泛蝗区是黄河改道形成的滩地地区；内涝蝗区是黄淮海平原的低洼易涝地区。

（四）东亚飞蝗的重要生活习性

根据尤其儆等[15]研究，蝗卵孵化以11:00—13:00居多，孵化时，幼蝻经蠕曲运动上升土表，蜕去白膜才为通常所说的一龄幼蛹。蝗卵孵化迟早及孵化整齐度受蝗卵本身发育情况、地形、方位及植被等因子所影响。同一卵块孵化前后相距时间一般为1h左右，较长的达1～2d。

飞蝗在蝗区自然环境下以禾本科与莎草科植物为主要食料。在饥饿或被迫情况下，能取食豆科（大豆）、十字花科（白菜）及菊科植物（向日葵），并可产一小部分卵，但棉花、甘薯、马铃薯、麻类及田菁等均不取食。

蝗蛹群聚后，虫体经过1～2次蜕皮即由青绿色或浅灰色变为红黑色，行动活泼，蝻群能集体跳跃迁移，常集中危害。如蝻群密度过稀（每平方米0.18～0.27头），不群聚生活，虫体多呈青绿色，并随环境而改变。

蝗蝻在空旷地区活动，多跳跃前进，龄期越高，跳跃距离越远，一龄蝻每次平均跳跃距离为10.3cm，二龄蝻为13.2cm，三龄蝻为17.9cm，四龄蝻为19.6cm，五龄蝻能跳30.9cm。各龄蝗蝻皆能连续跳跃2～3h。

成虫在羽化初期，四翅柔软，只能跳跃而不飞翔，在交尾期间，飞翔力最强，性成熟前常发生迁飞现象。产卵期间飞翔力又减退。雌虫飞翔力除产卵期间外，一般较雄虫强。

成虫羽化后，夏蝗经过9～14d、秋蝗经过7～12d即进行交尾，一天内夜间为交尾盛期，交尾一次最长18h左右。飞蝗产卵以13:00—17:00为最盛。产卵时具有选择性，喜在比较坚硬、土壤水分含量10%～20%及向阳的地面上产卵，如土壤过分疏松或坚硬、土壤含水量及含盐量过高的地区，通常很少产卵。

东亚飞蝗最多可产12块蝗卵，一般4～5块，秋蝗产卵块数略少于夏蝗，为3～4块。夏蝗一生所产卵粒总数为300～400粒，个别可达729粒。秋蝗一生所产卵粒总数为200～300粒，个别能产525粒。

参考文献

[1] 陈永林．我国是怎样控制蝗害的［J］．中国科技史料，1982（2）：16-22.
[2] 陈新刚．1993年衡水湖第一代东亚飞蝗大发生［J］．植保技术与推广，1994（4）：37.
[3] 任春光，陈福强．1995年白洋淀东亚飞蝗大发生原因及防治策略［J］．昆虫知识，1997，34（3）：133-134.
[4] 本刊编辑部．我国北方夏蝗大发生［J］．植物保护，2002（28）：8.
[5] 来宾东亚飞蝗防治战役取得阶段性胜利．http：//www.gxny.gov.cn/web/2006-09/143582.htm.
[6] 马世骏．根除飞蝗灾害［J］．科学通报，1956（2）：52-56.

[7] 尤其儆，郭郛，陈永林，等．东亚飞蝗（*Locusta migratoria manilensis* Meyen）的生活习性 [J]. 昆虫学报，1958，8（2）：119－135.

[8] 楼亦槐．沿淮蝗区水涝与飞蝗发生关系的初步调查及其在防治措施上的探讨 [J]. 昆虫学报，1959（2）：101－115.

[9] 陈永林．蝗虫灾害的特点、成因和生态学治理 [J]. 生物学通报，2000，35（7）：1－5.

[10] 康乐，陈永林．试论蝗虫灾害学 [J]. 青年生态学者论丛（二），1991（2）：56－64.

[11] 陈永林．改治结合，根除蝗害的关键因子是“水” [J]. 昆虫知识，2005，42（5）：506－509.

[12] 邱式邦，李光博．值得注意的全国土蝗问题 [J]. 中国农业科学，1953（4）：176.

[13] 张德兴，闫路娜，康乐，等．对中国飞蝗种下阶元划分和历史演化过程的几点看法 [J]. 动物学报，2003，49（5）：675－681.

[14] 马世骏．东亚飞蝗发生地的形成与改造 [J]. 中国农业科学，1960（4）：18－22.

[15] 尤其儆，郭郛，陈永林，等．东亚飞蝗 *Locusta migratoria manilensis* Meyen 的生活习性 [J]. 昆虫学报，1958（8）：119－135.

撰稿人

胡琼波：男，博士，华南农业大学植物保护学院教授。E－mail：hqbscau@hqbscau. edu. cn

7 案例7

冲绳地区应用辐射不育技术根绝瓜实蝇

一、案例材料

瓜实蝇［*Bactrocera cucurbitae*（Coquillett）］是为害西瓜、甜瓜、番茄、南瓜、杧果、木瓜等瓜果的重要害虫。瓜实蝇以成虫产卵器刺入瓜果表皮产卵。果实被刺伤处流胶，畸形下陷。幼虫孵化后在瓜内取食，常导致瓜果未熟先黄，后腐烂变臭，造成大量落瓜落果（图 7－1）。在葫芦科作物上，瓜实蝇危害可造成 30%～100%的产量损失。

图 7－1　瓜实蝇为害状

1919 年瓜实蝇首次侵入日本冲绳县的八重山群岛，1929 年侵入宫古群岛，之后 40 年瓜实蝇的分布区不断扩大，1970 年久米岛也发现有瓜实蝇，1972 年侵入冲绳本岛，1974 年扩大到奄美群岛，以至于威胁着九州。

随着瓜实蝇分布区的扩大，久米岛制订了根绝瓜实蝇计划，确定从日本西南诸岛全区域开始实施利用辐照不育技术根绝瓜实蝇的工作，计划从 1970 年开始，用 6 年时间，消灭久米岛的瓜实蝇[1]。1972 年在冲绳县农业试验场建立了瓜实蝇不育化设施，规模化饲养和辐照处理瓜实蝇，然后释放不育虫。测报估计的久米岛瓜实蝇野生种群总数约 1 万头，按 10∶1 的释放比（不育虫∶野生虫），每周释放 10 万头不育虫，持续释放两个月后，久米岛的瓜实蝇卵孵化率降低至 10%以下。1974 年发展了瓜实蝇的大量繁殖技术和不育化技术。1975 年 2 月开始，每周释放 100 万头不育瓜实蝇，卵孵化率与不释放不育虫的冲绳本岛相同（90%），不育虫释放试验无效果，1975 年 9 月开始每周释放 200 万头瓜实蝇，一直持续到次年 3 月，卵孵化率降低至 30%。1976 年 5 月，每周释放 350 万～400 万头不育瓜实蝇，持续到 7 月，卵孵化率降低至 10%以下，果园为害率为零。至 1978 年 9 月，成功根绝久米岛的瓜实蝇。

久米岛根绝瓜实蝇的成功，为冲绳全县根除瓜实蝇提供了经验。于是按年度计划分别在宫古、冲绳、八重山群岛展开根绝瓜实蝇的工作。1980 年 4 月，冲绳县设置了果蝇对策事业所，1980—1984 年建设了瓜实蝇大量繁殖设施及不育化设施，1984 年 7 月 6 日设施完工装入 6×10^4 Ci① 的 ^{60}Co 辐射源，1986 年 6 月及 1988 年 3 月两次追加辐射源，源强为 136 000Ci[2]。1983 年 4 月开始生产瓜实蝇，1984 年 8 月在宫古群岛开始释放不育瓜实蝇。不育虫最大释放量每周达 4 800 万头，1987 年 11 月宫古群岛根绝了瓜实蝇。冲绳岛在 1986 年 5 月开始用诱杀剂防治，同年 11 月开始在本岛中南部，每周释放 8 700 万头不育瓜实蝇，后来扩大到本岛北部、周围小岛、南北大东岛以至冲绳岛全区域。在野生虫较多的地区增加不育虫的释放数量，加强防治。这样，冲绳全县每周不育瓜实蝇的最大释放量达 18 500 万头。从 1989 年 11 月之后，野生瓜实蝇不见了。1990 年 6 月 1 日向农林水产部那霸植物防疫事务所提出“冲绳县瓜实蝇驱除证实申请书”。那霸植物防疫事务所用 3 个月时间进行驱除证实调查，未发现瓜实蝇，于是宣布冲绳县已经根绝瓜实蝇。

二、问题

1. 冲绳地区成功根绝瓜实蝇的主要原因是什么？
2. 害虫辐照不育技术的优点及其实施的基本方法与步骤是什么？
3. 上述案例中释放的不育瓜实蝇是什么虫态、什么性别？为什么？

三、案例分析

1. 冲绳地区成功根绝瓜实蝇的主要原因是什么？

第一，良好的自然条件。冲绳地区由许多岛屿组成，小岛之间有较大的空间距离，超过瓜实蝇自然飞翔的极限，因此不同岛屿的瓜实蝇种群之间不易发生相互干扰，有利于根绝瓜实蝇的操作。同时，瓜实蝇成虫具有飞翔能力，能够较好地扩散，有利于释放的不育瓜实蝇找到如食物、栖息地、配偶等资源，保证其与野生个体相比有一定的竞争能力。

---

① Ci 为非法定计量单位，$1Ci=3.7\times10^{10}$ Bq。——编者注

第二，瓜实蝇的大量饲养技术。冲绳地区根绝瓜实蝇，共释放不育瓜实蝇 625 亿头，如此大量的虫源通过野外捕获不可能解决，只能通过人工饲养才能提供大批的目标昆虫。有充足的虫源，才能保证足够的释放比（不育虫/野生虫），提高不育雄虫与野外雌虫交尾的概率，降低瓜实蝇卵的孵化率，从而逐渐降低瓜实蝇的虫口密度。对于减少的下一代继续释放不育虫，野生虫间的交尾机会进一步减少，正常繁殖的子孙也随之减少，最终成功根除。

第三，成熟的瓜实蝇辐射不育技术。瓜实蝇的不育化，要在羽化前 3d 用$^{60}Co\gamma$射线照射蝇蛹，如剂量过大则蝇蛹会死亡，剂量过小则达不到使之不育的目的，同时还必须保证不育瓜实蝇的性竞争能力。冲绳地区根绝瓜实蝇试验中，不育化采用 70Gy 的剂量，但不育雄虫相对于野生雄虫性竞争力较弱，约为 0.7（10 只不育雄虫相当于 7 只野生雄虫）。因此，需要较高的释放比以提高不育虫在种群中的性竞争力。

第四，成熟的瓜实蝇辐射不育技术与释放技术。经过辐照处理后的瓜实蝇，需要经过包装、运输、固定、冷藏以及在飞行器上弹出等步骤再释放到野外，这一过程需要保证不育瓜实蝇能成功羽化和扩散，同时利用直升机等工具可保证远距离野外大量释放不育虫。

2. 害虫辐照不育技术的优点及其实施的基本方法与步骤是什么？

辐照处理害虫是一种采用核辐射防治害虫的有效技术。它有下列优点：有利于环境保护，不产生农药污染，杀虫选择性强，不伤害天敌或其他生物，不会使害虫产生抗药性，防治效果显著、持久，并且，它是目前唯一有可能灭绝一种害虫的防治手段。

害虫辐照不育技术实施的基本方法：不育雄虫放饲法。用放射性物质照射人工大量繁殖的雄虫，使雄虫保持有与雌虫交尾的兴趣，但失去让雌虫受孕的能力，再以直升机等工具将不育雄虫送到野外大量释放。这种不育雄虫与野生雌虫交尾产下的虫卵不会孵化，只要不育雄虫比野生雄虫多，重复上述方法，就可使野生虫一代代减少，终至绝迹。基本步骤：①研究害虫的种群和行为生态学，②大量饲养成虫，③电离辐射进行昆虫不育处理，④监控和检测不育昆虫的质量，⑤不育成虫的羽化和释放，⑥不育昆虫与野外昆虫的监测，⑦宣布无虫害的状态。

现在全世界已有几十个国家对上百种害虫进行了辐射不育研究，全世界约有 1/3 的国家已开展应用昆虫不育技术防治害虫的研究，涉及的目标昆虫有双翅目、鳞翅目和鞘翅目等 100 多种，其中螺旋蝇、地中海实蝇、瓜实蝇、舌蝇、柑橘大实蝇、苹果蠹蛾、舞毒蛾和棉铃象甲等 30 多种害虫的辐射不育已进入实际应用或中间试验阶段，由此每年带来的经济效益，据国际原子能机构统计，可达数十亿美元。

3. 上述案例中释放的不育瓜实蝇是什么虫态、什么性别？为什么？

冲绳地区根绝瓜实蝇实践中，释放的是瓜实蝇不育雄虫的蛹。

因为昆虫蛹期的静止虫态，有利于大量饲养昆虫的收集、辐照、运输和释放；在昆虫将要或已经完成成虫发育的时期进行辐照，能尽量减少体细胞的损害以保证不育昆虫的质量。

同种昆虫不同发育阶段对辐照处理的敏感性不一样。瓜实蝇蛹期的耐受辐射剂量最大，对蛹期有效的剂量对其他虫态也有效，这样能保证释放的瓜实蝇是不育的。

四、补充材料

（一）瓜实蝇的形态特征

成虫：体长8～9mm，翅长7～8mm，体形似蜂。体褐色，额狭窄，两侧平行，宽度为头宽的1/4。前胸背面两侧各有1个黄色斑点，中胸两侧各有一条较粗的黄色竖条斑，背面有并列的3条黄色纵纹。翅膜质，透明，有光泽，翅尖有圆形斑（图7-2）。

卵：细长，一端稍尖，长约1mm，乳白色（图7-2）。

幼虫：蛆状，初为乳白色，体长为1mm，老熟幼虫米黄色，体长为10～12mm，前小后大。口钩黑色，尾端背面有2个相连的颗粒状突起，腹面1个，前气门指状突15～22个（图7-2）。

蛹：初为米黄色，后呈黄褐色，长约5mm，圆筒形（图7-2）。

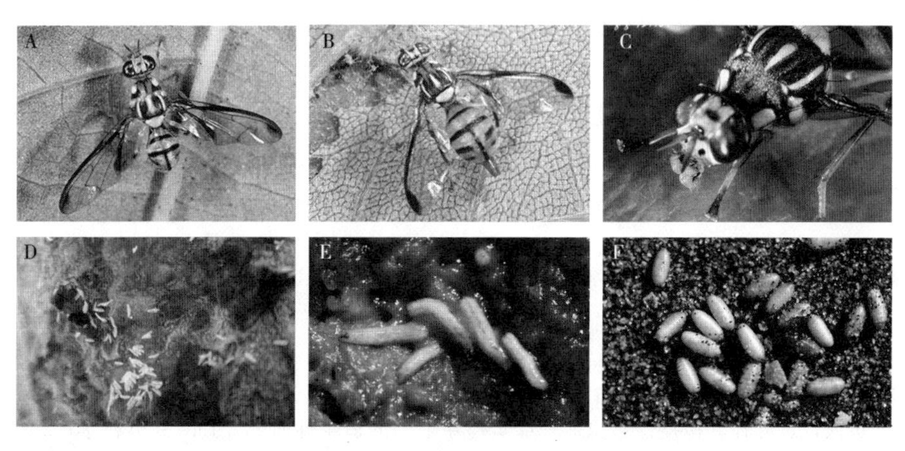

图7-2　瓜实蝇各虫态

A. 雄成虫　B. 雌成虫　C. 成虫头部　D. 卵　E. 幼虫　F. 蛹

（二）瓜实蝇在中国的适生区域

瓜实蝇在中国分布于南方，主要是江苏、福建、海南、广东、广西、贵州、云南、四川、湖南、台湾等地。适合瓜实蝇生长的地区有暖温带湿润大区（峨眉山）、北亚热带湿润大区（上海）、中亚热带湿润大区（成都）、南亚热带湿润大区（广州）、南亚热带亚湿润大区（丽江）、边缘热带湿润大区（海口）、边缘热带亚湿润大区（三亚）、高原亚温带湿润大区（康定）。其中南亚热带湿润大区（广州）、边缘热带湿润大区（海口）、边缘热带亚湿润大区（三亚）为瓜实蝇的适生带；而暖温带湿润大区（峨眉山）、北亚热带湿润大区（上海）、中亚热带湿润大区（成都）、南亚热带亚湿润大区（丽江）、高原亚温带湿润大区（康定）这 5 个气候大区因为月最低平均气温低于 12℃，所以为瓜实蝇的次适生带；其余的均为非适生区。瓜实蝇在我国的气候适生性分布区大体是沿着青藏高原东南边缘，向东经过秦岭—淮河一线的以南地区[3]。

（三）瓜实蝇的综合防治策略与主要措施

农业防治：①套袋。在幼瓜、幼果期，雌虫未产卵前进行套袋，防止雌虫在幼瓜、幼果上产卵。②清洁田园。及时摘除被害瓜果，及时捡拾落瓜落果，集中深埋或焚烧，防止幼虫入土化蛹。深翻土壤，杀死越冬幼虫和蛹。③选育抗性品种。

生物防治：弗潜蝇茧蜂、阿里山潜蝇茧蜂、斯氏线虫对瓜实蝇生长有抑制作用；水稻纹枯病菌、绿色霉菌影响瓜实蝇产卵和发育；球孢白僵菌、绿僵菌对瓜实蝇有致病作用。

物理防治：黑光灯诱杀、黄板诱杀、糖醋液诱杀、性诱剂诱杀。

药剂防治：高效氟氯氰菊酯喷雾能有效杀死瓜实蝇蛹；溴氰菊酯能有效防治瓜实蝇。20%氰戊菊酯乳油 3 000 倍液、90%晶体敌百虫、80%敌敌畏乳油 1 000 倍液、1.8%阿维菌素乳油 2 000 倍液、2.5%敌杀死 2 000 倍液等都可以用来防治瓜实蝇。

参考文献

[1] 李元英．日本久米岛释放辐射不育虫防治瓜实蝇成功［J］．原子能农业译丛，1983（4）：25.

[2] 王桂芝．日本利用辐射不育技术根除瓜实蝇［J］．生物防治通报，1992（2）：95－97.

[3] 黄振，黄可辉．检疫性害虫——瓜实蝇在中国的适生性研究［J］．武夷科学，2013，29（1）：177－181.

撰稿人

翁群芳：女，博士，华南农业大学植物保护学院副研究员。E－mail：wengweng@scau. edu. cn

陈谢婷：女，华南农业大学植物保护专业硕士研究生。E－mail：chenxieting@foxmail. com

我国水稻褐飞虱的抗药性治理

一、案例材料

（一）褐飞虱在我国的危害

褐飞虱［*Nilaparvata lugens*（Stål)］（图 8－1）属半翅目（Hemiptera）飞虱科（Delphacidae），是我国水稻生产的重要害虫，主要通过吸取水稻的液态营养物质危害，严重时造成水稻成片倒伏（图 8－1），并且传播水稻草状矮缩病毒和齿叶矮缩病毒等病毒而导致水稻严重减产。

图 8－1　褐飞虱成虫及为害状

A. 长翅型成虫　B. 短翅型成虫　C. 褐飞虱为害状

褐飞虱在我国 20 世纪 70 年代 5 次大发生，80—90 年代初 12 年间有 8 年大发生，1973—1994年的22年间，至少有17年褐飞虱年发生面积超过全国水稻种植面积的1/3。1992—2004年，褐飞虱发生较轻。但近年来，褐飞虱卷土重来，在全国的发生强度、暴发频次及范围都有明显加重的趋势，局部地区几乎年年大发生。2005—2009年，褐飞虱在我国南方稻区与长江中下游稻区大发生，年发生面积分别为1 140万 hm^2、1 670万 hm^2、1 570万 hm^2、1 260万 hm^2 和1 040万 hm^2[1]。其中，2005年褐飞虱在西南单季稻区、长江中下游单季稻区和双季晚稻区、华南晚稻区大暴发，浙江、江苏、上海、安徽、贵州大部以及湖北、湖南局部地区发生程度为近20年最重。2005年10月9日，广东高明单灯诱虫量达1.175kg，约76.8万头；2006年8月31日晚有人拍摄到江苏省南京市城区路灯下的褐飞虱就像下雪一样（图8-2）。

图8-2　褐飞虱大发生情景

A. 2005年10月9日，广东高明单灯诱虫量1.175kg，约76.8万头

B. 2006年8月31日晚江苏省南京市城区路灯下的褐飞虱

（二）我国褐飞虱抗药性的发展

我国自20世纪70年代后期开始对褐飞虱抗药性进行监测，于1977年发现褐飞虱已对丙体六六六产生11倍的抗性。随后陆续有人报道褐飞虱对马拉硫磷、杀螟松等有机磷杀虫剂产生了中等水平抗性[2]。

20世纪80年代末期，昆虫生长调节剂类杀虫剂噻嗪酮进入我国，由于该药剂对褐飞虱低龄若虫具有很高的杀虫活性，而且对高等动物及天敌安全、环境相容性好，很快成为防治褐飞虱的主要品种。1996—2007年的抗药性监测结果表明，2004年之前褐飞虱对噻嗪酮一直未产生明显抗性；但2005年我国多数稻区的褐飞虱种群对噻嗪酮抗性快速发展，到2020年，监测地区的所有褐飞虱均对噻嗪酮产生了高水平抗性（＞500倍）（2021年农技植保函6号）。

20世纪90年代初，新烟碱类杀虫剂吡虫啉被引入我国，因其具有杀虫活性高、持效期长等特点，尤其对一些半翅目害虫有特效而迅速成为各稻区防治褐飞虱的首选药剂被大面积推广。然而，2005年我国首次报道田间褐飞虱对吡虫啉产生了高水平抗性，当年长江流域的江苏、浙江和安徽等省稻区吡虫啉的用药量增加了4～8倍，但防治效果却从95%下降到60%左右。鉴于褐飞虱对其产生高水平甚至极高水平抗性，全国农业技术推广服务中心（以下简称全国农技中心）发文（2005年农技植保函270号）要求暂停使用吡虫啉。至2020年，我国南方主要稻区褐飞虱对吡虫啉和噻虫嗪的抗性分别大于2 500倍和300倍，对近年来才推广使用的第三代新烟碱类杀虫剂呋虫胺的抗性最高达500多倍。对吡蚜酮处于中等至高水平抗性（85～252倍）。因此，全国农技中心已经建议在抗性严重的地区暂停使用吡虫啉、噻虫嗪和噻嗪酮[3-6]。

二、问题

1. 杀虫剂的使用与2005年后褐飞虱大发生有何关系？
2. 如何进行褐飞虱的抗药性治理？
3. 防治褐飞虱过程中为什么要实行“治前控后”的防治策略？

三、案例分析

1. 杀虫剂的使用与2005年后褐飞虱大发生有何关系？

对新型杀虫剂（如吡虫啉等）的过度依赖，导致单一品种的长期大量使用，从而使褐飞虱对所使用药剂产生高水平抗性，是造成2005年以后南方稻区褐飞虱大暴发的重要原因之一。

杀虫药剂的使用能够在短时间内有效压低害虫的种群数量，这是杀虫药剂的主要优势。但有时杀虫药剂的使用也会增加靶标害虫自身或其他害虫的数量，即所谓杀虫药剂诱导的害虫再猖獗，其原因主要包括杀虫药剂对天敌（寄生性和捕食性）的杀伤、害虫种群生殖力增强和害虫抗药性水平增加等三个方面。

（1）杀虫剂大量杀伤褐飞虱的天敌。褐飞虱的天敌如蜘蛛、蝽和寄生蜂等是稻田控制褐飞虱种群不可忽视的因素。但是在褐飞虱的化学防治中缺乏对杀虫药剂品种的合理选择，许多药剂包括所谓的“当家”品种，对稻田捕食性蜘蛛以及一些寄生性天敌都有较大的杀伤作用。研究表明，三唑磷和杀虫双对稻田蜘蛛有较高的杀伤作用，氟虫腈和吡虫啉对稻田蜘蛛的影响略小，但吡虫啉对黑肩绿盲蝽的杀伤力较大，噻嗪酮则对稻田天敌较为安全。杀虫剂对害虫天敌的杀伤被认为是造成害虫再猖獗的重要原因，其主要依据是杀虫药剂的使用明显降低了捕食性天敌种群的数量，显著削弱了其自然控制作用。

（2）杀虫剂的亚致死剂量刺激褐飞虱生殖。杀虫药剂的亚致死剂量刺激褐飞虱雌虫的生殖力很可能是引起褐飞虱大发生的直接原因。一些杀虫剂长期单一使用易导致褐飞虱对其产生耐药性和抗药性，使得常用的致死剂量不足以控制褐飞虱虫口密度而成了亚致死剂量，该剂量可能会刺激褐飞虱的生殖力，显著提高褐飞虱种群增长率引起其猖獗危害[7]。庄永林等[8]研究表明，用亚致死剂量三唑磷（LC_1，6.25mg/L）处理褐飞虱三龄若虫后，长翅型雌虫平均产卵量为（325.5±62.2）粒/头，约为对照［（164.5±1.0）粒/头］的2.0倍；短翅型雌虫的产卵量［（321.4±25.6）粒/头］为对照［（242.3±42.0）粒/头］的1.3倍（表8-1）。此外，经三唑磷处理的褐飞虱与对照相比具有产卵前期缩短、产卵期及卵块数增加的趋势。拟除虫菊酯类药剂（如溴氰菊酯、高效氯氰菊酯及高效氯氟氰菊酯等）、有机磷类药剂（如甲胺磷及久效磷等）及氨基甲酸酯类药剂（如灭多威、杀虫威及丁硫克百威等）可以刺激水稻褐飞虱再猖獗也是早已明确的事实[9]。另一方面，非菊酯类药剂也有可能导致褐飞虱的猖獗。研究表明，井冈霉素有效成分用量在75g/hm^{2}时可明显增加水稻褐飞虱的种群数量；井冈霉素和杀虫双可以增加水稻褐飞虱若虫的存活率。还有一些杀虫剂可刺激水稻生长，为褐飞虱提供丰富的食料，吸引更多的褐飞虱迁入。农药的使用有时还会降低水稻植株对褐飞虱的抗性。

除了褐飞虱外，稻田中还有稻纵卷叶螟、二化螟等害虫的危害。随着甲胺磷等5种高毒有机磷类农药的禁用，为了提高防治效果，农民使用有机磷类药剂以及隐含菊酯类药剂的混剂或农民自发使用菊酯类药剂防治水稻螟虫，这都可能刺激褐飞虱生殖力的增加。在我国，菊酯类药剂在稻田的隐性使用时有发生，农民自行将菊酯类药剂，特别是一些含有菊酯类的混剂用于水稻田是行政部门和农业技术推广部门无法控制的，这不同程度地增加了褐飞虱再猖獗的可能，加大了水稻生长后期控制褐飞虱的难度，同时也增加了杀虫剂的使用量。

表8-1 三唑磷对不同翅型褐飞虱雌虫繁殖的影响[8]

处理	试虫对数	翅型	产卵雌虫占比（%）	产卵前期（d）	产卵期（d）	产卵量（粒）	卵块数
三唑磷1	32	长翅型	75.0	3.1±0.6a	11.8±2.3a	325.5±62.2a	59.0±19.2a
对照1	38	长翅型	63.2	4.3±1.4a	9.3±0.6a	164.5±1.0b	42.3±1.3a
三唑磷2	35	短翅型	91.4	2.8±0.4a	11.9±2.3a	321.4±25.6a	62.8±42.9a
对照2	12	短翅型	75.0	3.2±2.4a	9.0±1.5a	242.3±42.0b	52.6±6.8a

（3）褐飞虱耐药性或抗药性增加。害虫耐药性或抗药性的增加是导致其再猖獗的另一个重要原因。化学杀虫药剂的不合理使用（主要是单一品种的长期、大面积、过量使用），不仅使环境污染问题进一步加剧，还使褐飞虱抗药

性水平不断升高[10-11]。目前褐飞虱对大部分用于其防治的杀虫药剂产生了高水平抗性，导致这些药剂在稻田中被停止使用。如吡虫啉、噻虫嗪、呋虫胺等。部分种群对2016年才在我国登记使用的新型砜亚胺类杀虫剂氟啶虫胺腈也产生了中等水平抗性。

可以说中国及其周边国家在稻田对吡虫啉等杀虫剂的“掠夺性”使用最终导致了褐飞虱高水平抗药性的产生，严重影响了对褐飞虱的有效控制。从化学防治的发展动态来看，任何一种化学农药，如果长期大量使用，最终总会导致害虫抗药性的产生，这几乎是不可避免的[9]。

另外，施药技术不当也是促使褐飞虱抗药性加剧的一个原因。褐飞虱群集在水稻基部为害，对于以触杀和胃毒作用为主的杀虫药剂，施药时要有足够的水量，使药液能到达水稻基部是提高防治效果的一个重要因素。农民为了省工，常是高浓度、低水量喷雾，药液难以流到稻丛基部。对于具有内吸作用的杀虫剂，由于水稻生长后期植株向下传导药剂的能力降低，使向下传导的有效药量达不到控制褐飞虱的致死剂量而成为亚致死剂量，不仅不能杀死褐飞虱，还起到了一定的筛选作用，加速了褐飞虱抗药性发展。另外，直播水稻的植株密度较大，也给水稻基部施药带来了一定难度。

2. 如何进行褐飞虱的抗药性治理?

褐飞虱对多种杀虫剂产生了不同程度的抗性。可以长期用于褐飞虱防治的高效药剂越来越少，但是化学防治仍是控制褐飞虱的重要手段，因此，进行有效的抗药性治理，保护好当前正在使用的高效药剂品种（如氟啶虫胺腈、烯啶虫胺、三氟苯嘧啶等），以延缓褐飞虱抗药性的进一步发展，就显得尤为重要。

对褐飞虱的防治，首先提倡综合防治，例如通过选用抗虫品种，改进耕作方法及加强肥水管理等措施，恶化褐飞虱的生存环境以减少杀虫剂的使用。在这些措施的基础上，再进一步从以下几个方面考虑，有效治理褐飞虱对杀虫药剂的抗性。

加强抗药性监测：抗药性监测是进行害虫抗药性治理的重要基础。不同地区、不同种群由于用药的历史背景不同，褐飞虱对不同药剂的抗性水平可能会有明显差异。而同一地区的害虫种群对同一药剂的抗性水平在不同年份间也可能有变化。即使同一地区、同一种群对同一药剂的抗性水平，在不同季节（如早稻和晚稻）也可能不同。因此，必须通过长期系统地监测，明确其抗药性发展动态和抗药性现状，并根据监测结果，停止使用具有高水平抗性的药剂品种，限制使用具有中等水平抗性的药剂品种（每个生长季限用一次，与低抗和敏感药剂品种轮换使用），轮换使用低抗或敏感药剂品种。

另外，由于褐飞虱具有远距离迁飞习性，可在大范围内迁移危害，其虫源地的发生和防治情况对于迁入区有较大影响，因此应按照迁飞途径选取有代表性的监测点，加强对高效杀虫剂的抗性监测，明确抗性水平；同时也应加强国际间的交流与合作，明确我国虫源地越南和泰国褐飞虱的抗性动态，这样才能为科学用药和预防性抗药性治理提供依据。

安全用药，保护天敌：首先，注意天敌的保护利用，尽量使用具有选择性的杀虫药剂，在有效控制害虫的同时减少对天敌的伤害。禁止在稻田使用菊酯类农药，防止杀伤天敌及引发害虫再猖獗。稻田是一个特殊的生态系统，存在多个物种，特别是天敌种类较多，对控制害虫种群有良好的作用，尤其要注意保护捕食性天敌如蜘蛛、黑肩绿盲蝽，以及寄生性天敌如缨小蜂、赤眼蜂及螯蜂类、捻翅虫类等，充分发挥其自然控害作用。其次，实践证明作用机制不同、无交互抗性的杀虫药剂间的合理轮换使用或混用是克服或延缓害虫抗药性的有效途径。因此，根据抗药性监测结果，对毒死蜱、氟啶虫胺腈、三氟苯嘧啶、吡蚜酮和烯啶虫胺等杀虫药剂进行合理的轮换使用，可有效延缓褐飞虱抗药性的发展。另外由于褐飞虱属于迁飞性害虫，因此在其迁出区和迁入区之间，同一地区的上下代之间，同样应采取药剂的轮换或混合使用，避免单一药剂的连续使用，从而减缓褐飞虱田间种群中抗性基因的积累，延缓其抗性发展。

改进施药技术：水稻生长中后期，株叶茂盛，一般手动喷雾器喷洒的药液很难到达植株中下部，防治效果差，而采用泼浇式防治，用药量大而且不够均匀，浪费、污染严重。如果使用高效的风送式弥雾机则会取得较好的防治效果。通常一台机动式弥雾机一天可防治 1.5～2.0hm^2 及以上（图 8－3）。另外，高效宽幅远程机动弥雾机可大幅度提高药剂使用效率，这种机器形成的雾滴穿透性好，作业效率高，一台机器一天可防治近 7hm^2，而且在田埂上作业即可，不用下田，可显著提高对植株中下部褐飞虱的防治效果。

图 8－3　机动式弥雾器施药防治褐飞虱

当前用药过程中存在的另一个主要问题，是用药时稻田缺水，同时用药部位不准，药液量不足，从而影响了防治效果。因为褐飞虱与其他害虫不同，主要集中在水稻基部为害，因此要改变对植株上部喷洒药液的方法，对准靶标——植株基部喷雾，并加大药液量（水量）才能保证防治效果。特别要注意不能因为缺少水源或为降低劳动强度而减少药液量，同时施药后田间要保持一定的浅水层。另外可适当使用助剂，有条件的地方施药时可在药液中添加有机硅助剂，以提高药液在作物表面的附着和扩散铺展能力，提高农药利用率和防治效果。

替代药剂的筛选和研制：在目前抗虫水稻品种还没有大规模推广、生态控制措施还有待完善的前提下，在褐飞虱大发生年份，化学防治仍然是一种不可或缺的重要手段。由于褐飞虱对目前使用的主要杀虫药剂的抗性日益严重和甲胺磷等 5 种高毒有机磷类药剂在我国全面禁用，因此，筛选防治褐飞虱的高效农药替代药剂迫在眉睫。从现有药剂中筛选对人畜低毒且对褐飞虱高效的药剂无疑是一个理想选择，可作为大发生年份应急防治的储备药剂。研究表明烯啶虫胺和近几年开发的一些新型杀虫剂如氟啶虫胺腈、三氟苯嘧啶对褐飞虱均有较好的防治效果，可用于替代已经产生严重抗性的药剂，但也要严格限制使用次数，尽量延缓褐飞虱对其抗药性的发展。

褐飞虱对当前主要杀虫剂的抗性机制、交互抗性及抗性遗传等的研究是抗性治理的基础。进行抗性机制的研究不仅有助于分析不同杀虫剂间的交互抗性，同时也能为制订科学合理的抗性治理策略提供依据，还能为新型杀虫药剂的开发提供新的思路。在加强褐飞虱抗药性机制研究的同时，加快现有杀虫药剂中可用于防治褐飞虱的药剂品种的筛选、新型混剂的开发和示范推广，是进行抗药性治理的一个比较切实可行的策略，可为药剂轮用方案制订和农药生产提供理想的药剂品种[12]。

3. 防治褐飞虱过程中为什么要实行“治前控后”的防治策略?

通常褐飞虱主害代前 1 代与主害代的增殖倍数为 20 倍左右，大发生年份可达 40～60 倍。因此若前期不狠压基数，后期将大大增加主害代的防治压力，加之此时水稻正处于旺盛生长阶段，植株高大，造成用药质量差，防治效果不理想。而实行“治前控后”的化学防治策略，可有效切断暴发虫源基数，控制主害代密度，是掌握防治主动权的有效措施之一。

褐飞虱“治前控后”的化学防治策略适用于中等偏重发生、大发生、特大发生的年份。在褐飞虱迁入、居留、增殖过程中，如能抓住决定虫量发展的主害代前 1 代，选择控虫保产效果最佳的时机进行药剂防治，将主害代前 1 代的虫量控制在防治指标以下，使主害代来不及恢复繁殖优势而抑制其暴发，从而将损失程度控制在经济阈值之下。

"治前控后"是多年总结形成、生产上已证明行之有效的一套化学防治策略，有助于掌握防治主动权，控制主害代直接为害，在中等和大发生年份必须作为褐飞虱暴发的预防性措施始终贯彻到水稻害虫总体防治工作之中。

以下举例说明"治前控后"防治策略的重要性。2012年9月11日选择一块前期未防治褐飞虱的稻田进行田间药效试验，此时田间褐飞虱百穴已高达3 000～5 000头，卵量也较高，百穴19 000粒。用5%丁虫腈乳油、20%氟虫双酰胺水分散粒剂、50%吡蚜酮水分散粒剂和5%氟虫腈悬浮剂进行防治，结果几种药剂对褐飞虱的防治效果均不理想，按240g/hm^{2}施用50%吡蚜酮水分散粒剂后3～14d的防效仅为58.9%～64.8%，其余处理均未超过吡蚜酮防效。由此可见，前期未压基数，后期即使用较好的药剂也未能取得理想的防治效果，因为此时水稻生长茂密，处于生长量最大时期，植株高大，药液无法淋到稻株基部，着液量较少，严重影响防治效果。2013年江苏省仪征市实施水稻病虫全承包专业化统防统治，由植保站统一技术指导，根据病虫发生特点，全市共开展3次总体防治，分别为7月20—25日、8月5—8日和8月25—31日，从9月5日开始至10月4日，每隔5d跟踪调查褐飞虱，防治田块百穴虫量一直较低，均未超过1 200头，后期所有承包稻田均未防治，最终无一田块"冒穿"。这说明前期控制褐飞虱虫量基数后，大大利于后期的防治。这样就大大减少了用于褐飞虱防治的杀虫药剂的使用次数和用量，从而降低了抗药性发生发展的风险[13]。

四、补充材料

目前登记的用于水稻褐飞虱防治的杀虫剂见表8-2。

表8-2　目前登记的用于褐飞虱防治的杀虫剂品种、特点及使用注意事项

类型	名称	特点	注意事项
吡啶类	吡蚜酮	属于吡啶类或三嗪酮类杀虫剂，是非杀生性杀虫剂，对多种刺吸式口器害虫防效优异。具有触杀作用及优良的内吸活性，在植物体内可双向传导，因此既可用于叶面喷雾，也可用于土壤处理。对茎叶喷雾后新长出的枝叶也可以进行有效保护。属取食阻断剂，害虫中毒后立刻停止取食，最终饥饿致死。吡蚜酮的选择性极佳，对一些重要天敌或益虫，如七星瓢虫、草蛉及蜘蛛等几乎无害	褐飞虱已对其产生中等以上抗药性，注意严格限制使用次数，每个生长季限用一次

（续）

类型	名称	特点	注意事项
吡啶类	氟啶虫酰胺	属吡啶酰胺类杀虫剂，具有触杀、胃毒、内吸及很好的渗透作用。属于取食阻断剂，通过阻止刺吸式口器害虫口针对植物组织的穿透从而快速抑制害虫取食，最终使害虫因饥饿死亡	避免单一品种连续使用，应与三氟苯嘧啶、烯啶虫胺等杀虫剂轮换使用，以延长其使用寿命
新烟碱类	啶虫脒	具有触杀、胃毒和较强的渗透作用，杀虫速效，用量少、活性高，持效期长达20d左右，对环境相容性好等。作用于害虫神经系统突触部位的烟碱型乙酰胆碱受体（nAChR），干扰神经信号传导，导致害虫麻痹、死亡。啶虫脒对人畜低毒，对天敌、鱼和蜜蜂影响较小，适用于防治果树、蔬菜等多种作物上的半翅目害虫；用颗粒剂进行土壤处理，可防治地下害虫	于褐飞虱低龄若虫始盛期施药1次，重点喷施水稻植株中下部
	烯啶虫胺	具有卓越的内吸性和渗透作用，杀虫谱广、安全无药害，是防治刺吸式口器害虫如褐飞虱、白粉虱、蚜虫、梨木虱、叶蝉、蓟马的换代产品	对蜜蜂、鱼类等水生生物、家蚕有毒，用药时应远离；注意与其他作用机制不同的药剂交替使用
砜亚胺类	氟啶虫胺腈	对多种刺吸式口器害虫有效。作用于害虫nAChR，但作用的本质与新烟碱类杀虫药剂不同，与吡虫啉和多杀菌素类药剂无靶标交互抗性	
介离子类	三氟苯嘧啶	具有良好的内吸性和渗透性，适于叶面喷雾和土壤处理，通过土壤处理可以从根部吸收并向上传导；是nAChR的强烈抑制剂，可快速抑制乙酰胆碱（ACh）诱导的钠离子流而阻断神经信号传导	与目前常用的杀虫药剂均无交互抗性，注意轮换使用
有机磷类	毒死蜱	具有胃毒、触杀、熏蒸三重作用，对水稻、小麦、棉花、果树、茶树上多种咀嚼式和刺吸式口器害虫均具有较好防效。混用相容性好，可与多种杀虫剂混用且增效作用明显，与常规农药相比毒性低，是替代高毒有机磷农药的首选药剂。杀虫谱广，易与土壤中的有机质结合，对防治地下害虫有特效，持效期长达30d	对水稻的安全间隔期为15d，每季最多使用2次。对蜜蜂、鱼类等水生生物、家蚕有毒，使用时应远离蜜源作物花期、桑园及水产养殖区。建议与不同作用机制杀虫剂轮换使用

参考文献

[1] 中国农业年鉴编辑委员会．中国农业年鉴［M］．北京：中国农业出版社，2006.
[2] 王彦华，王强，沈晋良，等．褐飞虱抗药性研究现状［J］．昆虫知识，2009（4）：518－524.
[3] 张帅．2016年全国农业有害生物抗药性监测结果及科学用药建议［J］．中国植保导刊，2017，37（3）：56－59.
[4] 全国农业技术推广服务中心．2017年全国农业有害生物抗药性监测结果及科学用药建议［J］．中国植保导刊，2018，38（4）：52－56.
[5] 全国农业技术推广服务中心．2018年全国农业有害生物抗药性监测结果及科学用药建议［J］．中国植保导刊，2019，39（3）：63－72.
[6] 全国农业技术推广服务中心．2019年全国农业有害生物抗药性监测结果及科学用药建议［J］．中国植保导刊，2020，40（3）：64－69.
[7] 王彦华，王鸣华．近年来我国水稻褐飞虱暴发原因及治理对策［J］．农药科学与管理，2007（2）：49－54.
[8] 庄永林，沈晋良，陈峥．三唑磷对不同翅型稻褐飞虱繁殖力的影响［J］．南京农业大学学报，1999，22（3）：21－24.
[9] 高希武，彭丽年，梁帝允．对2005年水稻褐飞虱大发生的思考［J］．植物保护，2006（2）：23－25.
[10] 沈建新，沈益民．2005年褐飞虱大暴发原因及其应对策略［J］．昆虫知识，2007（5）：731－733.
[11] 王明勇．2005年褐飞虱大发生原因及防治启迪［J］．植物保护，2006（5）：113－115.
[12] 王彦华，陈进，沈晋良，等．防治褐飞虱的高毒农药替代药剂的室内筛选及交互抗性研究［J］．中国水稻科学，2008（5）：519－526.
[13] 张桥，张春云，卢毅，等．褐飞虱“治前控后”防治策略的重要性探析［J］．安徽农业科学，2014（14）：4258－4259.

撰稿人

李秀霞：女，博士，安徽农业大学植物保护学院讲师。E－mail：lxxccp@sina.com

梁沛：男，博士，中国农业大学昆虫学系教授。E－mail：liangcau@cau.edu.cn

白僵菌轻简化施用技术用于防治马尾松毛虫

一、案例材料

马尾松毛虫（*Dendrolimus punctata*）是我国南方林区的第一大害虫，发生面积广，危害性大，迁移扩散快。马尾松毛虫危害后容易招引松墨天牛、松纵坑切梢小蠹、松白星象等蛀干害虫的入侵，造成松树大面积死亡。我国南方广大的马尾松纯林，生长到5～7年时，即易遭受松毛虫危害，每年发生面积133万～267万hm^2[1]。应用球孢白僵菌（*Beauveria bassiana*）防治松毛虫是我国自20世纪70年代初以来推广使用的生物防治项目，也是世界上规模最大的生物防治项目之一[2]，发展了许多轻便简化的白僵菌施用技术。近年来，我国不断强化林业有害生物防治工作，切实保护祖国的森林生态安全，守护祖国的绿水青山。

（一）白僵菌粉炮

早在20世纪70年代，我国就开发了白僵菌粉炮，包括低空地面粉炮（手抛粉炮）和高空粉炮（在地面燃放，冲上高空爆炸）（图9-1），一般每炮装0.5kg菌粉，在风力2～3级时，可控制0.1～0.13hm^2面积，效果比较理想[1]。多年来，白僵菌粉炮在全国范围内得到了广泛应用。

例如：湖南省绥宁县用白僵菌粉炮防治松毛虫取得明显效果，松毛虫危害面积已由1973年的2.1万hm^2下降到1985年的0.5万hm^2，杀虫率达80%以上。绥宁县是湖南省马尾松重点产区，松林面积达4万多hm^2，占用材林面积的40.3%。过去，防治松毛虫主要靠喷射化学农药，这样，一方面污染了环境，另一方面中高层林的防效较差。绥宁县林业部门在1976年办起了白僵菌厂，试制白僵菌粉炮用于防治中高层林的松毛虫，10年期间，生产白僵菌粉炮8 800kg[2]。

2010年4月27—28日，江西省定南县林业局组织森防站技术人员、林业站技术人员和防治专业队队员共计50人，对马尾松毛虫低虫口地带的历市镇恩荣村和中沙村施放了 1 000kg 白僵菌粉炮，有效防治面积为 130 多 hm^2（图 9-1）[3]。

（二）改装风力灭火机喷施白僵菌粉

1990 年，湖北省荆门市森防站将 MBH29 型多用风力灭火机改装后，用于喷施白僵菌粉防治松毛虫获得成功。在 MBH29 型多用风力灭火机的进风口，装上一个长 20cm、宽 10cm、高 12cm 的半圆形装料斗，用来接受白僵菌粉等。工作时，由一人操机，一人提料并徐徐不断地将料送入装料斗，经风叶充分搅拌粉碎后随风力喷出。操作人员可根据树木的高矮、风力的大小来控制喷施高度和速度。在无风的情况下可将白僵菌粉喷至 8～10m 远，有风时喷撒得更远。一般情况下，这种机具每小时可喷菌粉 30kg，喷施面积达 13hm^2。将 MBH29 型风力灭火机改装后喷施白僵菌粉防治松毛虫的感病死亡率比用地炮爆施时的松毛虫感病死亡率提高 32%，每公顷节约菌粉 5.25kg，提高劳动效率 30%以上[4]。

2011 年，安徽省全椒县越冬代马尾松毛虫有虫面积 1 800 多 hm^2，其中 5 条/株以下有 1 500hm^2，5 条/株以上有 330hm^2。4 月 7—8 日，该县开展生物防治越冬代马尾松毛虫，采用风力灭火机喷撒白僵菌高孢粉，共释放白僵菌高孢粉 100kg，预防控制面积 400hm^2。防治方法：白僵菌和面粉按 1∶1 拌匀，装于 2.5kg 方便袋中，在雨后早晨，空气湿度大时，选择林间制高点，一人手持风力灭火机，一人将装有白僵菌高孢粉的袋子敞开口置于风力灭火机进风口处，借助风力灭火机进风口处的吸力，将白僵菌吸入灭火机出风管中吹出，边走边防，每隔一定距离实行块状喷粉（图 9-1）[5]。

2011 年，福建省为有效控制主要森林害虫马尾松毛虫的危害，坚持以生物防治为主导，鼓励、引导和扶持以白僵菌为主防治森林害虫。在防治期间，及时协调各地购买白僵菌菌粉或粉炮，根据越冬害虫发生、危害程度和活动情况，紧紧把握住春防的有利时机，采取机动喷菌粉或人工施放粉炮进行预防和防治，森林害虫防治工作取得了显著成效。据统计，全省共有 9 个设区市 50 多个县（市、区）推广应用白僵菌粉 14.6 万 kg、粉炮 218.1 万个，防治害虫面积 6 万多 hm^2，年度生物防治率达 65%以上。经跟踪调查，平均防治效果达 90%以上，及时有效地遏制住了森林害虫的扩展蔓延，确保了有虫不成灾，避免了局部地区虫灾暴发，实现了害虫的可持续控制[6]。

（三）无人机喷撒白僵菌粉

湖南省林业科学院和湖南林科达农林技术服务有限公司联合研发了森翼-D20 水剂/粉剂双载荷六旋翼植保无人机，利用白僵菌林间自主扩散特性实现条带喷撒方式防治马尾松毛虫，防治试验地为湖南省邵阳市洞口县，地理坐标东经 110° 08′40″—110° 57′10″、北纬 26° 51′38″—27°22′23″，面积约 200hm² 的马尾松林。该试验地为低山丘陵区，林下有少量灌木丛，以杜鹃、棘木、白栗、树莓、野茶树、山苍子为主。越冬代马尾松毛虫以二龄幼虫为主，少量三龄，虫口密度为 8～30 头/株，有虫株率 78%。结果表明无人机喷撒白僵菌防治越冬代马尾松毛虫操作简单、喷撒均匀、效率高、效果好[7]。

湖南省靖州苗族侗族自治县（以下简称靖州县）2021 年无人机撒播白僵菌作业现场开工仪式在排牙山国有林场举行，由此拉开了该县松毛虫无人机防治的帷幕。靖州县林业局抓住防治最佳时机，首次采用无人机喷粉作业方式对松林集中连片区域的马尾松毛虫虫源地进行飞防作业，防治越冬代马尾松毛虫害。此次飞防工程共有 8 架无人机作业，喷撒符合国家绿色标准、对环境无污染的白僵菌生物药剂开展绿色防控，采用的生物药剂白僵菌是一种中孢粉，无毒无味，具有寄生专一性强、对林间其他生物影响小、对作业区人畜无害、对环境无影响、对马尾松毛虫具有持续防治效果等特点。无人机每架次载药量 15kg，防治面积约 2.7hm²，与传统的人工抛撒和喷粉作业相比较，此次无人机喷粉防治具有高效、经济、方便等特点，大大提高了作业效率及防治质量。据了解，本次飞防共完成撒播面积约 1 933hm²，涉及县内 8 个乡镇及国有林场松林。通过撒播作业的开展，有效遏制了马尾松毛虫害的蔓延，实现了防早、防小、防了的目标，切实维护了全县森林资源安全，有效减少了林区群众的损失，是靖州县林业局全面落实为群众办实事的生动体现[8]（图 9-1）。

图 9-1　白僵菌粉炮、风力灭火机喷撒及无人机施用技术

二、问题

1. 为什么要发展白僵菌轻简化施用技术防治松毛虫？
2. 如何实施白僵菌轻简化施用技术？
3. 我国南方地区应用球孢白僵菌防治松毛虫成功的关键原因是什么？

三、案例分析

1. 为什么要发展白僵菌轻简化施用技术防治松毛虫？

松林不同于农田，多处于山地，面积大、地势不平、山路崎岖、山高林密、植被复杂、松树树冠高，并且往往缺少水源。因此，松林中的白僵菌施用不同于农田，需要发展省力、工效高的白僵菌粉（不需要水）施放技术。传统上，白僵菌的施放方法包括撒粉法（分为纱布袋撒粉、手撒粉、地面常规喷粉）、白僵菌粉炮和飞机超低量撒粉等，最常用的是纱布袋撒粉。撒粉法虽然施用目标精准，但不适用于高大的松树，且劳动强度大，费工时，工作效率低。白僵菌粉炮因为能够达到高大松树的施放高度，并且施用方便、工效高而被广泛采用。风力灭火机喷撒白僵菌粉因其操作简便、工效高、目标精准，且喷施距离可达 8～10m 及以上，适用于大多数松林，因而近年来也被广泛采用。无人机喷撒白僵菌操作简单、喷撒均匀、效率高、效果好。

2. 如何实施白僵菌轻简化施用技术？

第一，应该选择高效的白僵菌菌种，加工生产高质量的白僵菌粉（或者高孢粉）及粉炮。

第二，要选择适宜的天气施放白僵菌，因为白僵菌分生孢子萌发需要高湿度，南方地区以梅雨季节防治越冬代松毛虫较为适宜，选择早晨有露水时施放也有利于孢子附着与萌发。应该避免大雨和太阳大的晴天施放。

第三，要抓住松毛虫的低龄幼虫高峰期施放，因为低龄幼虫对白僵菌较为敏感，而高龄幼虫、蛹及成虫期对白僵菌较不敏感，甚至不感病。因此，白僵菌施放前需做好虫情测报工作。

第四，要在虫情较低密度发生时施放，因为白僵菌的见效时间较慢，往往要 1～2 周后才会有效果，当松毛虫高密度发生时往往用白僵菌难以迅速压低虫口密度。因此，明确松毛虫的发生规律，在松毛虫低龄幼虫的高峰期，实施接种式施放白僵菌，往往能够达到事半功倍的防治效果。

3. 我国南方地区应用球孢白僵菌防治松毛虫成功的关键原因是什么？

球孢白僵菌是一种虫生真菌，是活体杀虫剂，分生孢子通过虫体表皮（也通过呼吸消化管、气孔、伤口等途径侵入虫体）侵染寄生在松毛虫等多种昆虫体上，使昆虫得病死亡。白僵菌杀虫剂具有无毒、无残留、无抗药性、不污染环境的优点，但是其见效慢、药效受环境影响大而不稳定，限制了其规模化应用。应用白僵菌在南方地区防治松毛虫成功的原因是多方面的，包括技术方面和经济方面等。

（1）技术方面的原因。①南方地区得天独厚的地理、气候条件。白僵菌萌发的适宜条件是温度15～28℃，相对湿度90%～100%。我国南方地区，河流径流量普遍较大，属于湿润区，空气潮湿，且日照充足。每年的3—4月，气候条件很适合白僵菌的生长，能够有效防治越冬代的幼体松毛虫，即主攻越冬代，控制一、二代效果较好。②掌握了合适的放菌时间。选择在雨季之后或清晨湿度较大时喷撒高孢粉，能提高孢子的萌发率。③掌握了适宜的施放技术。以菌粉为主，使用超低溶量悬浮剂与过去常用的粉剂、水剂相结合，因地制宜，采用“年年喷菌，代代喷菌”，以及淹没式放菌与接种式放菌结合的方法，使得松林中长期保持一定数量的白僵菌病原体，形成自然流行病，较好地控制松毛虫的大发生。④我国白僵菌工业化的生产技术日益完善，使得白僵菌能够大规模的生产，保证了白僵菌的供应需求。⑤结合现代化信息技术强化松毛虫预测预报工作，尤其应对虫口高危区域进行监测，力争做到防治有方向、有地点、有效果，控制松毛虫虫口密度，不至于为害山林[9-10]。

（2）经济方面的原因。政府持续的财政支持是白僵菌利用成功的关键。我国各级政府在白僵菌的技术研发与推广应用方面给予了大量的财政补贴，林业部门对白僵菌产品进行统一生产、统一采购和统一发放使用，调动了林场与农户施用白僵菌的积极性[10]。

四、补充材料

（一）松毛虫的主要种类及分布

松毛虫是鳞翅目（Lepidoptera）枯叶蛾科（Lasiocampidae）松毛虫属（*Dendrolimus*）昆虫的总称，食害松科、柏科植物。松毛虫的主要种类有落叶松毛虫（*D. superans*）、赤松毛虫（*D. spectabilis*）、油松毛虫（*D. tabulaefermis*）、云南松毛虫（*D. houi*）、马尾松毛虫等种类。马尾松毛虫分布于我国秦岭—淮河以南，主要以幼虫为害马尾松、黑松、湿地松、火炬松，是我国南方主要的森林害虫；赤松毛虫分布于我国辽宁、山东等地；落叶松毛虫分布于我国东北平原以及新疆北部；油松毛虫主要分布在河北、山西、陕西、河南等地；云南松毛虫分布于云南、贵州、四川，寄生于云南松、高山松、思茅松等上。

（二）马尾松毛虫

1. 形态

（1）成虫。体色变化较大，有深褐、黄褐、深灰和灰白等色。体长20～30mm，头小，下唇须突出，复眼黄绿色，雌蛾触角短栉齿状，雄蛾触角羽毛状，雌蛾翅展60～70mm，雄蛾翅展49～53mm。前翅较宽，外缘呈弧形弓出，翅面有5条深棕色横线，中间有一白色圆点，外横线由8个小黑点组成。后翅呈三角形，无斑纹，暗褐色（图9-2）。

（2）卵。近圆形，长1.5mm，粉红色，在针叶上呈串状排列（图9-2）。

（3）幼虫。体长60～80mm，深灰色，各节背面有橙红色或灰白色的不规则斑纹。背面有暗绿色宽纵带，两侧灰白色，第二、三节背面簇生蓝黑色刚毛，腹面淡黄色（图9-2）。

（4）蛹。棕褐色，体长20～30mm（图9-2）。

图9-2　马尾松毛虫

A. 成虫　B. 卵　C. 幼虫　D. 茧　E. 蛹　F. 为害状

2. 生活习性　河南1年2代，广东3～4代，其他省2～3代，以幼虫在针叶丛中或树皮缝隙中越冬。在浙江越冬的幼虫，4月中旬老熟，每年第一代的发生较为整齐。松毛虫繁殖力强，产卵量大，卵多成块或成串产在未曾受害的幼树针叶上。一至二龄幼虫有群集和受惊吐丝下垂的习性，三龄后受惊扰有弹跳现象，幼虫一般喜食老叶。成虫有趋光性，在傍晚时活动最盛。成虫、幼虫扩散迁移能力都很强。马尾松毛虫易大发生于海拔 100～300m 丘陵地区的阳坡上 10 年生左右、密度小的马尾松纯林。各种类型混交林，均有减轻虫害的作用，5 月或 8 月，如果雨天多，湿度大，有利于松毛虫卵的孵化及初孵幼虫的生长发育，有利于大发生。

3. 为害特点 主要为害马尾松，亦为害黑松、湿地松、火炬松。

初龄幼虫群聚为害，被害松树针叶呈团状卷曲枯黄；四龄以上食量大增，将叶食尽，形似火烧，严重影响松树生长，甚至枯死。

马尾松毛虫的发生与林地环境条件有密切关系，针、阔叶混交林受害较轻，马尾松纯林受害较严重，阳坡幼树纯林受害最重。马尾松毛虫的发生区分为 3 种类型：

第一种类型为常发区。海拔 200m 以下丘陵地的马尾松纯林，土壤贫瘠，植被稀少，松林人为修枝过重，造成林地郁闭度小，覆盖率低，导致马尾松毛虫各种天敌减少，故马尾松毛虫常在此猖獗成灾。

第二种类型为偶发区。海拔 200～400m 的半山区，且多接近于深山区，树龄较大，树势较旺，树木及动物种类较多，郁闭度较高，马尾松毛虫偶然性发生。

第三种类型为安全区。海拔 600m 以上，地形地势比较复杂，山峦重叠，松林茂密，且多混交林，植被丰富，动物种类繁杂，林内温湿度等环境因子优越。该区域内常处于有虫不成类状态。

4. 防治方法

(1) 加强预测预报。要有专人负责，常年观察虫情，以便出现大发生征兆时及时采取措施。

(2) 营林技术防治。造林密植，疏林补密，合理打枝，针阔混交，轮流封禁，保持郁生，造成有利于天敌而不利于松毛虫的森林环境。

(3) 生物防治。白僵菌粉剂每克含 100 亿个孢子，每公顷用量 7.5kg；白僵菌油剂每毫升含 100 亿个孢子，每公顷用量 1 500mL；白僵菌乳剂每毫升含 60 亿个孢子，每公顷用量 2 250mL。青虫菌 6 号液剂每公顷用量 1 500g，或用苏云金杆菌制剂。在松毛虫卵期释放赤眼蜂，每公顷 75 万～150 万头。

(4) 黑光灯诱杀成虫。

(5) 化学防治。要狠抓越冬代防治。松毛虫越冬前和越冬后抗药性最差，是一年之中药剂防治最有利的时期，用药省、效果好。常用药剂有 50%马拉硫磷乳油 1 500～2 000 倍液、杀螟松乳油 1 500～2 000 倍液或 90%晶体敌百虫 2 000 倍液；虫害较为严重的地区可尝试用 4.5%高效氯氰菊酯乳油 1 500～2 000倍液进行喷雾；亦可采用 20%灭幼脲 1 号胶悬剂 10 000 倍液防治。

（三）球孢白僵菌

球孢白僵菌（*Beauveria bassiana*）是一种丝状真菌，因为产生白色的菌丝体，并且使害虫致病后形成白色僵虫（图9-3）而得名。在分类上属半知菌亚门（Deuteromycotina）丝孢纲（Hyphomycetes）丛梗孢目（Moniliales）丛梗孢科（Moniliaceae）白僵菌属（*Beauveria*）。球孢白僵菌是国内外广泛用于害虫生物防治的杀虫真菌之一，被认为是最具开发潜力的一种昆虫病原真菌。常被用于防治玉米螟、松毛虫、小蔗螟、盲椿、谷象、柑橘红蜘蛛和蚜虫等农林害虫。特别是对玉米螟和松毛虫的生物防治，在国内已作为常规手段连年使用。

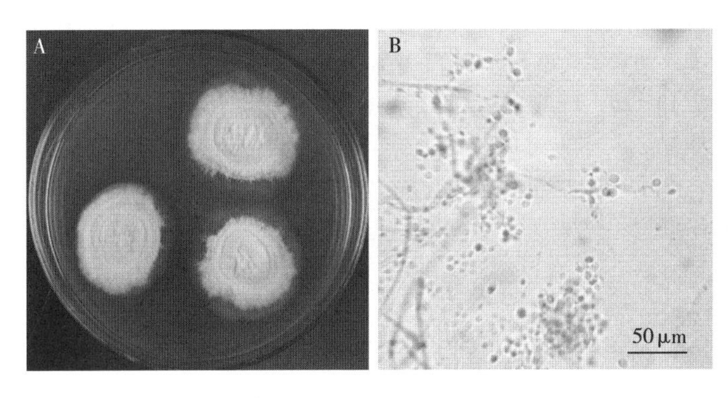

图9-3　球孢白僵菌
A. 菌落　B. 分生孢子
（胡琼波，2012）

我国目前登记的球孢白僵菌杀虫剂产品有13个（截至2021年7月，根据中国农药信息网 http://www.chinapesticide.org.cn/hysj/index.jhtml），有效成分均为球孢白僵菌的分生孢子，剂型包括可分散油悬浮剂、可湿性粉剂、水分散粒剂、挂条及母药等。主要用于防治草原、竹子、马尾松、花生、棉花、水稻等林木与作物的蝗虫、松毛虫、小菜蛾、光肩星天牛、斜纹夜蛾及稻纵卷叶螟等害虫。

参考文献

[1] 罗山县林业局菌粉厂．白僵菌粉炮的试制和应用［J］．河南农林科技，1974（5）：39-40.

[2] 杨光辉，张吉人．绥宁县用白僵菌粉炮防治松毛虫取得明显效果［EB/OL］．中国环境网［1985-06-11］．http://www.cenews.com.cn/historynews/200804/t20080421_487603.html.

［3］郑春虹．定南县施放白僵菌粉炮防治马尾松毛虫［N］．赣南森保，2010－4－29．
［4］孟令华．白僵菌粉施放办法的新尝试［J］．中国森林病虫，1990（2）：19．
［5］石敬夫．全椒县采用白僵菌防治越冬代马尾松毛虫［EB/OL］．安徽省林业有害生物信息网，2011－4－12．
［6］福建省林业局．我省2011年应用白僵菌生物防治害虫成效显著［EB/OL］．福建省人民政府网［2011－11－21］．http：//lyt.fujian.gov.cn/zxzx/lydt/201111/t20111121_2698569.htm．
［7］耿存娟，夏永刚，孙凯，等．无人机喷撒白僵菌防治越冬代马尾松毛虫效果研究［J］．湖南林业科技，2021，48（3）：69－72．
［8］湖南省林业局．南岳区林业局：首次采用无人机喷撒白僵菌防治马尾松毛虫［EB/OL］．湖南省林业局网站［2021－4－30］．http：//lyj.hunan.gov.cn/lyj/xxgk_71167/gzdt/mtkl/202104/t20210430_16522182.html．
［9］柴希民，蒋平阅，王武昂，等．白僵菌防治松毛虫研究和技术推广［J］．浙江林业科技，1993，13（2）：1－9．
［10］Li Z，Alves S B，Roberts D W，et al. Biological control of insects in Brazil and China：history，current programs and reasons for their successes using entomopathogenic fungi［J］．Biocontrol Science and Technology，2010，20（2）：117－136．

撰稿人

张珂：女，硕士，华南农业大学植物保护学院实验师。E－mail：zhangek@scau.edu.cn

胡琼波：男，博士，华南农业大学植物保护学院教授。E－mail：hqbscau@hqbscau.edu.cn

10 案例10
我国红火蚁的入侵扩张、危害与防控

一、案例材料

（一）我国红火蚁的入侵与危害

红火蚁［*Solenopsis invicta* Buren（red imported fire ant，RIFA）］是国际重大危险性害虫。该蚁原产于南美洲巴拉那河流域，主要包括巴西、巴拉圭、阿根廷部分地区[1]。由于数十种生物与非生物因子的综合抑制作用，原产地该蚁种群密度较低，造成的危害也较轻[1-3]。1933—1945年随着轮船运输携带侵入美国后，红火蚁不断快速扩散蔓延并暴发成灾，单蚁后型蚁巢密度为35～200个/hm^2，多蚁后型蚁巢密度可达到500～2 000个/hm^2，发生密度是原分布区的4～7倍[1,4]。由于红火蚁习性凶猛、繁殖力大、食性复杂、竞争力强，在新入侵地区易形成高密度的种群，对农林业生产、人体健康、公共安全和生态环境等均可能造成严重危害，因此，被世界自然保护联盟（IUCN）列为全球100种最具有破坏力的入侵物种之一。

1. 红火蚁入侵我国的历史　我国最早发现红火蚁发生危害的是台湾地区[5]。2003年9—10月桃园、嘉义地区采集到了红火蚁，之后调查明确了桃园县、台北县、嘉义县等地红火蚁的发生分布范围，面积约4 000hm^2。2004年，遭到红火蚁入侵危害的县市主要包括桃园县、嘉义县、台北县等，新竹县、苗栗县、宜兰县也有零星的疫情，12月累计发生面积近7 000hm^2。2005年全岛估计发生面积为45 250hm^2。至2007年11月，累计投入11亿元新台币（约2.7亿元人民币）开展防治后，发生面积显著降低到5 738hm^2。2011年，被红火蚁入侵危害的地区增大至台北市、新北市、桃园县、新竹县、新竹市、苗栗县、嘉义县等7个县市，发生面积也增大至54 670hm^2。之后，虽然建立了防治阻截带，但是红火蚁还是不断传播扩散，目前主要发生区仍然被限制在北部，尚未大面积侵入台湾中南部。2014年4月，金门2个主要岛屿也发现了红火蚁发生危害，台湾累计入侵发生区增至10个县市。

我国大陆最早发现红火蚁发生危害的是广东省吴川市大山江街道办事

处[5-7]。2004 年 9 月 23 日，吴川市植物检疫站工作人员把在大山江街道办事处采集到的蚂蚁标本送至时为广东省植物检疫站的全省农业植物检疫主管机构，并报告了当地该蚁严重发生危害的情况。当日下午，华南农业大学曾玲、陆永跃、张维球等鉴定该标本后高度怀疑该蚁是红火蚁，遂于 24 日前往发生地区进行实地调查、取样和分析鉴定，25 日采集了该蚁各个虫态标本，调查获得了该蚁行为特点、蚁巢特征、结构和为害状等第一手资料，28 日经详细观察、深入研讨后确认该蚁为红火蚁，并向广东省、农业部植物检疫管理部门提交了种类鉴定报告和防控对策建议。2004 年 10 月 20—22 日，对吴川市红火蚁发生分布情况的普查结果表明该蚁已经侵入了 20 个自然村，以良发村到竹城村之间的区域发生最严重，应是最初入侵点，总的发生面积约 1 100hm^2；11—12 月，进一步调查显示该市红火蚁发生范围增至 7 个镇（街）39 个村委会（社区），总面积约 2 000hm^2。之后，在深圳、广州等地也发现了红火蚁。

2005 年 6 月，广东红火蚁发生区已有 9 个市 17 个县（市、区）53 个镇（街）共 150 个行政村（社区），面积约 12 100hm^2；湖南张家界大庸桥公园，广西南宁西乡塘、玉林陆川等地也发现了红火蚁，发生面积累计 370hm^2。2005 年 7 月广西梧州岑溪、广东茂名茂南，8 月广东茂名茂港、高州电白、河源东源及广西玉林北流，9 月广东阳江阳春、福建上杭，10 月福建龙岩新罗，11 月广东梅州大埔等 10 个地区报道了红火蚁入侵发生危害，合计面积近 1 900hm^2。之后 15 年中，2008 年 10 月江西赣州，2010 年 10 月四川攀枝花，2012 年 7 月海南海口与文昌，2013 年 7 月四川西昌，2013 年 10 月云南元谋，2014 年 8 月湖南嘉禾、11 月武冈，2014 年 9 月重庆渝北，2016 年 12 月浙江金华婺城，2018 年 10 月湖北武汉蔡甸，2020 年 9 月四川广元利州等多地分别发现红火蚁发生危害。总体上看，发现初期大部分区域红火蚁分布呈点片状，尚未普遍发生。

2. 我国红火蚁的发生现状 传入中国后红火蚁传播扩散速度很快[8-9]。根据陆永跃教授记录和农业部的统计数据表明，2005 年最初发现 4 个省份 35 个县（市、区），2008 年为 5 个省份 50 个县（市、区），2011 年为 6 个省份 103 个县（市、区），2013 年为 7 个省份 169 个县（市、区），2014 年扩张至广东、广西、福建、江西、海南、四川、云南、湖南、重庆等 9 个省份 200 多个县（市、区），2018 年 12 月 12 个省份 378 个县（市、区）发现红火蚁发生危害，其中，广东珠江三角洲及周边、西南部，广西中部至南部，福建中部及南部等地区红火蚁已较为普遍发生。例如，2011 年 12 月，广东惠州确认红火蚁疫情发生面积 1.22 万 hm^2，发生区域涉及全市所有县（市、区），包括 60 个镇（街）561 个行政村（社区），2014 年 9 月发生面积增至 5.4 万 hm^2，侵入了 1 017个行政村（社区）。该市所属的惠东县 2014 年 6 月红火蚁发生面积为

1.95 万 hm^2，其中发生程度在 4 级以上的有 0.53 万 hm^2；侵入的行政村为 224 个，占全县行政村总数的 79%。2014 年 9 月广东河源有 36 个镇（街）80 多个行政村（社区）发生红火蚁。2020 年 6 月广东 21 个地级市 113 个县（市、区）发生红火蚁入侵危害，农业农村区域累计发生面积 18.9 万 hm^2。

3. 红火蚁在我国的危害

（1）红火蚁对农业的危害。通过取食对农作物造成直接危害[10-12]。红火蚁喜食多种作物、蔬菜种子，明显降低出苗率。该蚁喜好芝麻种子，搬运率为 100.0%，刮啃率为 82.4%，丢弃率 86.4%，导致芝麻萌发率均不超过 50.0%。取食玉米、高粱发芽的种子和幼苗，造成缺苗，玉米产量损失一般在 10%～25%；取食马铃薯根和块茎及向日葵、黄瓜、黄秋葵、茄子等的果实；大豆根瘤被大量取食，导致营养不足，长势衰弱，结实率低，产量一般降低 10%及以上。

红火蚁的侵入还促进了一些害虫的发生，减少了天敌种类和数量，抑制了天敌功能的发挥。华南地区旱地作物田红火蚁发生后，玉米蚜虫数量显著增加，瓢虫、蜘蛛、寄生蜂和其他蚂蚁类群数量明显降低，天敌昆虫的作用被明显削弱。

除了通过直接取食对农业造成危害外，红火蚁严重影响田间栽培管理等农事操作工作，降低了农民的工作效率，增加了劳动时间，增加了医疗费用。红火蚁常叮咬家畜、家禽，使其生长受到影响，尤其是畜禽幼小时期。2014 年广东惠州近千亩农田因红火蚁侵入并大量发生，农民不堪忍受叮蜇而抛荒。

（2）红火蚁对人的危害。工蚁会叮蜇人畜，以上颚钳住皮肤，用腹末螯针连续刺入多次，注入毒液。人体被叮蜇后有如火灼伤般疼痛感，其后会出现如灼伤般的水泡。大多数人仅感觉疼痛、不舒服，少数人由于对毒液中的蛋白等产生严重过敏，会出现发烧、暂时性失明、呕吐、荨麻疹、休克甚至是死亡。若脓包破掉，如不注意卫生，则易引起细菌二次感染。对广东吴川发生区红火蚁的伤人情况调查结果表明，调查的 3 485 人中有 970 人被叮蜇过，蜇伤率为 27.8%；其中发热 50 例，占 5.2%；头晕 24 例，占 2.5%；头痛 16 例，占 1.6%；淋巴结肿大 43 例，占 4.4%；全身过敏反应 4 例，占 0.4%。严重发生区竹城村全村 69 户都有人被叮蜇过，蜇伤率为 93.8%，在农田劳作被蜇伤占 78.5%；0.8%的人群出现全身过敏和休克等严重症状[13]。

2006 年 1—6 月在广东省东莞市一个红火蚁发生区村庄调查了 60 户村民，有 45 户居民曾被红火蚁叮蜇过，占 75.0%；调查了 241 人，被红火蚁叮蜇过的有 72 人，占 29.9%。2004 年 10 月 20 日，台湾桃园一名老年妇女遭红火蚁叮咬后出现呕吐，被送入医院后一天之内死亡。2006 年 5 月 30 日，广东省东莞市石排镇田寮村一村民被蚂蚁咬伤脚部，6 月 3 日 14:20 左右再次被蚂蚁咬伤，6月4日下午于镇医院经抢救无效死亡。2018年，云南蒙自一男子和其女儿被红火蚁叮咬后，男子身亡，女儿送医院急救获救。2018年7月20日，广西南宁一男子被红火蚁叮咬后出现昏迷、意识丧失等症状，经医院抢救无效身亡。

以“红火蚁＋休克、昏迷”作为关键词，在网络上检索2019年1月1日至2020年10月16日信息发现共有50例，明显高于2003年1月至2015年3月报道的严重病例数量（累计不到20例）[14]，其中广东27例、福建9例、广西8例、江西2例、云南2例、四川1例、浙江1例。仅从报道的严重伤害人事件数量看，我国当前红火蚁应已呈现出暴发态势。

（3）红火蚁对生物多样性的影响。进入新的地区，红火蚁对生物多样性影响很大，其损失难以测算。红火蚁竞争力强，捕食无脊椎动物及脊椎动物，明显降低了其他生物的种类和数量[15]。该蚁攻击多种动物的卵和幼体，包括鸟类、海龟、蜥蜴、啮齿动物等脊椎动物。红火蚁同样也明显影响无脊椎动物群落，在我国南方入侵地区，其通过竞争取代了本地蚂蚁，成为多种生境中蚂蚁类群中绝对优势种[16]；土壤、地面的节肢动物类群结构和数量发生了明显变化，物种丰富度比没有红火蚁的地区降低了30%～40%[17]。红火蚁的侵入促进了部分害虫暴发，抑制了天敌数量和控害功能[17-19]。红火蚁还通过搬运和取食植物种子，改变了植物种子占比和植物生长区域分布，这些都会引起生态系统的变化[12,15]。

（二）红火蚁的防治

红火蚁的防控策略：以科学监测为基础，坚持防控与阻截并重，在发生区根据红火蚁发生情况有针对性地采取有效的防控方法，降低种群密度，压低扩散虫源[7,20]。同时，采取有效的检疫监管措施，防止疫情扩散蔓延。防控技术措施主要包括毒饵诱杀法、触杀性颗粒剂/粉剂灭巢法和药液灌巢法，常用的化学药剂剂型包括毒饵剂、粉剂、颗粒剂和液剂[7,20]。

1. 湖南省张家界市大庸桥公园根除红火蚁 2005年1月5日，湖南省张家界市大庸桥公园发现红火蚁，面积近20hm^2，活蚁巢500余个，可能由2002年底建设公园时从外地引进的马尼拉草皮、蒲葵、加拿大椰枣等热带植物携带侵入。发现红火蚁疫情后，植物检疫管理部门采取了多项措施开展防治，至2011年5月成功根除该地红火蚁。其使用的主要管理和技术措施如下：①建立专门组织，委派专门技术人员负责红火蚁调查、防除工作。②制订科学的防治方案，明确目标、步骤、措施等。③投入专项经费，充分满足防治工作需要。④封锁园区，防止人为传播扩散。⑤坚持全面和长期跟踪调查，明确红火蚁发生区域。对大庸桥公园周围2km区域，特别是附近居民区、绿化带、垃圾场，以及澧水河两岸共255.8hm^2的面积坚持进行“地毯式”普查。⑥长期坚持全面防治。对发现红火蚁的区域，初期每 3～5d 向蚁巢及周围泼浇和灌注一次触杀性药液，中后期在灌注药液的同时放置毒饵进行诱杀，跟踪调查防治效果[21]。6 年的疫情监测结果表明，该地红火蚁已被有效扑灭，未发生扩散蔓延。

2. 福建省龙岩市上杭、新罗两地根除红火蚁　2005 年 9 月，福建省龙岩市上杭、新罗两地发现了红火蚁疫情，发生面积 187hm^2，有活蚁巢 1.3 万个。农业植物检疫部门采取一系列措施，实施防治，至 2013 年 11 月达到了成功根除疫情的目标。所采用的管理和技术措施与张家界大庸桥公园的相近，主要如下：①强化行政推动。福建省成立由分管副省长任组长的红火蚁防控工作指导组，发生区政府成立专门防控工作机构，疫情发生村组建专业防治队伍。②全面排查疫情。每年普查两次疫情，在发生区和周边区域设置 170 个监测点，应用 GPS 定位明确具体发生地点和面积，掌握疫情发生动态。③实施分区检疫监管。科学划定疫情发生区和缓冲区，有针对性地开展阻截防控工作。④推进科学防控。制订系列管理和技术方案；春秋两季，在红火蚁分巢高峰期使用毒饵诱杀；派技术人员常驻发生区指导防控，确保各项关键措施落到实处。8 年累计灭除活蚁巢近 1.4 万个。

3. 湖南省嘉禾县珠泉镇石丘村根除红火蚁　2014 年 8 月，湖南省嘉禾县珠泉镇石丘村发现红火蚁疫情，蚁巢及工蚁分布面积 8.9hm^2，潜在发生面积 36.2hm^2，发现活蚁巢 1 500 多个。采取措施包括当地政府确定防治目标，农业农村部门制订方案并负责监督，依托大学等专门科研机构指导，委托专业防控机构开展根除工作。专业机构采取了科学的根除方法，大力开展防治，至 2016 年 9 月成功根除了红火蚁疫情，所获得的主要经验如下：①全面系统开展监测调查，获得红火蚁疫情发生详细信息，这是成功根除疫情的前提和基础。在红火蚁活跃期，专业机构对该疫区每月采用目视法、诱集法地毯式搜索，开展 1 次监测调查，每次设置诱集点 500 个以上，对发生区和周边 500m 范围内的监控区达到全覆盖，全面明确疫情发生范围、程度及其动态。②良好的管理机制和水平、高效的专用防控药剂和技术是实现红火蚁疫情根除的后盾和保证。为实施根除，成立了红火蚁根除项目组和专家指导组、专业防控队；配备了专门的播撒设备和器具；经测试比较选用了高效的饵剂和粉剂；采用大面积撒施饵剂和使用粉剂处理单个蚁巢相结合的方法，对疫区和监控区红火蚁开展防治。2015—2016 年 2 月累计开展监测、防治 11 次，至 2016 年 2 月之后再未发现红火蚁活蚁。这是首个我国政府委托专业机构/企业负责实施植物检疫性有害生物疫情根除的事例。

4. 湖南省长沙市西湖文化园根除红火蚁　2017 年 3 月长沙市岳麓区西湖文化园发现红火蚁疫情，蚁巢及工蚁分布面积 79.4hm^2，每 100m^2 平均活蚁巢数 0.36 个，工蚁密度为 14.5 头/瓶。对此，采取了长沙市政府主导，市农业委员会、林业局、住建委、交通运输局、园林局和岳麓山风景名胜区管理局等相关部门分工协作的疫情防控工作机制。成立红火蚁疫情防控工作领导小组，组建技术服务小组，通过专家论证确定红火蚁疫情根除方案，引进专业化统防统治组织，采取专业化疫情根除模式对西湖文化园红火蚁进行扑灭，2019 年 8 月成功根除红火蚁疫情。所获主要经验如下：①加强组织领导，科学制订方案。政府主导是推动疫情扑灭工作开展的机制保障。政府主导，多个相关部门分工协作，落实各部门的职责和任务分工，协调解决红火蚁疫情防控资金，专家论证确定科学的红火蚁疫情根除方案，有力推动了整个疫情扑灭工作的开展。②全面系统开展监测调查，获得红火蚁疫情发生详细信息，这是成功根除疫情的前提和基础。监测普查明确红火蚁发生区和 500m 范围内红火蚁监控区的边界，并开展持续监测调查，通过问询、可疑地点排查、地毯式踏查和诱饵法等多种方式对疫点及其周边进行监测普查和铲除效果监测。③加强检疫除害，严查货物调运。严密监控是确保疫情不扩散蔓延的关键。对发生区内流入流出的垃圾、废土、堆肥、苗木草皮等进行严格检疫和处理，防止红火蚁的人为传播；同时对流经发生区的咸嘉湖加强巡查，防止其随水流传播进行自然传播。④加强规范操作，确保根除效果。科学用药与专业化统防统治是彻底根除疫情的技术保障。抓住春、秋两季红火蚁防控关键时期，选择气温在 21～36℃红火蚁活跃时使用饵剂、10～14d 后再以触杀性杀虫剂处理单个蚁巢的新“两步法”集中施药，对红火蚁防控效果好。专业化防控组织使用的植保无人机、电动撒播器等器械施药效率高。结合疫情监测重复实施多次“两步法”扑杀可巩固防控效果，彻底根除疫区红火蚁。2018 年 9 月至 2019 年 8 月连续 12 个月在长沙市西湖文化园红火蚁发生区和监控区均未发现红火蚁[22]。

二、问题

1. 红火蚁为什么会成功入侵我国？

2. 从传播扩散途径角度阐述如何才能更好地预防红火蚁入侵？

3. 为什么红火蚁入侵会影响当地的生物多样性？

4. 湖南省张家界市、郴州市嘉禾县、长沙市，福建省龙岩市上杭县、新罗区有效根除红火蚁的启示是什么？

三、案例分析

1. 红火蚁为什么会成功入侵我国？

（1）我国与红火蚁主要发生国家和地区贸易交流频繁，数量巨大，携带传入风险高。红火蚁长距离传播是依靠交通运输而进行的，主要是随着感染蚁群的园艺植物（苗木、花卉、草皮等）、牧草、原木及携带蚁群的废土、堆肥、垃圾废品（废旧塑料、纸张、电器等）、园艺农耕机具设备、空货柜、车辆等运输，在国家之间、地区之间进行扩散传播。中国和北美洲、南美洲诸多国家尤其是美国之间交流、贸易十分频繁，数量巨大，年达到数千亿美元。从这些地区经常进口原木、树皮、苗木、废物原料（废旧纸张、塑料、电器、机械）等，可能携带红火蚁入境。

（2）我国在入境检疫中长期忽视了红火蚁的检查、阻截和除害处理。2005 年 1 月之前，我国无论是出入境检疫还是国内检疫均未将红火蚁列为检疫性有害生物，因此，一直没有实施专门性的检验、检查和除害处理。自 2005 年 1 月 27 日该蚁被列为进境植物检疫性有害生物和全国植物检疫性有害生物之后，至 2014 年 12 月，全国入境口岸从多类进口物品（废纸、废塑料、废旧电脑、废旧机械、苗木、原木、树皮、木质包装、集装箱、椰糠、鱼粉、豆粕、水果、腰果、玛瑙石、鲜花等）中累计截获红火蚁近 300 批次，其中 2011 年 8 月 1 日厦门机场口岸从旅客携带的鲜花中检出了红火蚁，2013 年 11 月东莞口岸从旅客携带的花旗参中检出了红火蚁。这些物品的出口地区主要是美国、南美多国和我国台湾、香港等地区。检疫机构对所有截获的红火蚁实施了除害处理，达到了有效防止红火蚁继续入侵的目的。

（3）我国南方地区是红火蚁的适生区，特别是长江以南地区具有红火蚁发生的良好环境条件。并且，由于不像原产地那样具有红火蚁种群密度的有效制约因子，因此入侵我国的红火蚁种群能够快速增长。

2. 从传播扩散途径角度阐述如何才能更好地预防红火蚁入侵？

红火蚁扩散传播包括自然扩散、人为传播。以婚飞、随水体流动或者移巢等自然方式扩散距离较短，也难于控制。远距离传播扩散是随物品运输、人员流动而进行的。因此，减少传播扩散、降低入侵风险的有效方法包括：

①建立红火蚁发生预警机制。及时掌握其他国家和地区红火蚁的发生、分布详细资料；监测明确国内红火蚁发生、分布情况，并做出预警，提出贸易、交流中相应检疫要求。

②明确可能携带传入的途径，及时制订和修改应检物品等信息。

③实施产地检疫，控制入侵源头。对物品运出地区红火蚁开展有效防治，降低红火蚁发生程度。

④严格实施口岸和调运检疫，阻截扩散蔓延。对来自疫区的相关物品实施检疫，争取将红火蚁阻截在国门之外；严格控制国内发生区可能携带红火蚁的物品的调出，对确需调出的物品实施检查，发现后须进行除害处理。

3. 为什么红火蚁入侵会影响当地的生物多样性？

红火蚁入侵后，会造成入侵地的生物多样性下降，其主要原因包括[23]：

(1) 红火蚁食性较杂。红火蚁属杂食性，觅食能力强。可取食节肢动物、无脊椎动物、小型脊椎动物，还可取食149种野生花草种子、57种农作物。红火蚁的觅食行为导致其取食生物的种群数量下降甚至灭绝。

(2) 红火蚁竞争能力强。在新入侵地，由于缺乏天敌等因子的抑制，红火蚁种群数量较大，且攻击性强，在入侵区域具有很强的竞争能力。红火蚁与本土蚂蚁或者其他动物竞争有限资源，导致与红火蚁具有相同或相似生态位的本土生物缺乏足够的食物资源供给而种群数量减少甚至灭绝。

(3) 红火蚁攻击性强。其毒腺内的毒液可以导致被攻击者存活率降低或者变得虚弱从而增加被捕食的概率，进而导致种群数量下降。

4. 湖南省张家界市、郴州市嘉禾县、长沙市，福建省龙岩市上杭县、新罗区有效根除红火蚁的启示是什么?

湖南省张家界市、郴州市嘉禾县、长沙市，福建省龙岩市上杭县、新罗区有效根除红火蚁的启示主要有：

①对于一个以人为传播为主要扩散方式的外来入侵物种，如果尚处于侵入发生初期或者是发生区域范围较窄、地理隔离度较强时，是比较适合采取根除策略的。

②外来入侵物种的根除工作是一个系统工程，需要政府高度重视和大力支持，应充分满足开展根除工作的人力、物力和资金的需求；需要相关管理部门、企事业单位和个人密切配合、协作；需要主管部门、机构和人员长期坚持不懈地工作，全面落实各项管理和技术措施，才有可能达到根除的目标。

③外来入侵物种的根除工作中较雄厚的智力和技术储备是必需的。基于较全面掌握外来物种生物学、发生、传播等相关知识，才能制订出较科学的策略，研发出高效的灭除技术。一般来说建立外来物种的快速监测与预警、预防与阻止扩散传播、高效灭除等3个技术体系对成功实施根除是必需的。

四、补充材料

1. 红火蚁种群模式、品级和分工

(1) 社会型。红火蚁为完全地栖型的社会性昆虫，根据巢穴中蚁后的数量可分为两种社会型：①单蚁后型（monogyne colony）。蚁巢中仅有一头具生殖能力的蚁后。蚁丘（图10-1）间距较大。②多蚁后型（polygyne colony）。一个蚁巢（图10-1）中有多头蚁后。通常发生区域内可产生数量较多的蚁巢，工蚁的地域性行为不强。红火蚁多蚁后型每个蚁群可形成一个到几个活动蚁巢和蚁丘，蚁丘间距在几十厘米到几米；单蚁后型每个蚁群仅形成一个蚁巢和蚁

丘。目前，我国红火蚁社会型主要是多蚁后型。

（2）品级和分工。成虫分成 3 个基本品级：①雄蚁。雄性个体不参加劳动，专司交配，成熟后等待婚飞，婚飞交配结束后即死亡。②雌蚁（蚁后）。指发育完全的雌性生殖蚁，其 2 对翅在婚飞后脱去，寿命 6～7 年。③工蚁。指不具生殖能力的雌蚁，其卵巢部分或完全退化，寿命 1～6 个月。工蚁分为以下几个亚品级：小型工蚁，由新蚁后产下的第一批卵发育而来，体长不到 3mm；中型工蚁，体长约 3mm；大型工蚁，体长 5～6mm。从工蚁的职能上大致可分为：育幼蚁，刚刚羽化出来的工蚁，体长约 3mm，照料幼蚁和蚁后；居留蚁，年龄稍大的成年工蚁，照料幼蚁和蚁后，防御蚁巢；觅食蚁，年长的工蚁，主要从事觅食、防卫、修建蚁巢等工作（图 10－1）。

2. 红火蚁种群特征与繁殖　一个成熟的红火蚁种群由 10 万～50 万头多形态的工蚁、几百头有翅生殖雄蚁和雌蚁、一头（单蚁后型）或多头（多蚁后型）生殖蚁后及幼蚁（卵、幼虫、蛹）组成（图 10－1）。

（1）繁殖力和发育历期。蚁后是蚁群的中心，它通过产卵来控制整个蚁群，还通过释放信息素来影响工蚁和有性生殖蚁的生理及行为。一头蚁后每日可产卵 800～1 500 粒。卵有 3 种类型：①营养卵（不育卵），专用于喂饲幼虫；②受精卵，最终发育成不育的雌性工蚁或有生殖能力的雌蚁；③未受精卵，最后发育成雄蚁。卵经过 8～10d 的胚胎发育后孵化成无足的、蛆状幼虫。幼虫有 4 个龄期。卵至成虫发育历期：工蚁 20～45d，大型工蚁 30～60d，兵蚁、蚁后和雄蚁 80d。成虫寿命：蚁后 5～7 年，工蚁和兵蚁 1～6 个月。

（2）婚飞和营巢。新建蚁巢经过 4～5 个月成熟并开始产生有翅生殖蚁，进行婚飞活动。成熟蚁群一年能产生 4 000～6 000 头有翅生殖蚁。这些有翅生殖蚁会在巢穴内大量积累，直至遇上适宜的环境条件才开始婚飞、交配。只要条件适宜，成熟蚁巢的红火蚁在一年中任何时间都有可能发生婚飞，通常以春秋季居多，3—5 月是婚飞盛期，但有时因地理区域的不同而有所差异。降雨后 1～2d 内如气候温暖（高于 24℃）、天气晴朗、风不大，10:00 左右有翅生殖蚁开始婚飞。婚飞结束落地后雌蚁翅膀掉落，迅速寻找适宜地方挖掘隧道，挖好后用泥土将入口封住。婚飞、落地筑巢过程中约有 99%的雌蚁因蜻蜓、蜘蛛、鸟类等捕食或落入水中而死亡。而在发生区域（由于防治，无红火蚁或密度低），由于采取了大量防治措施，大大削弱了生物抑制作用，婚飞、落地筑巢过程中雌蚁存活率明显较高。这是红火蚁易再侵入、猖獗的重要原因之一。

（3）交配。红火蚁的交配行为可能发生在 90～300m 高空，雌雄蚁一般交配 1 次，雌蚁所获得的精子存于储精囊中，供终生产卵受精用。交配后的雌蚁扩散到距原巢几米至几百米远的地方着陆、脱翅，在风力帮助下也可飞行 3～5km，然后降落寻找地点筑新巢。

图 10-1 红火蚁的形态特征、危害与防治处理

A. 红火蚁各品级和生活史 B. 数量巨大的蚁群（陆永跃，2012）

C. 地面隆起的蚁丘（陆永跃，2014） D. 蚁丘内部结构（陆永跃，2014）

E. 应用火腿肠监测红火蚁（陆永跃，2014） F. 应用毒饵防治红火蚁（陆永跃，2014）

G. 应用粉剂防治红火蚁（陆永跃，2014） H. 被红火蚁叮蜇致重度过敏者入院治疗（陆永跃，2014）

（4）种群的发展。交配后的雄蚁很快死亡，雌蚁落地建立新巢。最初 1d 中产下 10～20 粒卵，待 6～10d 这批卵孵化为幼蚁后才开始每日产十几粒卵。第一批幼蚁靠取食蚁后后续产的卵和蚁后饲喂直至发育到成虫阶段，成为第 1 批工蚁。新蚁群建立后 15～18 周可出现新的生殖蚁。成熟蚁群工蚁数量一般可达 20 万头左右。在进行野外调查时，常发现巨大蚁丘，长宽均超过 1m，高 0.5m 以上，蚂蚁数量在 50 万头以上。

3. 红火蚁取食习性　红火蚁食性杂，觅食能力强，喜食昆虫和其他节肢动物，也猎食无脊椎动物、脊椎动物、植物，还可取食腐肉。该蚁可取食 149 种野生花草的种子、57 种农作物。红火蚁群体生存、发展需要大量的糖分，因此工蚁常取食植物汁液、花蜜或在植物上“放牧”蚜虫、介壳虫。

4. 环境因素对红火蚁的影响　影响红火蚁发生、发展的环境因素很多，主要环境因素及其对红火蚁的作用概述如下：

（1）温度。当温度高于 10℃时，工蚁开始觅食，进入持续觅食阶段温度为 19℃以上；工蚁在土壤 2cm 深处温度 15～43℃时觅食，最适觅食温度 22～36℃；温度高于 20℃时出现工蚁和有性蛹；婚飞主要发生在 24～32℃；交配后的蚁后寻觅建巢地点的土壤温度在 24℃以上。

（2）湿度。湿度对红火蚁非常重要。它们常在池塘、河流、沟渠旁边筑巢，如远离水源，工蚁会向下挖掘取水道。土壤湿度过大或过小，蚁群活动均减弱；婚飞时土壤相对湿度不小于 80%。

（3）风。风明显影响红火蚁扩散，尤其是婚飞期间的风力。观察发现 89%的新蚁群是在受风区域筑巢。

（4）洪水。季节性洪水有利于红火蚁迁移、扩散，蚁群可在水面上成团漂浮，生存几周，如遇到合适岸边即上岸筑巢。

（5）天敌。包括捕食性的蜻蜓、甲虫、蜘蛛等，对有翅雌蚁和新蚁后的抑制作用很强，导致 90%以上的死亡率；寄生性的蚤蝇 22 种，还有病原细菌、真菌、线虫、病毒等。

5. 红火蚁的扩散传播途径　红火蚁扩散传播包括自然扩散、人为传播 2 种形式。自然扩散主要随生殖蚁飞行或随水体流动扩散，也可随搬巢而短距离移动。人为传播主要因运输园艺植物（苗木、花卉、草皮等）、牧草、废土、堆肥及园艺农耕机具设备、空货柜、车辆等运输工具等而作长距离传播。20 世纪 30 年代红火蚁由南美洲侵入美国亚拉巴马州可能的原因是轮船压舱物或手提物品携带，后在美国南方快速扩散的主要原因是苗木、草皮运输。

中国红火蚁很可能来自美国南部。传入中国后，红火蚁主要随着苗木、草皮、废旧物品等运输作长距离扩散传播。2004 年 9 月至 2014 年 11—12 月记录到的54个传入地区的传入方式的调查结果显示，有46个地点可能是随草皮、苗木运输传入，占85.2%。

红火蚁自然扩散距离相对较短。其中，以生殖蚁婚飞扩散较持续而有规律。水流有助于红火蚁扩散，广东小河流生境中传入8年后向河上游扩散距离仅为262m，向河下游扩散至3 770m处。红火蚁蚁巢迁移距离更近，一般为4～5m。

红火蚁随人为方式传播扩散的速度很快。进入美国后20年左右红火蚁进入了快速传播时期，平均以每年198km的速度向外扩散，1953年美国南部10个州已有分布；1958年侵入了141个郡/教区，发生面积达2 530万 hm^2；1995年，侵入了670个郡/教区，发生面积为1.14亿 hm^2；2011年侵入美国17个州和波多黎各，超过1.28亿 hm^2 的土地被该蚁占领。

1995—2014年中国被红火蚁入侵的县级区域数量增长动态可划分为2个明显的阶段，一是入侵起始至2008年的扩散初期，以每年3～5个县（市、区）的较低速度增大；二是2009年后的快速扩张期，每年新增县（市、区）有20～30多个（图10-2）。今后一定时期内主要呈现由普遍发生区向周围临近地区逐步扩大和不断进行较远距离跳跃性侵入相结合的方式扩散，直至扩展侵入的空间接近该蚁的生物学忍耐极限，其速度可能将减缓。

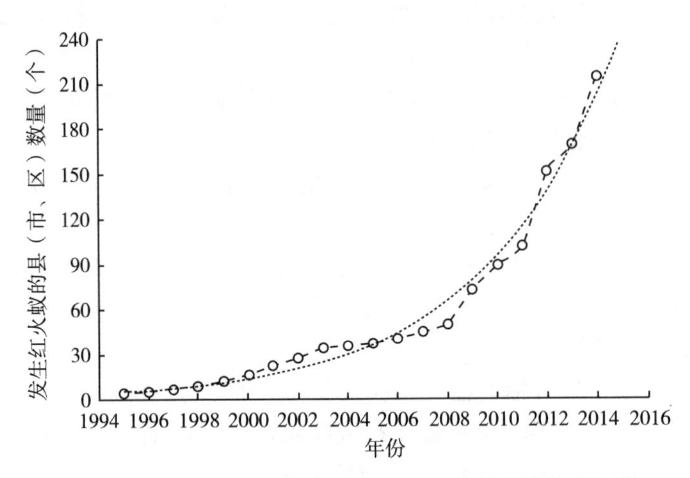

图10-2　中国被红火蚁侵入的县级区域数量增长动态[9]

6. 红火蚁的防治技术　发现红火蚁入侵危害后，我国政府部门及科学家一直都很重视对该蚁的管理和研究，已经开展了系统的和卓有成效的工作。通过15年科技攻关，较为系统地解决了该蚁控制的基础理论问题，构建了适合我国的监测检测技术体系、检疫除害技术体系、应急防控与根除技术体系，并且在红火蚁入侵区域进行了较为广泛的应用[24-25]。其主要防治技术包括以下5

个方面。

（1）加强监测，明确分布范围和发生程度。在红火蚁的发生区和扩散高风险区进行科学监测，采用踏查和诱集相结合的方法，准确掌握发生动态和扩散趋势。

（2）严格检疫，阻截扩散蔓延。严格控制发生区内可能携带红火蚁的苗木、花卉、草坪（皮）、栽培介质、肥料、土壤、垃圾等物品的调出，对确需调出的物品采用触杀性作用强的化学杀虫剂进行处理。

（3）毒饵诱杀法。将杀虫剂按一定比例加入具有强引诱力的物质中制成毒饵，用于防治红火蚁，主要目的是杀死蚁后。毒饵适合不同类型的红火蚁的发生地点，可灭除单个蚁巢，或普遍撒施，也可结合使用。① 灭除单个蚁巢。适合活蚁巢密度较小、分布较分散的发生区。在距蚁巢 10～50cm 处点状或环状撒放毒饵。② 普遍撒施。适用于蚁巢密度较大、分布普遍或工蚁分布普遍但活蚁巢不明显的发生区。用手（穿戴塑胶手套或橡皮手套）或者撒播器向发生区所有地点撒施毒饵剂。③ 综合处理。适合蚁巢密度大、分布普遍的红火蚁严重发生区域，采用灭除单个蚁巢与普遍撒施毒饵相结合的方法，以提高防治效果。使用毒饵剂时地表温度为 21～35℃，地面应比较干燥，在使用后 6h 内无降水，并且尽量在红火蚁的活动觅食活跃时间使用。

（4）颗粒剂、粉剂灭巢法。适用于活蚁巢明显的发生区域。包括以直接触杀、作用迅速的药剂为有效成分的颗粒剂、粉剂和具有接触传递性的粉剂。使用粉剂不宜在有较大风力的天气下进行，中小程度降水以下，施药要快速，应在红火蚁的活动觅食较活跃时间使用。

（5）灌巢法。适合活蚁巢明显的发生区域。将触杀作用强、较安全的药剂配制成药液，灌注入蚁巢中，杀灭蚁群。由于该方法要求高、实施难度大，很难达到良好效果，因此，除了在红火蚁对人群健康或重要设施等造成严重威胁、急需尽快灭除的情况下使用，一般情况下不建议采用灌巢法进行防治。

应根据有关国家标准，防治前对红火蚁数量（活蚁巢和工蚁数量）进行调查，防治后再进行一次全面调查，明确防治效果，确定需要再进行防治的地点，采取补治措施。

参考文献

[1] Vinson S B. Invasion of the red imported fire ant [J]. American Entomol，1997，43 (1)：23－39.

[2] Williams D F，Porter S D. Fire ant control [J]. Science，1994，264：1653.

[3] Williams D F，Oi D H，Porter S D，et al. Biological control of imported fire ants (Hymenoptera：Formicidae) [J]. American Entomol，2003，49：150－163.

[4] Porter S D, Fowler H G, Mackay W P. Fire ant mound densities in the United States and Brazil (Hymenoptera: Formicidae) [J]. J Econ Entomol, 1992, 85: 1154-1161.

[5] 陆永跃，曾玲．发现红火蚁入侵中国 10 年：发生历史、现状与趋势 [J]. 植物检疫，2015，29 (2)：1-6.

[6] 曾玲，陆永跃，何晓芳，等．入侵中国大陆的红火蚁的鉴定及发生为害调查 [J]. 昆虫知识，2005，42 (2)：144-148.

[7] 曾玲，陆永跃，陈忠南．红火蚁监测与防治 [M]. 广州：广东科技出版社，2005.

[8] 陆永跃，梁广文，曾玲．华南地区红火蚁局域和长距离扩散规律研究 [J]. 中国农业科学，2008，41 (4)：1053-1063.

[9] 陆永跃．中国大陆红火蚁远距离传播速度探讨和趋势预测 [J]. 广东农业科学，2014，41 (10)：70-72，3.

[10] 黄俊，许益镌，曾玲，等．红火蚁对 8 种植物种子的选择性取食及其对种子萌发的影响 [J]. 环境昆虫学报，2010，32 (1)：6-11.

[11] 黄俊，许益镌，梁广文，等．红火蚁对 2 种旱地作物种子萌发的影响 [J]. 生物安全学报，2014，23 (2)：88-92.

[12] 黄俊．红火蚁入侵对旱地作物害虫及天敌的影响 [D]. 广州：华南农业大学，2010.

[13] 肖康寿，梁康斌，李玉，等．红火蚁蜇伤调查报告 [J]. 中华皮肤科杂志，2006，39 (7)：415-416.

[14] 赵静妮，许益镌．基于互联网的红火蚁在中国伤人事件调查 [J]. 应用昆虫学报，2015，52 (6)：1409-1412.

[15] Wang L, Xu Y J, Zeng L, et al. Impact of the red imported fire ant *Solenopsis invicta* Buren on biodiversity in South China: a review [J]. J Integr Agr, 2019, 18 (4): 788-796.

[16] Lu Y Y, Wu B Q, Xu, Y J, et al. Effects of red imported fire ants (*Solenopsis invicta*) on the species structure of several ant communities in South China [J]. Sociobiology, 2012, 59 (1): 275-286.

[17] 席银宝．红火蚁对荔枝园无脊椎动物群落的影响 [D]. 广州：华南农业大学，2007.

[18] 黄俊，许益镌，陆永跃，等．红火蚁入侵对玉米地蜘蛛类群多样性的影响 [J]. 应用生态学报，2012，23 (4)：1111-1116.

[19] Zhou A M, Zeng L, Lu Y Y, et al. Fire ants protect mealybugs against their natural enemies by utilizing the leaf shelter constructed by a leaf roller, *Sylepta derogata* [J]. PLoS ONE, 2012, 7 (11): e49982.

[20] 陆永跃．防控红火蚁 [M]. 广州：华南理工大学出版社，2017.

[21] 周社文，张佳峰，解得华，等．红火蚁在湖南的发生及危害规律 [J]. 植物检疫，2009，23 (2)：26-28.

[22] 龚磊，姚艳红，罗莹，等．长沙市红火蚁疫情监测及扑灭根除实践与启示 [J]. 中国植保导刊，2021，41 (5)：91-94.

[23] 林芙蓉，程登发，乔红波，等．红火蚁对我国一些生物潜在影响的初步分析 [J]. 昆

虫知识，2006，43（5）：608-611.
[24] 陆永跃，曾玲，许益镌，等．外来物种红火蚁入侵生物学与防控研究进展［J］．华南农业大学学报，2019，40（5）：149-160.
[25] Wang L，Zeng L，Xu Y J，et al. Prevalence and management of *Solenopsis invicta* in China［J］. NeoBiota，2020，54：89-124.

撰稿人

王磊：男，博士，华南农业大学红火蚁研究中心讲师。E-mail：leiwang@scau. edu. cn

11 案例11

我国向日葵螟的暴发与防控

一、案例材料

（一）向日葵螟在我国蔓延危害

向日葵螟［*Homoeosoma nebulella*（Denis et Schiffermuller，1775）］又称葵螟、向日葵同斑螟、欧洲向日葵螟等，属鳞翅目（Lepidoptera）螟蛾科（Pyralidae）同斑螟属（*Homoeosoma* Curtis），是一种为害向日葵的重要害虫，广泛分布于欧亚大陆，在国内主要分布于内蒙古、新疆、黑龙江、吉林、宁夏、甘肃等北方向日葵产区，其中在内蒙古、黑龙江、新疆等地危害较为严重。其幼虫从向日葵筒状花蛀入籽粒，取食籽仁及花盘组织，造成向日葵产量降低、商品性下降。向日葵螟很早在我国即有分布，如在新疆北屯等地区，20世纪50年代就发现有向日葵螟对油料作物的危害。60年代初，黑龙江省首次报道了向日葵螟大面积为害向日葵，发生范围涉及哈尔滨、双城、牡丹江、佳木斯、齐齐哈尔等地，葵盘被害率一般为26%～50%，最高达66%～100%；严重地块籽粒被害率达15.5%～19.8%[1]。80年代中期，吉林省葵花栽培集中的中西部地区，1983—1984年葵盘虫蛀率达63%～83%。在向日葵螟和向日葵菌核病的双重危害下，东北地区的向日葵种植大面积萎缩。由于当时向日葵种植面积远低于其他粮油作物，因此，向日葵螟也未引起人们的进一步重视[2]。2000年以后，向日葵种植面积不断扩大，为向日葵螟的发生蔓延创造了有利条件。2008年，齐齐哈尔市向日葵螟再次严重发生，葵盘被害率达80%～100%，籽粒被害率达10%～30%[3]；2005年前后，向日葵螟扩散至我国食用向日葵的重要产区内蒙古巴彦淖尔市、鄂尔多斯市，并暴发成灾，发生面积约为11.22万 hm^2，约占总播种面积的72.07%，其中向日葵螟一代发生面积约为1.82万 hm^2，二代发生面积约为9.40万 hm^2[4]。从危害程度看，大部分地块的葵盘被害率为30%～50%，籽粒被害率为15%～20%。不少严重发生地块的葵盘被害率达70%以上，籽粒被害率超过30%，生产上即达绝产状态（图11－1）。

图 11－1　向日葵螟对向日葵的为害状及不同防治措施

A. 向日葵螟在葵盘的为害状（白全江，2013）

B. 同时在葵盘上活动的向日葵螟成虫和蜜蜂（杜磊，2014）

C. 调整播期对向日葵螟的控制效果（云晓鹏，2013）

D. 性信息素诱捕器诱杀向日葵螟（云晓鹏，2012）

E. 释放赤眼蜂防治向日葵螟（杜磊，2013）　F. 利用杀虫灯防治向日葵螟（云晓鹏，2012）

（二）向日葵螟的防控

从传统的化学防治来说，最佳防治时期恰恰在向日葵花授粉的关键时期，此时使用化学药剂，极易杀伤蜜蜂等传粉昆虫，从而影响授粉并造成空壳率上升。而向日葵螟幼虫蛀入葵盘以后，大部分时间都在籽粒内进行为害，此时再使用杀虫剂就难以达到防治效果。实施向日葵螟综合防治技术要坚持以农业防治、生物防治为主，化学防治为辅的方针，减少杀虫剂的使用。

1. 防治技术

（1）种植抗性品种。油用向日葵对向日葵螟大多表现为高抗，食用向日葵对向日葵螟一般没有抗性。在向日葵螟严重地区可以种植油用向日葵或较耐向日葵螟的食用向日葵品种，如 RH118、LD9091 和 SH909 等[4-7]。

（2）农业防治。调整播期避害是向日葵螟最重要的防治措施，各地应根据向日葵螟成虫发生和产卵时期，调整播种时间，使向日葵花期与向日葵螟成虫发生期尽量错开。一般情况下，在内蒙古西部地区种植杂交食用向日葵，播期安排在 5 月 25 日至 6 月 5 日，可有效控制向日葵螟的危害，在宁夏惠农地区播种越晚受害越重，越早受害越轻，最佳播期宜在 5 月 10 日之前；其他农业防治措施包括秋翻冬灌；清除田边的刺儿菜、苣荬菜等菊科杂草，消灭野生虫源；收获后，收集并焚毁籽粒清选中产生的杂质；在向日葵田的四周种植茼蒿等诱虫植物，诱集成虫产卵并统一扑杀等[7-9]。

（3）性信息素诱杀。在向日葵螟成虫高峰前至向日葵花期以后，以 25～30 枚/hm^2 的密度在田间按棋盘式等距离放置性信息素诱捕器，以诱杀大量雄蛾的方式使雌雄蛾比失调，从而减少交配机会及有效卵量。

（4）生物防治。在向日葵螟成虫大量出现前，田间放置性诱剂诱杀雄蛾（25～30 个/hm^2）；或在向日葵筒状花时期前在田间释放赤眼蜂（图 11－1），放蜂分 3 次完成，分别在向日葵开花量达到 20%、50%和 80%时进行，放蜂量分别为 36 万头/hm^2、48 万头/hm^2、36 万头/hm^2；或在向日葵筒状花时期后，使用背负式喷粉机向葵盘喷施 Bt 可湿性粉剂防治幼虫，使用量为 45～60kg/hm^2[10-12]。

（5）物理防治。利用向日葵螟的弱趋光性，在田间设置频振式杀虫灯进行诱杀。安放密度为每 4hm^2 悬挂一盏[7]（图 11－1）。

（6）化学防治。在向日葵开花后幼虫尚未进入籽粒前进行化学药剂防治，可选用 90%敌百虫晶体 500 倍液、20%氰戊菊酯乳油 1 000 倍液、4.5%高效氯氰菊酯乳油 1 500 倍液进行喷雾，共进行两次，间隔 4～5d。由于化学防治对蜜蜂等传粉昆虫有较大的杀伤作用，从而影响葵花授粉，因此一般不建议应用[7]。

2. 防治技术措施组合的选择　对播种时期可以调整的地区，首先推荐通过调整播期避开向日葵螟的危害，由于最佳播种的时间窗口有限，因此在最佳播期两端的时间段进行播种的向日葵，需要补充使用性信息素诱捕器以及释放赤眼蜂等防治措施。晚播模式下种植的向日葵主要受到第二代幼虫的危害，这代幼虫发生在 8 月下旬至 9 月中旬，危害程度比第一代幼虫轻。因此，在虫口量较小的情况下可以主要选用种植抗虫品种以及针对卵和幼虫的生物防治技术，从而降低防治成本。早播、短无霜期地区、大日期品种以及其他一些播期无法调整的栽培模式主要受到第一代幼虫的严重危害，这代幼虫发生在 6 月下旬至 7 月中旬，需要综合使用多种防治措施以达到最好的效果。在虫口危害极为严重的地区，建议种植油用向日葵，从而避免防治成本过高。

二、问题

1. 2006—2007 年向日葵螟在我国向日葵主产区突然暴发的主要原因是什么？

2. 为什么对向日葵螟的防控要严格控制化学杀虫剂的使用？

3. 为什么说调整播期是向日葵螟防控最重要的措施？

三、案例分析

1. 2006—2007 年向日葵螟在我国向日葵主产区突然暴发的主要原因是什么？

20 世纪 50—60 年代向日葵螟主要在东北危害，在新疆也有局部发生。由于传入时间较早，其具体传入的时间已无从考证，推测其与苏联的向日葵种植与引种有关。在上述老发生区内，向日葵螟对向日葵生产构成了持续的危害，但由于向日葵长期以来作为一种小作物，其种植面积并不稳定，随着东北地区向日葵种植面积的压缩，向日葵螟的危害逐渐被人们忽略。20 世纪 90 年代以后，我国向日葵产业再次得到较好发展，尤其在内蒙古西部地区，种植面积持续上升，成为食用向日葵的主要产区。此前在内蒙古并没有向日葵螟危害的记录，但随着食用向日葵种植面积的扩大，向日葵螟的危害在 2005 年前后达到一个高峰，杂交食用向日葵种子紧缺，出现大量向日葵无序引种的情况。而向日葵螟极可能就在这一时期通过一些种子企业的不规范调运传入内蒙古。加之当地对杂交食用向日葵的栽培技术及病虫害防治技术并不完善，农户在 4 月下旬至 5 月上旬集中播种，使向日葵大面积开花授粉时期与向日葵螟产卵和第一代幼虫危害盛期重叠，造成了连续几年的向日葵螟暴发，给当地的向日葵生产造成了严重的损失[13]。

2. 为什么对向日葵螟的防控要严格控制化学杀虫剂的使用？

向日葵作为一种虫媒植物，同时又是无限花序，因此在其生殖生长阶段不断地需要大量传粉昆虫进行授粉，而向日葵螟成虫也需要取食花蜜补充营养，同时将卵产在筒状花内。因此在向日葵螟的危害盛期，大量的向日葵螟成虫、卵以及初孵幼虫会和蜜蜂同时出现在花盘上，此时使用对向日葵螟有效的杀虫剂，会同时杀死传粉昆虫。实践证明，选用 90%敌百虫晶体 500 倍液、20%氰戊菊酯乳油 1 000 倍液、4.5%高效氯氰菊酯乳油 1 500 倍液，在向日葵开花后幼虫尚未进入籽粒前进行喷雾，或在成虫发生盛期用菊酯类杀虫剂进行烟雾熏杀，均可控制向日葵螟的危害，但同时也会因杀死蜜蜂等传粉昆虫而造成籽粒的空壳率增加，商品性下降。因此，从环境安全以及籽粒产量的因素考虑，必须要严格控制化学杀虫剂的使用。

3. 为什么说调整播期是向日葵螟防控最重要的措施?

向日葵螟的危害严重程度与其幼虫时期向日葵籽粒的发育程度有密切关系，初孵的向日葵螟幼虫仅能蛀入皮壳尚未完全形成的籽粒中，皮壳一旦成熟硬化，初孵幼虫便不能蛀入。因此在生产上可以看到，皮壳硬化速度快的油用向日葵品种对向日葵螟的抗性要远好于食用向日葵品种。另外，向日葵螟的发生较为整齐，在内蒙古西部地区，越冬代成虫产卵具有明显的高峰期和减退期，因此可以通过调整播期，使向日葵的开花期晚于成虫产卵的高峰期，越冬代成虫找不到产卵场所，第一代成虫产卵时皮壳已经硬化，自然就可以降低向日葵螟的危害。当然，如播期过晚，会遇到第一代成虫产卵时皮壳尚未硬化的情况，这样第二代幼虫的危害就会显著上升。因此播种的最佳时间，必须严格依据当地成虫的发生时间来确定。总的来说，调整播期避害这一措施，不会增加任何防治成本，不使用任何化学农药，而且控制效果最为显著，因此是向日葵螟最重要的防控措施。当然，一些地区因气候、耕作等原因无法调整播期，则只能依靠其他农业、生物、物理等防控措施，不可避免地增加了防治成本。

四、补充材料

(一) 向日葵螟的形态特征

向日葵螟成虫体长 8～12mm，翅展 20～27mm。体灰色，复眼黑褐色；触角丝状，灰褐色，基部的节粗大，较其他节长 3～4 倍。前翅长形，灰色，近中央处有 4 个黑斑；外侧翅端 1/4 处有一与外缘平行的黑色斜条纹。后翅较前翅宽，淡灰色，具暗色的脉纹和边缘。静止时前后翅紧紧包贴体躯两侧。

卵长 0.8mm，宽 0.4mm 左右。乳白色，长椭圆形，卵壳有光泽，具不规则的浅网状点刻，有的一端尚有一圈立起的褐色胶膜圈。

幼虫具 4 个龄期，初孵幼虫淡黄褐色，长 1.5～2mm，老熟幼虫体长 18mm，淡黄灰色，腹面淡黄色，背面有三条暗褐色或淡棕色纵带；头部淡褐色，前胸气门淡黄色，气门黑色，腹足趾钩为双序全环。

蛹长 8～12mm，褐色，羽化前为暗褐色，蛹背第 1～10 节均有圆刻点，第 1 及 8 节刻点较少，第 2～7 节最多，第 9 与 10 节背面仅有 3～5 个刻点；腹面仅第 5～7 节有圆刻点。腹部末端有钩毛 8 根。

茧长12～17mm，中部宽两端尖，椭圆形，以鲜黄色或灰白色丝织成（图11-2）。

图11-2　向日葵螟各虫态

A. 向日葵螟茧（杜磊，2013）　B. 向日葵螟成虫（云晓鹏，2013）
C. 小花外壁的向日葵螟卵（白全江，2013）　D. 小花内壁的向日葵螟卵（白全江，2013）
E. 向日葵螟初孵幼虫（白全江，2013）　F. 向日葵螟低龄幼虫（白全江，2013）

（二）向日葵螟的寄主范围

向日葵螟寄主植物广泛，以菊科植物为主，主要为害各品种的向日葵，其中对食用向日葵品种的为害重于油用向日葵。此外，欧洲向日葵螟在中国新疆还取食野生杂草丝路蓟，在内蒙古取食茼蒿、刺儿菜、苣荬菜。国外报道的向日葵螟的寄主植物还包括水飞蓟、大翅蓟、节毛飞廉、艾、紫菀、牛蒡、蓟、菊花、瓜叶菊、雏菊等。

（三）生活习性

向日葵螟在世界各地发生世代不同，在法国1年发生3～5代，在西班牙1年发生3代。在我国吉林和黑龙江1年发生1～2代，越冬幼虫一般在7月上旬咬破越冬茧，钻出后2～3d完成化蛹，蛹期6～7d。成虫在7月中旬至下旬陆续出现，7月下旬至8月上旬为成虫羽化高峰和产卵盛期。卵期2～3d。幼虫共4龄，8月中旬为幼虫主要危害期，幼虫期18～20d。8月下旬老熟幼虫开始吐丝下垂，入土越冬。少数幼虫可以在9月上旬化蛹和羽化，并产出第二代幼虫，第二代幼虫危害不大，也不能安全越冬，不能成为次年虫源。在新疆，1年发生2～3代，世代重叠。越冬代成虫5月中旬开始羽化，第一代幼虫于7月上旬开始全部羽化，第二代幼虫大部分于8月中旬开始羽化并产出第三代，少部分第二代幼虫直接滞育越冬。第三代幼虫自9月中旬起陆续做茧越冬。在内蒙古西部地区，1年发生2代，以老熟幼虫在土中结茧越冬。向日葵和菊科杂草开花时（7上旬）成虫盛发，白天潜伏，傍晚飞向向日葵和其他菊科植物，取食花蜜，补充营养。7月中下旬为卵盛期，卵期3～5d。7月底至8月初是幼虫危害盛期，幼虫期16d左右，幼虫共4龄，8月上中旬大部分老熟幼虫脱盘入土化蛹。

向日葵螟多在黄昏时羽化。成虫昼伏夜出，白天多隐匿在杂草丛中，日落后飞入向日葵田，趋光性较弱。羽化出的向日葵螟在傍晚时较活跃，雌蛾释放性信息素吸引雄蛾进行交配。雌蛾交配当天即可产卵，成虫夜间产卵的数量明显高于日间。成虫产卵时，腹部弯曲伸入筒状花内，多数卵产在花药圈内壁的下方，多为散产。24℃条件下，卵经历4～5d即可孵化，温度高于30℃时，孵化仅需2～3d。

向日葵螟幼虫在不同向日葵品种上的危害主要集中在向日葵生殖生长时期的R5.5－R5.9阶段，即筒状花开花率50%～90%时，在此之前很少危害。幼虫孵化后取食向日葵花粉及筒状小花，三龄之后幼虫开始蛀食向日葵籽粒，危害部位主要为籽粒的中部及底部。有些幼虫还会在葵盘内部穿行，形成许多隧道，咬下的碎屑和粪便填充隧道，幼虫在发育过程中需要取食多粒种子，在受害葵盘表面会堆积大量虫粪，多数老熟幼虫自葵盘表面脱出，寻找结茧场所。

向日葵螟以老熟幼虫做茧越冬。第一代向日葵螟幼虫中有9%的老熟幼虫直接入土做茧越冬。对于第二代向日葵螟幼虫，绝大多数幼虫吐丝下垂，在土中做茧越冬，个别幼虫在蛀食成空壳的葵花籽中和向日葵舌状花基部做茧越冬。幼虫在土中做茧的深度多为0～4cm，随着土壤深度的增加，做茧的越冬幼虫越来越少。

向日葵螟对不同向日葵品种的选择性有明显差异，对食用向日葵的选择性强，对油用向日葵的选择性差。在食用向日葵品种中，对 RH318、T33、大黑片、S47、RH316 等品种的选择性强，对科阳 1 号、RH118、LD9096 等选择性较差，但总的来说，绝大多数食用向日葵均会遭受向日葵螟的危害。

（四）发生规律

向日葵螟的发生程度受到寄主类型、寄主生育期以及气象条件等多种因素的影响。首先，寄主类型与向日葵螟发生程度的关系十分密切。该害虫是一种寡食性害虫，目前栽培作物上仅发现可以为害向日葵和茼蒿，其中向日葵上为害最为严重，茼蒿则相对较轻，主要是由于向日葵螟幼虫发育过程需取食寄主的籽仁以获得充足的营养完成发育，而向日葵花盘上籽仁量大，为向日葵螟提供了丰富的食物来源。另外寄主植物的不同也影响了向日葵的发生时期。在内蒙古巴彦淖尔地区的调查结果显示，5 月中旬到 8 月下旬向日葵地、茼蒿地和草滩地 3 种不同环境下向日葵螟发生时间和蛾峰期基本相同，在 6 月下旬和 8 月上旬有两个明显的蛾峰，而且在 3 种环境条件下诱集蛾量和蛾峰大致相同，仅是第二次蛾峰出现时间略有一点差异，蛾峰出现依次为茼蒿地、草滩地和向日葵地。对于幼虫来说，向日葵螟第一代幼虫主要为害茼蒿和开花早的向日葵，第二代幼虫主要为害开花晚的向日葵。茼蒿于 6 月下旬开花，开花后雌蛾便在其上产卵，卵经 3～5d 孵化。因此，幼虫自 6 月末至 7 月上旬开始为害，杂交食用向日葵的生育期短，5 月中旬种植的向日葵在 7 月中旬便开花，因此幼虫自 7 月 19 日开始为害。在整个第一世代期间，无论在茼蒿上还是在向日葵上为害的向日葵螟幼虫，其虫口密度相对稳定。第二代幼虫主要为害开花晚的常规食用向日葵，常规食用向日葵开花晚且不整齐，4 月下旬种植的常规食用向日葵于 8 月中旬陆续开花，第二代幼虫自 8 月下旬开始为害，至 9 月下旬虫口密度达到最高。随后老熟幼虫开始入土做茧越冬，但由于此时气温低，幼虫发育慢，到 10 月 5 日向日葵收获时，仍有部分幼虫未老熟。菊科杂草刺儿菜和苣荬菜零散生长于田埂，开花时间不一致，第一、二代幼虫均有为害，但数量很低。

寄主植物生育期对向日葵螟的发生有显著的影响，幼嫩的籽粒是幼虫存活的必要条件，一旦籽粒皮壳硬化，幼虫无法蛀入，死亡率就会上升，这也是调整播期避害的主要原理。

另外，向日葵螟发生程度受环境影响很大，春季升温慢会压低越冬代成虫的羽化率，夏末秋初高温多雨利于害虫发生。另一方面，高纬度地区年积温较小，播期过迟则向日葵无法成熟，因此其花期无法避开向日葵螟为害，发生程度也就比较严重。

参考文献

[1] 邹钟琳. 新疆主要农业害虫种类及其发生情况 [J]. 新疆农业科学，1962 (10)：379-384，403.

[2] 边正子，何维桢，王德茂，等. 吉林省向日葵螟的发生规律和防治试验报告 [J]. 吉林农业科学，1985 (1)：51-57.

[3] 叶家栋，朱秀廷. 我国黑龙江省初次发现的向日葵新害虫——向日葵螟 [J]. 昆虫学报，1965，14 (6)：617-619.

[4] 张总泽，刘双平，罗礼智，等. 内蒙古巴彦淖尔市向日葵螟成灾原因及防治措施 [J]. 植物保护，2010，36 (3)：176-178.

[5] 沙洪林，晋齐鸣，李红，等. 吉林省向日葵品种资源抗向日葵螟鉴定 [J]. 吉林农业科学，2004 (2)：33-35，37.

[6] 云晓鹏，白全江，杜磊，等. 向日葵品种抗向日葵螟鉴定及抗性评价方法 [J]. 中国油料作物学报，2014，36 (3)：380-384.

[7] 杜磊，白全江，徐利敏，等. 向日葵螟绿色防控技术集成与推广应用 [J]. 中国植保导刊，2014，34 (2)：43-46.

[8] 白全江，黄俊霞，韩诚，等. 向日葵不同播期对向日葵螟避害效果研究 [J]. 中国农学通报，2011，27 (9)：362-367.

[9] 徐利敏，云晓鹏，李杰，等. 不同播种期对向日葵螟抗虫性的影响 [J]. 内蒙古农业科技，2008 (6)：45-46.

[10] 白全江，云晓鹏，徐利敏，等. 性诱剂监测和控制向日葵螟应用技术研究 [J]. 中国生物防治学报，2013，29 (2)：214-218.

[11] 云晓鹏，徐利敏，韩文清，等. 向日葵螟性诱剂的不同诱捕器田间诱捕效果分析 [J]. 内蒙古农业科技，2009 (2)：56-57.

[12] 陈景莲，徐利敏，云晓鹏，等. 向日葵螟性诱剂田间控害试验 [J]. 内蒙古农业科技，2009 (1)：38.

[13] 张总泽，刘双平，罗礼智. 向日葵螟生物学研究进展 [J]. 植物保护，2009，35 (5)：18-23.

撰稿人

白全江：男，本科，内蒙古自治区农牧业科学院植物保护研究所研究员。E-mail：qj_bai@126.com

云晓鹏：男，硕士，内蒙古自治区农牧业科学院植物保护研究所研究员。E-mail：y8x7peng@163.com

杜磊：男，博士，内蒙古自治区农牧业科学院植物保护研究所副研究员。E-mail：215551512@qq.com

案例12

昆虫病原线虫安全防控韭菜重要害虫——韭菜迟眼蕈蚊幼虫

一、案例材料

（一）韭菜重要害虫——韭菜迟眼蕈蚊的发生与危害

韭菜迟眼蕈蚊（*Bradysia odoriphaga* Yang et Zhang）俗称韭蛆，属双翅目（Diptera）长角亚目（Nematocera）眼蕈蚊科（Sciaridae）迟眼蕈蚊属（*Bradysia*）（图12-1）。韭菜迟眼蕈蚊的发生与地域环境关系很大。据全国调查统计资料，韭菜迟眼蕈蚊每年发生3～6代，世代重叠现象十分明显，春秋两季危害非常严重。哈尔滨地区露地韭蛆每年发生3代，大连地区每年可发生3～4代，天津、河北等地每年可发生4～6代，黄河流域每年可发生4代，杭州露地每年发生6代。4月上中旬，老熟幼虫化蛹，蛹羽化为成虫并产卵，5月中下旬，以第一代幼虫为害韭菜。在北方多数地区，4月至5月上中旬是防治韭菜迟眼蕈蚊成虫和幼虫（韭蛆）（图12-2）的关键时期。在南方，韭蛆在12月中下旬进入越冬状态，并且翌年2月下旬开始化蛹，3月中旬是羽化高峰期，呈现春秋两个危害高峰[1]。

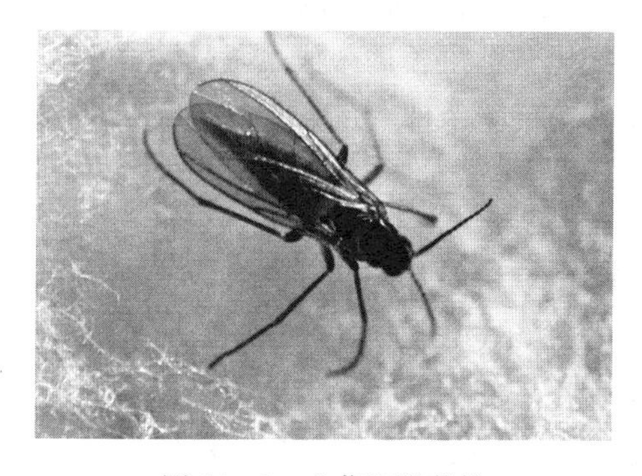

图12-1　韭菜迟眼蕈蚊
（郑方强提供）

图12-2　韭菜迟眼蕈蚊幼虫
（郑方强提供）

韭蛆是我国重要的蔬菜地下害虫，主要为害韭菜、蒜、葱等百合科蔬菜，近几年在胡萝卜、洋葱、番茄、莴苣种植过程中也有危害。以韭菜为例，主要以幼虫聚集取食韭菜地下部的鳞茎和柔嫩的茎部，初孵幼虫先为害韭菜叶鞘基部和鳞茎的上端，春、秋两季主要为害韭菜的幼茎引起腐烂，导致韭叶枯黄而死；夏季幼虫向下活动蛀入鳞茎，造成鳞茎腐烂，导致整墩韭菜死亡。

（二）韭菜迟眼蕈蚊常见防控措施

韭菜迟眼蕈蚊防治方法按大类可分为：化学防治、农业防治、物理防治和生物防治。

1. 化学防治 目前，韭菜种植中防治韭菜迟眼蕈蚊以化学防治为主。使用化学药剂主要采用喷施和随水灌溉两种方式。用于韭菜地韭菜迟眼蕈蚊防治的药剂主要有苯并噻唑、高效氯氟氰菊酯、高效氯氰菊酯、辛硫磷、吡虫啉、噻虫胺、噻虫嗪、氟铃脲、氟啶脲、灭幼脲、灭蝇胺、吡丙醚、三氟甲吡醚和虫酰肼等。化学农药的长期、大量应用，使韭蛆产生了一定的抗药性。为了达到杀虫的目的，许多农户加大了化学农药的用量和用药次数，从而导致了韭菜农药残留超标[1]。

2. 农业防治 合理施肥，应施用充分腐熟的有机肥，严禁使用未腐熟的鸡粪，当年韭蛆发生时避免使用稀粪和硝酸铵做追肥；在韭蛆发生严重的地块进行轮作，将韭菜与玉米或花生等对韭菜迟眼蕈蚊有抗性的作物轮作；此外，可对韭菜地持续用水灌溉 2～3d，以降低韭菜迟眼蕈蚊种群的数量[2]。进行农业防治时施用掺入籽粕的有机肥（棕榈粕、花椒粕、蓖麻粕、花生蔓各 10%，牛粪 40%，羊粪 20%，混合发酵而成），可以在增强田块肥力、提高韭菜产品质量的同时有效防治韭蛆，防治效果可达 84%以上[3]。

3. 物理防治 使用 30 目以上的防虫网覆盖菜地[4]；使用糖醋酒液诱杀韭菜迟眼蕈蚊，其中绵白糖（糖）、乙酸（醋）、无水乙醇（酒）、水以 3∶3∶1∶80 的配比对成虫诱集效果最好[5]；选用黑色粘虫板诱杀成虫，悬挂高度距离地面 20cm 以内，平铺；以臭氧水浇灌，在覆膜条件下臭氧水的浇灌浓度为 10～15mg/L，对韭蛆的防治效果可高达 100%，露天浇灌臭氧水则无显著防治效果[6]；高温覆膜法，在 4 月下旬至 9 月中旬，选择太阳光线强烈的天气覆膜，采用透光性好、膜上不起水雾、厚度为 0.10～0.12mm 的浅蓝色无滴膜，膜内土壤 5cm 深处温度持续 40℃以上且持续超过 3h（即当日 8:00 前覆膜，18:00 左右揭膜），韭蛆的卵、幼虫、蛹和成虫均可全部死亡，还可以杀死一些其他的害虫[7]。

4. 生物防治 昆虫病原线虫是防治韭蛆的主要生物制剂，分别在 4 月底和 9 月底至 11 月初应用 *Steinernema feltiae* SN 线虫，以感染期幼虫 3×10^9 个/hm^2 灌溉或喷施在湿润土壤中，也可以使用孔径大于 2mm 的滴管进行滴灌或微喷等方式；或于 6—9 月有韭蛆危害或冬季“双层膜”保温栽培时，以相同的施用方法应用 *Heterorhabditis indica* LN2 线虫，对韭蛆全年防治效果可达 85%以上[8]。

此外，韭菜地每公顷可以用 1.1%苦参碱 30～60kg 兑水 750～900kg 灌根；秋季盖棚前扒开韭菜根部，晒根 2～3d 后，每公顷用 25%灭幼脲 3 号悬浮剂 3L 兑水 750～900kg 灌根。还可每公顷用含荧光假单胞菌（1×10^9 个/mL）的净水剂 4.5L 灌根，或每公顷施用 8 000IU/mg 苏云金杆菌可湿性粉剂 75～90kg[9]。

二、问题

1. 韭蛆在韭菜上大发生的原因是什么？
2. 为什么化学农药无法有效控制韭蛆？
3. 昆虫病原线虫防治韭蛆的优势有哪些？
4. 以昆虫病原线虫为主的韭菜迟眼蕈蚊绿色防控技术要点有哪些？

三、案例分析

1. 韭蛆在韭菜上大发生的原因是什么？

韭蛆为害韭菜的机制尚不明确，可能与以下原因有关：① 新鲜韭菜植株对韭蛆有明显的吸引作用；② 韭菜种植过程中多使用有机肥料，韭蛆对腐烂有机质有很强的趋性；③ 韭菜迟眼蕈蚊具有越夏和越冬生物学特性，韭菜的鳞茎部为韭蛆抵抗外界不利环境提供了必要营养物质；④ 韭菜迟眼蕈蚊发育起点温度较低，全世代起点温度为（4.2±0.4）℃，属于低温害虫。早春无大量其他农作物可供韭蛆取食，而韭菜为多年生草本植物，为韭蛆提供了食物来源[4,10]。

2. 为什么化学农药无法有效控制韭蛆？

韭蛆危害大、防治难，原因主要有以下几点：①韭蛆世代重叠，在保护地可全年发生，生长周期短，繁殖力强。生长周期为 23～37d，成虫交尾后 1～2d 产卵，每头雌虫产卵多达 100～300 粒，主要产于土壤缝隙或韭菜植株基部的隐蔽场所。②韭蛆隐蔽性强。通常分布在土壤中、韭菜根部或韭菜鳞茎部，喷洒或浇灌杀虫剂难以起到作用。③韭蛆抗药性强。登记在韭菜上防治韭蛆的药剂并不多，长期大量使用某种药剂，导致韭蛆抗药性增强，严重影响其防治效果。另一方面，大部分的化学农药药效期短而韭蛆世代重叠严重，加大了防治难度。④农户全区域全周期统防统治联防联控意识差，重视幼虫防治，成虫防治意识淡薄。绝大多数种植户有韭蛆为害才防治，无韭蛆为害不防治，存在侥幸心理，缺乏系统的防治流程。部分农户为了省事，大量使用未腐熟发酵的鸡粪，导致防治难度加大[10-11]。

3. 昆虫病原线虫防治韭蛆的优势有哪些?

斯氏属（*Steinernema*）和异小杆属（*Heterorhabditis*）昆虫病原线虫（entomopathogenic nematode，EPN）是新型的生物杀虫剂，在中国属于生物天敌。与其他生物杀虫剂相比，这类线虫寄主广泛，对地下和钻蛀性害虫防治效果好，对人畜、植物及有益生物安全，防治持续周期长[12]。昆虫病原线虫可以通过害虫的口腔、体壁或肛门进入害虫体内，释放出其体内携带的共生细菌，共生细菌分泌毒素破坏昆虫生理防御机能，使昆虫患败血症在24～48h内死亡。同时昆虫病原线虫和共生细菌共同消耗害虫体内的营养物质进行自身繁殖，直至害虫的营养物质消耗完毕，感染期幼虫（infective juvenile，IJ）爬出虫体，继续寻找新的寄主昆虫，进而形成昆虫病原线虫的可持续性防治（图12-3）[13-14]。

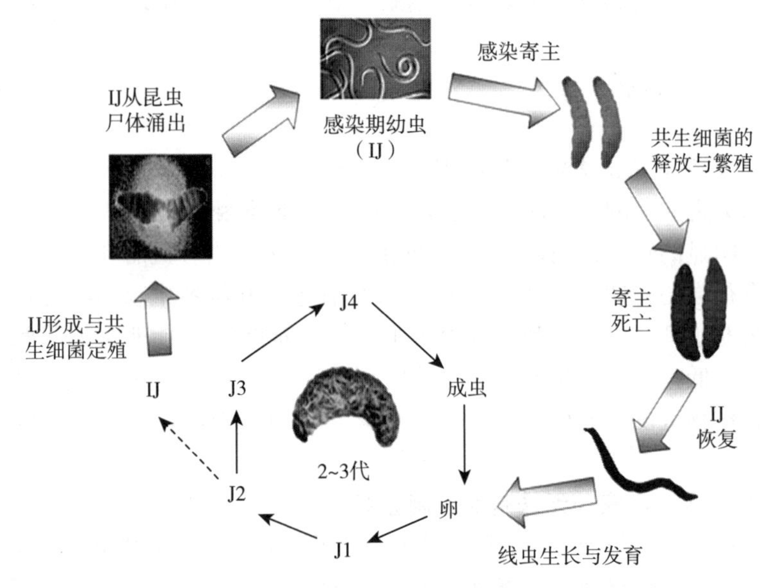

图12-3　昆虫病原线虫-共生细菌复合体的生活史[14]

韭蛆是一种典型的地下害虫，国内对应用昆虫病原线虫防治韭蛆做了很多工作。杨秀芬等[15]筛选出夜蛾斯氏线虫（*Steinernema feltiae*）PS4，对韭蛆的致死率可达80%以上，田间小区试验防治效果达55%。孙瑞红等[16]对*Heterorhabditis indica* LN2线虫侵染韭蛆的温度、土壤含水量以及线虫剂量进行了室内生物测定，结果表明，*H. indica* LN2线虫侵染的适宜温度为25～

30℃，土壤湿度为 12%左右，最佳剂量为每头韭蛆 200 头感染期幼虫。Ma 等[17]对昆虫病原线虫防治韭蛆龄期、线虫最佳剂量及田间防治效果进行了研究，结果表明，在每头韭蛆 100 头感染期幼虫的条件下，*S. feltiae* JY-17 线虫对韭蛆的致死率可达 97%；多种线虫对三龄和四龄幼虫的毒力（>70%）高于二龄幼虫（<50%）；*S. ceratophorum* HQA-87 和 *H. indica* ZZ-68 对蛹的致死率分别达 83%和 80%；田间应用 *S. feltiae* JY-17 和 *S. hebeiense* JY-82 线虫 28d（感染期幼虫 100 头/cm^2）后可使韭蛆种群密度下降 52%以上。赵国玉[1]的测定结果显示，*H. indica* LN2 线虫在 25～30℃、每头韭蛆 75 头感染期幼虫处理条件下对韭蛆侵染率达 80%；田间施用 *H. indica* LN2 线虫浓度为感染期幼虫 22.5×10^8 头/hm^2 时，14d 后韭蛆的虫口密度即降为原来的 50%，与辛硫磷处理无显著差异；到防治后期（35～77d），辛硫磷处理的韭蛆呈现暴发状态（虫口密度高达 1 195 头/m^2），而线虫则表现出有效的持续防治效果，韭蛆虫口密度维持在 100 头/m^2 以下。Yan 等[18]测定了多种低毒化学药剂、植物源提取物及昆虫生长调节剂与 *S. feltiae* SN、*H. indica* LN2 线虫混用对韭蛆的防治效果，其中蛇床子素和吡虫啉与两种线虫混用对韭蛆表现出增效作用，吡虫啉与两种线虫混用 24h 韭蛆死亡率可达 76.7%～93.3%，显著高于两种线虫单独处理对韭蛆的致死率（均为 50.0%）。这些研究均表明，昆虫病原线虫对韭蛆具有较好的防治潜力，与增效药剂共同应用对韭蛆的防治效果更好。

韭菜地使用昆虫病原线虫 *S. feltiae* SN 防治韭蛆时，加入推荐使用浓度稀释 10 倍的吡虫啉作为增效药剂，韭蛆虫口密度的变化情况见图 12-4。在 1 年的周期内应用昆虫病原线虫及增效药剂 2 次，对韭蛆的虫口密度可起到很好的控制作用，对韭菜的产量无影响。

应用昆虫病原线虫防治韭蛆属于生物防治，有助于降低化学农药的使用，减少韭菜农药残留，提升韭菜的品质。应用昆虫病原线虫和化学农药防治韭菜产量无显著性差异。应用昆虫病原线虫一年防治 2 次可达到常规化学农药防治多次的目的，降低了防治成本[18]。

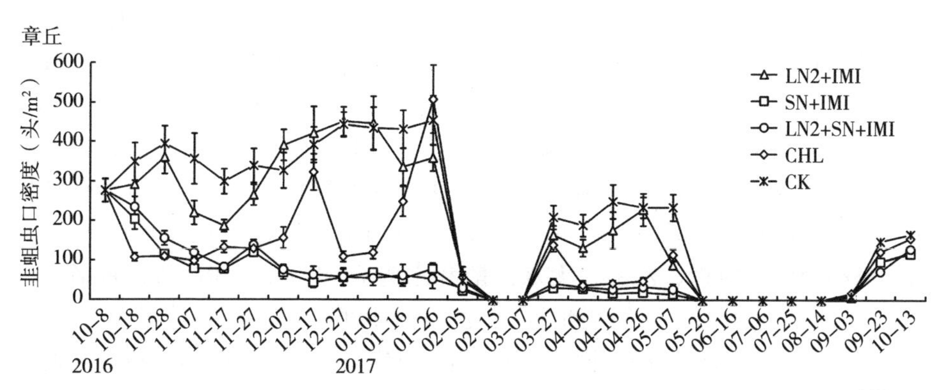

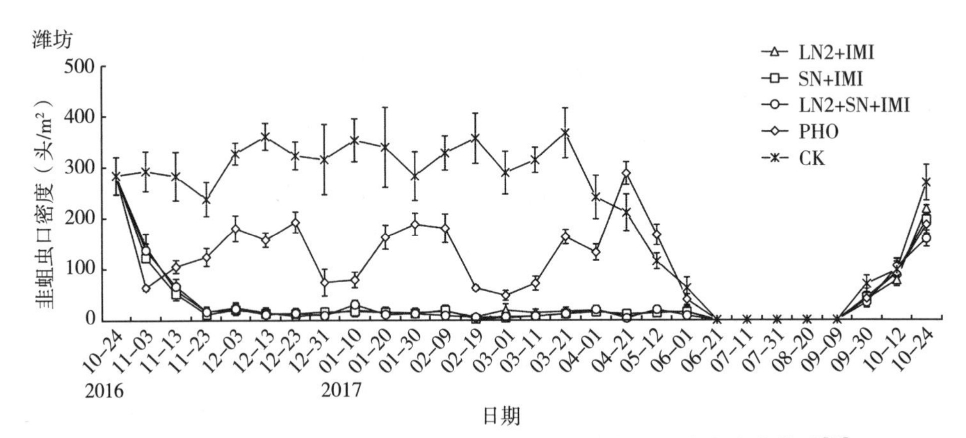

图 12-4　2016—2017 年章丘和潍坊两地韭蛆全年虫口密度变化统计[18]

LN2. *Heterorhabditis indcia* LN2，使用剂量为感染期幼虫 3.0×10⁹ 头/hm²　SN. *Steinernema feltiae* SN，使用剂量为感染期幼虫 3.0×10⁹ 头/hm²　LN2＋SN. *H. indica* LN2 和 *S. feltiae* SN 感染期幼虫各 1.5×10⁹ 头/hm²，共同使用　IMI. 吡虫啉，使用剂量 4.5g/hm²　CHL. 毒死蜱，使用浓度 15mg/kg　PHO. 辛硫磷，使用剂量 1 125mL/hm²　CK. 清水对照

4. 以昆虫病原线虫为主的韭菜迟眼蕈蚊绿色防控技术要点有哪些？

（1）幼虫防治。防治韭蛆用 *S. feltiae* SN 线虫，分别在 4 月底和 9 月底至 11 月初，按感染期幼虫 3×10^9 头/hm² 使用（若韭蛆虫口密度大于 200 头/m²，则加大昆虫病原线虫的使用剂量），将 30 盒（3×10^9 头感染期幼虫）昆虫病原线虫粉剂溶于 1 800kg 的水中并搅拌均匀，均匀灌溉或喷施在湿润土地中，也可以使用孔径大于 2mm 的滴管进行滴灌或微喷。若在 6—9 月有韭蛆为害或冬季双层膜保温栽培，可选用 *H. indica* LN2 品系进行防治，使用方法同上，可降低防治成本，全年防治效果达 85%以上。

夏季最高气温稳定在 25℃以上的晴好天气，以地表覆膜的方法杀死韭蛆。覆膜前一天割除韭菜并清理地面上的枯叶残茬，8:00 前用浅蓝色无滴膜盖住整个田块，覆膜时膜四周均应超出韭菜地边 40～50cm，四周空余部分用长木棍或土壤压实，防止风吹动膜使膜内温度降低。当地下 5cm 温度达到 40℃以上且持续超过 3h，即可揭膜，以保证对韭菜迟眼蕈蚊的防治效果，避免过高温度影响韭菜生长[19]。

（2）成虫防治。韭菜迟眼蕈蚊飞行能力较弱且不直接取食韭菜，但产卵量高，单头雌虫产卵 100～300 粒，因此成虫防治务必重视。韭蛆成虫绿色防控可采用防虫纱网、糖醋液、粘虫板、高效氯氰菊酯相结合。防虫纱网 60～80 目；糖醋液中绵白糖、乙酸、无水乙醇和水为 3∶3∶1∶80，每亩放置 2～3 盆[5]；粘虫板为黑色，距离地面高度 20cm 以内，平铺，5m² 内放置色板（21cm × 30cm）2～3 块；韭菜养根期间，可用高效氯氰菊酯防治或者趋避韭菜迟眼蕈蚊，高效氯氰菊酯可直接与昆虫病原线虫混用。

（3）应用昆虫病原线虫注意事项。应用昆虫病原线虫防治韭蛆时需注意以下事项：①防治时间。春季、秋季和冬季（保护地栽培），最佳使用时间为 11:00以前或 15:00 以后，严禁在阳光强烈照射时使用。②温湿度。平均地温高于 13℃，土壤湿度大于 15%。③使用方法。现用现溶，将 1～2 盒昆虫病原线虫溶于一定量的水中为第一次稀释液。喷施，土地灌溉后使用，将第一次稀释液溶于 60kg 水中，均匀喷施于 1 亩韭菜田土壤中；灌施，将第一次稀释液溶于 60kg 水中，随灌溉水均匀灌溉于 1 亩韭菜田土壤中。④使用过程中每隔 5min 搅拌一次，防止昆虫病原线虫在用药工具中沉淀。⑤使用前彻底涮洗用药工具（建议用清水涮洗 3 次以上），以防用药工具中残留的农药杀死昆虫病原线虫或影响昆虫病原线虫的活性。⑥昆虫病原线虫产品如暂时不用，可存放于 4℃冰箱，但不宜超过 15d。

四、补充材料

（一）韭菜迟眼蕈蚊的生物学特性

1. 形态特征

（1）成虫（图 12－5C）。体细长，黑褐色，体形似蚊子，雄虫体长 3.3～4.8mm，平均 4.3mm，雌虫体长 4.0～5.0mm，平均 4.6mm，头小；复眼黑色，半球形，较大且背面尖突，被毛，眼桥连接两复眼，眼桥宽度为 2～3 个小眼面；单眼 3 个；触角丝状，长约 2mm，黑褐色，被毛，共 16 节，雄虫略短于体长，雌虫约等于头胸之和；胸部粗壮，足细长褐色，前翅长 2.25～3.25mm，宽 1.00～1.75mm，淡烟色，脉褐色，透明，稍有光泽；腹部背板和腹板均为褐色，节间膜为白色，腹部宽大；雄虫外生殖器较大且突出，末端有一对抱握器，雌虫尾端尖细，末端有分两节的尾须。

（2）卵（图 12－5A）。初产时呈椭圆形，以后逐渐膨大为近圆形，一端略尖，长 0.3mm，宽 0.1mm，颜色淡黄绿色至乳白色。

（3）幼虫（图 12－5B）。共 4 龄；体近纺锤形，初半透明状，后呈乳白色；四龄幼虫体长 5.1～7.0mm；头漆黑色、坚硬，口器发达，胴部乳白色，透过胭部体壁可见其消化道，老熟幼虫体侧各透出 1 条分支的白色腺体，腹部最后两节背面具淡黑色“八”字形纹。

（4）蛹（图 12－5D）。裸蛹，长 2.7～3.0mm，初乳白色，后头胸部变为黄褐色，羽化前呈灰黑色；腹部背面淡黄色，腹面乳白色；雌蛹末端有一对小突起，雄蛹可见明显的抱握器；触角从复眼外侧绕过达第一腹节，翅伸达腹部第二节，头顶两侧各有一小的瘤状突起。

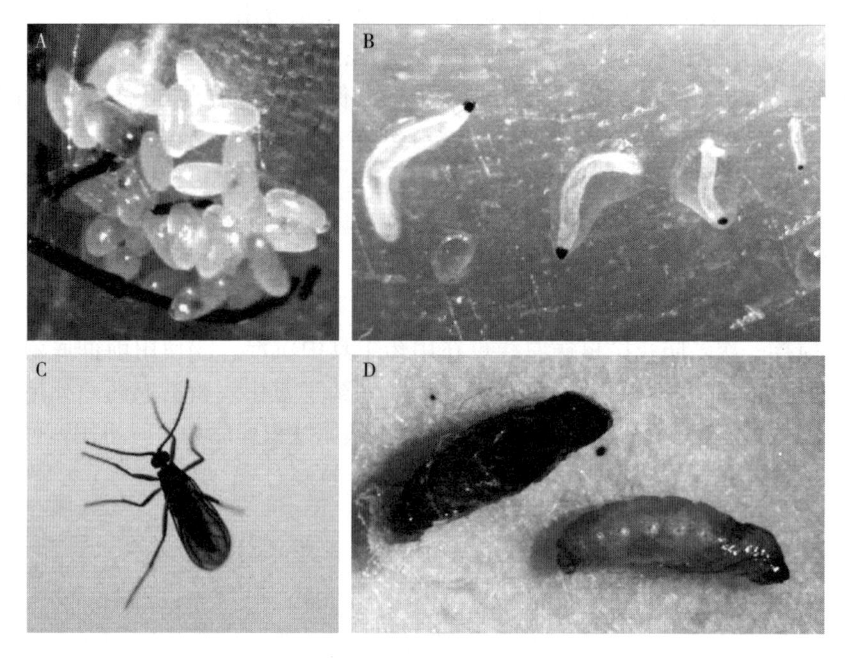

图 12-5　韭菜迟眼蕈蚊不同发育阶段[2]

A. 卵　B. 四龄、三龄、二龄、一龄幼虫（由左至右）　C. 成虫　D. 蛹

2. 生活习性　成虫不取食。雌虫多爬行，雄虫活跃、善飞，羽化后不久便追逐雌虫，在地表及土缝中交尾、产卵。雄虫有多次交尾的习性，雌虫不经交尾也可产卵，但不能孵化。雌虫产卵前期为 0.5～5d，产卵期为 1～3d，产卵前期长短取决于雌雄比。成虫喜在阴湿、弱光环境下活动，8:00 开始活动，9:00—11:00 最为活跃，同时也是交尾最盛时间，至 16:00 大部分在韭菜周围土块缝隙间栖息，极少活动，夜间不活动。成虫善走、能飞，行动敏捷，雄虫活动能力强于雌虫，飞翔高度多在 2m 以下，间歇扩散距离可达 100m 左右[4]。

雌虫交尾后 1～2d 开始产卵，产卵趋向寄主附近的隐蔽场所，多产于土缝、植株基部、叶鞘缝隙、土块下，大部分集中成堆，少数散产。适温下单头雌虫产卵量 100～300 粒，一般在 160 粒左右，如环境不适宜产卵量减少或不产卵。卵孵化时间长短随温度的变化而不同，4 月上中旬平均气温 19.9℃时，卵期为 3.5～7d，平均为 5d。

幼虫营隐蔽式生活，孵化后便分散爬行，先为害韭株的叶鞘、幼芽，把茎咬断蛀入茎内转向根茎下部为害，以近地面有烂叶、伤口、湿度大及寄主本身含水量高的部位先受害。幼虫属半腐生性害虫，当寄主腐烂成泥状后仍能照常生活。幼虫发育时间随温度升高而缩短，4 月中下旬平均气温达 20.3℃时，总发育期为 13.5～14.5d，春秋季一般为 15～18d。幼虫老熟后寻找隐蔽场所结茧或不结茧化蛹，预蛹期 1～2d，蛹期 3～7d[1]。

在室内对韭菜迟眼蕈蚊幼虫进行变温饲养初步观察其发育起点温度和有效积温发现，起点温度卵期（4.7±1.6)℃，幼虫期（6.1±3.9)℃，蛹期（5.7±1.3)℃，全世代（4.2±0.4)℃；有效积温卵期（108.1±9.5)℃，幼虫期(273.9±61.2)℃，蛹期（75.5±5.7)℃，全世代（514.7±3.7)℃[20]。

3. 生活史及发生规律　田间调查与室内饲养结果表明，韭菜迟眼蕈蚊在不同地域 1 年可发生 3～9 代，北京室内饲养超过 10 代，有世代重叠现象[21]。在保护地和菇房可全年发生，每年的 4—6 月、9 月下旬至 11 月虫量多；露天种植有春秋季两个高峰。在各地均以幼虫在韭菜根茎、小鳞茎、嫩茎内及根部周围土中越冬。进入越冬的时间因地区不同而不同：山西大同在 10 月中下旬，山东在 11 月中下旬，浙江杭州在 12 月中下旬进入越冬期。越冬幼虫相互抱团，少数分散，绝大多数幼虫越冬深度为土中 5～24cm。南方翌年 2 月下旬开始化蛹，3 月上旬出现成虫，3 月中旬为羽化高峰，4 月上旬为第一代幼虫发生期；北方一般越冬幼虫 3 月中下旬化蛹，4 月上中旬达到羽化高峰。夏季的 7—8 月因幼虫不耐高温干旱，暴雨使沙性土板结、通气性变差而致虫量骤减。秋季气温适宜，至 10—11 月虫量增多，危害又加重[1-2]。

4. 发生与环境的关系

（1）温度。各虫态在适温范围内（13～28℃）随着温度的升高发育历期缩短，在 20℃卵期平均为 5d，幼虫期 1～18d，蛹期 4～5d，成虫寿命长，雌虫寿命为 2～14d，雄虫 3～12d，单头雌虫产卵量达 100～300 粒，平均可达 160 粒。高温（30℃以上）高湿的环境有的只产几粒卵甚至不产卵便死亡。幼虫的垂直分布随土壤温度的季节变化而变化，春秋上移，冬夏下移，这是春秋季发生重的原因之一。

（2）湿度。幼虫性喜潮湿，土壤湿度以 20.0％～24.7％最为适宜。土壤湿度过大和干燥均不利于各虫态的存活和发育。夏季的高温干旱或高温多雨是韭蛆种群数量下降的主导因子。

（3）土壤质地和施肥种类与水平。虫口密度与土壤质地有密切的关系，中壤土发生最多，虫口密度平均达到 200 头/m^2，轻壤土 60.7～89.7 头/m^2，沙质土壤 36.8 头/m^2。凡施用未经腐熟的有机肥特别是饼肥、鸡粪之类易发生，施肥水平高的发生也偏重。

（4）连作。韭菜是多年生宿根蔬菜，如果管理得当，可连续采收 10 年。但连作为害虫提供了丰富的食物，虫量逐渐累积致使危害逐年加重，通常 1 年和 2 年的韭菜地韭蛆发生较轻，3 年以上的韭菜地韭蛆危害严重。

（二）昆虫病原线虫的固体产业化培养

昆虫病原线虫可以在体外通过固体培养基进行产业化培养。昆虫病原线虫的固体培养具有共生细菌型变的影响小、技术要求低、成本投入低、规模小时失败的风险较低等优点，在人工成本低的地区应用该技术生产昆虫病原线虫较为合适[13]。

1. 单菌固体培养系统的建立 昆虫病原线虫感染期幼虫的恢复和发育依赖共生细菌产生的信号化合物来诱导，共生细菌还为线虫的生长提供食物，因此进行昆虫病原线虫人工体外培养时，需在人工培养基上建立并且维持相应共生细菌的单菌培养系统。建立单菌培养系统必须先分离昆虫病原线虫的共生细菌，只有初生型的共生细菌细胞能够支持线虫的生长并被线虫取食[22]，因此进行昆虫病原线虫体外培养时，必须确保使用的是初生型的共生细菌。然后通过消毒感染期幼虫或者制备无菌卵来获得无菌线虫，接种到长好共生细菌的琼脂培养基上，建立在琼脂培养基上的单菌线虫可直接用于线虫固体或液体的单菌大量培养[13]。

2. 固体产业化培养的流程 昆虫病原线虫固体产业化培养的流程见图 12-6。建立在单菌培养基础上的固体产业化培养系统，是将感染期幼虫接种到相应的共生细菌纯培养基中进行培养，主要包括 4 个步骤：培养基准备、共生细菌的接种和培养、线虫接种和培养、线虫的收获。目前使用较多的方法是用营养物质与海绵混配的三维培养基来进行昆虫病原线虫的大量培养，共生细菌可以用 LB 培养液或者 YS 培养液，新鲜培养的共生细菌接种到海绵培养基中，1～4d 后再接种线虫，以确保共生细菌能将培养基中的营养物质转化成适合线虫发育和繁殖的营养物质。接种单菌线虫到海绵培养基中必须在无菌环境中操作，可以直接将长好感染期幼虫的海绵倒入新的培养基中，或者将线虫从海绵培养基中洗出后接种到新的培养基中。线虫在培养基中培养 2～5 周后，可以进行收获，收获线虫时，须清洗 2 次以上以去除杂质，最后用滤布收集线虫泥[23]。质量检测合格后，进行剂型配制，将昆虫病原线虫产品储存于合适的低温下备用。

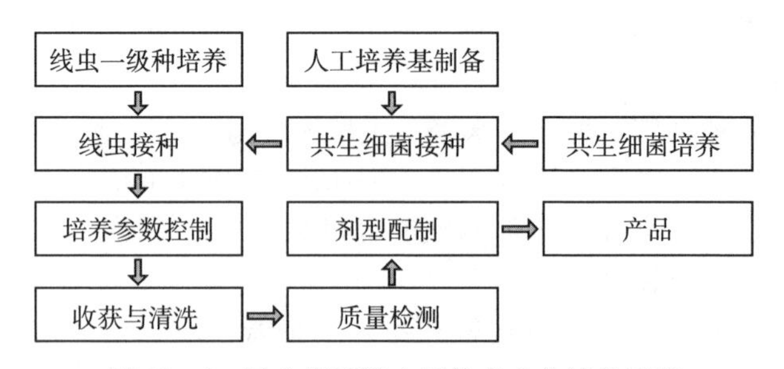

图 12-6 昆虫病原线虫固体产业化培养流程

参考文献

[1] 赵国玉．利用昆虫病原线虫防治韭菜迟眼蕈蚊幼虫的研究［D］．泰安：山东农业大

学，2013.

[2] Ma J. Diversity of entomopathogenic nematodes in north China and their control potential against the chive midge, *Bradysia odoriphaga* [D]. Ghent, Belgium: Ghent University, 2012.

[3] 高成功，张晓雷，彭荣元，等．韭蛆防治新方法——籽粕防治法 [J]. 山东农业科学，2012，44 (3)：100 - 102.

[4] 薛明，袁林，徐曼琳．韭菜迟眼蕈蚊成虫对挥发性物质的嗅觉反应及不同杀虫剂的毒力比较 [J]. 农药学学报，2002，4 (2)：50 - 56.

[5] 王萍，秦玉川，潘鹏亮，等．糖醋酒液对韭菜迟眼蕈蚊的诱杀效果及其挥发物活性成分分析 [J]. 植物保护学报，2011，38 (6)：513 - 520.

[6] 史彩华，胡静荣，徐跃强，等．臭氧水对韭蛆防治效果及韭菜种子发芽生长的影响 [J]. 昆虫学报，2016，59 (12)：1354 - 1362.

[7] 史彩华．“日晒高温覆膜法”在韭蛆防治中的应用 [J]. 中国蔬菜，2017 (7)：90.

[8] 刘天英，赵国玉，张利焕，等．以虫治虫技术的应用——生物天敌昆虫病原线虫防治韭蛆 [J]. 长江蔬菜，2018 (3)：56 - 57.

[9] 张帆，张君明，罗晨，等．蔬菜地下害虫的生物防治 [J]. 中国蔬菜，2011 (3)：30 - 32.

[10] 王炜，张瑞平，钱春风．韭菜迟眼蕈蚊发生规律和防治技术研究 [J]. 中国植保导刊，2008，28 (6)：28 - 29.

[11] 赵国玉，郭文秀，颜珣，等．韭菜田中常用化学农药对昆虫病原线虫存活和感染力的影响 [J]. 环境昆虫学报，2013，35 (4)：458 - 465.

[12] 颜珣，郭文秀，赵国玉，等．昆虫病原线虫防治地下害虫的研究进展 [J]. 环境昆虫学报，2014，36 (6)：1018 - 1024.

[13] 颜珣，韩日畴．生物杀虫剂——昆虫病原线虫的培养技术 [J]. 环境昆虫学报，2016，38 (5)：1044 - 1051.

[14] Ffrench - Constant R, Waterfield N, Daborn P. *Photorhabdus*: towards a functional genomic analysis of a symbiont and pathogen [J]. Federation of European Microbiological Societies Microbiology Reviews, 2003, 26 (5): 433 - 456.

[15] 杨秀芬，简恒，杨怀文，等．用昆虫病原线虫防治韭菜蛆 [J]. 植物保护学报，2004，31 (1)：33 - 37.

[16] 孙瑞红，李爱华，韩日畴，等．昆虫病原线虫 *Heterorhabditis indica* LN2 品系防治韭菜迟眼蕈蚊的影响因素研究 [J]. 昆虫天敌，2004，26 (4)：150 - 154.

[17] Ma J, Chen S L, Moens M, et al. Efficacy of entomopathogenic nematodes (Rhabditida: *Steinernematidae* and *Heterorhabditidae*) against the chive gnat, *Bradysia odoriphaga* [J]. J Pest Sci, 2013, 86: 551 - 561.

[18] Yan X, Zhao G Y, Han R C. Management of chive gnat *Bradysia odoriphaga* in chives using entomopathogenic nematodes and synergistic low toxic insecticides [J]. Insects, 2019, 10: 161.

[19] 陈浩，张友军，范晓杰，等．地表覆膜防治韭菜迟眼蕈蚊的田间效果及高温对韭菜生长影响的研究 [J]. 山东农业科学，2017，49 (11)：105-109.

[20] 潘秀美，夏玉堂．韭菜迟眼蕈蚊发生动态及其防治研究 [J]. 植物保护，1993 (2)：9-11.

[21] 滕玲，童贤明．杭州市郊韭菜迟眼蕈蚊（韭蛆）的发生与防治 [J]. 中国蔬菜，2000 (6)：39-40.

[22] Han R，Ehlers R U. Effect of *Photorhabdus luminescens* phase variants on the in vivo and in vitro development and reproduction of the entomopathogenic nematodes *Heterorhabditis bacteriophora* and *Steinernema carpocapsae* [J]. FEMS Microbiol Ecol，2001，35：239-247.

[23] Peters A，Han R，Yan X，et al. Production of entomopathogenic nematodes [M] // Lacey L A. Microbial Control of Insect and Mite Pests：From Theory to Practice. Yakima，USA：Academic Press，2017.

撰稿人

颜珣：女，博士，仲恺农业工程学院研究员。E-mail：yanxun@zhku. edu. cn

赵国玉：男，硕士，潍坊宏润农业科技有限公司总经理。E-mail：guoyu_zhao@163. com

韩日畴：男，博士，广东省科学院动物研究所研究员。E-mail：hanrc@giabr. gd. cn

13 案例13

利用大豆、马铃薯间作技术防控花椒桑拟轮蚧

一、案例材料

桑拟轮蚧（*Pseudaulacaspis pentagona*）又名桑白蚧、桑盾蚧等，属半翅目盾蚧科拟轮蚧属，广泛分布于热带和温带地区，除为害果树、花卉、茶树以外，还为害花椒、油桐等经济林木，是花椒产区的重要害虫[1]。该虫以成虫和若虫固定在树干或枝条上吸食汁液，分泌出的蜜露还能诱发煤烟病和膏药病。花椒树被害，轻则树势衰弱，枝条干枯；重则全株死亡[2]。该虫在昭通市危害损失率达5.7%～85.6%，重发生地块出现毁灭性危害，产量损失巨大。为了控制该虫的危害，花椒的化学用药面积和用药量逐年增加，但是收效甚微，由此带来的环境和生态问题日趋加剧，因此，极有必要开展该虫的生态治理研究和应用。

2005—2006年在云南省昭通市进行了桑拟轮蚧诱集植物的普查，明确对花椒园桑拟轮蚧具有引诱作用的植物有20种，其中大豆和马铃薯对桑拟轮蚧有显著的诱集作用，大豆、马铃薯单株诱集的虫量均高于150只。2007年进行了在大豆和马铃薯间作条件下桑拟轮蚧扩散半径的调查，明确了桑拟轮蚧在马铃薯上的平均扩散半径为2.14m，在大豆上平均为3.32m，诱虫率分别为88.4%和84.4%。2008年，在昭通市鲁甸县梭山乡的新植花椒园，将花椒的株间距统一进行了布局，即花椒株间距为4m。2012年采用随机区组设计，在花椒园中设计了4种处理，即大豆马铃薯间作园、间作-化防园、化防园和对照园，以观测不同防治模式对桑拟轮蚧的田间控制效果。间作的马铃薯于3月1日播种，大豆于6月12日播种，每小区花椒树不少于10株，小区间距约10m，每个处理设计3个重复。结果表明，间作大豆和马铃薯对桑拟轮蚧的相对控制效果较好，与化防园及间作-化防园的效果无显著差异；间作园中作物的净产值及净增值均较好，显著优于化防园及对照园，与间作-化防园无明显差异（表13-1）。表明在花椒园内间作大豆与马铃薯可有效控制桑拟轮蚧的发生，并有增产增收的效果[3]。

表 13-1 鲁甸县梭山乡多样性种植防治花椒桑拟轮蚧效果调查

处理	操作方法	种植成本（元/hm^2）	相对控制效果（%）	净产值（元/hm^2）	净增值（元/hm^2）
间作园	花椒园内间作马铃薯和大豆，不施用任何杀虫剂	4 725	92.2±2.1 a	69 987±2 719a	23 985±4 668a
间作-化防园	花椒园内间作马铃薯和大豆，施用杀扑磷进行防治	5 745	93.9±0.6a	69 466±1 524a	23 464±1 618a
化防园	花椒园内不间作任何作物，施用杀扑磷进行防治	1 695	94.5±0.3a	61 711±2 716b	15 708±1 027b
对照园	花椒园内既不间作任何作物，也不施用任何杀虫剂	375	—	46 003±3 080c	—

注：表中数据为平均值±标准差。同列数据后不同字母表示经 Duncan 氏新复极差检验在 $p<0.05$ 水平差异显著。

二、问题

1. 桑拟轮蚧化学防治效果差的原因是什么，为什么？
2. 诱集桑拟轮蚧要进行哪些前期研究，为什么？
3. 何时是对桑拟轮蚧用药的关键时期？用药上有何讲究？

三、案例分析

1. 桑拟轮蚧化学防治效果差的原因是什么，为什么？

首先，由于桑拟轮蚧自二龄若虫以后，其体表就被一层蜡质所覆盖，化学药剂难以通过表皮进入虫体，因此仅用触杀或胃毒性的药剂效果很差。

其次，种植者对此虫的生物学规律未掌握，随意用药，使得该虫产生了严重的抗药性，防效因之而降低。

再次，此蚧的寄主范围广泛，包括果树、行道树、杂草等，增加了防控的难度。

2. 诱集桑拟轮蚧要进行哪些前期研究，为什么？

在前期必须进行诱集植物的筛选、蚧在诱集植物上的扩散距离、蚧的涌散期、作物的种植时期等研究。

诱集植物对害虫的引诱作用明显高于主栽植物，因此开展诱集植物的调查研究非常有必要。昆虫在不同植物上的扩散能力不同，测定蚧在诱集植物上的扩散距离，之后在建园时按大于扩散距离的株行距进行种植，可以有效地使蚧被诱集植物所诱集，而不会再爬行至邻近的花椒树上。蚧的涌散期是一个特殊的时间，此时蚧可以随意爬行，是诱集该虫的最佳时机，因此要保证作物的种植时间早于蚧的涌散期，在涌散期确保诱集植物已长得较为健壮，以达到较好的诱集效果。

此项研究是在云南省昭通市花椒园中进行的，多样性种植技术具有因地制宜的特点，如各地的地理条件、气候条件、主栽作物品种、害虫的种群等均有可能对试验结果产生不同的影响。因此在不同的地区进行推广前，必须进行前期的基础数据收集和定点试验，不能盲目推广。

3. 何时是对桑拟轮蚧用药的关键时期？用药上有何讲究？

介壳虫用药的关键时期是初孵若虫盛发期，即涌散期。一龄若虫刚孵化时，虫体外面没有蜡质层，对药剂的抵抗力弱；二龄以后，虫体外开始形成蜡质层或蜡粉，药剂难以进入。桑拟轮蚧的初孵若虫盛发期，在林间的树干上肉眼可以见到一层致密的土黄色或粉红色沙粒状的颗粒，此时若用放大镜观察，可以看出这些小颗粒便是初孵若虫，会在树干上随意爬行。花椒桑拟轮蚧全年有 2 次涌散期，此时是用药的关键时期，在昭通市的花椒种植区一般是在 4 月下旬和 8 月上旬。此时合理用药，方能收到较好的效果。在药剂的选用上，应选用内吸剂，并尽量多种药剂轮换使用，以免产生抗药性。

四、补充材料

（一）桑拟轮蚧

1. 分类地位　桑拟轮蚧（*Pseudaulacaspis pentagona*）又名桑白蚧、桑盾蚧等，属半翅目盾蚧科拟轮蚧属。

2. 分布与危害　该虫是多食性害虫，广泛分布于热带和温带地区，除为害花椒以外，还可为害多种植物，寄主大约有 55 个科 120 个属。主要为害桑、桃、李、杏，此外还为害梨、苹果、樱桃、梅、葡萄、柿、核桃、无花果、枇杷、杧果、番石榴、番荔枝、柑橘、木瓜、银杏、猕猴桃、橄榄等落叶和常绿果树，以及芙蓉、芍药、红叶李、山茶、梅花、樱花、桂花、牡丹、紫叶李、茉莉、茶、玫瑰、合欢、白杨、梧桐、国槐、杨柳、枫树、樟树、榕树、橡胶树等100余种庭园花木和多种经济林木。该害虫在我国广泛分布于各花椒产区，尤以云南、甘肃、四川等省危害严重。该虫主要在花椒的主干和新生枝干的背阴面吸食为害，造成枝条萎缩干枯，树势衰弱，甚至整株枯死。在云南危害较重的地块有虫株率高达100%，直接造成产量损失达60%以上。

3. 形态

(1) 成虫。雌体无翅，椭圆形，长约1.3mm，体扁，橙黄色，介壳近圆形，白色或灰白色，直径1.7～2.8mm。壳点黄褐色，在介壳中央偏旁。雄成虫橙黄或橘黄色，长0.65mm，前翅膜质白色透明，超体长，后翅退化成平衡棒。胸部发达，口器退化。介壳长椭圆形，白色海绵状，背面有3条纵脊，前端有橙黄色壳点。

(2) 卵。椭圆形，白色或淡红色。

(3) 若虫。椭圆形，橙黄色，一龄若虫足3对，腹部有2根较长刚毛，二龄若虫的足、触角及刚毛均退化消失。雌雄分化，雌虫橘红色，雄虫淡黄色，体稍长。

(4) 蛹。长椭圆形，橙黄色。

4. 生活史及习性　在云南省昭通市的花椒上，该虫1年发生2代，每年10月中旬以受精雌虫在枝条上越冬。4月开始产卵，第一代卵孵化盛期在4月下旬；第二代若虫始见于7月下旬至8月上旬，8月上旬为盛孵期。初孵若虫粉红色，从母体介壳下爬出后会在枝干上爬行十几小时，之后逐渐分散到附近枝条上，而后将口器插入寄主内进行固定取食，同时分泌白色丝状的蜡线覆盖身体的背面和侧面，1周后即覆盖整个虫体并形成介壳（图13-1）。花椒桑拟轮蚧大多集中在枝干的背光面，少数在向阳面。雌雄虫的为害部位有所区别，雄虫有聚集现象，以主干处较多，上部枝条上较少，雌蚧喜欢为害新枝和新梢，部分为害主干[4]。

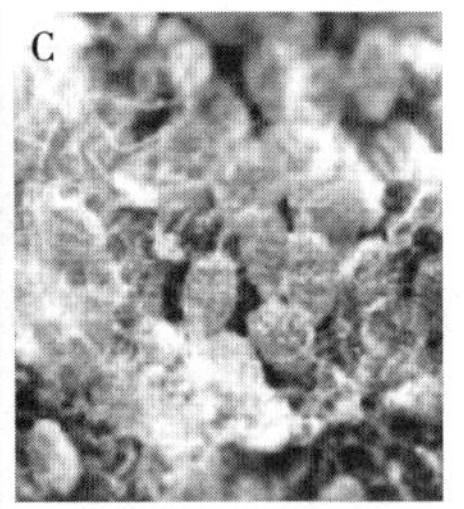

图13-1　花椒桑拟轮蚧形态

A. 介壳多集中在树干的背阴面　B. 树干上的白色介壳　C. 初孵若虫

（二）桑拟轮蚧的诱集植物筛选

在昭通市花椒种植区域，共调查到有 20 种植物上存在桑拟轮蚧，分别为花椒、大豆、马铃薯、鬼针草、山胡椒、牵牛花、紫苏、肥猪草、牛膝菊、荞麦、野木瓜、钻叶紫菀、辣椒、臭草、小酸浆、野棉花、甘薯、蕉芋、奶浆草、野薄荷，其中农林与经济作物有花椒、大豆、甘薯、马铃薯、辣椒、蕉芋、荞麦、山胡椒 8 种，其他类有 12 种。通过对这些诱集植物（除花椒外）单株上介壳虫存在数量的调查发现，大豆、马铃薯单株介壳虫最多，吸引能力属 5 级；其次是鬼针草、牵牛花、山胡椒和紫苏，属 4 级；再次是肥猪草、牛膝菊、荞麦、野木瓜和钻叶紫菀，属 3 级；第四是辣椒、臭草、小酸浆和野棉花，属 2 级；最后是甘薯、蕉芋、奶浆草和野薄荷，属 1 级（表 13-2）。

表 13-2　花椒园内不同植物对桑拟轮蚧的吸引能力

植物名称	引诱能力	植物名称	引诱能力
大豆	+++++	钻叶紫菀	+++
马铃薯	+++++	辣椒	++
鬼针草	++++	臭草	++
山胡椒	++++	小酸浆	++
牵牛花	++++	野棉花	++
紫苏	++++	甘薯	+
肥猪草	+++	芭蕉芋	+
牛膝菊	+++	奶浆草	+
荞麦	+++	野薄荷	+
野木瓜	+++		

注：对桑拟轮蚧的吸引能力分级：1 级（+）为 0～30 头/株；2 级（++）为 31～60 头/株；3 级（+++）为 61～100 头/株；4 级（++++）为 101～150 头/株；5 级（+++++）为≥151 头/株。

（三）桑拟轮蚧在马铃薯与大豆上的扩散范围

由图 13-2 可知，桑拟轮蚧在马铃薯上的扩散半径为 1.8～3.0m，平均 2.14m；在大豆上为 2.5～4.5m，平均 3.32m；二者差异显著（$F=8.813$，$p=0.0179$）。大豆的诱虫率为 88.4%，显著高于马铃薯的 84.4%（$F=31.298$，$p=0.0005$）。

（四）不同防治模式下花椒园桑拟轮蚧的田间控制效果

由表 13-3 可见，在永善县黄华镇，间作-化防园的虫口减退率最高，达

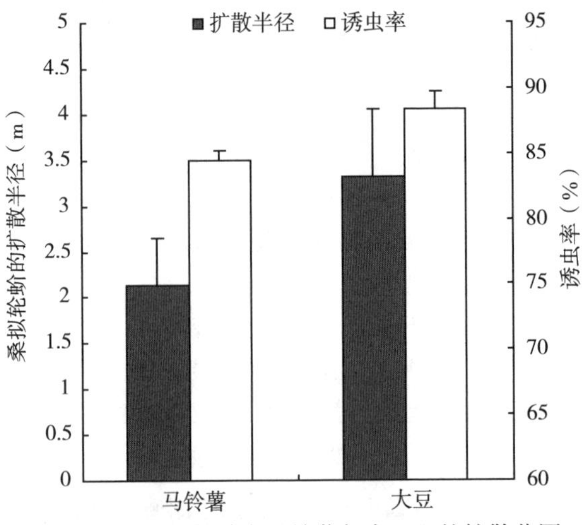

图 13-2　桑拟轮蚧在马铃薯与大豆上的扩散范围

94.6%，间作园的最低，仅为91.1%，两种模式差异显著，而化防园与其他两园差异均不显著（$F=3.475$，$p=0.0995$）。然而，3种模式的相对控制效果差异不显著（$F=2.052$，$p=0.2094$）。在鲁甸县梭山乡，化防园的虫口减退率最高，达88.7%，间作园最低，仅为84.2%，两种模式差异显著，而间作-化防园与其他两种模式差异均不显著（$F=4.889$，$p=0.055$）。3种模式的相对控制效果差异也不显著（$F=2.688$，$p=0.1468$）。结合两个样点的数据表明，间作大豆和马铃薯对桑拟轮蚧的相对控制效果均较好，与化防园及间作-化防园的效果无显著差异。

表 13-3　不同防治模式下花椒园桑拟轮蚧的田间控制效果

调查地点	处理模式	虫口数量（头/株）		虫口减退率（%）	相对控制效果（%）
		防治前	防治后		
黄华镇	Tr1	6 910.3±2 519.8a	610.3±214.0b	91.1±0.4b	97.4±0.4a
	Tr2	6 353.3.7±1 305.4a	342.0±158.2b	94.6±2.5a	98.4±0.8a
	Tr3	8 666.3±1 733.1a	612.3±158.9b	92.9±1.2ab	97.9±0.5a
	CK	6 237.3±3 343.2a	19 915.7±7 419.8a	—	—
梭山乡	Tr1	15 555.7±3 187.8a	2 400.0±158.7b	84.2±3.1b	92.2±2.1a
	Tr2	11 506.3±2 223.5a	1 435.7±324.0b	87.5±0.8ab	93.9±0.6a
	Tr3	12 172.3±796.8a	1 375.3±133.7b	88.7±0.4a	94.5±0.3a
	CK	12 075.0±2 315.6a	24 505.7±2 732.9a	—	—

注：表中数据为平均值±标准差。同列数据后不同字母表示经Duncan氏新复极差检验在$p<0.05$水平差异显著。CK为花椒纯作园，Tr1、Tr2和Tr3分别代表间作园、间作-化防园、化防园。

（五）不同防治模式花椒园的成本与综合收益

几种模式的种植成本以间作-化防园花费最高，含种子费、肥料费、农药费、人工费，总计达 5 745 元/hm^2，间作园次之，种子费、肥料费、人工费共计达 4 725 元/hm^2，化防园花费在肥料、农药与人工上的费用共计 1 695 元/hm^2，而对照园仅使用了 375 元/hm^2 的肥料费。

在黄华镇，间作-化防园、间作园与化防园在产量上差异不显著，但与对照园差异显著（$F=22$，$p=0.0003$）。在总产值、净产值、净增值上均是间作-化防园与间作园较高，显著优于化防园，对照园最差（$F=55.68$，$p=0.000$；$F=27.454$，$p=0.0001$；$F=10.318$，$p=0.0114$）。而在梭山乡，除各作物的产量、产值比黄华镇高之外，基本的趋势与黄华镇相同。间作-化防园、间作园与化防园在产量上差异不显著，与对照园差异显著（$F=38.051$，$P=0.000$）。在总产值、净产值、净增值上均是间作-化防园与间作园较高，显著优于化防园，对照园最差（$F=82.449$，$p=0.000$；$F=56.485$，$p=0.000$；$F=7.596$，$p=0.0227$）（表 13-4）。结合两个样点的数据表明，间作大豆和马铃薯的花椒园中作物的净产值及净增值显著优于化防园及对照园，与间作-化防园无明显差异。

表 13-4　不同防治模式花椒园的产量与综合收益

调查地点	处理模式	产量（kg/hm^2）			产值（元/hm^2）		
		马铃薯	大豆	花椒	总产值	净产值	净增值
黄华镇	Tr1	6 181±443a	972±35a	1 250±35a	62 875±1 732a	58 150±1 732a	11 650±1 364a
	Tr2	6 215±614a	1 030±100a	1 273±53a	64 111±2 357a	58 366±2 357a	11 866±1 430a
	Tr3	—	—	1 250±34a	56 250±1 563b	54 555±1 563b	8 055±300b
	CK	—	—	1 042±35b	46 875±1 563c	46 500±1 563c	—
梭山乡	Tr1	7 643±262a	1 568±149a	1 454±60a	74 712±2 719a	69 987±2 719a	23 985±4 668a
	Tr2	7 677±255a	1 578±142a	1 464±40a	75 211±1 524a	69 466±1 524a	23 464±1 618a
	Tr3	—	—	1 409±60a	63 406±2 716b	61 711±2 716b	15 708±1 027b
	CK	—	—	1 031±68b	46 378±3 080c	46 003±3 080c	—

注：表中数据为平均值±标准差。同列数据后不同字母表示经 Duncan 氏新复极差检验在 $p<0.05$ 水平差异显著。CK 为花椒纯作园，Tr1、Tr2 和 Tr3 分别代表间作园、间作-化防园、化防园。

参考文献

[1] 张炳炎．花椒病虫害及其防治 [M]．兰州：甘肃文化出版社，2003.

[2] 冯志伟，闫争亮，段兆尧，等．桑拟轮蚧在竹叶花椒上的发生危害与综合治理［J］．中国森林病虫，2012，31（3）：35－37，16.

[3] 宋家雄，石安宪，张汉学，等．间作大豆、马铃薯对花椒园中桑拟轮蚧的控制效果及增产作用［J］．植物保护学报，2014，41（2）：192－196.

[4] 贾永超，朱元，李强，等．花椒桑拟轮蚧生物学特性及其防治的研究［J］．云南农业大学学报，2006，21（4）：454－458.

撰稿人

高熹：女，博士，云南农业大学植物保护学院副教授。E－mail：chonchon@163.com

吴国星：男，博士，云南农业大学植物保护学院教授。E－mail：wugx1@163.com

案例14 南方水稻黑条矮缩病的发现与防控策略

一、案例材料

（一）南方水稻黑条矮缩病的发现、发生与危害

2001 年，广东省阳西县发生一种新的水稻病毒病，其症状与水稻黑条矮缩病毒（*Rice black-streaked dwarf virus*，RBSDV）引致的水稻黑条矮缩病十分相似[1]。秧苗期染病的稻株严重矮缩，不及正常株高的 1/3，不能拔节，重病株早枯死亡。分蘖初期染病的稻株明显矮缩，约为正常株高的 1/2，不抽穗或仅抽包颈穗。分蘖期和拔节期感病稻株矮缩不明显，能抽穗，但穗小、不实粒多、粒重轻。发病稻株叶色深绿，叶片短小僵直，上部叶的基部叶面可见凹凸不平的皱褶。拔节期的病株地上数节节部有气生须根及高节位分枝。圆秆后的病株茎秆表面可见大小 1～2mm 的瘤状突起（手摸有明显粗糙感），瘤突呈蜡点状纵向排列，病瘤早期乳白色，后期黑褐色；病瘤产生的节位因感病时期不同而异，早期感病稻株的病瘤产生在下部节位，感病时期越晚，病瘤产生的节位越高；部分品种叶鞘及叶背也产生类似的小瘤突。感病植株根系不发达，须根少而短，严重时根系呈黄褐色（图 14-1）。该病害通常造成水稻减产 20%左右，重病田块减产 50%以上甚至绝收[2-3]。

该病害在发现之初的头几年仅在局部地区零星发生[4]，然而到了 2009 年，突然暴发并流行至我国南方 9 个省份，致使约 33 万 hm^2 稻田受害，部分田块绝收。2010 年该病害的分布区域扩大到我国 13 个省份，超过 120 万 hm^2 稻田受害[2]。在国外，2009 年和 2010 年越南分别有 19 个省 4 万 hm^2 和 29 个省6 万 hm^2 稻田受害[5]。同时此病亦蔓延至日本[3]。2011 年初，我国农业部成立了南方水稻黑条矮缩病联防联控协作组和专家指导组，大力加强各发病稻区病害的防控力度，当年该病的发生面积被控制在 25 万 hm^2，但 2012 年又回升至 40 万 hm^2，2013—2014 年该病害在我国的发生面积被控制在 25 万 hm^2 左右，2016—2018 年该病害的发生又呈现抬头的趋势，年发病

图 14-1 南方水稻黑条矮缩病在水稻各部位所致症状

A. 秧苗早期病株（右）矮缩、叶片僵硬 B. 秧苗期病株（前）移栽后严重矮化

C. 分蘖早期病株（前）矮缩、过度分蘖 D. 分蘖期或拔节期病株穗小、瘪粒

E. 病株上的气生须根和高位分枝 F. 病株茎秆上成排的白色或黑褐色蜡状小瘤突

G. 病株（右）根系呈黄褐色，发育不良

（周国辉，2008）

面积均超过 50 万 hm^2。当前该病害依然是我国水稻安全生产的重要威胁。因此，在 2020 年农业农村部制定的《一类农作物病虫害名录》中，该病害是唯一入选的病毒病害。

（二）病原

该病的病原与 RBSDV 有许多相似之处，曾一度被认为是 RBSDV 的一个新株系[1]，后来根据病毒的生物学与分子生物学特性，被鉴定为呼肠孤病毒科（*Reoviridae*）斐济病毒属（*Fijivirus*）的一个新种。因其首次发现于中国南部，且与 RBSDV 的分布区域相比位于偏南方，故命名为南方水稻黑条矮缩病毒（*Southern rice black - streaked dwarf virus*，SRBSDV），所致病害则称为南方水稻黑条矮缩病[2,4]。

通过电子显微镜观察可见 SRBSDV 粒体呈球状，直径 70～75nm，仅分布于感病植株的韧皮部，常在寄主细胞内聚集成晶格状结构（图 14－2）。该病毒的基因组为双链 RNA，共有 2.9 万个碱基对（bp），分为 10 个片段，按分子质量从大到小分别称为 S1 至 S10。与 SRBSDV 亲缘关系最相近的几种病毒包括 RBSDV、玉米粗缩病毒（*Maize rough dwarf virus*，MRDV）及马德里约柯托病毒（*Mal de Río Cuarto virus*，MRCV），它们和 SRBSDV 之间的核苷酸序列同源率均低于 80%，这是将 SRBSDV 鉴定为一种新病毒的依据之一[2,4,6]。

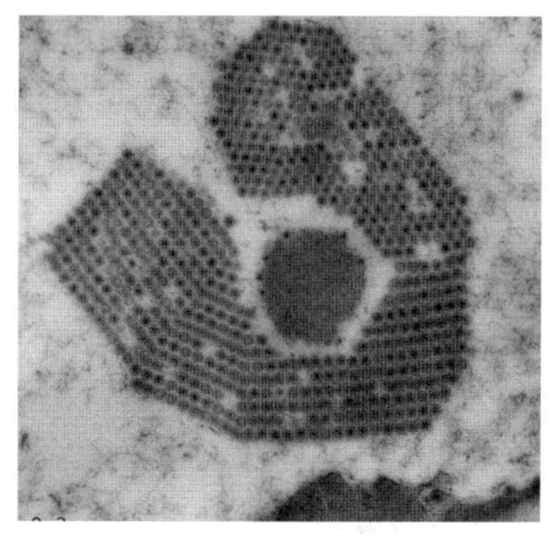

图 14－2　水稻韧皮部细胞中的 SRBSDV 粒体形态
（周国辉，2008）

SRBSDV 由白背飞虱（*Sogatella furcifera*）以持久性方式传播，而灰飞虱（*Laodelphax striatellus*）只能带毒而不能传毒，褐飞虱（*Nilaparvata lugens*）、叶蝉及水稻种子均不能携带和传播该病毒[4,7]。SRBSDV 可在白背飞虱体内繁殖，虫体一旦获毒即终身带毒，但该病毒不经卵传至下一代飞虱。若虫及成虫均能传毒，若虫获毒、传毒效率高于成虫。在水稻病株上扩繁的二代白背飞虱群体带毒率为 80%左右，若虫及成虫最短获毒时间为 5min，最短传毒时间为 30min。该病毒在白背飞虱体内的循回期为 6～14d，循回期后，多数个体可高效率传毒，但传毒具有间歇性，间歇期为 2～6d[7]。初孵若虫获毒后单虫一生可致 22～87 株（平均 48.3 株）水稻秧苗染病，带毒白背飞虱成虫 5d 内可使8～25株秧苗感病[8-9]。寄主偏好性试验表明，不带毒的白背飞虱更易被发病水稻植株散发的气味所吸引，而带毒的白背飞虱显著地更偏好健康水稻植株[10]，因此 SRBSDV 采用了一种对介体“拉-推”的策略，促进介体传毒[2]。

（三）病害循环

除海南、广东及广西南端、云南西南部外，我国大部分稻区无冬种稻栽培，传毒介体白背飞虱不能越冬[11]。因此每年的病毒初侵染源主要由迁入性白背飞虱成虫携毒传入。白背飞虱越冬区即毒源越冬区，每年春季随着白背飞虱的北迁，毒源由南向北逐渐扩散[2-3]。

一般认为，我国白背飞虱的主要越冬基地为中南半岛，云南西南部少数地区也可越冬。海南岛冬季制种稻田是重要的越冬虫源和毒源基地之一。根据早春气流方向及水稻播期，越冬代带毒虫可在 2—3 月迁入我国广东和广西南部及越南北部。通常年份，白背飞虱长翅成虫于 3 月携带病毒随西南气流迁入珠江流域和云南红河州，4月迁至广东、广西北部和湖南、江西南部及贵州、福建中部，5月下旬至6月中下旬迁至长江中下游和江淮地区，6月下旬至7月初迁至华北和东北南部；8月下旬后，季风转向，白背飞虱再携毒随东北气流南回至越冬区[2-3]。

该病害的侵染循环如图14-3所示。在南部稻区，早春入迁代带毒虫在拔节期前后的早稻植株上取食传毒，致使染病植株表现矮缩症状。同时，迁入的雌虫在部分感病植株上产卵，由此，第二代若虫在病株上产生并获毒（获毒率约80%）；2～3周后，带毒中、高龄若虫主动或被动地在植株间移动，致使初侵染病株周边稻株染病。此时早稻已进入分蘖后期，染病植株不表现明显矮缩症状，但可作为同代及后代白背飞虱获毒的毒源植株。毒源植株上产生的第二代或第三代成虫，携病毒短距离转移或长距离迁飞至异地，成为中季稻或晚季稻秧田及早期本田的侵染源。通常晚季稻秧田期为20～25d，如果带毒成虫在3叶期以前转入秧田并传毒、产卵，则在水稻移栽前可产生下一代中、高龄若虫并传毒，致使秧苗高比例带毒，造成本田严重发病；如果带毒成虫在秧田后期侵入，则感病秧苗将带卵被移栽至本田，在本田初期（分蘖期前）产生较大量的带毒若虫，这批若虫在田间进行短距离转移并传毒，致使田间病株成集团式分布；如果早稻上获毒的若虫或成虫直接转入中、晚稻初期本田，则由于白背飞虱群体带毒率比较低，只能引致少数植株染病，使矮缩病株呈零星分散分

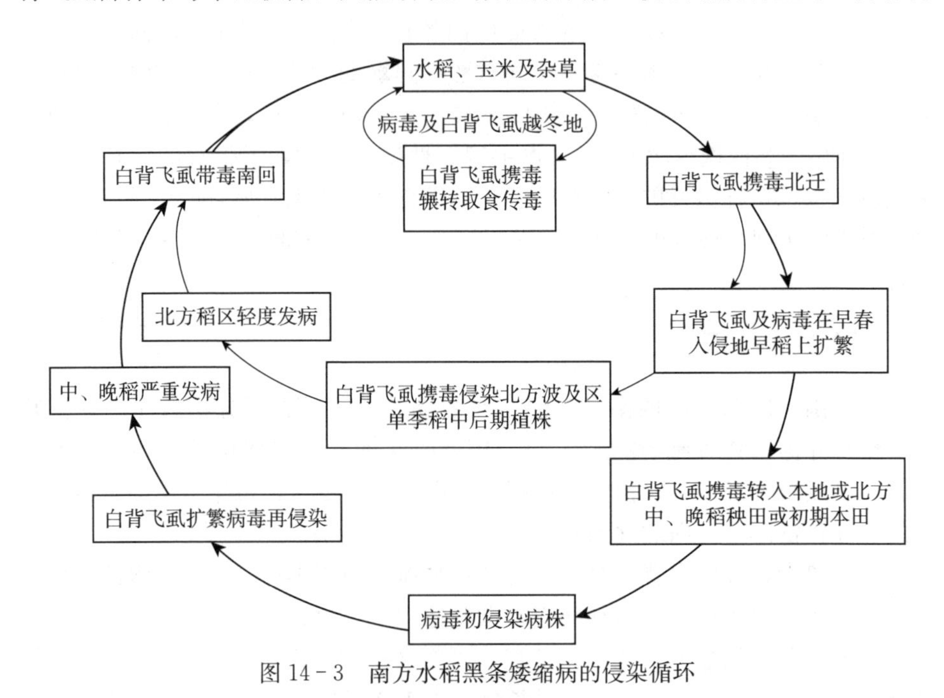

图14-3　南方水稻黑条矮缩病的侵染循环

布。晚季稻田中后期产生的带毒白背飞虱，只能造成水稻后期染病，表现为抽穗不完全或其他轻微症状，但带毒白背飞虱的南回可使越冬区的毒源基数增大[2-3,12]。

（四）南方水稻黑条矮缩病的危害特点与流行规律

1. 病害大范围分布，仅在局部地区部分年份严重发生　由于该病害的传播介体白背飞虱是一种远距离迁飞性害虫，病毒可侵染各生育期水稻植株，因此带毒虫的迁飞扩散范围即该病的分布范围。但是，地区间、年度间甚至田块间发病程度差异很大，仅当带毒白背飞虱入侵期与水稻秧苗期或本田早期相吻合，而且入侵数量及其繁殖速率足够大时，才会引致病害严重发生。该病发病程度不但与毒源地病虫发生情况、水稻生育期及气象条件等密切相关，还与本地水稻播种时间、栽培方式、气候条件、地形地貌等密切相关[13]。

2. 中、晚季稻发病重于早季稻　该病害矮缩症状主要发生于中季稻及晚季稻。除白背飞虱主要越冬区越南北部及我国海南南部冬季稻或早季稻偶见重病田外，我国其他各地早季稻发病很轻，矮缩病株率通常低于 1%，仅极少数田块可达 3%～5%。但是，早季稻病株（包括轻症病株或无症带毒植株）可作为当地或异地中、晚季稻的病毒源。在我国大部分地区，早季稻前期病毒感染率低，中后期有所上升，而中、晚季稻前期感染率较高，这是由带毒白背飞虱的发生期及发生数量所决定的[12]。在日本，该病发生于 6 月中旬至 7 月中旬，即白背飞虱从中国跨海迁入之后[2-3]。

3. 杂交稻发病重于常规稻　各地调查资料表明，尽管目前生产上主栽品种均有不同程度发病，但多表现为杂交稻发病重于常规稻。这一现象不仅反映了杂交稻单苗插植，病株易于显现，还体现了杂交稻（尤其是在生长早期）与白背飞虱具有较高的亲和性，从而增加了杂交稻早期受病毒侵染的概率[13]。

4. 轻病田病株呈零星分散分布，重病田病株呈集团分布　多年多地的调查结果表明，轻病田（病株率 3%以下）矮缩病株呈零星分散分布，重病田（病株率 10%以上）矮缩病株呈集团分布，且矮缩病株周边稻株存在高比例轻症病株（叶色深绿，茎表具瘤突，但植株不显著矮化）。在同一稻区，田块间也存在类似情况，即个别田块严重发病，而相邻田块发病很轻。这一现象的成因有两个方面：一方面，水稻生长中后期感病不表现出明显的矮缩症状；另一方面，白背飞虱的扩繁数量及迁移传毒行为在不同的条件下差异很大，轻病田初侵染源未发生扩散再侵染，而重病田初侵染源发生了近距离高效率的扩散再侵染[13]。

（五）防治

根据病害发生规律及近年防控实践，长期防控应实施区域间、年度间、稻作间及病虫间的联防联控。各地可因地制宜，以控制传毒介体白背飞虱为中心，采取“治秧田保大田，治前期保后期”的治虫防病策略[2-3,12]。

1. 联防联控 加强毒源越冬区及华南地区等早春毒源扩繁区的病虫防控，有利于减轻长江流域等北方稻区病害。做好早季稻中后期病虫防控，有利于减少本地及迁入地中、晚季稻的毒源侵入基数。

2. 治虫防病 以病虫测报为依据，重点抓好高危病区中、晚稻秧田及拔节期以前白背飞虱的防治。选择合适的育秧地点、适宜的播种时间或采用物理防护，避免或减少带毒白背飞虱侵入秧田。采用种衣剂或内吸性杀虫剂处理种子。移栽前，秧田喷施内吸性杀虫剂。移栽返青后，根据白背飞虱的虫情及其带毒率进行施药治虫。

3. 选用抗病虫品种 针对该病的抗性品种尚在筛选和培育中，但生产上已有一些抗白背飞虱品种，可因地制宜加以利用。

4. 栽培防病 通过病害早期识别，弃用高带毒率的秧苗。对于分蘖期矮缩病株率为3%～20%的田块，应及时拔除病株，从健株上掰蘖补苗。对重病田及时翻耕改种，以减少损失。田间防治试验表明，采用每穴种植2～3苗的“多苗插植”方式可以极显著地控制丛矮率，并发挥同丛中健株的产量补偿作用。

二、问题

1. 为什么说南方水稻黑条矮缩病是一种新的水稻病害？
2. 为什么SRBSDV能够在短短几年内在广泛地区迅速流行？
3. 为什么“种子处理，带药移栽，多苗插植”是防治南方水稻黑条矮缩病的有效措施？

三、案例分析

1. 为什么说南方水稻黑条矮缩病是一种新的水稻病害？

由于南方水稻黑条矮缩病所致症状与由RBSDV引致的水稻黑条矮缩病症状非常相似，该病害最初曾被认为是水稻黑条矮缩病[4]。然而，由于：①RBSDV主要通过灰飞虱进行传播，灰飞虱耐冷怕热，主要分布在我国华北和长江中下游地区，在华南地区数量很少，不足以导致该病毒在南部地区发生大流行。②华南地区数量较多的稻飞虱是白背飞虱和褐飞虱，而它们都不能传播 RBSDV；这暗示该病害病原并非 RBSDV，而是由白背飞虱或褐飞虱传播的一种新病毒。随后，介体传毒试验证实了该病害的病原确实可以由白背飞虱高效地进行传播，而不能由灰飞虱和褐飞虱传播[7]。植物病毒的介体传播特性是病毒分类鉴定的重要指标之一，上述事实说明该病害的病原是一种新的病毒。③全基因组序列比较发现，该病毒与同为呼肠孤病毒科（*Reoviridae*）斐济病毒属（*Fijivirus*）的其他 3 种病毒（RBSDV、MRDV 及 MRCV）之间的亲缘关系最近，但与它们之间的核苷酸序列同源率均低于 80%[3,5]。根据国际病毒分类委员会（ICTV）规定的呼肠孤病毒科分种标准，基因组核苷酸序列同源率低于 80%的应属于不同种。由此，根据病毒的传播介体种类和基因组序列特征，把该病原病毒鉴定为斐济病毒属中一个新的种，并命名为南方水稻黑条矮缩病毒（*Southern rice black - streaked dwarf virus*，SRBSDV），把相应的病害称为南方水稻黑条矮缩病。

2. 为什么 SRBSDV 能够在短短几年内在广泛地区迅速流行?

SRBSDV 在我国大暴发和严重流行，是因为其介体白背飞虱将病毒传播至广大水稻种植区。白背飞虱是一种远距离迁飞性昆虫，冬季在我国气候温暖的海南、雷州半岛、云南南部和越南等地的冬种水稻、再生稻苗及落粒稻苗上越冬；翌年早春长翅成虫由季风驱动向北迁飞，因降雨等下沉气流而降落，在降落地稻田中取食扩繁 1～2 代后继续北迁；秋季季风转向，北方稻区扩繁的白背飞虱一部分可南回至越冬地。白背飞虱喜食水稻秧苗期及拔节期的稻株，多在此时迁入，并在孕穗期产卵最多，在适宜的条件下，一个月左右即可繁殖一代[13]。因此，病毒经其传带，可在数月内扩散至广大稻区，并造成严重危害。同时，由于在我国生产上种植的水稻品种普遍对该病毒的抗病性不强，因此进一步加重了病害的发生。

白背飞虱传播 SRBSDV 的效率非常高。水稻病株上扩繁的下代白背飞虱群体带毒率为 80%左右，若虫及成虫最短获毒时间为 5min，最短传毒时间为 30min；单头初孵若虫获毒后一生中平均可致 48.3 株水稻秧苗染病，带毒白背飞虱成虫 5d 内可使 8～25 株秧苗感病[7-8]。无毒白背飞虱偏好选择病株取食获毒，而获毒后的飞虱又偏好从病株转移到健株[3]。这些传毒特性，使得病毒在田间多次再侵染，迅速流行。

3. 为什么“种子处理，带药移栽，多苗插植”是防治南方水稻黑条矮缩病的有效措施?

目前尚未发现抗 SRBSDV 的水稻栽培品种，对传播介体白背飞虱进行防治是病害防治的关键手段。通常入侵代白背飞虱带毒率较低，而病株上扩繁的第二代白背飞虱引发的再侵染是病害严重发生的重要原因，采用内吸性杀虫剂进行种子处理和让水稻秧苗带药移栽，可有效减少入侵的带毒介体辗转取食传毒和第二代扩繁数量，阻断病害的侵染循环，防止中、晚稻严重发病。田间试验表明：①在本田期单独使用杀虫剂对病毒的防治效果不理想，而采用内吸性杀虫剂进行种子处理、带药移栽对水稻早期感病的防效达90%以上，对中后期感病的防效也可达65%以上；②多苗插植比单苗插植可显著降低水稻丛矮率，由于病毒仅能通过白背飞虱传播，早期染病才引致植株严重矮缩，在苗期感病率较低且采取适当防虫措施的情况下，多苗插植可发挥健株的产量补偿作用。

四、补充材料

（一）为害水稻的常见病毒简介

当前侵染我国水稻的常见病毒除SRBSDV和RBSDV外，还有水稻条纹病毒（*Rice stripe virus*，RSV）、水稻瘤矮病毒（*Rice gall dwarf virus*，RGDV）、水稻齿叶矮缩病毒（*Rice ragged stunt virus*，RRSV）、水稻东格鲁病毒（*Rice tungro bacilliform virus*，RTBV和*Rice tungro spherical virus*，RTSV）等（表14-1）。20世纪70—80年代，水稻矮缩病毒（*Rice dwarf virus*，RDV）和水稻黄矮病毒（*Rice yellow stunt virus*，RYSV；又名水稻暂黄病毒，*Rice transitory yellow virus*，RTSV），曾在我国广大稻区流行成灾，但到了90年代后，这两种病毒在我国几近绝迹。

表14-1　在我国发生的常见水稻病毒种类

病毒名称	所属病毒科	所属病毒属	传播介体	症　状
SRBSDV	呼肠孤病毒科（*Reoviridae*）	斐济病毒属（*Fijivirus*）	白背飞虱（*Sogatella furcifera*）	病株严重矮缩，分蘖增多，叶色暗绿，叶片和叶脉上有脉肿，叶尖卷曲，叶面褶皱，在发病后期茎秆及叶鞘表面表现出纵向蜡白色或黑褐色排列的突起
RBSDV	呼肠孤病毒科（*Reoviridae*）	斐济病毒属（*Fijivirus*）	灰飞虱（*Laodelphax striatellus*）、白脊飞虱（*Unkanodes sapporona*）	病株严重矮缩，叶色浓绿，叶片短而僵直，分蘖减少，叶背基部有浅绿条状脉肿，发病后期在近茎基部有长短不等的暗褐色蜡状突起

（续）

病毒名称	所属病毒科	所属病毒属	传播介体	症　状
RRSV	呼肠孤病毒科（*Reoviridae*）	水稻病毒属（*Oryzavirus*）	褐飞虱（*Nilaparvata lugens*）	病株矮化，叶尖旋卷，叶缘呈锯齿状缺刻，叶鞘或叶片的背部有长短不一的线状脉肿，后期有节状生枝，剑叶短窄
RDV	呼肠孤病毒科（*Reoviridae*）	植物呼肠孤病毒属（*Phytoreovirus*）	黑尾叶蝉（*Nephotettix cincticeps*）、二条黑尾叶蝉（*N. apicalis*）、电光叶蝉（*Recilia dorsalis*）	病株显著矮缩，分蘖增多且叶色浓绿，叶片上沿脉呈现出黄白色虚线状点病斑，病叶的叶尖扭曲，或有叶缘缺刻
RGDV	呼肠孤病毒科（*Reoviridae*）	植物呼肠孤病毒属（*Phytoreovirus*）	大斑黑尾叶蝉（*N. nigropictus*）、黑尾叶蝉、电光叶蝉、马来西亚黑尾叶蝉（*N. malayanus*）	病株严重矮缩，叶片短窄、硬直，茎节变短，叶色浓绿，分蘖明显减少，在其叶背和叶鞘上生长出大小不等、淡黄绿色的近圆形瘤状突起
RSV	白细病毒科	纤细病毒属（*Tenuivirus*）	灰飞虱、白脊飞虱、白条飞虱（*Terthron albovittatum*）	病株矮化显著，叶片呈现出黄白相间的条纹，病株心叶呈典型“假枯心”症状，即表现为心叶褪绿、捻转，并呈弧圈状下垂
RTBV	花椰菜花叶病毒科（*Caulimoviridae*）	东格鲁病毒属（*Tungrovirus*）	二点黑尾叶蝉（*N. virescens*）、大斑黑尾叶蝉、黑尾叶蝉、电光叶蝉、马来西亚黑尾叶蝉	单独感染 RTBV 的水稻，症状表现不明显。RTSV 与 RTBV 复合感染的水稻，新叶出现条纹、褪绿，之后叶片呈现出黄橙色且伴有不规则的暗褐色斑，分蘖明显减少，病株严重矮化
RTSV	植物小 RNA 病毒科（*Secoviridae*）	矮化病毒属（*Waikavirus*）	二点黑尾叶蝉、大斑黑尾叶蝉、黑尾叶蝉、电光叶蝉、马来西亚黑尾叶蝉	单独感染 RTSV 的病株症状较轻，新叶呈浅绿色或橙黄色，病株轻度矮化

（续）

病毒名称	所属病毒科	所属病毒属	传播介体	症　状
RYSV	弹状病毒科（*Rhabdoviridae*）	细胞核弹状病毒属（*Nucleorhabdovirus*）	黑尾叶蝉、二条黑尾叶蝉、二点黑尾叶蝉	病株稍矮化，株型松散，分蘖减少，通常叶片黄化，新生的叶片暂呈现绿色，但后期从叶尖开始逐渐黄化、斑驳，叶脉依然呈绿色，呈黄绿相间的条状花叶
RSMV	弹状病毒科（*Rhabdoviridae*）	细胞质弹状病毒属（*Cytorhabdovirus*）	电光叶蝉、二点黑尾叶蝉	病株轻度矮缩，叶片呈浅黄条纹或花叶症状，部分叶片叶尖扭曲，严重时叶片近似"弹簧"状，分蘖增多

注：SRBSDV 为南方水稻黑条矮缩病毒；RBSDV 为水稻黑条矮缩病毒；RRSV 为水稻齿叶矮缩病毒；RSV 为水稻条纹病毒；RDV 为水稻矮缩病毒；RGDV 为水稻瘤矮病毒；RTBV 为水稻东格鲁杆状病毒；RTSV 为水稻东格鲁球状病毒；RYSV 为水稻黄矮病毒；RSMV 为水稻条纹花叶病毒。

（二）SRBSDV 与斐济病毒属其他主要成员之间的分子生物学差异

SRBSDV 与斐济病毒属其他主要成员之间各组分的核苷酸序列同源率分别为 70%～79%（RBSDV）、62%～76%（马德里约柯托病毒，*Mal de Río Cuarto virus*，MRCV）和 40%～60%（斐济病病毒，*Fiji disease virus*，FDV）（表 14-2）。该属另有两种病毒［玉米粗缩病毒（*Maize rough dwarf virus*，MRDV）与燕麦不孕矮缩病毒（*Oat sterile dwarf virus*，OSDV）］尚未获得全基因组序列，SRBSDV 与它们之间的 S7 至 S10 核苷酸序列同源率分别为 73%～79%和 23%～45%。根据该属病毒的 S10 核苷酸序列构建的亲缘关系树（图 14-4）表明，SRBSDV 与 MRDV、RBSDV 之间的亲缘关系最近，其次为 MRCV、FDV，与 OSDV 亲缘关系最远[6]。

表 14-2　SRBSDV 与斐济病毒属主要成员之间的核苷酸及氨基酸序列同源率（%）

（引自 Wang et al.，2010）

基因组片段	RBSDV-r-Zhj	RBSDV-m-Hub	MRCV	MRDV	FDV	OSDV
S1	79.0（85.8）	79.0（86.1）	74.1（78.6）	n/a	67.3（63.7）	n/a
S2	78.9（89.0）	79.2（89.0）	75.7（83.1）	n/a	62.2（59.4）	n/a
S3	73.0（73.4）	73.1（73.8）	65.5（56.8）	n/a	53.8（37.5）	n/a

（续）

基因组片段	RBSDV-r-Zhj	RBSDV-m-Hub	MRCV	MRDV	FDV	OSDV
S4	77.3（84.5）	77.3（84.5）	71.1（72.9）	n/a	63.2（53.6）	n/a
S5	70.6（69.9，61.8）	71.6（67.7，62.7）	66.3（59.1，50.5）	n/a	51.1（30.9，—）	n/a
S6	70.6（63.1）	70.7（63.3）	62.4（42.5）	n/a	11.2（23.2）	n/a
S7	73.3（80.7，60.6）	73.2（80.7，60.6）	65.5（61.7，42.3）	74.2（82.7，61.5）	59.7（52.5，25.2）	22.8（34.1，10.2）
S8	72.6（71.3）	72.5（70.6）	64.2（55.4）	72.6（70.3）	40.3（35.8）	15.1（22.6）
S9	74.2（77.4，72.0）	74.0（77.1，72.0）	68.8（67.1，61.6）	74.9（77.4，73.5）	51.3（37.1，37.8）	40.5（26.3，18.0）
S10	78.5（83.4）	78.8（84.3）	72.5（71.9）	79.1（83.5）	56.4（47.6）	45.4（33.1）

注：括号外的数据为核苷酸序列同源率，括号内的数据为氨基酸序列同源率。RBSDV-r-Zhj 为水稻黑条矮缩病毒浙江水稻分离物；RBSDV-m-Hub 为水稻黑条矮缩病毒湖北玉米分离物；MRCV 为马德里约柯托病毒；MRDV 为玉米粗缩病毒；FDV 为斐济病病毒；OSDV 为燕麦不孕矮缩病毒。

n/a 表示尚缺乏序列信息。

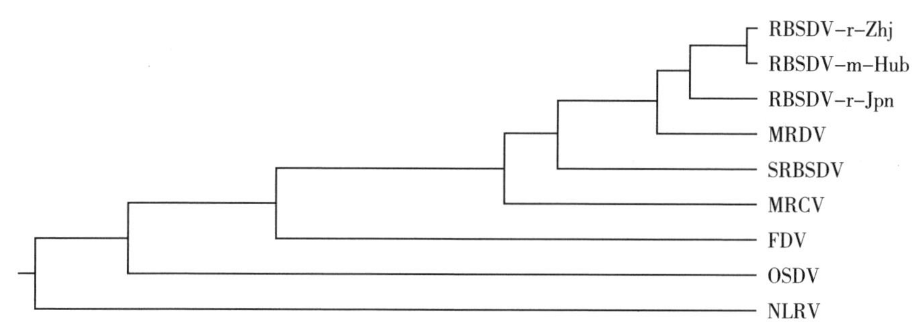

图 14-4　根据病毒基因组 S10 核苷酸序列构建的斐济病毒属亲缘关系树

参考文献

[1] 周国辉，许东林，李华平．广东发生水稻黑条矮缩病病原分子鉴定［C］//彭友良．中国植物病理学会 2004 年学术年会论文集．北京：中国农业科学技术出版社，2004.

[2] 张彤，周国辉．南方水稻黑条矮缩病研究进展［J］．植物保护学报，2017，44（6）：896-904.

[3] Zhou G H，Xu D G，Xu D L，et al. Southern rice black-streaked dwarf virus：a white-backed planthopper-transmitted fijivirus threatening rice production in Asia［J］．Front Microbiol，2013，4：270.

[4] Zhou G H, Wen J J, Cai D J, et al. Southern rice black - streaked dwarf virus: a new proposed *Fijivirus* species in the family *Reoviridae* [J]. Chinese Sci Bull, 2008, 53: 3677 - 3685.

[5] Hoang A T, Zhang H M, Yang J, et al. Identification, characterization, and distribution of *Southern rice black - streaked dwarf virus* in Vietnam [J]. Plant Disease, 2011, 95: 1063 - 1069.

[6] Wang Q, Yang J, Zhou G H, et al. The complete genome sequence of two isolates of *Southern rice black - streaked dwarf virus*, a new *Fijivirus* [J]. J Phytopathol, 2010, 158: 733 - 737.

[7] 王康，郑静君，张曙光，等. 室内试验证实南方水稻黑条矮缩病毒不经水稻种子传播 [J]. 广东农业科学，2010 (7): 95 - 96.

[8] Pu L L, Xie G H, Ji C Y, et al. Transmission characters of *Southern rice black - streaked dwarf virus* by rice planthoppers [J]. Crop Protect, 2012, 41: 71 - 76.

[9] 曹杨，潘峰，周倩，等. 南方水稻黑条矮缩病毒介体昆虫白背飞虱的传毒特性 [J]. 应用昆虫学报，2011，48 (5): 1314 - 1320.

[10] Wang H, Xu D, Pu L, et al. *Southern rice black - streaked dwarf virus* alters insect vectors' host orientation preferences to enhance spread and increase rice ragged stunt virus co - infection [J]. Phytopathology, 2014, 104: 196 - 201.

[11] 罗举，刘宇，龚一飞，等. 我国水稻"两迁"害虫越冬情况调查 [J]. 应用昆虫学报，2013，50 (1): 253 - 260.

[12] 郭荣，周国辉，张曙光. 南方水稻黑条矮缩病毒发生规律及防控对策初探 [J]. 中国植保导刊，2010，30 (8): 17 - 20.

[13] 周国辉，张曙光，邹寿发，等. 水稻新病害南方水稻黑条矮缩病发生特点及危害趋势分析 [J]. 植物保护，2010，36 (2): 144 - 146.

撰稿人

张彤：男，博士，华南农业大学植物保护学院副教授。E - mail: zhangtong@scau. edu. cn

周国辉：男，博士，华南农业大学植物保护学院教授。E - mail: ghzhou@scau. edu. cn

15 案例15

稻瘟病的大发生及其病原菌致病性分化

一、案例材料

稻瘟病是水稻生产上流行最广、危害最严重的世界性稻作病害[1-2]（图15-1）。该病的发生有着悠久的历史，早在1637年，宋应星在《天工开物》中就有记载，描述水稻有一种“状似烫伤而枯死”的病害，并认为是谷粒吸进热气所引起，这种谷粒来年播于肥田，在湿热东南风影响下又生此病，故又称为稻热病，此外，还有“火烧瘟”“吊颈瘟”等俗名[3]。日本（1704年）、意大利（1839年）也有过记载和描述。现在全世界80多个水稻种植国家都有发生，对全球性粮食生产安全造成严重威胁。据报道，全球每年因稻瘟病造成的稻谷产量损失达10%～30%，损失量足以为6 000万人提供一年的口粮[4]。近年来，稻瘟病在我国西南、长江中游和东北等稻区持续大流行，年发病面积达330万～570万 hm^2，直接威胁到国家粮食安全。从病害传播方式来看，稻瘟病属于气传病害。病害的发生受气候条件影响很大，在我国南方双季稻区，由于受梅雨季节的影响，一般早稻发病较重，其次为山区一季稻区，而以晚稻发病较轻。感病品种破口抽穗期如遇阴雨连绵的天气，易导致穗瘟大发生。

稻瘟病菌［*Magnaporthe oryzae*（Hebert）Barr，无性世代为 *Pyricularia oryzae*（Cooke）Sacc.］存在品种专化性和病原菌致病性的分化，选育抗病品种，利用品种的抗性是最经济有效的防治方法。然而，稻瘟病菌在进化过程中形成了遗传多样性复杂和容易变异的特点，使得抗病品种的抗性极易被克服，因此，大多数抗病品种一般推广3～5年即丧失抗性，引起稻瘟病的暴发和流行[5-6]。如1981年福建省龙岩地区大面积推广红410等红系抗病品种，引起稻瘟病大流行[7]；1992年江西省浙福802在大面积种植4～5年后抗性丧失，全省穗瘟发病面积达45万 hm^2；1997年江西省优Ⅰ华联2号、协优华联2号在大面积种植2～3年后抗性丧失，全省穗瘟发病面积达51万 hm^2[3]；2005年江西省先农系列品种在大面积种植2～3年后抗性丧失，全省穗瘟发病面积达53万 hm^2[8]。每次穗瘟暴发流行均造成数亿元的经济损失。

图 15-1 稻瘟病的田间症状

A. 慢性病斑（李湘民，2011） B. 急性病斑（李湘民，2014）

C. 穗颈瘟（李湘民，2010） D. 穗瘟（李湘民，2012）

二、问题

1. 水稻品种为什么容易丧失对稻瘟病的抗性？在生产中应当怎样克服这一现象？

2. 稻瘟病菌致病性分化研究有什么作用？

3. 遗传宗谱与致病型或生理小种有什么相关性？

4. 稻瘟病菌为什么容易产生变异？

三、案例分析

1. 水稻品种为什么容易丧失对稻瘟病的抗性？在生产中应当怎样克服这一现象？

生产上，大多数抗病品种一般推广 3～5 年即丧失抗性，引起稻瘟病的暴发和流行，这是由稻瘟病菌的本质属性和人为因素造成的。一是稻瘟病菌在进化过程中形成了遗传多样性复杂和容易变异的特点，使得抗病品种的抗性极易被克服。二是稻瘟病菌繁殖速度快，一个病斑在一个晚上能够产生数百万个分生孢子（图 15-2），具备极大的流行潜能，此时，如感病品种在有利于发病的气象条件下将不可避免地出现病害的暴发流行。三是人为因素，品种布局的不合理。单一品种大面积连续多年种植产生的定向选择压力使得原有的能侵入该品种的稀有小种的数量迅速上升，发展成为优势小种，从而使该品种丧失抗性。

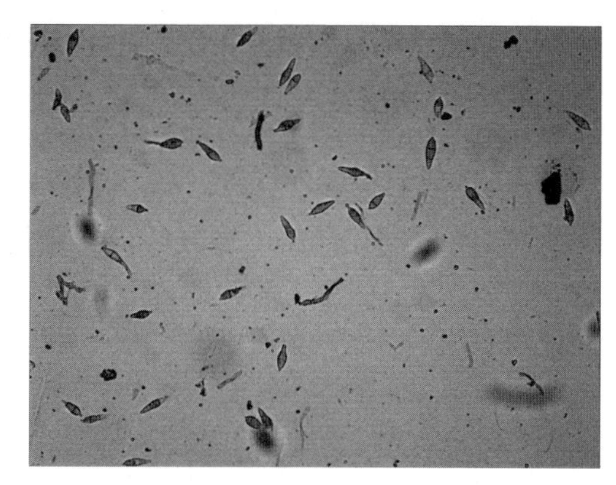

图 15-2　稻瘟病菌的分生孢子
（兰波，2013）

稻瘟病为典型的基因对基因病害，即对应于水稻中每一个决定抗病性的基因（R），稻瘟病菌中就有一个与之匹配的无毒基因（avr），反之亦然，它们之间的特异性互作使水稻表现出抗病性，当两者有其一不存在或两者均不存在的情况下，表现为感病。根据基因对基因假说可以预测病菌新小种的产生。

为了延长水稻抗瘟品种的使用寿命，应当尽可能做到以下几点：

（1）把抗性品种的利用纳入综合防治体系，与其他防治措施相配套，以减缓病原菌小种对抗性品种的选择压力，延缓有害生物对抗性品种的适应速度。

（2）采取不同抗性机制的品种轮作，这是在时间上利用抗病基因多样性的方法。

（3）水稻不同抗病品种的合理布局，这是空间上利用抗病基因多样性的方法，即在同一地区合理布局多个品种，增加抗病基因的多样性，减小对病原菌的选择性压力，降低病害流行的可能。

（4）培育多抗性品种，使之同时兼抗多种有害生物或某一主要病害的多个生理小种，以提高抗性品种对有害生物的适应能力，延缓其抗性丧失的速度，最大限度地挖掘、利用和发挥抗源材料在植物保护中的潜能与作用。

云南农业大学对利用生物多样性（抗病基因多样性）防治稻瘟病进行了广泛而深入的研究[9]。他们的研究结果表明，混栽田间稻瘟病菌遗传宗群或生理小种比净栽田间丰富，没有优势宗群或生理小种。这表明水稻遗传多样性使得稻瘟病菌在结构与组成上呈现多样性。

生理机制、生态机制的研究结果表明，水稻不同品种间作能提高稻株对硅的吸收，使其硅化细胞数目增多，体积增大；能明显降低水稻茎秆和叶片中氮的含量；间栽糯稻与净栽糯稻相比，其田间植株光合有效辐射增加。

2. 稻瘟病菌致病性分化研究有什么作用？

（1）在防治上的应用。根据品种对小种的抗谱，当地小种的组成、分布和变化动态，做好抗病品种的合理布局，避免抗病品种单一化种植，同时有计划地进行不同抗性品种的轮换种植，以充分发挥良种抗病增产作用。如福建省龙岩地区 1981 年大面积推广红 410 等红系抗病品种，引起稻瘟病大流行，基于这一教训，此后注意了品种的合理布局，主要品种 9 个，占 41.6%，使推广的抗病品种多样化，对稻瘟病的流行起到一定的控制作用。浙江省也有类似的经验，如安吉县根据小种的变化及时调整和更换栽培品种，收到了明显的防病效果[7]。

应用稻瘟病菌潜在致病小种预测品种抗性的持久性。在推广抗病品种的过程中，调查发现能侵染抗病品种的潜在致病小种（当时在自然情况下尚不能侵染抗病品种，而在苗期人工接种条件下能侵染抗病品种的小种）是以其他感病品种作为哺育品种，待繁殖到一定数量，在气候和栽培条件适于发病时，方能克服抗病品种的抗性，扩大到抗病品种上生长繁殖，使抗病品种大面积突然丧失抗性而严重发病。因此，根据潜在致病小种的数量和出现频率，可预测品种抗瘟性的持久性。福建农学院的研究结果表明，当侵染珍龙系列品种的潜在致病小种（ZA1-32 和 ZB 群小种）出现频率达 30%～60% 时，经 1～2 年珍龙系列抗病品种便开始丧失抗瘟性，当出现频率达 60%～70%时，一旦气候和栽培条件适于发病，它们便大面积丧失抗瘟性而严重发病[7]。

（2）抗病育种上的作用。

①为近期确定抗瘟育种的目标提供依据：根据当地小种类型及分布的特点、变动情况，调整育种工作的目标，提出选育抗优势小种和兼抗多个小种的广谱抗病新品种的目标。

②应用于抗源的筛选和品种抗病性鉴定：优良的抗源是抗病育种的基础，我国为水稻发源地之一，水稻品种资源极为丰富，为抗源筛选和利用提供了有利条件。但是，20 世纪 60 年代以前，国内由于缺乏小种方面的资料，因此在品种抗病性鉴定上，一般都是随意选用 1 个菌株进行人工接种或是在一个地点进行自然发病鉴定，这种鉴定方法带有很大的片面性和局限性，回顾 60 年代前所选育的品种，绝大多数不抗病，而为数极少的抗病品种，其抗谱甚窄，适应地区不广，有的品种甚至在推广的当年就因严重感病而被淘汰，加之对抗源品种心中无数，故在抗病育种工作上具有很大的盲目性。70 年代以后，随着小种研究的开展，品种抗性鉴定方法有了很大改进，人工接种由单菌株改为选用致病性不同的多菌株进行鉴定，自然发病鉴定也由一点转向多点多年鉴定，这样使供测品种和杂交后代在不同地区和年份，经受多种小种的侵染考验，易

于获得抗谱较广的品种及材料。

③应用于品种抗病基因及抗性遗传规律的研究：根据弗洛尔（Flor）的基因对基因假说，即在寄主群体中有一抗病基因，在病原物群体中就相应地有一无毒基因，利用一套含已知抗病基因的单基因系，通过水稻苗期接种试验，就可以鉴定出稻瘟病菌所含的无毒基因。

3. 遗传宗谱与致病型或生理小种有什么相关性？

稻瘟病菌群体内存在的致病性分化以往是根据菌株对一套规定的鉴别品种的致病性检测来描述稻瘟病菌群体的致病性多样性；根据菌株与每个鉴别品种互作表现的菌株对鉴别品种的致病或非致病性状，把菌株分为小种（race）或致病型（pathotype）。这种检测或称生理小种鉴定，可能会受到多种因素的影响，例如鉴定时的苗龄、接种源质量、外界环境条件变化等。另外，有些菌株在一个或多个鉴别品种上表现中等感染，难以判断菌株为致病或非致病菌株。在这种情况下，对菌株致病性的判断往往带有主观性，所得的结果也因研究者不同而异。生理小种鉴定或称致病型检测，实际上是根据水稻品种（系）与稻瘟病菌互作的表现型来研究稻瘟病菌致病性的变化。并根据经典遗传学的理论，尤其是 Flor 的基因对基因假说，对这种互作所产生的病理现象进行解释。

20 世纪 80 年代，分子生物学技术和分子遗传学介入稻瘟病菌生理小种研究领域。1985 年，Jeffreys 首次以重复序列进行人类 DNA 指纹分析，此后这种指纹分析方法在生物学研究领域被广泛应用[10]。

Hamer[11]从稻瘟病菌菌株中克隆了具有小种特异性的重复序列 MGR，它可以作为探针与稻瘟病菌的 DNA 进行可靠的、专化性的杂交。遗传作图已经证明，MGR586－RFLPs 散布在稻瘟病菌的全部染色体上，且与遗传位点分离[12]。同时已经证明，它与对品种专化性的非致病基因存在遗传连锁关系[13]。一个 MGR－RFLP 分布图代表一个多位点基因型，相当于 50～60 个分散的 RFLP 单元型，可作为稻瘟病菌菌株的家系指数。这些单元型称为 MGR－DNA 指纹，利用这种指纹可以确定稻瘟病菌群体遗传结构与致病型的关系。

美国学者首先利用 MGR－DNA 指纹来研究美国稻瘟病菌群体的遗传多样性。他们对 1959—1988 年采自南美稻作区的历史样品中的 79 个菌株进行 MGR－DNA 指纹分析，把 79 个菌株分为 8 个遗传宗谱（genetic lineage），从致病型看，这 79 个菌株代表了美国最常观察到的 8 个致病型[14]。大部分宗谱都具有寄主的专化性，每个宗谱只与 1 个或 2 个致病型有相互关系，这些菌株反映了南美稻作区约 30 年的稻瘟病菌的模式致病特征。Levy 等测定了采自哥伦比亚的 Santa Rosa 抗稻瘟病育种圃中 15 个品种上的 151 个菌株的 DNA 指纹和对国际鉴别品种的致病型。这151个菌株被鉴定为115个指纹型，归为6个宗谱，划分为39个致病型。每个宗谱都与一部分国际鉴别品种有专化性关系，宗谱内的致病型具有紧密相关的侵染谱，但因对国际鉴别品种中的某个品种有单一亲和性差异而表现侵染谱不同[14]。

George等[15]应用rep-PCR指纹技术，对菲律宾、泰国、越南、印度等国家的稻瘟病菌进行DNA指纹分析，发现根据指纹型归类的遗传宗谱与稻瘟病菌的分布区域及致病型有相关性。20世纪90年代初，我国也相继开展稻瘟病菌的分子遗传学研究。1993年，沈瑛等[16]利用美国普度大学Levy实验室提供的探针MGR-CPB586，测定了中国13个稻瘟病菌菌株DNA的*Eco*RⅠ限制性片段长度多态性，发现不同生理小种间普遍存在RFLP，根据MGR-DNA指纹能明确区分中国稻瘟病菌主要生理小种，并反映同一小种内复杂的亲缘关系。后来又进一步用重复序列探针MGR586分析我国不同稻区401个菌株的RFLP，依照MGR-DNA指纹相似率，将包含45个致病型的这些被测菌株划分为54个谱系（lineage）。雷财林等[17]利用rep-PCR指纹技术，测定了我国北方稻区138个菌株的DNA指纹，并鉴定了这些供试菌株的致病型。病原菌群体的时空变化分析结果认为，稻瘟病菌群体的谱系因年度和地区而异。不同年度、不同地区的稻瘟病菌亚群体间几乎无共同的谱系。同时指出，用rep-PCR指纹技术揭示的稻瘟病菌的遗传变异很可能与致病性的变异不存在必然的联系。潘庆华对广东省稻瘟病菌群体的遗传结构进行了比较深入和系统的研究，并比较了不同省份的稻瘟病菌群体遗传结构的共性和特异性。朱有勇、陈海如、范静华等教授也做了许多研究工作[9]，在他们出版的《生物多样性持续控制作物病害理论与技术》一书中，汇集了许多研究工作者的论文。相关研究结果概括如下：①菌株的遗传谱系与菌株的原寄主和原采集地之间存在较明显的相关性；②遗传宗谱与生理小种间不存在对应关系，同一遗传宗谱包括多个不同的生理小种，而同一生理小种的不同菌株分属于不同的宗谱；③遗传宗谱与水稻寄主品种存在明显的相关性，水稻品种多样性有利于稻瘟病菌稳定化选择；④各遗传宗谱的致病性与供试品种之间有一定的互作关系；⑤间栽田间和籼、粳糯交错种植地区，遗传宗谱复杂，净栽田间和粳稻区的遗传宗谱较简单。

4. 稻瘟病菌为什么容易产生变异?

（1）稻瘟病菌易于变异的分子特征。稻瘟病菌群体的遗传多样性和复杂性是由稻瘟病菌易于变异的特性决定的，其易于变异的基础在于其基因组DNA序列的特殊组织与结构[18-19]。在稻瘟病菌基因组序列中存在着大量的重复序列，其中大约10%为高度重复序列（长度大于200bp、相似性超过65%）。重复序列是导致稻瘟病菌基因重组或者染色体重排的基础，而重组的结果就会引发突变。

高度重复序列不仅直接导致变异，还标志着群体遗传的多样性和复杂性。MGR586 等重复序列是较早开发的分子标记之一，并首先用于美国[14]、菲律宾[20]、中国[16]和印度[21]菌株的指纹分析。此后，转座子属性的重复序列也得到了研究，而且证明在致病变异中扮演重要角色。例如，当 *pot3* 插入 *AVR - Pita* 启动子后，可导致含 *Pi - ta* 的抗性水稻失去对 *AVR - Pita* 的抗性[22-23]，因此转座子的大量存在凸显了稻瘟病菌的致病变异[15]。

（2）稻瘟病菌无性阶段变异的主要机制。人们很早就注意到稻瘟病菌存在核型多变的现象，这显示了染色体的不稳定性和易变性。对中国和美国菌株进行核型分析发现，染色体呈现 3～10Mb 变化的现象，而且发现一类分子质量较小（470kb 至 2.2 Mb）的小染色体。国内潘庆华课题组在进行无毒基因鉴定时也发现了类似情况，称为杂合基因型现象，并由此推测稻瘟病菌基因组中超数染色体的存在。

稻瘟病菌的菌丝融合非常普遍，且逆境条件下更易发生，因此推测菌丝融合是稻瘟病菌变异和致病性分化的重要机制。沈瑛等[24]对融合菌株进行了指纹分析和致病性鉴定，发现多数菌株在宗亲群和生理小种归属上发生了改变。随后，郑小波课题组利用抗药标记营养菌丝，获得了双抗性状的融合后代，基本明确不同小种菌株通过菌丝融合可以进行无性重组的事实。

准性生殖是在菌丝融合的基础上进行的，由于在自然条件下还未发现有性生殖阶段，因此人们越来越强调准性生殖的致变可能性[25]。Zeigler 等[26]通过共培养田间菌株，不仅成功获得了菌丝融合，还得到了准性重组的 DNA 带型，证明了稻瘟病菌在田间进行准性生殖的可能性。稻瘟病菌进行准性生殖的意义在于，既保持其遗传多样性，又能避免突变引起基因丢失。

（3）稻瘟病菌有性重组的致变。稻瘟病菌可通过重复序列的同源重组获得变异，但对单倍体的稻瘟病菌而言，染色体间的同源重组机会相对较少；相比之下，有性重组则加大了这种机会。国内李成云等在稻瘟病菌的有性生殖方面作了大量研究工作[27]。

四、补充材料

（一）稻瘟病菌致病性分化的研究历史与研究方法

1. 稻瘟病菌致病性分化研究历史　1922 年日本学者佐佐木首次报道了稻瘟病菌存在致病性不同的菌系，发现了对水稻品种致病性不同的两个生理小种 A 和 B。A 小种致病谱窄，主要分布在平原地区，B 小种致病谱宽，主要分布在山区[28]。佐佐木的发现和研究工作堪称植物病原菌致病性分化研究的先驱。

但由于后继者研究工作思路失误，把稻瘟病菌研究工作的注意力集中于各种培养性状的系统分类上，忽略了致病性的系统鉴别，导致后来的近30年致病性分化的研究进展甚微。1951年，导入中国品种杜稻和荔枝江抗病基因育成的日本抗病品种关东51、关东53和关东55等突然感病化，使日本人重新认识到致病性分化研究的重要性。1954年，日本设立了“关于稻瘟病菌型研究”的全国协作课题，采集日本各地的许多菌株，接种在当时认为抗性不同的品种上，对水稻品种及稻瘟病菌菌株进行分类，于1961年确立了第一套稻瘟病菌生理小种鉴别品种。此后，各产稻国或地区在60年代初，也都先后建立各自的鉴别品种用于稻瘟病菌生理小种研究。60年代初至今，世界上产稻国家或地区建立和利用的鉴别品种达10多套。在60年代中期，日本、美国合作研究筛选出一套由8个籼稻、粳稻品种组成的国际鉴别品种，试图作为国际统一使用的鉴别品种。但国际鉴别品种的抗病基因组成不明，小种鉴别力低，不能广泛应用。

我国于20世纪50年代开始，沈阳农学院（1956—1957年）、福建省农业科学研究所和台湾省（1957—1963年）、吉林省农业科学院（1963—1965年）、湖南农学院（1965年）等单位进行了稻瘟病菌致病性分化的研究。1973年以后，浙江、四川、云南、湖南等省农业科学院，原中国农林科学院生物所，黑龙江合江水稻所，华南农学院，福建农学院，云南农业大学等单位也开展了该项研究。由于所用的鉴别品种不同，各个单位所鉴定的小种，难以互相比较。为了提高我国稻瘟病菌致病性分化研究的水平，从1976年开始由15个省份的24个科研和教学单位，组成了“全国稻瘟病菌生理小种联合试验组”，集中在浙江省农业科学院对稻瘟病菌生理小种进行3年联合研究，并经过各地品种鉴别的应用验证，于1979年统一确定了我国的7个鉴别品种和鉴定方法，鉴定出我国7群43个小种。

日本植物病理学家、遗传学家根据Flor的基因对基因假说，经过水稻品种抗病基因分析，筛选出一套由9个粳型品种组成的“单基因”鉴别品种，这套鉴别品种在日本和中国北方粳稻区表现出很强的生理小种鉴别能力。但它对籼稻区的小种鉴别能力较差，应用范围受到限制。20世纪80年代中期，国际水稻研究所（IRRI）以感病品种CO39为轮回亲本，经过6次回交育成作为稻瘟病菌生理小种鉴别用的4个近等基因系。IRRI近等基因系的育成标志着稻瘟病菌生理小种鉴别体系已由遗传背景不同的品种水平提高到遗传背景相同的近等基因系水平。但是，IRRI创制近等基因系所利用的回交亲本CO39不是普感品种，它至少含有一个主效抗病基因*Pi-a*，用它作轮回亲本育成的近等基因系不是单基因系统。这些近等基因系对粳稻区的稻瘟病菌生理小种鉴别能力较低，不能在国际上广泛利用。鉴于30多年来国际上没有一套可供统一使用的真正单基因的鉴别体系，中国农业科学院作物科学研究所以普感品种丽江新团黑谷（LTH）为轮回亲本，创制了一套国际适用的鉴别稻瘟病菌生理小种的水稻近等基因系（6 个）。这套近等基因系克服了上述各套鉴别品种（系）使用范围的局限性，为构建中国或国际统一使用的稻瘟病菌生理小种新鉴别体系奠定了物质基础。

日本与 IRRI 合作，用中国提供的普感品种丽江新团黑谷作为轮回亲本，于 2000 年育成 24 个单基因系。这套单基因系只经过 1～3 次回交育成，各系统间的遗传背景存在较大差异，没有达到与 LTH 遗传背景基本相同的近等基因系水平。

利用 24 个单基因系和 6 个近等基因系，国内不少单位开展了稻瘟病菌致病性分化的研究[29-32]。

2. 稻瘟病菌致病性分化研究方法

（1）病原物接种体制备。

①病原物分离。田间采集稻瘟病植株上的发病稻穗，在通风处阴干，采用单孢分离法分离病穗的稻瘟病菌，即用 2%水琼脂培养基分离病稻穗单孢菌株，分离物经形态学鉴定确认为稻瘟病菌后，用 PDA 培养基（去皮马铃薯 200g，葡萄糖 20g，琼脂 18g，pH6.5，水 1 000mL）进行分离物纯化培养，之后保存在培养基斜面试管中备用。

②病原物菌株致病性的测定及接种菌株的筛选。采用中国传统的 7 个鉴别品种（特特勃、珍龙 13、四丰 43、东农 363、关东 51、合江 18 和丽江新团黑谷）确定稻瘟病菌菌株的生理小种，采用 30 个抗瘟单基因系［IRBLa - A（*Pi* - *a*（*1*））、IRBLa - C（*Pi* - *a*（*2*））、IRLBLi - F5（*Pi* - *i*）、IRBLks - F5（*Pi* - *ks*（*1*））、IRBLks - S（*Pi* - *ks*（*2*））、IRBLk - Ka（*Pi* - *k*）、IRBLkp - K60（*Pi* - k^{p}）、IRBLkh - K3（*Pi* - k^{h}）、IRBLz - Fu（*Pi* - *z*）、IRBLz5 - CA（*Pi* - z^{5}）、IRBLzt - T（*Pi* - z^{t}）、IRBLta - CT2（*Pi* - *ta*（*2*））、RBLta - CP1（*Pi* - *ta*）、IRBLb - B（*Pi* - *b*）、IRBLt - K59（*Pi* - *t*）、IRBLsh - S（*Pi* - *sh*（*1*））、IRBLsh - B（*Pi* - *sh*（*2*））、F80 - 1（*Pi* - *k*（*C*））、F98 - 7（*Pi* - k^{m}）、F124 - 1（*Pi* - *ta*（*C*））、F128 - 1（*Pi* - ta^{2}）、F129 - 1（*Pi* - k^{p}（*C*））、F145 - 2（*Pi* - *b*（*C*））、IRBL1 - CL（*Pi* - *1*（*1*））、IRBL3 - CP4（*Pi* - *3*（*1*））、IRBL5 - M（*Pi* - *5*（*t*））、IRBL7 - M（*Pi* - *7*（*t*））、IRBL9 - W（*Pi* - *9*（*t*））、IRBL12 - M（*Pi* - *12*（*t*））和 IRBL19 - Λ（*Pi* - *19*（*t*））］来确定菌株的毒性频率。

③接种体繁殖。单孢菌株在含 PDA 培养基试管里培养 7～10d，转接到玉米粉稻秆培养基上（玉米粉 20g，稻秆 40g，琼脂 18g）扩大培养 7～9d，然后在黑光灯下光照培养 3～4d。用无菌水洗下孢子，将接种孢子液浓度调至 1×10^{5} 个/mL 以备用。以上菌株培养及产孢均在 25℃下进行。

④接种体保存。稻瘟病菌保存采用滤纸片保存法。用PDA培养基培养稻瘟病菌，在平板培养基上接入直径为5mm的菌块3块，呈三角形放置，在平板空隙分别放置1cm×1cm无菌滤纸片（7片），置于25～28℃下黑暗培养7～10d，然后将带菌或孢子的滤纸片置于无菌牛皮纸袋中，用透明胶封口后在30℃下风干24h，然后在－20℃或－70℃冰箱中保存（短期保存放置在4℃冰箱）。

（2）叶瘟抗性鉴定技术。

①稻苗的培养。水稻种子催芽后穴播于35cm×30cm×5cm具有50个孔的塑料育秧盘中，每孔播1份材料（6～8粒种子）。设丽江新团黑谷为高感对照品种。旱育秧，待秧苗长至2叶1心期，每盘施尿素0.5g，接种前共施3次。

②接种和保湿培养。待秧苗长至3.5～4.0叶龄，用配制好的孢子液进行人工喷雾接种，接种菌液量为40mL/盘。接种前在孢子悬浮液中加入0.1%吐温20。接种后将秧苗置于培养室中暗培养，在25℃下保湿24h，之后在25～28℃下保湿至秧苗发病。每个菌株的致病性测定均设2个重复。

（3）水稻品种叶瘟抗性评价标准。病害严重度分级及其对应的症状描述如下：

0级：全株无病；

1级：叶片病斑针头状大小褐点；

3级：叶片病斑小圆形，病斑直径1～2mm，为害面积小于5%；

5级：叶片病斑纺锤形，长2.1mm以上，为害面积占5.1%～15%；

7级：叶片病斑典型，为害面积占15.1%～35%，或叶片出现水渍状枯斑；

9级：叶片病斑典型，为害面积占35%以上，或出现叶片枯萎。

①病害调查：接种7d后进行叶瘟调查。某一品种的发病级别以该品种发病最严重稻株的病级来表示。0、1、3级为抗病，5、7、9级为感病。

②毒性频率。评价某一菌株对30个抗瘟单基因系的致病能力，即：

$$毒性频率=\frac{鉴定为感病的抗瘟单基因数}{30}\times 100\%$$

3. 传统的中国小种划分标准　我国小种的划分和命名法与国际小种的命名体系大致相似，即先将7个鉴别品种按籼稻（3个）、粳稻（4个）和抗病程度（以在筛选过程中能抵抗的菌株数为准），由抗至感顺序排列，以A、B、C、D、E、F、G等字母分别代表鉴别品种特特勃、珍龙13、四丰43、东农363、关东51、合江18和丽江新团黑谷，并按排列顺序给予64、32、16、8、4、2、1的固定数码。当小种编号时，取分群品种后面各鉴别品种中显示抗病反应的，按其号码相加，再加 1 即为该小种号数。前面再以中国（Zhongguo）的第一个字母“Z”冠其首，代表“中国小种”。例如在 7 个鉴别品种上依次表现为 RSRSSRS 不同反应的某一菌株，在 A 品种上为抗病，B 品种上为感病，则属于 B 群小种，而在 B 品种后面各个鉴别品种上只有 C 和 F 两品种呈抗病反应，则该小种的编号应为 C 和 F 两品种的固定号码之和加 1，即 16＋2＋1＝19，得出该菌株为 B 群 19 号小种（ZB_{19}）。

参考文献

[1] 孙国昌，孙漱沅，陶荣祥，等．水稻稻瘟病防治策略和 21 世纪研究展望 [J]. 植物病理学报，1998，28（4）：289－292.

[2] 鄂志国，张丽靖，焦桂爱，等．稻瘟病抗性基因的鉴定及利用进展 [J]. 中国水稻科学，2008，22（5）：533－540.

[3] 江西植保志编纂委员会．江西植保志 [M]. 南昌：江西科学技术出版社，2001.

[4] Moytri R，贾育林，Richard D C. 水稻抗稻瘟病基因的结构、功能和共同进化 [J]. 作物学报，2012，38（3）：381－393.

[5] 冯代贵，彭国亮，罗庆明，等．水稻品种抗病性变化与稻瘟菌致病性变异的相关效应研究 [J]. 植物病理学报，1995，25（2）：184.

[6] 雷财林，王久林，蒋琬如，等．我国北方稻区稻瘟病菌群体遗传结构分析 [J]. 植物病理学报，2002，32（3）：219－226.

[7] 杜正文．中国水稻病虫害综合防治策略与技术 [M]. 北京：农业出版社，1991.

[8] 兰波，杨迎青，徐沛东，等．水稻主要抗瘟基因品系对江西省稻瘟病菌分离株系的抗性分析 [J]. 植物保护学报，2014，41（2）：163－168.

[9] 朱有勇．生物多样性持续控制作物病害理论与技术 [M]. 昆明：云南科学技术出版社，2004.

[10] Jeffreys A J，Williams V，Thien S L. Individual－specific ‘fingerprints’ of human DNA [J]. Nature，1985，316：76－79.

[11] Hamer J E，Farrall L，Orbach M J，et al. Host species－specific conservation of a family of repeated DNA sequences in the genome of a fungal plant pathogen [J]. Proc Natl Acad Sci USA，1989，86：9981－9985.

[12] Hamer J E，Givan S. Genetic mapping with dispersed repeated sequences in the rice blast fungus，mapping the SMO locus [J]. Mol Gen Genet，1990，223：487－495.

[13] Valent B，Chumley F G. Molecular genetic analysis of the rice blast fungus *Magnaporthe grisea* [J]. Annu Review Phytopathol，1991，29：443－467.

[14] Levy M，Correa－Victoria F J，Zeigler R S，et al. Genetic diversity of the rice blast fungus in a disease nursery in Colombia [J]. Phytopathology，1993，83（12）：1427－1433.

[15] George M C，Nelson R J，Leigler R S，et al. Rapid population analysis of *Magnaporthe grisea* by using rep－PCR and endogenous repetitive DNA sequences [J]. Phy-

topathology，1998，88：223-229.

[16] 沈瑛，朱培良，袁筱萍，等．中国稻瘟病菌的遗传多样性 [J]. 植物病理学报，1993，23（4）：309-313.

[17] 雷财林，王久林，蒋琬如，等．北方粳稻区稻瘟病菌生理小种与毒性变化动态的研究 [J]. 作物学报，2000，26（6）：769-776.

[18] Nitta N，Farman M L，Leong S A. Genome organization of *Magnaporthe grisea*：integration of genetic maps，clustering of transposable elements and identification of genome duplications and rearrangments [J]. Theor Appl Genet，1997，95：20-32.

[19] Dean R A，Talbot N J，Ebbole D J，et al. The genome sequence of the rice blast fungus *Magnaporthe grisea* [J]. Nature，2005，434：980-986.

[20] Borromeo E S，Nelson R J，Bonman M J，et al. Genetic differentiation among isolates of *Pyricularia grisea* infecting rice and weed hosts [J]. Phytopathology，1993，83：393-399.

[21] Kumar J，Nelson R J，Zeigler R S. Population structure and dynamics of *Magnaporthe grisea* in the Indian Himalayas [J]. Genetics，1999，152：971-984.

[22] Kang S，Lebrun M H，Farrall L，et al. Gain of virulenceca used by insertion of a Pot3 transposon in a *Magnaporthe grisea* avirulence gene [J]. Mol Plant Microbe Interact，2001，14（5）：671-674.

[23] Zhou E，Jia Y，Singh P，et al. Instability of the *Magnaporthe oryzae* avirulence gene AVR-Pita alters virulence [J]. Fungal Genet Biol，2007，44：1024-1034.

[24] 沈瑛，朱培良，袁筱萍，等．我国稻瘟病菌的遗传多样性及其地理分布 [J]. 中国农业科学，1996，29（4）：39-46.

[25] Busso C，Kaneshima N，de Castro-Prado M A. Genetic and molecular characterization of pathogenic isolates of *Pyricularia grisea* from wheat（*Triticum aestivum* Lam.）and triticale（× *Triticosecale* Wittmack）in the state of Paraná，Brazil [J]. Rev Iberoam Micol，2007，24：167-170.

[26] Zeigler RS，Scott RP，Leung H，et al. Evidence of parasexual exchange of DNA in the rice blast fungus challenges its exclusive clonality [J]. Phytopathology，1997，87：284-290.

[27] 李成云，李家瑞，内藤秀树，等．稻瘟病菌的菌丝融合及其与有性世代形成的关系——云南省稻瘟病菌有性世代研究之六 [J]. 西南农业学报，1995（8）：65-69.

[28] 凌忠专，雷财林，王久林．稻瘟病菌生理小种研究的回顾与展望 [J]. 中国农业科学，2004，37（12）：1849-1859.

[29] 周江鸿，王久林，蒋琬如，等．我国稻瘟病菌毒力基因的组成及其地理分布 [J]. 作物学报，2003，29（5）：646-651.

[30] 朱小源，杨祁云，杨健源，等．抗稻瘟病单基因系对籼稻稻瘟病菌小种鉴别力分析 [J]. 植物病理学报，2004，34（4）：361-368.

[31] 杨秀娟，阮宏椿，杜宜新，等．福建省稻瘟病菌致病性及无毒基因分析 [J]. 植物保

护学报，2007，34（4）：337－342.
[32] 李湘民，兰波，黄凌洪，等．江西省稻瘟病菌的致病性分化 [J]. 植物保护学报，2009，36（6）：497－503.

撰稿人

李湘民：男，博士，江西省农业科学院植物保护研究所研究员。E－mail：xmli1025@aliyun.com

案例16

赣南地区防治柑橘溃疡病发展脐橙生产

一、案例材料

（一）赣南地区脐橙生产与溃疡病发生危害

赣南地区主要由江西省赣州市下辖的3个区、2个县级市、13个县组成。赣州是世界上脐橙种植面积最大的产区。1966年，寻乌县建起了赣州市第一个国有园艺场，在红壤山坡上试种温州蜜柑取得成功，带动了信丰、安远、宁都和大余等县的一批园艺场建设。1971年，信丰县安西园艺场引进华盛顿脐橙，1981年10月，纽荷尔、朋娜、福罗斯特和纳维林娜等8个脐橙品种被引到信丰县安西园艺场种植，为赣南脐橙产业发展播下了希望的种子。目前赣州脐橙种植总面积10多万 hm^2，年产量130多万t。赣州已经成为脐橙种植面积世界第一、全国最大的脐橙主产区。“赣南脐橙”已被列为全国11种优势农产品之一，为国家地理标志保护产品，荣获“中华名果”“2020年标杆品牌”等荣誉称号，并远销国际市场[1]。

脐橙上的溃疡病发生普遍而严重，目前，赣州市全部县（市、区）都有脐橙种植，而且每个县（市、区）都普遍发生溃疡病。赣南地区是脐橙溃疡病的疫区和重灾区，溃疡病在赣南发生历史较长。随着赣南脐橙栽培面积的不断扩大，柑橘溃疡病的危害逐渐加剧，已成为赣南脐橙的重要病害之一，对脐橙产业危害较大[2-3]。

柑橘溃疡病（citrus canker）是由柑橘黄单胞柑橘亚种（*Xanthomonas citri* subsp. *citri*）引起的细菌性病害，被世界多个国家列为检疫性病害。该病原菌可侵染几十种芸香科植物，为害柑橘的叶片、枝条、皮刺、树干和果实，引起叶片及果实显现溃疡斑（图16－1），受害果树树势明显衰退，严重时造成大量落叶、落果和枯枝，导致柑橘产量和果实品质下降，特别是果实感病后失去鲜销商品价值，经济损失严重。

（二）赣南地区脐橙溃疡病的防治

根据赣南地区柑橘溃疡病发生情况及自然特点，制定了如下防治策略：采

图 16－1 柑橘溃疡病症状
（刘琼光摄）

取综合防控技术，严格控制侵染来源，利用修剪与控梢技术和树体营养促控技术，根据病情和天气情况，科学合理使用高效低毒化学药剂（图 16－2）。具体防治措施有以下几方面。

图 16－2 赣南脐橙溃疡病防治示范区
（刘琼光摄）

1. 农业防治 对于赣南脐橙溃疡病的防治，农业防治是基础。具体措施包括冬季清园工作，尤其重要的是剪除病枝、病叶，并集中销毁；适时抹梢和控梢，并且要注意柑橘潜叶蛾和柑橘凤蝶等害虫的防治，以减少伤口，切断溃疡病菌的入侵通道。新果园要注意品种的区域化，防止不同品种的混合栽植，因为不同品种抽梢期不一致，使病菌的侵染期延长，影响药剂的防治效果。施足有机肥，合理配施氮、磷、钾及各种营养元素，提高树体抗病力。

2. 化学防治 目前，赣南脐橙溃疡病的防治仍然以药剂防治为主。针对溃疡病的发生规律，结合赣南的气候特点，一般认为脐橙溃疡病防治的最佳时期分别为春梢叶片转绿期，夏秋梢展叶期和幼果期。另外，台风雨后应及时补喷药，以保护幼果及嫩梢。

防治柑橘溃疡病的药剂种类较多[2,4]，我国迄今登记的品种有：

（1）无机铜类。主要包括氧化亚铜、氢氧化铜、王铜、硫酸铜钙、碱式硫酸铜、乙酸铜和波尔多液等，其优点是铜含量高，效果明确，对人低毒，无抗性，缺点是高温、复配容易药害，会刺激红蜘蛛发生。

（2）有机铜类。如噻菌铜、噻森铜、壬菌铜、络氨酮、喹啉铜、琥胶肥酸铜和松脂酸铜等，有机铜含铜量低，具有内吸性，复配性和安全性比较好，对红蜘蛛发生的刺激也轻，但有时效果不够理想。

（3）噻唑类有机锌。如30％噻唑锌悬浮剂。

（4）微生物及抗生素类。如枯草芽孢杆菌、甲基营养型芽孢杆菌、春雷霉素、中生菌素、金核霉素等。

（5）复配类。如春雷·王铜、王铜·代森锌、喹啉铜·春雷霉素、波尔多液·代森锰锌、春雷·噻唑锌等。并且，生产上还有一些复配类药剂正在进行田间防治试验，将来会有更多防治柑橘溃疡病的药剂出现。

但在药剂防治方面，还存在以打保险药为主、用药量大、浪费大、有时防治效果不理想等问题。赣南一些脐橙果园全年针对溃疡病的喷药有9～12次，平均10.7次，溃疡病防治农药成本占全年病虫害防治农药成本的36.5％[3]。

3. 其他防治措施 由于柑橘溃疡病目前仍然为国内检疫对象，无病区或新植柑橘园，对外来的苗木和接穗等繁殖材料，应严格执行检疫制度，严禁引入病苗木、病果等带病组织，并加强果园病情监测和调查，一旦发现病树或发病中心，及时扑灭。

虽然不同柑橘品种对溃疡病菌抗性差异显著，但赣南脐橙栽种品种都容易感染溃疡病，因此，在赣南地区目前难以通过推广抗病品种来控制溃疡病，只能通过其他方式以增强脐橙树体的抵抗力来减轻溃疡病的危害程度。

此外，赣南脐橙溃疡病的生物防治目前尚未在生产上成功应用[2]。

二、问题

1. 为什么赣南地区不宜采用彻底销毁病树及其周围柑橘苗木的措施来防

治柑橘溃疡病？

2.“严格控制侵染来源，利用修剪与控梢技术和树体营养促控技术”防治柑橘溃疡病的依据是什么？

3.如何“根据病情和天气情况，科学合理使用高效低毒化学药剂”防治柑橘溃疡病？

三、案例分析

1. 为什么赣南地区不宜采用彻底销毁病树及其周围柑橘苗木的措施来防治柑橘溃疡病？

柑橘溃疡病在我国是重要的检疫病害之一。目前，该病害已被 30 多个国家和地区确定为植物检疫对象。西班牙等地中海地区的欧盟柑橘产区未有溃疡病发生的报道。在国外，一些国家如美国、澳大利亚和阿根廷等，在柑橘溃疡病发现后，曾经采取过彻底销毁感染的病树及其周围一定范围内的柑橘苗木的防除技术[5-6]，该措施对于柑橘溃疡病发生和分布面积较小的区域，杜绝溃疡病的传播蔓延能起到积极有效的防控作用。我国目前已有 15 个省份有柑橘溃疡病发生，其中广东、广西、福建、江西、浙江、湖南、台湾等主产省及云南、贵州等柑橘产区的发生面积较大[7]。国内除重庆外，几乎所有的柑橘产区都受到溃疡病的威胁[7-8]。因此，只有重庆建立了柑橘溃疡病的非疫区，正在严格执行检疫制度，限制带病苗木和果实进入。对于新病区或非疫区，一旦发现柑橘溃疡病，可采取销毁病树的方法，以防止病害的扩展蔓延。由于柑橘溃疡病本身的顽固性，国内外均耗费巨资进行溃疡病的根除工作，但随着柑橘国际贸易的日趋频繁，溃疡病在各地根除后一段时间又再次猖獗。对于我国绝大多数的柑橘产区，特别是赣南脐橙溃疡病发生的历史较长，该病害在整个赣南地区发生面积大，范围广，使用销毁病树的根除技术，成本太大，也不切实际。

2.“严格控制侵染来源，利用修剪与控梢技术和树体营养促控技术”防治柑橘溃疡病的依据是什么？

由于柑橘溃疡病菌在病叶、病枝或病果内越冬，尤其以秋梢上的病斑为主要越冬场所，成为病害的初侵染源。病菌主要通过带菌苗木、接穗、砧木和果实等繁殖材料远距离传播[9]。因此，对于无病区或新植柑橘产区，严禁引入带病苗木、接穗、砧木和果实等繁殖材料，发现病原应该彻底铲除。但对于有溃疡病发生的柑橘园，应该减少病害的初侵染，降低果园中溃疡病菌的数量，而通过冬季清园，剪除病枝、病叶，控制容易发病的新梢（特别是夏梢）等措施，对减轻溃疡病的发生具有积极和重要的作用。

抹芽控梢是柑橘栽培中的一项极其重要而关键的技术。柑橘 2～5 年生枝条的结果能力为 5%～20%，说明柑橘连续结果能力不强，也就是说柑橘每年需要有一定数量的营养枝以保持对生殖生长的平衡，才能夺得连年丰产。故柑橘营养枝，特别是结果母枝的培养成为柑橘生产管理的重要内容。对于脐橙结果树修剪，应该及时回缩结果枝组、落花落果枝组和衰枝组，剪除枯枝、病虫枝、交叉枝，适当疏去过密的新梢，控制夏梢。对较拥挤的骨干枝实行大枝修剪，开“天窗”，使树冠通风透光。对当年抽生的夏、秋梢营养枝，通过短截其中部分枝梢，调节翌年产量，防止大、小年结果，花量较大时，适量疏花疏果。为保证脐橙树体的生长和控制不合理枝梢生长，需要配合科学施肥等管理措施。对于进入结果盛期的脐橙，营养生长与生殖生长达到相对平衡，其结果母枝以春梢为主，施肥要着重施春芽肥和壮果肥，适施采果肥，并及时补充微量元素。同时，要根据树体营养状况，花期适当使用营养型生长调节剂，提高脐橙坐果率，提高产量。

根据以上柑橘生长特点，利用修剪与控梢技术和树体营养促控技术，一方面保证脐橙高产、丰产；另一方面则创造有利于脐橙而不利于溃疡病菌生长的环境，使植株生长健壮，抗病性增强，从而减轻溃疡病的发生。

溃疡病在脐橙各个抽梢期均可发生，一年中以夏秋梢发病尤为严重[9-10]。赣南地区脐橙夏梢生长过程中温度高，最低温度稳定在 25℃以上，而且 6—8 月雨水偏多，湿度大，非常有利于溃疡病的发生。通常，幼龄树夏梢 6 月 1—5 日开始发病，6 月 20 日至 7 月 10 日为发病高峰期；成年结果树夏梢 6 月 25—30 日开始发病，7 月 10—15 日为发病高峰期[3]。因此，通过修剪和控梢，特别是控制溃疡病发病高峰期的夏梢，对减轻柑橘溃疡病的发生至关重要。

3. 如何“根据病情和天气情况，科学合理使用高效低毒化学药剂”防治柑橘溃疡病?

生产上，药剂防治柑橘溃疡病存在的问题是喷药时间掌握不好，主观性大，常常导致药剂的浪费，并且溃疡病得不到有效控制。以往研究认为，药剂保护应按苗木、幼树和成年树等不同特性区别对待。苗木及幼树以保梢为主，在各次新梢萌芽后 20～30d（芽长 1.5～2.5cm），叶片刚转绿时各喷一次。夏、秋梢一般在第一次喷药后隔 7～10d 各再喷一次。成年树以保果为主，保梢为辅。保果在谢花后 10d、30d 和 50d 各喷一次[11]。赣南脐橙溃疡病的发病规律：赣南春季相对湿度较高，决定春梢溃疡病始发和消长的主要因子是气温，当日平均温度达 12℃以上持续 10～15d 时，田间开始发病。夏梢生长过程中温度较高，其间决定溃疡病发病的主要因子是雨水，赣南地区 6—8 月短时降水多，特别是台风引起的降水多，湿度大，非常有利于溃疡病的发生。秋梢 8 月 10—15 日开始发病，8 月 20—25 日为发病高峰期；幼龄树晚秋梢 9 月

15—20 日开始发病，10 月 1—10 日为发病高峰期。果实 4 月 25 日至 5 月 10 日开始发病，5 月 20 日起病情发展较快，6 月 10 日至 7 月 10 日为发病高峰期[3]。影响秋梢和果实发病的主要因子是降水和湿度，而这个季节赣南以高温干旱为主，所以病情远轻于夏梢；除降水较多年份外，秋梢发病一般也比春梢轻。

对于赣南脐橙春梢溃疡病的发生，最低温度约 25℃是至关重要的因子，如果温度回升快，对刚抽生的新梢进行药剂防治是十分必要的。而对于夏梢和秋梢发病，降水是至关重要的因子，如果遇到台风暴雨天气，需要增加喷药次数。因此，赣南地区柑橘溃疡病的化学防治应该根据病害在当地的发生规律和特点，决定喷药时期，根据病情和天气情况，决定喷药次数，在不必要的情况下，尽量减少喷药次数。

但在生产上存在化学防治时好时坏的现象，原因可能有以下几方面：

第一，喷药期间遇到持续的雷雨大风天气，病菌侵染、繁殖和传播速度快，菌量高。此外，柑橘叶片受到连续雨水的冲刷，极大地影响了药剂效果。

第二，同一地区大量菌源存在。由于不同农户柑橘园的柑橘品种不同，不同树龄和梢期同时存在，管理水平不同和喷药时间不统一，导致同一地区防治不彻底，潜伏着大量菌源。

第三，错过溃疡病防治的最佳时间。每次新梢和幼果感病期间，应该抓紧时间喷药，错过最佳喷药时间，会影响防治效果。通过对橙类春、夏、秋梢病程发展动态观测发现，新梢溃疡病发生期持续 30d 左右，之后新梢老熟，病情趋于稳定，无须进行药剂防治。

第四，抗药性菌株的大量产生。有些果园由于长期大量使用单一化学药剂，导致病菌产生抗药性，从而影响药剂的防治效果。陈雪风等[4]等研究表明，广东和江西一些柑橘园检测到溃疡病菌抗药性菌株。生产上，化学药剂必须交替使用，避免长期大量使用单一药剂。

四、补充材料

（一）柑橘溃疡病国内外发生危害情况

迄今，柑橘溃疡病已经在世界 30 多个国家和地区被发现，包括印度、印度尼西亚、日本、马来西亚、柬埔寨、缅甸、越南、菲律宾、泰国、朝鲜、巴基斯坦、扎伊尔、斯里兰卡、英国、澳大利亚、阿尔及利亚、毛里求斯、新几内亚、突尼斯、墨西哥、巴西、阿根廷、美国、法国、巴拉圭、意大利、希腊等国家，几乎囊括世界上一半的柑橘生产国家和地区，亚洲、美洲、大洋洲、中东等几十个国家和地区依然是柑橘溃疡病重灾区，每年都有不同程度的发生。我国最早于1919年报道，随后病害不断蔓延和扩展，现在国内有15个省份发生柑橘溃疡病，其中广东、广西、福建、江西、浙江、湖南、台湾、云南、贵州等柑橘产区溃疡病的发生较普遍，四川、湖北、重庆等省份局部地区有零星的分布[7-8]。

柑橘溃疡病一旦暴发流行，将给当地经济带来损失，甚至对整个世界的柑橘产业和对外贸易带来不良影响。1995—2000年，美国佛罗里达州近60万株柑橘感染溃疡病，发病面积达1 701km^2，检疫面积超过了2 590km^2，销毁了156万株柑橘挂果树和60万株苗木。由于柑橘溃疡病的影响，美国橙汁加工业因此严重削减，每年柑橘产业贸易收入减少1.8亿美元，美国政府曾经每年投入1 200万美元，600多名工作人员集中控制该病害，但因飓风等自然灾害，柑橘溃疡病在佛罗里达州仍然扩散蔓延，得不到根除。目前，柑橘溃疡病已被30多个国家和地区确定为植物检疫对象，严重制约了疫区柑橘产品的市场开拓和对外贸易。非疫区的欧盟2010年进口柑橘鲜果876.73万t，占世界柑橘鲜果进口总量的65.3%，进口总值占世界的70.5%，所有溃疡病疫区的柑橘果实均无法进入欧盟，失去了一个非常重要的国际市场[8]。综上所述，由柑橘溃疡病所造成的直接和间接经济损失是巨大的。

（二）柑橘溃疡病的病原菌

1. 形态 柑橘溃疡病病原菌为原核生物变形菌门γ-变形菌纲黄单胞杆菌属柑橘黄单胞柑橘亚种［*Xanthomonas cirri* subsp. *cirri*（异名：*X. axonopodis* pv. *citri*；*X. campestris* pv. *citri*）］。菌体短杆状，两端圆，大小（1.5～2.0）μm×（0.5～0.7）μm，极生单鞭毛，能运动，无芽孢。革兰氏染色反应阴性，好气性[12]。在马铃薯琼脂培养基上，菌落初呈鲜黄色，后转蜡黄色，圆形，表面光滑，周围有狭窄的白色带。在牛肉汁蛋白胨琼脂培养基上，菌落圆形，蜡黄色，有光泽，全缘，微隆起，黏稠。

2. 致病性分化 该菌有明显的致病性分化现象。根据病菌的地理分布和对柑橘不同种类的相对致病性不同，将柑橘溃疡病菌分为5个菌系，分别为A、B、C、D以及引起美国佛罗里达州苗木型溃疡或细菌性斑点病的E菌系。A菌系（亚洲型溃疡病或真正溃疡病型），分布广，危害重，毒力最强，起源于亚洲，分布于除地中海地区以外的大部分柑橘种植区，是危害最严重的菌系，侵染芸香科19个属和楝科植物。病菌在36℃高温下仍能生长发育，对噬菌体CP1和CP2敏感。我国柑橘溃疡病以A型菌株为主。B菌系，又叫假溃疡病型，原名*X. axonopodis* pv. *aurantifolii*，1923年在阿根廷被鉴定出，目前仅局限在阿根廷、巴拉圭和乌拉圭3个国家。B菌系所引起的症状与A菌系很相似，但是产生病害所需的时间比A菌系长，且在培养基中生长比A菌系慢，在 36℃条件下不能生长，对噬菌体 CP2 敏感。B 菌系主要侵染柠檬，也侵染甜橙和葡萄柚。C 菌系（墨西哥莱檬型），分布于巴西和巴拉圭等国家。C 菌系所引起的症状与 A 菌系也一样，且与后来发现的 A 菌系亚种 A^* 和 A^W 类似，但是 C 菌系侵染墨西哥莱檬（*C. aurantifolia*）和酸橙，不侵染葡萄柚。D 菌系分布于墨西哥。E 菌系（柑橘细菌性叶斑病）只分布于美国佛罗里达州。

1989 年，Gabriel 等根据各菌系的染色体 DNA 限制性酶切片段长度多态性（RFLP）分析，将 A 菌系提升到种的水平，命名为 *X. citri*（ex Hasse）nom. Rev，把 B、C、D 菌系命名为 *X. campestris* pv. *aurantifolii* pv. nov，E 菌系命名为 *X. campestris* pv. *citrumelo* pv. nov。

在 Vauterin 的新分类系统中，柑橘溃疡病菌的 5 个菌系被归于地毯草黄单胞杆菌（*X. axonopodis*），并根据其致病性、寄主专化性以及 DNA 杂交同源性的差异将其分为柑橘、莱檬和枳柚 3 个致病变种：*X. axonopodis* pv. *citri*、*X. axonopodis* pv. *aurantifolii* 和 *X. axonopodis* pv. *citrumelo*，分别对应于过去 *X. campestris* pv. *citri* 中的 A 菌系，B、C、D 菌系和 E 菌系[13]。目前，根据 16S RNA 基因序列的差异，将以上 3 个变种上升为 3 个种，分别是柑橘黄单胞柑橘亚种（*Xanthomonas citri* subsp. *citri*，*Xcc*，引起柑橘溃疡病）、棕色黄单胞莱檬亚种（*Xanthomonas fuscans* subsp. *aurantifolia*，*Xfa*，引起墨西哥莱檬溃疡病）和苜蓿黄单胞枳柚亚种（*Xanthomonas alfalfae* subsp. *citrumelonis*，*Xac*，引起柑橘细菌性叶斑病）[14]，其中柑橘黄单胞柑橘亚种在中国境内普遍存在。现在普遍采用 *X. axonopodis* pv. *citri* 来代表 A 菌系，后来也有把 A 菌系命名为 *Xanthomonas citri* subsp. *citri*[14]。

此外，A 菌系还存在变异，如 1998 年，在东南亚发现命名为 A^* 的溃疡病菌，以及 2003 年在美国佛罗里达南部发现命名为 A^W 的溃疡病菌。A^* 变种发现于亚洲西南部的阿曼、沙特阿拉伯、伊朗和印度，仅为害莱檬。A^W 变种分布于美国惠灵顿、佛罗里达南部，侵染柠檬和莱檬，不侵染葡萄柚[15]。

3. 生物学特性　病菌生长适宜温度为 25～30℃，最低温度 5～10℃，最高温度 35～38℃，致死温度 55～65℃/10min。病菌耐低温，冰冻 24h，生活力不受影响。适应酸碱度范围为 pH 6.1～8.8，最适 pH 6.6。

病菌耐干燥，在实验室内，置于玻片上可存活 121d，但在日光下暴晒 2h 即死亡。病菌不耐高温高湿，在 30℃、饱和湿度下，24h 后全部死亡。自然条件下，病菌可在病叶组织中存活 180d，枝干上的病菌可长期保持活力，秋季人工接种在结缕草、香根草和稻草上可存活 200～300d。在土壤中存活 150d，在夏橙根部可存活 300d。Graham 等研究证明，在土壤干燥条件下，病菌在落叶病斑中可存活 90～120d，病叶被土壤掩盖能存活 85d，病叶在潮湿的土壤中存活期不超过 24d。感染或者暴露在溃疡病环境中的叶片以及果实掉到地面后，由于与腐生细菌的竞争，细菌的数量会在 1～2 个月内下降到难以检测的水平。在非生物表面，溃疡病菌存活时间从几小时到几个月不等[16]。

此外，溃疡病菌还有潜伏侵染现象，从外观无症状的温州蜜柑枝条上可以分离到病菌；有的秋梢受侵染，冬季不显现症状，而至翌年春季才显现症状。潜育期的长短主要取决于温度。据报道，在春梢叶片上的潜育期广西为 12～25d，湖南为 13～28d；在夏梢叶片上广东为 3～10d；秋梢叶片上浙江为 6～7d；果实上广西为 7～25d。

（三）病害的发生流行规律

病原菌在病叶、病枝或病果内越冬，尤其以秋梢上的病斑为主要越冬场所，成为病害的初侵染源。病菌主要通过带菌苗木、接穗、砧木和果实等繁殖材料远距离传播。

翌年春季，越冬后的溃疡病菌遇水后从病部溢出，通过风雨传播，扩散至没有感染的部位，经气孔、伤口等途径侵入寄主叶肉细胞间隙。嫁接、修剪和喷灌等农事操作也能传播柑橘溃疡病菌。叶片、果实和嫩枝均能受侵染，形成的病斑遇到风雨天气后加速扩展，潮湿环境条件下，病部溢出菌脓，通过风雨传播，形成再侵染[12,17-18]（图 16－3）。

有研究显示，在收集于叶片表面的雨水中，溃疡病菌的浓度为 10^5～10^8CFU/mL，对于通过伤口侵染的病原菌，其最小浓度为 10^2CFU/mL，而通过气孔侵染，最低浓度应为 10^5CFU/mL。在生长条件合适的情况下，溃疡病的病斑直径在最初的 6～8 周会以 1mm/月的速度扩展。在不同地区，由于气候条件和柑橘物候期的不同，发病时间会有较大差异。

高温高湿是溃疡病发生以及病菌在自然界中传播的最有利条件，风雨交加的天气使溃疡病菌随雨滴在寄主同株枝叶间或株间近距离传播，大风和暴雨会使柑橘叶片之间相互摩擦而产生较多的伤口，加重病害的发生流行[7,17]。温度在 6～30℃时，柑橘溃疡病菌可在植株内增殖，但增殖和侵染的最佳温度为 25～30℃。

潜叶蛾、恶性食叶害虫、凤蝶等幼虫不但是病害的传病媒介，而且其造成的伤口，有利于病菌侵染。通常情况下，虫害发生严重的柑橘园，会加重柑橘溃疡病的发生[7]。

柑橘溃疡病菌可以存活几个季节，病原菌大多数在冬季潜伏在发病组织内，由于柑橘溃疡病菌具有潜伏侵染特性，因此，在植物检疫和无病接穗育苗方面要特别引起注意。

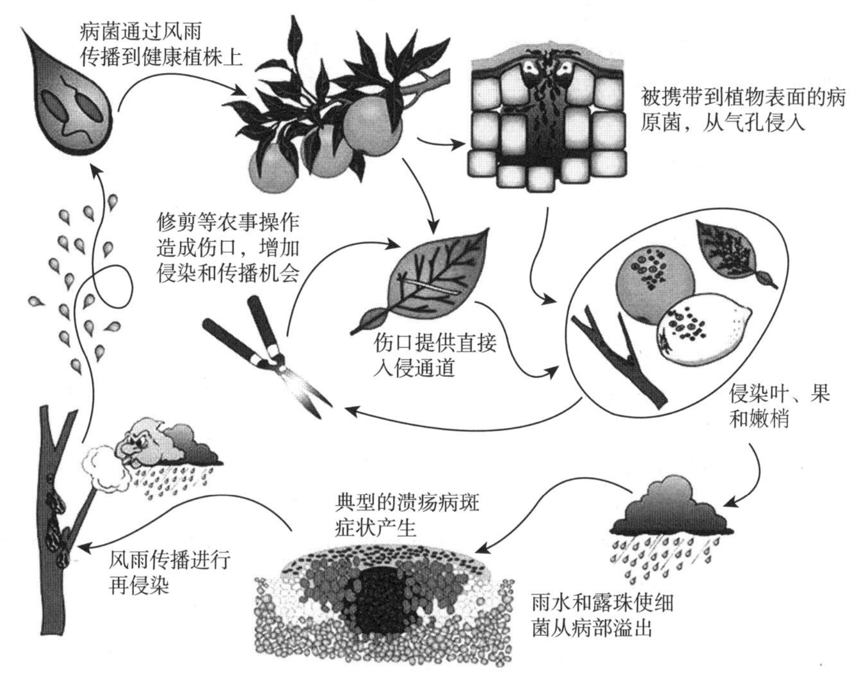

图 16-3　柑橘溃疡病病害循环

(Schubert et al.[18])

参考文献

[1] 黄传龙，祁春节．赣南脐橙产业发展的成就、经验与未来展望［J］．中国果业信息，2010，27（7）：1-5.

[2] 刘冰．赣南脐橙溃疡病及其研究现状［J］．生物灾害科学，2012，35（3）：235-238.

[3] 陈慈相，谢金招，杨斌华，等．2014．赣南脐橙溃疡病发生规律研究［J］．中国南方果树，43（5）：45-48.

[4] 陈雪凤，雷艳宜，叶淦，等．柑橘溃疡病菌的药剂筛选及抗药性分析［J］．华南农业大学学报，2012，33（4）：460-464.

[5] Das A K. Citrus canker：a review［J］．J Appl Hort，2003，5（1）：52-60.

[6] Gottwald T R，Hughes G，Graham J H，et al. The citrus canker epidemic in Florida：the scientific basis of regulatory eradication policy for an invasive species［J］．Phytopathology，2001，91（1）：30-34.

[7] 刘利平．柑橘溃疡病菌致病性影响因素的研究［D］．长沙：湖南农业大学，2013.

[8] 叶刚．柑橘溃疡病菌 *tale* 家族基因的功能研究［D］．武汉：华中农业大学，2013.

[9] 杨秀娟，陈福如，谢世勇．柑橘溃疡病发生与防治研究进展［J］．中国果树，2002（5）：46-50.

[10] 任建国，李杨瑞，黄思良．柑橘溃疡病的流行因子分析及发生程度预测 [J]. 广西农业科学，2006，37 (3)：270-272.
[11] 陈利锋，徐敬友．农业植物病理学 [M]. 北京：中国农业出版社，2007.
[12] Raza M M，Khan M A，Atig M，et al. Prediction of citrus canker epidemics generated through different inoculation methods [J]. Archives of Phytopathology and Plant Protection，2014，47：1335-1348.
[13] Vautenn L，Rademaker J，Swings J. Synopsis on the taxonomy of the genus *Xanthomonas* [J]. Phytopathology，2000，90 (7)：677-682.
[14] Schaad N W，Postnikova E，Lacey G L，et al. Emended classification of *Xanthomonas* pathogens on citrus [J]. Syst Appl Microbiol，2006，29：690-695.
[15] Sun X，Stall R E，Jones J B，et al. Detection and characterization of a new strain of citrus canker bacteria from Key/Mexican lime and alemow in South Flonda [J]. Plant Dis，2004，88 (11)：1179-1188.
[16] Graham J H，Gottwald T R，Civerolo E L，et al. Population dynamics and survival of *Xanthomonas campestris* pv. *citri* in soil in citrus nurseries in Maryland and Argentina [J]. Plant Dis，1989，73：423-427.
[17] Graham J H，Gottwald T R，Cubero J，et al. *Xanthomonas axonopodis* pv. *citri*：factors affecting successful eradication of citrus canker [J]. Mol Plant Pathol，2004，5 (1)：1-15.
[18] Schubert T S，Rizvi S A，Sun X A，et al. Meeting the challenge of eradicating citrus canker in Florida-Again [J]. Plant Dis，2001，85 (4)：340-356.

撰稿人

刘琼光：男，博士，华南农业大学植物保护学院副教授。E-mail：qgliu@scau. edu. cn

17 案例17

西北地区小麦全蚀病的发生危害与自然衰退

一、案例材料

（一）小麦全蚀病的发生危害

小麦全蚀病是一种发生历史悠久、分布较为广泛的病害，也是目前全世界最重要的小麦根部病害之一，属于难以防治的土传病害。该病从小麦苗期开始为害，使其根部变黑腐烂，成熟期形成白穗，造成严重减产[1]。早在 1852 年，澳大利亚南澳大利亚洲就有小麦全蚀病的记载，1884 年在英国也发现了该病，以后相继在法国、德国、加拿大、美国、苏联、日本等许多国家出现全蚀病，并且日趋严重，轻者减产 10%～20%，重者减产 50%以上甚至绝产，对小麦生产威胁很大[2]。

小麦全蚀病在我国发现较晚，于 1931 年首先在浙江省发现，随后在部分省（份）零星发生。目前南起云南，北至内蒙古，东起山东半岛，西至西藏高原共计 21 个省份均有小麦全蚀病分布[3]，以西北、华北及东北麦区危害较重，其中西北地区以宁夏、甘肃发生最重[4]。

宁夏于 1974 年首次在关马湖农场和西吉县玉桥、兴隆两个乡发现小麦全蚀病。1975 年调查发现关马湖农场和西吉、罗平等 12 个县有不同程度的发病，病田面积约为 800hm^2。1976 年，发病范围扩大到 15 个县，发病面积增加到 2 067hm^2，发病程度也比上一年严重，局部地区造成严重减产。1977—1981 年，病情逐渐减轻。1982 年以后，小麦全蚀病在一些县（市）重新抬头，特别是 1985 年以来，开始大面积流行，1989 年发病面积达 4.67 万 hm^2，损失小麦 4 750 万 kg，比 70 年代发展更快、危害更大、损失更重[5]。至 2000 年该病发生面积达 5.3 万 hm^2，每年造成的损失约 500 万元[6]。

1970—1976 年从墨西哥引进小麦品种时全蚀病传入甘肃。1973 年在嘉峪关市大发生；1975—1976 年，一个乡两年共损失小麦 15 万 kg；1976 年除文县、康县、成县、两当县外，全省 68 个农业县均有发生，发生面积超过 13 万 hm^2。1980 年后，病害逐年加重，全省年发病面积增加到 20 万 hm^2 左右。一般轻病田减产10%～20%，重病田减产40%～50%[7]。1989年，成县5个乡小麦发病面积超过1 900hm²，占总种植面积的39.9%，当年损失小麦98万kg[8]。

内蒙古巴彦淖尔市在20世纪60年代中期随着墨西哥小麦品种的引进，小麦全蚀病开始发生。20世纪80年代中期以来，小麦全蚀病迅速蔓延，发生面积达4.7万～5.3万hm²，严重影响小麦的产量和品质，已成为巴彦淖尔市小麦的第一大病害[9]。随着人们对该病害认识的不断深入，耕作方式的调整和一系列防治措施的运用，小麦全蚀病在内蒙古的发生危害逐年减轻。

20世纪70年代初期小麦全蚀病在陕西省长武县发生，到80年代形成渭北旱塬老病区，90年代初病情逐渐加重，直到90年代末期通过采取药剂拌种和深翻土壤等综合防治措施，该病害才得以基本控制；而洛河滩、渭河滩灌溉地新病区小麦全蚀病自从发生后逐年加重，到1997年大荔县洛河沙滩地和沙苑沙土地小麦种植区全蚀病发病面积达6 000hm²，占小麦种植面积的92.5%，重发面积占发病面积的30%以上，小麦产量严重下降，有的田块绝收，而且病情有逐年扩大之趋势。2000年以后，由于产业结构调整，该地区小麦全蚀病才得以控制[10]。

（二）全蚀病自然衰退现象

全蚀病发生过程中有一种特殊现象，即在禾本科作物连年种植的情况下，其危害有一个由轻到重而后再减轻，直到控制危害的过程。这个过程大体划分为病害上升、危害高峰、病害下降、控制危害4个阶段，人们把这种现象称为"全蚀病的自然衰退现象（take-all decline，TAD）"[11]。全蚀病的自然衰退现象在世界各地都有出现，在我国西北地区也有表现。宁夏在20世纪70年代初发生小麦全蚀病，病害蔓延至1976年前后达到高峰，之后病害表现自然衰退，病情减轻，前后经历10～12年，1982年重新抬头，至1988年前后达到高峰[5]；甘肃武威地区一般连作4年达到高峰期，病株率达100%，以后全面衰退[12]。

然而，在种植作物多变或环境条件不利于病原积累的条件下，全蚀病不会严重发生，也不会出现自然衰退现象。比如在内蒙古多年未发现具有明显自然衰退现象的典型地块[13]；陕西省大荔县沙苑地区小麦全蚀病大面积发生，经久不衰，并未发现有"自然衰退现象"出现，这可能与该地区各种生态条件尤其是土壤以及管理措施有关[10]。

二、问题

1. 为什么说小麦全蚀病是一种难以防治的土传病害？

2. 如何制订小麦全蚀病的综合防治策略？西北地区防治小麦全蚀病有何经验？

3. 小麦全蚀病自然衰退的机制是什么？

三、案例分析

1. 为什么说小麦全蚀病是一种难以防治的土传病害？

对于土传病害，目前比较有效的防治措施包括选用抗病品种、轮作、土壤处理、栽培管理和化学防治等。而迄今尚未发现小麦全蚀病的高抗和免疫品种，在小麦属内也很少有抗病的物种；长期轮作对于小麦这种大面积的粮食作物来说不现实，受到很大限制；土壤处理成本高，种子处理效果不稳定；生物防治商品化产品较少，很多仍处于研发阶段，稳定性和效果受环境因子的影响较大。此外，携带全蚀病菌的病残体经常混杂于小麦种子中，在种子区间调运和不同田块或地区小麦混合收割时常造成病菌的传播。由以上可以看出，小麦全蚀病是一种难以防治的土传病害。

2. 如何制订小麦全蚀病的综合防治策略？西北地区防治小麦全蚀病有何经验？

长期实践证明，小麦全蚀病的综合防治应采取以农业防治为基础，加强种子检疫，合理利用生物防治和化学防治的综合防治策略，以达到“保护无病区、控制初发病区、治理老病区”的目的。首先，小麦种子中经常混杂有全蚀病菌的病残体，所以实施产地检疫是切断小麦全蚀病传播的有效方法；其次，虽然目前没有对全蚀病高抗的小麦品种，但是可以种植一些低抗或耐病品种；再次，中国农业科学院、山东省农业科学院等单位开发的生防菌剂蚀敌、消蚀灵均有一定防效，我国从美国引进的全蚀净对该病也有较好的防效；最后，合理轮作、平衡施肥、加强管理等农业防治措施对控制该病的发生具有积极的影响。总之，虽然小麦全蚀病是一种难以防治的土传病害，但是通过采取正确的综合防治措施，该病的危害可以在一定程度上得到减轻。

根据西北地区小麦全蚀病的发生特点，防治该病的策略为就地封锁，就地扑灭；限制种子外调和加强良种引进，采取农业和化学方法相结合的防治对策进行综合治理。具体做法：①严把种子质量关，防止发病区种子外运；②实行轮作倒茬，减轻病害发生，在我国西北地区，有种植燕麦、小麦及黑麦的历史，可以利用燕麦、黑麦、小黑麦与小麦轮作的方式减少病害造成的损失，如利用燕麦的免疫品种与小麦轮作，可大大降低田间菌源量，起到控制病害流行的作用；③全面推广高温堆肥，减少病菌传播途径。

3. 小麦全蚀病自然衰退的机制是什么？

关于全蚀病自然衰退的原因有 4 种学术解释：①Gerlagh[14]认为，全蚀病自然衰退是病原菌在土壤中受到专化性抑制的结果。这种抑制是当病原菌本身在土壤中独占优势时，会使一些微生物产生对其具有高度专化的拮抗作用，从而使病害逐渐减轻。②Pope 和 Jackson[15]认为，由于根际细菌群落发展所产生的抗生素作用，使病菌菌丝对寄主根的趋性反应受到抑制，从而减少侵染寄主的机会。③Vojinovic 等[16]认为，当寄主衰老时全蚀病发生严重，使田间的病残体数量以及与之相联系的拮抗微生物群落增加，这些微生物群落对病菌菌丝分枝起抑制作用，从而减少了病原菌的存活及其侵染。④Wildermuth 等[17]研究发现，土壤微生物通过改变小麦根部营养环境、改变硝态氮与铵态氮比例而限制了全蚀病的发生。可以看出，这些解释的共同之处就是土壤中微生物的作用。国内外大量研究也证明了全蚀病自然衰退和拮抗微生物有密切关系，其中荧光假单胞菌（*Pseudomonas fluoresens*）是重要类群[1]。自然界中假单胞杆菌存在于土壤有机质中或营养丰富的根系表面，其在根系损伤部位生长繁殖，分泌的抗生素（吩嗪-1-羟酸）可抑制全蚀病菌[18]。出现自然衰退现象的土壤有明显的抑菌作用，如果将抑菌土经热力或杀菌剂处理后，其抑菌作用消失，间接证明了病害自然衰退机制与生物因素有关[19]。这些为小麦全蚀病的生物防治提供了思路。

四、补充材料

（一）小麦全蚀病的识别特征

小麦全蚀病是一种典型的根部病害，病菌侵染的部位仅限于小麦根部和茎基部 15cm 以下，地上部的症状，如白穗，主要是由于根及茎基部受害引起的。小麦整个生育期均可感病，各生育期发病症状识别如下：

（1）幼苗期。幼苗感病后，初生根部变为黑褐色，次生根上也有很多病斑，严重时病斑连在一起，使整个根系变黑死亡。发病轻的麦苗即使不死亡，也表现为地上部叶色变黄，植株矮小，生长不良，类似干旱缺肥状（图 17-1）。病株易从根茎部拔断。

（2）分蘖期。地上部分无明显症状，仅重病植株表现稍矮，基部黄叶多。拔出麦苗，用水冲洗麦根，可见种子根与地下茎都变成了黑褐色。

（3）拔节期。病株返青迟缓，黄叶多，拔节后期重病植株矮化、稀疏，叶片自下而上变黄，似干旱缺肥状（图 17-1）。麦田出现矮化发病中心，生长高低不平。

（4）抽穗灌浆期。病株成簇或点片出现早枯白穗（图 17-1），并且在茎基部叶鞘内侧形成“黑膏药”状的黑色菌丝层，极易识别。这也是该病有别于其他小麦根病的主要症状。

图 17－1　感染全蚀病的小麦植株
A. 苗期（上：病；下：健康）　B. 拔节期（左：病；右：健康）　C. 乳熟期（白穗）
（刘冰，2014）

（二）小麦全蚀病的病原菌

病原菌主要为禾顶囊壳小麦变种［*Gaeumannomyces graminis*（Sacc.）Arx & Oliver var. *tritici* Walker］，也有报道为禾顶囊壳禾谷变种［*Gaeumannomyces graminis* var. *graminis*（Sacc.）Walker］，属子囊菌门球壳目。其无性态在自然条件下尚未发现。

禾顶囊壳小麦变种的子囊壳群集或散生于衰老病株茎基部叶鞘内侧的菌丝束上，烧瓶状，具长颈，黑色，周围具茸毛状菌丝，子囊壳大小为（385～771）μm×（297～505）μm（图 17－2）；子囊棒状、无色，大小为（61～102）μm×（8～14）μm，具短柄，平行排列于子囊壳内，子囊间早期具拟侧丝，后期消失，接近成熟时子囊壁消解，仅存顶盖（图 17－2）；子囊孢子分散或成束排列，线形，稍弯，无色透明，大小为（53～92）μm×（3.1～5.4）μm，未成熟孢子隔膜不明显，内含许多油球，成熟后具 3～7 个假隔膜（多数 5 个），在水滴中以及 1%琼脂膜上或甘油水片上萌发，孢子一端或两端同时伸出芽管（图 17－2）。成熟的营养菌丝栗褐色，隔膜较稀疏，多呈锐角分枝，主枝和侧枝交界处各生一隔膜（图 17－2）。在人工培养基上，产生新月形、无隔、无色透明的瓶梗孢子，大小为（5～7.5）μm×2.5μm。在 PDA 培养基上，菌丝为灰黑色，菌丝束明显，菌落边缘的菌丝常向中心反卷，人工培养易产生子囊壳。对小麦、大麦致病力强，对黑麦、燕麦致病力弱。

禾顶囊壳禾谷变种在形态上和禾顶囊壳小麦变种相似，对小麦致病力较弱，但对水稻、大麦、黑麦、燕麦致病力较强。

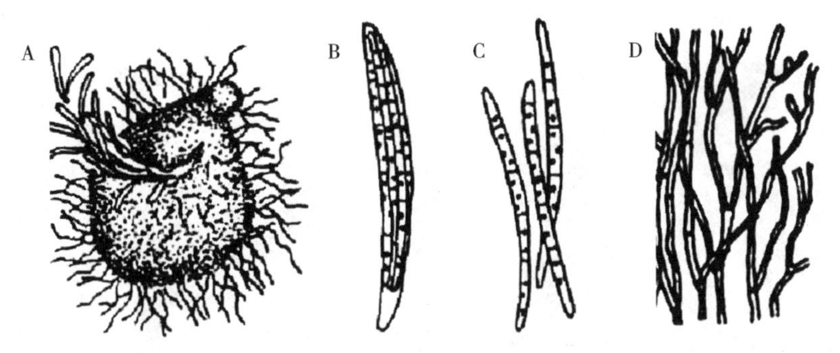

图 17-2　小麦全蚀病的病原

A. 子囊壳　B. 子囊　C. 子囊孢子　D. 菌丝

（三）小麦全蚀病的病害循环

病菌以菌丝体在田间小麦病残体和夏玉米等寄主植物根部以及混杂在场土、种子间的病残体上越夏。小麦播种后，菌丝体自麦苗种子根的根冠区、根茎下节、胚芽鞘等处侵入。在菌量较大的土壤中，冬小麦播种后 50 余 d，麦苗种子根即受侵害变黑。菌丝体在小麦根部及土壤中病残体内越冬。小麦返青后随地温升高，菌丝体生长加快，沿根扩展，向上侵害分蘖节和茎基部；拔节后期至抽穗期，菌丝蔓延侵害茎基部 1～2 节，阻碍水分及养分的吸收和输送，致使病株陆续死亡，田间出现早枯白穗；小麦灌浆期，病势发展更快。

病菌主要通过以下途径传播：①土壤传播。小麦全蚀病菌主要集中在病株根部及茎基部地上 15cm 范围内，小麦收割后，病根茬大部分留在田间，土壤中菌源量逐年积累，致使病田的病情也逐年加重。而土壤中的病菌还可以通过犁耙耕种向四周扩展蔓延。②粪肥传播。病菌能随落场土、麦糠、麦秸等混入粪肥中，这些粪肥若直接还田或者不经高温发酵沤制施入田中，就可把病菌带入田间，导致病害传播蔓延。③种子传播。混杂在种子间的病株残体随种子调运，导致病害传播。种子传播是远距离传播的主要途径。

发病的初侵染源主要来自病根上的休眠菌丝体。在冬小麦连作区，病害从零星发生到全田严重受害，一般经 3～4 年（土壤肥力高的经 6～7 年），严重危害期 1～3 年，此后再继续连作小麦，病情反而减轻，趋于稳定，此为全蚀病的自然衰退现象，其原因是土壤拮抗微生物区系发展所致。

（四）影响小麦全蚀病发生流行的因素

小麦全蚀病的发生与栽培管理、土壤肥力、整地方式、小麦播期、品种抗性等很多因素有关。

（1）连作病重，轮作病轻。如小麦与玉米、谷子等禾本科作物 1 年两熟多年连种，增加了土壤中的病菌量，故病情加重；隔茬种麦或水旱轮作可有效控制病情的发展。

（2）土壤肥力低病情重。有机质含量高和氮、磷、钾肥充足的土壤发病轻，主要是因为这些地块有利于小麦生长，从而增强了植株抗病菌侵染的能力和受害后恢复生长的能力。反之，土壤瘠薄，氮、磷、钾肥失调，尤其是缺磷的地块病情重。

（3）感病品种的大面积种植，是加重病情的原因之一。目前豫北地区比较缺乏高抗全蚀病的小麦品种，但是，分蘖力强、根系发达的小麦品种较耐病，如新麦 9 号、豫麦 41、豫麦 18－64 等。

（4）深翻改土病轻。深翻可加深活土层，有利于小麦生长，同时也可将土壤表层的病菌翻至底层，从而减轻病害的发生。

（5）小麦早播病重，晚播病轻。小麦全蚀病侵染小麦的适宜土温为 12～20℃，随着播期的推迟，土壤温度逐日下降，缩短了有效侵染期，因而适期迟播病情减轻。

（6）气象因素。冬前雨水大、越冬期气温偏高、春季温暖多雨等条件有利于该病的发生。

（五）小麦全蚀病的防治

小麦全蚀病的防治采取以调控麦田生态和有利于有益微生物活动的农业措施为主，协调利用生物防治和种植抗病品种，重病田进行用药的综合防治策略。

1. 选育抗病品种　对于一般作物病害来说，利用抗病品种是最有效、最经济的防治途径。但是，这种措施在小麦全蚀病的防治中却难以实行。这是因为尽管不同小麦品种对全蚀病的抗病性差异明显，但整体抗病性较差，迄今尚未发现高抗和免疫品种，在小麦属内也很少有抗病的物种[10]，因而抗全蚀病育种工作进展缓慢。研究发现，燕麦对于全蚀病菌的侵染近乎免疫，黑麦、簇毛麦和冰草属的一些种也表现高抗至中抗，但将这些抗性材料的染色体转入小麦体内，并不能使小麦显著增强抗病性[20-21]。方穗山羊草（*Triticum tauschii*）的 D 染色体组中有抗全蚀病基因，在小麦背景中抗病性表现较稳定，华山新麦草也是一种新的野生抗全蚀病种质资源，但还只是处于初步研究阶段[22-23]。总的来说，目前还未选育出高抗的小麦全蚀病抗性品种[24]，但是科学家们在全蚀病抗病品种选育方面仍在不懈探索。

2. 农业防治　目前对小麦全蚀病较好的农业防治措施是小麦与非禾本科

作物轮作，如小麦—甘薯—油菜—花生—小麦，小麦—大豆—冬闲—棉花—小麦，小麦—芝麻—油菜—夏玉米—小麦等轮作方式。因全蚀病菌在土壤中的存活期超过1年，故轮作年限在1年以上才会有效。然而，由于麦类是主要的粮食作物，长期实行这种轮作方式不现实，因此这一措施的应用受到很大的限制。在我国西北地区，有种植燕麦、小麦及黑麦的历史，可以利用燕麦、黑麦、小黑麦与小麦轮作的方式减轻病害造成的损失，如利用燕麦的免疫品种与小麦轮作，可大大降低田间菌源量，起到控制病害流行的作用[25]。在农业措施中，施用有机肥可以促进拮抗微生物的生长，减轻病害的发生[26]；种植非寄主作物，延迟播种日期，控制杂草和提高土壤肥力均可以减轻小麦全蚀病的发生[1]。其中，氮、磷、锰的施用尤其重要，但是这些营养元素的施用要因地而异。比如在英国氮和磷的缺乏更容易加重病害的发生，而在美国和澳大利亚缺锰的影响更大。此外，少耕或不耕也能减轻病害的发生，但是这种防治措施在不同地区产生的效果差异较大[27]。

3. 化学防治 化学药剂防治是农民最乐于使用的防治方法之一。目前防治土传病害常用的化学防治方法有土壤处理和种子处理两种。但对于小麦全蚀病，这些方法使用起来尚有一定困难。尽管有报道称通过土壤处理能获得一定的增产，但这些杀菌剂的大量使用对于种植小麦的农民来说成本太高。同时，土壤处理会杀死土壤中的有益微生物，破坏生态平衡，最终影响小麦产量；种子处理效果较好的化学药剂因其在田间控制效果不理想和不稳定而阻碍了其大面积应用。目前，用于种子处理的化学药剂有硅噻菌胺、苯醚甲环唑、戊唑醇、嘧菌酯等，其中硅噻菌胺对小麦全蚀病菌具有专一活性[28]。

4. 生物防治 由于缺乏高抗品种和化学防治效果不理想，轮作在小麦种植区也有一定的局限性，因此生物防治成为小麦全蚀病防治探索的主要方向之一。

对全蚀病衰退的麦田或即将衰退的麦田，推行小麦两作或小麦玉米一年两熟制，以维持土壤拮抗菌的防病作用。

对全蚀病发生呈上升趋势的麦田采用引入外源生防因子的方法。目前常用的因子主要有荧光假单胞菌属、芽孢杆菌属中的一些细菌和木霉属、芽枝霉属、青霉属等属中的一些真菌。其中全蚀病衰退土壤中最重要的微生物类群就是荧光假单胞菌，该菌在小麦全蚀病的生物防治试验中获得了良好的效果。据报道，重病田施用荧光假单胞菌可以增产 30%左右；国内外的大量研究也表明，荧光假单胞菌可以有效减少全蚀病在小麦上的发生[5,29-30]。此外，利用有益真菌防治小麦全蚀病的研究也很多。如根瓶梗霉禾生变种（*Phialophora radicicola* var. *graminicola*）可以在植株根部与病原菌竞争营养和空间位点，诱导植物抗病性的产生，明显降低小麦全蚀病菌的侵染[31-32]。大量报道也表明，一些木霉菌如 *Trichoderma koningii* 在控制小麦全蚀病上有良好的效果[2,33]。

尽管小麦全蚀病的生物防治取得了很大的成绩，但是效果显著的产业化商品非常少。目前登记的荧光假单胞菌（消蚀灵，山东泰诺药业有限公司）主要用于拌种和灌根，地衣芽孢杆菌（河南省安阳市国丰农药有限责任公司）用于拌种和喷雾，另外申嗪霉素（上海农乐生物制品股份有限公司）也可用于拌种防治小麦全蚀病。美国曾用荧光假单胞菌防治该病，田块增产 30%，但是效果不够稳定；我国开发的生防菌剂蚀敌、消蚀灵均有防效，但由于种种原因企业已经停产蚀敌，仅消蚀灵在农药登记有效期内。究其原因在于小麦全蚀病是一种土传病害，其发生流行受环境因子和物理因素影响很大，即使是同样的菌量接种，其在不同地区发生的严重度截然不同，这就导致了该病的具体防治措施难以制定，比如在美国的防治方法明显不适用于欧洲和澳大利亚[27]，从而使得某些防治效果良好的生防菌株的应用受到了很大的限制，不能全面推广。

参考文献

[1] Cook R J. Review：take - all of wheat [J]. Physiol Mol Plant Pathol，2003，62：73 - 86.
[2] 李子钦，张庆平，张建平，小麦全蚀病国内外研究动态及防治对策 [J]. 内蒙古农业科技，1996 (3)：27 - 29.
[3] 彭丽娟，小麦全蚀病的发生及综合治理 [J]. 贵州农业科学，2008，36 (3)：73 - 76.
[4] 乔旭，陈华，王金召 . 小麦全蚀病的研究进展 [J]. 农业科技通讯，2011 (9)：135 - 137.
[5] 王兴邦，彭于发，李效禹 . 宁夏小麦全蚀病发生发展和防治策略的探讨 [J]. 宁夏农林科技，1991 (5)：10 - 13.
[6] 沈瑞清，张保国，李效禹，等 . 全蚀拌种剂防治小麦全蚀病的初步研究 [J]. 宁夏农林科技，2000 (1)：17 - 18.
[7] 盛秀兰，全秀林，郑果，等 . 甘肃省小麦全蚀病变种类型的鉴定及其生物学特性 [J]. 甘肃农业科学，1996 (1)：37 - 39.
[8] 路呈祥，李锐，武云，等 . 成县小麦全蚀病发生规律与防治技术的研究 [J]. 甘肃农业科技，1993 (2)：33 - 35.
[9] 曹春梅，张建平，徐利敏，等 . 内蒙古巴盟小麦根病种类、数量及分布 [J]. 华北农学报，2001，16 (2)：123 - 126.
[10] 王保通，冯小军，商鸿生，等 . 陕西省小麦全蚀病发生分别及短期轮作防病效果 [J]. 西北农林科技大学学报，2006，34 (3)：98 - 102.
[11] 郭培宗，刘彩云，赵一功，等 . 小麦全蚀病发生特点及防治技术 [J]. 河南职技师院学报，2001，20 (1)：89 - 90，92.
[12] 花天祟 . 小麦全蚀病发病规律及其生态防治 [J]. 甘肃农业科技，1983 (4)：28 - 31.
[13] 牛俭裕 . 小麦全蚀病在内蒙古的发展趋势 [J]. 植物保护，1985 (1)：29 - 30.
[14] Gerlagh M. Introduction of *Ophiobolus graminis* into new polders and its decline [J].

Neth J Plant Pathol，1968，74：1－97.

[15] Pope A，Jackson R M. Effects of wheatfield soil on inocula of *gaeumannomyces graminis*（Sacc.）Arx & Olivier var. *tritici* J. Walker in relation to take－all decline [J]. Soil Biol Biochem，1973，5（6）：881－890.

[16] Vojinovic O，Nyborg H，Brannstrom M. Acid treatment of cavities under resin fillings：bacterial growth in dentinal tubules and pulpal reactions [J]. J Dent Res，1973，52（6）：1189.

[17] Wildermuth G B，Rovira A D，Warcup J H. Mechanism and site of suppression of *Gaeumannomyces graminis* var. *tritici* in soil [J]. Trans Br Mycol Soc，1985，84（1）：3－10.

[18] Weller D M. Pseudomonas biocontrol agents of soilborne pathogens：looking back over 30 years [J]. Phytopathology，2007，97（2）：250－256.

[19] Shipton P J. Occurrence and transfer of a biological factor in soil that suppresses take－all of wheat in Eastern Washington [J]. Phytopathology，1973，63（4）：511.

[20] Hollins T W，Scott P R，Gregory R S. The relative resistance of wheat，rye and triticale to take－all caused by *Gaeumannomyces graminis* [J]. Plant Pathol，1986，35：93－100.

[21] Scott P R. Variation in host susceptibility [M] //Asher M J C. Biology and control of take－all. London：Academic Press，1981：219－236.

[22] Linde－Laursen I，Jensen H P，Jørgensen J H. Resistance of *Triticale*，*Aegilops* and *Haynaldia* species to the take－all fungus，*Gaeumannomyces graminis* [J]. Z. Pflanzenzüchtung，1973，70：200－213.

[23] Eastwood R F，Kollmorgen J F，Hannah M. *Triticum tacuschii*：reaction to the take－all fungus（*Gaeumannomyces graminis* var. *tritici*）[J]. Aust J Agr Res，1993，44：745－754.

[24] 王林晓，王芬，王林凯，等．小麦全蚀病的发病规律与防治措施研究进展 [J]. 农业科技通讯，2018（6）：308－311.

[25] 王美南，商鸿生．麦类作物对小麦全蚀病菌抗病性的研究 [J]. 西北农林科技大学学报，2001，29（3）：98－100.

[26] Baker K R，Cook R J. Biological control of plant pathogens [M]. San Francisco：W. H. Freeman and Co.，1974：433.

[27] Hornby D，Bateman G L，Gutteridge R J，et al. Take－all disease of cereals：a regional perspective [M]. Wallingford，UK：CABI International，1998.

[28] Schoeny A，Lucas P. Modeling of take－all epidemics to evaluate the efficacy of a new seed－treatment fungicide on wheat [J]. Phytopathology，1999，89：954－961.

[29] Walker J. Taxonomy of take－all fungi and related genera and species [M] // Asher M J C，Shipton P J. Biology and control of take－all. London：Academic Press，1981：15－74.

[30] 师存恩，田玉丹，周景武，等．小麦全蚀病病害流行及预测模式研究 [J]. 内蒙古农业科技，1995（5）：27－28.

[31] Slope D B, Salt G A, Broom E W, et al. Occurrence of *Phialophora radicicola* var. *graminicola and Gaeumannomyces graminis* var. *graminis* on roots of wheat in field crops [J]. Ann Appl Biol, 1978, 88: 239-246.
[32] Wong P T W, Mead J A, Holley M P. Enhanced field control of wheat take-all using cold tolerant isolates of *Gaeumannomyces graminis* var. *graminis* and *Phialophora* sp. (lobed hyphopodia) [J]. Plant Pathol, 1996, 45: 285-93.
[33] Simon A. Biological control of take-all of wheat by *Trichoderma koningii* under controlled environmental conditions [J]. Soil Biol Biochem, 1989, 21: 331-337.

撰稿人

刘冰：女，博士，江西农业大学农学院副教授。E-mail：lbzjm0418@126.com

18 案例18

我国马铃薯晚疫病的化学防治

一、案例材料

马铃薯是世界上仅次于小麦、水稻、玉米之后的第四大粮食作物，中国是世界上最大的马铃薯种植国家，马铃薯在增加食品营养源、丰富市场食品种类、保障国家粮食安全中的地位日益突出。

马铃薯晚疫病是一个经典的植物病害。早在1845—1846年马铃薯晚疫病就在爱尔兰大流行，在几周的时间里，当地的马铃薯一片腐烂，严重减产甚至绝收。随后连续几年该病的大流行最终导致了饥荒，几十万人饿死，150万人背井离乡逃亡美洲，渡海去英格兰的则更多。这一事件引起整个欧洲乃至全世界震惊。当时的爱尔兰人口只有830多万人，按一些学者保守统计，爱尔兰统计在籍人口至少减少了将近300万人[1-4]。到第二次世界大战末，马铃薯晚疫病已遍布全球。

我国在1940年发现马铃薯晚疫病，当时在四川重庆地区发生，造成减产高达80%。20世纪80年代以前通过培育抗病品种、化学防治和农业防治等综合防治措施，使该病害得到了控制。但进入80年代以后，由于病原菌小种组成的变化及病原菌有性生殖的逐步实现使抗病品种的抗性丧失，晚疫病在世界范围内的马铃薯种植区再次严重发生，例如，我国河北围场1990—1992年连续3年晚疫病大流行[5]。据1996年国际马铃薯中心估计，马铃薯晚疫病在全球造成损失高达170亿美元，其中发展中国家损失53亿美元。马铃薯晚疫病在我国各种植区均有发生，一般年份可减产10%～20%，在病害大发生年份可造成绝收。

马铃薯晚疫病的发生容易造成巨大经济损失，一直是马铃薯生产上的重要问题。长期以来我国各地对该病害制定了不同的防治策略，包括选育种植抗病品种、栽培措施和化学防治方法等，其中化学防治一直是马铃薯晚疫病防控的重要措施。

用于防治马铃薯晚疫病的化学农药发展历程大致可概括为以下3个重要阶

段：①从含铜化合物波尔多液开始的无机化合物杀菌剂的研究和应用阶段；②20世纪 70 年代，具有内吸性特点的甲霜灵、霜脲氰等的应用开启了内吸性杀菌剂防治晚疫病的新阶段；③为增强化学农药的防治效果和延缓抗药性菌株的产生，以内吸性杀菌剂和保护性杀菌剂按一定配比混合的复配型杀菌剂的防治阶段[6]。

我国在 1955 年即开展晚疫病的化学防治。由于我国农药化工基础薄弱，在相当长时期内，马铃薯晚疫病以无机化合物作为主要防治药剂，如山西省施用硫酸铜液、石灰等大面积防治马铃薯晚疫病。进入 20 世纪 80 年代以后，开始使用甲霜灵作为防治药剂，该药剂曾经在我国马铃薯晚疫病的防治上发挥了重要作用，一度作为防治卵菌病害的特效药而大面积推广应用，然而其后严重的抗药性问题即显现出来。如李炜等[7]对 1994 年秋季在河北、黑龙江、内蒙古、甘肃等省份马铃薯种植区采集的病叶和病薯上分离的 66 个菌株进行了测定，结果表明，有 33.3％的菌株表现出高度抗性，43.9％的菌株表现为中度抗性。李本金等[8]测定了 2001—2007 年福建省的 187 株马铃薯晚疫病菌的甲霜灵敏感性，高抗、中抗和敏感菌株分别占 97.3％、2.1％、0.5％。2009 年，孙秀梅等[9]对黑龙江省的 53 株晚疫病菌进行了甲霜灵敏感性测定，其中高抗菌株为 52.8％、中抗菌株为 3.8％、敏感菌株为 43.4％。

20 世纪 80 年代后其他用于防治马铃薯晚疫病的化学药剂主要有 64％杀毒矾可湿性粉剂、75％百菌清可湿性粉剂、65％代森锌可湿性粉剂，以及复配剂 58％雷多米尔·锰锌（甲霜·锰锌）可湿性粉剂等，继甲霜灵之后开发的丙烯酰胺、霜霉威、霜脲氰等也已经广泛应用于农业生产中。这些杀菌剂中有些种类因长期连续使用，部分地区晚疫病已发展为较严重的抗药性，有的药剂如代森锰锌仅有保护活性，而无治疗活性，或持效期太短等，因此，新型药剂的研发也得到广泛重视。

20 世纪 90 年代后开发的防治卵菌纲病害用杀菌剂主要有 5 种类型：丙烯酰胺类化合物、（咪）唑（啉酮）类化合物、氨基酸衍生物、酰胺类以及甲氧基丙烯酸酯类化合物，已商品化品种包括烯酰吗啉、氟吗啉、唑菌酮、咪唑菌酮、嘧菌酯、苯氧菌酯等，这几类药剂作用机制独特，与甲霜灵等杀菌剂无交互抗性，活性高，持效期长，兼有良好的保护和治疗活性等[10]。此类药剂大受种植者欢迎，市场普及迅速。

在长期应用化学药剂防治马铃薯晚疫病的过程中，病原菌容易对农药产生抗药性一直是个难以回避的问题。尽管晚疫病菌对烯酰吗啉等药剂的抗药性少见于报道，但已报道多种作物病原真菌对嘧菌酯产生了抗药性。近年来在广东调查发现，部分农户反映有些药剂使用效果下降，用药次数多，有的在种植期间甚至一周即用一次药，用药量大，因此抗药性风险监控工作仍然不能忽视。

二、问题

1. 为什么说化学防治是控制马铃薯晚疫病危害的重要措施？
2. 如何提高马铃薯晚疫病化学防治的针对性和防治效果？
3. 马铃薯晚疫病菌产生甲霜灵抗性有什么启示？

三、案例分析

1. 为什么说化学防治是控制马铃薯晚疫病危害的重要措施？

第一，作物病害的防控可以采用一些农艺措施如种植抗病品种，然而马铃薯抗晚疫病品种却常常易丧失抗性。由于晚疫病菌有致病性分化现象，有多个生理小种，而马铃薯抗病品种（垂直抗性品种）只抗其中一个或者少数几个生理小种[11]。随着含抗性基因马铃薯品种的推广，特别是垂直抗性品种，晚疫病菌能较快适应而产生对应的毒力基因，生理小种发生变异，使抗病品种很快丧失抗性。另外，随着国外A2交配型传入国内，A2交配型与A1交配型出现异宗结合产生卵孢子，加速晚疫病菌的变异，加快品种抗性的丧失。虽然国内外在抗病育种研究、马铃薯晚疫病菌互作的生物化学研究、马铃薯抗晚疫病的遗传工程研究等方面都取得了重要进展，但目前还没有完全抗马铃薯晚疫病菌的商业化马铃薯品种，其研究成果尚无法在生产实际中普及应用。

第二，田间马铃薯晚疫病发病具有暴发性，发生流行快，通常在短期内即可造成严重损失，而化学防治具有方便、简单、有效且见效快的优点，在该病发生初期具有良好的防控效果。因此，采取有效的化学防治仍是生产上控制马铃薯晚疫病的重要手段，是确保马铃薯高产、稳产、优质的重要措施。

2. 如何提高马铃薯晚疫病化学防治的针对性和防治效果？

第一，做好马铃薯晚疫病预测预报工作，做到适时用药，合理用药。晚疫病发生流行与气候条件有着密切的关系，影响其发病的气象条件主要是温度和湿度，在往年获得的经验数据基础上，依据气象预报，结合田间病害发生情况，进行晚疫病的预测预报，在有利于晚疫病发生、流行的气候条件之前使用保护性药剂进行预防，在适合晚疫病发生及流行的气象条件下则选择使用治疗剂。

第二，做好田间中心病株的调查，做到及时用药。马铃薯晚疫病由于发生流行快，及早发现田间中心病株对该病害的防控显得尤为重要，一旦发现田间存在中心病株，必须及时使用治疗剂或铲除剂，对中心病株田块及周围田块进行药剂防控，同时将发病资料通报给相关单位，以做好大面积的化学防治准备。

第三，不同种类药剂适合防治的病害有一定差异性，马铃薯晚疫病属于卵菌纲病菌病害，其病原菌与其他高等真菌、细菌有所差异，有些药剂不适合卵菌纲病菌病害防治，因此要选择适用于马铃薯晚疫病防治的药剂，否则使用药剂不当，将会造成严重损失。此外，要了解药剂特点，掌握施药技术，如喷雾要均匀周到、轮换使用药剂等，以充分发挥药剂的防治效能。

3. 马铃薯晚疫病菌产生甲霜灵抗性有什么启示?

马铃薯晚疫病菌产生甲霜灵抗药性的主要原因是马铃薯晚疫病菌生理小种多，在田间存在有性生殖，菌株变异快，自然界中产生抗药性菌株的概率大，而甲霜灵系列药剂一度作为特效药大面积推广，由于连续使用单剂、多次用药、大量用药防治马铃薯晚疫病，抗性选择压力大，导致田间马铃薯晚疫病菌菌株积累了抗药性。

马铃薯晚疫病菌对甲霜灵的抗药性使植物保护者认识到，病害的防治并不仅仅是简单的喷洒化学药剂，只有在充分研究植物病理学的基础上，综合考虑从种子种苗到气候等各种因素，在病害发生、流行过程中科学合理地使用化学药剂，才能最大限度地降低药剂的抗性风险，长期获得理想的防治效果。

应该贯彻“预防为主，综合防治”的植保方针，合理用药，规范用药。在已对甲霜灵产生抗药性的地区，慎用甲霜灵及其混剂，可选用双炔酰菌胺、烯酰吗啉、氟吗啉、吡唑醚菌酯等与甲霜灵之间无交抗关系的药剂以及与氟菌·霜霉威交替使用。在尚未对甲霜灵产生抗药性的地区，也应选择与不同作用机制的药剂混合或交替使用，限制每个生长季节甲霜·锰锌或精甲霜·锰锌使用次数不超过 2 次，且避免将其作为铲除剂使用，以减缓抗药性的产生。

四、补充材料

（一）马铃薯晚疫病的病原与发病特点

致病疫霉［*Phytophthora infestans*（Mont.） de Bary］是马铃薯晚疫病的病原菌（图 18－1）。1845 年 Montagne 提出晚疫病是一种传染性病害，并首次描述了造成这种病害的病原菌，认为是真菌，命名为 *Botrytis infestans*。1846 年，de Bary 通过对该病原菌基本生物学特征的详细研究，再次确认是真菌，并重新命名为 *Phytophthora infestans*，初步明确了其分类地位。

P. infestans 寄主范围狭窄，侵染马铃薯、番茄和其他 50 个茄属植物[12]。*P. infestans* 在这些寄主上通常以无性生殖方式繁殖，当存在两种交配型（A1 和 A2）时，也通过有性的卵孢子繁殖。

病菌主要以菌丝体在薯块中越冬。带菌种薯，播种后导致不发芽，或虽能发芽但幼芽很快感病死亡。有的出土后成为中心病株，病部产生孢子囊，孢子囊借气流传播进行再侵染，形成发病中心，在温、湿度条件合适时，致使该病由点到面，迅速蔓延扩大，造成病害流行；病株上的孢子囊还可以随雨水或浇水渗入土中侵染薯块，形成病薯，造成薯块在土里腐烂，若侵染种薯则可成为下一年的侵染源。病菌喜日暖夜凉高湿条件。相对湿度95%以上，18～22℃条件下，有利于孢子囊的形成；冷凉（10～13℃，保持1～2h）、叶面有水滴，孢子囊则产生游动孢子进行侵染；温暖（24～25℃，保持5～8h）、有水滴存在，孢子囊则直接萌发产生出芽管进行侵染。通常马铃薯生长期多雨、多雾、空气潮湿，病害发生严重。保护地栽培湿度大有利于此病发生。其他茄科植物也是晚疫病的传播源。

图18－1　马铃薯晚疫病症状与病原菌形态

A. 病叶正面（罗建军，2013）　B. 病叶背面（罗建军，2013）

C. 全株发病（罗建军，2013）　D. 致病疫霉菌丝体及游动孢子囊（罗建军，2014）

（二）马铃薯晚疫病的预测预报技术

从国内外马铃薯晚疫病预测预报技术发展的历史来看，大体经历了3个阶段，第一阶段是基于一定气象条件规则的人工方法；第二阶段是基于预测模型的电算技术；第三阶段是基于田间病害监测和信息技术的预测预报系统。无论是哪个阶段，其基础是对马铃薯晚疫病的发生与气象条件之间关系的认知，其中温度、相对湿度和降水是主要的气象要素。国内外马铃薯种植区均在研究何种气象条件能够导致晚疫病菌的侵染和发病，从而进行预测预报指导防治。比较著名的气象条件规则包括 Cook 规则[13]、Beaumont 规则、CARAH 模型等。随着计算机技术的发展，气象数据采集和传输的自动化使得及时得到最新的数据和计算结果成为可能，一些系统模型和模拟模型开始借助于微机应用于晚疫病的预警，促进了马铃薯晚疫病预测预报技术的发展。然而由于种植区域的地理环境不同、初侵染源不同、不同的模型气象条件指标各不相同等，事实上欧洲一些国家进行的模型实用性测试结果表明，不同年份田间最早出现病害的时间，往往与模型的预测结果出入较大，没有一个模型适用于几个不同的地区，因此仅仅依靠模型预测解决不了病害的传播蔓延以及有效防治问题[14]。

基于上述情况，人们越来越重视对田间晚疫病发生情况进行监测的重要性和必要性，并且网络技术的发展和互联网的普及，使这种田间疫情监测结果可以实时呈现（以网页的形式）或发放（通过电话、传真、电子邮件或手机短信）给周边马铃薯种植者。因此，基于田间病害监测和网络技术的马铃薯晚疫病预警系统（有的称作决策支持系统，decision support system，DSS）在世界各地特别是欧洲发达国家建立，并且成为该领域当今发展趋势的主流。

目前国外服务于实际生产的马铃薯晚疫病监测预警系统主要有 Fight Against Blight（英国）、PhytoPRE＋2000（瑞士）、Pl@nteInfo（丹麦）、*Phytophthora*-modell Weihenstephan（德国）、MILEOS（法国）。这些系统的结构和功能基本相近，主要包含“田间晚疫病实时分布”和“近期天气条件是否适合晚疫病菌侵染”两项功能，此外还包括马铃薯品种抗病性、化学药剂和晚疫病综合防治方法等信息。

我国主要采用根据中心病株的出现预测病害流行的方法。在达到 Beaumont 规则条件后，检查大田或观测圃的中心病株；观测圃发现中心病株后，开始普查大田，消灭中心病株并进行药剂防治。最近由河北农业大学组建的 China-blight 开始正式运行，其运行模式与 PhytoPRE＋2000、Pl@nteInfo 和 Fight Against Blight 基本相同，晚疫病预测预报功能是根据中央气象台的“未来 24h 降水量预报图”和“未来 48h 降水量预报图”绘制“未来 48h 中国马铃薯晚疫病侵染预测图”来实现的，反映的是宏观地域范围内的天气条件是否适合晚疫病菌侵染及是否需要进行药剂防治[15]。

（三）晚疫病的防治方法

（1）选用优质脱毒种薯。由于带病种薯是主要的初侵染源，建立无病留种田，采取严格的防治措施可以极大地减少初侵染源，有效防止晚疫病的发生。脱毒种薯由于经过严格的茎尖脱毒、组织快繁、扦插育苗、网室繁种等技术环节，因此能有效防止种薯带菌，切断初侵染源，极大地降低马铃薯晚疫病的发病率。

（2）种植抗病品种。马铃薯不同品种其抗病能力不同，通常中晚熟品种较早熟品种抗病。要根据本地区的气候条件和地理条件选择适宜的抗病品种。

（3）严格精选种薯，淘汰病薯。挑选无病种薯可以减少初侵染源，在入窖、出窖、切块等过程严格把关，剔除可疑带病薯块。

（4）加强栽培管理。最好进行水旱轮作，旱地则宜与非茄科作物进行3年以上轮作。选择适宜的播期，以尽量避开适合晚疫病发生及流行的气候，从而避开病害高峰期。进行地膜覆盖，对于避病也有一定作用。合理控制种植密度，一般亩播种3 500～5 100株。播种后在马铃薯苗期、封垄前，增加培土次数和培土厚度，培土时保证厚度超过10cm，不让马铃薯块茎露出地面，防止植株上的病菌落到地面上侵染块茎，减少块茎带菌。控制氮肥施用，适当增施磷、钾肥。氮肥施用过多，植株叶片浓密，通风透光不好，植株间湿度大，适合晚疫病的发生流行，反之施肥不足，植株长势较弱也容易发病[16]。

（5）化学药剂防治。根据预测预报及田间中心病株出现情况，适时用药，药剂可选用代森锰锌、烯酰吗啉、嘧菌酯等单剂或混剂。

参考文献

[1] Grada C O. A note on nineteenth - century Irish emigration statistics [J]. Popul Stud (Camb)，1975，29 (1)：143 - 149.

[2] Johnson J H. The context of migration：the example of Ireland in the nineteenth century [J]. Trans Inst Br Geogr，1990，15 (3)：259 - 276.

[3] Hooker W J. Compendium of potato diseases [M]. St：Paul MN，1981.

[4] Austin B P M. Emergence of potato blight，1843—1846 [J]. Nature，1964，203 (4947)：805 - 808.

[5] 谭宗九，王文泽，丁明亚，等. 气象因素对马铃薯晚疫病发生流行的影响 [J]. 中国马铃薯，2001 (2)：96 - 98.

[6] 从心黎，李灿辉，陈善娜，等. 马铃薯晚疫病化学防治农药应用概述 [J]. 农药，2005，44 (5)：198 - 201.

[7] 李炜，张志铭，樊慕贞. 马铃薯晚疫病菌对瑞毒霉抗性的测定 [J]. 河北农业大学学报，1998，21 (2)：63 - 65.

[8] 李本金，吕新，兰成忠，等. 福建省致病疫霉交配型、甲霜灵敏感性及生理小种组成分析 [J]. 植物保护学报，2008，35 (5)：453 - 457.

[9] 孙秀梅，马颜亮，白雅梅，等. 黑龙江省马铃薯晚疫病菌对甲霜灵药剂的敏感性测定 [J]. 中国马铃薯，2009，23 (2)：72 - 74.

[10] 刘长令，李继德. 卵菌纲病害用杀菌剂的开发进展 [J]. 农药，2000，39 (8)：1 - 3.

[11] 张明厚. 马铃薯晚疫病菌 [*Phytophthora infestans* (Mont.) de Bary] 生理分化现象

的研究概况 [J]. 东北农学院学报，1964 (1)：33 - 46.
[12] Turkensteen L J. Durable resistance of potatoes against *phytophthora infestans* [M] //Jacobs T H，Parlevliet J E. Durable of disease resistance. Dordrecht，the Netherlands：Kluwer Academic Publishers，1993：115 - 240.
[13] Cook H T. Forecasting late blight epiphytotics of potatoes and tomatoes [J]. J Agr Res，1949，78：54 - 56.
[14] 谢开云，车兴璧，Christian Ducatillon，等．比利时马铃薯晚疫病预警系统及其在我国的应用 [J]. 中国马铃薯，2001，15 (2)：67 - 71.
[15] 胡同乐，曹克强．马铃薯晚疫病预警技术发展历史与现状 [J]. 中国马铃薯，2010，24 (2)：114 - 119.
[16] 曹先维．广东冬种马铃薯优质高产栽培实用技术 [M]. 广州：华南理工大学出版社，2012.

撰稿人

罗建军：男，硕士，华南农业大学农学院助理研究员。E - mail：luojianjun@scau. edu. cn

19 案例19

长盛不衰的井冈霉素

一、案例材料

水稻纹枯病是水稻的重要病害之一，广泛分布于世界各产稻区，尤以高产稻区危害更为突出。此病引起鞘枯和叶枯，使水稻结实率下降，秕谷率增加，粒重减轻，一般减产10%～20%，发生严重时，减产超过30%。我国水稻纹枯病每年发生面积2 000万 hm^2 左右，是影响水稻高产稳产的重要因子。纹枯病的病原为瓜亡革菌［*Thanatephorus cucumeris*（Frank）Donk.］，是担子菌门真菌，其无性态为立枯丝核菌（*Rhizoctonia solani* Kühn），是半知菌类真菌。水稻没有高抗纹枯病的抗病品种，使用杀菌剂是防治该病的主要方法。20世纪70年代以前，主要用有机砷制剂，如甲基胂酸铁铵（田安）和甲基胂酸锌（稻脚青）等，但由于其药害与安全性问题，必须开发新型高效、低毒、安全的杀菌剂替代其用于水稻纹枯病防治。

1966年，日本武田制药公司从日本兵库县明石市土壤中分离的吸水链霉菌柠檬变种（*Streptomyces hygroscopicus* var. *limoneus*）中筛选到有效霉素（validamycin），该抗生素在普通室内条件下对立枯丝核菌没有作用，但是用蚕豆叶片法和温室稻苗法则表现出良好的效果[1-2]。经日本连续4年的大田试验，证明对水稻纹枯病有较好的预防和治疗作用，其效果与田安相同，药效持续期也比较长，而且对人畜、鱼类、家蚕、天敌均极为安全，对水稻无药害，在稻米和土壤中也无残留。因此，此药1972年下半年由武田制药公司正式投入生产，当年产值即达5亿日元，产量达2 300t。同年被日本十几个县用于防治水稻纹枯病，使用面积达10万 hm^2[3]。

20世纪70年代初，我国在沈寅初先生带领下，上海农药研究所开始筛选validamycin，结果发现从井冈山土壤中分离的吸水链霉菌井冈变种（*Streptomyces hygroscopicus* var. *jingganggensis* Yen）可产生validamycin，将其命名为井冈霉素（jinggangmycin）[4]。井冈霉素对 *R. solani* 的抑制活性MIC值达到0.01mg/L；用于田间防治水稻纹枯病，每亩用药3～5g即可达到90%左右的防效，1 次用药可维持 20～30d 的效果，用有效剂量的 30 倍也不会对水稻产生药害；井冈霉素对小鼠的 LD_{50} 为 10 000mg/kg 以上，对哺乳动物非常安全；井冈霉素在环境中易被分解，对有益生物及水生动物均无显著毒性。因此，井冈霉素以其高效、药力持久、毒性低、安全性高，以及成本低廉等优点，成为一种理想的生物农药[5]。70 年代中期，井冈霉素在浙江、江苏、上海等地开始商业化生产，自研制成功至今，在我国经久不衰地使用了 40 多年，未发现抗药性，是我国防治水稻纹枯病应用最广的农药，有“第一杀菌剂”之称。

二、问题

1. 井冈霉素长期大量使用，纹枯病菌为什么没有对其产生显著的抗药性？

2. 井冈霉素的发现对新农药研发有何启示？

3. 为什么井冈霉素能够经久不衰地使用 40 多年？近年井冈霉素“第一杀菌剂”称号不保的原因是什么？

三、案例分析

1. 井冈霉素长期大量使用，纹枯病菌为什么没有对其产生显著的抗药性？

水稻纹枯病菌对井冈霉素的抗药性研究大多是没有产生抗性，少数报道已分离出抗药性的水稻纹枯病菌。这是因为井冈霉素防治水稻纹枯病有其独特的机制：①没有杀死作用，它使纹枯病菌菌丝体形成不正常分枝而削弱纹枯病菌的致病力，尤其是对菌丝体主枝的影响。而井冈霉素本身对抗性菌株没有筛选作用，一旦井冈霉素作用消失，纹枯病菌仍能恢复正常生长。②对植株进行诱导，使植株对病菌产生抗性。在 PDA 培养基上，井冈霉素 A 对水稻纹枯病菌理论抑制作用仅是田间活体植株上对病菌实际作用效果的 1/10。井冈霉素在植物体内对水稻纹枯病菌的作用明显大于离体条件下药剂的直接作用。所以，即使存在少量纹枯病菌抗性菌株，也很难因药物的筛选作用而使整个群体成为抗性群体[6]。

2. 井冈霉素的发现对新农药研发有何启示？

在 20 世纪 70 年代以前，防治纹枯病的药剂主要是有机砷制剂，如田安、稻脚青等，虽然其防治效果较好，但是其安全性问题限制了其应用。由于使用农药是防治纹枯病的必需措施，研发高效、低毒、安全的替代性杀菌剂成为必然选择。20 世纪 60—70 年代是农用抗生素发展的高峰时期，自然会想到研发防治纹枯病的抗生素。然而，在井冈霉素筛选过程中，用常规的病原菌抑制法并不能发现井冈霉素对纹枯病菌的高效抑制作用，只有在稻苗法和蚕豆叶片法测定中，井冈霉素才表现出显著的防治效果。可见，如果当初仅采用了常规病原菌抑制法筛选，则井冈霉素可能不被发现。因此，在农药筛选中应该采用多种方法相结合，注重田间条件或者模拟田间条件的筛选方法，才可能不至于漏筛有用的候选物质。

3. 为什么井冈霉素能够经久不衰地使用 40 多年？近年井冈霉素“第一杀菌剂”称号不保的原因是什么？

井冈霉素之所以能够经久不衰地使用 40 多年，主要原因：一是井冈霉素对纹枯病的高效性与持久性；二是防治成本的低廉性；三是纹枯病发生的普遍性，使井冈霉素有一个稳定的市场；四是纹枯病没有对井冈霉素产生显著的抗药性，这是最主要的原因。

但是近年来，井冈霉素的市场份额有所下降，年产量已降至 3 万～4 万 t（按 5%制剂计算），使用面积缩减为 1 000 万 hm^2 左右，己唑醇取代了其第一杀菌剂的地位。井冈霉素使用量下降的主要原因有 3 个：一是新型药剂产品不断涌现，抢占了井冈霉素的市场份额。在国产品种中，防治水稻纹枯病需求量上升的最大品种是己唑醇，目前己唑醇原药 14 万元/t，己唑醇防治水稻纹枯病单批次用药成本比井冈霉素高，为 3.5 元/次，但防效时间长，用药次数少，每亩总成本比井冈霉素低。咪鲜胺和戊唑醇也是分食井冈霉素大蛋糕的两个主要产品。这两种杀菌剂属于低毒农药，主要防治水稻纹枯病、稻曲病和稻瘟病。另外，丙环唑、甲基硫菌灵（甲基托布津）和多抗霉素 B 在水稻纹枯病防治上的市场份额也呈上升趋势。除此以外，还有大量的复配品种上市，也对井冈霉素市场进行挤压。二是井冈霉素药效下降，市场失宠。井冈霉素对其他病害防效较差，尤其对发展迅速的大棚瓜果、蔬菜等经济作物上的病害防治方面表现不佳。三是井冈霉素长期价格较低，近几年来农药生产成本飞涨，杀菌剂价格大都水涨船高，但井冈霉素价格上调却很难，因利润较低受到经销商的抵制。例如，咪鲜胺目前的市场销售价格是 4.0 元/袋（6.5g），同比每袋上涨 0.5 元，进口杀菌剂爱苗已卖到 0.7 元/mL，而 20%井冈霉素粉剂批发价仅为 0.39 元/袋（25g）。长期低廉的价格使井冈霉素的盈利空间缩小，降低了生产商与经销商的积极性[7]。可见，井冈霉素失宠，主要原因不是技术上的问题，而是市场的选择。

四、补充材料

（一）井冈霉素的分子结构与作用机制

井冈霉素是多组分的含葡萄糖弱碱性氨基环醇类抗生素，主要成分有 A、

B、C、D、E、F、G、H，其中组分 A、E、F 的活性最高，对立枯丝核菌（*R. solani*）的 MIC 值达到 0.01mg/L（图 19－1）。

对井冈霉素的作用机制进行研究发现当水稻纹枯病菌菌丝接触到井冈霉素后，井冈霉素能很快被菌丝体细胞吸收并在菌体内传导，干扰和抑制菌体细胞正常生长发育，从而起到防治作用。井冈霉素对纹枯病菌没有杀死作用，它使纹枯病菌菌丝体形成不正常分枝而削弱纹枯病菌的致病力，尤其是对主枝的影响，但是一旦井冈霉素作用消失，纹枯病菌仍能恢复正常生长[5]。据日本 Asano 等[8]报道，井冈霉素 A 被纹枯病菌细胞吸收运输到胞内，再通过 β-D-糖苷酶的作用，水解产生井冈羟胺 A。由于井冈羟胺 A 对真菌海藻糖酶有极强的抑制作用，0.1mg/L 井冈羟胺 A 就能完全抑制海藻糖酶活性，而纹枯病菌细胞内含有 10%的海藻糖（干重），因此井冈羟胺 A 抑制了纹枯病菌的海藻糖代谢，进而抑制了纹枯病菌的能量代谢，降低了菌丝的生长速率。张穗等[9]认为，井冈霉素在室内培养条件下和活体水稻植株上对水稻纹枯病的毒力作用之间存在差异，井冈霉素在植物体上对水稻纹枯病菌的作用明显大于离体条件下药剂的直接作用，该结果显示井冈霉素具有抑制病原菌和诱导植物抗性双重作用的特性，既能激发水稻产生抗性防卫反应，又能抑制纹枯病菌的生长，但对于井冈霉素在植物体内的代谢情况尚不清楚。随着井冈霉素 A 进入水稻体内，水稻体内海藻糖酶的活性被抑制，导致海藻糖大量积累；与此同时，还伴随着内切几丁质酶和 β-1,3-葡聚糖酶活性的增高，其时间与盆栽水稻叶面喷洒井冈霉素 A 后可以有效控制纹枯病持续至 14d 的效果相吻合[10]。日本 Ishikawa 等[11]研究发现使用有效霉素之后，显示植物体内有水杨酸的积聚；通过 Northern 斑点杂交分析显示还诱导了标志系统获得性抗性的 PR 基因表达，这说明与井冈霉素类似的有效霉素具有诱导植株抗病性的作用。因此，井冈霉素的作用机制可能是井冈霉素抑制了水稻中的海藻糖酶，导致海藻糖积累，因为海藻糖特殊的生物学功能，而进一步引发一系列防卫反应。这正是井冈霉素在离体培养和活体培养中对水稻纹枯病作用效果不同的原因。但具体的作用途径还有待进一步的研究和证明[6]。

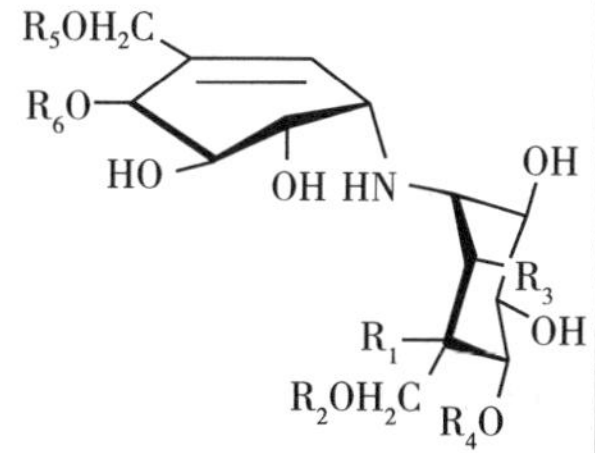

组分	R_1	R_2	R_3	R_4	R_5	R_6	对*R. solani*的抑制活性MIC (mg/L)
A	H	H	H	β-D-Glc	H	H	0.01
B	H	H	OH	β-D-Glc	H	H	0.5
C	H	H	H	β-D-Glc	α-D-Glc	H	10
D	H	α-D-Glc	H	H	H	H	25
E	H	H	H	α-D-Glc(1→4)-β-D-Glc	H	H	0.01
F	H	H	H	β-D-Glc	H	α-D-Glc	0.01
G	OH	H	H	β-D-Glc	H	H	0.5
H	H	H	H	β-D-Glc(1→6)-β-D-Glc	H	H	0.05

图 19－1　井冈霉素的结构与组成[6]

（二）井冈霉素的使用

1. 防治对象及使用方法 井冈霉素可用于小麦或水稻纹枯病防治，也可用于水稻稻曲病、玉米大小斑病以及蔬菜和棉花、豆类等作物病害的防治。番茄、茄子、辣（甜）椒等蔬菜立枯病，发病初期可用5%井冈霉素水剂1 500倍液喷雾，药液要喷到植株茎部。黄瓜立枯病、白绢病、根腐病，在黄瓜播种于苗床后，使用5%井冈霉素水剂1 000～1 500倍液浇灌苗床，每平方米用药液3～4kg，或者每100kg苗床土用5%井冈霉素水剂40～140mL兑水后处理土壤。豆类立枯病、白绢病，可用5%井冈霉素水剂10～20mL拌1kg种子。

2. 制剂 现已登记的井冈霉素制剂有效成分包括井冈霉素和井冈霉素A，剂型包括水剂和可溶粉剂，农药类别为杀菌剂。井冈霉素制剂有效成分含量在2.4%～60%不等，大部分产品有效成分含量集中在5%左右。井冈霉素A的农药制剂有效成分含量也为2.4%～60%不等，大部分产品有效成分含量集中在5%左右。除了单一的井冈霉素有效成分的制剂登记之外，还有井冈霉素与其他杀菌剂和杀虫剂的混配制剂，包括与三环唑和多菌灵混配防治稻瘟病的可湿性粉剂、与吡虫啉混配防治水稻纹枯病和飞虱的可湿性粉剂、与枯草芽孢杆菌混配防治水稻稻曲病和纹枯病的水剂等。

参考文献

[1] Iwasa T, Yamamoto H, Shibata M. Studies on validamycins, new antibiotics. Ⅰ. *Streptomyces hygrscopicus* var. *limoneus* nov. var., validamycin - producing organism [J]. J Antibiot, 1970, 23: 595 - 602.

[2] Iwasa T, Higashide E, Yamamoto H, et al. Studies on validamycins, new antibiotics. Ⅱ. Production and biological properties of validamycins A and B [J]. J Antibiot, 1971, 24: 107 - 113.

[3] 陈宣民. 防治水稻纹枯病的新抗菌素——有效霉素 [J]. 今日科技, 1974, 24: 17 - 19.

[4] 沈寅初. 农用抗生素——井冈霉素开发研究 [J]. 抗生素, 1981 (1).

[5] 沈寅初. 井冈霉素研究开发25年 [J]. 植物保护, 1996 (4): 44 - 45.

[6] 陈小龙, 方夏, 沈寅初. 纹枯病菌对井冈霉素的作用机制、抗药性及安全性 [J]. 农药, 2010, 49 (7): 481 - 483.

[7] 张为农. 井冈霉素第一杀菌剂地位不保 [N]. 中国化工报, 2011 - 08 - 11.

[8] Asano N, Yamaguchi T, kameda Y, et al. Effect of vlidamycins on gycohydrolases of *Rhizoctonia solani* [J]. J Antibiot, 1987, 40 (4): 526 - 532.

[9] 张穗, 郭永霞, 唐文华, 等. 井冈霉素A对水稻纹枯病菌的毒力和作用机理研究 [J]. 农药学学报, 2001, 3 (4): 31 - 37.

[10] 张穗, 赵清华, 唐文华, 等. 井冈霉素A对水稻抗性相关酶活性的影响 [J]. 植物保

护学报，2003，30（2）：177-180.
[11] Ishikawa R，Suzuki-nishimito M，Fukuchi A，et al. Effective control of cabbage black rot by validamycin A and its effect on extracellular polysaccharide-production of *Xanthomonas campestris* pv. *campestris* [J]. J Pestic Sci，2004，29（3）：209-213.

撰稿人

王菁菁：女，博士，华南农业大学博士后。E-mail：wangjingjing@scau.edu.cn

胡琼波：男，博士，华南农业大学植物保护学院教授。E-mail：hqbscau@hqbscau.edu.cn

20 案例20

番茄黄化曲叶病毒病在我国的暴发与防控

一、案例材料

（一）番茄黄化曲叶病毒病在我国的蔓延危害

番茄黄化曲叶病毒病是指以番茄黄化曲叶病毒（*Tomato yellow leaf curl virus*，TYLCV）为代表的双生病毒引起的，由烟粉虱传播的，呈现叶片黄化、叶缘卷曲、植株矮化等症状的植物病毒病（图 20 - 1）。此病在 21 世纪以前，我国仅在华南及云南地区有零星发生，但是约在 2000 年以后，该病逐步扩展蔓延。2005 年首次报道此病大面积发生危害，在广西番茄主产区百色市田阳县，秋番茄发病率为 15%～30%，田州镇受害最重，许多田块发病率高达 80%以上，农民已基本放弃管理；同年 12 月在玉林市郊名山镇腾阳村和南宁市郊江西镇兴贤村及太平镇林渌村，秋番茄的发病率也达到 10%～30%，广西农业科学院内试验地种植的红宝石、红吉星、大明星等番茄试验材料绝大多数都感染该病[1]。在广东番茄主产区广州市花都、增城以及高要，秋番茄发病率 30%～50%，严重发病田间病株率达 100%。2005 年 10 月，上海孙桥地区温室番茄发生了一种新的病毒病，严重发生田块病株率达 95%以上，经病样超薄切片电镜观察、酶学检测、分子检测，以及嫁接试验等，结果鉴定为番茄黄化曲叶病毒病[2]。自 2005 年 9 月开始，江苏兴化、江都、南京、无锡等番茄产区相继发现了该病害，严重影响番茄植株的生长、开花、坐果等，给当地的番茄生产造成了巨大的损失[3]。

该病继续由南向北蔓延，于 2007 年秋传入安徽省，在番茄主产区的蚌埠、淮北、淮南、亳州、阜阳、固镇等市局部地区发生，致使番茄产量与质量严重下降。2008 年，河南大棚番茄大面积发生番茄黄化曲叶病毒病，危害最严重的有扶沟县、开封县、中牟县。2008 年 11 月，河北魏县、馆陶等部分县发现零星发病田块，2009 年迅速扩散蔓延到邯郸、邢台、石家庄、衡水、沧州、保定、唐山等番茄主产区。2009 年秋季番茄黄化曲叶病毒病在北京主要番茄产区大兴大发生，严重影响到首都的蔬菜市场供应。山东是我国蔬菜生产大省，也是受番茄黄化曲叶病毒病危害最严重的地区。山东省农业厅组织的调查估计，2009 年番茄黄化曲叶病毒病的发生面积近 1.3 万 hm^2，发病田病株率一般在 20%～30%，严重的达 60%～70%，其中潍坊、淄博、菏泽、烟台、泰安等地发生严重，如寿光有 7 000～8 000hm^2 番茄严重减产乃至绝收。至 2009 年，此病已在上海、浙江、江苏、安徽、山东、河南、河北、北京、广西、广东、云南等 13 个省份暴发成灾，严重发病田块病株率达 95%以上，全国番茄黄化曲叶病毒病的年发生面积超过 6.7 万 hm^2，年经济损失至少 20 亿元[4]。

图 20 - 1　番茄黄化曲叶病毒病症状

A. 田间病株（胡琼波，2012）　B. 室内健株（胡琼波，2012）　C. 田间病株（何自福，2010）　D. 室内接种番茄黄化曲叶病毒的病株（何自福，2010）　E. 田间健株（胡琼波，2012）

（二）番茄黄化曲叶病毒病的防控

在实际生产中，针对病原病毒、传毒介体和寄主植物，提出了一些有效的综合防治策略与措施[4-5]，主要包括以下 3 个方面：消除或减少病毒初侵染源，减少或限制传毒介体烟粉虱，推广栽培抗（耐）病良种。具体的防治措施可分为：

1. 农业防治

（1）选用抗病（耐）病品种。防治番茄黄化曲叶病毒病最根本的措施是选用抗（耐）病品种。2005—2009 年，该病在我国的流行危害，与当时大面积栽培的番茄品种感病有密切关系。目前，我国已经鉴定了一批抗病新品种，含 *Ty-1*、*Ty-2* 或 *Ty-3* 等抗性基因，可根据不同栽培需要，选用适宜的品种。

（2）培育健康壮苗。烟粉虱具有很强的生存与扩展能力，因此要培育“无虫苗”，切断通过秧苗带毒传入大棚、日光温室及大田的途径。培育无虫苗的方法：①育苗床与栽培棚、大田分开，最好在远离病害发生区的地方进行育苗，育苗前清除残枝杂草，熏杀残余成虫，同时对棚内育苗基质及苗床土壤彻底消毒。②育苗床采用40～60目的防虫网覆盖，防止烟粉虱进入，避免苗期感染。③定植前1周对育苗床秧苗进行喷药，避免带虫或带毒植株进入定植田。

（3）调节播期。高温、干燥的气候条件对烟粉虱的发生、繁衍及传播有利，气温较低烟粉虱发生少，活动性不强，因此长江中下游地区，可在冬春季或春季进行大棚或日光温室番茄生产。华南地区露地栽培番茄，应该适当推迟播种、移栽时间，错开烟粉虱发生在11月以前的高峰时期。

（4）清洁田园。烟粉虱是多食性害虫，寄主范围广泛，除为害经济作物外，还广泛分布在观赏植物和野生杂草上。常见的田旋花、矮牵牛、灰菜、苦苣菜、胜红蓟等杂草是烟粉虱的重要寄主植物，其中部分杂草也是番茄黄化曲叶病毒的寄主植物。在番茄定植之前及生长过程中应及时彻底铲除杂草和病株，并加以销毁，降低虫源和病毒初侵染源。

（5）加强田间栽培管理。加强田间管理，促进植株生长健壮，提高抗病力，也是防治病毒病的重要措施。①做好田间检查，发现病株及时拔除，消除田间病源。②采用地膜覆盖，及时清除田间杂草，减少烟粉虱栖息繁衍场所。③结合整枝打杈，及时摘除植株下部带虫（卵）老叶并带出棚外妥善处理。④加强水肥管理，提高植株抗病能力。

2. 物理防治

（1）防虫网栽培。有条件的地区可采用40～60目的防虫网覆盖隔离栽培。但需要注意的是应设置缓冲门，同时注意进出时小心关门，防止带毒烟粉虱进入。

（2）利用黄板诱杀传毒介体烟粉虱。根据烟粉虱对黄色有强烈趋性的特点，可以在栽培田内设置黄板诱杀成虫，防控传播媒介，以控制番茄黄化曲叶病毒病的发生。方法是将涂有黏油的橙黄色纤维板悬挂于植株顶端。

3. 化学防治 发现烟粉虱发生要及时喷药防治，药液要喷在番茄植株叶片背面。药剂可选用10%吡虫啉可湿性粉剂2 000～3 000倍液、2.5%联苯菊酯乳油（天王星）2 000倍液、25%扑虱灵可湿性粉剂1 000～1 500倍液、25%噻虫嗪水分散粒剂（阿克泰）2 000～3 000倍液、1.8%阿维菌素乳油

1 500倍液、1%甲氨基阿维菌素苯甲酸盐乳油 2 000 倍液等。在保护地中也可以用 22%敌敌畏烟剂 7.5kg/hm^2，于傍晚前将大棚或日光温室密闭熏烟，以杀死烟粉虱成虫。

二、问题

1. 番茄黄化曲叶病毒病 2005 年后在我国突然暴发成灾的主要原因是什么?

2. 为什么说在缺乏抗病品种时，培育健康壮苗是防治番茄黄化曲叶病毒病的重要措施?

三、案例分析

1. 番茄黄化曲叶病毒病 2005 年后在我国突然暴发成灾的主要原因是什么?

第一，B 型与 Q 型烟粉虱相继侵入我国，并且成功取代本地烟粉虱而成为优势种群，B 型与 Q 型比本地生物型具有更强的传毒能力，为番茄黄化曲叶病毒病暴发提供了前提条件。21 世纪以前，我国存在本地烟粉虱生物型，也有番茄黄化曲叶病毒病发生，但是不构成大的危害。2001 年，我国局部地区发现 B 型烟粉虱开始暴发危害，继而迅速扩散至其他地区。2003 年，又发现了 Q 型烟粉虱开始发生危害。更为严重的是，Q 型烟粉虱比 B 型烟粉虱具有更大的竞争优势与传毒能力。2003—2007 年，Q 型烟粉虱相继在我国湖北、上海、浙江、江苏、安徽等地区发生危害，并快速取代 B 型烟粉虱成为主要的致害生物型。Q 型烟粉虱比 B 型烟粉虱表现出极强的抗药性，特别是对烟碱类杀虫剂的抗药性，这种抗药性是导致 Q 型烟粉虱取代 B 型烟粉虱的重要原因，发现 Q 型烟粉虱扩散危害的同时，番茄黄化曲叶病毒病伴随着暴发流行[4]。

第二，TYLCV 的入侵。2002 年我国台湾地区番茄暴发了由 TYLCV 引起的番茄黄化曲叶病毒病，随着两岸园艺种苗的频繁交流，该病害不到 3 年就传入大陆[4]。2005 年以前，我国发生的番茄黄化曲叶病毒病的病原有中国番茄黄化曲叶病毒（*Tomato yellow leaf curl China virus*，TYLCCNV）[6]、烟草曲茎病毒（*Tobacco curly shoot virus*，TbCSV）[7]、广东番茄曲叶病毒（*Tomato leaf curl Guangdong virus*，ToLCGuV）[8]等，但分布不广，仅零星发生。尽管世界各地引起番茄黄化曲叶病毒病的病毒种类很多，但是以 TYLCV最为普遍，说明可能 TYLCV 在与番茄和 B 型、Q 型烟粉虱互作过程中处于比其他病毒更有利的优势地位。因此，TYLCV 入侵后很快蔓延至全国各地。

第三，具备该病发生的栽培条件。主要是因为感病品种的大面积种植，以及大棚温室蔬菜栽培，为北方地区烟粉虱提供了冬季的活动场所与食物资源，进而源源不断地为番茄黄化曲叶病毒病的发生提供侵染来源，所以，番茄黄化曲叶病毒病能够在山东、河北、河南等地很快流行。相反，湖南、湖北、江西等地，冬季保护地栽培较少，番茄以露地栽培为主，所以烟粉虱越冬虫源少，番茄黄化曲叶病毒病的侵染源也少，这可能是番茄黄化曲叶病毒病在当地没有暴发成灾的重要原因。

2. 为什么说在缺乏抗病品种时，培育健康壮苗是防治番茄黄化曲叶病毒病的重要措施？

通常，栽培抗病品种是防治植物病毒病的最简单有效的方法，但是在一个新的病害发生初期，往往缺乏抗（耐）病品种，此时，培育健康壮苗与控制媒介昆虫传播病毒就成为必然选择。

番茄苗期感染黄化曲叶病毒的危害极大，带毒苗移栽后往往会造成绝收。幼苗期番茄耐病能力弱，容易遭受病毒侵染，并且病毒在苗期侵染比成株期侵染可承受更长的潜伏时间。采取隔离烟粉虱虫源的措施，培育无病健康壮苗，一方面避免了抗病力弱的番茄幼苗被病毒侵染，另一方面又促进其快速生长提前进入成株期，使其抗（耐）病能力提高，保证番茄在与病毒的斗争中处于优势地位。

四、补充材料

（一）双生病毒的形态、分类与基因组结构

双生病毒因其形如孪生粒子的外形而得名（图 20－2）。病毒粒子的外表为外壳蛋白（CP），内部为单链 DNA（ssDNA），粒子大小为 20nm×30nm。

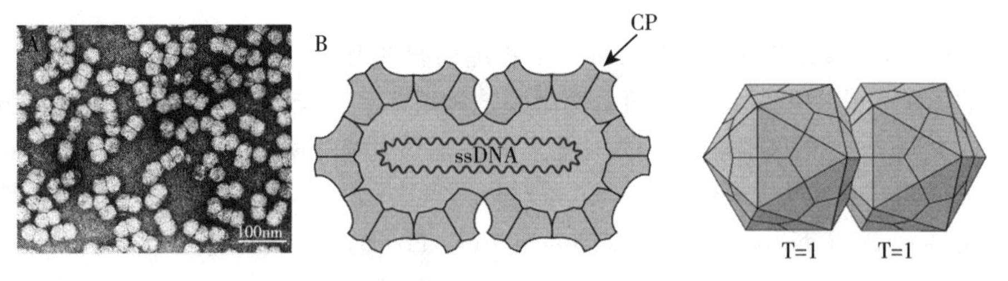

图 20－2　双生病毒的形态构造

A. 电镜下所见病毒粒子

B. 病毒粒子模式图（ViralZone 2009，Swiss Institute of Bioinformatics）

根据双生病毒基因组结构、介体种类和寄主范围的不同，目前国际病毒分类委员会（ICTV）将双生病毒科分为 7 个属，即玉米线条病毒属（*Mastrevirus*）、曲顶病毒属（*Curtovirus*）、番茄伪曲顶病毒属（*Topocuvir*）、菜豆金色花叶病毒属（*Begomovirus*）、甜菜曲顶病毒属（*Becurtovirus*）、画眉草病毒属（*Eragrovirus*）和芜菁曲顶病毒属（*Turncurtovirus*）。

玉米线条病毒属基因组大小为 2.6～2.9kb，为单组分病毒，以玉米线条病毒（*Maize streak virus*，MSV）为代表种。该属病毒基因组 DNA 含有 4 个开放阅读框（ORF）（图 20－3），其中病毒链编码外壳蛋白（CP）和移动蛋白（MP），互补链编码两个复制相关蛋白 RepA 和 Rep，病毒链和互补链的 ORF 之间由大、小两个非编码区（LIR 和 SIR）隔开（图 20－3）。LIR 含有双生病毒复制起始所需的 9 个碱基保守序列“TAATATT↓AC”和其他顺式作用元件，而 SIR 含有转录终止信号，病毒链和互补链的转录均在 SIR 终止。该病毒在自然条件下通过叶蝉传播，大多侵染单子叶植物，如玉米、甘蔗、黍等农作物，特别是玉米，主要发生在非洲地区，在欧洲和亚洲也有分布[9]。

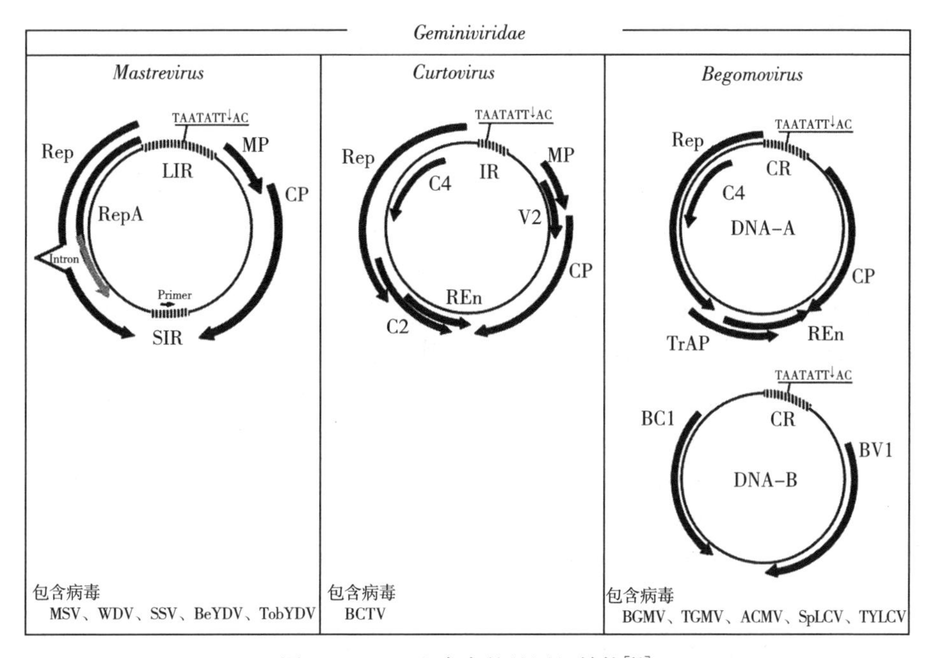

图 20－3　双生病毒的基因组结构[10]

曲顶病毒属基因组 2.5～3.0kb，为单组分病毒，以甜菜曲顶病毒（*Beet curly top virus*，BCTV）为代表种。该属病毒共编码 6～7 个 ORF（图 20－3），其中病毒链编码 3 个 ORF（V1 至 V3）。V1 编码病毒的 CP，参与病毒的包装、传播及运动；V2 编码产物参与基因组单双链 DNA 水平的调节；V3 编码产物为MP，涉及病毒的胞间移动。互补链编码4个ORF，C1和C3分别编码Rep和复制增强蛋白（REn），参与病毒的复制；C2编码的蛋白功能不详，突变分析表明可能与病毒致病相关；C4蛋白能诱导细胞分裂，与症状形成有关。该属病毒在自然条件下由叶蝉经持久性或半持久性方式传播，侵染双子叶植物，寄主范围广，主要分布于亚欧大陆、非洲、美洲及地中海地区[9]。

番茄伪曲顶病毒属基因组约为2.8kb，为单组分病毒，番茄伪曲顶病毒（*Tomato pseudo-curl top virus*，TPCTV）是该属的唯一成员，共编码6个ORF，是由*Mastrevirus*和*Begomovirus*重组而成。该病毒在自然条件下通过树蝉（*Micrutalis malleifera*）以持久性方式传播，只侵染双子叶植物，寄主范围窄。分布于我国台湾一带，日本和美国也有分布[9]。

菜豆金色花叶病毒属是双生病毒中分布最广、种类最多、危害最大、最具经济重要性的一个属。其典型的基因组结构多为双组分，含有两条大小为2.5～2.8kb的ssDNA分子，即DNA-A和DNA-B。部分为单组分基因组，其结构相当于双组分病毒的DNA-A（图20-3）。DNA-A和DNA-B分子中含有基因间隔区（IR），因其在序列、位置和结构上的保守性，又被称为共同区（CR）。CR或IR含有病毒复制和转录所必需的结构域及茎环结构顶端的9个碱基保守序列（TAATATT↓AC）。DNA-A在互补链上分别编码4个ORF（AC1、AC2、AC3和AC4），其中AC1编码Rep，具DNA内切酶、DNA连接酶、解旋酶及ATP酶活性，为DNA复制起始所必需；AC2编码转录激活蛋白（TrAP），用以激活DNA-A和DNA-B病毒链上晚期基因（CP和BV1）的转录；AC3编码REn，参与病毒DNA在寄主植物上的积累；AC4编码的蛋白为病毒的症状决定因子，参与病毒的症状形成和系统运动。病毒链AV1负责编码病毒的CP，参与病毒的包装、介体传播和系统运动；单组分*Begomovirus*在其病毒链上还编码一个V2蛋白，可能与病毒的移动和致病性相关。DNA-B组分编码的蛋白参与病毒的系统运动，其中病毒链BV1编码一个核穿梭蛋白（NSP），具DNA结合活性，能促进病毒DNA在细胞核与细胞质之间的穿梭运动；互补链的BC1编码MP，参与病毒的胞间移动。该属病毒自然条件下经烟粉虱以持久性方式传播，因而也被称为粉虱传双生病毒（WTG）。该属病毒侵染双子叶植物，寄主范围较广。代表种为菜豆金色花叶病毒（*Bean golden mosaic virus*，BGMV）。依据基因组结构特征、遗传多样性和地理分布的差异，该属病毒分为两组，即旧世界（old world，OW，包括欧洲、非洲、亚洲和澳大利亚）*Begomovirus*和新世界（new world，NW，美洲）*Begomovirus*。旧世界*Begomovirus*基因组结构多为单组分，伴随有卫星分子，而新世界*Begomovirus*多数为双组分病毒，不具有AV2且在CP的

N 端具有核定位信号（NLS）[9]。

甜菜曲顶病毒属基因组大小约为 2.8kb，单组分双生病毒。该属含有 2 个种，代表种为伊朗甜菜曲顶病毒（*Beet curly top Iran virus*）。该病毒基因组编码 5 个 ORF，其中病毒链编码 V1（CP）、V2 和 V3，互补链编码 C1、C2；含有 2 个基因间隔区，其中大间隔区中包括一个茎环结构及一个新的保守序列（9 个碱基 TAAGATT↓CC）。该病毒目前仅发生在伊朗，为害甜菜[11]。

画眉草病毒属基因组大小为 2.7～2.8kb，为单组分双生病毒，目前仅含弯叶画眉草线条病毒（*Eragrostis curvula streak virus*）1 个种。该病毒基因组编码 4 个 ORF，其中病毒链编码 V1（CP）、V2，互补链编码 C1（Rep）、C2；含有一个茎环结构，其中的 9 个碱基保守序列为 TAAGATTCC，而不是其他双生病毒的 TAATATTAC 序列。序列比较显示，该病毒可能是双生病毒科的古老祖先。该病毒目前发生在南非，侵染耐寒的多年生植物弯叶画眉草引起条纹症状，可能也是由叶蝉传播[12]。

芜菁曲顶病毒属基因组大小约为 3.0kb，为单组分双生病毒，目前该属也仅含芜菁曲顶病毒（*Turnip curly top virus*）1 个种。该病毒编码 6 个 ORF，其中病毒链编码 V1、V2，互补链编码 C1、C2、C3、C4，其基因组结构及序列均与曲顶病毒属成员存在较大差异。该病毒由叶蝉（*Circulifer haematoceps*）传播，自然寄主植物有芜菁、甜菜及多种杂草。室内传毒试验表明，25℃左右条件下，带毒的 *C. haematocep* 在芜菁植株上饲毒后 10d，植株可表现明显症状。该病毒目前发生在伊朗[13-14]。

（二）我国番茄黄化曲叶病毒病的病原

我国番茄黄化曲叶病毒病病原种类较多，分布有差异。调查结果表明，浙江省、山东省、山西省和上海市主要为 TYLCV；河南省主要为 TYLCV、中国番木瓜曲叶病毒（*Papaya leaf curl China virus*，PaLCuCNV）；云南省主要为 TYLCV、泰国番茄黄化曲叶病毒（*Tomato yellow leaf curl Thailand virus*，TYLCTHV）、中国番茄黄化曲叶病毒（*Tomato yellow leaf curl China virus*，TYLCCNV）、烟草曲茎病毒（*Tobacco curly shoot virus*，TbCSV）、云南烟草曲叶病毒（*Tobacco curl leaf Yunnan virus*，TbLCYNV）；广西壮族自治区主要为 TYLCCNV、PaLCuCNV、中国番茄曲叶病毒（*Tomato leaf curl China virus*，ToLCCNV）、中国胜红蓟黄脉病毒（*Ageratum yellow vein China virus*，AYVCNV）；广东省主要为台湾番茄曲叶病毒（*Tomato leaf curl Taiwan virus*，ToLCTWV）[15]、TYLCV、广东番茄曲叶病毒（*Tomato leaf curl Guangdong virus*，ToLCGuV）[8]、广东番茄黄化曲叶病毒（*Tomato yellow leaf curl Guangdong virus*，TYLCGuV）[16]。其中，TYLCV 在我国分布最

广，对番茄生产的危害最大。东部与北部地区的病毒种类较为简单，主要是TYLCV，而华南与云南则病毒种类更为多样[9]。

（三）烟粉虱的传毒特点

烟粉虱通过可循回持久性方式传播双生病毒，即获取病毒后，病毒在其体内循回，经过消化道，再进入血腔，最后从唾液腺经过口器将病毒传给寄主植物（图20-4）。烟粉虱一次获取病毒后，可多次传毒，甚至终生传毒。烟粉虱的若虫与成虫期均能摄取及传播双生病毒，但由于若虫不活动，在大田中，只有烟粉虱成虫能传播双生病毒。烟粉虱雌虫可将TYLCV传给卵，但其下一代可能没有传毒能力[17-18]。烟粉虱也可以通过交配将其体内病毒传给配偶[19]。

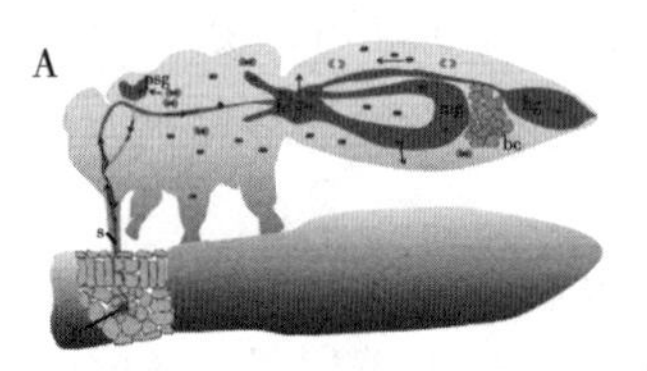
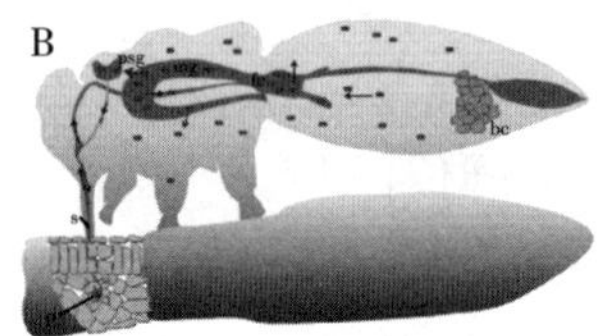
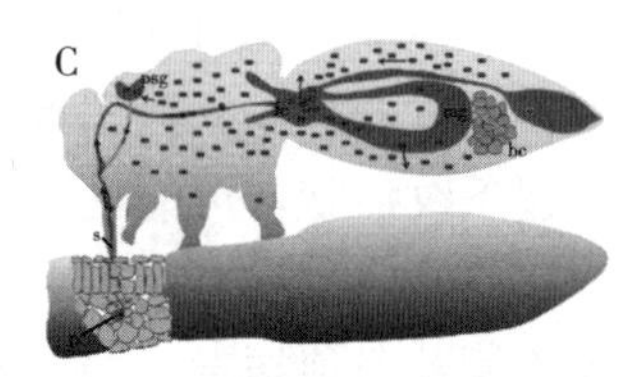

图20-4　烟粉虱传播TYLCV模式[20]

A. 具有GroEL蛋白的B型烟粉虱传毒模式　B. 无GroEL蛋白的Q型烟粉虱传毒模式（中肠前移）
C. 无GroEL蛋白的Q型烟粉虱传毒模式（大量获取病毒）
p. 韧皮部　s. 口针　e. 食道　fc. 滤器　mg. 中肠　psg. 唾液腺　bc. 共生细菌
灰色颗粒为共生细菌产生的GroEL蛋白，黑色颗粒为TYLCV

获毒与接种时间：烟粉虱有效获毒及传毒所需的最短时间与病毒种类有关，一般在5min至1h。烟粉虱传播TYLCV最短的获毒及接种时间为15～30min，烟粉虱在带毒植株上获毒5～10min就可在其体内检测到TYLCV，烟粉虱传毒5min时即可在植物的传毒位点处检测到TYLCV[19]。

病毒在烟粉虱体内的潜伏期：病毒被烟粉虱摄取后，要从烟粉虱消化道运输到唾液腺内，再在烟粉虱取食的过程中随唾液一起排出，这一过程所需的时间称为潜伏期。潜伏期不仅反映了病毒移动的速度，还反映了烟粉虱积累足够的病毒粒子以有效传播病毒于健康植株所需的时间。潜伏期长短因双生病毒种类而异，一般为6～24h[19]。

病毒在烟粉虱体内的存留：获毒1～2d后，双生病毒可在烟粉虱体内存留1周至数周，有时可终身存在。如烟草曲茎病毒（TbCSV）在B型烟粉虱体内至少可存留10d，而中国番茄黄化曲叶病毒（TYLCCNV）可在B型烟粉虱体内终身存在。大多数情况下，病毒DNA在烟粉虱体内存留的时间要长于带毒粉虱具有传毒能力的时间[19]。

烟粉虱传毒效率与获毒时间、虫口密度和接种位点的关系：烟粉虱对双生病毒的传毒效率与其获毒及传毒时间的长短有关。如，烟粉虱在感染 TYLCV 的番茄植株上获毒 15min 时即可传毒，传毒效率随其获毒时间的延长而增加，于 12～24h 时达到最高。烟粉虱对双生病毒的传毒效率还随其个体数量的增加而提高，烟粉虱在获毒 24h 后，每株 1 头带毒成虫使 18.5%的植株感染病毒，当传毒成虫的密度升至每株 5 头和每株 15 头时，植株感染病毒的百分比分别上升到 74.2%和 100%。烟粉虱对双生病毒的传毒效率还与在寄主植物上的接种位点有关，嫩叶是最好的位点，病毒能够在这些部位的接种点进行复制，并将病毒粒子首先运输到根部，然后运输到植株的新芽，最后运输到与接种叶片位置相邻的叶片和花，以老叶片为传毒位点时的传毒效率低[19]。

烟粉虱获毒及传毒效率与虫龄及性别的关系：烟粉虱营产雄孤雌生殖，未受精的卵发育为单倍体雄虫，受精卵发育为双倍体雌虫。烟粉虱获取及传播双生病毒的效率可随其性别及龄期而变化。雌成虫传播 TYLCV 及 ToLCBV 的效率比雄成虫高 5 倍，而雌性和雄性成虫对 SLCV 的传播效率相似。烟粉虱成虫传播 TYLCV 的效率随虫龄的增长而下降，这可能与它们随着年龄增长在单位时间内能获取的病毒量下降有关[19]。

病毒的交配传播与经卵传播：TYLCV 可以从带毒雄虫传给雌虫，也可从带毒雌虫传给雄虫，但在同一性别之间不能互传。另外，双生病毒还可以经卵传播的途径传给后代，并且至少可以传 2 代，由带毒雌虫所产的卵发育成熟的 F_1 代及 F_2 代成虫的部分个体仍具有传毒能力[17]。然而，后来研究表明，只有在 B 型烟粉虱下一代中，有 9.1%的卵和 29.1%的若虫体内检测到撒丁岛番茄黄化曲叶病毒（*Tomato yellow leaf curl Sardinia virus*，TYLCSV），但仅在 2%的成虫体内检测到 TYLCSV，且这些成虫不具有传毒能力。同时，在 B 型和 Q 型烟粉虱下一代的卵、若虫及成虫个体内，均未能检测到 TYLCV[18]。可见，烟粉虱是否经卵传播双生病毒尚存争议[19]。

（四）番茄抗病品种

已经发现 *Ty-1*、*Ty-2*、*Ty-3*、*Ty-4* 和 *Ty-5* 等抗病基因，均来自野生抗病毒番茄。*Ty-1* 基因来自智利番茄（*Solanum chliense*）LA1969，位于第 6 号染色体上。*Ty-2* 基因来自多毛番茄（*S. habrochaites*）B6013，位于第 11 号染色体上。*Ty-3* 和其等位基因 *Ty-3a* 分别来自智利番茄（*S. chliense*）LA2779 和 LA1932，均位于第 6 号染色体上；*Ty-1* 和 *Ty-3* 也可能是等位基因。*Ty-4* 来自智利番茄（*S. chliense*）LA1932，位于第 3 号染色体上。*Ty-5* 基因来自秘鲁番茄（*S. peruvianum*）育种材料 TY172，位于第 4 号染色体上。定位到并获得了与这些抗病基因紧密连锁的分子标记，利用这些连锁标记可以将抗病基因转入番茄骨干亲本中获得抗病育种材料[21]。

利用鉴定的抗病基因，国外多家种子公司已经育成了许多抗（耐）番茄黄化曲叶病毒病的番茄品种。如以色列海泽拉优质种子公司推出的适合于保护地种植的番茄品种飞天、光辉、阿库拉、忠诚等，适合南方露地栽培的番茄品种琳达、维拉、奥斯卡、斯科特等，以及樱桃番茄博尔特；荷兰瑞克斯旺公司的串收番茄品种格利（73－516）RZ F_1 和 74－112 RZ F_1；先正达的红果番茄品种迪利奥、齐达利、莎丽、拉比，粉果品种迪芬尼；荷兰德澳特种业集团的粉果品种普罗旺斯 604、DRK599、DRK605、德澳特 302、雅丽 616，红果品种 DRW7728、瑞斯 728 和宝塔利亚等[21]。

我国育种科研单位利用引进的抗源材料，也育成了一些抗病品种，如含有 *Ty－1* 基因的科大 204（河北科技大学）、西农 2011（西北农林科技大学）和 09 秋 179（北京蔬菜研究中心），含有 *Ty－2* 基因的浙粉 701、浙杂 301（浙江省农业科学院）和苏红 9 号（江苏省农业科学院），含有 *Ty－3a* 基因的浙粉 702 和浙杂 502（浙江省农业科学院），以及同时含有 *Ty－1* 和 *Ty－3a* 基因的申粉 V－86（上海市农业科学院）和红贝贝、红曼、10 秋展 47、红 4、红 6 等（北京蔬菜研究中心）。还有申粉 V－1（上海市农业科学院），瓯秀 808、瓯秀 806（温州市农业科学院），杭杂 301（杭州市农业科学院），以及金陵甜玉（江苏省农业科学院）等抗病新品种[21]。

只含有 *Ty－1*、*Ty－2*、*Ty－3*、*Ty－4* 和 *Ty－5* 任何一个抗性基因的番茄株系，均对番茄黄化曲叶病毒病表现出一定的抗性，但抗性水平不等。*Ty－1* 属于不完全显性单基因，在世界不同国家和地区对不同的 TYLCV 病原小种均表现一定的抗性，但是一般表现为耐病，抗病能力不强，含有该基因的 TY52 在存在病毒复合侵染的危地马拉出现严重的感病症状。*Ty－2* 基因为完全显性遗传，对世界不同国家和地区的不同病原小种的抗性不一样，在以色列、印度南部、越南北部、美国和中国台湾表现出非常高的抗性，但在印度北部、越南南部、菲律宾、泰国和危地马拉则感病，抗病能力表现出明显的地区差异。*Ty－3* 和 *Ty－3a* 基因在抗性遗传中呈加显性效应，对世界不同地区不同的番茄黄化曲叶病毒种类均具有较高的抗性，除了抗 TYLCV 还抗ToMoV，即使在至少 7 种病毒复合侵染的危地马拉仍然表现出高水平的抗性。只含有 *Ty－4* 基因的番茄植株的抗性水平不高，但在同时含有 *Ty－4* 和其他基因情况下，植株的抗性显著提高[21]。

参考文献

[1] 蔡健和，秦碧霞，朱桂宁，等．番茄黄化曲叶病毒病在广西暴发的原因和防治策略［J］．中国蔬菜，2006（7）：47－48.

[2] 王冬生，匡开源，张穗，等．上海温室番茄黄化曲叶病毒病的发生与防治［J］．长江

蔬菜，2006 (10)：25 - 26.

[3] 赵统敏，余文贵，周益军，等．江苏省番茄黄化曲叶病毒病（TYLCD）的发生与诊断初报 [J]. 江苏农业学报，2007，23 (6)：654 - 655.

[4] 杜永臣，谢丙炎，张友军．威胁番茄生产的新病害——番茄黄化曲叶病毒病 [J]. 中国蔬菜，2009 (21)：1 - 4.

[5] 赵统敏，余文贵，杨玛丽，等．番茄黄化曲叶病毒病在江苏的暴发与综合防治 [J]. 江苏农业科学，2008 (6)：114 - 115.

[6] 刘玉乐，蔡健和，李冬玲，等．中国番茄黄化曲叶病毒——双生病毒的一个新种 [J]. 中国科学（C 辑），1998，28 (2)：151 - 153.

[7] 李正和，李桂新，谢艳，等．云南番茄曲叶病是由烟草曲茎病毒引起的 [J]. 病毒学报，2002，18 (4)：355 - 361.

[8] 何自福，虞皓，罗方芳．广东番茄曲叶病毒 G2 分离物基因组 DNA 的分子特征 [J]. 微生物学报，2005，45 (1)：36 - 40.

[9] 矫晓阳．番茄黄化曲叶病病原鉴定及抗性品种测定 [D]. 杭州：浙江大学，2013.

[10] Gutierrez C. DNA replication and cell cycle in plants：learning from geminiviruses [J]. EMBO J，2000，19 (5)：792 - 799.

[11] Bolok Yazdi H R，Heydarnejad J，Massumi H. Genome characterization and genetic diversity of *beet curly top Iran virus*：a geminivirus with a novel nonanucleotide [J]. Virus Genes，2008，36：539 - 545.

[12] Varsani A，Shepherd D N，Dent K，et al. A highly divergent South African geminivirus species illuminates the ancient evolutionary history of this family [J]. Virol J，2009，6：36.

[13] Briddon R W，Heydarnejad J，Khosrowfar F，et al. *Turnip curly top virus*，a highly divergent geminivirus infecting turnip in Iran [J]. Virus Res，2010，152 (1 - 2)：169 - 175.

[14] Razavinejad S，Heydarnejad J，Kamali M，et al. Genetic diversity and host range studies of *turnip curly top virus* [J]. Virus Genes，2013，46：345 - 353.

[15] 何自福，虞皓，毛明杰，等．中国台湾番茄曲叶病毒侵染引起广东番茄黄化曲叶病 [J]. 农业生物技术学报，2007，15 (1)：119 - 123.

[16] 何自福，虞皓，罗方芳．广东番茄曲叶病毒 G3 分离物基因组 DNA - A 的分子特征 [J]. 植物病理学报，2005，35 (3)：208 - 213.

[17] Briddon R W，Ghanim M，Morin S，et al. Rate of *tomato yellow leaf curl virus* (TYLCV) translocation in the circulative transmission pathway of its vector the whitefly *Bemisia tabaci* [J]. Phytopathology，2001，91 (2)：188 - 196.

[18] Ghanim M，Sobol I，Ghanim M，et al. Horizontal transmission of begomoviruses between *Bemisia tabaci* biotypes [J]. Arthropod - Plant Inte，2007 (1)：195 - 204.

[19] 纠敏，周雪平，刘树生．烟粉虱传播双生病毒研究进展 [J]. 昆虫学报，2006，49 (3)：513 - 520.

[20] Kiot A，Ghanim M. The role of bacterial chaperones in the circulative transmission of

plant viruses by insect vectors [J]. Viruses, 2013 (5): 1516-1535.
[21] 杨晓慧. 番茄抗黄化曲叶病基因 *Ty-2* 的精细定位及不同抗性基因效应比较 [D]. 北京: 中国农业科学院, 2012.

撰稿人

何自福：男，博士，广东省农业科学院植物保护研究所研究员。E-mail：hezf@gdppri.com

胡琼波：男，博士，华南农业大学植物保护学院教授。E-mail：hqbscau@hqbscau.edu.cn

21 案例21 番茄褪绿病毒病在我国的暴发与防控

一、案例材料

（一）番茄褪绿病毒病在我国的蔓延危害

番茄褪绿病毒病是指以番茄褪绿病毒（*Tomato chlorosis virus*，ToCV）为代表的双组分病毒引起的，由烟粉虱传播，可导致寄主植物叶片黄化、植株矮化等症状的植物病毒病（图 21－1）。在我国，此病最早于 2004 年在台湾发生，2011 年在山东寿光发生，2012 年在山东泰安、聊城等地发生，2013 年在山东大面积暴发，部分温室发病株率达到 20％～100％，造成番茄减产 10％～40％[1]。2012 年在北京大兴保护地大棚甜椒上发现了典型的脉间褪绿症状，RT－PCR 结合常规核苷酸测序，鉴定为 ToCV[2]。2014 年在天津番茄主要种植区武清区和静海县的保护地番茄上，ToCV 的发生率达到 20％～30％[3]。2014 年河南番茄主要种植区郑州、济源、新郑、中牟和扶沟等地，以及河北廊坊、衡水、沧州和石家庄的保护地番茄上，ToCV 大面积发生危害[4-5]。2015 年在山西、陕西、浙江、内蒙古和安徽的保护地和露地番茄上，均发现 ToCV 侵染危害[6-7]。2016 年，吉林和辽宁等地为害番茄的 ToCV 分离物 *HSP70* 基因核苷酸序列与山东寿光分离物同源性最高[8]。2017 年，在广东番茄上发现的 ToCV 分离物，与我国其他地区 ToCV 分离物的 *HSP70* 基因核苷酸序列同源率低于 82％，表明我国 ToCV 存在一定程度的遗传分化[9]。2018 年在云南和四川的番茄上，检测到 ToCV[10-11]；同年在湖南，首次发现 ToCV 侵染葫芦科植物黄瓜[12]。2019 年由湖南省植物保护研究所牵头，在公益性行业（农业）科研专项的支持下，联合国内 30 多家科研单位，普查了我国蔬菜主要病毒病的发生危害情况，结果发现，ToCV 已快速扩展到我国宁夏、海南、广西、甘肃、贵州、湖北、福建、重庆、新疆、上海、江苏、江西、黑龙江和青海等番茄种植区或番茄育种基地，年发生面积估计超过 8 万 hm^2，年经济损失超过 50 亿元，严重影响我国番茄等茄科重要经济作物的安全生产[13-14]。

图 21-1　番茄和辣椒感染番茄褪绿病毒的症状

A. 番茄田间病株（张宇摄）　B. 番茄室内接种病株（左：健康；右：接种番茄褪绿病毒）（张宇摄）
C、D. 辣椒接种番茄褪绿病毒的症状（左：健康；右：接种番茄褪绿病毒）[16]

（二）番茄褪绿病毒病的防控

在实际生产中，针对病毒初侵染源、中间寄主、传毒介体和寄主植物提出了一些有效的综合防治策略与措施[1,15]，主要包括以下 3 个方面：消除或减少病毒初侵染源，培育健康壮苗，隔离或限制传毒介体烟粉虱。具体的防治措施可分为：

1. 农业防治

（1）培育健康壮苗。苗期是番茄等作物感染 ToCV 的敏感期。自然条件下，ToCV 主要由其传毒介体——烟粉虱传播，因此要培育健康无毒苗，切断病毒通过秧苗带毒传入大棚、日光温室及大田的途径。培育健康壮苗的方法：①选择在远离病害发生区的育苗床进行育苗；工厂化育苗棚，最好选择往年没有发生番茄褪绿病毒病的棚。育苗前，对育苗基质及苗床土壤彻底消毒；清除苗床或棚室的残枝杂草，熏杀残余成虫。②育苗床采用 40～60 目的防虫网覆盖，防止烟粉虱进入，避免苗期感染。

（2）清除苗床和田间周边杂草。藜科和苋科杂草是 ToCV 的主要中间寄主，要及时清除苗床和田间、保护地内外的藜科和苋科杂草，清除病毒的初侵染源。

（3）调整播种期。ToCV 的传毒介体——烟粉虱在高温、干燥等气候条件下，繁殖速度快，活动能力强，传播病毒效率高，因此在我国南方茄科作物种植地区，在春季或冬春季，可利用日光温室或简易大棚，栽培番茄、辣椒等茄科作物。如果采用露地栽培方式，则应该适当调整播种、移栽时间，错开烟粉虱高峰发生时期。

（4）加强田间栽培管理。良好的田间管理，能够促进植株生长，提高抗病力，是防治病毒病的重要技术措施。①做好田间检查，发现病株和藜科及苋科等杂草，应及时拔除，清除田间病源。②采用地膜覆盖，减少或抑制田间杂草生长，减少传毒介体烟粉虱栖息繁衍场所。③及时整枝打杈、摘除植株下部老叶，带出田间或棚外妥善处理。④水肥应均衡，避免过多施用氮肥而导致植物徒长且抗病力差。

2. 物理防治

（1）防虫网覆盖。日光温室或大棚种植的地区，在通风口，可采用40～60目的防虫网覆盖隔离。进出门，最好采用40～60目的防虫网设置缓冲区域，且注意进出时小心关门，防止带毒烟粉虱进入。

（2）利用性诱剂黄板诱杀传毒介体烟粉虱。烟粉虱对黄色、性诱剂具有强烈趋性，可以在栽培田内设置涂有性诱剂的黄板，悬挂于植株顶端，诱杀烟粉虱成虫。

3. 微生物拮抗剂 微生物拮抗剂如光合细菌源微生物拮抗剂等，对病毒具有较好的抑制作用。在病毒发生初期，可利用微生物拮抗剂，促进作物生长，提升作物抗性，抑制病毒的侵染，减少病毒造成的产量损失。

4. 天敌控制 日光温室或大棚，可利用烟粉虱的重要天敌如丽蚜小蜂、日本刀角瓢虫等防控烟粉虱。

5. 化学防治 番茄、辣椒等茄科作物移栽时，结合灌水，可采用10%吡虫啉可湿性粉剂2 000倍液、25%噻虫嗪水分散粒剂（阿克泰）2 000倍液灌根，对烟粉虱的药效期可长达30d。田间一旦发现烟粉虱，及时喷药防治，药剂可选用：22.4%螺虫乙酯悬浮剂200～300倍液、1.8%阿维菌素乳油1 500倍液、1%甲氨基阿维菌素苯甲酸盐乳油2 000倍液、10%吡虫啉可湿性粉剂2 000～3 000倍液、25%噻虫嗪水分散粒剂（阿克泰）2 000～3 000倍液等。

二、问题

1. 2011年以后番茄褪绿病毒病在我国突然暴发成灾的主要原因是什么？

2. 为什么说培育健康壮苗和清除病毒初侵染源是防治番茄褪绿病毒病的重要措施？

三、案例分析

1. 2011年以后番茄褪绿病毒病在我国突然暴发成灾的主要原因是什么？

第一，ToCV的主要传毒介体Q型烟粉虱是我国烟粉虱优势种。与白粉虱和烟粉虱其他生物型相比，Q型烟粉虱传播ToCV的效率最高。自2003年以来，Q型烟粉虱在我国中部地区暴发危害，取代B型烟粉虱，成为优势种。与B型烟粉虱相比，Q型烟粉虱对当前我国使用的主要杀虫剂，特别是新烟碱类杀虫剂，表现出极强的抗药性，快速取代B型烟粉虱，成为我国主要致害生物型[17]。由于Q型烟粉虱传播ToCV效率高，Q型烟粉虱的扩散危害促进了ToCV的快速传播。2005年以前，为害我国番茄的主要病毒种类为番茄花叶病毒（*Tomato mosaic virus*，ToMV）、烟草花叶病毒（*Tobacco mosaic virus*，TMV）、黄瓜花叶病毒（*Cucumber mosaic virus*，CMV）、苜蓿花叶病毒（*Alfalfa mosaic virus*，AMV）等[18-19]。自2005年以来，为害我国番茄的病毒种类主要为番茄黄化曲叶病毒（*Tomato yellow leaf curl virus*，TYLCV），其主要传毒介体为Q型烟粉虱[20]。2011年以来，ToCV传入我国，并在短短数年间，快速扩散到我国绝大多数的番茄主产区，说明Q型烟粉虱成为我国主要致害型，可能是ToCV快速扩散的重要原因之一。

第二，种苗交流。ToCV于2004年侵入我国台湾地区，随后在台湾大范围为害番茄等茄科作物。ToCV传入大陆，最早在山东发生，可能是源于两岸园艺种苗的频繁交流，由种苗传入山东，亦可能随Q型烟粉虱传入山东[1]。山东是我国番茄的主要育苗基地，每年都有大量番茄种苗输出到我国大部分番茄主产区。ToCV在我国的扩散方式，也是以山东为中心，逐步扩散到我国其他地区，表明种苗交流，特别是带毒苗的输出，是ToCV在我国快速扩散的主要原因。

第三，具备该病发生的条件。目前，生产上推广的所有番茄品种均不抗ToCV；感病品种的大面积种植，是该病发生的前提。我国北方冬季采用温室大棚进行蔬菜栽培，为烟粉虱提供了冬季的活动场所与食物资源，进而源源不断地为该病的发生提供传毒介体。而在我国南方，大部分地区虽然烟粉虱不能越冬，但是，ToCV的中间寄主，特别是藜科和苋科杂草，提供了病毒的初侵染源；Q型烟粉虱迁入，特别是带毒Q型烟粉虱的迁入，提供了大量病毒侵染源，是ToCV能够在我国绝大多数番茄主产区快速扩散、暴发危害的重要原因。

2. 为什么说培育健康壮苗和清除病毒初侵染源是防治番茄褪绿病毒病的重要措施？

田间生产上，栽培抗病品种，结合其他综合防控措施是防治植物病毒病最根本有效的方法。针对ToCV，目前虽然发现一些野生番茄抗性资源，但是，从抗性基因的发掘鉴定，到抗性品种的选育，还有很长的一个研究过程。因此，培育健康壮苗与清除病毒初侵染源是应急防控的最主要技术措施。

番茄苗期感染 ToCV 的危害极大，带毒苗移栽后往往会造成植株严重矮缩，番茄果穗减少，严重影响番茄产量，甚至绝收。番茄苗期是感染 ToCV 的敏感期；番茄苗期带毒，不但严重影响带毒苗的生长，而且可以作为初侵染源，加速病毒在田间扩散。因此，采取隔离措施，培育无毒健康壮苗，是防治该病的基础。此外，番茄苗移栽大田前，清除田间杂草，可减少病毒初侵染源，也可以减少传毒介体烟粉虱栖息获毒的场所。

四、补充材料

（一）长线形病毒的形态、分类与基因组结构

番茄褪绿病毒属长线形病毒科毛形病毒属，因病毒外形为长条线形而得名。病毒粒子的外表包括约 95%的外壳蛋白（CP）和 5%的次要外壳蛋白（CPm），内部为单链 RNA（ssRNA），粒子大小为（3～4）nm×（750～2 000）nm。

根据长线形病毒的基因组分数量、病毒粒子形态、HSP70 蛋白和 CPm 蛋白特性、病毒侵染寄主部位以及介体种类的不同，目前国际病毒分类委员会（ICTV）将长线形病毒科分为 3 个属，即长线形病毒属（*Closterovirus*）、葡萄卷叶病毒属（*Ampelovirus*）、毛形病毒属（*Crinivirus*）。

长线形病毒属基因组大小为 14.5～19.3kb，为单分体病毒，其代表种为甜菜黄化病毒（*Beet yellows virus*，BYV）。该属病毒基因组 RNA 含有 8～12 个开放阅读框（ORF），其中 BYV 编码 8 个 ORF，病毒基因组 RNA 转录复制酶基因（*Replicase gene*）和 RNA 依赖的 RNA 聚合酶基因（*RdRp*）；以不同大小的亚基因组转录其他 7 个基因（图 21－2）。该病毒在自然条件下通过蚜虫传播，大多侵染草本植物（杂草、蔬菜和花卉），少数侵染灌木如树莓；主要发生在世界大部分糖料作物如甜菜产区，包括欧洲、美洲、亚洲和大洋洲，在我国主要分布于北方蔬菜、糖料作物产区。

葡萄卷叶病毒属基因组大小为 13.0～18.5kb，为单分体病毒，以葡萄卷叶病毒（*Grapevine leafroll－associated virus* 3，GLRaV－3）为代表种。该属病毒共编码 7～12 个 ORF，其中 GLRAVI 编码 12 个 ORF（图 21－3），分别编码复制蛋白（ORF1a 和 ORF1b）、小分子疏水蛋白 p6（6ku）、Hsp70h、p61（约 60ku）、CP、CPm、p33（33ku）、p23（23ku）、p20（20ku）、p18（18ku）和 p13（13ku）。CP 和 CPm，参与病毒的包装、胞间运动、长距离运输以及介体传播；ORF1a 和 ORF1b 编码复制相关蛋白，主要参与病毒基因组复制。GLRAVI－3 编码的其他蛋白的功能，目前尚未见相关研究报道。该属病毒在自然条件下主要由介壳虫经半持久性方式传播，不能汁液摩擦接

种，主要侵染双子叶植物，广泛分布于亚欧大陆、美洲、非洲北部及地中海地区。

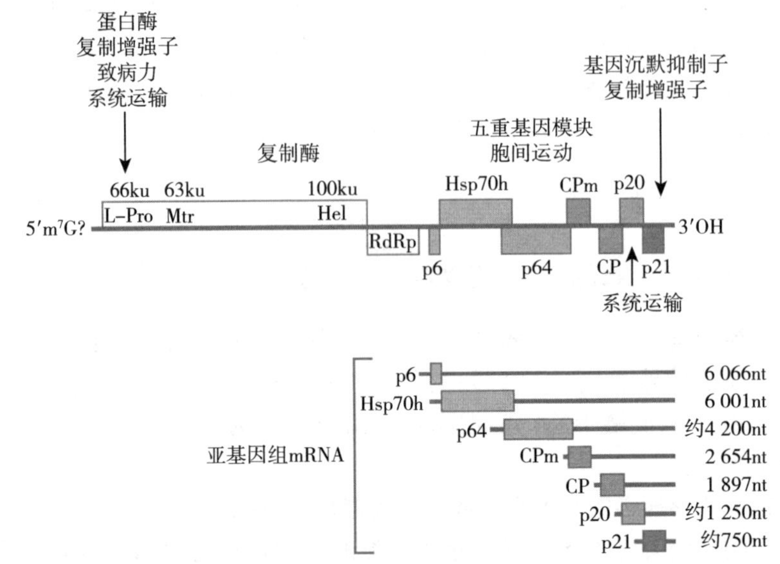

图 21-2 长线形病毒属代表种甜菜黄化病毒（*Beet yellows virus*，BYV）基因组结构及编码蛋白功能[21]

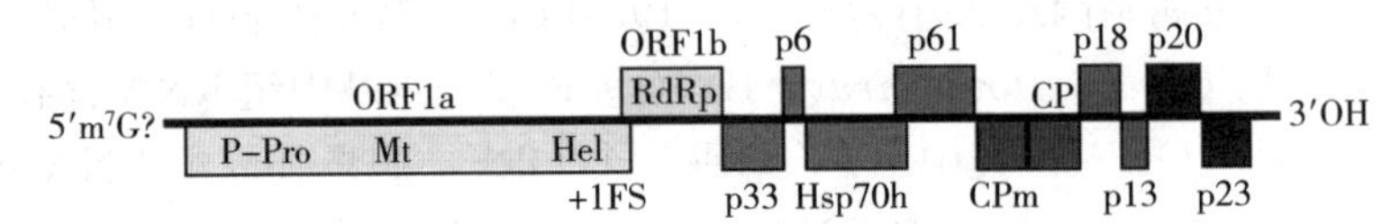

图 21-3 葡萄卷叶病毒属代表种葡萄卷叶病毒（*Grapevine leafroll-associated virus 3*，GLRaV-3）基因组结构[21]

毛形病毒属基因组大小为 15.6～17.9kb，长线形，为双分体或三分体病毒，以莴苣侵染性黄化病毒（*Lettuce infectious yellow virus*，LIYV）为代表种。该属病毒共编码 9～13 个 ORF，其中 LIYV 为双分体病毒，编码 10 个 ORF，其 RNA1 链编码复制相关蛋白和一个功能未知、大小为 31ku 的 p31 蛋白；RNA2 链编码结构蛋白，包括 Hsp70h、p59、p9、CP 和 CPm，以及功能未知的 p5 蛋白和 p26 蛋白（图 21-4）。ToCV（图 21-5）编码 13 个蛋白，与 LIYV 相比，ToCV 的 RNA1 链 3′端额外编码一个 p6 蛋白，RNA2 链的 Hsp70h 与 p59 之间编码一个 p8 蛋白、3′端编码一个 p7 蛋白（图 21-6），这些蛋白的功能，目前尚不明确。该属病毒在自然条件下主要由烟粉虱和白粉虱经半持久性方式传播，不能汁液摩擦接种，主要侵染双子叶植物，广泛分布于欧洲、美洲、大洋洲、非洲及中东地区。

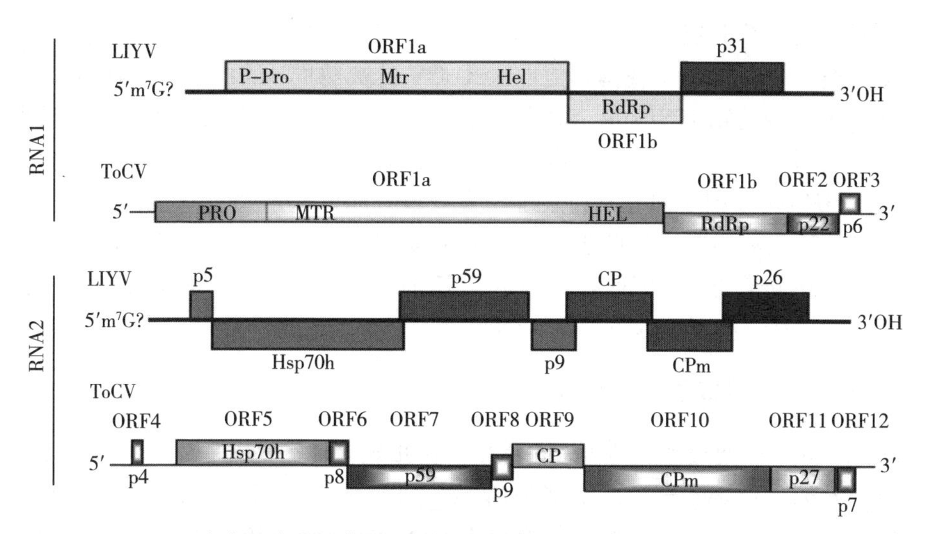

图 21-4　毛形病毒属代表种莴苣侵染性黄化病毒（*Lettuce infectious yellow virus*，LIYV）与番茄褪绿病毒（*Tomato chlorosis virus*，ToCV）[22] 基因组结构对比

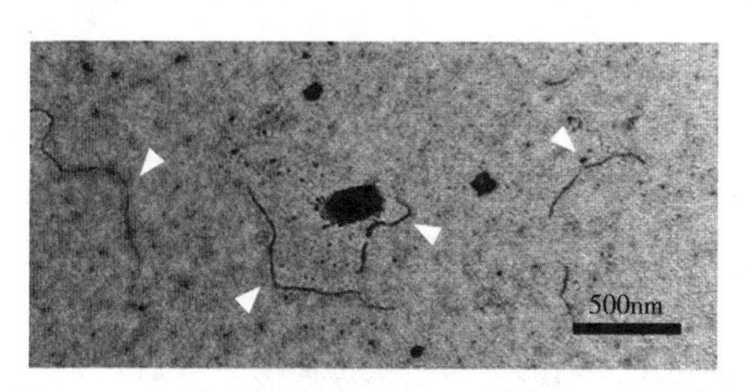

图 21-5　番茄褪绿病毒的形态（负染-扫描电镜）[23]

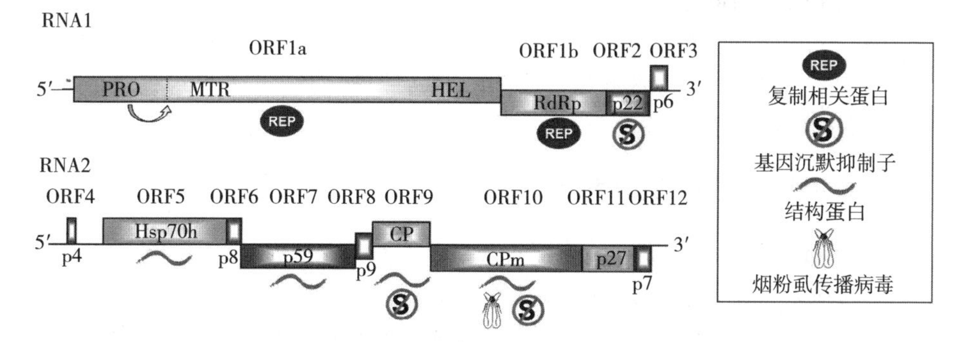

图 21-6　番茄褪绿病毒的基因组结构及功能[22]

（二）我国番茄褪绿病毒分子特征

ToCV RNA1 全长序列比对及系统发育分析表明，ToCV 可分两个亚簇，

分别是中美亚簇和巴西、希腊亚簇，中国南京 ToCV 分离物与美国 ToCV 分离物聚类一个亚簇[24]。我国其他地区 ToCV 分离物的 *HSP70h* 基因序列，与世界 ToCV 分离物 *HSP70h* 基因核苷酸序列的同源率高达 98%以上；系统发育分析表明，ToCV 的分子变异不存在地区依赖性[2-5,10-11]。广东 ToCV 分离物的 *HSP70h* 基因序列分析和系统发育分析表明，广东 ToCV 分离物与所有国内外分离物的同源率都低于 82%，单独聚为一个亚簇[9]；表明 ToCV 在我国可能存在分子变异，因此，需测定更多 ToCV 分离物的 *HSP70h* 基因核苷酸序列，分析 ToCV 的遗传变异特征。

（三）烟粉虱传播 ToCV 的特点[25]

ToCV 不能通过摩擦传毒，只能依靠昆虫媒介传播，5 种粉虱即 Q 型烟粉虱（*B. tabaci* biotype Q）、A 型烟粉虱（*B. tabaci* biotype A）、B 型烟粉虱（*B. tabaci* biotype B）、温室白粉虱（*T. vaporaiorum*）和纹翅粉虱（*T. abutilonea*）可以传播该病毒。其中 Q 型烟粉虱是我国优势种群，且其传播 ToCV 的效率最高。

（1）获毒时间。烟粉虱有效获毒最短时间与温度密切相关。在 21℃条件下，Q 型烟粉虱成虫获毒 6h，获毒率为 8.33%，24～48h 获毒率提高到 33.33%以上。26℃条件下，Q 型烟粉虱成虫获毒 6h，获毒率为 12.78%，24h 获毒率提高到 41.67%；31℃条件下，Q 型烟粉虱取食 3h 即可获毒，获毒率为 4.17%。

（2）病毒在烟粉虱体内的存留。获毒 24～48h 后，ToCV 可在 Q 型烟粉虱体内存留不超过 120h。大部分 Q 型烟粉虱成虫 72h 后依然带毒，部分 Q 型烟粉虱成虫带毒时间超过 96h。

（3）传毒能力。取食时间对 Q 型烟粉虱传播病毒的效率影响非常大。带毒 Q 型烟粉虱取食健康番茄 0.25～2h，番茄植株的感毒率迅速提高。取食 48h，植株带毒率高达 91.67%。

（四）番茄抗性鉴定方法和抗病资源

1. 烟粉虱接种鉴定法　目前鉴定番茄对 ToCV 抗性的方法有两种，包括带毒烟粉虱人工接种鉴定法和嫁接接种鉴定法。

（1）带毒烟粉虱人工接种鉴定法。主要在防虫网罩或人工气候室内进行，将烟粉虱成虫放入带毒番茄上饲养 48h，使其获毒。烟粉虱获取病毒后，可采用大量烟粉虱接种（至少 40 头）、单独烟粉虱接种（置于夹式笼子中）和高压接种（连续 3 次释放带毒烟粉虱，每隔 7d 释放一次）。接种后喷施杀虫剂杀死所有带毒烟粉虱，隔日将植株移到防虫温室观察病症[26]。

（2）嫁接接种鉴定法。以感染 ToCV 的植株为砧木，将健康接穗（带一片叶一个芽茎）嫁接到砧木上。也可采用双嫁接法，将健康植株约 5cm 长的茎，作为中间接穗，嫁接到已感 ToCV 的砧木上；10d 后把健康易感病番茄材料作为顶部接穗进行嫁接，通过组织印迹杂交法和 RT-PCR 检测 3 段材料中是否有 ToCV RNA 存在[26]。嫁接接种鉴定法的优点是不受温度、季节和地区限制，但其不足是对嫁接技术要求高，不适合大量材料的鉴定，而且病毒的传播和在植物体内的累积比烟粉虱接种法慢。

2. 抗病资源筛选 虽然早在 1987 年就发现 ToCV 发生危害，但是番茄抗 ToCV 的抗性资源筛选、抗性基因定位以及抗性育种研究进展非常缓慢。目前国内外尚未见有关抗 ToCV 的番茄抗性基因的报道，在抗 ToCV 资源鉴定、常规杂交抗性育种以及抗性基因分子标记等 3 个方面，均仅有一篇文献报道。

红果番茄 *GF* 基因位点的绿果肉（green-flesh，gf）突变体有 5 种等位基因，包括 *gf*、*gf2*、*gf3*、*gf4*、*gf5*。ToCV 抗性筛选结果表明，*gf* 位点突变体具有抗 ToCV 的功能，但有些棕果番茄并不是 *gf* 位点突变体。建立了利用分子标记快速准确鉴定出棕果番茄是否为 *gf* 位点突变体的方法，可为选育抗 ToCV 的棕果番茄品种提供辅助手段[26]。王志荣等采用自然条件接种抗性筛选法，以野生秘鲁番茄、醋栗番茄、多毛番茄、智利番茄、契梅留斯基番茄等野生番茄以及栽培番茄共计 64 份番茄为研究材料，其中包括对番茄褪绿病毒病表现抗性的秘鲁番茄 LA0444 和契梅留斯基番茄 LA1028；结果表明优良栽培番茄育种系 142-1009 和 142-1007 表现 ToCV 抗性。以这两个优良栽培番茄育种系为母本，分别以抗性野生资源秘鲁番茄 LA0444 为父本进行杂交，杂交种子不能正常发育，但通过胚挽救方法在杂交授粉 20d 左右进行组织培养以获得相应的 F_1 植株，同样表现出抗 ToCV[27]。同样采用自然接种方法，García-Cano 等[28]对 247 份番茄材料的 ToCV 抗性进行了鉴定，其中 172 份番茄资源，包括 145 份普通番茄、14 份樱桃番茄和 13 份醋栗番茄等，均表现不同程度的感病；野生契斯曼尼番茄、契梅留斯基番茄、小花番茄、多毛番茄、潘那利番茄的抗病性强于普通番茄，而抗病性最好的是部分秘鲁番茄的不同类型材料。利用两份较好的抗 ToCV 材料——802-11-1 和 821-13-1，与来源于普通番茄和野生秘鲁番茄 LA0444 的种间杂交（*Solanum lycopersicum* × *S. peruvianum*）组合，对 ToCV 有很好的抗性；表明野生秘鲁番茄 LA0444 和野生契梅留斯基番茄 LA1028 等 2 份材料均可用于番茄抗 ToCV 育种。将野生契梅留斯基番茄 LA1028 与栽培番茄 Moneymaker 杂交，之后进行 6 代自交，利用烟粉虱人工接种对各世代群体进行鉴定并进行遗传分析，结果表明，LA1028 的抗性可能由寡基因控制，包含一个主效的基因位点，该位点相对于高度感染病毒性状是部分显性，并与其他几个微效基因之间存在上位加性效应与显性效应的互作。

3. 番茄褪绿病毒病和烟粉虱的防控实例

实施时间：2020 年 6—10 月。

实施地点：内蒙古赤峰市。

作物类型：番茄。

针对 ToCV 及其传播介体烟粉虱，实施技术主要包括培育无毒苗、延迟栽培和微生物农药与化学农药协同使用等，具体番茄全生育期防控技术实施见图 21-7。在苗床及番茄种植区清除带毒杂草，主要包括茄科、菊科、藜科和苋科等杂草，减少初侵染源。番茄苗床、温室大棚出入口等利用 40～60 目防虫网隔离烟粉虱；在番茄 4～6 叶幼苗期、移栽后 10d、始花期 3 个易感病毒病的关键时期，喷施嗜硫小红卵菌（雅力士），提高植株对病毒的抵抗能力，用改进的内吸性杀虫剂纳米化噻虫嗪或吡虫啉淋蔸。技术实施区，对 ToCV 防控效果达到 85%以上，对烟粉虱防控效果达到 98%以上。

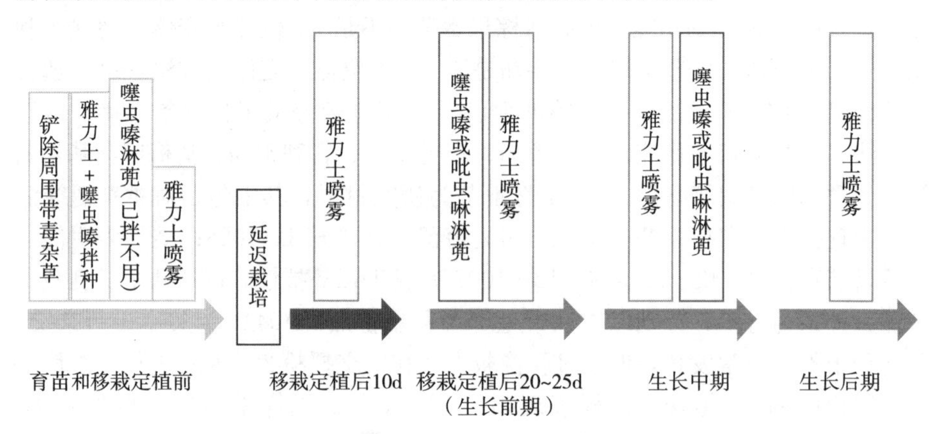

图 21-7　番茄褪绿病毒病全生育期防控技术[29]

参考文献

[1] 刘永光，魏家鹏，乔宁，等．番茄褪绿病毒在山东暴发及其防治措施 [J]．中国蔬菜，2014 (5)：67-69.

[2] 赵汝娜，王蓉，师迎春，等．侵染甜椒的番茄褪绿病毒的分子鉴定 [J]．植物保护，2014，40 (1)：128-130.

[3] 高利利，孙国珍，王勇，等．天津地区番茄褪绿病毒的分子检测和鉴定 [J]．华北农学报，2015，30 (3)：211-215.

[4] 胡京昂，万秀娟，李白娟，等．河南番茄褪绿病毒的分子鉴定 [J]．中国蔬菜，2015 (12)：25-28.

[5] 孙国珍，高利利，陆文利，等．河北省设施番茄褪绿病毒分子检测和鉴定研究 [J]．

北方园艺，2015（9）：95－98.
[6] 郑慧新，夏吉新，周小毛，等．警惕烟粉虱传播的番茄褪绿病毒病在我国迅速传播 [J]. 中国蔬菜，2016（4）：22－26.
[7] 杨淑珂．山东和安徽地区三种蔬菜病毒检测与鉴定 [D]. 泰安：山东农业大学，2016.
[8] 王翠琳，冯佳，孙晓辉，等．北方四省区番茄褪绿病毒的分子鉴定 [J]. 植物保护，2017，43（2）：141－145.
[9] 汤亚飞，何自福，佘小漫，等．侵染广东番茄的番茄褪绿病毒分子鉴定 [J]. 植物保护，2017，43（2）：133－137.
[10] 刘微，史晓斌，唐鑫，等．云南番茄褪绿病毒和番茄黄化曲叶病毒复合侵染的分子鉴定 [J]. 园艺学报，2018，45（3）：552－560.
[11] 王雪忠，张战泓，郑立敏，等．番茄褪绿病毒在湖南省首次发生 [J]. 中国蔬菜，2018（8）：27－31.
[12] 马明鸽，李彭拜，王智圆，等．四川攀枝花番茄病毒病病原分子鉴定 [C]. 中国植物病理学会全国代表大学暨学术年会，2018.
[13] 邓杰，王炜哲，杨璐嘉，等．番茄褪绿病毒在宁夏地区的鉴定和 CP 蛋白原核表达 [C] //中国植物保护学会 2018 年学术年会论文集，2018.
[14] 刘勇，李凡，李月月，等．侵染我国主要蔬菜作物的病毒种类、分布与发生趋势 [J]. 中国农业科学，2019，52（2）：239－261.
[15] 魏家鹏，王茂昌，王祥，等．日光温室番茄褪绿病毒病综合防控技术 [J]. 农业科技通讯，2016（4）：86－88.
[16] Fortes M I，Moriones E，Navas－Castillo J. *Tomato chlorosis virus* in pepper：prevalence in commercial crops in southeastern Spain and symptomatology under experiment conditions [J]. Plant Pathol，2012，61：994－1001.
[17] 褚栋，张友军．近 10 年我国烟粉虱发生危害及防治研究进展 [J]. 植物保护，2018，44（5）：51－55.
[18] 孔庆国，于喜燕．番茄病毒病的鉴定与遗传规律研究概况 [J]. 长江蔬菜，2000（7）：1－2.
[19] 冯兰香，杨翠荣．北京地区番茄病毒病毒原种类的监测与黄瓜花叶病毒株系的鉴定 [J]. 中国蔬菜，1991（5）：9－11.
[20] 杜永臣，谢丙炎，张友军．威胁番茄生产的新病害——番茄黄化曲叶病毒病 [J]. 中国蔬菜，2009（21）：1－4.
[21] Andrew M Q，Michael K，Adams J，et al. Owens virus taxonomy－ninth report of the international committee on taxonomy of viruses [M]. NW，UK：Academic press of Elsevier，2012.
[22] Fiallo－Olive E，Navas－Castillo J. *Tomoato chlorosis virus*，an emergent plant virus still expanding its geographical and host ranges [J]. Mol Plant Pathol，2019，20（9）：1307－1320.

[23] Orílio A F, Fortes I M, Navas - Castillo J. Infectious cDNA clones of the crinivirus *Tomota chlorosis virus* are competent for systemic plant infection and whitefly - transmission [J]. Virology, 2014, 464: 365 - 374.

[24] Karwitha M, Feng Z K, Yao M, et al. The complete nucleotide sequence of the RNA 1 of a Chinese isolate of *Tomato chlorosis virus* [J]. J Phytopathol, 2014, 162: 411 - 415.

[25] 李娇娇，于毅，张秀霞，等. Q型烟粉虱成虫传播番茄褪绿病毒的能力 [J]. 植物保护学报，2018，45 (2)：228 - 234.

[26] 曹丹丹，孙朝辉，任平平，等. 棕果番茄 *gf* 位点等位基因的分子检测 [J]. 中国瓜菜，2017，30 (7)：8 - 12.

[27] 王志荣，李晓东，黄泽军，等. 抗番茄褪绿病毒资源材料的筛选及抗性种质资源创制 [C]. 中国园艺学会2017年论文摘要集，2017.

[28] García - Cano E, Navas - Castillo J, Moriones E, et al. Resistance to *Tomato chlorosis virus* in wild tomato species that impair virus accumulation and disease symptom expression [J]. Phytopathology, 2010, 100: 582 - 592.

[29] 史晓斌，张战泓，欧阳娴，等. 蔬菜主要病毒病绿色防控技术 [J]. 中国蔬菜，2020 (3)：90 - 93.

撰稿人

张松柏：男，博士，湖南省农业科学院植物保护研究所研究员。E - mail：zsongb@hunaas. cn

刘勇：男，博士，湖南省农业科学院植物保护研究所研究员。E - mail：haoasliu@163. com

22 案例22

吉安地区车前穗枯病的发生及综合防治

一、案例材料

车前（*Plantago asiatica* L.）为车前科车前属二年生草本植物，其全草可供药用，主要以籽粒入药（俗称车前子），具有清热、利尿、明目、祛痰、止咳等功效，可用于治疗膀胱炎、尿道炎、慢性支气管炎、流行性感冒、高血压等病症，是中药和染料工业的重要原料之一[1-3]。车前分布极其广泛，在田间地头、河边沟渠、庭院晒场随处可见，目前全国各地均有栽培[4]。

江西省吉安市是我国车前的主产地，其车前产量在正常年间可占全国年产量的70%。但是，随着种植面积的不断扩大，加之栽培管理不当，自20世纪90年代起，当地车前开始感染一种真菌性病害——车前穗枯病。该病害主要为害穗部，也可侵染叶片，导致穗部枯死、结实不饱满及全株死亡，影响当地车前的品质和产量。据调查，2001年、2005年、2010年，车前穗枯病分别在吉安市的泰和、吉安和安福等车前主产县严重发生，一般发病田块病穗率达20%，重病田块病穗率超过50%，有的田块则出现全田毁灭现象。

车前穗枯病属于一种新病害，国内外研究很少。2001年，徐善忠[5]等对该病害的发生及防治进行了报道；2002年，曾宜华[6]等做了20%杀菌霸田间药效试验，国外则未见研究报道。为了控制该病危害，江西农业大学植物病理教研室从病害诊断、发生规律及综合防治等方面对该病害进行了较为系统的研究，取得了较好的效果。

二、问题

1. 对于车前这样的小作物，当一种新病害发生时如何进行应急处理？
2. 如何诊断车前穗枯病？
3. 车前穗枯病具有怎样的发病规律？
4. 如何进行车前穗枯病的综合治理？

三、案例分析

1. 对于车前这样的小作物，当一种新病害发生时如何进行应急处理？

车前属于我国局部地区栽培的特色作物，其分布区域和栽培面积非常有限，与稻、麦、棉等大宗作物相比，属于一种小作物，而且这类小作物与姜葱蒜等小作物也不同，其栽培历史短，相关研究资料积累少。这类小作物在栽培过程中常常会冒出一些新问题，其中，常见的问题是易发生新病害。小作物新病害常常有别于大宗作物新病害，大宗作物由于研究得比较透彻，其新病害出现的频率一般较低，但一旦出现，其新病害常常比较生僻，能真正体现出“新”字；而小作物则不一样，由于较少人涉足该领域研究，因此，在小作物上容易发现新病害。不过，这些小作物上的新病害通常不是真正意义上的新病害，它们可能在别的作物上已经发生过，只是在这些小作物上被首次发现报道。

因此，一般而言，小作物如果发生新的病害，不必惊慌失措，可以先参考其他作物的相关病害进行应急处理，在此基础上，再进行有针对性的研究和防治。应急处理可按以下步骤进行：

①田间一旦出现新病害，应立即向相关职能部门报告。

②职能部门及时组织专家进行病害现场诊断，如果凭现场诊断难以得出明确的结论，需要采集病害标本带回室内进行病原鉴定，再根据病原鉴定结果对该病害作出准确无误的诊断。

③专家根据病害诊断结果，充分利用专业知识和经验，同时参考相关资料，提出具体和切实可行的防治方案。

④职能部门负责与农户的联络和沟通，布置各项防治措施的具体实施。

⑤由于所发病害在小作物上是一种新病害，即使该病害在其他作物上发生过，其在小作物上发生也有自身特点，因此，在进行应急防治的过程中，应对该病害进行相关研究，以明确其具体的发病规律，从而制订更加有效的病害防治措施。

2. 如何诊断车前穗枯病？

车前病害主要在植株生长季节后期发生，即 4—5 月。在此期间，车前普遍受两种病害为害，即车前穗枯病和车前菌核病。这两种病害在田间常常混合发生，其主要为害部位均为植株的穗部，且症状非常相似，因此在田间极易被混淆而导致误诊。要正确诊断车前穗枯病，就必须将其症状与菌核病的症状进行区分，而当遇到两种病害的症状难以区分时，尚需对其病原进行分离，再作进一步的镜检观察[7]。

（1）根据症状进行初步诊断。穗枯病一般在 3 月上旬开始发病，4 月上中旬为发病高峰。花穗、叶片等地上部器官均可受感染，在田间有明显的发病中心，病菌扩展蔓延后导致全田枯死、颗粒无收。穗枯病在田间常见症状见图 22-1。

图 22-1　车前穗枯病症状

A. 车前穗枯病田间初期症状　B. 车前穗枯病田间后期症状
C. 穗尖发病后向穗基部蔓延　D. 穗中部感病后易折断　E. 穗轴发病初期至后期
F. 车前穗枯病叶片症状　G. 车前穗枯病叶柄初期至后期症状
（蒋军喜，2015）

叶片症状：叶片受害产生 1～2cm 及以上大小、圆形或椭圆形暗绿色水渍状病斑，后期多个病斑愈合，似肥害状，造成全叶变黑焦枯；叶柄上产生梭形、暗绿色凹陷的病斑，随后病斑围绕叶柄一周扩展蔓延，使叶柄显著缢缩，叶柄尽管缢缩干枯，但其叶片并不立即萎蔫枯死，2～3d 后，叶片连同叶柄一起变黑焦枯[8]。病部组织只发生坏死，不发生腐烂，其上可产生大量黑色小点。

穗部症状：首先穗尖变黑枯死，逐渐向穗基部扩散，导致整穗呈黑褐色或黄褐色枯死；穗轴（穗柄）初期产生梭形凹陷暗绿色水渍状病斑，病斑中央银灰色，生有大量黑色小点，边缘褐色，最外围暗绿色水渍状，病健部交界清楚，后期梭形病斑环绕穗轴扩展，导致整穗变黑枯死；花穗在生长季节后期从中部开始发病，染病后极易由此折断，产生水渍状暗褐色梭形病斑，最终花穗干枯死亡。

由此可见，穗枯病尽管在植株不同部位症状各异，但却有共同的症状特点，即病部都可以产生大量黑色小点，这是田间诊断穗枯病最可靠的依据。

车前菌核病主要是花穗后期病害（4 月以后）。春暖后菌核病开始陆续发生，并逐渐加重，但此时主要为害植株基部的叶柄和叶片，在其上产生初呈圆形或椭圆形水渍状，扩大后呈不规则状的红褐色大斑，并引起叶片大面积腐烂。田间温度升高后，病斑边缘常出现白色菌丝体，这些菌丝体进一步形成菌核。单从花穗受害而言，花穗前期主要是穗枯病，花穗后期则是穗枯病和菌核病并重发生。菌核病在花穗上的症状主要是病穗初呈暗绿色，扩大后呈红褐色，后转为黄褐色枯死，病穗易折断，病穗皮层腐烂，剥开病穗可见内有鼠粪状黑色菌核（图 22-2）[9]。

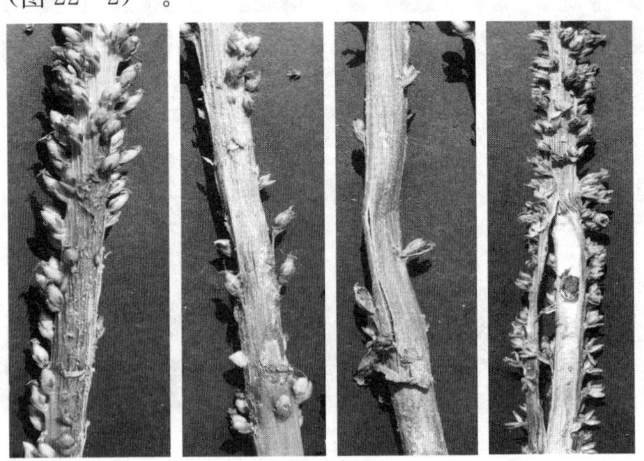

图 22-2　车前花穗感染菌核病初期至后期症状

（蒋军喜，2015）

（2）通过镜检病原进行诊断。车前穗枯病和菌核病除了能通过观察症状进行区分外，还可通过镜检病原菌进行区分。穗枯病的病原为当归间座壳［*Diaporthe angelicae*（Berk）Wehm］，是子囊菌门间座壳属真菌，此为病菌的有性世代，其无性世代为半知菌类拟茎点属真菌（*Phomopsis subordinaria*）。病部的黑色小点通常为分生孢子器（图 22－3），属于病菌的无性世代，将黑点切片镜检，可见分生孢子器球形或近球形，褐色，内含大量分生孢子，分生孢子梭形或椭圆形，单胞，无色（图 22－3）[8]。

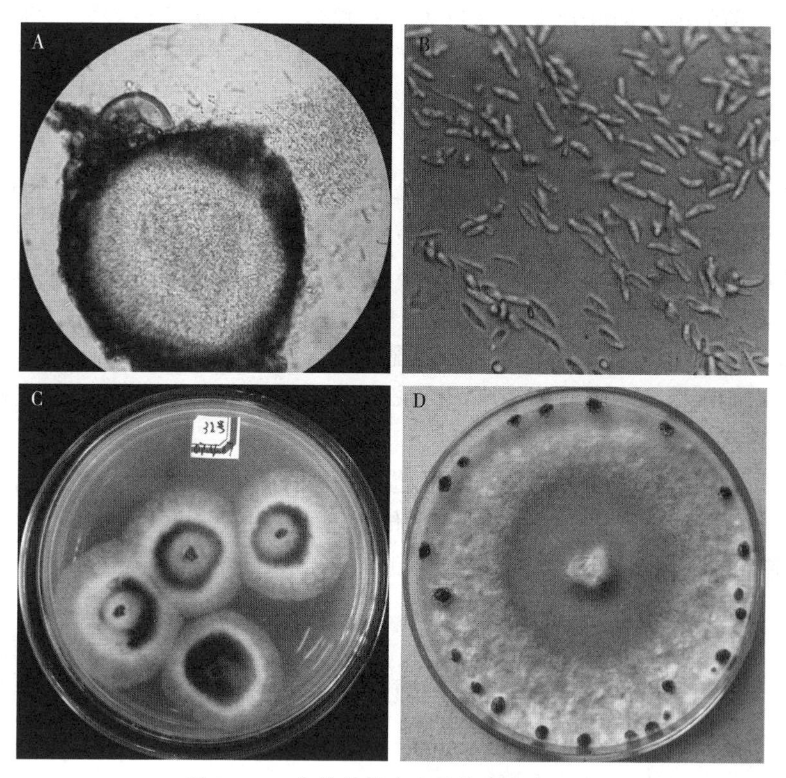

图 22－3　车前穗枯病和菌核病的病原菌

A. 车前穗枯病菌分生孢子器　B. 车前穗枯病菌分生孢子　C. 车前穗枯病菌在 PDA 上的菌落背面特征（培养 3d）　D. 车前菌核病菌在 PDA 上的菌落正面特征（培养 6d）

（蒋军喜，2015）

菌核病在病部产生棉絮状菌丝体和鼠粪状菌核，直观性强，在进行病害诊断时，一般无须进行镜检。根据菌核的大小，可确定其病原物为核盘菌［*Sclerotinia sclerotiorum*（Lib.）de Bary］[9]。

穗枯病菌和菌核病菌在培养性状方面也有区别（图 22－3）。在 PDA 培养基上，穗枯病菌菌落初呈白色，蓬松，后从菌落中央开始转为鲜黄色，接着转为黄绿色，菌落背面墨绿色，呈轮纹状扩展；菌核病菌菌落始终为白色，生长速度比穗枯病快，后期在菌落外围形成一圈球形或椭球形菌核。

3. 车前穗枯病具有怎样的发病规律？

穗枯病菌主要以菌丝体和分生孢子器随病残体在土壤或杂肥中越夏和越冬，亦可以分生孢子附着在车前种子表面越夏和越冬。在车前生长季节，播种的带菌种子可导致车前直接被病菌侵染发病，而越夏、越冬的病残体，在适宜的温湿度条件下，不断产生分生孢子器和分生孢子，分生孢子依靠风雨传播，溅落在车前的穗部和叶片上，通过表皮直接侵入或自然孔口侵入，进行初侵染。随后，在初侵染发病的病斑上又产生分生孢子进行再侵染。穗枯病在田间有明显的发病中心，田间病残体越多，发病中心也越多，发病中心增多，则导致全田发病速度加快，危害加重。

车前穗枯病的发生与气象因素、施肥管理等密切相关[10]。3 月中旬左右，车前开始抽穗，旬平均温度 15～18℃，相对湿度 80%以上，开始发病；至 4 月上中旬，旬平均温度 24～28℃，相对湿度达 95%以上，病情不断加重。雨日多、天气闷热，过量过迟施用氮肥，有利于该病害的发生。

4. 如何进行车前穗枯病的综合治理？

根据车前穗枯病的发病规律，应采取以选用无病种子为前提、以农业防治为基础和适时用药的综合防治策略。

（1）选用无病种子。穗枯病菌可随种子携带传播，因此有必要选用无病种子进行育苗栽种。为了确保种子不带菌传播，可选用 40%福·福锌可湿性粉剂进行药剂拌种，或用 50%多菌灵可湿性粉剂 500 倍液浸种 30min，以进行种子消毒。

（2）农业防治。

①实行轮作和垄栽。车前与蚕豆、豌豆等作物轮作，特别是与水稻进行水旱轮作，具有很好的防病效果。一些重病田切忌连作，必须轮作，否则损失惨重；无病田或轻病田，在轮作条件不具备时，可慎重连作。垄栽能降低田间湿度，增强根系活力，有利于植株抗病。

②及时清除病残体。清除病残体可有效减少田间菌源，能显著减轻下季车前穗枯病的发生。车前发病后应及时摘除发病器官或拔除整株，并立即带走进行销毁处理，不要遗留在田间。病残体可以用来沤制沼气或晒干后烧毁做火土灰肥料。切记不可将病残体翻耕沤田，也不要将病残体拔出后摊晒田间，这样都会增加土壤中病菌的含量。

③合理施肥。氮肥施用过多，降低植株的抗病性，而施用磷、钾肥，则增强植株抗病性。因此，在车前栽培过程中，要严格控制氮肥用量，特别是在车前生长后期不要过量施用氮肥，以免导致病害严重发生，同时要考虑适当增施磷、钾肥。提倡施用生物有机肥和叶面肥，生物有机肥富含丰富的速效磷、速效钾，但速效氮含量较低，能显著改善土壤环境、提高土壤肥力，促使车前生

长健壮，提高抗病力。

④加强田间管理。为了避免车前抽穗期与发病高峰期相吻合，应适时早播早栽。在8月底至9月上旬播种，10月下旬移栽，可减轻或延缓发病。实行畦栽，沙质土畦宽1.5m，黏性土畦宽1m，沟宽30cm，沟深20cm。秋、冬干旱应灌溉，春、夏多雨须排水，做到雨停地干，防止积水烂根。春节后，尽量减少田间农事操作，以免造成伤口而加快病害的蔓延。

（3）化学防治。化学防治是控制车前病害发生的重要一环。田间防治时，要选准杀菌剂的种类和掌握用药时间。可用40%福·福锌可湿性粉剂1 000倍液[11]、300g/L苯甲·丙环唑乳油3 000倍液[10]和25%吡唑醚菌酯乳油[11]等药剂进行喷施防控车前穗枯病，其田间防效分别可达94.92%、90.8%和84.96%；或使用20%杀菌霸可湿性粉剂25g加第三代喷施宝10mL兑水30kg，发病初期5～7d用1次药，连续3～4次，防效可达94.58%[5]。

在用药时期上，要掌握在病害刚发生前或发病初期用药，而一旦在病害大量发生后用药，则很难控制病害的发生。由于吉安产区病害特别严重，一次用药通常不能解决问题，因此需要在第一次用药后每隔7～10d喷药1次，直至采收前15d停止喷药。喷药时要注意药剂浓度，太浓易对车前产生药害，太稀难以发挥应有的防治效果。

四、补充材料

车前是我国一种常用的传统中药材，也是江西吉安等地的特色作物，然而，有关车前病害研究开展得不多，已有研究也主要是针对车前穗枯病进行的。除穗枯病外，尚可见少量的菌核病和白粉病研究报道，以及车前锈病、车前褐斑病、车前霜霉病等病害的简要记述。为了便于今后更好地开展车前病害的研究，以下对这5种病害作简要介绍。

1. 车前菌核病

（1）症状。车前菌核病属于一种新病害。陈须文等[9]研究报道，该病病原菌为核盘菌［*Sclerotinia sclerotiorum*（Lib.）de Bary］。主要为害穗部，也能侵害叶片。穗部受害后，最初产生水渍状病斑，扩大后呈不规则状红褐色大斑，蔓延整个穗部，全穗变黄褐色枯死。剖开病穗，可见内部有白色菌丝体和黑色菌核。受害叶片初产生圆形或椭圆形水渍状斑点，扩大后呈不规则状红褐色大斑，田间湿度高时，病斑边缘产生白色菌丝体，叶片发病相对较轻。3—5月车前抽穗期，平均温度20～25℃，阴雨天多，田间湿度大，有利于发病。

（2）防治。

①土肥管理。合理轮作，深翻土壤，施足基肥；重病田块，应与非十字花

科蔬菜实行轮作，以减少土壤中的病原菌数量。车前收获后，应将田间残枝落叶清理干净，再深翻土壤。播种、定植前施足充分腐熟的有机肥料，一般每 $667m^2$ 施有机肥 5 000kg，同时施过磷酸钙 50kg、草木灰 100～120kg，以促进植株健壮生长，提高植株抗病能力。

②种子处理。播种前，用 10%食盐水或 10%硫酸铵溶液漂洗种子，漂去混杂在种子中的菌核及其他杂质，然后用清水洗净，晒干后播种。也可用 50%多菌灵可湿性粉剂拌种，用药量为种子重量的 0.3%～0.4%。

③高垄或高畦栽培。传统的平畦栽培不利于车前通风透光，也易造成田间积水，从而有利于菌核病发生，因此，应改平畦栽培为起小高垄或高畦栽培。

④加强田间栽培管理。注意田间不能积水，大雨后要及时排水。可采用地膜覆盖，及时清除植株中下部老叶、病叶，改善田间通风透光条件，降低湿度。

⑤药剂防治。按上述防治措施进行农事操作，如仍有菌核病发生，可于发病初期开始喷药防治，每 7～10d 喷一次，连续喷 2～3 次。药剂可选用 50%腐霉利可湿性粉剂 1 000 倍液、50%甲基硫菌灵可湿性粉剂 500 倍液等。

2. 车前白粉病

（1）症状。车前白粉病也属于一种新病害。陈须文等[12]对其进行了研究。该病主要为害叶片和穗部，在病部产生白色的霉粉层，发病植株生长不良。引起该病害的病原菌为菊科白粉菌（*Erysiphe cichoracearum*）。病菌以菌丝体和闭囊壳在车前的病苗上越冬。次年春季在菌丝体上产生分生孢子和在闭囊壳中产生并释放子囊孢子侵染车前，引起发病。车前叶片于 4 月中旬开始发病，5 月中旬达到发病高峰；穗部 5 月上旬开始发病，6 月上旬达到发病高峰。温度 20～25℃，晴天或多云，并有短时小雨，有利于该病发生蔓延。温度高于 28℃，雨日多、雨量大，会抑制其扩展蔓延。氮肥施用过量，发病重。

（2）防治。

①清除病残体。注意剪除过密、枯黄的枝叶，拔除病株，清理病叶、落叶，并集中烧毁或深埋。

②加强栽培管理。栽植不能过密，控制土壤湿度，增加通风透光，增施磷、钾肥，以增强植株抗病力。避免过多施用氮肥。

③苗床消毒。盆土或苗床土壤用 50%甲基硫菌灵与 50%福美双 1∶1 混合后稀释 600～700 倍液喷洒消毒。

④药剂防治。发病初期用 50%加瑞农可湿性粉剂或 75%十三吗啉乳油 1 000倍液喷洒，每隔 10d 喷一次，连喷 3 次。发病较重时，用 15%三唑酮乳剂 1 500 倍液或 70%甲基硫菌灵可湿性粉剂 800～1 000 倍液喷雾，隔 7～10d 喷一次，连喷 3～4 次。

3. 车前锈病　主要为害叶片，病斑近圆形，红褐色，直径 2～6mm，初期叶片正面生黄色小点，为病菌的性孢子器；后期叶背生环状或不规则状排列的黄白色小点，为病菌的锈孢子器。引起该病害的病原菌为车前锈孢锈菌（*Aecidium plantaginis* Diet）。此病 6—8 月发生普遍，夏孢子借气流传播，高温多雨病害易流行。该病的主要防治措施是合理密植和加强肥水管理，发病初期及时喷施三唑酮、戊唑醇等药剂。

4. 车前褐斑病　主要为害叶片，病斑圆形，褐色至灰白色，直径 3～6mm，边缘明显，着生黑色小点（分生孢子器），病斑易脱落穿孔。引起该病害的病原菌为车前壳二孢菌（*Ascochyta plantaginis* Sacc. et Speg）。病菌以分生孢子器在地表病残体上越冬，主要靠雨水传播。高温、高湿有利于发病及流行。该病的主要防治措施是实行轮作，及时清除病残体，加强肥水管理，发病初期及时喷施甲基硫菌灵、吡唑醚菌酯等药剂。

5. 车前霜霉病　主要为害叶片，产生黄绿色褪绿至褐色坏死病斑，病斑多角形，病斑背面生灰色霉层，为病菌的孢囊梗和孢子囊。引起该病的病原菌为车前霜霉（*Peronospora alta* Fuck）。病菌主要以卵孢子在病残体上或土壤中越冬，翌春条件适宜时产生孢子囊和游动孢子，借气流、雨水传播进行初侵染和再侵染。该病的防治措施主要是实行轮作，合理密植，降低田间湿度，发病初期及时喷施甲霜·锰锌、霜脲氰·锰锌等药剂。

参考文献

[1] 国家药典委员会．中国药典：2005 版一部［M］．北京：化学工业出版社，2005.
[2] 季大洪，肖振宇．中药车前研究与应用概况［J］．药学实践杂志，2001，19（6）：361－362.
[3] 马原松．车前草的生物学特性及栽培技术［J］．河南农业科学，2006（9）：28.
[4] 李德金．车前草高产栽培［J］．云南农业，2005（8）：28.
[5] 徐善忠．泰和县车前草穗枯病发生与防治［J］．江西植保，2001，24（4）：133.
[6] 曾宜华，熊健生，等．20%杀菌霸防治车前草穗枯病药效实验［J］．江西植保，2002，25（2）：58.
[7] 陆家云．植物病害诊断［M］．北京：中国农业出版社，1997.
[8] 李庚花，张敬军，蒋军喜，等．车前草穗枯病研究——Ⅰ．症状及病原菌鉴定［J］．江西农业大学学报，2005，27（6）：872－874.
[9] 陈须文，李庚花，盛传华，等．车前草菌核病发生与防治研究［J］．江西农业大学学报，2006，28（6）：864－867.
[10] 陈须文，盛传华，曾水根．车前草穗枯病发生规律与综合防治研究［J］．江西植保，2008，31（4）：168－172.
[11] 阙海勇，蒋军喜，张超群，等．5 种杀菌剂对车前草穗枯病菌的毒力测定和田间药效

试验 [J]. 江西植保，2007，30（3）：112-114.
[12] 陈须文，盛传华，李庚花．车前草白粉病发生规律与防治研究 [J]. 江西农业大学（自然科学版），2002，24（6）：783-785.

撰稿人

蒋军喜：男，博士，江西农业大学农学院教授。E-mail：jxau2011@126.com
欧阳慧：女，研究生，江西农业大学农学院。E-mail：jxndoyh2014@126.com

23 案例23

柑橘黄龙病在我国的发生、危害与防控

一、案例材料

（一）柑橘黄龙病在我国的发生与危害

柑橘是世界第一大类水果，也是我国南方栽培面积最广、经济地位最重要的果树[1]。2018 年我国柑橘栽培面积 248.669 万 hm^2、产量 4 138 万 t，分别占果树总面积、总产量的 21%和 16%（国家统计局数据）。黄龙病是对柑橘产业危害最大的传染性病害，可以侵染所有柑橘类果树，造成黄梢或叶片斑驳黄化（图 23－1A、B），果实出现红鼻子或青果症状（图 23－1D），染病植株寿命减短，产量锐减，果品质劣，造成巨大的经济损失。其病原属真细菌的 Proteobacteriacea 纲 alpha 亚纲，限制在寄主植物的韧皮部，因尚不能人工培养而以备选的韧皮部杆菌属（*Candidatus* Liberibacter）命名，有亚洲种、非洲种和美洲种，病原菌分别为“*Ca*. L. asiaticus”、“*Ca*. L. africanus”和“*Ca*. L. americanus”[2]。其中，非洲种属热敏感型，仅分布于南非；美洲种仅发现于巴西；亚洲种属耐热型，分布最广，危害最大。我国发生的黄龙病即为亚洲种。

图 23－1　柑橘黄龙病的症状

A、B. 叶片斑驳黄化　C. 新叶均匀黄化　D. 红鼻子果

（徐长宝、张旭颖摄）

黄龙病亚洲种最早报道于广东潮汕地区[3-4]，至今已有 100 多年的历史。除潮汕地区外，广东新会、番禺也是较早发生黄龙病的地区[5-6]。20 世纪 80 年代主要发生危害区域是广东、广西、福建。近年来的调查表明，黄龙病及其

媒介昆虫的发生流行区域不断向北、向西扩散，目前上述3个省份和海南、江西、浙江、湖南、云南、贵州、四川共10个省份300余个县发生，累计毁园数百万亩，尤其以广东、广西、福建、海南发生危害最为严重。自2012年以来，江西赣州等地黄龙病大面积暴发，迄今已砍除病树4 500余万株，预估直接经济损失90余亿元[7]。

木虱是传播黄龙病唯一的媒介昆虫类群。其中，亚洲柑橘木虱（*Diaphorina citri* Kuwayama，我国称柑橘木虱，图23-2）传播黄龙病亚洲种和美洲种，非洲柑橘木虱［*Trioza erytreae*（Del Guer.）］传播黄龙病非洲种。在实验室条件下，亚洲柑橘木虱可传播黄龙病非洲种，而非洲柑橘木虱也可传播黄龙病亚洲种[8-9]。此外，2012年发现，在云南瑞丽海拔1 000m以上柑橘产区发生的柚喀木虱［*Cacopsylla*（*Psylla*）*citrisuga* Yang & Li（图23-3）］也是黄龙病亚洲种的传播媒介[10]。

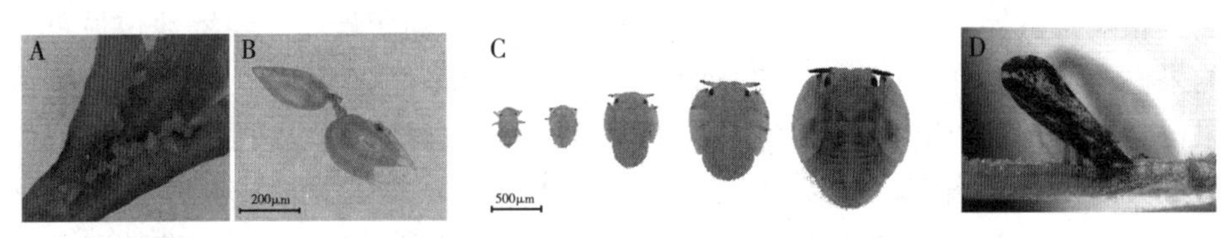

图23-2 柑橘黄龙病的主要媒介昆虫——亚洲柑橘木虱（*Diaphorina citri*）

A、B. 卵 C. 一至五龄若虫 D. 成虫

（陶磊摄）

图23-3 云南瑞丽海拔1 000m以上柑橘产区发现的黄龙病新虫媒——柚喀木虱［*Cacopsylla*（*Psylla*）*citrisuga*］

A. 一至五龄若虫 B. 成虫 C. 柑橘受害状

（王吉锋、岑伊静摄）

（二）黄龙病的综合防控技术

由于黄龙病病原菌尚不能人工培养，目前国内外均未找到针对病原菌的有效杀菌剂，在生产上只能采取预防措施。具体措施如下：

1. 植物检疫 实行严格的检验检疫。尚未发生黄龙病的区域，禁止从病区引进柑橘种苗，并检查调运的果品，避免无意中将木虱带入新区；对于发生黄龙病的区域应禁止无证苗木流入市场，并避免苗木运输过程中感染柑橘木虱。

2. 培育无病大苗　建立规范的无病苗圃，定期对母本树进行黄龙病检测，保证砧木、接穗都采自健康的母本，培育过程中不能发生柑橘木虱，保证苗木的健康。另外，可在苗圃或网棚内培育柑橘大苗，采用2年生的大苗种植，使苗木移栽后在田间管理1年就能进入投产期，减轻因幼树抽梢能力强、抽梢次数多而对木虱产生的强吸引力，从而缩短幼树感染黄龙病的风险期。

3. 及时挖除病树，补种大苗　橘园一旦发现病树，在确保没有木虱发生的前提下尽快挖除，同时处理病树树头以免重新抽出病梢。如果病树上有木虱必须先喷药防治，彻底处理后才能挖树，以免带菌木虱扩散到健康树上。如果种植密度不高、挖树后空地面积足够，可补种无病大苗，并加强对补种苗木的管理。

4. 农业措施　加强栽培管理，增施生物有机肥提高树势和树体的免疫能力；根据木虱的生物学习性，在栽培管理过程中创造不利于其发生的环境条件，预防或减少木虱的发生。具体措施如下：

（1）种植防风林。防风林可以阻隔木虱从园外迁入橘园，同时可降低园内的通风透光度从而减少园内木虱的发生，在有台风发生的区域尤其重要。防风林应选择速生且枝叶茂盛的树种，如马占相思、互叶白千层（俗称澳洲茶树）、杉木等。

（2）增施微生物有机肥。施用微生物有机肥可以提高土壤肥力、促进根系生长、提高树势和树体的免疫力，对黄龙病有明显的预防效果，同时可显著减少木虱、红蜘蛛、粉虱、介壳虫等刺吸式口器害虫的发生。

（3）控制新梢抽发。木虱成虫繁殖必须有嫩梢作为补充营养，因此，控制新梢对减少木虱田间种群、预防黄龙病具有重要的作用。投产树应采取措施控制夏梢、冬梢的抽发，首先是控制氮肥的施用量，避免过量施肥，对于抽梢能力特别强的品种，如沙糖橘、椪柑可采用环割、喷施控梢素等措施。

（4）适当间作。番石榴等非寄主植物对柑橘木虱有一定的驱避作用，间种此类作物可减少木虱发生，从而预防黄龙病的发生。

（5）橘园内外避免种植非柑橘类寄主植物。九里香、黄皮是柑橘木虱非柑橘类的寄主植物，其中九里香由于抽梢能力强、年抽梢次数多而成为柑橘木虱最适合的寄主，在九里香普遍种植作为园林植物的地区，如广东、广西、福建、海南，柑橘木虱和黄龙病发生都特别严重。因此，在柑橘产区应该避免种植九里香，以减少柑橘木虱的虫源。

5. 及时有效地防控媒介昆虫 由于柑橘木虱传播黄龙病具有速度快、效率高的特点，因此在防治上应采取零容忍的策略，贯彻“预防为主，综合防治”的植保方针。除上述检验检疫和农业措施外，可采取以下防控措施：

（1）物理防治。

①防虫网栽培。有条件的地区可用 40 目的防虫网搭建网棚隔离种植，网高 3.5～4m。同时应设置缓冲门，注意进出时及时关门，刮风下雨后及时检查防虫网，修补损坏的部分，防止柑橘木虱进入。对不适于在网棚内栽培的柑橘品种，可在幼树投产后逐渐拆除顶部的网，保留四周的防虫网，或在秋冬季害虫低峰期适当掀开网棚的顶部。

②利用黄板诱杀。柑橘木虱具有一定的趋黄性，在橘园行株间插黄板具有一定的诱杀效果，插板高度以 1m 为宜。

（2）生物防治。柑橘木虱的捕食性天敌有瓢虫、草蛉、蓟马、花蝽、螳螂、食蚜蝇、黄猄蚁（*Oecophylla smaragdina*）等多种昆虫和捕食螨，寄生性天敌主要是亮腹釉小蜂（*Tamarixia radiata*）和阿里食虱跳小蜂（*Diaphorencyrtus aligarhensis*）两种寄生蜂，寄生于高龄若虫，此外还有寄生于若虫、成虫的多种病原真菌。据报道，在不采用化学防治的橘园，柑橘木虱从卵发育至成虫的自然存活率在春、夏、秋梢期仅分别为 0.68%、2.72%、3.27%，其中捕食及其他原因所导致的死亡率占 80%以上[11]，说明天敌对控制木虱种群发挥了重要的作用。目前尚未有防治柑橘木虱的天敌被商品化生产，但在生产上可通过减少广谱性杀虫剂的使用、橘园内外保留开花的良性杂草等措施加以保护利用。

（3）化学防治。由于柑橘木虱以雌成虫越冬，其繁殖量很大，平均每头雌虫产卵量可达 800 多粒，所以防治最关键的时期是冬季清园，此时喷药可显著减少次年的虫口基数。另外，每次新梢抽发期，由于嫩梢对木虱成虫具有强烈的吸引作用，因此每次梢期应在长度 0.5～1cm 时开始喷药，7～10d 后再喷一次。常用农药种类有：①新烟碱类农药，如吡虫啉、噻虫嗪、噻虫胺、啶虫脒、啶虫胺、呋虫胺；②有机磷类农药，如毒死蜱、敌敌畏；③拟除虫菊酯类农药，如高效氯氰菊酯、高效氟氯氰菊酯、联苯菊酯；④昆虫生长调节剂类杀虫剂，如吡丙醚。其中，吡丙醚只能防治若虫，毒死蜱应限制在冬季清园使用。上述农药应轮换使用以避免抗药性的产生。

矿物油乳剂可通过封闭昆虫的气门直接杀死小型害虫，同时对多种害虫具有显著的驱避和拒食效果，并对化学杀虫剂具有增效和延长持效期的作用，与防治柑橘木虱的化学杀虫剂混配使用可以显著提高防效，同时延长持效期，对避免柑橘遭受木虱为害具有显著的效果，常用浓度为 0.25%～0.5%。

二、问题

1. 柑橘黄龙病如何诊断?

2. 柑橘黄龙病在我国暴发的主要原因是什么?

3. 为什么说在有柑橘黄龙病发生的区域，柑橘木虱是一种“零容忍”的害虫?

4. 种植防风林对预防柑橘黄龙病有什么作用?

5. 生物有机肥对预防柑橘黄龙病有什么作用?

6. 矿物油乳剂对预防柑橘黄龙病有什么作用?

7. 冬季清园与柑橘黄龙病预防有什么关系?

三、案例分析

1. 柑橘黄龙病如何诊断?

柑橘黄龙病的诊断方法有症状诊断、嫁接诊断、电镜检测、PCR检测等，目前最常用的是症状诊断和PCR检测。柑橘黄龙病菌感染柑橘树的典型特征是导致新梢黄化，新梢成熟后叶片无法转绿，但是这些叶片的症状比较复杂，有均匀黄化、斑驳黄化和绿岛型黄化等，其中，斑驳黄化（图23-1A、B）与黄龙病菌的相关性最高，是最可靠的叶片症状诊断依据。柑橘黄龙病导致黄化的新梢老熟后，在其上再抽出的新梢都会出现缺锌症状（花叶而且叶片变小）。果实的症状有“红鼻子果”和青果两种，橘类、柑类常出现“红鼻子果”（图23-1D），即成熟期果实的基部转黄、端部则仍然保持绿色，而橙类常出现青果症状，这是国外称为citrus greening（青果病）的原因。PCR是1996年发展起来的分子检测技术，其准确性最高，但具有耗时长、成本高的缺点，目前采用的有常规PCR、巢式PCR和定量PCR 3种，其灵敏度依次提高。此外，还有基于淀粉碘反应的快速诊断方法，但其特异性不高。

2. 柑橘黄龙病在我国暴发的主要原因是什么?

柑橘黄龙病在我国发生已有100多年的历史。从新中国成立到20世纪80年代，我国的柑橘种植主要集中在华侨农场、农垦农场等国营农场，这些农场的技术力量雄厚，对柑橘黄龙病严格采取检验检疫、培育无病苗、加强栽培管理、挖病树、统一防治木虱这5项综合治理措施。在统一防控木虱方面，国营农场显示了强大的优势，柑橘黄龙病得到了有效的控制。随着联产承包责任制的实施，国营柑橘场把橘园、土地分给职工承包，失去了统一防控黄龙病的独特优势。《南方日报》曾以《体制小农，放任黄龙》为题，总结了曾经为亚洲最大的专业柑橘场——广东省杨村华侨柑橘场毁于黄龙病的经验教训。由于种植柑橘具有显著的经济效益，90年代农民对自己承包的土地有了自主权之后开始大量发展，规模多为几亩、十几亩的小橘园，由于当时苗木培育极不规范、带病苗木泛滥、种植者缺乏栽培管理技术等，尤其是种植者对柑橘黄龙病的认识严重不足、防治不力，管理部门对病树无法采取强制性砍伐措施，对木虱也无法要求统防统治，导致了黄龙病的快速蔓延传播，在高发区一度无法种植柑橘，在广东省尤为严重，如沙糖橘原产地四会市、贡柑原产地德庆县、红江橙原产地廉江市、蕉柑原产地潮汕地区、马水橘原产地阳江市等。

3. 为什么说在有柑橘黄龙病发生的区域，柑橘木虱是一种“零容忍”的害虫？

因为柑橘木虱以循回持久性方式传播柑橘黄龙病菌，具有传病速度快、效率高的特点。木虱一旦获菌即终身带菌，单头带菌木虱就可以成功传病[12]。近年的研究结果表明，不带菌成虫在病树上取食8h后获菌率达35%～55%，单头带菌成虫在健康树上取食24h后成功传病率达22.6%[13-14]。所以木虱与其他害虫不同，是不存在防治指标的，应该用“零容忍”的态度，积极预防，绝不能等暴发后再进行防治。实践证明，如果橘园里有少量病树，木虱大暴发后的第二年就造成柑橘黄龙病的大流行，橘园很快就完全失去了经济价值。

4. 种植防风林对预防柑橘黄龙病有什么作用？

柑橘木虱具有一定的迁移扩散能力，推测随风可进行远距离的传播[15]。广东省杨村华侨柑橘场的实践经验表明，橘园周围种植桉树、台湾相思等防风林可显著减少木虱的发生，该经验曾被编入高等农业院校教材《农业昆虫学(南方版)》中。当时认为这是由于木虱喜欢通风透光处，防风林通过增加果园的荫蔽度、改善小气候环境而减少其发生。但是，笔者近年的调查结果表明，橘园四周建立密闭的防风林带主要是起保护作用。红江橙的原产地广东廉江由于气温高、台风频繁等，柑橘木虱发生、扩散特别严重，黄龙病防控难度极高，橘园普遍寿命都不足10年，但是笔者在调查中发现，90年代初种植的一个近百亩的红江橙园至今还很健康，园内没有发现黄龙病树和柑橘木虱，经济效益非常显著。其幸免于黄龙病的原因无疑与该橘园周围环绕着浓密的桉树林有关，因为据园主介绍，其他同时期种植的橘园因为没有桉树林保护，早就毁于黄龙病。另外，广东陆丰有一个20hm^{2}的沙糖橘园，2015年种植的同时四周种植马占相思，尽管几米开外居民种植的九里香上经常发现木虱，但橘园内至今从未发现木虱，说明防风林对木虱具有明显的阻隔作用。马占相思生长速度快，枝繁叶茂，是作为橘园防风林带的理想树种之一。

5. 生物有机肥对预防柑橘黄龙病有什么作用？

生物有机肥具有改善土壤结构、提高土壤肥力、补充微量元素、提高果品质量、预防病虫害发生的作用。在完全不施用化肥的有机食品生产中发现，病虫害的发生危害普遍下降。“增施有机肥，增强树势”是与防风林同时被编入《农业昆虫学（南方版）》教材的防治柑橘病虫害的重要农业措施。广东省杨村华侨柑橘场的栽培管理技术规范中要求，施用肥料中有机氮占总氮量的60%以上，每年每株树施用500g花生麸，这项措施无疑对黄龙病的有效控制也发挥了关键的作用，因为在1994年体制改变、农场将橘园分割给职工自行管理后，橘园病虫害发生危害程度差异极其显著，凡是勤劳、常施有机肥的职工其柑橘树很健壮，病虫害发生很轻。田间和实验室的研究结果都证实，施用有机肥的柑橘树上，红蜘蛛、柑橘木虱、柑橘粉虱、蚜虫的数量显著少于单施化肥的柑橘树，炭疽病的发病率也显著下降，说明有机肥对病虫害的预防作用非常显著[16-18]。此外，笔者在湛江、潮州、德庆等柑橘黄龙病高发区也发现少量非常健康的橘园，其原因都和多施有机肥有关。

6. 矿物油乳剂对预防柑橘黄龙病有什么作用？

矿物油乳剂是国内外防治害螨和小型害虫的主要药剂。1994—2000年，澳大利亚国际农业研究中心先后资助的2个项目“中国柑橘害虫综合治理”“中国与东南亚柑橘害虫综合治理”在我国和东南亚实施。我国承担单位系统地研究了进口和国产机油乳剂对柑橘害虫的防治效果，明确了单用机油乳剂可以有效防治害螨、介壳虫、粉虱、木虱等小型害虫[19-20]。因石油中的机油成分有限，目前的农用喷淋油改用其他成分，所以改称矿物油。矿物油具有以下作用：①利用物理窒息作用直接杀死小型害虫，包括害螨、介壳虫、粉虱、木虱、蓟马、蚜虫等，而且不会产生抗药性；②对害虫具有显著的驱避和拒食作用，除上述害虫外，对柑橘潜叶蛾、橘小实蝇都有产卵驱避作用；③对化学杀虫剂有增效作用，可以提高防治效果和延长持效期；④对多种病害如煤烟病、白粉病和青苔有防治和预防效果；⑤对杀菌剂有增效作用，如防治溃疡病的铜制剂（波尔多液除外）[21]。

沃柑是对溃疡病极其敏感的品种。广东省惠州市昆仑农业发展有限公司于2016年在惠东县种植了1 000多亩沃柑，当年由于溃疡病暴发导致树势十分衰弱，几乎放弃管理，2017年开始尝试使用0.2%矿物油＋铜制剂进行防治，至2018年夏季全园已找不到一个病斑，而且从未发现柑橘木虱，红蜘蛛、潜叶蛾、柑橘粉虱等害虫也得到了有效控制，效果非常显著，此后该公司橘园每次喷药都加入0.2%矿物油，并将此防治方法称为“油铜方案”。尽管该橘园有少量黄龙病树，但由于有效地预防了木虱的发生，几年来都没有扩散。由此可见定期喷施矿物油对柑橘木虱和黄龙病具有显著的预防效果。

7. 冬季清园与柑橘黄龙病预防有什么关系？

柑橘木虱以成虫在寄主植物上越冬，次年春梢抽出又开始产卵，其繁殖能力很强，平均每头雌虫产卵量可达 800 粒，最多可达 1 900 粒。因此，冬季是防治木虱最关键的时期，冬季清园可以预防木虱暴发，从而减少黄龙病的扩散。同时，冬季清园也是防治红蜘蛛、粉虱、介壳虫等刺吸式口器害虫的最佳时期，所以橘园必须进行冬季清园。

四、补充材料

（一）柑橘黄龙病在国外的发生、危害情况

2004 年之前，柑橘黄龙病亚洲种的危害仅限于中国和东南亚国家，但在 2004 年、2005 年，世界重要的柑橘产区巴西圣保罗和美国佛罗里达相继发现柑橘黄龙病亚洲种危害，而且随后美洲的其他柑橘生产国也陆续发现和报道[22-23]。目前，黄龙病亚洲种及其媒介昆虫——亚洲柑橘木虱在亚洲、美洲、大洋洲和非洲近 50 个国家和地区发生，并且有不断蔓延的趋势[4,24]，引起了世界柑橘界的高度关注。在发现黄龙病前，巴西、美国曾经是世界第一、第二大柑橘生产国，发现黄龙病后，巴西由于仿效我国的做法，对病树进行严格的清理，尽管有所损失但还能保持稳定的产量。而美国佛罗里达没有采取强制挖病树的措施，加上飓风频繁发生，导致柑橘木虱和黄龙病迅速蔓延传播，目前该州已有 80%以上的柑橘树感染黄龙病，产量减少了 83%，导致以橙汁为主的加工企业大量关闭或产量规模大幅度缩减，对佛罗里达州价值过百亿美元的柑橘产业造成巨大冲击[7,25]。目前世界主要柑橘产区中，仅欧洲和澳大利亚尚未发生黄龙病。

（二）国内外防治柑橘黄龙病所做的尝试及其效果

国内外针对柑橘黄龙病病原菌采取的防治研究主要包括抗生素的使用、热处理、营养调节、抗病育种等。早在 20 世纪 50 年代，我国就开展了抗生素和热处理防治柑橘黄龙病的研究，在育苗时应用盐酸四环素热水浸泡脱毒取得成功，但是树干注射四环素防治病树的效果不甚理想，推测与抗生素在病树体内的传导不畅有关。美国佛罗里达最近报道，用水杨酸、草酸等植物防御激活剂和青霉素、链霉素、盐酸土霉素等抗生素进行树干注射可降低病原浓度和病情的发展，抗生素效果比激活剂更显著[26]。对柑橘树进行热处理的方法主要有红外热处理和湿热蒸汽处理，也可杀死染病植株地上部的部分病原菌。感染黄龙病的柑橘树后期都会出现缺锌、缺锰等缺素症状，营养调节主要采用叶片喷施或土壤施用各种微量元素，如施用锌制剂[27]。以上措施都可不同程度地减轻黄龙病症状，延长病树的结果年限，但都不能根治黄龙病，而且在治疗的同时病树还存在传染的风险，所以没有得到推广应

用。抗病育种方面，发现金橘、枳壳比较耐病，但尚未找到具有抗性的品种。因此，目前国内外都达成了共识，对感染了黄龙病的柑橘树只能采取挖除销毁的措施[28]。当前，重要柑橘生产国尤其是中国、美国都极其重视对黄龙病的研究，加强了对黄龙病相关基础和防控技术研究的投入，研究内容包括病原菌的人工培养、病原生物学与致病机制、柑橘木虱-黄龙病菌-寄主互作机制、植物源抗性机制挖掘、柑橘木虱精准监测与绿色防控技术等，相信在不久的将来会有所突破。

参考文献

[1] 郭文武，叶俊丽，邓秀新．新中国果树科学研究 70 年——柑橘 [J]. 果树学报，2019，36 (10)：1264 - 1272.

[2] Bové J M. Huanglongbing：a destructive，newly - emerging，century - old disease of citrus [J]. J Plant Pathol，2006，88：7 - 37.

[3] Reinking O A. Disease of economic plants in southern China [J]. Philippine Agriculturist，1919，8：109 - 135.

[4] 林孔湘．柑橘黄梢（黄龙）病研究 I．病情调查 [J]. 植物病理学报，1956，2 (1)：1 - 11，97 - 101.

[5] 赵学源，宋震．第二届柑橘黄龙病和亚洲柑橘木虱国际研讨会简况 [J]. 中国南方果树，2011，40 (1)：64 - 66.

[6] Zheng Z，Chen J C，Deng X. Historical perspectives，management，and current research of citrus HLB in Guangdong Province of China，where the disease has been endemic for over a hundred years [J]. Phytopathology，2018，108：1224 - 1236.

[7] 周常勇．对柑橘黄龙病防控对策的再思考 [J]. 植物保护，2018，44 (5)：30 - 33.

[8] Massonie G，Garnie M，Bove J M，et al. Transmission of Indian citrus decline by *Trioza erytreae* (Del Guercio)，the vector of South African greening [C] //Calavan E C. Proc. of the 7th Conference of the International Organization of Citrus Virologists，IOCV，Riverside，1976.

[9] Lallemand J，Fos A，Bove J M. Transmission by the Asian vector *Diaphorina citri* of the bacterium associated at the African form of the greening disease [J]. Fruits，1986，41 (5)：341 - 343.

[10] Cen Y，Gao J，Deng X，et al. A new insect vector of *Candidatus* Liberibacter asiaticus，*Cacopsylla* (*Psylla*) *citrisuga* (Hemiptera：Psyllidae) [C] // Ⅻ International Citrus Congress，Valencia，Spain，2012.

[11] 杨余兵，黄明度．柑橘木虱种群生命系统的研究 [M] //黄明度，等．柑橘害虫综合治理论文集．北京：学术书刊出版社，1989：114 - 125.

[12] 许长藩，夏雨华，李开本，等．柑橘木虱传播黄龙病的规律及病原在虫体内分布的研究 [J]. 福建省农科院学报，1988，3 (2)：57 - 62.

[13] Luo X, Yen A L, Powell K S, et al. Feeding behavior of *Diaphorina citri* (Hemiptera: Liviidae) and its acquisition of '*Candidatus* Liberibacter asiaticus', on huanglongbing - infected *Citrus reticulata* leaves of several maturity stages [J]. Fla Entomol, 2015, 98 (1): 186 - 192.

[14] Wu T, Luo X, Xu C, et al. Feeding behavior of *Diaphorina citri* (Hemiptera: Psyllidae) and its transmission of '*Candidatus* Liberibacter asiaticus' to Citrus [J]. Entomologia Experimentalis et Applicata, 2016, 161 (2): 104 - 111.

[15] Grafton - Cardwell E E, Stelinski L L, Stansly P A. Biology and management of Asian citrus psyllid, vector of the huanglongbing pathogens [J]. Annual Review of Entomology, 2013, 8: 413 - 432.

[16] 徐长宝，刘喆，王吉锋，等．橘园施用有机肥对主要害虫发生的影响 [J]. 环境昆虫学报，2018，40 (4)：958 - 962

[17] 陶磊．柑橘施肥对亚洲柑橘木虱生物学特性的影响 [D]. 广州：华南农业大学，2018.

[18] 刘喆．施肥对桔全爪螨生物学特性和其他主要害虫发生的影响 [D]. 广州：华南农业大学，2018.

[19] Rae D J, Liang W G, Watson D M, et al. Evaluation of petroleum spray oils for control of the Asian citrus psylla, *Diaphorina citri* (Kuwayama) (Hemiptera: Psyllidae), in China [J]. Int J Pest Manage, 1997, 43 (1): 71 - 75.

[20] Rae D J, Watson D M, Huang et al. Efficacy and phytotoxicity of multiple petroleum oil sprays on sweet orange (*Citrus sinensis* (L.)) and pummelo (*C. grandis* (L.)) in Southern China [J]. Int J Pest Manage, 2000, 46: 125 - 140.

[21] 岑伊静，徐长宝，田明义．机油乳剂防治柑橘害虫的研究进展 [J]. 华南农业大学学报，1999，20 (2)：118 - 122.

[22] Teixeira D D C, Dane J L, Eveillard S, et al. Citrus huanglongbing in São Paulo State, Brazil: PCR detection of the '*Candidatus* Liberibacter species' associated with the disease [J]. Mol Cell Probe, 2005, 19: 173 - 179.

[23] Sutton B, Duan Y P, Halbert S, et al. Detection and identification of citrus Huanglongbing (greening) in Florida, USA [C] //Proceedings of the Second International Citrus Canker and Huanglongbing Research Workshop, Orlando, FL, USA, 2005.

[24] 江宏燕，吴丰年，王妍晶，等．亚洲柑橘木虱的起源、分布和扩散能力研究进展 [J]. 环境昆虫学报，2018，40 (5)：1014 - 1020.

[25] Ferrarezi R S, Qureshi J A, Wright A L, et al. Citrus production under screen as a strategy to protect grapefruit trees from huanglongbing disease [J]. Front Plant Sci, 2019 (10): 1 - 15.

[26] Hu J, Jiang J, Wang N. Control of citrus huanglongbing via trunk injection of plant defense activators and antibiotics [J]. Phytopathology, 2018, 108: 186 - 195.

[27] Stansly P A, Arevalo H A, Qureshi J A, et al. Vector control and foliar nutrition to

maintain economic sustainability of bearing citrus in Florida groves affected by huanglongbing [J]. Pest Manag Sci，2014，70：415 - 426.
[28] Urbaneja A，Grout T G，Gravena S，et al. Citrus pests in a global world [M] //The Genus Citrus. Sawston Cambridge：Woodhead Publishing，2020：333 - 348.

撰稿人

岑伊静：女，博士，华南农业大学植物保护学院副教授。E - mail：cenyj@scau. edu. cn

24 案例24 象耳豆根结线虫在我国的发生与防控

一、案例材料

（一）象耳豆根结线虫在我国的发生和危害

根结线虫（*Meloidogyne* spp.）是对作物危害最严重的一种植物病原线虫，目前报道的种类超过100种[1]。象耳豆根结线虫（*M. enterolobii*）是最重要的根结线虫之一，喜高温，给热带亚热带地区的农林作物生产带来严重损失[1-2]。该线虫最早于1983年在我国海南省儋州市象耳豆树上发现[3]。此后20来年，该线虫鲜有报道，因此人们对该线虫并未引起重视。到了2004年，Xu等[4]研究发现象耳豆根结线虫mtDNA的COⅡ-lrRNA序列与玛雅古根结线虫（*M. mayaguensis*）一致，结合之前有研究认为这两种根结线虫形态相似、酯酶表型相同，Xu等提出玛雅古根结线虫可能是象耳豆根结线虫的同种异名。玛雅古根结线虫是1988年在波多黎各的茄子上发现报道的新种，其寄主范围广、危害大，可寄生多种抗线虫作物，是国际上公认的热带亚热带地区危害最大的根结线虫之一[5]。随着研究的不断深入，越来越多的学者开始接受象耳豆根结线虫和玛雅古根结线虫是同一个种的观点[2]。2012年，Karssen等[6]对原始产地的玛雅古根结线虫和象耳豆根结线虫的形态特征进行详细比较，结果表明两者形态无差别，正式确认它们为同种异名。此后，象耳豆根结线虫在生产上的重要性越来越受到人们的关注。

在我国，自2004年Xu等[4]提出玛雅古根结线虫与象耳豆根结线虫可能是同物异名后，象耳豆根结线虫不断地被发现报道。21世纪初，我国海南省番石榴普遍发生严重的根结线虫病，造成极大的经济损失。比如在海南省东方市的一些番石榴园100%感染根结线虫，感病植株根部布满根结，侧根变黑甚至腐烂。大多数植株因病枯死，未枯死植株叶片细小、发黄、失水，长势很弱。当时根据雌虫的会阴花纹特征，将其病原鉴定为南方根结线虫（*M. incognita*）[7]。然而到了2005年，有研究结合形态学、同工酶分析和寄主范围测试等手段重新对海南省番石榴上的根结线虫进行鉴定，结果确定该线虫是象耳豆根结线虫。鉴于象耳豆根结线虫和南方根结线虫在雌虫会阴花纹形态上的相似性，该研究认为不排除以往番石榴根结线虫病病原种类存在误定的可能[8]。2008 年，通过比较形态学和分子生物学研究，在广东省湛江市遂溪县的豇豆及广州市番禺区的辣椒和南瓜上发现象耳豆根结线虫，表明该线虫已从我国海南岛扩散到我国其他地区[9]。此后，该线虫在我国南方多个省份陆续被发现。2011 年，广西壮族自治区的菊花上发生象耳豆根结线虫病[10]；2013 年，福建省报道番石榴发生严重的象耳豆根结线虫病[11]；2015 年，湖南永州地区发现象耳豆根结线虫为害辣椒[12]。之前永州地区的根结线虫通常是南方根结线虫，对辣椒的侵染不严重，然而因象耳豆根结线虫侵染导致的辣椒根结线虫病发病极其严重，发病地块病株率达 100%，产量损失极大[12]；同年，在云南省元谋县也发现象耳豆根结线虫侵染辣椒[13]。随着调查范围的扩大，在海南、广东和福建 3 个省越来越多的市县和作物上发现该线虫。在广东省和海南省，调查结果表明该线虫可侵染苦瓜、红瓶刷树、苋菜、番石榴、胡椒、竹芋、丝瓜、葫芦、南瓜、番茄、辣椒、茄子、海巴戟、沉香、丁香、黄瓜、甘薯、菜豆和哈密瓜等多种作物[10,14-16]。在福建省，继在番石榴上发现象耳豆根结线虫后，又在多种蔬菜和果树上发现该线虫。比如，福建省闽南地区的胡萝卜发生严重的象耳豆根结线虫病，被线虫侵染的胡萝卜肉质根短小、粗胖甚至畸形，可形成圆形或不规则隆起，隆起处易产生次生根，次生根受线虫侵染形成明显根结，严重影响胡萝卜产量与品质，失去商业价值。此外，辣椒和空心菜等作物也发生严重的象耳豆根结线虫病[17]。调查发现这些发病地块均与发生番石榴根结线虫病的地块紧邻，因此番石榴上的象耳豆根结线虫可能是福建省果蔬作物象耳豆根结线虫病的重要初侵染源[17]。虽然象耳豆根结线虫是一种喜高温线虫，主要在热带亚热带地区发生，但是在 2012 年，辽宁省沈阳市的大棚蔬菜上也发现了象耳豆根结线虫[18]，表明该线虫可能具有在我国北方温室大棚内生存的能力，给我国北方地区的设施农业可能会带来严重威胁。

（二）象耳豆根结线虫病的防控

化学防治、农业防治、生物防治和抗病品种利用是防控根结线虫病的几种重要措施[1]。象耳豆根结线虫病的防控手段与防控其他根结线虫病基本一致。然而由于象耳豆根结线虫可侵染含 *Mi-1* 抗性基因的番茄和含 *N* 抗性基因的甜椒等抗根结线虫商业化作物品种[2]，故抗病品种无法用于象耳豆根结线虫的防控。此外，象耳豆根结线虫可通过带线虫的材料进行远距离传播[18]，因此加强检疫对象耳豆根结线虫病的防控具有重要意义。鉴于此，象耳豆根结线虫病的防控在无病区应以检疫为主，在病区宜采取化学防治为主，辅以农业防治和生物防治的综合措施。

1. 检疫 象耳豆根结线虫寄主广、危害大，一旦传入新区要彻底铲除十分困难。在我国北方大棚曾发现该线虫，表明该线虫可通过带线虫的材料远距离传播。因此，对从病区或外地调进无病区的苗木，在移植前必须进行严格的检验检疫，发现带病苗木应及时销毁，以防象耳豆根结线虫的传入和蔓延。荷兰、德国和英国等欧洲国家已将象耳豆根结线虫列为检疫对象，防止该线虫在欧洲的发生与危害[19]。

2. 化学防治 化学防治是根结线虫病防控的最主要手段之一。随着高毒杀线虫剂逐渐被禁用，目前用来防治根结线虫病的化学农药种类较少。阿维菌素、噻唑膦、阿维菌素·噻唑膦、氟吡菌酰胺和棉隆等是近年使用相对较多的杀线虫剂。这些杀线虫剂通常对象耳豆根结线虫也有效，但使用时需注意这些杀线虫剂在作物上的登记情况。如果苗床或种植地带有线虫，可在种植前用98%棉隆等熏蒸性杀线虫剂处理地块或苗床土壤。熏蒸性杀线虫剂使用时应严格按照说明书操作，安全用药，防止药害。此外，种植地如带有线虫，可在作物移栽时或移栽前1～5d施用10%噻唑膦颗粒剂或5.5%阿维菌素·噻唑膦颗粒剂或0.5%阿维菌素颗粒剂，颗粒剂均匀施于10～20cm深的种植沟或种植穴内。噻唑膦颗粒剂在使用时应注意与少许细沙混匀后再进行使用，因为噻唑膦直接接触植物根系可能会造成药害。除此之外，还可在移栽当天用41.7%氟吡菌酰胺悬浮剂进行灌根，但如果是防治黄瓜象耳豆根结线虫病，则应在移栽15d后灌根，因为葫芦科作物对氟吡菌酰胺敏感。氟吡菌酰胺使用时应保证在根部周围使用，不要喷到植物碎片或杂草上，在用药前要湿润土壤。

3. 农业防治 选用没有发生过根结线虫的苗床或地块进行育苗或种植，育苗时选用不带有根结线虫的基质。如果地块发生过根结线虫，在南方夏秋季节可在土表覆盖黑色塑料薄膜，密闭闷10～15d，揭膜后晾干播种或定植，土壤过于干燥时，可先对土壤灌水后再覆盖薄膜。对往年根结线虫发生严重的地块可采用水旱轮作。种植前，清除前茬作物留下的根系病残体，用除草剂防除田间杂草。种植时，可施用充分腐熟的有机肥和生物肥。

4. 生物防治 研究表明一些微生物对象耳豆根结线虫有捕食、寄生或抑制的效果。如少孢节丛孢菌（*Arthrobotrys oligospora*）可通过捕食象耳豆根结线虫降低土壤中的虫口密度[20]；厚垣普奇尼亚菌（*Pochonia chlamydospo-ria*）、*Lecanicillium psalliotae* 和淡紫拟青霉（*Paecilomyces lilacinus*）可寄生象耳豆根结线虫卵[21-22]；穿刺巴氏杆菌（*Pasteuria penetrans*）可侵染象耳豆根结线虫，对线虫具弱致病性[23]。其中淡紫拟青霉是我国登记的一种防治根结线虫的生物杀线虫剂，因此可在作物移栽时使用淡紫拟青霉颗粒剂来防治象耳豆根结线虫病。

二、问题

1. 在我国，象耳豆根结线虫 1983 年就有发现报道，但为什么 21 世纪后才逐渐暴发成灾？

2. 抗病品种利用是根结线虫病防治的一种重要措施，但为什么防治象耳豆根结线虫病未采用该措施？

三、案例分析

1. 在我国，象耳豆根结线虫 1983 年就有发现报道，但为什么 21 世纪后才逐渐暴发成灾？

第一，存在将象耳豆根结线虫误定为南方根结线虫的可能。我国早期对根结线虫的鉴定主要是依据线虫的形态特征，尤其是会阴花纹的形态特征。然而，象耳豆根结线虫和我国分布最广的南方根结线虫在雌虫会阴花纹形态上十分相似，因此不排除以往对象耳豆根结线虫误定的可能，即某些地方鉴定的南方根结线虫实际上是象耳豆根结线虫。21 世纪后，我国线虫学工作者开始更多地运用形态学、同工酶分析及分子检测相结合的方法对根结线虫进行鉴定，保证了根结线虫鉴定的客观性和准确性。

第二，我国经济的发展加快了象耳豆根结线虫的人为因素传播。21 世纪以来，我国人民的生活水平不断提高，对果蔬的需求越来越大，因此象耳豆根结线虫可能随着果蔬品种的调运和种植不断扩散蔓延。中国南方地区的气候环境十分适合象耳豆根结线虫的生长发育，而且该线虫毒性比南方根结线虫等常见的根结线虫更大，并可寄生抗病品种，因此在某些地区成功地取代了原先的根结线虫而成为优势种群，对农林作物造成严重的危害。

2. 抗病品种利用是根结线虫病防治的一种重要措施，但为什么防治象耳豆根结线虫病未采用该措施？

种植抗病品种通常是防治根结线虫病最有效的方法之一。一些商业化蔬菜品种，如含 *Mi-1* 基因的番茄和含 *N* 基因的甜椒等均可以很好地抵抗南方根结线虫、爪哇根结线虫、花生根结线虫等常见的根结线虫，然而这些抗根结线虫作物品种的抗性均会被象耳豆根结线虫克服。虽然，目前线虫学工作者正在进行象耳豆根结线虫抗性品种的筛选，也筛选到了少数抗象耳豆根结线虫的番茄砧木和番石榴品种等，但这些研究目前仅在实验室内进行，是否可商业化还有待进一步的研究。

四、补充材料

（一）象耳豆根结线虫的鉴定

象耳豆根结线虫的准确鉴定应采用形态学、同工酶学和分子生物学相结合的手段进行。

1. 形态鉴定 象耳豆根结线虫形态主要特征如下（图 24－1）：

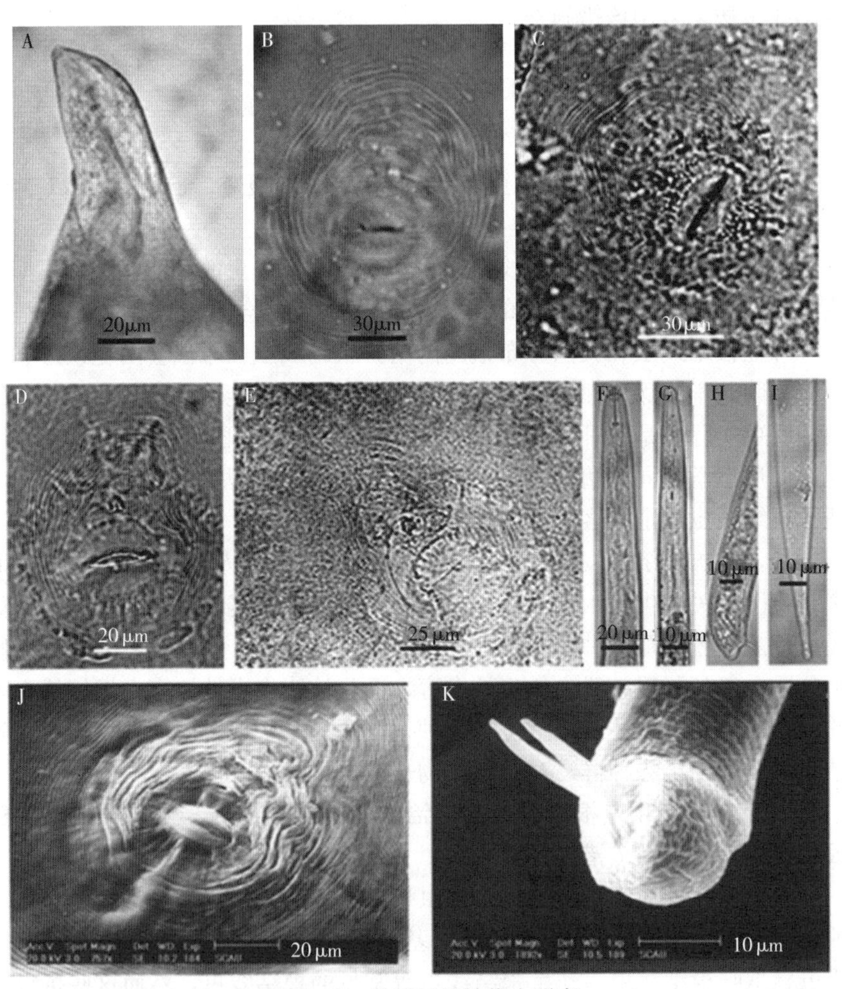

图 24－1 象耳豆根结线虫形态

A 至 I. 光学照片 J、K. 扫描电镜图

A. 雌虫头部 B 至 E、J. 会阴花纹 F. 雄虫头部

G. 二龄幼虫头部 H、K. 雄虫尾部 I. 二龄幼虫尾部

（引自文献［9］和［22］）

（1）雌虫。虫体膨大，呈梨形，有明显突出的颈。头部无环纹，与颈部稍缢缩，头冠高，唇盘圆盘状，略突起。排泄孔位置通常在近中食道球处。口针细长，锥体部与杆部等长，略向背面弯；口针基部球粗大。会阴花纹具有一定的种内变异，特征为整体卵圆形或椭圆形，线纹细且较平滑，背弓低至高，大多数会阴花纹无侧线，少数具 1 条或 2 条不清晰的侧线。

（2）雄虫。蠕虫形，虫体较小型，体环清晰。头部高圆，略缢缩，无环纹。头骨架中等发达。口针直，锥体部尖，杆部与基部球分界清楚；口针基部球大。中食道球卵圆形，瓣膜清楚。排泄孔位置变化较大。尾短、圆。交接刺略弯。

（3）二龄幼虫。蠕虫形，体环小而清晰。头部略缢缩，无环纹，唇盘略高于中唇。口针纤细，锥体部锐尖，与杆部分界明显。口针基部球清楚，大、圆。透明尾明显，到尾末端渐变细，末端钝圆，有 1～3 次缺刻。直肠稍膨大。

象耳豆根结线虫测量值见表 24－1。

表 24－1　象耳豆根结线虫的主要测量值

测量项目	广东种群[22]	原始报道种群[3]
雌虫		
n（标本数）	16	20
体长（μm）	647.7±21.4（550.8～846.6）	735.0±20.76（541.3～926.3）
最大体宽（μm）	506.2±25.0（306.0～693.6）	608.8±26.92（375.7～809.7）
颈长（μm）	184.2±6.1（132.6～224.4）	218.4±16.58（114.3～466.8）
前端至排泄孔距离（μm）	62.7±2.5（45.5～86.0）	62.9±2.35（42.3～80.6）
口针长（μm）	13.6±0.2（12.1～15.2）	15.1±0.30（13.2～18.0）
DGO（μm）	5.3±0.16（4.5～6.5）	4.9±0.17（3.7～6.2）
阴门长（μm）	29.4±0.64（25.3～34.0）	28.7±0.44（25.3～32.4）
肛阴距（μm）	21.2±0.45（19.0～25.3）	22.2±0.39（19.7～26.6）
a	1.31±0.06（1.01～1.87）	1.25±0.05（0.97～1.94）
雄虫		
n（标本数）	15	20
体长（μm）	1 589.3±28.6（1 423.2～1 836.0）	1 599.8±35.76（1 348.6～1 913.3）
最大体宽（μm）	36.8±0.64（31.0～42.2）	42.3±0.80（37.0～48.3）
前端至排泄孔距离（μm）	166.3±2.1（138.2～196.5）	178.2±2.5（159.7～206.2）
口针长（μm）	23.2±0.2（21～25）	23.4±0.21（21.2～25.5）
DGO（μm）	4.8±0.13（4.1～5.6）	4.7±0.09（3.7～5.3）

（续）

测量项目	广东种群[22]	原始报道种群[3]
交接刺长（μm）	31.5±0.22（29.0～35.1）	30.4±0.26（27.3～32.1）
a	43.7±1.2（36.8～49.6）	37.9±0.70（34.1～45.5）
二龄幼虫		
n（标本数）	15	30
体长（μm）	426.0±8.0（377.4～479.4）	436.6±3.03（405.0～472.9）
最大体宽（μm）	15.1±0.6（12.4～20.2）	15.3±0.16（13.9～17.8）
尾长（μm）	51.1±2.5（38.0～68.3）	56.4±0.82（41.5～63.4）
前端至排泄孔距离（μm）	78.3±2.6（63.3～91.1）	91.7±0.61（84.0～98.6）
口针长（μm）	13.6±0.3（12.4～15.2）	11.7±0.08（10.8～13.0）
DGO（μm）	3.4±0.16（2.4～4.1）	3.4±0.06（2.8～4.3）
a	28.7±0.9（23.0～33.1）	28.6±0.34（24.0～32.5）
c	8.6±0.37（6.7～11.6）	7.8±0.12（6.8～10.1）

注：DGO为背食道腺开口至口针基部球基部的距离；*a*为体长与最大体宽的比值；*c*为体长与尾长的比值。

2. 同工酶分析 象耳豆根结线虫的酯酶（Est）具2条主要酶带，其表型为VS1－S1型；苹果酸脱氢酶（MDH）为1条酶带，其表型为N1a型（图24－2）。

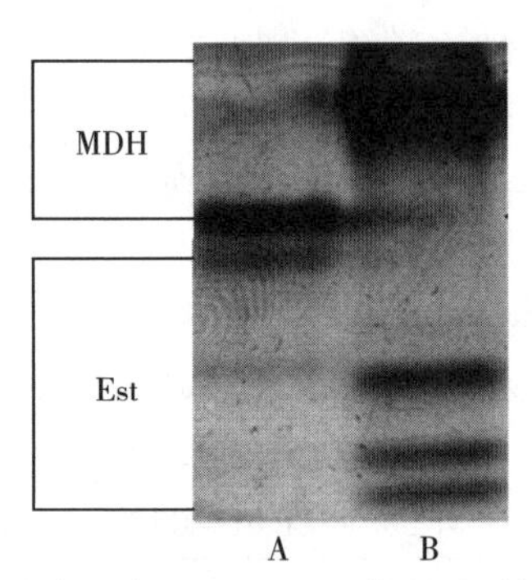

图24－2 象耳豆根结线虫酯酶（Est）和苹果酸脱氢酶（MDH）的表型

A. 象耳豆根结线虫 B. 爪哇根结线虫（对照）

（引自文献［9］）

3. 分子鉴定 象耳豆根结线虫mtDNA的COⅡ－lrRNA基因间序列种内差异小，种间变异较大，是鉴定象耳豆根结线虫的一个理想分子靶标。用引物C2F3（5′－GGTCAATGTTCAGAAATTTGTGG－3′）和1108（5′－TAC-CTTTGACCAATCACGCT－3′）[4]对象耳豆根结线虫COⅡ－lrRNA基因间序列进行扩增，可获得 1 条约 700bp 的扩增条带，并可进一步通过测序及在 GenBank 进行 BLAST 比对确认。此外，还可以采用特异 PCR 和实时荧光定量 PCR 等方法对象耳豆根结线虫进行鉴定，具体可参考文献 [26]。

（二）象耳豆根结线虫病的诊断

利用根结线虫病的症状和病原的形态学特征开展诊断。发生象耳豆根结线虫病的植株地上部通常没有特异症状，主要表现为生长发育不良，叶色较淡，似缺水缺肥状；危害严重时，植株叶小而黄化，矮化，甚至萎蔫死亡。植株地下部的根系形成根结，根结呈圆形或纺锤形或不规则，一条根上可串珠状着生多个根结，严重时多个根结连在一起。解剖新鲜的根结可见梨形雌虫、不同发育时期的膨大或线形幼虫，有时可见线形雄虫。卵囊大多在根结处表面外露，有时也可包埋在组织内。象耳豆根结线虫侵害番石榴的症状见图 24 - 3。

图 24 - 3　象耳豆根结线虫侵害番石榴的症状

（三）象耳豆根结线虫的侵染循环

象耳豆根结线虫是固着型专性寄生物，以二龄幼虫侵染植物根，主要以卵囊中的卵和卵内幼虫越冬。当温湿度条件适宜时，土壤中或作物病残体中根结线虫的卵孵化出侵染期二龄幼虫，侵染期二龄幼虫寻找并侵入植物根。线虫侵入根后在胞间迁移，当发现合适的取食位点就固定下来，诱导取食位点处的细胞变为巨型细胞。巨型细胞源源不断提供营养给线虫，线虫经过 3 次蜕皮依次发育为三龄幼虫、四龄幼虫和成虫。成熟雌虫梨形，通常产卵于胶质卵囊中，一头象耳豆根结线虫雌虫产卵 400～600 粒。雄虫留在根内或进入土壤中。一般象耳豆根结线虫在其发育的最适条件下，完成生活史需要 4～5 周。在一个生长季节内，象耳豆根结线虫在多数作物上发生几个世代，能够多次重复侵染。

带有线虫卵的病土和田间病残体是主要初侵染源。近距离传播主要依靠灌溉水、雨水，或附于农具、动物、鞋上的带虫土壤传播。远距离传播主要通过带线虫种苗，或附于种苗根部的带线虫土壤传播。沙性土壤象耳豆根结线虫发生较为严重，黏性土壤发生轻。

参考文献

[1] Perry R N, Moens M, Starr J L. Root - knot nematodes [M]. Wallingford (UK): CAB International, 2009.

[2] Castagnone - Sereno P. *Meloidogyne enterolobii* (=*M. mayaguensis*): profile of an emerging, highly pathogenic, root - knot nematode species [J]. Nematology, 2012, 14 (2): 133 - 138.

[3] Yang B, Eisenback J D. *Meloidogyne enterolobii* n. sp. (Meloidogynidae), a root - knot nematode parasitizing pacara earpod tree in China [J]. J Nematol, 1983, 15 (3): 381 - 393.

[4] Xu J, Liu P, Meng Q, et al. Characterization of *Meloidogyne* species from China using isozyme phenotypes and amplified mitochondrial DNA restriction fragment length polymorphism [J]. Eur J Plant Pathol, 2004, 110 (3): 309 - 315.

[5] Rammah A, Hirschmann H. *Meloidogyne mayaguensis* n. sp. (Meloidogynidae), a root knot nematode from Puerto Rico [J]. J Nematol, 1988, 20 (1): 58 - 69.

[6] Karssen G, Liao J L, Zhuo K, et al. On the species status of the root - knot nematode *Meloidogyne mayaguensis* Rammah & Hirschmann, 1988 [J]. ZooKeys, 2012, 181: 67 - 77.

[7] 贺春萍，文衍堂，郑服丛．东方市番石榴线虫病的鉴定及其防治 [J]. 热带农业科学，2000，20 (2): 22 - 25.

[8] 刘昊，龙海，鄢小宁，等．海南省番石榴根结线虫病病原的种类鉴定及其寄主范围的测试 [J]. 南京农业大学学报，2005，28 (4): 55 - 59.

[9] 卓侃，胡茂秀，廖金铃，等．广东省和海南省象耳豆根结线虫的鉴定 [J]. 华中农业大学学报，2008，27 (2): 193 - 197.

[10] Hu M X, Zhuo K, Liao J L. Multiplex PCR for the simultaneous identification and detection of *Meloidogyne incognita*, *M. enterolobii*, and *M. javanica* using DNA extracted directly from individual galls [J]. Phytopathology, 2011, 101 (11): 1270 - 1277.

[11] 杨意伯．福建龙眼、荔枝、番石榴线虫病害调查及寄生线虫种类鉴定 [D]. 福州：福建农林大学，2013.

[12] 王剑，宋志强，成飞雪，等．湖南省辣椒上首次发现象耳豆根结线虫 [J]. 植物保护，2015，41 (4): 180 - 183.

[13] Wang Y, Wang X Q, Xie Y, et al. First report of *Meloidogyne enterolobii* on hot pepper in China [J]. Plant Dis, 2015, 99 (4): 557.

[14] 贾本凯，王会芳，陈绵才．海南岛茄果类蔬菜根结线虫种类鉴定 [J]. 广东农业科

学，2012，39（7）：104-106.

[15] 赵传波，郑小玲，阮兆英．深圳市蔬菜基地根结线虫的种类和分布［J］．华中农业大学学报，2015，34（2）：41-48.

[16] 龙海波，孙艳芳，白成，等．海南省象耳豆根结线虫的鉴定研究［J］．热带作物学报，2015，36（2）：371-376.

[17] 陈淑君，肖顺，程敏，等．福建省象耳豆根结线虫的鉴定及分子检测［J］．福建农林大学学报，2017，46（2）：141-146.

[18] Niu J H，Jian H，Guo Q X，et al. Evaluation of loop-mediated isothermal amplification（LAMP）assays based on 5S rDNA-IGS2 regions for detecting *Meloidogyne enterolobii*［J］．Plant Pathol，2012，61（4）：809-819.

[19] EPPO. PM 7/103（2）*Meloidogyne enterolobii*［J］．Bulletin OEPP/EPPO Bulletin，2016，46（2）：190-201.

[20] 鄢小宁，郑服丛，郑经武，等．利用少孢节丛孢（*Arthrobotrys oligospora*）HNQ11 菌株控制象耳豆根结线虫危害［J］．热带作物学报，2007，28（4）：98-101.

[21] Arevalo J，Hidalgo-Díaz L，Martins I，et al. Cultural and morphological characterization of *Pochonia chlamydosporia* and *Lecanicillium psalliotae* isolated from *Meloidogyne mayaguensis* eggs in Brazil［J］．Trop Plant Pathol，2009，34（3）：158-163.

[22] 卓侃．象耳豆根结线虫卵寄生真菌淡紫拟青霉的研究［D］．广州：华南农业大学，2006.

[23] Trudgill D L，Bala G，Blok V C，et al. The importance of tropical root-knot nematodes（*Meloidogyne* spp.）and factors affecting the utility of *Pasteuria penetrans* as a biocontrol agent［J］．Nematology，2000，2（8）：823-845.

撰稿人

卓侃：男，博士，华南农业大学植物保护学院教授。E-mail：zhuokan@scau. edu. cn

林柏荣：男，博士，华南农业大学植物保护学院副教授。E-mail：boronglin@scau. edu. cn

案例25

河北地区黄顶菊的入侵与防治策略

一、案例材料

(一) 黄顶菊入侵河北

黄顶菊[*Flaveria bidentis*(L.) Kuntze]属菊科(Compositae)堆心菊族(Helenieae Cass.)黄顶菊属(*Flaveria* Juss.),又称二齿黄菊,为一年生草本植物(图25-1)。黄顶菊原产于南美洲的热带雨林地区,主要分布于西印度群岛、墨西哥和美国的南部,后来传播到埃及、南非、英国、法国、澳大利亚和日本等地,是全球许多国家的重要外来入侵物种及恶性杂草之一。黄顶菊大约于20世纪90年代传入我国,2001年相继在河北省和天津市零星发生[1]。根据河北省农业部门的调查结果,黄顶菊主要分布于河北省中南部,包括邯郸、邢台、衡水、保定、石家庄、沧州、廊坊、唐山、秦皇岛9个市,发生面积约2.5万 hm^2,侵入农田约4 000hm^2。根据黄顶菊的原产地和传播入侵区域的生态环境条件分析,除华北地区外,我国的华中、华东、华南及沿海地区都有可能成为黄顶菊入侵的重点区域[2]。黄顶菊已于2007年被列入我国入境植物检疫性有害生物,同时也是河北省植物检疫对象,2010年1月7日被列入《中国外来入侵物种名单》(第二批)。

图 25－1　黄顶菊的形态特征
A. 黄顶菊群体　B. 黄顶菊花序　C. 黄顶菊叶片　D. 黄顶菊种子
（张金林，2010）

（二）黄顶菊的危害

在河北省的一些黄顶菊发生区域发现，该物种已侵入农田，在玉米、花生、棉花、高粱田中已发现黄顶菊，它能够争夺土壤养分，从而对作物的生长和产量造成非常大的影响，有些发生黄顶菊的玉米田甚至绝收（图 25－2）。

通过多年对黄顶菊进行治理，目前河北省黄顶菊的发生面积已逐年减少，且主要发生在路旁、河渠旁和闲散地，农田中黄顶菊的发生量已不会对农作物产量和质量造成明显影响。

黄顶菊与其他植物的竞争优势主要来源于两个方面：一是高大的植株与其他植物争夺地上生育空间；二是分泌和释放化感物质，化感物质能够通过改变土壤微生物群落而影响其他植物，也可直接影响其他植物种子的萌发及生长。黄顶菊的繁殖速度极快，一旦入侵某一地区便很快在该地区传播扩散，因此，在入侵地很容易形成黄顶菊的单一群落。另外，由于黄顶菊的适生性极强，能够入侵弃荒的贫瘠地块和植被较少的地块，一旦入侵就能迅速生长，抑制其他植物生长，最终导致土著植物的死亡，造成有黄顶菊生长的地方其他植物无法生存的状况。如果不及时防控，必将对入侵地植物多样性造成较大破坏[3]。黄顶菊的生长旺期为每年的 4—8 月，花期长，且与大多数土著菊科植物的花期交叉重叠，如果黄顶菊和土著菊科植物发生属间杂交，则有可能产生危害性更大的杂交后代。

（三）黄顶菊的防治策略

根据黄顶菊的发生与危害特点及生物学特性，应该采取如下防治策略：在非疫区，加强检疫工作，严防传入；在疫区，以农业防治为基础，即通过合理

图 25-2 黄顶菊的危害

A. 黄顶菊危害棉花 B. 黄顶菊危害玉米 C. 黄顶菊危害谷子 D. 黄顶菊形成的单一群落

（张金林，2010）

轮作、深耕、生态调控、秸秆覆盖、地膜覆盖、植物竞争等措施，最大限度地降低黄顶菊的出苗率和危害程度；重发区，采取以化学防治为主，多种方法并举的应急防治措施，及时有效地消灭黄顶菊的地上植株，最大限度地降低种子传播。

河北省是我国最早发现黄顶菊的省份，且目前该物种在河北省仍存在，只是再未对农业生产造成明显影响。为防止该物种在河北省再次猖獗发生，影响农业和生态环境安全，近几年在河北省的永年、巨鹿、枣强、大成、河间 5 个县（市、区）仍设有黄顶菊长期监测点，定期调查并监测黄顶菊的发生情况，及时将其发生动态进行发布，防患于未然。此外，对于黄顶菊发生较多的个别地区可进行人工拔除或用化学药剂对其进行铲草除根。

二、问题

1. 为什么黄顶菊能够迅速传播扩散？

2. 为什么黄顶菊的防治工作要及时、及早和因地而异？

3. 为什么化学防治是目前黄顶菊的主要防控技术措施？

三、案例分析

1. 为什么黄顶菊能够迅速传播扩散？

首先，由于黄顶菊的种子数量大，重量轻而体积小，除短距离自然传播外，还可借助风力、水流、交通运输工具、动物等进行远距离传播扩散，因此，给防治工作带来很大困难。特别是当前城市改造、道路修建、园林绿化等工程建设的大量用土，也为黄顶菊传播和蔓延创造了有利条件。对保定市清苑区一个长满黄顶菊的场地进行调查时发现，该场地是许多大型收割机械的存放地，由此推断，黄顶菊的种子是借助这些交通工具进行了传播和扩散。

其次，黄顶菊具有惊人的繁殖能力。1株黄顶菊能产数万至数十万粒种子，并且黄顶菊的种子在4—10月均可萌发，这就给黄顶菊的防治工作带来困难。

最后，黄顶菊是一种喜光、喜湿、耐盐碱、耐瘠薄、抗逆性极强的杂草，具有很强的适生性，生境范围非常广，在河溪旁的水湿处、峡谷、悬崖、峭壁、原野、牧场、弃耕地、街道附近、道路两旁及含砾岩或沙子的黏土中都能生长。黄顶菊喜生于荒地、厂矿、建筑工地和滨海等富含矿物质及盐分的生境，尤其偏爱干扰后的生境。对天津地区的黄顶菊进行野外调查发现，黄顶菊在贫瘠的建筑垃圾堆或砖石瓦块横生的荒郊生长良好，现发现已逐渐向农田、庭院、树林等地入侵，这将对农牧业生态系统造成极大的破坏。

2. 为什么黄顶菊的防治工作要及时、及早和因地而异？

黄顶菊一旦入侵就会和其他植物争肥、争水并严重挤占其他植物的生存空间，从而抑制其他植物的生长，并最终导致其他植物死亡。有黄顶菊生长的地方，其他植物难以生存。在河北省的一些黄顶菊发生地发现，该物种在自然界植物群落中具有很强的生存竞争能力，在一些地区的玉米、花生、棉花、高粱田中已发现了黄顶菊的危害，对作物的生长和产量影响非常大，有些发生黄顶菊的玉米田甚至绝收。黄顶菊已经威胁到农牧业生产及生态环境安全。如不及早进行系统的研究与防控，黄顶菊在河北省势必出现短期内暴发的趋势。因此，河北省对黄顶菊的防控和研究已到了刻不容缓的地步。鉴于此，首先应明确黄顶菊在河北省的发生分布情况以及黄顶菊对农作物及农业生态的影响，在此基础上制定出相应的防治策略。

由于黄顶菊的种子萌发时间不一致，在每年的4—10月均可以萌发出土。当温度低于15℃时，黄顶菊种子的萌发率相对较低。因此，不同地区由于温度差异导致黄顶菊种子萌发出苗时间有所差异。在黄顶菊刚出苗时，如果能够及时使用化学除草剂，那么黄顶菊的发生就能够得到有效控制。高大的黄顶菊植株只能通过人工拔除的方式除掉。因此，各地要根据黄顶菊在本地的发生情况及时、及早地进行防治，将黄顶菊的危害降到最低程度。

3. 为什么化学防治是目前黄顶菊的主要防控技术措施?

黄顶菊一旦入侵便可以迅速传播扩散，常规的人工防除、机械防除等方法只能消除少量的成熟高大植株。另外黄顶菊的种子较小，不易被消除，人工防除等方法不能彻底消灭黄顶菊。化学防治仍然是目前防治外来入侵植物的有效手段，化学农药具有效果迅速、使用方便、易于大面积推广应用等特点。

防除非农田的黄顶菊可以使用灭生性除草剂草甘膦。草甘膦具有内吸传导活性，对黄顶菊的防治彻底；此外，苯磺隆、2 甲 4 氯等除草剂对黄顶菊也有很好的防治效果，尤其是苯磺隆对黄顶菊的防除效果更为突出（图 25－3），并且具有持效期长、成本低等优点。试验发现，苯磺隆对土著的禾本科杂草安全性高，更有利于保护生态的多样性。

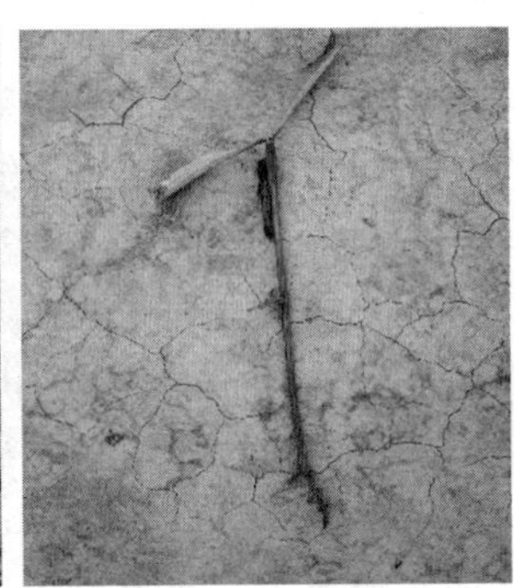

图 25－3　苯磺隆对黄顶菊的防治效果

四、补充材料

(一) 黄顶菊的生物学特性

1. 黄顶菊种子在不同地区土壤中的分布情况　在黄顶菊疫情发生较重的冀州、元氏、鹿泉、隆尧和献县，选择近几年发生密度较高，有代表性且当年没有新种子落地的地块，调查了土样中黄顶菊的种子数量。其调查 255 个样方，面积约 1 208hm^2，其中有种子样方 232 个，占 91%；平均种子密度 190 粒/样方（折 4 750 粒/m^2），样方种子量最多的达 58 500 粒/m^2，最少的为 5 粒/m^2。一级饱满度种子率平均 25.89%，最高 84.48%，最低 12.2%；种子萌发率平均 24.36%，最高 43%，最低 8%。

2. 黄顶菊种子在不同深度土壤中的分布情况　对黄顶菊发生较严重的隆尧县不同地块采样点不同深度土层中黄顶菊种子的分布进行了调查。平均每个样方（10cm×10cm）的种子数和不同土层中的种子分布详见图 25－4，以 0～3cm 土层中黄顶菊种子最多，占调查取样中所有土层深度黄顶菊种子总量的 80%。同时发现，在 20～30cm 的土层中仍然有黄顶菊种子的分布，占调查取样中所有土层深度黄顶菊种子总量的 1%。

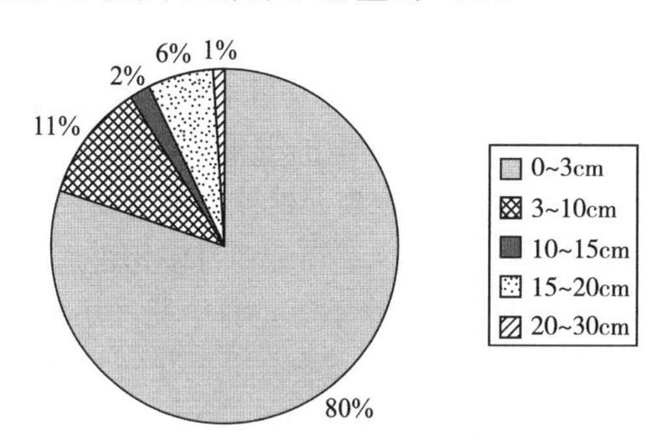

图 25－4　不同深度土层中黄顶菊种子的分布数量

3. 不同土壤类型及播种深度对黄顶菊种子萌发的影响　不同土壤类型及播种深度对黄顶菊种子萌发的影响见图 25－5。可以看出，随着播种深度的增加，黄顶菊种子在 3 种土壤中的发芽率逐渐降低。在同一播深处理下，黄顶菊种子在壤土中的发芽率最高，在沙土中的发芽率最低，例如播深在 1cm 时，黄顶菊在沙土、壤土、黏土中的发芽率分别为 13.33%、36.67%、18.19%。同时，黄顶菊在壤土中终止萌发的深度最深，为 4.5cm；在沙土中终止萌发的深度最浅，为 3.5cm。

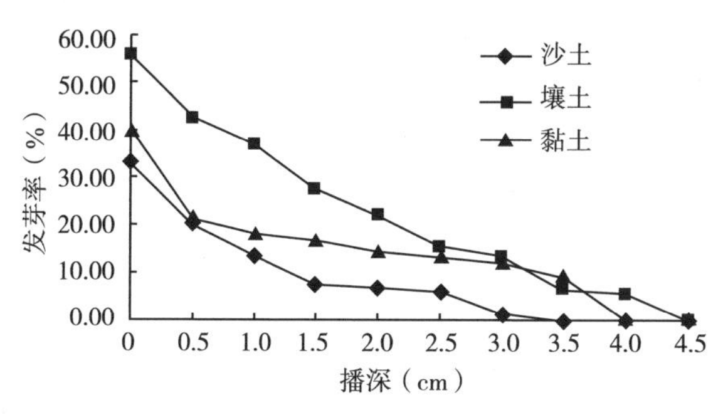

图 25－5　土壤种类及播种深度对黄顶菊种子萌发的影响

4. 黄顶菊的出苗时间　通过对河北省不同地区的定点观察，黄顶菊在河北省的出苗时间不整齐，在温度、湿度适宜的情况下，3—10 月均可出苗。调查发现，黄顶菊最早出苗时间为 3 月 28 日（磁县、广平），最晚出苗时间为

10月10日（永年），但出苗后气温较低，未能开花。

5. 黄顶菊的生长情况 调查发现，春季第一批出苗的黄顶菊株高0.3～5cm，5月底株高一般为15～25cm；而进入6—8月由于光照、温度及湿度比较适宜，株高急剧增加。进入始花期后，植株生长变缓，由营养生长转为生殖生长。黄顶菊高低差异较大，成熟植株高2m左右，10月以后出苗的植株不足10cm。

6. 黄顶菊的分枝情况 通过不同地区观察发现，在河北省黄顶菊最多可有5级分枝，第一批黄顶菊长到3～4对真叶时，在第一对真叶叶腋处即可出现一级分枝，以后其分枝数与生长环境的温度、湿度及植株密度有很大的关系。温度高、植株密度小的，分枝较多，植株生长速度快。

7. 黄顶菊的开花结籽情况 7月下旬至8月中旬进入开花盛期，最早始花期7月2—3日，单株花序5～2 000个不等，每个花序小花数15～55个，平均40个，每个小花种子数4～8粒，顶尖部位的小花结籽少，一般有2～3个。花序上的小花开放顺序一般是中间部分先开，之后逐渐向上下部开放。黄顶菊花期较长，达3个月以上，结籽量高达50多万粒。10月初的新生幼苗，也会在一对子叶、一对真叶的衬托下在植株顶端展开一黄色花序。观察发现，9月初早期开花的花序开始干枯死亡，种子进入完熟期，黄顶菊茎的颜色随着种子的成熟由绿色逐步转为红色。

8. 黄顶菊的根系生长 通过对4个县（市）的黄顶菊根系主要分布情况调查发现，黄顶菊的根系主要分布在地面下3～15cm内的土层，其主根系相对地上部分来讲不是非常发达，但其侧根相当发达，吸收营养的能力较强。黄顶菊根部在水中浸泡2d之后，根系腐烂，植株死亡。

综合各地调查监测结果，黄顶菊具有以下特点：①出苗时间跨度大，3—10月均可出苗；②生育期长，前后可达8个月；③生物产量高，植株高大，一般成株都在1.5m以上；④结籽量大，繁殖速度快，一旦环境条件恶化，即转入生殖生长，开花结实；⑤生境复杂，适应性广，可在农田、路、沟、渠、厂矿、院落的土壤、沙石，甚至水泥、砖块上茂盛生长。

（二）黄顶菊的竞争机制

黄顶菊一旦入侵就可以在较短的时间内成为优势种群，一方面是因为其植株高大，能够和其他植物争夺养分、水分、阳光、空间等生长必需因子，并且黄顶菊是典型的C_4植物，较其他C_3植物而言，具有更强的抗逆性。另一方面则是其能够分泌化感物质，从而抑制周围其他植物的生长。

化感作用是黄顶菊种群竞争扩张的一个重要策略。研究发现黄顶菊的自然挥发物对受体植物不表现化感作用，而淋溶物对受体植物生长表现出明显的抑制作用，即黄顶菊主要通过植株残体和根系分泌向环境中释放化感物质，其次是通过雨雾的淋溶对受体植物产生化感作用[4]。黄顶菊茎叶水提物对玉米、小麦、棉花、大豆、花生、马唐和反枝苋都表现出了不同程度的抑制作用，其中以对棉花的化感效应最强。黄顶菊茎叶的石油醚、氯仿、乙酸乙酯、丙酮和乙醇的提取物，对几种植物的化感效应要高于水提物，其中以丙酮提取物的化感效应最强[5]。黄顶菊中发现的主要化感物质为α-三噻吩。研究发现，α-三噻吩在光照条件下对植物的抑制作用远远高于黑暗条件下，并且其能够降低植物体内的叶绿素、类胡萝卜素等含量。初步断定，α-三噻吩影响了植物的光合作用，最终导致植物死亡。黄顶菊的化感物质对许多农田作物产生了严重的负面影响，使其生长发育受到了明显的抑制，甚至短期内导致其死亡。

（三）黄顶菊的综合治理

外来入侵植物一般都具有适应性广泛、抗逆性和繁殖能力强等特点。已有的研究结果和防除经验表明，仅靠某一种防除方法很难达到理想的控制效果。从我国已发生的几种外来入侵植物发生特点和防控效果来看，外来入侵植物一旦入侵均很难根除。因此，对于黄顶菊的防控必须根据其发生特点和基本的生物学特性，利用农业、生态、物理及化学等多种防治措施，统筹兼顾，建立长效的黄顶菊综合防控技术体系，从而达到事半功倍的效果，实现经济效益、社会效益、生态效益三者统一。

目前对入侵杂草的防治方法可归纳为如下几种类型：

（1）人工防除。人工防除主要是拔除或铲除，该方法可在短时间内迅速清除杂草，它适用于那些刚刚传入、尚未大面积扩散的入侵物种。对于黄顶菊零散发生区域，可及时组织人员进行人工拔除；对成片发生地区，可先割除植株，再耕翻晒根，然后拾尽根茬，集中焚烧。拔除时，一定要在黄顶菊种子成熟前，同时要将所有黄顶菊的根茎等无性繁殖器官带出田外集中焚烧销毁，做到铲草除根。

（2）机械防除。利用专门设计制造的机械设备防除有害植物，短时间内可迅速清除一定范围内的外来植物，在黄顶菊集中发生区域可以使用除灌机械和先进的除灌技术，进行机械防除。

（3）替代控制。替代控制是利用植物的种间竞争规律，用一种或多种植物的生长优势抑制入侵杂草繁衍，以达到防治或减轻危害的目的。替代控制主要针对外来植物，是一种生态控制方法，其核心是根据植物群落演替的自身规律，使用有经济或生态价值的本地植物取代外来入侵植物。例如，向日葵、紫花苜蓿、油用向日葵、甜高粱、墨西哥玉米和高丹草是防控黄顶菊较好的替代植物，在黄顶菊严重发生区可以通过种植替代植物来控制其发生[6]。

（4）生物防治。生物防治是指谨慎地利用寄主范围较为专一的植食性动物或病原微生物，将有害生物控制在经济上、生态上或环境美化上可以允许的水平。对杂草进行生物防治就是利用植食性昆虫、螨类或微生物及其代谢产物防治杂草。例如，在自然条件下斜纹夜蛾（*Prodenia litura*）等植食性昆虫对黄顶菊具有较好的抑制作用[7]。细极链格孢（*A. tenuissima*）、刺盘孢（*Colletotrichum* sp.）和瓜单丝壳（*Podosphaera xanthii*）等 3 种病原菌对黄顶菊的致病性很强，接种 6～7d 后黄顶菊的病叶率均可达 100%，同时这几种菌的产孢能力也很强，具有控制黄顶菊危害的潜力[8]。生物防治对环境安全，控制效果持久，防治成本低廉，越来越受到人们的重视。通过生物之间的相互作用，建立起新的生态平衡，可以将杂草危害控制住。通过引入原产地的天敌重新建立有害生物与天敌之间的相互调节、相互制约机制，恢复和保持这种生态平衡。天敌一旦在新生境下建立种群，就可能依靠自我繁殖、自我扩散，控制有害生物。

（5）化学防除。使用除草剂来防除外来入侵植物是当前行之有效的手段之一。化学除草剂具有效果迅速、使用方便、易于大面积推广应用等特点。针对农田和非农田应选择不同类型的除草剂。农田可在播后苗前对土壤进行封闭处理，每 667m^2 用 50%乙草胺乳油 100～150mL、50%西玛津 100～150mL，或 50%丙炔氟草胺+50%乙草胺 120mL。施药时田间如有明草，可加入 20%草铵磷水剂 100～150g，既可防治未出土杂草，又可杀灭田间明草。进行土壤封闭处理时土壤要保持较好的湿度，机收麦田麦茬较高，应适当加大用药、用水量，最好灭茬后再用药。在玉米 3～8 叶期，杂草长出 2～4 叶时，每 667m^2 用 24%烟・硝・莠去津（苞媄）150～200mL 进行喷施杀灭杂草。喷施化学除草剂时，应注意选择无风天、相对湿度 65%以上的早晨或傍晚用药，并尽量压低喷头，做到药量准确、水量充足、均匀喷施，避免重喷、漏喷。非农田主要针对沟渠、公路两侧及荒地，每 667m^2 可使用 20%草铵膦水剂 300g 或 20% 2 甲 4 氯钠盐水剂+48%苯达松水剂混合使用。

（6）综合治理。综合治理就是将生物、化学、机械、人工、替代等单项技术融合起来，发挥各自的优势，弥补各自不足，达到综合控制入侵生物的目的。综合治理并不是各种技术的简单相加，而是它们的有机融合，彼此相互协调、相互促进。

（四）黄顶菊在我国的地理分布格局及其时空动态[9-10]

我国最早在河北省衡水市发现黄顶菊，其后相继在河北省东南部的邯郸市和邢台市等地发现该外来入侵植物。目前，我国 71%的黄顶菊分布点在距分布区内主要道路如国道 10km 的范围之内，且分布点数随该距离的增加而减少。54%的分布点在距主要道路如 G107、G106、G309、G205 国道 2km 的范围内，27%的分布点在距主要道路 2～5km 的范围内，19%的分布点在距主要道路 5～10km 的范围内。这种分布格局说明公路是黄顶菊扩散蔓延的主要通道。黄顶菊已从最初的入侵地向北扩散到天津市，向东扩散到山东省东营市，向西扩散到山西省黎城县，向南扩散到河南省开封市。黄顶菊向 4 个方向扩散的直线距离为 100～350km，这种差异与自然屏障和扩散通道相关。太行山脉是黄顶菊向西扩散的地理屏障，但这个屏障已逐渐被突破。此外，黄顶菊在我国的分布点主要集中在低海拔（<1 000m）地区。在当前气候及其他各种因子影响下，黄顶菊已入侵河北、山东、天津、河南和山西的 100 余个县，且在我国仍处于快速扩散阶段，未来应该会继续沿公路向南和向西蔓延。基于 MaxEnt 模型和气候变化情景对黄顶菊在我国的分布区预测结果显示，未来气候条件下，黄顶菊的适生分布范围将进一步扩大，在 2060 年前后，高适生区的面积将增长到 14.73 万 km^2，增长率达 121.49%，主要分布在河北省及周边地区、陕西省西安市及周边城市。因此，在扩散的前沿地带开展监测预警工作并尽早采取防护措施，对抑制黄顶菊在我国的进一步扩散蔓延具有重要意义。

参考文献

[1] 皇甫超河，王志勇，杨殿林．外来入侵种黄顶菊及其伴生植物光合特性初步研究 [J]. 西北植物学报，2009，29 (4)：781 - 788.

[2] 周君．黄顶菊（*Flaveria bidentis*）对其入侵生境的主要生态适应性分析 [D]. 重庆：西南大学，2010.

[3] 祖传彬，贺爱喜，王建英．黄顶菊的危害和防治策略 [J]. 农业与科技，2013，33 (1)：16.

[4] 冯建永，陶晡，庞民好，等．黄顶菊化感物质释放途径的初步研究 [J]. 河北农业大学学报，2009，32 (1)：72 - 77.

[5] 许文超，徐娇，陶晡，等．外来入侵植物黄顶菊的化感作用初步研究 [J]. 河北农业大学学报，2007，30 (6)：63 - 67.

[6] 韩建华，李二虎，王一帆，等．黄顶菊竞争植物的替代控制效果评价 [J]. 中国植保导刊，2020，40 (1)：91 - 92，99.

[7] 杜喜翠，谭万忠，孙现超．外来入侵植物黄顶菊上昆虫种类多样性研究 [J]. 西南大学学报（自然科学版），2011，33 (6)：1 - 6.

[8] 孙现超，付卫东，张国良，等．中国华北地区黄顶菊杂草上的 3 种新病害及病原菌鉴定 [J]. 西南大学学报（自然科学版），2011，33 (4)：24 - 30.

[9] 郑志鑫，王瑞，张风娟，等．外来入侵植物黄顶菊在我国的地理分布格局及其时空动

态 [J]. 生物安全学报，2018，27 (4)：295 - 299.
[10] 李安，李良涛，高萌萌，等. 基于MaxEnt模型和气候变化情景入侵种黄顶菊在中国的分布区预测 [J]. 农学学报，2020，10 (1)：60 - 67.

撰稿人

霍静倩：女，博士，河北农业大学植物保护学院副教授。E - mail：huojingqian@hebau. edu. cn

26 案例26

我国稻田杂草化学防治与抗药性治理

一、案例材料

在稻田生态系统中，杂草与水稻争肥、争光、争空间，传播病虫，减少稻谷产量，降低稻谷品质（图 26－1）。除草剂的应用保证了粮食稳产和增产，但多年持续使用除草剂，也导致稻田杂草产生抗药性，杂草群落演替明显，抗药性杂草暴发。截至 2022 年 4 月，全球 31 个国家各类水稻田系统中已有 54 种杂草 170 个生物型对 43 种除草剂产生了抗药性[1]。

图 26－1　稻田稗草和千金子危害[2]

A. 稗草　B. 千金子

我国水稻产区涵盖了 6 个类型的稻作区域，不同区域杂草类群组成差异大。根据 2009—2013 年全国农业技术推广服务中心的调查结果，我国稻田杂草共 143 种，年发生面积约 2 000 万 hm^2[3]，估算因杂草危害减产稻米 1 000 万 t，严重田块甚至减产 50%以上[4]。与此同时，我国稻田杂草发生了显著变化，20 世纪 80 年代稻田主要杂草为稗、异型莎草、水龙、圆叶节节菜、节节菜、尖瓣花、鸭舌草、水苋菜、瓜皮草、扁秆藨草、野慈姑、眼子菜等[5]。现在，各个稻区稻田除上述杂草外，马唐、牛筋草、稻李氏禾等过去多在田埂发生的喜湿杂草侵入稻田，稗草、千金子、杂草稻成为世界稻田的三大草害，杂草稻已蔓延至全国25个省份，年发生面积333万 hm^2，水稻减产10%～50%[6]。

目前，水稻田化学除草面积率达100%[7]，但多地反映常规用药防效下降，杂草防治面临新挑战，稻田杂草抗药性已引起高度关注。根据全国农业技术推广服务中心印发的《全国农业有害生物抗药性监测报告》（农技植保〔2022〕9号），2021年，从辽宁、江苏、湖南等10个省份的53个县（市）稻田中采集得到182～188个稗草种群，从江苏、浙江、湖南等6个省份的27个县（市）稻田中采集得到129个千金子种群，进行抗药性检测，设定抗性指数1～3倍为低水平抗性，3～10倍为中等水平抗性，大于10倍为高水平抗性，结果表明：①对二氯喹啉酸的抗性占比为91.5%，其中78个种群抗性指数大于10倍，占监测总种群的41.5%；浙江、江苏、黑龙江高水平抗性占比都超过50%，其中浙江省高水平抗性占比最高为57.1%。②对五氟磺草胺的抗性占比为76.8%，其中47个种群抗性指数大于10倍，占监测总种群的25.4%；江西、湖南、吉林和黑龙江中等水平以上抗性占比分别为71.4%、70.8%、70.4%和60.0%。③对氰氟草酯的抗性占比为65.4%，其中15个种群抗性指数大于10倍，占监测总种群的8.0%；浙江、湖北、江西、江苏和湖南中等水平以上抗性占比分别为57.1%、50.0%、50.0%、48.6%和41.7%，与2020年监测结果相比，稗草对氰氟草酯的抗性发展较快，抗性占比增加13%，向高水平抗性发展风险较大。④对噁唑酰草胺的抗性占比为15.4%，其中从浙江省稗草种群样本中检测到1个种群抗性指数大于10倍，占监测总种群的0.5%。⑤千金子种群对氰氟草酯的抗性占比为78.3%，其中14个种群抗性指数大于10倍，占监测总种群的10.9%；浙江、江苏、湖南高水平抗性占比都超过10%，其中浙江高水平抗性占比最高为28.6%，与2020年监测结果相比，千金子对氰氟草酯抗性发展较快，抗性占比增加20%以上，抗性风险较大。

丁草胺是性价比较高的酰胺类稻田除草剂，我国于20世纪80年代开始大面积使用至今。1993年，黄炳球教授首次明确报道了稻田稗草对禾草丹和丁草胺的抗药性，标志着我国稻田杂草抗药性研究工作的开始和兴起[8-9]。丁草胺使用5年以下地区，稗草抗药性不明显，但使用8～12年的地区，防效严重下降，抗药性明显，如吉林中西部水稻产区稗草对丁草胺抗性倍数达到28.5倍[10]。有些稗草种群对丁草胺抗性水平虽然较低，但对同类的酰胺类除草剂可能产生交互抗性，如对丁草胺抗性水平较低的湖北荆州稗草种群对丙草胺却达到了中高水平抗性[11]。

我国从20世纪90年代起广泛使用二氯喹啉酸，当前仍是防治稻田大龄稗草的主要药剂之一。2000年发现湖南、湖北稻区稗草对二氯喹啉酸产生不同程度的抗药性[12]，随后各主要稻区均发现稗草对二氯喹啉酸产生抗药性，浙江绍兴稻田稗草对二氯喹啉酸的抗性倍数高达718.48倍[13]，致使该药基本无法再用。长期大量使用二氯喹啉酸还造成残留积累，导致后茬作物药害严重，广东五华、江西抚州等进行稻—烟轮作时，由于大量使用二氯喹啉酸防治稻田稗草，致使下茬烟田出现大面积烟草畸形生长现象，严重影响烟草的产量和质量[14-15]。

20 世纪 80 年代后期开始，我国大面积推广应用苄嘧磺隆和吡嘧磺隆防除稻田杂草。2000 年前后，我国延边地区发现长期连续使用苄嘧磺隆后，对稻田阔叶杂草及莎草科杂草的防治效果显著下降，苄嘧磺隆防除鸭舌草的推荐使用剂量由早期的 15g/hm^2（以有效成分计）提高到 45g/hm^2（以有效成分计），并与吡嘧磺隆、氟吡磺隆交互抗性显著[16]。从 2007 年开始，东北三省稻田陆续出现抗磺酰脲类除草剂的藨草、牛毛毡[17-19]。长江流域稻区逐渐出现抗性野荸荠、鸭舌草，苄嘧磺隆、吡嘧磺隆等除草剂效果下降明显[20]，剂量加倍使用仍不能有效防除。磺酰脲类除草剂抗性杂草已经成为不少水稻产区的问题杂草。

在除草剂未科学使用、长期种植单一作物、耕作轻简化、劳动力缺乏等多种因素推动下，稻田杂草抗性程度加重，产生速度加快，抗性杂草种类越来越多，稗草、鸭舌草、千金子、雨久花、大慈姑、耳基水苋等多种稻田杂草的抗药性问题已经非常突出（表 26 - 1），今后高抗、极高抗性水平稻田杂草将越来越多，交互抗性、多抗性杂草将越来越普遍，这些都应该引起高度重视，未雨绸缪，及早做好稻田杂草综合治理预案。

表 26 - 1　我国稻田的主要抗药性杂草

杂　草	分布地点	抗性除草剂	所属类别	使用年限	抗性指数	参考文献
稗草（*Echinochloa crusgalli*）	广东	禾草丹	硫代氨基甲酸酯类	10 年以上	10.60 倍	[8]
	广东	丁草胺	氯代乙酰胺类	8～12 年	1.9～2.9 倍	[9]
	吉林中西部	丁草胺	氯代乙酰胺类	20 年以上	28.5 倍	[10]
	湖北荆州	丙草胺	氯代乙酰胺类	—	5.27 倍	[11]
	浙江绍兴	二氯喹啉酸	喹啉羧酸类	10 年以上	718.48 倍	[13]
	安徽庐江	双草醚	嘧啶水杨酸类	二氯喹啉酸 6 年以上，连续 2 年复合使用双草醚	11.87 倍	[21]
	安徽庐江	氰氟草酯	芳氧苯氧丙酸酯类	二氯喹啉酸 6 年以上，连续 2 年复合使用双草醚，第 3 年再加上氰氟草酯混合使用后测定	4.04 倍	[21]

（续）

杂　草	分布地点	抗性除草剂	所属类别	使用年限	抗性指数	参考文献
稗草（*Echinochloa crusgalli*）	上海	五氟磺草胺	磺酰胺类	10 年以上	5.62～541.91 倍	[22]
	辽宁、黑龙江	噁唑酰草胺	芳氧苯氧丙酸酯类	5 年以上	14.87～33.71 倍	[23]
西来稗（*Echinochloa crusgalli* var. *zelayensis*）	上海、江苏	二氯喹啉酸	喹啉羧酸类	—	3.32～66.88 倍	[24]
无芒稗［*Echinochloa crusgalli*（L.）Beauv. var. *mitis*（Pursh）Peterm］	辽宁	二氯喹啉酸	喹啉羧酸类	—	3～4.33 倍	[25]
	宁夏	五氟磺草胺	磺酰胺类	—	1 147.13 倍	[26]
长芒稗［*Echinochloa crusgalli*（L.）Beauv. var. *caudate* Roshev.］	辽宁	二氯喹啉酸	喹啉羧酸类	—	5.09 倍	[27]
硬稃稗（*Echinochloa glabrescens*）	江苏	五氟磺草胺	磺酰胺类	—	277.22 倍	[26]
千金子（*Leptochloa chinensis*）	浙江杭州	氰氟草酯	芳氧苯氧丙酸酯类	连续 5 年以上	75.8 倍	[28]
	湖南常德、衡阳	氰氟草酯	芳氧苯氧丙酸酯类	7～8 年	5～11 倍	[29]
	浙江余杭	精噁唑禾草灵	芳氧苯氧丙酸酯类	—	47.6 倍	[28]
	浙江	噁唑酰草胺	芳氧苯氧丙酸酯类	—	2.0～31.0 倍	[30]
马唐（*Digitaria sanguinalist*）	江苏	噁唑酰草胺	芳氧苯氧丙酸酯类	—	5.84 倍	[31]
	江苏	五氟磺草胺	磺酰胺类	—	6.82 倍	[31]

（续）

杂　草	分布地点	抗性除草剂	所属类别	使用年限	抗性指数	参考文献
雨久花（*Monochoria korsakowii*）	吉林柳河	苄嘧磺隆	磺酰脲类	20 年以上	13.6 倍	[32]
	吉林延边	吡嘧磺隆	磺酰脲类	20 年以上	6.5 倍	[33]
慈姑（*Sagittaria sagittrifolia*）	吉林延边	苄嘧磺隆	磺酰脲类	20 年以上	16.04 倍	[33]
	吉林延边	吡嘧磺隆	磺酰脲类	20 年以上	11.21 倍	[33]
野慈姑（*Sagittaria trifolia*）	黑龙江	吡嘧磺隆	磺酰脲类	5～10 年	10.7～48.4 倍	[19]
	辽宁沈阳	苄嘧磺隆	磺酰脲类	20 年以上	155.96～161.54 倍	[34]
耳基水苋（*Ammannia arenaria*）	浙江宁波	苄嘧磺隆	磺酰脲类	20 年以上	124.4 倍	[35]
异型莎草（*Cyperus difformis*）	湖南常德	吡嘧磺隆	磺酰脲类	17 年以上	121.36～3 998.23 倍	[36]
	湖南常德	五氟磺草胺	磺酰胺类	17 年以上	6.75～10.82 倍	[36]
眼子菜（*Potamogeton distinctus*）	贵州	苄嘧磺隆	磺酰脲类	20 年以上	7.53 倍	[37]
	贵州	吡嘧磺隆	磺酰脲类	20 年以上	10.67 倍	[37]
节节菜（*Rotala indica*）	江苏	苄嘧磺隆	磺酰脲类	—	5.34～132.28 倍	[38]
萤蔺（*Schoenoplectus juncoides*）	辽宁	苄嘧磺隆	磺酰脲类	15 年以上	48.66～106.83 倍	[39]
	黑龙江	苄嘧磺隆	磺酰脲类	20 年以上	11.72 倍	[40]
	黑龙江	吡嘧磺隆	磺酰脲类	20 年以上	10.23 倍	[40]
	黑龙江	丙嗪嘧磺隆	磺酰脲类	20 年以上	31.61 倍	[41]
鳢肠（*Eclipta prostrata*）	江苏	吡嘧磺隆	磺酰脲类	—	134 倍	[42]
	江苏	苄嘧磺隆	磺酰脲类	—	172 倍	[42]
	江苏	双草醚	嘧啶水杨酸类	—	166 倍	[42]
	江苏	五氟磺草胺	磺酰胺类	—	30 倍	[42]

二、问题

1. 我国稻田杂草群落演替的成因是什么?
2. 如何选择合适的稻田除草剂?
3. 如何延缓或治理稻田杂草抗药性?

三、案例分析

1. 我国稻田杂草群落演替的成因是什么?

稻田杂草群落是介于天然群落和人工群落之间的复合类型，它的发展演替是稻田生态系统内外因素变化而引起的群落更迭。稻田杂草包括禾本科杂草、莎草科杂草和阔叶类杂草，其中，禾本科杂草主要为稗属（如稗草）、千金属（如丛生千金子、多花千金子、中国千金子、细叶千金子）和杂草稻（如赤米）等，莎草科杂草主要为异型莎草、扁秆藨草、萤蔺、牛毛毡、水莎草、碎米莎草等，阔叶类杂草主要为鸭舌草、野慈姑、矮慈姑、眼子菜、节节菜、四叶萍、空心莲子草、陌上菜、鳢肠等，不同稻作区具体组成变化较大。从20世纪90年代以来，我国稻田杂草群落发生了明显的变化，其主要成因如下。

(1) 耕作制度。随着耕作制度的变化，杂草群落发生相应演替。稻麦轮作田，灌溉水流传播大量杂草种子。不同作物轮作方式对水分的要求不同，如在玉米—小麦或大豆—小麦轮作田块，喜湿性杂草难以正常生长，而马唐、碎米莎草、飘拂草等喜旱性杂草却大量发生，改成稻麦轮作模式后，水稻生长要求田间保持一定的水层，喜湿性杂草陌上菜、鸭舌草、稗草能够良好生长，逐渐成为优势种群。连续旱作田块改种水稻后，杂草群落显著变化，第1年旱改田，土壤保水性差，常处于湿润状态，有利于旱田杂草的发生，第2年以后由于田间保水性得到改善，旱田杂草明显减少，与连续多年稻田杂草群落相比，群落相似系数第1年仅为0.48，第2年提高到0.69，第3年为0.84，第4年为0.83[43]。此外，由于一年生禾本科杂草种子繁殖能力强，密度大，短期内横向侵占力强，能够连续分期出苗，生育期短，种子不断成熟，因此对不稳定生境的适应力强，相反，一些多年生杂草和高大杂草，对不稳定生境适应力较差[44]。因此，耕作使杂草群落向一年生杂草尤其是一年生禾本科杂草群落演替，而长期免耕（主要是非耕地）情况下，杂草群落向多年生杂草和一年生阔叶杂草群落演替。

(2) 栽培方式。同种耕作制度下，不同栽培方式显著影响稻田杂草群落的组成。

①秧田。根据用水管理程度的不同，秧田可分为旱育秧、半旱育秧、水育秧等方式。肥床旱育秧田不但旱稗十分严重，而且原来在旱地发生的杂草也入侵到旱秧田，从而增加杂草的种类。

②直播。水稻直播田有利于杂草生长。首先，水稻低播量、低基本苗、低群体起点的高产栽培条件，决定了直播田前期秧苗覆盖度很小，稻苗5叶期时覆盖度不超过10%，对杂草的竞争作用很小。其次，稻苗3叶期前采取的“控水立苗扎根”的栽培技术使土表氧化层增厚，客观上为杂草种子萌发创造了良好的土壤环境，促使大量杂草生长。再次，立苗以后“多次轻搁控苗”的肥水运筹技术也为杂草生长提供了较好的环境。

③抛秧。抛秧田杂草发生具有种类繁多、密度高、前期生态抑制作用小、生长量大等特点，究其原因是前期水层管理主要以干湿交替为主，有利于杂草萌发。水稻抛秧田杂草发生量为常规稻田的1.38倍，其中禾本科稗草、千金子增加89.3%，异型莎草增加65.3%[45]。抛秧田中最先出现的杂草是禾本科杂草，其次是莎草科杂草，阔叶类杂草最后出现，这些杂草在前期影响水稻分蘖、株高，中后期与水稻争水、争肥、争光，对产量影响很大。

④机插秧。机插秧苗小，灌水浅，稗草、千金子、马唐、双穗雀稗成为机插秧田的主要单子叶杂草群，单株生长高，鲜重量大，如稗草、千金子平均株高分别可达118.6cm和106.8cm，分别比水稻株高增加33.4%和26.1%。大型机械整田插秧易形成凸垄，马唐、双穗雀稗等旱地杂草已演变为部分缺水地区稻田主要草害，干旱年份、漏水田尤为突出[46]。

⑤人工移栽。人工移栽田秧龄相对较大，移栽后秧苗与杂草的“位差”和“时差”优势明显，竞争力强，草害造成的损失一般较轻。禾本科杂草种类较少但生长量相对较大，阔叶类杂草则是种类多但生长量相对较小。

（3）除草剂的选择。当化学除草成为现代化农业的组成部分时，杂草群落便以更快的速度发生演替。当敏感性杂草被控制以后，对不敏感的杂草种类而言，则是提供了更广泛的生存空间，耐（抗）药性杂草必然跃升为优势种群，优势种变为伴生种，伴生种变为优势种，可造成杂草原群落衰减而新群落形成。这种更替速度与除草剂连续使用的时间呈正相关[47]。除草剂使用品种的变化，则显著影响甚至决定了杂草群落的演替。使用2,4-D、2甲4氯和灭草松可以有效防除阔叶杂草和莎草科杂草，但若连年使用，稗草等禾本科杂草便成为优势种。禾本科除草剂禾草丹、丁草胺连续多年使用后，稻田杂草群落将由“稗草＋异型莎草＋牛毛毡”演变为“水莎草＋矮慈姑＋四叶萍”。稻田连续使用苄嘧磺隆、吡嘧磺隆等磺酰脲类除草剂后，敏感杂草牛毛毡、异型莎草、圆叶节节菜等占比下降，而相对不敏感的双穗雀稗、空心莲子草、水竹叶等却逐年增加，耐药性强的雨久花也逐渐成为稻田优势杂草[47]。

(4) 田间施肥。合理施肥能改善作物与杂草之间的竞争关系，降低杂草密度，保持生物多样性，直接影响农田杂草的生长、群落演替及遗传进化[48]。如增施磷肥时，莎草科杂草密度降低甚至消失，鸭舌草密度则增加，耳基水苋和水蕨则是在正常施肥水平处理中生长最好[49]。太湖地区稻麦两熟制条件下，影响田间杂草密度和优势种群分布的养分因子主要是氮、磷和有机质，土壤钾含量对杂草的总体分布影响相对较小。

(5) 水分管理。稻田土壤湿润有利于湿生杂草萌发和生长，长期深水灌溉有利于沉生（水生）杂草生长。湿润条件下稗草萌发率为 67.1%，水层 1.5cm、3cm、6cm、9cm 的稗草萌发率分别为 44.1%、18.3%、16.3%、8.1%，水层越深，稗草萌发率越低。江苏黄海农场的田间调查表明，稻田经常脱水但保持土壤湿润时，稗草密度达 104 株/m^2；持续保留 3～4cm 水层，稗草密度降低至 1～2 株/m^2[50]。对于已出苗的杂草，建立水层可抑制其生长，甚至使杂草窒息死亡。如水稻移栽后保持 3cm 左右水层 8d，稗草出苗率、株高分别下降 40%和 59.2%，水稻移栽后保持 2.5cm 水层 18d，稗草单株生物量下降 97.1%[51]。

(6) 其他因素。例如种子调运为杂草种子传播提供了机会，空闲地的增多也为杂草生长提供了空间。随着农村劳动力向非耕作劳动的转移，田间管理趋于粗放，以至许多田埂、路边、沟边的杂草蔓延到稻田，导致稻田杂草种类增加。这些都是能够改变草相的因子。

2. 如何选择合适的稻田除草剂?

科学使用除草剂的基本要求，就是根据杂草的特点和水稻的敏感性，选择合适的除草剂品种和科学的使用方法。按照除草剂的作用靶标，可将目前我国稻田中应用的除草剂单剂分为禾本科杂草除草剂、阔叶杂草和莎草科杂草除草剂、广谱性除草剂 3 类。

(1) 禾本科杂草除草剂。1982 年，我国开始推广应用丁草胺，主要防除稗草等禾本科杂草，至今仍是南方稻田除草剂的当家品种之一。二氯喹啉酸属喹啉羧酸类激素型除草剂，主要防除稗草且适用期很长，1～7 叶期均有效，水稻安全性好，在我国稻区广泛使用。陶氏益农公司开发的氰氟草酯，防除千金子有特效，尤其适用于直播稻田。株式会社福阿母韩农开发的噁唑酰草胺是苗后除草剂，主要防除禾本科杂草，对阔叶杂草及莎草科杂草基本无效。此外，乙草胺、丙草胺、禾草丹、嘧草醚、敌稗、（丙炔）噁草酮、异噁草松、莎稗磷等也是常用稻田禾本科杂草除草剂，仲丁灵、精噁唑禾草灵、三唑磺草酮、精噁唑甘草胺、氯氟吡啶酯等开始登记用于防除稻田稗草和千金子。

(2) 阔叶杂草及莎草科杂草除草剂。苄嘧磺隆、吡嘧磺隆等磺酰脲类除草剂属于乙酰乳酸合成酶（ALS）抑制剂，是应用最多的稻田阔叶杂草及莎草科杂草除草剂，活性高用量低，用药适期长，易降解，通过根系吸收，对水稻安全。实践中苄嘧磺隆使用略多，吡嘧磺隆对稗草有一定防效，但对千金子无效，对晚稻品种（粳、糯稻）相对敏感，应避免在晚稻芽期使用。此外，乙氧磺隆、2 甲 4 氯（钠盐、二甲胺盐、异辛酯）、灭草松、氯氟吡氧乙酸异辛酯、唑草酮等也是比较常用的稻田阔叶类杂草除草剂。氟氯吡啶酯、嗪吡嘧磺隆、氯吡嘧磺隆、呋喃磺草酮也开始在我国登记防除稻田阔叶类杂草。

（3）稻田广谱性除草剂。主要有五氟磺草胺、双草醚、嘧啶肟草醚等。陶氏益农公司开发的五氟磺草胺对稗草有特效，推荐使用时期为稗草 2～3 叶期，在直播田苗后早期应用效果更好，但防治千金子宜与其他药剂混用。五氟磺草胺为 ALS 抑制剂，产生抗药性的风险较高，已发现稗草抗五氟磺草胺生物型对敌稗、二氯喹啉酸也产生了交互抗药性[52]，应注意合理使用。由株式会社 LG 化学研发的嘧啶肟草醚选择性强，可有效防除 1～6 叶期稗草。双草醚持效期长，能够有效防除异型莎草、陌上菜、耳基水苋、稗草、千金子、鳢肠等杂草，对高龄稗草防治效果较好，但糯稻不宜用，应用于粳稻、籼粳杂交稻（偏粳型）田时宜先检验对作物的安全性。乙氧氟草醚除草谱较广，但同样较易产生药害[53]。二甲戊灵是水稻旱育秧田常用的广谱除草剂，抑制分生组织细胞分裂，在杂草种子萌发生长过程中幼芽、茎和根吸收药剂后而起作用。三酮类除草剂新品种呋喃磺草酮、双环磺草酮对磺酰脲类抗性杂草效果优异，已开始在我国登记应用于防除稻田杂草。

（4）稻田复配除草剂。为扩大杀草谱、提高防效、延长持效期、减少药害、阻止或延缓杂草抗药性产生，我国研发和生产了大批具有优良除草活性的稻田混配除草剂。根据中国农药信息网查询结果，截至 2022 年 4 月底，处于有效期内的水稻田除草剂品种共 2 647 个，其中单剂约占 55%，混剂约占 45%。围绕丁草胺、丙草胺、苄嘧磺隆、二氯喹啉酸、氰氟草酯、灭草松、二甲戊灵、2 甲 4 氯、苯噻酰草胺、五氟磺草胺等重要品种，开发了一系列稻田除草剂复配品种，主要组合系列包括：

①酰胺类系列。主要品种有丁草胺系列，如丁草胺＋敌稗、丁草胺＋扑草净、丁草胺＋噁草酮、丁草胺＋丙炔噁草酮、丁草胺＋二甲戊灵、丁草胺＋五氟磺草胺、丁草胺＋乙氧氟草醚、丁草胺＋吡嘧磺隆、丁草胺＋苄嘧磺隆、丁草胺＋苄嘧磺隆＋扑草净、丁草胺＋苄嘧磺隆＋乙草胺、丁草胺＋苄嘧磺隆＋异噁草松、丁草胺＋吡嘧磺隆＋异噁草松、丁草胺＋吡嘧磺隆＋西草净、丁草胺＋丙炔噁草酮＋噁嗪草酮、丁草胺＋丙炔噁草酮＋异噁草松等；以及丙草胺系列，如丙草胺＋吡嘧磺隆、丙草胺＋苄嘧磺隆、丙草胺＋异噁草松、丙草胺＋丙炔噁草酮、丙草胺＋嘧啶肟草醚、丙草胺＋五氟磺草胺、丙草胺＋吡嘧磺隆＋五氟磺草胺、丙草胺＋吡嘧磺隆＋异噁草松、内草胺＋乙氧氟草醚

＋噁草酮、丙草胺＋异噁草松＋丙炔噁草酮等。

②二氯喹啉酸系列。主要品种如二氯喹啉酸＋吡嘧磺隆、二氯喹啉酸＋苄嘧磺隆、二氯喹啉酸＋五氟磺草胺、二氯喹啉酸＋敌稗、二氯喹啉酸＋氰氟草酯、二氯喹啉酸＋灭草松、二氯喹啉酸＋双草醚、二氯喹啉酸＋苄嘧磺隆＋苯噻酰草胺、二氯喹啉酸＋吡嘧磺隆＋氰氟草酯、二氯喹啉酸＋吡嘧磺隆＋丙草胺、二氯喹啉酸＋吡嘧磺隆＋嘧啶肟草醚、二氯喹啉酸＋氰氟草酯＋五氟磺草胺等。

③氰氟草酯系列。主要品种如氰氟草酯＋五氟磺草胺、氰氟草酯＋双草醚、氰氟草酯＋精噁唑禾草灵、氰氟草酯＋氯氟吡氧乙酸、氰氟草酯＋噁唑酰草胺、氰氟草酯＋嘧啶肟草醚、氰氟草酯＋敌稗、氰氟草酯＋五氟磺草胺＋苄嘧磺隆、氰氟草酯＋五氟磺草胺＋吡嘧磺隆、氰氟草酯＋五氟磺草胺＋嘧啶肟草醚、氰氟草酯＋噁唑酰草胺＋氯氟吡氧乙酸异辛酯、氰氟草酯＋噁唑酰草胺＋二氯喹啉酸等。

④二甲戊灵系列。主要品种如二甲戊灵＋异噁草松、二甲戊灵＋苄嘧磺隆、二甲戊灵＋吡嘧磺隆、二甲戊灵＋乙氧氟草醚、二甲戊灵＋噁草酮、二甲戊灵＋噁草酮＋乙氧氟草醚、二甲戊灵＋吡嘧磺隆＋异噁草松、二甲戊灵＋苄嘧磺隆＋异丙隆等。

⑤其他。如灭草松＋噁唑酰草胺、灭草松＋2甲4氯、灭草松＋唑草酮；2甲4氯＋唑草酮＋苄嘧磺隆、2甲4氯＋唑草酮、2甲4氯＋氯氟吡氧乙酸；苯噻酰草胺＋吡嘧磺隆、苯噻酰草胺＋苄嘧磺隆、苯噻酰草胺＋噁草酮等。

3. 如何延缓或治理稻田杂草抗药性?

除草剂只要持续应用，杂草抗药性的产生几乎就不可避免。稻田杂草防控，应坚持“农（业）化（学）结合，综合治理”的原则，立足早期治理、治早治小、封杀结合的防控策略，杜绝晚用药的错误习惯，突出土壤封闭处理技术应用，减轻后期茎叶处理防控压力，以降低选择压为核心目标，延缓或阻止杂草抗药性发生。从实践出发，治理稻田抗药性杂草，应重点关注如下几点。

（1）在稻田生态系统视野下研究杂草生物学特性。稻田杂草种类众多，生物学特性差异大，涉及稻田生态系统中各成分的互作关系。从防治角度看，需要研究掌握稻田杂草田间休眠特点、杂草种子库种群数量和变化规律、杂草群落演替规律，明确耕作制度、肥水管理等对杂草种群的影响，建立杂草生物经济模型，确定合理的用药时期和方法，合理选择药剂品种，合理安排播种、耕作时间，尽可能减轻抗药性选择压力。

（2）发挥农艺措施作用。实施作物轮作，加强稻田土壤养分和水分管理及中耕除草，增强作物竞争能力。清洁农田及农用设备，减少抗性种子传播。适时、适量使用不同作用机制的高效除草剂，科学评估杂草控制效果，及时改变防治策略。

（3）加强抗药性机制研究。应持续研究除草剂在杂草体内运输传导规律、代谢规律，杂草对除草剂的屏蔽隔离机制、靶标抗药性发展演替，尤其值得注意的是，要强调根据抗药性机制研发精准、切实有效的抗药性预防与治理技术措施。

（4）科学混用、轮用或停用除草剂。混用和轮用对于我国稻田杂草抗药性治理实践价值尤其重大。注意提高除草剂混用或轮用的有效性，如果是代谢抗性，混用可能更有实用性，但需要确定除草剂最佳组合[54]。稗草种群对五氟磺草胺、二氯喹啉酸抗性频率较高。抗性达到高水平的水稻主产区，建议停止使用五氟磺草胺、二氯喹啉酸。

（5）加强抗药性监测与体系建设。加强稻田杂草抗药性监测，测定抗药性水平，分析抗性种群（数量和生物型）动态变化规律，为制定科学合理的抗性治理策略提供依据。统一抗药性监测方法标准，建立除草剂准入市场时的抗性风险评估制度。建立全国抗药性杂草综合治理协作网络，建设专业的、共享的、免费的抗药性杂草数据库服务平台。这些都是杂草抗药性治理体系建设的重要环节。

（6）做好抗除草剂、抗杂草水稻品种育种技术储备。筛选抗杂草的水稻品种，培育抗除草剂的水稻新品种。目前，抗除草剂作物田以允许使用灭生性除草剂草甘膦、草铵膦为主，减少了其他除草剂使用的可能性，一旦出现抗性杂草，治理难度更大。应用前瞻性、战略性眼光提供技术储备，研究、筛选对主要杂草具有抗性的水稻新品种，一旦需要或条件成熟，即可投入应用。

四、补充材料

（一）我国不同稻作区域稻田主要常见杂草

我国幅员辽阔，气候、土壤、耕作等各地差异较大，一般划分成 6 个稻作区域。各区域稻田杂草的种类和发生量不同。

1. 华南湿热双季稻作区　包括海南、云南、福建、广东、广西南部等华南双季稻作区。年平均气温 20～25℃，年降水量 1 000mm 以上，水稻栽培模式为三熟区或早晚稻双季连作，以种植籼稻为主。主要杂草包括稗草、扁秆藨草、牛毛毡、异型莎草、日照飘拂草、鸭舌草、水龙、草龙、丁香蓼、圆叶节节菜、四叶萍、眼子菜、野慈姑、矮慈姑、尖瓣花等（图 26－2）。

2. 华中湿润单双季稻作区　包括秦岭以南、南岭以北的广大地区，从福建北部、江西、湖南南部直到江苏、安徽、湖北、四川北部，以及河南和陕西南部。年平均气温 14～18℃，年降水量 1 000mm 左右。水稻栽培模式多为一

图 26-2　华南湿热双季稻作区常见稻田杂草[55]
A. 稗草　B. 异型莎草　C. 扁秆藨草　D. 鸭舌草　E. 草龙　F. 矮慈姑

季稻与小麦或油菜等复种，或连作双季稻一年二熟制，涵盖籼、粳、糯和早、中、晚各个类型，是我国最大的水稻产区。该区稻田杂草发生普遍，危害面积约占 72%，其中中等以上危害面积占 45.6%。稻田主要杂草包括稗草、双穗雀稗、千金子、异型莎草、碎米莎草、牛毛毡、水莎草、扁秆藨草、萤蔺、眼子菜、鸭舌草、矮慈姑、节节菜、水苋菜、野慈姑、空心莲子草、鳢肠、陌上菜、刚毛荸荠、泽泻等（图 26-3）。

图 26-3　华中湿润单双季稻作区常见稻田杂草[55]
A. 水莎草　B. 千金子　C. 萤蔺　D. 眼子菜　E. 鳢肠　F. 陌上菜

3. 华北半湿润单季稻作区　指长城以南的黄淮海流域，包括江苏、安徽北部，河南中北部，陕西秦岭以北直至长城以南及辽宁南部，多为稻麦轮作区、纯粳稻区，主要为单季中粳。年平均气温 10～14℃，年降水量 600mm 左右。气候特点是春旱、生育前期缺水，部分地区为盐碱地，稻田杂草危害面积约占 91%，中等以上程度占 71.5%，主要杂草包括稗草、千金子、异型莎草、扁秆藨草、牛毛毡、萤蔺、野慈姑、水苋菜、鳢肠、眼子菜、泽泻、节节菜、鸭舌草等（图 26－4）。

图 26－4　华北半湿润单季稻作区常见稻田杂草[55]

A. 泽泻　B. 野慈姑

4. 东北半湿润早熟单季稻作区　主要指长城以北的东北三省和西北、华北北部。年平均气温 2～8℃，年降水量 50～700mm。是我国水稻主产区之一，种植单季早熟粳稻，包括少量陆稻。主要杂草包括稗草、千金子、扁秆藨草、日本藨草、牛毛毡、异型莎草、萤蔺、眼子菜、雨久花、狼把草、小茨藻、沟繁缕、野慈姑、母草、水葱、泽泻等（图 26－5）。

5. 西南高原湿润单季稻作区　包括云南、贵州、四川等西南高原稻作区。年平均气温 14～16℃，年降水量 1 000mm 左右，地形地势复杂。水稻栽培模式为一季早稻或一季中稻，主要杂草包括稗草、异型莎草、萤蔺、牛毛毡、扁秆藨草、滇藨草、水莎草、眼子菜、鸭舌草、泽泻、野慈姑、矮慈姑、四叶萍、小茨藻、陌上菜、沟繁缕、耳基水苋、野荸荠等（图 26－6）。

6. 西北干燥单季稻作区　位于大兴安岭以西，长城、祁连山、青藏高原以北地区，包括黑龙江省大兴安岭以西、内蒙古自治区、甘肃省西北部、宁夏回族自治区的大部、陕西省北部、河北省北部、新疆维吾尔自治区。稻田面积和产量均只占我国稻田面积和总产量的 0.5%左右。水源不足、霜冻早，但光照条件好，昼夜温差大，有利于光合物质积累。以单季稻为主，部分地区也

图 26-5　东北半湿润早熟单季稻作区常见稻田杂草[55]

A. 狼把草　B. 小茨藻　C. 母草　D. 水葱

图 26-6　西南高原湿润单季稻作区常见稻田杂草[55]

A. 牛毛毡　B. 野荸荠

发展了稻麦两熟制，或稻、麦、旱秋作物轮换的两年三熟制。主要杂草包括稗草、毛鞘稗、扁秆藨草、碎米莎草、眼子菜、泽泻、芦苇、香蒲、轮藻、草泽泻、水绵等。

（二）常用稻田除草剂

稻田杂草根据形态学差异可分为单子叶杂草和双子叶杂草。禾本科杂草和莎草科杂草属于单子叶杂草，阔叶杂草一般指双子叶杂草。目前稻田除草剂形成了包括酰胺类（丁草胺、丙草胺）、磺酰胺类（五氟磺草胺）、二苯醚类（乙氧氟草醚）、硫代氨基甲酸酯类（禾草丹）、二硝基苯胺类（二甲戊灵）、喹啉羧酸类（二氯喹啉酸）、苯氧羧酸类（氰氟草酯、2 甲 4 氯）、有机磷类（莎稗磷）、磺酰脲类（苄嘧磺隆、吡嘧磺隆等）和杂环类（噁草酮、异噁草松）等类别的除草剂体系。常用的稻田除草剂见表 26－2 和表 26－3。

表 26－2　防除稻田禾本科杂草常用除草剂

通用名称	作用方式	类别	作用特点	用药时期	主要敏感杂草
乙草胺（acetochlor）	内吸（抑制细胞分裂）	氯代乙酰胺类	通过植物芽鞘或胚轴吸收传导，在植物体内干扰核酸代谢及蛋白质合成	杂草出苗前	（仅与其他混配用于移栽田、抛秧田土壤处理）对稗草、马唐高效
丙草胺（pretilachlor）	内吸（抑制细胞分裂）	氯代乙酰胺类	通过植物胚轴和胚芽鞘吸收，根部略有吸收，直接干扰杂草体内蛋白质的合成，间接影响光合作用及呼吸作用	杂草出芽前或苗后早期	稗草、异型莎草、牛毛毡、鸭舌草、窄叶泽泻等
丁草胺（butachlor）	内吸（抑制细胞分裂）	氯代乙酰胺类	主要通过杂草幼芽和幼根吸收，抑制体内蛋白质的合成	稗草萌芽或 1 叶期以前	稗草、千金子、异型莎草、碎米莎草、牛毛毡、萤蔺、鸭舌草、节节草、尖瓣花等
苯噻酰草胺（mefenacet）	内吸（抑制细胞生长和分裂）	酰胺类	主要通过芽鞘和根吸收，经木质部和韧皮部传导至杂草的幼芽和嫩叶，阻止杂草生长点细胞分裂伸长	稗草萌芽至 2 叶期	稗草、千金子、牛毛毡、泽漆、鸭舌草、节节菜、异型莎草、球穗扁莎草、碎米莎草等
敌稗（propanil）	触杀（抑制光合作用 PS Ⅱ）	酰胺类	触杀型。在稗草体内由于缺乏芳基羧基酰胺水解酶解毒，细胞膜最先遭到破坏	稗草 1 叶 1 心至 2 叶 1 心期	稗草、鸭舌草、水芹、马唐、狗尾草等
禾草丹（thiobencarb）	内吸（抑制 α-淀粉酶活性，抑制蛋白质及脂类物质合成）	硫代氨基甲酸酯类	杂草根部和幼芽吸收，幼芽吸收后转移到植物体内，强烈抑制生长点。阻碍 α-淀粉酶和蛋白质合成，强烈抑制植物细胞有丝分裂	稻苗 2～3 叶期用药，杂草 2 叶期以前	稗草、牛毛毡、鸭舌草、矮慈姑、水马齿、香附子等

（续）

通用名称	作用方式	类别	作用特点	用药时期	主要敏感杂草
禾草敌（molinate）	内吸（抑制α-淀粉酶活性，蛋白质及脂类物质合成）	硫代氨基甲酸酯类	杂草初生根吸收，尤其被芽鞘吸收，并积累在生长点的分生组织，阻止蛋白质合成，使增殖的细胞缺乏蛋白质及原生质而形成空腔	各种生态型稗草1～4叶期	稗草、牛毛毡、碎米莎草、异型莎草等
莎稗磷（anilofos）	内吸（抑制细胞分裂与伸长）	有机磷类	通过杂草幼芽和茎叶吸收，生长停止，叶片深绿或脱色，心叶不易抽出，最后整株枯死	水稻移栽田稗草萌发至3叶期	稗草、光头稗、千金子、牛毛毡、碎米莎草、异型莎草、鸭舌草、飘拂草、尖瓣花等
二氯喹啉酸（quinclorac）	内吸（合成生长素抑制剂）	喹啉羧酸类	具有激素型除草剂的特点，能被萌发的种子、根及叶部吸收，详细作用方式未知	秧苗2.5叶期以后，稗草1～7叶期	稗草、鸭舌草、水芹等
氰氟草酯（cyhalofop-butyl）	内吸（抑制ACCase活性，脂类物质合成抑制剂）	芳氧苯氧丙酸酯类	由植物的叶片和叶鞘吸收，韧皮部传导，积累于植物体的分生组织区，使脂肪酸合成停止，细胞的生长分裂不能正常进行，膜系统等含脂结构破坏	杂草5叶期以前	千金子、低龄稗草、双穗雀稗等
精噁唑禾草灵（fenoxaprop-P-ethyl）	内吸（抑制脂肪酸合成）	芳氧苯氧丙酸酯类	禾本科植物体内抑制脂肪酸的生物合成，使植物生长点的生长受到阻碍，叶片内叶绿素含量降低，茎、叶组织中游离氨基酸及可溶性糖增加，新陈代谢受到破坏，最终导致敏感植物死亡	苗后或移栽后3～5d土壤处理	稗草、牛筋草、马唐、狗尾草等
噁唑酰草胺（metamifop）	内吸（抑制ACCase活性，脂类物质合成抑制剂）	芳氧苯氧丙酸酯类	苗后广谱除草剂，有效成分需到达植物体内靶标方能发挥作用	水稻2叶1心以后，杂草3～5叶期	稗草、千金子、马唐、牛筋草等
五氟磺草胺（penoxsulam）	内吸（ALS抑制剂，抑制支链氨基酸合成）	磺酰胺类	苗后广谱除草剂，能被杂草叶片、鞘部或根部吸收，传导至分生组织，使杂草生长停止	水稻2～3叶期	稗草、沼生异蕊花、鳢肠、田菁、竹节花、鸭舌草等

（续）

通用名称	作用方式	类别	作用特点	用药时期	主要敏感杂草
氟酮磺草胺（triafamone）	内吸（ALS 抑制剂，抑制支链氨基酸合成）	磺酰胺类	以根系和幼芽为主，兼具茎叶吸收除草活性	水稻 3～4 叶期，杂草 3～5叶期	稗草、双穗雀稗、马唐等禾本科杂草和扁秆藨草、异型莎草、日照飘拂草、水莎草等莎草及丁香蓼等部分阔叶杂草
噁草酮（oxadiazon）、丙炔噁草酮（oxadiargyl）	内吸（抑制原卟啉原氧化酶活性）	噁二唑类	主要通过杂草幼芽或茎叶吸收，光照条件下发挥杀草作用，但并不影响光合作用的希尔反应	杂草萌芽至 2～3 叶期	稗草、千金子、鸭舌草、节节草、牛毛毡、泽泻、矮慈姑、香附子、日照飘拂草等
异噁草松（clomazone）	内吸（抑制 1-脱氧木酮糖-5-磷酸合成）	噁唑酮类	主要由杂草根部吸收，随蒸腾流水分通过木质部传导，抑制敏感植物异戊二烯化合物合成，阻碍胡萝卜素和叶绿素的生物合成	用药时间灵活，芽前或芽后均可	稗草、千金子等
嘧草醚（pyriminobac-methyl）	内吸（ALS 抑制剂，抑制支链氨基酸合成）	嘧啶水杨酸类	通过茎叶吸收，在植株体内传导，杂草停止生长、白化、随后枯死	稗草苗前至 4 叶期	稗草
嘧啶肟草醚（pyribenzoxim）	触杀和内吸（ALS 抑制剂，抑制支链氨基酸合成）	嘧啶水杨酸类	通过茎叶吸收，广谱选择性芽后除草剂，ALS 抑制剂，无芽前除草活性，防除稗草、辣蓼等各种禾本科杂草和阔叶杂草效果卓著，药剂除草速度较慢，能抑制杂草生长，2 周后枯死达到高峰	药适度较宽，对稗草 1.5～6.5 叶期均有效	稗草、辣蓼等各种杂草
双草醚（bispyribac-sodium）	内吸（ALS 抑制剂，抑制支链氨基酸合成）	嘧啶水杨酸类	能很快被杂草的茎叶吸收，并传导至整个植株，抑制植物分生组织生长，从而杀死杂草，对稗草和双穗雀稗（红拌根草、过江龙）有特效，可用于防除大龄稗草和抗性稗草	杂草 3 叶 1 心至 6 叶 1 心期	主防稗草及其他禾本科杂草，兼治大多数阔叶杂草和一些莎草科杂草，如双穗雀稗、稻李氏禾、异型莎草、日照飘拂草、萤蔺、雨久花、野慈姑、空心莲子草等

（续）

通用名称	作用方式	类别	作用特点	用药时期	主要敏感杂草
二甲戊灵（pendimethalin）	内吸（抑制细胞分裂）	二硝基苯胺类	在杂草种子萌发过程中幼芽、茎和根吸收药剂，进入植物体内的药剂与微管蛋白结合，抑制分生组织细胞分裂	直播旱稻播后苗前	稗草、千金子、马唐、狗尾草、碎米莎草、异型莎草等
仲丁灵（butralin）	内吸（抑制细胞分裂）	二硝基苯胺类	选择性萌芽前除草剂，药剂主要抑制分生组织的细胞分裂，从而抑制杂草幼芽及幼根的生长，导致杂草死亡	杂草芽前土壤处理	稗草、牛筋草、马唐、狗尾草等一年生单子叶杂草及部分双子叶杂草
氯氟吡啶酯（florpyrauxifen-benzyl）	内吸（干扰激素平衡）	吡啶类	具有内吸性，通过植株叶和根吸收，经木质部和韧皮部传导，并与植株体内激素受体结合，刺激细胞过度分裂而发挥除草活性	苗后	稗草、千金子等禾本科杂草，兼防泽泻、慈姑等阔叶杂草，以及多种莎草科杂草，对多种抗性杂草也有一定效果
三唑磺草酮（tripyrasulfone）	内吸［抑制对羟苯基丙酮酸双氧化酶（HPPD）活性，影响类胡萝卜素的生物合成］	三酮类	通过茎叶吸收后，作用速度较快，切断光合作用能量转换，杂草中毒后叶片发白，后期逐渐萎蔫直至完全枯萎死亡	苗后	稗草、千金子、马唐等禾本科杂草
双环磺草酮（benzobicyclon）	内吸（抑制 HPPD 活性，影响类胡萝卜素的生物合成）	三酮类	具有选择性，使用后由杂草根和茎吸收，传导至整个植株，使植株新生组织失绿、白化而死亡	苗前或苗后	（抗性）千金子、杂草稻、萤蔺、稻李氏禾、鸭舌草、异型莎草、扁秆藨草、雨久花、陌上菜、泽泻、野慈姑、幼龄稗草等

表 26-3　防除稻田阔叶杂草及莎草科杂草常用除草剂

通用名称	作用方式	类别	作用特点	用药时期	主要敏感杂草
吡嘧磺隆（pyrazosulfuron-ethyl）	内吸（ALS 抑制剂，抑制支链氨基酸合成）	磺酰脲类	杂草根部吸收后传导到植物体内，阻碍亮氨酸、异亮氨酸、缬氨酸等支链氨基酸生物合成，抑制茎叶生长和根部伸展直至枯死	水稻 1～3 叶期	异型莎草、水莎草、萤蔺、鸭舌草、水芹、节节菜、野慈姑、眼子菜、青萍、鳢肠等

（续）

通用名称	作用方式	类别	作用特点	用药时期	主要敏感杂草
苄嘧磺隆（bensulfuron methyl）	内吸（ALS 抑制剂，抑制支链氨基酸合成）	磺酰脲类	杂草根部和叶片吸收后转移到作用部位，阻碍亮氨酸、异亮氨酸、缬氨酸等支链氨基酸生物合成，抑制茎叶生长和根部伸展直至枯死	作物芽后，杂草芽前或芽后 2 叶期以内	鸭舌草、眼子菜、节节菜、牛毛毡、异型莎草、水莎草等
环丙嘧磺隆（cyclosulfamuron）	内吸（ALS 抑制剂，抑制支链氨基酸合成）	磺酰脲类	杂草根系和叶面吸收后传导到作用部位，阻碍亮氨酸、异亮氨酸、缬氨酸等支链氨基酸生物合成，抑制茎叶生长和根部伸展直至枯死	水稻 1 叶 1 心至 2 叶期，扁秆藨草、日本藨草在株高 7cm 以前	扁秆藨草、日本藨草、泽泻、鸭舌草、雨久花、野慈姑、眼子菜、稗草等
醚磺隆（cinosulfuron）	内吸（ALS 抑制剂，抑制支链氨基酸合成）	磺酰脲类	杂草根部和茎部吸收后，由输导组织传送到分生组织，抑制亮氨酸、异亮氨酸、缬氨酸等支链氨基酸生物合成，抑制生长直至枯死	水稻芽前及芽后早期（如水稻 1.5 叶期前）	泽泻、香附子、眼子菜、慈姑、鸭舌草等
乙氧磺隆（ethoxysulfuron）	内吸（ALS 抑制剂，抑制支链氨基酸合成）	磺酰脲类	杂草根及茎叶吸收后传导到植物体内，阻止亮氨酸、异亮氨酸、缬氨酸等支链氨基酸生物合成，抑制杂草茎叶生长和根部伸长直至枯死	水稻 1.5 叶期以上，杂草 3 叶期前	三棱草、慈姑、雨久花、泽泻、眼子菜、节节菜、香附子、鸭舌草等
嗪吡嘧磺隆（metazosulfuron）	内吸（ALS 抑制剂，抑制支链氨基酸合成）	磺酰脲类	杂草根部和叶片吸收后转移到作用部位，阻碍亮氨酸、异亮氨酸、缬氨酸等支链氨基酸生物合成，抑制茎叶生长和根部伸展直至枯死	水稻 1～3 叶期	一年生阔叶杂草、莎草科杂草和稗草、马唐
氯吡嘧磺隆（halosulfuron-methyl）	内吸（ALS 抑制剂，抑制支链氨基酸合成）	磺酰脲类	杂草根部和叶片吸收后转移到作用部位，阻碍亮氨酸、异亮氨酸、缬氨酸等支链氨基酸生物合成，抑制茎叶生长和根部伸展直至枯死	水稻 1～3 叶期	一年生阔叶杂草、莎草科杂草

（续）

通用名称	作用方式	类别	作用特点	用药时期	主要敏感杂草
2甲4氯（MCPA）（钠盐、二甲胺盐、异辛酯）	内吸（合成生长素抑制剂）	苯氧羧酸类	由根、叶吸收传导，破坏植物新陈代谢	水稻分蘖末期	三棱草、鸭舌草、泽泻、野慈姑及其他阔叶杂草
灭草松（bentazone）	触杀（抑制光合作用）	苯并噻唑类	通过叶面渗透传导到叶绿体内抑制光合作用；根部吸收传导到茎叶，强烈阻碍光合作用和水分代谢	杂草3～5叶期	鸭跖草、蚤缀、地肤、苘麻、繁缕、香附子等
氯氟吡氧-乙酸异辛酯（fluroxypyr-meptyl）	内吸（干扰激素平衡）	吡啶类	茎叶处理后很快被杂草吸收，使敏感植物出现典型激素类除草剂的反应并传导到全株各部位，使植株畸形、扭曲，最后死亡	杂草3～5叶期	鸭舌草、眼子菜、蓼、节节菜等一年生阔叶杂草
双唑草腈（pyraclonil）	内吸和触杀（抑制原卟啉原氧化酶活性）	吡啶类	根部和茎叶吸收，广谱，速效，3～7d即出现枯萎症状，可用于禾本科杂草、阔叶杂草的防除，对多种一年生杂草和多年生杂草也有效	杂草3～5叶期	对野慈姑（特效）、车前、雨久花、陌上菜、荸荠、三棱草、低龄稗草、碎米莎草、萤蔺、牛毛毡等杂草均有很高的活性，对磺酰脲类除草剂抗性杂草效果不错
苯嘧磺草胺（saflufenacil）	内吸和触杀（抑制原卟啉原氧化酶活性）	嘧啶类	可作为灭生性除草剂使用。通过根、茎、叶吸收，双向输导至整个植株，植物吸收药剂后，叶绿体色素白化，组织坏死，生长受抑制直至枯死	以土壤处理为宜，杂草芽前或芽后2叶期以内	多种阔叶杂草
乙氧氟草醚（oxyfluorfen）	触杀（抑制原卟啉原氧化酶活性）	二苯醚类	触杀型除草剂，有光时发挥杀草作用。通过胚芽鞘、中胚轴进入植物体内，经根部吸收较少，并有极微量通过根部向上运输进入叶部	芽前和芽后早期施用效果最好，对种子萌发的杂草除草谱较广	防除雨久花、鸭舌草等阔叶杂草及莎草、稗，对多年生杂草只有抑制作用

（续）

通用名称	作用方式	类别	作用特点	用药时期	主要敏感杂草
唑草酮（carfentrazone-ethyl）	触杀（抑制原卟啉原氧化酶活性，破坏光合作用）	三唑啉酮类	在叶绿素生物合成过程中，通过导致有毒中间物的积累，从而破坏杂草细胞膜，3～4h 后出现中毒症状，使叶片迅速干枯，2～4d 枯死	水稻 1～3 叶期	一年生阔叶杂草
呋喃磺草酮（tefuryltrione）	内吸（抑制 HPPD 活性，影响类胡萝卜素的生物合成）	三酮类	通过根、茎、幼芽、叶吸收并迅速传导，在木质部和韧皮部向顶和向基传导，分布于整个植株，抑制植物生长中不可或缺的类胡萝卜素的生物合成。杂草受药后，叶面白化，继而分生组织坏死	苗前或苗后	对鸭舌草、陌上菜、稗草等一年生杂草及水莎草、矮慈姑等多年生阔叶杂草高效，对磺酰脲类产生抗性的杂草有特效，如萤蔺、陌上菜、鸭舌草、雨久花、白花水八角、泽泻等

（三）稻田杂草防除方案

2022 年 2 月 28 日，全国农业技术推广服务中心印发《2022 年农田杂草科学防除技术方案》（农技植保〔2022〕22 号），提供了稻田杂草防除方案。主要内容摘录如下供学习参考。

稻田杂草重点防除稗属、千金子等禾本科杂草，水苋菜属、鸭舌草、野慈姑、雨久花等阔叶杂草，以及异型莎草、碎米莎草、扁秆藨草等莎草科杂草。根据水稻种植方式、杂草种类与分布特点，开展分类指导。

1. 非化学控草技术

（1）精选种子。通过对稻种过筛、风扬、水选等措施，汰除杂草种子，防止杂草种子远距离传播与危害。

（2）农业措施。通过土地深翻平整、清洁田园、水层管理、诱导出草、肥水壮苗、施用腐熟粪肥、水旱轮作、合理换茬等措施，形成不利于杂草萌芽的环境，保持有利于水稻良好生长的生态条件，促进水稻生长。在水稻生长中后期，可人工拔除杂草，避免新一代杂草种子侵染田间。

（3）物理措施。在进水口安置尼龙纱网拦截杂草种子，田间灌水至水层 10～15cm，待杂草种子聚集到田角后捞取水面漂浮的种子，减少土壤杂草种子库数量。

(4) 生物措施。在水稻活棵后至抽穗前，通过人工放鸭、稻田养鱼、虾(蟹)稻共作等方式，发挥生物取食杂草籽实和幼芽的作用，减少杂草的发生基数。

2. 化学控草技术 稻田杂草因地域、种植方式的不同，采用的化除策略和除草剂品种有一定差异。主要包括：

(1) 机插秧田。

①在东北稻区灌溉用水充足的稻田，杂草防除采用“两封一杀”策略，插秧前和插秧后各采用土壤封闭处理1次，插后20d左右视草情选择是否进行茎叶喷雾处理1次。在灌溉用水紧缺的稻田，杂草防除采用“一封一杀”策略，插后土壤封闭处理1次，插秧后20d左右茎叶喷雾处理1次。插秧前3～5d选用丙草胺、噁草酮、丙炔噁草酮、莎稗磷、吡嘧磺隆、乙氧氟草醚等药剂及其复配制剂进行土壤封闭处理；插秧后10～12d（返青后），选用丙草胺、苯噻酰草胺、莎稗磷、五氟磺草胺、吡嘧磺隆、苄嘧磺隆、嗪吡嘧磺隆、双唑草腈、乙氧磺隆、嘧苯胺磺隆、氟酮磺草胺等药剂及其复配制剂进行土壤封闭处理；插秧后20d左右，选用五氟磺草胺、氰氟草酯、二氯喹啉酸、噁唑酰草胺、双草醚等药剂及其复配制剂防除稗草、稻稗等禾本科杂草，选用氯氟吡啶酯、2甲4氯钠、灭草松等药剂及其复配制剂防除野慈姑、雨久花、扁秆藨草等阔叶杂草和莎草。

②在长江流域及华南稻区机插秧田，杂草防除采用“一封一杀”策略。早稻插秧时气温较低，缓苗较慢，选择在插秧后7～10d，秧苗返青活棵后选用丙草胺、苯噻酰草胺、五氟磺草胺、苄嘧磺隆、吡嘧磺隆等药剂及其复配制剂进行土壤封闭处理，后期根据田间杂草发生情况进行茎叶喷雾处理，选用氰氟草酯、噁唑酰草胺、双草醚、氯氟吡啶酯、二氯喹啉酸等药剂及其复配制剂防除稗草、千金子等禾本科杂草，选用2甲4氯钠、吡嘧磺隆、灭草松等药剂及其复配制剂防除鸭舌草、耳基水苋、异型莎草等阔叶杂草及莎草。中晚稻在插秧前1～2d或插秧后5～7d选用丙草胺、苄嘧磺隆、吡嘧磺隆、嗪吡嘧磺隆、苯噻酰草胺、双唑草腈等药剂及其复配制剂进行土壤封闭处理；插秧后15～20d，选用五氟磺草胺、氰氟草酯、二氯喹啉酸、噁唑酰草胺等药剂及其复配制剂防除稗草、千金子等禾本科杂草，选用吡嘧磺隆、2甲4氯钠、氯氟吡啶酯、灭草松等药剂及其复配制剂防除鸭舌草、耳基水苋、异型莎草等阔叶杂草及莎草。

(2) 水直播稻田。在长江流域及华南水直播稻田，杂草防除采用“一封一杀”策略。在气候条件适宜的情况下，播后1～3d，选用丙草胺、苄嘧磺隆等药剂及其复配制剂进行土壤封闭处理；如果播种后天气条件不适宜，可将土壤封闭处理的时间推后，选用五氟磺草胺、氰氟草酯、丙草胺等药剂及其复配制剂采取封杀结合的方式进行处理。在第一次用药后，早稻间隔 18～20d，中晚稻间隔 12～15d，选用氰氟草酯、噁唑酰草胺、五氟磺草胺、氯氟吡啶酯、双草醚等药剂及其复配制剂防除稗草、千金子等禾本科杂草，选用苄嘧磺隆、吡嘧磺隆、2 甲 4 氯钠、灭草松等药剂及其复配制剂防除鸭舌草、丁香蓼、异型莎草等阔叶杂草及莎草。

（3）旱直播稻田。

①在长江流域旱直播稻田，杂草防除采用“一封一杀（一补）”策略。播后苗前选用丙草胺、噁草酮、二甲戊灵等药剂及其复配制剂进行土壤封闭处理，第一次药后 15～20d 选用五氟磺草胺、噁唑酰草胺、氰氟草酯、氯氟吡啶酯等药剂及其复配制剂防除稗草、千金子、马唐等禾本科杂草，选用 2 甲 4 氯钠、灭草松、氯氟吡啶酯等药剂及其复配制剂防除鸭舌草、丁香蓼、异型莎草等阔叶杂草及莎草。根据田间残留草情，选用茎叶处理除草剂进行补施处理。

②在西北旱直播稻田，杂草防除采用“一封一杀”策略。播后苗前选用仲丁灵及其复配制剂进行土壤封闭处理，在水稻 2～3 叶期选用五氟磺草胺、氰氟草酯、噁唑酰草胺等药剂及其复配制剂防除稗草、马唐等禾本科杂草，选用吡嘧磺隆、2 甲 4 氯钠、灭草松等药剂及其复配制剂防除鸭舌草、泽泻、异型莎草等阔叶杂草和莎草。

（4）人工移栽及抛秧稻田。杂草防除采用“一次封（杀）”策略。在秧苗返青后，杂草出苗前，选用丙草胺、苯噻酰草胺、苄嘧磺隆、吡嘧磺隆、嗪吡嘧磺隆、双唑草腈等药剂及其复配制剂进行土壤封闭处理；或者在杂草 2～3 叶期，根据杂草发生情况，茎叶喷雾处理药剂选择同机插秧田。

参考文献

[1] Heap I. The international herbicide - resistant weed database [EB/OL]. 2022 - 04 - 25https：// www. weedscience. org/Pages/filter. aspx.

[2] 时少尧．新型水田除草剂产品介绍 [EB/OL]. 2015 - 04 - 25. http：// wenku. baidu. com/view/b001fe4be45c3b3567ec8b6a. html.

[3] 沈国辉，梁帝允．中国稻田杂草识别与防除 [M]. 上海：上海科学技术出版社，2018.

[4] 董立尧，高原，房加鹏，等．我国水稻田杂草抗药性研究进展 [J]. 植物保护，2018，44 (5)：69 - 76.

[5] 王险峰．中国化学除草五十年回顾与展望——杂草科学与环境及粮食安全 [M]. 长春：吉林人民出版社，2004.

[6] 梁帝允，强胜．我国杂草稻危害现状及其防控对策 [J]. 中国植保导刊，2011，31

(3): 21-24.

[7] 李香菊. 近年我国农田杂草防控中的突出问题与治理对策 [J]. 植物保护, 2018, 44 (5): 77-84.

[8] 黄炳球, 林韶湘. 我国稻区稗草对禾草丹的抗性研究 [J]. 农药科学与管理, 1993 (1): 18-21.

[9] 黄炳球, 林韶湘. 我国稻田稗草对丁草胺的抗药性研究 [J]. 华南农业大学学报, 1993, 14 (1): 103-108.

[10] 卢宗志, 王洪立, 李红鑫, 等. 吉林省中西部稗草对丁草胺、二氯喹啉酸的抗药性研究 [M] //张朝贤. 农田杂草与防控. 北京: 中国农业科学技术出版社, 2011: 161-162.

[11] 刘兴林. 我国水稻田稗草对丁草胺的抗药性研究 [D]. 广州: 华南农业大学, 2016.

[12] 李拥兵, 黄华枝, 黄炳球, 等. 我国中部和南方稻区稗草对二氯喹啉酸的抗药性研究 [J]. 华南农业大学学报 (自然科学版), 2002, 23 (2): 33-36.

[13] 吴声敢, 赵学平, 吴长兴, 等. 我国长江中下游稻区稗草对二氯喹啉酸的抗药性研究 [J]. 杂草科学, 2007, 27 (3): 25-26, 54.

[14] 陈泽鹏, 王静, 万树青, 等. 广东部分地区烟叶畸形生长的原因及治理的研究 [J]. 中国烟草学报, 2004, 10 (3): 34-37.

[15] 钟秋瓒, 万树青, 黎茶根, 等. 江西烟叶畸形生长的原因及治理研究 [J]. 江西农业学报, 2014, 26 (6): 65-68.

[16] 吴明根, 曹凤秋, 杜小军, 等. 延边地区稻田抗药性杂草的研究 [J]. 杂草科学, 2005 (1): 14-15.

[17] 卢宗志. 雨久花对磺酰脲类除草剂抗药性研究 [D]. 沈阳: 沈阳农业大学, 2009.

[18] 李昕珈, 时丹, 姜明辰, 等. 延边地区稻田抗药性杂草防除技术研究 [J]. 杂草科学, 2010 (1): 42-44.

[19] 陈丽丽. 黑龙江省野慈姑对磺酰脲类除草剂的敏感性研究 [D]. 哈尔滨: 东北农业大学, 2013.

[20] 余柳青, 沈国辉, 陆永良, 等. 长江下游水稻生产与杂草防控技术 [J]. 杂草科学, 2010 (1): 8-11.

[21] 俞欣妍, 葛林利, 刘丽萍, 等. 直播稻田稗草对二氯喹啉酸, 氰氟草酯与双草醚除草剂复合抗性的初步研究 [J]. 江苏农业学报, 2010, 26 (6): 1438-1440.

[22] 武向文, 李平生, 郭玉人. 上海稻田稗草对 3 种除草剂的抗药性 [J]. 世界农药, 2018, 40 (4): 59-62.

[23] 左平春, 纪明山, 臧晓霞, 等. 稻田稗草对噁唑酰草胺的抗药性水平和 ACCase 活性 [J]. 植物保护学报, 2017, 4 (6): 1040-1045.

[24] 徐江艳. 稻田西来稗 (*Echinochloa crusgalli* var. *zelayemis*) 对二氯喹啉酸的抗药性及其机理研究 [D]. 南京: 南京农业大学, 2013.

[25] 董海, 蒋爱丽, 李林生, 等. 辽宁省无芒稗对二氯喹啉酸的抗药性研究 [J]. 北方水稻, 2007 (6): 36-39.

[26] 王琼．水稻田 3 种主要稗属（*Echinochloa* spp.）杂草对五氟磺草胺的抗药性研究 [D]．南京：南京农业大学，2015.

[27] 董海，蒋爱丽，纪明山，等．辽宁省长芒稗对二氯喹啉酸的抗药性研究 [J]．辽宁农业科学，2005 (5)：6 - 8.

[28] Yu J X，Gao H T，Pan L，et al. Mechanism of resistance to cyhalofop - butyl in Chinese sprangletop（*Leptochloa chinensis*（L.）Nees）[J]．Pesticide Biochemistry and Physiology，2017，143：306 - 311.

[29] 文马强，周小毛，刘佳，等．直播水稻田千金子对氰氟草酯抗性测定及抗性生化机理研究 [J]．南方农业学报，2017，48 (4)：647 - 652.

[30] 张怡，陈丽萍，徐笔奇，等．浙江稻区千金子对氰氟草酯和噁唑酰草胺的抗药性及其分子机制研究 [J]．农药学学报，2020，22 (3)：447 - 453.

[31] 蒋易凡，陈国奇，董立尧．稻田马唐对稻田常用茎叶处理除草剂的抗性水平研究 [J]．杂草学报，2017，35 (2)：67 - 72.

[32] 卢宗志，张朝贤，傅俊范，等．稻田雨久花对苄嘧磺隆的抗药性 [J]．植物保护学报，2009，36 (4)：354 - 358.

[33] 吴明根，刘亮，时丹，等．延边地区稻田抗药性杂草的研究 [J]．延边大学农学学报，2007，29 (1)：5 - 9.

[34] 付丹妮，赵铂锤，陈彦，等．东北稻田野慈姑对苄嘧磺隆抗药性研究 [J]．中国植保导刊，2018，38 (1)：17 - 23.

[35] 王兴国，许琴芳，朱金文，等．浙江不同稻区耳叶水苋对苄嘧磺隆的抗性比较 [J]．农药学学报，2013，15 (1)：52 - 58.

[36] 高陆思，崔海兰，骆焱平，等．异型莎草对不同除草剂的敏感性研究 [J]．湖北农业科学，2015，54 (9)：2223 - 2226.

[37] 叶照春，王楠，陆德清，等．稻田杂草眼子菜对磺酰脲类除草剂的抗性研究 [J]．植物保护，2013，39 (3)：144 - 147.

[38] 金圣务．抗磺酰脲类除草剂节节菜（*Rotala indica*）的检测及其抗性分布、抗药性分子机理研究 [D]．南京：南京农业大学，2012.

[39] 汪涛，邓云艳，杜颖，等．稻田杂草萤蔺对苄嘧磺隆的抗药性机理 [J]．农药，2021，60 (3)：230 - 234.

[40] 刘亚光，李敏，李威，等．黑龙江省萤蔺对苄嘧磺隆和吡嘧磺隆抗性测定 [J]．东北农业大学学报，2015，46 (10)：29 - 36.

[41] 李庚，吕晓曦，王春雨，等．黑龙江省部分地区水稻田萤蔺对丙嗪嘧磺隆的抗性水平及其分子抗性机制 [J]．植物保护学报，2019，46 (4)：941 - 942.

[42] Li D，Li X，Yu H，et al. Cross - of eclipta（*Eclipta prostrata*）in China to ALS inhibitors due to a pro - 197 - Ser point mutation [J]．Weed Science，2017，65 (5)：547 - 556.

[43] 袁树忠，刘学儒．旱改水稻田杂草群落的演替 [J]．杂草科学，2003 (1)：26 - 28.

[44] 强胜，沈俊明，张成群，等．种植制度对江苏省棉田杂草群落影响的研究 [J]．植物

生态学报，2003，27（2）：278-282.
[45] 廖海丰，周益民，周开良，等．水稻小苗（抛秧）田杂草的生态特点及控制技术[J]．中国植保导刊，2008，28（2）：31-32.
[46] 张广照，檀银忠，郭贵东，等．机插秧稻田单子叶杂草发生特点与防治对策 [J]．湖北植保，2014（6）：50-51.
[47] 余柳青，徐青．除草剂引起稻田杂草群落的演替 [J]．世界农业，1992（10）：34-35.
[48] Paul N，Martin V A，Fabrice R. Evolutionary-thinking in agricultural weed management [J]．New Phytologist，2009，184（4）：783-793.
[49] 蒋敏，沈明星，沈新平，等．长期不同施肥方式对稻田杂草群落的影响 [J]．生态学杂志，2014，33（7）：1748-1756.
[50] 张斌，董立尧．水稻田杂草群落演化原因及趋势浅析 [J]．贵州农业科学，2009，37（2）：58-60.
[51] 胡进生，汤洪涛，缪松才，等．稻田稗草的发生危害及防除对策 [J]．杂草科学，1990（2）：32-34.
[52] Norsworthy J K，Wilson M J，Scott R C，et al. Herbicidal activity on acetolactate synthase-resistant barnyardgrass（*Echinochloa crusgalli*）in Arkansas，USA [J]．Weed Biology and Management，2014，14（1）：50-58.
[53] 赵学平，王秀梅，王强，等．农美利等除草剂对水稻药害的研究 [J]．浙江农业学报，2000，12（6）：69-74.
[54] Beckie H J，Reboud X. Selecting for weed resistance：herbicide rotation and mixture [J]．Weed Technology，2009，23（3）：363-370.
[55] 张勇．水稻田杂草的发生及除草剂应用状况 [EB/OL]．2015-04-25. http：//wenku. baidu. com/link? url=EF4MiJTTL _ iM5prBFuS-G-sIJTtY _ 0dLgmITK _ M5qxX4O3H6uhJmwMARFSEa _ ISmuIG3I13JE4wTmBGLEyzykAI-Whh4n8qNVIeCuj8qFny.

撰稿人

钟国华：男，博士，华南农业大学植物保护学院教授。E-mail：guohuazhong@scau. edu. cn

27 案例27

寄生性杂草列当的防治

一、案例材料

列当是寄生在植物根部、营寄生生活的列当科（Orobanchaceae）列当属（*Orobanche*）植物的总称。约有 170 种，主要分布在北半球。分布中心包括地中海地区、北非和北美。主要包括埃及列当（*O. aegyptiaca*）（又称瓜列当）、分枝列当（*O. ramosa*）、向日葵列当（*O. cunmaua*）、弯管列当（*O. cernua*）（又称欧亚列当）、锯齿列当（*O. crenata*）、小列当（*O. minor*）和 *O. foetida* 等[1-2]。

在我国，常见的列当约有 23 种，主要分布在东北、西北和华北地区，包括新疆、吉林、甘肃、黑龙江、河北、北京、山东、山西、陕西、辽宁、青海、内蒙古、四川等省份。引起危害较大的主要有 6 种，即埃及列当、分枝列当、向日葵列当、小列当、弯管列当和锯齿列当。图 27－1 为在我国危害较大的 6 种列当。

列当是一年生草本植物，全株密被腺毛，株高 15～50cm；茎为褐色或浅黄色，无根器官和叶绿素，有须状吸器；叶为淡黄色鳞片或卵状披针形，且在茎秆上螺旋排列，叶小而无柄，无法进行光合作用；花序为穗状，长 8～15cm，基部有苞片，钟形花萼，蓝紫色花冠；每朵花含有 1 个蒴果，可产生 1 000 粒左右的种子，每株列当的产种量达 5 万～10 万粒，最多达 100 万粒左右。列当常以种子形式越冬，种子体积较小，直径一般为 200～400μm，千粒重为 15～25mg。列当的传播方式较为广泛，不仅可以借助水流、风力、农具等传播，也可通过种子传播。其种子生命力顽强，在土壤中可存活 20 多年，若土壤较干燥，则列当种子的存活率更高，存储期更长[3-5]。

列当的生活史包括种子萌发、感受并附着寄主、生长和繁殖等几个阶段。列当一般从种子萌动到出土历时 5～6d，从出土至开花历时 6～7d，从开花至结实历时 5～7d，从结实至种子成熟历时 13～17d，从种子成熟至蒴果开裂历时 1～2d，即从幼苗出土至新种子扩散历时 30～40d。种子发芽很不

图 27-1　6 种危害较大的列当

A. 埃及列当　B. 弯管列当　C. 分枝列当　D. 向日葵列当　E. 小列当　F. 锯齿列当

整齐，在适宜季节，每天都有种子萌发。在新疆，向日葵列当出土时间是 7 月末至 8 月上旬，8 月中旬至 9 月初为出土盛期。分枝列当和瓜列当的生长期为 4—8 月，欧亚列当为 5—9 月。列当通过吸器吸附在宿主植物根部，获得养分和水分[6]。

该属植物的寄主范围广泛，营根寄生，寄主包括菊科、豆科、茄科（如茄子、番茄、烟草、马铃薯）、葫芦科、十字花科（如甘蓝、花椰菜）、大麻科、亚麻科、伞形科（如胡萝卜、欧芹、芹菜）以及禾本科等植物[7]。

列当被认为是世界范围内危害最严重的寄生性杂草，尤其是欧洲、非洲和亚洲比较干旱和温暖的区域，在豆科作物、油料作物、茄科作物、十字花科作物和一些药用植物上危害尤为严重，能引起 5%～100%的减产。在地中海地区、北非和亚洲，埃及列当和分枝列当每年危害大量的土地[8]。在我国，具有不同生理小种的向日葵列当，给向日葵的生产带来了巨大的损失。向日葵在苗期被列当寄生后植株变得矮小，不能形成花盘，甚至干枯死亡；生长中后期被寄生后，由于植株的营养被列当掠夺，导致百粒重降低、籽粒短小、饱满度差、含油率降低、商品性变差[9]。在我国东北、华北和西北烟区，特别是辽宁西部和内蒙古东部烟区，列当对烟草的生产造成了严重的影响，烟草被寄生后，植株矮小、叶片褪绿发黄、叶片变薄，严重影响烟叶的产量和品质。在河北蔚县被列当寄生的烟草产量可减少 27.98%，且呈逐年上升趋势[10]。

列当种子必须在刺激物诱导下才能萌发，有些植物能诱导列当的种子萌发，但萌发后的芽管不能与该植物的根部建立寄主关系，这类能产生萌发刺激物而又不被其寄生的植物，称为诱杀植物。种植这类诱杀植物能够减少土壤中的列当种子量。目前发现的主要诱杀植物：①辣椒、绿豆、苜蓿、芜菁和花椰菜，可作为埃及列当的诱杀植物；②欧芹、豌豆，可作为分枝列当的诱杀植物；③某些玉米品系可作为向日葵列当的诱杀植物；④向日葵、大麦、亚麻和豆科的许多作物（如野豌豆、大豆、香豌豆、紫花苜蓿、埃及三叶草、冠状岩黄芪、菜豆、绿豆、豇豆等），可作为锯齿列当的诱杀植物；⑤菊苣、蓖麻、紫花苜蓿、绿豆、亚麻、棉花和红甜椒，可作为弯管列当和向日葵列当的诱杀植物[11-12]。

二、问题

1. 列当暴发危害的原因是什么？为什么我国北方地区比南方地区易遭受列当的危害？

2. 在列当生活史中哪个阶段是防控的最佳时期？

3. 什么是诱杀植物，生产上可利用哪些诱杀植物来控制列当危害？

三、案例分析

1. 列当暴发危害的原因是什么？为什么我国北方地区比南方地区易遭受列当的危害？

列当暴发危害的原因：列当种子的繁殖力和生命力极强；种子细小，易于传播；寄主范围广，易于完成生活史。具体的原因如下：

第一，列当的繁殖力极强，每株列当能产生超过 50 万粒种子，且种子的生命力极强，在土中可存活 5～60 多年，这为列当的暴发提供了丰富的种子。

第二，列当种子细小，直径为 200～400μm，极易借助人、农机具、动物以及作物的种子和繁殖体进行传播，这为列当大范围暴发提供了便利。

第三，列当的寄主范围广泛，当萌发条件许可时，极易找到寄主植物，获得营养来源，完成其生活史。

我国北方地区降水量小，土壤较干燥，列当种子的存活率高，存储期长；

而我国南方地区特别是华南地区，降水量大，土壤含水量变化大，不利于列当种子存活。并且，北方地区栽培的作物如向日葵等，容易受列当危害。所以，北方地区比南方地区更易受到列当的危害。事实上，在国外，也是以欧洲、非洲和亚洲比较干旱和温暖的地区列当危害较为严重。

2. 在列当生活史中哪个阶段是防控的最佳时期?

根据列当生活史中各阶段的特点，以种子萌发阶段、吸附和吸器形成阶段是防控的最佳时期。

（1）种子的萌发阶段。列当种子必须在刺激物的作用下才能开始萌发。列当种子一旦萌发，如果其接触不到寄主根则在1周内死亡。因此，种子萌发阶段是控制列当危害的重要环节。在这个阶段，可以采用诱杀植物进行防治，以减少或消灭列当种子在土壤中的沉积，减轻列当的危害。

（2）吸附和吸器形成阶段。列当种子萌发后，遇到寄主植物的根就会吸附到其表面，然后渗透到寄主根内部并形成吸器。此阶段列当与寄主植物发生强烈的相互作用，一方面，寄主要抵抗列当的侵入，另一方面，列当要克服寄主的抗性，两者互作的结果，要么是列当成功寄生，要么是列当未成功寄生而终止生活史。在生产上，可以利用这个阶段，选择具有抗性的寄主植物品种，阻碍其渗透到根内部，从而达到防治的目的。例如，向日葵、蚕豆等都已经成功选育出抗列当的品种。

3. 什么是诱杀植物，生产上可利用哪些诱杀植物来控制列当危害?

列当种子必须在刺激物诱导下才能萌发，有些植物能诱发列当的种子萌发，但萌发后的芽管不能与该植物的根部建立寄主关系，这类能产生萌发刺激物而又不被其寄生的植物，称为诱杀植物。种植这类诱杀植物能够减少土壤中的列当种子量。目前发现的主要诱杀植物：①辣椒、绿豆、苜蓿、芜菁和花椰菜可作为埃及列当的诱杀植物；②欧芹、豌豆可作为分枝列当的诱杀植物；③某些玉米品系可作为向日葵列当的诱杀植物；④向日葵、大麦、亚麻和豆科的许多作物（如野豌豆、大豆、香豌豆、紫花苜蓿、埃及三叶草、冠状岩黄芪、菜豆、绿豆、豇豆等）可作为锯齿列当的诱杀植物；⑤菊苣、蓖麻、紫花苜蓿、绿豆、亚麻、棉花和红甜椒可作为弯管列当和向日葵列当的诱杀植物。在生产上，常将诱杀植物与寄主植物间作达到减轻列当危害的目的。例如，将豌豆、高粱或者玉米间作防治分枝列当效果好，豌豆能促进分枝列当种子的发芽，而豌豆本身对分枝列当又表现出高抗性，能阻止其侵染、吸附和发展，不会被正常寄生，故豌豆是分枝列当有效的诱杀植物。从这些诱杀植物中发现能够诱导列当种子萌发的物质有独脚金醇、二氢高粱酮和倍半萜烯内酯等。

四、补充材料

1. 部分列当种类的形态

（1）埃及列当。又称瓜列当，主要分布在新疆。瓜列当株高 15～50cm；茎中部以上有分枝，被有腺毛；叶卵状披针形，黄褐色；疏松穗状花序，花有 2 个小苞片，花药有毛，花萼钟形，浅 4 裂；蒴果长圆形，种子的网眼近方形，底部具网状纹饰。

（2）分枝列当。又称大麻列当，国内主要分布于新疆、甘肃。株高 15～50cm，全株被腺毛。茎坚挺，具条纹，自基部或中部以上分枝。花序穗状、圆柱形，具较稀疏排列的多数花，花冠蓝紫色。蒴果长圆形，成熟后散出大量尘末状种子。种子长卵形，长 0.4～0.6mm，直径 0.25mm，种皮具网状纹饰。

（3）向日葵列当。又称直立列当、二色列当，国内分布在河北、北京、新疆、山西、内蒙古、黑龙江、辽宁、吉林、青海、甘肃等省份。茎被有细毛，浅黄色至紫褐色，高矮不等，最高者可达 40cm。叶退化成鳞片状，小而无柄，成螺旋状排列在茎秆上。花排列成紧密的穗状花序。花冠合瓣，呈二唇形。种子形状不规则，略成卵形，细小若尘末。成熟种子黑褐色。

（4）弯管列当。在我国分布于吉林、华北和西北。株高 15～40cm；茎不分枝，有浅黄色腺毛；叶微小；松散穗状花序，花萼钟形，蒴果卵形。弯管列当的花冠形态特殊：筒部黄色，裂片淡紫色或淡蓝色，在花冠筒中部处缢缩，其上半部向下弯曲，因而得名。

2. 列当的种子与萌发　列当主要通过种子传播，一株列当能产生超过 50 万粒直径为 200～400μm 的细小种子（图 27－2），千粒重 15～25mg。列当种子在土壤温度 15～25℃、pH＞7.0 的适宜条件下，接触到寄主根部分泌物时，受到刺激，即可萌发。萌发出的幼苗以吸器侵入寄主根内，吸器的部分细胞分化成筛管与管状细胞，通过筛孔和纹孔与寄主的筛管和管状细胞相连，吸取水分和养料，逐渐长大。种子在土中可存活 5～60 多年。种子发芽很不整齐，在适宜季节每天都有种子萌发。列当的生活史包括萌发、感受并附着寄主以及生长和繁殖阶段。一旦萌发开始，列当必须尽快感受到寄主植物并附着到寄主植物上，否则列当幼苗就会死亡。

独脚金内酯、二氢高粱酮、倍半萜烯内酯、非倍半萜烯内酯以及 ryecarbonitriline A 等能够诱导列当种子萌发。其中，使用独脚金内酯类化合物对根寄生杂草种子的萌发进行化学调控，可以有效防治根寄生杂草。

常见的五大类植物激素是生长素、赤霉素、细胞分裂素、脱落酸和乙烯

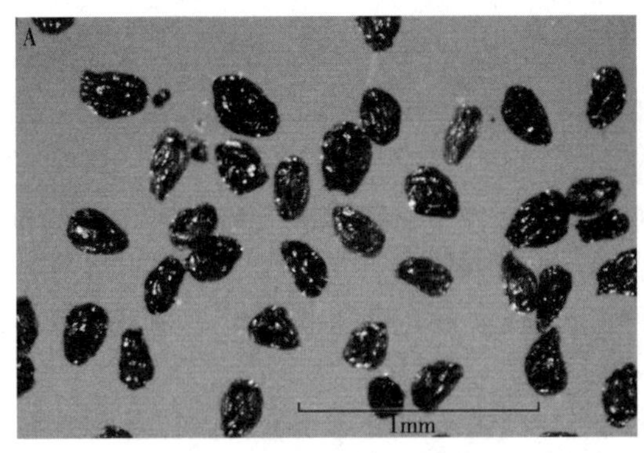

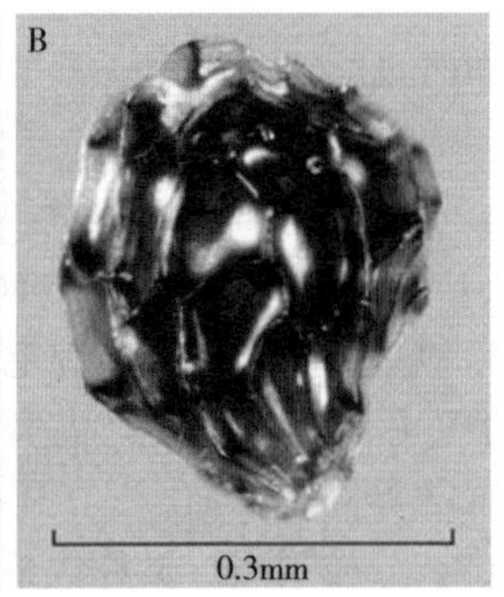

图 27-2　列当的种子

A. 锯齿列当种子　B. 小列当种子

(ETH)。伴随植物生理学和生物化学的不断发展，除上述五大类植物激素外，又有许多植物生长调节物质被定义为新型植物激素。科研人员将独脚金内酯(SL) 定义为一类新型的植物激素。近年来关于独脚金内酯生物学功能的研究成了植物学界研究的热点。

独脚金内酯是一类类胡萝卜素衍生物，在植物生长发育中具有多种功能。独脚金内酯最初发现于棉花根分泌物中，是寄生杂草独脚金（*Striga* spp.）种子萌发的信号物质，独脚金内酯也因此得名。天然的独脚金醇类化合物和人工合成类似物统称为独脚金内酯。独脚金内酯是一类倍半萜烯化合物，其结构包含一个甲基丁烯羟酸内酯环（D 环）和一个三环内酯（ABC 环），且 ABC 环和 D 环由烯醇醚键所连接。烯醇醚键连接的 D 环结构是独脚金内酯活性分子的一致特征。依据立体结构差异，将独脚金内酯分为两类：独脚金醇类和列当醇类。目前，已分离出 36 种天然独脚金内酯。在研究和生产领域被广泛应用的 GR24 是独脚金内酯人工合成类似物种类中活性最高的一种[13]。

独脚金内酯可能是通过木质部从地下部运输至地上部从而发挥其功能。独脚金内酯在植物诸多生长发育过程和环境适应性中有重要作用，其生物学功能主要包括以下几个方面：刺激寄生植物种子萌发，促进丛枝菌根真菌菌丝分枝和养分吸收，介导植物对营养匮乏及病原菌等逆境胁迫的抗性反应，调控植物生长发育（包括调控分枝、株高、下胚轴伸长、叶片形状、花青苷积累及根系形态等)[13]。

目前研究表明，独脚金内酯在植物体内是通过受体蛋白介导的信号转导发挥作用。参与独脚金内酯信号转导途径主要有 3 种蛋白：第一种是独脚金内酯受体，即 D14 蛋白家族。D14 蛋白是一个非典型植物激素受体，属于 α/β 折叠水解酶家族，含保守的催化三联体结构（Ser-His-Asp)，具有水解酶和受体的双重功能，在植物激素信号转导或代谢途径中扮演重要作用。第二种是 F-box 蛋白，也是激素信号转导过程中的一类常见结构特征蛋白。该蛋白作为 SCF（Skp1-Cullin-F-box protein）复合体类型的 E3 泛素连接酶的亚基，特异性泛素化底物蛋白，参与 26S 蛋白酶介导的蛋白质降解过程。第三种是 D53 蛋白（D53/SMXL 类蛋白家族），是独脚金内酯信号路径的一个关键抑制因子，负责连接独脚金内酯信号的接收和应答。D53/SMXL 类蛋白负调控独脚金内酯信号接收和响应过程。最新研究表明，SMXL6、SMXL7 和 SMXL8 是具有抑制子和转录因子双重功能的新型抑制子[13-14]。

目前研究表明，欧芹（图 27-3）、大蒜、葛缕子、蓖麻、亚麻、芝麻和豆科的许多作物（如大豆、香豌豆、紫花苜蓿、菜豆、豌豆、绿豆、豇豆等）可作为埃及列当、大麻列当和分枝列当的诱杀植物，除此之外，辣椒、苜蓿、芜菁和花椰菜也是埃及列当的有效诱杀植物。菊苣、蓖麻、紫花苜蓿、绿豆、亚麻、棉花和红甜椒可作为弯管列当和向日葵列当的诱杀植物。用于锯齿列当的诱杀植物有向日葵、大麦、亚麻和豆科的许多作物（如野豌豆、大豆、香豌豆、紫花苜蓿、埃及三叶草、冠状岩黄芪、菜豆、绿豆、豇豆等）[8,11]。

图 27-3　列当和其诱杀植物——欧芹

3. 对列当具有抗性的农作物培育　由于列当是一种专性寄生杂草，寄生于寄主植物根部并夺取寄主的营养与水分，其防治是一个世界性难题。目前，培育抗列当品种的作物是防治列当的有效途径之一。近年来，在作物抗列当选育工作中，一般采用田间侵染试验、盆栽接种试验、列当种子萌发试验以及培养皿接种试验（根室试验）等方法，筛选并获得一些相关的抗列当种质资源，鉴定出一些抗性基因和数量性状位点（QTL）。例如：Bai 等（2020）明确了番茄抗瓜列当（埃及列当）的 13 个 QTL。目前，在向日葵、番茄和豆类等作物上抗列当育种工作取得了一定的进展，研究人员采用烟草脆裂病毒（*Tobacco rattle virus*，TRV）诱导基因沉默（VIGS）的技术使得向日葵对向日葵列当产生了抗性[15]，也有科研工作者采用 CRISPR/Cas9 基因编辑技术获得了对瓜列当具有抗性的番茄[16]。

4. 列当的综合防治

(1) 植物检疫。进行严格的检疫，严禁列当随种子或其他植物产品传入，禁止从列当发生地区调运种子，在已发现地区应做好基础研究工作，以防其蔓延扩散。检疫方法：取检疫样品 1 000g，重复过筛，将筛下的杂质在电子显微镜下检查，对发现混有列当的作物种子和植物材料应当禁止使用，装入袋中进行热处理。

(2) 农业防治。

①中耕铲除。在列当生长季节（种子成熟前）将其铲除，以减少来年种子量。

②耕翻土地。在秋冬季和春季各进行一次耕翻，以暴晒列当种子，减少初侵染源。

③轮作、间作。采用诱杀植物进行轮作、间作。一般来说，采用诱杀植物进行轮作至少需要 3 年才能达到较好的控制效果。

(3) 生物防治。列当的生物防治目前并未规模化开展，研究工作滞后。目前发现的列当病原微生物有镰孢属的尖孢镰孢（*Fusarium oxysporum*）、轮状镰孢（*Fusarium verticillioides*）、列当镰孢（*Fusarium orobanches*）、荧光假单胞菌（*Pseudomonas fluorescens*）、土曲霉（*Aspergillus alliaceus*）和密旋链霉菌（*Streptomyces pactum*）等[17]。此外，已知的天敌昆虫有列当潜叶蝇（*Phytomyza orobanchia*）。也有研究表明，橄榄水提取物对寄生番茄的分枝列当有一定的防治效果[18]。

(4) 化学防治。寄生杂草防治最简单高效的方法依然是化学防治，使用除草剂的原理是利用寄主与列当对药剂敏感性的差异来达到对列当的防治。目前，防治列当的常见除草剂：①有机磷类，如草甘膦、二硝基苯胺类氟乐灵和仲丁灵，可进行土壤处理；②磺酰脲类，如醚苯磺隆和氯磺隆，可进行土壤处理；③咪唑啉酮类，如甲基咪草烟，可进行滴灌或叶面喷雾[19-21]。

以番茄田埃及列当的防治为例。以色列研究人员开发出了应用决策帮助系统 PICKIT，并取得良好的防控效果。PICKIT 是基于对分枝列当寄生动态预测，结合采用磺酰脲类的磺酰磺隆芽前土壤处理（磺酰磺隆直接拌土预处理，或磺酰磺隆在叶面处理后立即进行喷灌使磺酰磺隆入土），以及采用咪唑啉酮类的甲基咪草烟在列当种子萌发吸附到番茄后进行滴灌或叶面喷雾处理。值得注意的是，采用甲基咪草烟防治番茄上的埃及列当，要在列当种子萌发并吸附到寄主植物番茄上之后才有效。这是因为，甲基咪草烟是在寄主植物吸收后，经由根转运到寄生在番茄上的埃及列当体内才能起作用[19]。

参考文献

[1] Habimana S, Nduwumuremyi A, Chinama J D R. Management of *Orobanche* in field crops—a review [J]. J Soil Sci Plant Nut, 2014 (1): 43 - 62.

[2] Boukteb A, Sakaguchi S, Ichihashi Y, et al. Analysis of genetic diversity and population structure of *Orobanche foetida* populations from Tunisia using RADseq [J]. Front Plant Sci, 2021, 12: 618245.

[3] Genovese C, D'Angeli F, Attanasio F. Phytochemical composition and biological activities of *Orobanche crenata* Forssk.: a review [J]. Nat Prod Res, 2020: 1 - 17.

[4] Shi R Y, Zhang C H, Gong X. The genus *Orobanche* as food and medicine: an ethnopharmacological review [J]. J Ethnopharmacol, 2020, 263: 113154.

[5] Lerner F, Pfenning M, Picard L, et al. Prohexadione calcium is herbicidal to the sunflower root parasite *Orobanche cumana* [J]. Pest Manag Sci, 2021, 77 (4): 1893 - 1902.

[6] Casadesus A, Munne - Bosch S. Holoparasitic plant - host interactions and their impact on Mediterranean ecosystems [J]. Plant Physiol, 2021, 185 (4): 1325 - 1338.

[7] Eizenberg H, Goldwasser Y. Control of Egyptian broomrape in processing tomato: a summary of 20 years of research and successful implementation [J]. Plant Dis, 2018, 102 (8): 1477 - 1488.

[8] Albert M, Axtell M J, Timko M P. Mechanisms of resistance and virulence in parasitic plant - host interactions [J]. Plant Physiol, 2021, 185 (4): 1282 - 1291.

[9] 吴文龙，姜翠兰，黄兆峰，等．我国向日葵列当发生危害现状调查 [J]. 植物保护，2020，46 (3): 266 - 273.

[10] 陈德鑫，孔凡玉，许家来，等．烟草上列当的发生与防治措施研究进展 [J]. 植物检疫，2012 (6): 49 - 53.

[11] Ueno K, Furumoto T, Umeda S, et al. Heliolactone, a non - sesquiterpene lactone germination stimulant for root parasitic weeds from sunflower [J]. Phytochemistry, 2014, 108: 122 - 128.

[12] Cartry D, Steinberg C, Gibot - Leclerc S, Main drivers of broomrape regulation: a review [J]. Agron Sustain Dev, 2021, 41: 17.

[13] Waters M T, Gutjahr C, Bennett T, et al., Strigolactone signaling and evolution [J]. Annu Rev Plant Biol, 2017, 68: 291 - 322.

[14] Wang L, Wang B, Yu H, et al. Transcriptional regulation of strigolactone signalling in *Arabidopsis* [J]. Nature, 2020, 583: 277 - 281.

[15] Jiang Z Q, Zhao Q Q, Bai R Y, et al. Host sunflower - induced silencing of parasitism - related genes confers resistance to invading *Orobanche cumana* [J]. Plant Physiol, 2021, 185 (2): 424 - 440.

[16] Bari V K, Abu N J, Aly R. CRISPR/Cas9mediated mutagenesis of MORE AXILLARY GROWTH 1 in tomato confers resistance to root parasitic weed *Phelipanche aegyp-*

tiaca [J]. Sci Rep，2021，11 (1)：3905.

[17] Chen J，Xue Q H，Ma Y Q，et al. *Streptomyces pactum* may control *Phelipanche aegyptiaca* in tomato [J]. Appl Soil Ecol，2020，146：103369.

[18] Qasem J R. Control of branched broomrape（*Orobanche ramosa* L.）in tomato（*Lycopersicon esculentum* Mill.）by olive cake and olive mill waste water [J]. Crop Prot，2020，129：05021.

[19] Hanan E，Yaakov G. Control of Egyptian broomrape in processing tomato：a summary of 20 years of research and successful implementation [J]. Plant Dis，2018，102 (8)：1477 - 1488.

[20] Paporisch A，Laor Y，Rubin B，et al. Application timing and degradation rate of sulfosulfuron in soil co - affect control efficacy of Egyptian broomrape（*Phelipanche aegyptiaca*）in tomato [J]. Weed Sci，2018，66 (6)：780 - 788.

[21] Goldwasser Y，Rabinovitz O，Gerstl Z，et al. Imazapic herbigation for Egyptian broomrape（*Phelipanche aegyptiaca*）control in processing tomatoes - laboratory and greenhouse studies [J]. Plants - Basel，2021，10 (6)：1182.

撰稿人

周利娟：女，博士，华南农业大学植物保护学院教授。E - mail：zhoulj@scau. edu. cn

28 案例28

华北冬麦田节节麦的危害与综合治理

一、案例材料

（一）节节麦的危害

节节麦（*Aegilops tauschii* Coss.），又名山羊草、粗山羊草、一粒小麦等，属禾本科（Poaceae）山羊草属（*Aegilops*），是世界性的恶性杂草，主要分布在欧洲及西亚的伊朗，是我国入境危险性植物之一[1]。目前节节麦在我国的分布区至少包括河北、北京、天津、河南、山东、陕西、山西、江苏、安徽、湖北、新疆、甘肃、内蒙古、四川、广东等15个省份，由此表明节节麦在我国的分布范围正在不断扩大[2-3]。节节麦的遗传背景与小麦十分密切，生长习性与小麦非常相似，在整个生长发育过程中都与小麦争夺阳光、肥料、水、空间等资源，严重影响着小麦的产量与品质[4]，而且节节麦具有的耐碱[5]、抗冻[6]、抗涝[7]等较强的环境适应性进一步提高了其生存竞争力。此外，由于节节麦的分蘖能力强，一般为10～20个分蘖，最多时可达36个分蘖，并且繁殖率高，一粒节节麦种子当年即可产生100～800粒种子，节节麦比小麦成熟早，其小穗头极易逐节自然脱落或随小麦收割机器运作而脱落。因此造成了节节麦扩散蔓延速度快、田间种群密度逐年增加、大面积暴发的趋势[8]。节节麦的发生密度在一般危害田块为1～50株/m^2，在中度发生田块为51～100株/m^2，在严重发生田块为100株/m^{2}以上，个别田块大于500株/m^2[9]。节节麦普遍发生地块可使小麦减产50%～80%，严重的甚至绝收。此外，节节麦还是小麦病害的中间寄主，其上的条锈菌可侵染小麦致病[10]。

2021年5月河北农业大学植物保护学院在河北省邯郸市永年区进行外来入侵物种调查时发现，节节麦是目前河北省麦田危害最为严重的杂草之一。节节麦不仅影响小麦的收割过程且对小麦产量和质量影响较大。每年农户因节节麦影响严重而导致产量降低20%左右，甚至更严重的会造成绝收。因节节麦入侵致使防治成本增加、人工成本增加以及产品质量和产量的下降，永年区平均每亩地有50元左右的损失。一般小麦收购时根据千粒重分为4个等级，分别为一等、二等、三等以及四等，每个等级1kg相差0.1元，按照亩产600kg计算，差一个等级就是相差60元。节节麦的危害会影响小麦的千粒重进而影响质量等级造成经济损失。此外在收购的时候，如果节节麦种子占到小麦收获量的4%～5%，收粮点会拒收并让农户进行自我筛选，而且收粮点在收购小麦后还要进行再次筛选，面粉厂收购会更加严格，所以节节麦的危害会增加筛选的人工费用进而增加成本。在节节麦刚入侵永年时，掺有节节麦种子的小麦制成的面粉有小黑点，不能达到国家标准，只能禁止销售，从而导致经济损失。此外，节节麦的种皮很硬，会对制作面粉的设备造成一些损害。节节麦对面粉质量影响很大，所以面粉厂会拒收节节麦占总量1%～2%的小麦，很多面粉加工企业需要在前期进行人工筛选，后期利用色选机进行再次筛选。所以节节麦的入侵不仅造成小麦的直接减产，还会增加面粉加工过程的人工成本、设备成本，造成的直接和间接经济损失均较大。

（二）节节麦的综合治理

节节麦传入初期，我国小麦田以播娘蒿、荠菜、马齿苋、反枝苋等为优势杂草，阔叶杂草除草剂苯磺隆的大量应用使得上述阔叶杂草得到控制，但禾本科杂草却逐渐成为麦田的优势群落。节节麦以其极强的适生性、繁殖力和多样化的种子传播途径，加之人们对其危害的认识不足，成为目前麦田最难防治的禾本科杂草之一。对于麦田节节麦的防治应协调各种防控技术手段，采取综合的治理措施才能达到事半功倍的效果。

1. 农业措施

（1）严格选种。播种前对麦种严格精选，剔除秕粒、杂粒和草籽；严禁选用含有节节麦种子以及节节麦发生区的小麦种子作为次年的麦种；禁止向非发生区调拨节节麦发生区的小麦种子[1]。

（2）播前深耕或轮作倒茬。对于重发生区，可在播前进行深耕，把草种翻入土壤深层，土层深度大于10cm对节节麦生长有显著抑制作用[11]。此外，也可与油菜、棉花等阔叶作物轮作2～3年。

（3）人工拔除。对于节节麦发生较少的麦田，可在小麦返青至拔节期进行人工拔除，由于节节麦的种子极易逐节脱落，因此必须在其抽穗前进行人工拔除。

2. 组织措施 加强技术宣传和培训。在节节麦除治的关键时期，当地农业植保部门应积极与媒体协作，加强发生区农民对杂草的识别和防治技术宣传与培训，设立热线电话，开展技术讲座，努力提高农民的技术水平。

3. 化学防治 目前，防治节节麦的除草剂较少，茎叶喷雾处理可采用30g/L甲基二磺隆可分散油悬浮剂，每667m^2推荐使用量为25～30mL，或

50%异丙隆可湿性粉剂，每 667m^2 推荐使用量为 140～160g。在使用甲基二磺隆和异丙隆时添加一定量的增效助剂（乙基和甲基酯植物油、有机硅 408、异十三醇聚氧乙烯醚、聚醚改性七甲基三硅氧烷）可进一步提高其对节节麦的防除效果[12]。土壤处理可采用 50%异丙隆可湿性粉剂 100～200g/hm^2＋380g/L 噁草酮悬浮剂 20～30g/hm^2，于杂草出苗前进行土壤喷雾处理，对节节麦防效较好，且对小麦安全[13]。

目前甲基二磺隆是防除麦田节节麦的优选品种，但部分地区已发现对甲基二磺隆产生低抗和中抗水平的节节麦种群[14-15]。因此，生产中应避免过分依赖甲基二磺隆进行节节麦防控，建议在节节麦发生严重地块采用“一封一杀”手段进行杂草防除，即采用土壤封闭和苗后茎叶处理相结合的节节麦综合防控策略，延缓节节麦抗性发展。

在用化学除草剂防除麦田节节麦时要注意以下几点：①甲基二磺隆在春季使用对小麦生长有抑制作用，特别是在小麦拔节后使用更容易产生药害。因此，在我国北方冬小麦产区，节节麦的化学防治时期最好在秋季。秋季用药的时间应掌握在小麦的 3～5 叶期，节节麦的 3 叶期以前，此时节节麦尚未形成次生根，对除草剂的抵抗能力较弱。②施药时的温度以 15～25℃最佳，最低温度 10℃，气温低于 8℃药效差且易产生药害，所以抓住晴暖天气用药，确保作物安全生长和除草剂药效的充分发挥。甲基二磺隆通过节节麦的茎叶吸收后进行传导，药效相对较慢，一般用药后 15d 以上才开始有死亡的杂草出现。③在冬小麦田使用甲基二磺隆应严格按推荐剂量、时期和方法均匀喷施，不可超量、超范围使用，不能重喷、漏喷，在遭受冻、涝、盐、病害的小麦田不得使用，小麦拔节或株高 13cm 后不得使用，避免产生药害，使用甲基二磺隆 4h 后降水不影响药效，用药前后 2d 不可大水漫灌。④不同的小麦品种对甲基二磺隆的敏感性存在差异，其中以硬质麦、强筋麦等较为敏感，没有使用过的品种使用前应先进行安全性试验。甲基二磺隆对小麦的药害主要表现为叶片黄化和抑制生长，正常用药情况下一般 3～4 周后方可消失。

二、问题

1. 节节麦在我国华北麦田快速传播扩散的原因是什么？

2. 节节麦在冬小麦田有何发生特点？

3. 从危害和治理的角度看，节节麦与冬小麦田的其他禾本科杂草有哪些异同点？

4. 为什么化学防治节节麦的适宜时期在冬前？

三、案例分析

1. 节节麦在我国华北麦田快速传播扩散的原因是什么？

我国并不是节节麦的原产地，但其传播速度极快，目前已严重危害我国北方冬小麦，出现这种现象的原因主要有以下几个方面：

第一，节节麦是通过原粮的进口或小麦种子的调运传入我国的，我国口岸曾从进口麦种中截获节节麦的种子。近年来，我国进口小麦的数量逐年增加，如果不实行严格的检疫措施，那么就使得节节麦在我国传播扩散。

第二，节节麦刚传入我国时发生并不严重，只是呈散点分布，而当时我国冬小麦田的主要杂草是播娘蒿、荠菜和藜等阔叶杂草，防除阔叶杂草的除草剂长期大量使用，使麦田的阔叶杂草得到了控制，最终导致禾本科杂草慢慢成了麦田的主要杂草，但由于缺乏相应的防治措施，节节麦由最初的散点分布开始进行大片扩散。

第三，节节麦的分蘖和繁殖能力强，远超过冬小麦。一株节节麦一般 10～20 个分蘖，最多可达 36 个分蘖。一粒节节麦种子当年即可产生 100～800 粒种子，节节麦比冬小麦成熟早，并且其种子极易逐节脱落，在收获小麦时，节节麦种子容易混杂在小麦种子中，由此导致了节节麦随小麦种子的传播而传播。

第四，农民对节节麦的危害认识不够，在播种小麦时，相互之间的串种也导致了节节麦的扩散。

第五，近年来大型收割机的跨区作业也加快了节节麦从南到北的传播速度。

2. 节节麦在冬小麦田有何发生特点？

第一，节节麦的出苗期长。其在冬小麦田主要有两个出苗高峰期，分别是秋季出苗期和春季出苗期，其中以秋季出苗为主。秋季出苗主要是在冬小麦播种之后，一般比冬小麦出苗晚 5～7d，冬前形成出苗高峰。春季出苗较秋季少，主要在 2 月下旬至 3 月。

第二，出苗深度不同。有研究显示，出苗的节节麦种子主要集中在 3～8cm 土层。室内盆栽研究表明，节节麦播深 5cm、10cm、15cm、20cm 和 25cm 时的出苗率分别为 94%、76%、21%、12%和 1%。由此可见，播种深度越深，节节麦的出苗率越低。

第三，节节麦以幼苗或种子越冬，但主要以幼苗越冬。秋季出苗的节节麦冬前一般产生分蘖 3～4 个，多者 10 个以上。分蘖幼苗和单株幼苗均可以越冬，很少死亡。翌年春季气温回升后，未出苗的种子还可出苗，越冬幼苗也可产生分蘖。主茎和分蘖一般都能抽穗结籽。

第四，节节麦的生命力强。其生长旺盛，分蘖能力强，一般每株分蘖10～20个，最多可达36个，发生量随水肥条件的改善而增加，最多每平方米可发生200株。

3. 从危害和治理的角度看，节节麦与冬小麦田的其他禾本科杂草有哪些异同点？

目前，我国冬小麦田发生的禾本科杂草主要有节节麦、雀麦、看麦娘、日本看麦娘、野燕麦等。这些禾本科杂草与小麦争夺阳光、水分、肥料、空间等资源，从而造成冬小麦减产，甚至绝收，严重威胁着我国粮食安全。从我国冬小麦田杂草的防除现状来看，禾本科杂草的防除难度要大于阔叶杂草，禾本科杂草除草剂相对匮乏，并且大部分禾本科杂草对主要的除草剂品种均已产生了抗药性，致使禾本科杂草的发生与扩散加快，其危害日益加重。例如，河北邢台部分冬小麦产区因禾本科杂草的严重发生而缺乏有效的防控技术措施，被迫放弃冬小麦的种植而改种棉花、花生等作物。

相对小麦田其他禾本科杂草而言，节节麦与小麦的亲缘关系更近，其生物学特性也与小麦更相似，节节麦的分蘖和繁殖能力高于这些禾本科杂草；节节麦的种子相对较大，与小麦的种子相似，其千粒重明显高于其他禾本科杂草，所以利用风选或水选的方法较难去除节节麦种子，而其他禾本科杂草的种子从小麦种子中去除相对容易；节节麦的成熟时期与冬小麦接近，其种子在接近成熟时极易脱落，更容易随小麦联合收割机进行远距离传播。因此，防控节节麦的难度大于其他禾本科杂草，并且高效防除节节麦而对小麦安全的除草剂很少[16-17]。

4. 为什么化学防治节节麦的适宜时期在冬前？

一般情况下，节节麦的出苗时间比冬小麦晚5～7d。北方很多冬小麦产区在小麦出苗后都会浇一次冬前水，良好的水肥条件更促进了节节麦的发芽出苗。从每年的10月中下旬开始出苗，至11月初形成冬前出苗高峰期。通过定点调查发现，节节麦的冬前出苗量占总出苗量的90%以上。因此，冬前化学防除更加集中。节节麦3叶期以前，尚未形成次生根，5叶期以后开始分蘖，因而对除草剂的抵抗能力也增强。田间调查发现，在节节麦5叶期用药，虽不能在冬前死亡，但受害的节节麦抗逆性明显降低，难以越冬和返青。春季防除节节麦应掌握在冬小麦拔节前、节节麦返青后用药，但此时节节麦的抗防除能力强，因此，药效较差，特是在冬小麦拔节后用药，现有的除草剂容易对冬小麦产生药害。

四、补充材料

（一）节节麦的生物学特点

节节麦属禾本科山羊草属，一年生或越年生杂草，种子繁殖，花果期5—6

月，多生于麦田或荒芜地。须根细弱，秆高 20～50cm；具顶生圆柱形穗状花序，含小穗 5～13 枚，小穗单生，紧贴穗轴，顶生者多不育，成熟后穗轴逐节折断或整个自基部脱节，其节间顶端膨大；穗状花序长约 10cm，小穗圆柱形，含 3～5 朵花，具 2 颖，颖草质或软骨质，扁平，具多脉，顶端截面平而具 1 齿或 2 齿；外稃先端略截平，顶端具 1 根长芒；内稃约与外稃等长，脊上有纤毛。颖果黄褐色，长椭圆形，长 5～6mm，宽 215～310mm，顶端具密毛，背部圆形隆起，近两侧缘各有一细纵沟，腹面较平或凹入，中央有一细纵沟，颖果与内、外稃紧贴而黏着。幼苗基部淡紫红色，幼叶初出时卷为筒状，展开后为长条形，茎叶比雀麦细长，叶片上边微粗糙，疏生柔毛，叶缘、叶耳有茸毛（图 28－1）。

图 28－1　节节麦的形态

A. 节节麦种子　B. 节节麦幼苗　C. 节节麦单株

D. 小麦田中的节节麦　E. 小麦田未成熟节节麦　F. 小麦田成熟节节麦

（张金林，2010）

（二）我国小麦田主要禾本科杂草发生与防治情况

我国小麦按种植区域可分为春小麦区和冬小麦区，以冬小麦区为主。春小麦区主要有新疆北部、宁夏、甘肃、内蒙古、黑龙江、辽宁等；冬小麦区主要有河北、河南、山东、山西、安徽、江苏、湖北、四川、陕西、新疆等。

我国淮河以南地区冬小麦田主要禾本科杂草有看麦娘、日本看麦娘、硬草、早熟禾、雀麦、棒头草、野燕麦等。黄淮流域稻麦轮作区冬小麦田杂草种类与南方相似，以看麦娘和日本看麦娘偏多，部分麦田雀麦、野燕麦、硬草、菵草和棒头草等危害严重。黄淮海旱作区冬小麦田禾本科杂草主要有看麦娘、日本看麦娘、野燕麦、硬草、早熟禾、蜡烛草、菵草、雀麦、节节麦、狗尾草等[18]。

河北省是我国主要的冬小麦种植省份之一。1995 年以前，河北省麦田发生的禾本科杂草主要有看麦娘、野燕麦，面积不大，仅涉及邯郸靠近河南的部分麦田，密度也很低，构不成危害。1995 年以后随着农机跨区作业的发展，相继发现了节节麦、雀麦、看麦娘、菵草、蟋蟀草等禾本科杂草，发生面积和密度越来越大，由南到北依次推进。节节麦、雀麦、野燕麦、看麦娘、日本看麦娘等种类增加，已经成为小麦稳产、高产的障碍。目前河北省麦田禾本科杂草发生蔓延速度惊人，已涉及邯郸、邢台、石家庄、衡水、保定、沧州、廊坊等小麦主产区。

目前防治禾本科杂草的除草剂主要有氟唑磺隆、精噁唑禾草灵、炔草酯和甲基二磺隆，但不能在棉花、豆类、蔬菜田使用，以防止产生药害。在禾本科杂草和阔叶杂草混发的麦田，必须同时加入苯磺隆、2 甲 4 氯等防除阔叶杂草。此外，这 4 种除草剂在防治禾本科杂草的范围上有所不同。精噁唑禾草灵对野燕麦、看麦娘、稗草有防除效果，而对雀麦、节节麦、早熟禾、毒麦和阔叶杂草等无效；氟唑磺隆对野燕麦、雀麦、看麦娘、菵草、硬草、狗尾草、稗草等禾本科杂草防除效果良好，同时对非禾本科杂草的荠菜、繁缕、播娘蒿、藜等防除效果良好，有广谱性，但对节节麦防除效果不理想；炔草酯对野燕麦、看麦娘、硬草、菵草等杂草防除效果较好，而对节节麦的防除效果相对较差；甲基二磺隆为广谱禾本科杂草除草剂，对节节麦高效，但在低温下容易对小麦产生药害。

参考文献

[1] 张朝贤，李香菊，黄红娟，等．警惕麦田恶性杂草节节麦蔓延危害［J］．植物保护学报，2007，34（1）：103-106.

[2] 于海燕，李香菊．节节麦在我国的分布及其研究概况［J］．杂草学报，2018，36（1）：1-7.

[3] Yu H Y，Yang J，Cui H L，et al. Distribution，genetic diversity and population struc-

ture of *Aegilops tauschii* Coss. in major wheat - growing regions in China [J]. Agriculture, 2021, 11 (4): 311.

[4] 房锋，高兴祥，魏守辉，等．麦田恶性杂草节节麦在中国的发生发展 [J]. 草业学报，2015，24 (2): 194 - 201.

[5] Saisho D, Takumi S, Matsuoka Y, Salt tolerance during germination and seedling growth of wild wheat *Aegilops tauschii* and its impact on the species range expansion [J]. Sci Rep, 2016, 6: 38554.

[6] Masoomi - Aladizgeh F, Aalami A, Esfahani M A, et al. Identification of CBF14 and NAC2 genes in *Aegilops tauschii* associated with resistance to freezing stress [J]. Appl Biochem Biotech, 2015, 176 (4): 1059 - 1070.

[7] Wang N, Wang L, Chen H. Waterlogging tolerance of the invasive plant *Aegilops tauschii* translates to increased competitiveness compared to *Triticum aestivum* [J]. Acta Physiol Pl, 2021, 43 (4): 1 - 9.

[8] 段美生，杨宽林，李香菊，等．河北省南部小麦田节节麦发生特点及综合防除措施研究 [J]. 河北农业科学，2005，9 (1): 72 - 74.

[9] 李耀光，方果，梁岩华．晋南麦田节节麦严重发生原因及防控措施 [J]. 中国植保导刊，2009，29 (12): 35，42.

[10] 袁文焕，李高保，王保通．小麦条锈病菌的禾草寄主——节节麦 [J]. 河北农业大学学报，1994 (3): 75 - 77.

[11] 高兴祥，李尚友，李美，等．土层深度对三种麦田禾本科杂草出苗及生长的影响 [J]. 植物保护学报，2019，46 (5): 1132 - 1137.

[12] 朱宝林，孙鹏雷，王立鹏，等．节节麦防除药剂及其增效助剂筛选 [J]. 植物保护学报，2020，47 (5): 1139 - 1145.

[13] 王恒智，赵孔平，张晓林，等．土壤处理防治小麦田杂草节节麦药剂筛选 [J]. 农药学学报，2021，23 (3): 523 - 529.

[14] Liu J J, Su X, Li Y, et al. Resistant mechanism of tausch's goatgrass (*Aegilops Tauschii* Cosson) to mesosulfuron - methyl [J]. Fresen Environ Bull, 2019, 28 (11A): 8383 - 8390.

[15] 高兴祥，李健，张帅，等．节节麦在山东省冬小麦田的扩散蔓延及对甲基二磺隆抗性测定 [J]. 中国农业科学，2021，54 (5): 969 - 979.

[16] 王克功，曹亚萍，韦玲，等．除草剂对节节麦的防效及小麦生长的影响 [J]. 山西农业科学，2011，39 (4): 352 - 355.

[17] 石金美．小麦田节节麦的识别及防除 [J]. 现代农业科技，2009 (7): 114.

[18] 马爽．啶磺草胺防除小麦田杂草的应用研究 [D]. 泰安：山东农业大学，2016.

撰稿人

霍静倩：女，博士，河北农业大学植物保护学院副教授。E - mail: huojingqian@hebau.edu.cn

29 案例29

玉米地杂草刺果瓜的危害与综合防治

一、案例材料

（一）刺果瓜的危害

刺果瓜（*Sicyos angulatus* L.）属葫芦科（Cucurbitaceae）野胡瓜属（*Sicyos*），一年生攀缘草本植物，原产美国，因其具有攀缘生长、迅速成景的绿化效果，曾经被广泛栽种用作藩篱植物，但它强烈的侵占能力又使人感到恐惧，为此，许多国家已将它认作有害杂草，以限制它的蔓延[1]。生长迅速的刺果瓜能够向地面扩展蔓延或攀缘邻近的树木向高处空间迅速发展。由于其枝繁叶茂，与其他植物争夺空间及养分，以致所覆盖范围内当地植物几乎不能生长。由于刺果瓜对生态环境构成了严重威胁，因此，它又被称为“生态杀手”。

2002年刺果瓜在我国河北省张家口市宣化区屈家庄开始发生，之后逐渐扩展蔓延，2010年以后危害明显加重，目前张家口的高新区和宣化区约有400hm² 玉米严重受害[2]。2003年，在大连[3]和青岛[4]分别发现有刺果瓜的分布。2010年在北京首次发现并进一步了解其对生态环境的影响[5]。刺果瓜对生态环境危害极大，主要侵袭自然栖息地、河流、森林边缘和其他开放区域，可完全覆盖原生植被，即使根系被拔除仍能通过卷须吸取寄主水分及营养，一旦发生，极难治理[2]。该杂草还可损坏电缆和电话线等基础设施，在入侵河流或河流两岸甚至会限制流水量，给河溪治理带来一系列问题[6-7]。同时刺果瓜也可对侵入地的农业生产安全构成严重威胁。刺果瓜危害玉米后，可覆盖缠绕玉米而影响授粉，导致光合作用降低或无法进行，造成玉米严重减产，甚至绝收（图29－1）。一般1株刺果瓜可危害3～5m² 的玉米生长。张家口市宣化区防治不及时的玉米田减产50%～80%。刺果瓜攀缘在玉米植株上，由于有刺，给玉米田间操作与收割带来极大困难。2016年刺果瓜被列入我国第4批外来入侵物种名单。

刺果瓜还可危害大豆、谷子等多种作物和其他木本植物。

图 29－1　刺果瓜的危害

A. 刺果瓜造成的玉米倒伏　B. 被刺果瓜缠绕的玉米秸秆

C. 刺果瓜对玉米的吸盘式危害　D. 被刺果瓜缠绕的大树

（张金林，2013—2014）

（二）刺果瓜的综合防治

近年来，随着世界经济的发展，国际贸易不断增加，外来有害生物的入侵呈现出加重的态势。外来植物的入侵已对我国的生物多样性、生态系统安全、农林牧业及区域经济发展，甚至对人类健康都造成了巨大的影响[8]。因此有必要提高警惕，对于新入侵的外来物种，要及早发现和治理。同时还应了解和掌握它们的生物学和生态学特性以及原生境条件，科学地评估其入侵性，避免发生新的生态灾难。目前刺果瓜的防控技术措施主要有以下几个方面：

1. 加强植物检疫　刺果瓜种子外被刺毛，很容易随着种子的调运及货物的运输进行长距离传播。因此，加强植物检疫是防治刺果瓜扩散蔓延的首要措施，刺果瓜的种子较大，容易辨别，很容易进行检疫；采用标准化的数据调查方法对刺果瓜进行调查，明确其发生及发展规律。定点监测影响刺果瓜发生及扩散传播的环境因素，实现对刺果瓜入侵动态的早期预警，以便及时采取适当的防控技术阻止其传播扩散。

2. 农业及生态防治　根据刺果瓜生物学特性和发生危害特点，在秋季对散落在田间的种子进行清除以降低土壤中的种子量；利用深耕翻埋技术降低有效萌发层中刺果瓜的种子量；通过与矮秆作物的合理轮作，减少刺果瓜的攀缘物从而降低其生长量；采用地膜覆盖控草技术可以利用膜下高温杀死出土的刺果瓜，防控效果显著。

3. 化学防治 目前化学防治是控制刺果瓜发生和蔓延的主要技术措施之一，特别是对农田中发生的刺果瓜利用化学防治显得尤为重要。刺果瓜的种子较大且种皮较厚，在种子出土时种皮有效地保护了子叶，因此土壤封闭处理剂对刺果瓜的防效较差。一般来讲，葫芦科植物对莠去津、2 甲 4 氯、磺酰脲类等除草剂比较敏感，可根据作物的情况和环境的特点进行选择，用药时期一般是刺果瓜幼苗 4～6 叶期效果突出，但根据刺果瓜在不同作物田中的发生和危害特点，可择机用药。玉米田刺果瓜防治可采用 4％烟嘧磺隆可分散油悬浮剂＋50％莠去津可湿性粉剂（亩用量 100mL＋100g）组合，对刺果瓜的防治效果可达 97％以上，或用 26％硝・烟嘧・莠可分散油悬浮剂（亩用量 200mL），对刺果瓜的防治效果可达 98％以上。非耕地每亩可使用 41％草甘膦异丙盐水剂 300mL、10％草铵磷水剂 1 000mL、20％敌草快水剂 450mL[9]。

4. 物理防治 刚长出的刺果瓜幼苗，样子和黄瓜苗很相似，容易识别，另外幼苗时期也比较容易拔除，因此，可以在刺果瓜刚长出的时候组织人工进行大规模连根拔除，可以在一定程度上减少刺果瓜的危害范围并可以杜绝其传播扩散。如果没能在幼苗时期将其铲除，那么刺果瓜就会疯长，依靠其藤蔓进行攀附蔓延传播。此时，用剪刀将其藤蔓剪断，这样剪口以上的部分就会因为得不到根部提供的营养而渐渐枯死[10]。

二、问题

1. 为什么刺果瓜能够迅速传播扩散？
2. 根据刺果瓜的发生特点，应制定怎样的防治策略？
3. 玉米田刺果瓜的农业及生态防控技术措施主要有哪些？
4. 玉米田刺果瓜的化学除草措施是什么？

三、案例分析

1. 为什么刺果瓜能够迅速传播扩散？

刺果瓜能够迅速传播扩散主要有以下 3 个方面的原因：

第一，由于刺果瓜的果实呈簇状生长，并且每个果实里都有一粒种子，每株刺果瓜产种子量极大，另外其果实上具有附着性很强的长刚毛，能够附着在动物的身体、人的衣物及各种物体的表面，随着动物和人的移动及物体的运输而到处传播。随着农业机械化的发展，玉米的机收已是必然的发展趋势，而刺果瓜的果实就极易附着在收割机上，随收割机的运输而进行远距离传播扩散。此外，刺果瓜还可以借助自然力量进行传播，对张家口市宣化区的刺果瓜进行调查时发现，在田间沟渠的两侧，刺果瓜生长旺盛，其种子成熟后很容易随水流进行扩散传播。

第二，刺果瓜的繁殖率高。刺果瓜的果实3～20个簇生在一起，每一个果实内都有一粒种子。研究发现，一株刺果瓜上可以结100余个果实，也就是说，可以产生100多粒种子，次年就可以长出100多株刺果瓜。因此，刺果瓜的繁殖率以百倍剧增。

第三，刺果瓜是一种喜阴、耐低温、耐瘠薄、抗逆性极强的杂草，具有很强的适生性，生境范围非常广，刺果瓜虽然喜欢背阴的环境，但在低矮林间、悬崖底部、低地、田间、灌木丛、铁路旁、荒地等背阴或不背阴的环境中都能生存。因此，刺果瓜传播之处均会带来当地的生态灾难。

2. 根据刺果瓜的发生特点，应制定怎样的防治策略？

刺果瓜一旦入侵就会迅速生长。刺果瓜是一年生草本植物，每年春天萌发出苗，至秋天就能长至5～6m，环境适宜的地方则能长到10m。如此快的生长速度使得它不但能迅速侵占地面，争夺草本植物和低矮灌木的生长地，而且能向上攀缘到树冠的顶端，遮盖部分甚至整个树冠，从而影响树木的光合作用，阻止其生长。为此，有刺果瓜生长的地方，不但草本植物和低矮灌木难以生存，而且连高大的乔木也受到威胁。刺果瓜入侵玉米田后，与玉米争肥、争水并严重侵占玉米的生存空间，其藤蔓依靠玉米植株进行攀附蔓延，传播扩散，对玉米的生长和产量影响较大，有些发生刺果瓜的玉米田甚至绝收。成熟刺果瓜植株的人工防除较为困难，主要原因：①由于其高大的植株及攀附的特点，较难实现人工拔除；②刺果瓜的果实上具有长的刚毛，容易划破皮肤，使皮肤出现红色斑点。因此，只有在刺果瓜刚长出的幼苗时期，才适合用人工拔除的方法进行防治，所以，刺果瓜的防治工作一定要及时及早，以免其成熟后后患无穷。

根据刺果瓜的发生特点、基本生物学特性、危害特点和防治方法，集成了如下的刺果瓜综合防治技术体系：在非疫区，加强检疫工作，严防传入；在疫区，以农业防治为基础，即通过合理轮作、间作、深耕等措施，最大限度地降低刺果瓜的出苗率和危害程度；重发区，采取以化学防治为中心，多种方法并举的应急防治措施，及时有效地消灭刺果瓜的地上植株，最大限度地降低种子传播。

3. 玉米田刺果瓜的农业及生态防控技术措施主要有哪些？

（1）清除种子。刺果瓜的种子主要散落在地表，种子较大，很容易收集，在作物收获后，结合土地平整，将刺果瓜种子收集后集中销毁，可以大幅度降低次年刺果瓜的数量，从而达到降低刺果瓜危害的目的。

（2）深耕翻埋。刺果瓜种子产生量很大，其种子在土壤中的有效萌发深度是 0.5～8cm，通过深耕措施将土表的种子翻埋到土层 10cm 以下即可有效控制刺果瓜萌发和出土。

（3）合理轮作。刺果瓜主要靠藤蔓进行攀附生长，玉米等高秆作物和树木为其提供了可以攀附的物体，导致其攀附蔓延危害，因此，在刺果瓜危害严重的玉米田可以改种绿豆、红小豆、甘薯等作物，消除刺果瓜的有效攀附对象从而抑制其攀附蔓延，降低危害和减少种子的产生量，通过 2～3 年的轮作可以逐渐降低刺果瓜的发生与危害。

（4）地膜覆盖控草技术。张家口市春玉米生产中采用的全膜覆盖双垄栽培抗旱节水增产技术已得到农民的认可，该项技术措施在早春顶凌覆膜，杂草出土后在膜下的高温环境中很快被杀死，通过 2～5 年的地膜覆盖控草技术可以将土壤中刺果瓜的种子库竭尽。

4. 玉米田刺果瓜的化学除草措施是什么?

目前，刺果瓜所危害的农田作物中以玉米最为严重。田间调查发现，该杂草在玉米田中的发生与危害同其他的杂草有明显的不同，主要表现在：①出苗时间不整齐，造成使用除草剂的最佳时间较难掌握，刺果瓜的幼苗在 4～6 叶期对除草剂最为敏感，但因玉米田中刺果瓜的出苗时间可持续 2～3 个月，因此，一次用药较难防除；②危害重，田间调查发现，1 株刺果瓜可危害 3～5m^2 的玉米生长，有些除草剂的防效即使在 95%以上，但后期发现药剂处理区的玉米仍然减产严重，而其他的杂草很少有这种情况，这就意味着刺果瓜在玉米田中应该是“零容忍”，要求除草剂的防效也要达到理论上的 99%以上；③刺果瓜目前尚未对除草剂产生抗药性，对多种防除阔叶杂草的除草剂如莠去津、2 甲 4 氯、磺酰脲类等除草剂敏感。基于上述特点，玉米田刺果瓜的化学除草措施主要包括以下内容。

（1）可选药剂及使用量。①4%烟嘧磺隆可分散油悬浮剂，每 667m^2 用量 100～120mL；②40%硝磺草酮可分散油悬浮剂，每 667m^2 用量 25～40mL；③38%阿特拉津可分散油悬浮剂，每 667m^2 用量 150～200mL；④40%硝磺草酮可分散油悬浮剂＋38%阿特拉津可分散油悬浮剂，每 667m^2 用量 25mL＋100mL；⑤4%烟嘧磺隆可分散油悬浮剂＋38%阿特拉津可分散油悬浮剂，每 667m^2 用量 80～100mL＋100mL；⑥26%硝・烟嘧・莠可分散油悬浮剂，每 667m^2 用量 200mL；⑦4%烟嘧磺隆可分散油悬浮剂＋56% 2 甲 4 氯可溶性粉剂，每 667m^2 用量 80～100mL＋50～70g。

（2）施药时期。上述玉米田苗后选择性除草剂的施药时间掌握在刺果瓜的出苗高峰期后，一般在早春先出土的幼苗 8～10 叶期。

(3) 使用增效剂。由于刺果瓜叶片正面蜡质层较厚，叶片背面的刺毛多而密，除草剂在叶面上较难展着，因此，为提高上述除草剂的药效，可在农药中加入渗透剂或表面活性剂以提高防效。实践证明，使用增效剂可以提高20%～28%的防效。

四、补充材料

（一）刺果瓜的植物学特征

刺果瓜苗期与普通黄瓜苗极其相似（图29-2），当地农民也称为“黄瓜秧”；其茎上具有棱槽，并散生硬毛，具有卷须，主要通过卷须攀缘生长；叶片圆形或卵圆形，具有3～5个角或裂片；果实长卵圆形，一般3～20个簇生，每个果实内含1粒种子，果实上布满长刚毛，极易刺伤人畜，被刺部位常出现红肿和瘙痒症状。同时刺果瓜的攀缘生长和果实上的刚毛加大了收获难度，导致人工和机器收割均不能正常进行。

图29-2　刺果瓜的形态
A. 刚出土的刺果瓜幼苗　B. 刺果瓜幼苗　C. 刺果瓜的花
D. 刺果瓜的幼果　E. 刺果瓜的青果　F. 刺果瓜的种子
（张金林，2014）

（二）刺果瓜的利用价值

对外来入侵物种进行有效利用是遏制其扩散传播危害的重要手段。刺果瓜由于其强大的竞争作用，能够有效抑制其他植物的生长，因此为开发生物源除草剂提供重要资源。刺果瓜根和茎的甲醇提取物对芥菜、亚麻、白菜和谷子的种子萌发和幼苗生长均有一定的抑制活性[11]。此外，刺果瓜的提取物在抗氧化和消炎等方面也表现出一定的活性，为其在医药领域的应用也提供了重要的理论基础[12]。深入研究和挖掘外来入侵物种的利用价值对降低其危害和丰富我国野生物种资源利用途径具有重要意义。

参考文献

[1] Kurokawa S，Kobayashi H，Senda T. Genetic diversity of *Sicyos angulatus* in central and north - eastern Japan by inter - simple sequence repeat analysis [J]. Weed Res，2009，49 (4)：365 - 372.

[2] 曹志艳，张金林，王艳辉，等．外来入侵杂草刺果瓜（*Sicyos angulatus* L.）严重危害玉米 [J]. 植物保护，2014，40 (2)：187 - 188.

[3] 王青，李艳，陈辰．中国大陆葫芦科一归化属——野胡瓜属 [J]. 西北植物学报，2005，25 (6)：1227 - 1229.

[4] 邵秀玲，梁成珠，魏晓棠，等．警惕一种外来有害杂草刺果藤 [J]. 植物检疫，2006，20 (5)：303 - 305.

[5] 车晋滇，贾峰勇，梁铁双．北京首次发现外来入侵植物刺果瓜 [J]. 杂草科学，2013，31 (1)：66 - 68.

[6] Onen H，Farooq S，Tad S，et al. The influence of environmental factors on germination of burcucumber（*Sicyos angulatus*）seeds：implications for range expansion and management [J]. Weed Sci，2018，66 (4)：494 - 501.

[7] Lee C W，Kim D，Cho H，et al. The riparian vegetation disturbed by two invasive alien plants，*Sicyos angulatus* and *Paspalum distichum* var. *indutum* in south korea [J]. Ecology and Resilient Infrastructure，2015，2 (3)：255 - 263.

[8] 黄振，张吉，张鹏．外来有害生物入侵现状与对策 [J]. 农业工程，2018，8 (1)：116 - 118.

[9] 郭维洁．外来入侵生物刺果瓜的防治 [J]. 农家参谋，2019 (8)：60.

[10] 张淑梅，王青，姜学品，等．大连地区外来植物——刺果瓜（*Sicyos angulatus* L.）对大连生态的影响及防治对策 [J]. 辽宁师范大学学报（自然科学版），2007，30 (3)：355 - 358.

[11] 李轩，卢海博，黄智鸿．刺果瓜甲醇提取物对植物化感作用的研究 [J]. 杂草学报，2016，34 (4)：23 - 27.

[12] Kim A A，You S H. Antioxidant activity and anti - inflammatory effects of *Sicyos angulatus* L. extract [J]. J Oil Appl Sci，2017，34 (3)：536 - 544.

撰稿人

霍静倩：女，博士，河北农业大学植物保护学院副教授。E - mail：huojingqian@hebau. edu. cn

30 案例30

刺萼龙葵的危害与综合治理

一、案例材料

（一）刺萼龙葵的危害

刺萼龙葵（*Solanum rostratum* Dunal）又名黄花刺茄，是茄科（Solanaceae）茄属（*Solanum*）植物。该植物起源于北美洲，并扩散到墨西哥、俄罗斯、孟加拉国、奥地利、保加利亚、捷克、德国、丹麦、韩国、南非、加拿大、澳大利亚和新西兰等多个国家[1]。我国1981年首先在辽宁发现，现已蔓延到吉林、新疆、河北、内蒙古和北京等地。刺萼龙葵在《中华人民共和国进境植物检疫性有害生物名录》中，被列为检疫植物，并于2016年12月12日被中华人民共和国环境保护部列入第4批外来入侵物种名单。在俄罗斯被列为境内限制传播的检疫杂草，在美国被列为有害杂草，在加拿大被列为入侵植物[2]。

刺萼龙葵生长快，极易形成群落，与本地物种争夺阳光、营养、水分和生存空间，致使其他植株无法正常生长，因此导致土地荒芜。刺萼龙葵主要危害玉米、棉花、小麦和大豆等农作物，并且一旦侵入草场后不仅降低草场质量，还能伤害家畜，影响生活和农事操作[3]。刺萼龙葵全株具刺，长势旺盛，能够直接对人和牲畜造成伤害，并且密集的针刺使牲畜不敢涉足，对绵羊毛质量具有较强的破坏性。刺萼龙葵还能产生对中枢神经系统有麻痹作用的神经毒素——茄碱，牲畜误食后中毒症状表现为呼吸困难、涎水过多、身体虚弱、全身颤抖等[4-5]。同时刺萼龙葵是许多病虫害的寄主植物，这些病虫害可以随刺萼龙葵的扩散而进行传播，如马铃薯甲虫（*Leptinotarsa decemlineata*）、马铃薯金线虫（*Heteroderaro stochiensis*）和马铃薯卷叶病毒（*Potato leaf roll virus*）都可以寄生于刺萼龙葵，而这三类生物都是中国最重要的有害生物，其中马铃薯甲虫是世界有名的毁灭性害虫，是重要的国际检疫性有害生物，被列为一类危险性有害生物[6]。近年来在我国的东北、华北等地区正呈扩大蔓延的趋势，2020年7月26日《人民日报》报道，吉林地区外来入侵物种刺萼龙葵的面积约1 787hm^2，因此，该物种应引起植保等有关部门的高度重视，并及时进行监控和治理。

（二）刺萼龙葵的发生特点

第一，刺萼龙葵适生能力极强，生长快而健壮，适生于各种土壤，尤其是沙质土壤、碱性肥土或混合性黏土，常生长于开阔的生境，如田野、河岸、过度放牧的牧场、庭院、谷仓前、畜栏、路边、垃圾场等地，即使在瘠薄、干旱的耕地中依然能正常生长。刺萼龙葵具有很强的竞争力，生长迅速，很容易在新的生态环境中抢占有利的生态位，与其他物种争夺生长空间、光照和养分，导致其他物种生长缓慢，而自身形成优势种群。

第二，刺萼龙葵传播力较强。果实上生有许多刺，可以附着在动物体、农机具及包装物上进行传播。另外，刺萼龙葵种子易混入其他种子中被人携带进行远距离的传播或者靠风力、水流等向远处传播。在成熟时，植株主茎近地面处断裂，断裂的植株形成风滚草样，以滚动方式将种子传播得很远，大大增加了其进入新环境的可能性。除了自然因素以外，经济增长速度的加快，国际贸易的频繁往来等，都是加剧刺萼龙葵传播和扩散的原因。

第三，刺萼龙葵繁殖力极强。该植物开花数量多，花期长，吸引的昆虫数量和种类也多，因此就提高了传粉的概率，每个果实可产生5 000多粒种子，成熟植株一年可产生10 000～20 000粒种子，第二年就能形成优势种群，便于物种的繁衍和传播。

（三）刺萼龙葵的综合治理

从刺萼龙葵在我国迅速扩散传播的趋势可以看出，我国生境有利于刺萼龙葵的生长和扩散。由于外来入侵生物在侵入地缺乏天敌，对食草害虫具有一定的拒食作用[7]，加之有利的生长环境，如不加以防范和控制，势必会在侵入地形成大范围的暴发，给侵入地的生物多样性和农林牧业造成严重的影响。因此，应该通过各种方法对刺萼龙葵加以防控，避免给我国带来破坏性的影响。刺萼龙葵的综合治理主要包括以下措施。

1. 加强检疫 刺萼龙葵的种子包被于果实内，果实具刺，种子极易随果实附着在物体表面进行远距离扩散传播，因此，应该对各边境口岸加强检疫。尤其要对从有分布刺萼龙葵的国家和地区进口的农产品进行严格的检疫，确定其是否带有刺萼龙葵的种子，以杜绝其扩散传播。根据刺萼龙葵的形态特征和适生环境，在其生长期或抽穗开花期，到刺萼龙葵可能生长地进行踏查，根据形态特征进行鉴别，明确刺萼龙葵在该地区的发生情况。通过开展刺萼龙葵发生情况的具体调查，了解该种植物的入侵途径、入侵范围和在本地区的危害程度，并对它的入侵性做出科学评估，建立本地区外来入侵物种信息网络平台和查询系统，进行预警分析，发布预警预报，防患于未然，为科学防控提供指导和依据。此外，由于刺萼龙葵在我国还处在快速扩散阶段，远没有达到饱和，华北平原是其潜在扩散的高风险区，因此建议加强对其扩散前沿带包头、张家口、北京、秦皇岛一线的监测力度，以抑制其进一步扩散蔓延[8]。

2. 利用公共植保的理念来防控 由于刺萼龙葵的种子存在休眠，当年未萌发的种子可能在数年后萌发，因此，对刺萼龙葵生长过的地方一定要予以重视，积极探索刺萼龙葵综合防治的有效途径，完善刺萼龙葵监测体系建设，加强刺萼龙葵发生蔓延预测预报，连续监控，及早铲除。刺萼龙葵不仅在农田及牧场发生，在河道沿岸、公共绿地等也有发生，因此，要充分利用各种媒体做好开展铲除刺萼龙葵行动的宣传报道，并针对刺萼龙葵的危害性、防除技术措施进行广泛宣传，强化利用公共植保的理念来防控刺萼龙葵。

3. 农业及生态防治 在刺萼龙葵生长初期，尤其在 4 片真叶前的幼苗期，其生长速度较为缓慢，之后生长速度显著加快。因此，在植株幼小时将其彻底铲除最为安全和有效。植株成熟，由于其全株具刺，会给铲除工作带来一定的难度，若植株已结实，铲除时可能造成种子散落，反而人为加快了种子的传播。此外，可以利用一些能够抑制其快速生长的植物来控制刺萼龙葵，例如沙棘、紫穗槐、紫花苜蓿等植物都具有生长迅速的特点，同时又具有光竞争优势，这些植物为多年生植物，每年春季都会在刺萼龙葵发芽之前就已形成一定的高度，高度的优势可以让这些植物的叶片遮挡住刺萼龙葵的叶，起到抑制刺萼龙葵生长的效果，从而控制刺萼龙葵的危害和蔓延[9]。在被刺萼龙葵入侵的农田区，亦可采用玉米或向日葵等高密度种植并覆盖地膜的方法来达到防控的目的，替代作物能够抑制刺萼龙葵的个体生长，覆盖地膜能够在一定程度上降低刺萼龙葵的种群密度[10]。

4. 物理防治 防除刺萼龙葵最有效的方法就是将其用镰刀、锄头、扁铲或割灌机铲除后焚烧深埋。在春季灭茬清洁园田时，可组织人力对防治区内刺萼龙葵的枯残枝、落果进行铲除，集中烧毁和深埋，埋深不小于 30cm，以减少遗留地表种子量，压低传播源。刺萼龙葵在开花期至种子成熟之前为人工铲除最佳时期，人工铲除后应将有毒残株进行焚烧、深埋处理，以达到彻底灭除的目的[11]。由于刺萼龙葵的毒刺会刺伤人类皮肤，对其调查监测造成一定影响。因此，开发人工智能识别技术尤显重要。基于人工智能技术，利用无人机巡查地块，进行刺萼龙葵的识别及评估其危害等级，生成刺萼龙葵坐标图，然后地面机器人根据坐标图进入田间，按图索骥，自动定点清除刺萼龙葵[12]。

5. 化学防治　在所有防治方法中，化学防治是最迅速、最简便、最普及的一种防治方法，其能够在短期内控制刺萼龙葵的生长，达到抑制其扩散传播的目的。刺萼龙葵整株布满硬刺，给防治工作带来困难，因此，化学防治的最佳时期在开花前期。植株的不同生长阶段对除草剂的敏感性不同，4～5cm 的植株比 8～9cm 的植株对除草剂更加敏感，此外，添加表面活性剂能够提高除草剂对生长后期的刺萼龙葵的防效[13]。刺萼龙葵开花前期，对发生在草场周边和公路两侧的刺萼龙葵每 667m^2 可使用 200g/L 氯氟吡氧乙酸 100mL 进行茎叶喷雾防治，果园、林地和荒地每 667m^2 可使用 200g/L 氯氟吡氧乙酸 70mL 或 41%草甘膦 366mL 进行防治[14]。

6. 开发利用　任何生物都具有其有利的一面，同样，刺萼龙葵也具有开发和利用的价值。虽然刺萼龙葵毒性较大，但医药价值越来越受到人们的关注。刺萼龙葵可用于治疗胃功能紊乱，另外刺萼龙葵还有抗癌方面的价值。茄碱是刺萼龙葵的次生代谢产物之一，茄碱对刺吸式口器的害虫如蚜虫具有较好的防治效果[15]。另外，刺萼龙葵的挥发油具有一定的植物毒性，对杂草种子萌发和幼苗生长均有一定的抑制作用[16]。因此，可在严格监控下对刺萼龙葵的有效成分及药理进行深入研究，开发其在医药和农药方面的利用价值。

二、问题

1. 如何开展刺萼龙葵的化学防治？
2. 刺萼龙葵有何利用价值？如何变害为利？
3. 为什么刺萼龙葵的防治工作要及时、及早？

三、案例分析

1. 如何开展刺萼龙葵的化学防治？

目前，对入侵植物主要采取检疫、人工、生物、化学、农业、机械或物理防治，以及采取将这些方法结合起来的综合防治措施进行防治。由于刺萼龙葵适生性强、繁殖力高、传播速度快，因此很容易在短时间内暴发，但是采取机械或物理防治或其他的非化学防治手段，都不可能在短时间内取得良好效果，而化学防治具有节省劳力、除草及时速效、使用方便、易于大面积推广等特点，因此探究刺萼龙葵化学防除的方法对于该入侵杂草的化学防除具有重要意义。在用化学除草剂防除刺萼龙葵的过程中要充分发挥现有除草剂的除草作用，同时还要开发新型的专用除草剂，加强对该杂草的防除作用，并使除草剂对生态环境和植物的多样性产生较小或不产生负面效应。

防除刺萼龙葵选择除草剂的原则：对于农田及牧场中的刺萼龙葵防治应该使用选择性强的除草剂，以保护农田作物及牧草；非耕地中防除刺萼龙葵可以选择灭生性除草剂，也可根据非耕地的生境情况使用选择性除草剂，以保护土著植物，维持生物的多样性。基于上述特点，刺萼龙葵的化学除草措施主要包括以下几方面。

（1）可选择的药剂及使用量。

禾本科作物田及牧场：①56％ 2 甲 4 氯可溶性粉剂，每 667m^2 用量 100～120g；②240g/L 乙氧氟草醚乳油，每 667m^2 用量 40～60mL；③56％ 2 甲 4 氯可溶性粉剂＋240g/L 乙氧氟草醚乳油，每 667m^2 用量 60～80mg＋30～40mL；④48％三氯吡氧乙酸乳油，每 667m^2 用量 130～150mL；⑤24％氨氯吡啶酸水剂，每 667m^2 用量 70～90mL；⑥20％氯氟吡氧乙酸乳油，每 667m^2 用量80～100mL[17]。

非耕地：①41％草甘膦异丙胺盐水剂，每 667m^2 用量 366mL；②200g/L 氯氟吡氧乙酸，每 667m^2 用量 70mL[14]。为防止刺萼龙葵对药剂产生抗性，应避免同种药剂的大量重复使用，可以将不同的药剂混用或者轮换使用，保持刺萼龙葵对药剂的敏感性。

（2）施药时期。上述几种选择性茎叶处理除草剂最佳的施药时期在刺萼龙葵 4～6 叶期；灭生性除草剂的施用最佳时期在刺萼龙葵株高 10～15cm 时。

（3）使用增效剂。刺萼龙葵的叶片正面和背面的刺毛多而密，除草剂在叶面上较难展着，因此，为提高上述除草剂的药效，可在农药中加入渗透剂或表面活性剂以提高防效。

2. 刺萼龙葵有何利用价值？如何变害为利？

虽然刺萼龙葵毒性较大，但其医药价值越来越受到人们的关注。许多居住在墨西哥中、南部的印第安人都用刺萼龙葵作为药物，治疗胃功能紊乱。除此之外，刺萼龙葵中还含有对人类癌细胞有细胞毒素作用的甲基薯蓣皂苷。到目前为止，从刺萼龙葵中提取出来的甲基薯蓣皂苷的抗癌作用已经得到验证。刺萼龙葵中含有对马铃薯环腐病具一定抗性的过滤性毒菌。刺萼龙葵叶、浆果、皮、根等部位在各生育期均含有茄碱，茄碱具有较高的生物活性，医学上常用作神经毒素，即对中枢神经系统尤其对呼吸中枢有显著麻醉作用。如果能提取分离其中的活性物质运用于动物医学，将具有一定的应用意义。刺萼龙葵还具有抑菌作用，并可积累高含氮土壤中的过量硝酸盐。

刺萼龙葵的提取物还具有杀虫活性。用 95％乙醇和 pH2 的盐酸溶液能较好地提取刺萼龙葵的杀虫活性成分，粗提物对麦蚜和小菜蛾具有较好的杀虫效果。研究发现，刺萼龙葵果实提取物的杀虫活性最好，茎叶提取物次之，根的提取物活性最差。刺萼龙葵不同生育期所产生的杀虫活性物质存在差异，其中以青果期提取物的杀虫活性最高，成熟期提取物的杀虫活性有所降低，幼苗期提取物的杀虫活性最低。

已有研究结果表明，刺萼龙葵在医药和农药领域均具有深入研究开发应用的意义。将刺萼龙葵开发利用、变废为宝，在一定程度上更具有现实意义。

3. 为什么刺萼龙葵的防治工作要及时、及早?

刺萼龙葵具有适应性极强、种子量大、繁殖力强、生长速度快的特点，一旦入侵，就与当地物种竞争光照、水分、土壤营养、生存空间等，并且一旦有足够可利用的资源，就立刻占据本地物种生态位，很容易在新生境中立足下来，导致本地物种失去竞争力，遭遇灭绝，生物多样性遭到破坏，整个生态环境失去平衡。刺萼龙葵已给我国农业生产和生态环境带来极大的危害，对农田、园艺、草坪、森林、畜牧、水产等构成威胁，直接影响入侵地农牧民的生产和生活，影响人类的经济活动。刺萼龙葵危害如此之大，如不及早进行系统的研究与防控，其在我国势必出现短期内暴发的趋势。

由于刺萼龙葵成株后整株都布满硬刺，所有生物都不易接近，因此对于刺萼龙葵的防治一定要及时及早，最好在其幼苗期使用化学除草剂进行防除，此时，不但除草效果好，并且操作实施过程容易进行。将刺萼龙葵的危害遏制在幼苗早期，能够最大限度地降低其危害。

四、补充材料

（一）中国本地龙葵与刺萼龙葵的区别

龙葵是我国一种具有药用和食用价值的杂草，属茄科茄属，别名野葡萄、天茄子、苦葵等。与外来入侵杂草刺萼龙葵最明显的区别就是茎上没有淡棕色的硬刺。另外，龙葵的一个明显特征是果实为圆球形的浆果，皮光滑，成熟后呈紫黑色，因此，它又被称为野葡萄[18]（图 30－1）。

龙葵是我国一种常见的杂草，在各地均有分布，其为一年生至多年生杂草，喜欢生长在温暖湿润的山坡、河沟边、路旁、田边、草地等处，有一定的耐干旱性，并具有耐隐蔽性。它包括 5 个不同的形态类型，分别为黄果龙葵、紫茎龙葵、绿茎龙葵、绿脉少花龙葵、褐脉少花龙葵。龙葵与刺萼龙葵不同的是龙葵一般不会形成单一的大片群落以至于对农田等造成影响，其在农田一般散生，不会对农作物造成严重的影响。

图 30-1　龙葵的形态
A. 幼苗　B. 花　C. 成熟果实　D. 未成熟果实
（张金林，2012）

（二）刺萼龙葵的基本特征

刺萼龙葵为一年生草本植物，株高 50～60cm；主根发达、侧根较少、多须根；茎直立、多分枝，株形似茄秧，通体自地茎绿色部位起除花瓣外都密布淡棕色 0.5～1.2cm 的硬刺及星状毛；叶单片互生，羽状不规则深裂，叶两面具刺，以中脉和叶柄处较多；总状花序生于叶腋外，花冠 5，黄色，辐射对称，直径 2～3cm；花萼 5，密被星状毛，筒钟状；雄蕊异形，大雄蕊 1 枚，小雄蕊 4 枚；雌蕊 1 枚，子房球形 2 室。果实为浆果，椭圆球形，绿色，直径 1～1.2cm，被有刺的宿存萼片包裹，成熟时由绿色变为深褐色[19]。种子性状不规则，厚扁平状，似肾，黑色或深褐色，长 2.5mm 左右，宽约 2mm[20]。种子休眠期约 3 个月（图 30-2）。种子萌发的最适温度是 25～35℃，在完全黑暗和 12h 光周期的培养条件下萌发率都能达到 95%[21]。在完全黑暗条件下培养，萌发率较高。

刺萼龙葵植株含有茄碱，主要为澳洲茄碱和澳洲边茄碱，而龙葵除了含有以上两种茄碱外，还含有生物碱苷、*E*-龙葵碱、*S*-龙葵碱和龙葵定碱，另含少量阿托品及皂苷等。龙葵具有重要的药用和食用价值，所含的生物碱有升高血糖的作用，另外龙葵果具有镇咳、祛痰的功效，龙葵的叶片可作蔬菜，也可榨汁，并能够治疗伤口，还具有降血压的功效。由此可见，与外来入侵杂草刺萼龙葵相比，我国本地龙葵具有重要的应用与开发价值。

图30-2　刺萼龙葵的形态

A. 玉米田中的刺萼龙葵幼苗　B. 刺萼龙葵的花和刺毛　C. 刺萼龙葵种群优势
D. 刺萼龙葵的毒刺　E. 刺萼龙葵的果实　F. 刺萼龙葵的种子
（张金林，2012）

参考文献

[1] 魏守辉，张朝贤，刘延，等．外来杂草刺萼龙葵及其风险评估［J］．中国农学通报，2007，23（3）：347-351.

[2] 梁维敏，田春雨．刺萼龙葵的识别与综合防控［J］．科学观察，2011（1）：83-84.

[3] 王维升，郑红旗，朱殿敏，等．有害杂草刺萼龙葵的调查［J］．植物检疫，2005，19（4）：247-248.

[4] Rushing D W，Murray D S，Verhalen L M. Weed interference with cotton（*Gossypium hirsutum*）I. Buffalobur（*Solanum rostratum*）［J］．Weed Sci，1985，33（6）：810-814.

[5] 谷月．外来入侵植物刺萼龙葵研究进展［J］．农业科技与装备，2017（3）：18-19.

[6] Bah M，Gutierrez D M，Escobedo C，et al. Methylprotodioscin from the Mexican medical plant（*Solanum rostratum*）［J］．Biochem Sys Ecol，2004，32（2）：197-202.

[7] Liu C，Tian J L，An T，et al. Secondary metabolites from *Solanum rostratum* and their antifeedant defense mechanisms against *Helicoverpa armigera*［J］．J Agric Food Chem，2020，68（1）：88-96.

[8] 王瑞，唐瑶，张震，等．外来入侵植物刺萼龙葵在我国的分布格局与早期监测预警［J］．生物安全学报，2018，27（4）：284-289.

[9] 郭章碧，张国良，付卫东，等．外来入侵植物刺萼龙葵的研究概况及展望［J］．山东农业大学学报，2011，42（3）：460-464.

[10] 李霄峰．利用高秆作物对刺萼龙葵进行生物防控的方法［J］．西华师范大学学报（自

然科学版)，2018，39 (2)：143-146，152.

[11] 王松．刺萼龙葵的传播、危害与防治 [J]. 现代农业，2018 (10)：35.

[12] Wang Q F, Cheng M, Xiao X P, et al. An image segmentation method based on deep learning for damage assessment of the invasive weed *Solanum rostratum* Dunal [J]. Comput Electron Agr, 2021, 188: 106320.

[13] Abu-Nassar J, Matzrafi M. Effect of herbicides on the management of the invasive weed *Solanum rostratum* Dunal (Solanaceae) [J]. Plant, 2021 (10): 284.

[14] 王艳辉．刺萼龙葵和少花蒺藜草入侵及防控现状探讨 [J]. 现代农业，2019 (9)：62.

[15] 邢庆新，陶晡，张金林．刺萼龙葵提取物杀虫活性初步研究 [J]. 河北农业大学学报，2013，36 (6)：89-92.

[16] Zhou S X, Zhu X Z, Shi K, et al. Chemical composition and allelopathic potential of the invasive plant *Solanum rostratum* Dunal essential oil [J]. Flora, 2021, 274: 151730.

[17] 张少逸，张朝贤，杨连喜，等．茎叶除草剂对刺萼龙葵的防治效果评价 [J]. 植物保护，2012，38 (5)：170-173.

[18] 刘宁，刘玉升，付卫东，等．外来刺萼龙葵与本地龙葵的比较 [J]. 杂草科学，2011，29 (3)：11-13.

[19] 高芳，徐驰，周云龙．外来植物刺萼龙葵潜在危险性评估及其防治对策 [J]. 北京师范大学学报 (自然科学版)，2005，41 (4)：420-424.

[20] 关广清，张玉茹，孙国友，等．杂草种子图鉴 [M]. 北京：科学出版社，2000.

[21] Wei S H, Zhang C X, Li X J, et al. Factors affecting buffalobur (*Solanum rostratum*) seed germination and seedling emergence [J]. Weed Sci, 2009, 57: 521-525.

撰稿人

霍静倩：女，博士，河北农业大学植物保护学院副教授。E-mail：huojingqian@hebau.edu.cn

张金林：男，博士，河北农业大学植物保护学院教授。E-mail：zhangjinlin@hebau.edu.cn

31 案例31 转基因抗虫棉花的安全评价与应用

一、案例材料

转基因抗虫棉花是我国较早自主研发、研究进展最快、应用范围最广的转基因作物。早在 20 世纪 90 年代初，为有效防控棉铃虫（*Helicoverpa armigera* Hübner）危害，我国开始探索利用基因工程技术将苏云金芽孢杆菌［*Bacillus thuringiensis* Berliner（Bt）］杀虫晶体蛋白的编码基因导入棉花中，培育开发转基因抗虫棉花，以解决常规育种和传统技术难以克服的品种抗性问题。1997 年我国开始商业化种植转基因抗虫棉花，主要引种美国孟山都公司的转 *cry1Ac* 基因抗虫棉花，种植面积 0.34 万 hm^2，仅占当年棉花种植总面积的 0.7%[1]。1999 年国产转基因抗虫棉花开始推广种植，其占有面积仅为当年转基因抗虫棉花的 5.0%左右[2]。此后，转基因抗虫棉花的种植面积逐年增加。2011 年我国转基因抗虫棉花种植面积达到 390 万 hm^2，占全国棉花种植总面积的 71.5%[3]；其中，国产转基因抗虫棉花的面积占有率高达 98.0%，美国转基因抗虫棉花几乎已经退出了我国市场[2]。目前，我国商业化种植的转基因抗虫棉花品系主要表达针对鳞翅目害虫的 *cry1Ac*、*cry1Ab/Ac* 或 *cry1A*+*CpTI* 基因[4]。

转基因抗虫棉花的商业化种植不但有效降低了棉铃虫的区域性危害，而且对其他靶标鳞翅目害虫如红铃虫［*Pectinophora gossypiella*（Saunders）］、小造桥虫（*Anomis flava* Fabricius）、玉米螟［*Ostrinia furnacalis*（Guenée）］、金刚钻［鼎点金刚钻，*Earias cupreoviridis* Walker；翠纹金刚钻，*Earias fabil*（Stoll）；埃及金刚钻 *Earias insulana* Boisduval］等也具有明显的控害作用[5]。早期的室内和田间试验结果均表明，转基因抗虫棉花对棉铃虫具有较好的防治效果[6]，而且长期大面积种植转基因抗虫棉花使得棉铃虫区域性种群数量明显降低[7]。其中，转基因抗虫棉花作为华北地区二代棉铃虫的主要寄主，直接打断了棉铃虫季节性多寄主转换的食物链，降低了随后各代在其他作物上发生的虫源基数。因此，转基因抗虫棉花的这种诱集致死效应极大地压缩了棉铃虫的生态位空间，成为棉铃虫种群区域性控制的主要原因。

此外，转基因抗虫棉花显著降低棉花生产对杀虫剂的总体需求[8]。与非转基因棉田相比，转基因抗虫棉花田块的杀虫剂用量可减少 25%～60%[9]。杀虫剂用量减少不仅促进了天敌种群发生和节肢动物群落多样性发展，改善了棉田生态环境，提高了天敌自然控害能力，如华北地区伏蚜种群的发生程度明显减轻[10]；还节省了生产成本，保护了农户健康[11]。当前，我国转基因棉花产业化稳步推进，已累计减少农药使用 65 万 t，直接带动新增产值 650 亿元[12]。

（一）转基因抗虫棉花的生态风险与控制

尽管种植转基因抗虫棉花所带来的农业、生态、经济和社会效益十分明显，但是大量种植转基因抗虫棉花可能导致原先因小规模种植而未能发生的潜在危险得以表现，如靶标害虫产生抗性而导致抗虫棉失去利用价值，次要害虫种群上升取代棉铃虫等靶标害虫而成为防治新问题，以及对鳞翅目昆虫的毒杀作用可能破坏农业生态系统食物链而带来多样性降低和生态失衡等[5,13]。

延缓棉铃虫等靶标害虫对转基因抗虫棉花的抗性发展一直是国内外转基因研发的关注重点。如果靶标害虫对转基因抗虫棉花产生高水平抗性，不但导致转基因抗虫棉花丧失应用价值，而且使得棉农被迫重新使用更多的化学农药，引发更为严重的环境和社会问题。鉴于棉铃虫抗药性的发展历史[14]，对 Bt 杀虫蛋白产生抗性而导致转基因抗虫棉花失效的可能性不容忽视。至今已在室内筛选到多个高抗 Bt 杀虫蛋白的抗性品系，表明确实存在棉铃虫对转基因抗虫棉花产生抗性的风险。为此，我国于 1997 年建立了棉铃虫对转基因抗虫棉花的敏感基线，并在此后连续几年进行了抗性监测。结果表明，棉铃虫的抗性基因频率并未发生明显变化[15]，但同时发现棉铃虫田间种群在转基因抗虫棉花密集种植地区可能因携带微效抗性基因的不断累积，其耐受性逐年提高[16]。2009—2011 年的抗性检测发现，我国北方地区棉铃虫不同种群对 Bt 杀虫蛋白 Cry1Ac 的抗性频率显著增高，表明已进入抗性发展的“早期预警”阶段[17-19]。此外，随着长江流域转基因抗虫棉花种植比例的不断提高，寄主单一的红铃虫对转基因抗虫棉花的抗性风险亦迅速增加[20]。尽管至今尚未检测到棉铃虫和红铃虫等田间种群对转基因抗虫棉花产生高水平抗性[4,21]，但仍需继续加强对棉铃虫等靶标害虫的抗性监测与预警。同时，还需开展携带不同杀虫机制的单价或多价外源基因的转基因抗虫棉花新品种研发与应用，以及在同一棉田生态区域开展不同类型转基因抗虫棉花品种的合理布局与利用等，以有效减缓靶标害虫抗性的产生与发展。

转基因抗虫棉花对非靶标棉田害虫种群发生的影响及其引发的次生危害亦颇受关注。转基因抗虫棉花对棉铃虫等主要靶标害虫的有效控制，使得棉田广谱性化学杀虫剂的用量大幅度减少[22]，同时导致化学杀虫剂对其他害虫的兼治效果降低或丧失。由于转基因抗虫棉花因其表达的外源杀虫蛋白的作用专一性而对其他非靶标害虫缺乏有效的控制作用，可能导致非靶标害虫的种群数量增加、危害加重，进而直接影响转基因抗虫棉花的种植效益。转基因抗虫棉花的非靶标害虫主要有棉蚜（*Aphis gossypii* Glover）、烟粉虱［*Bemisia tabaci*（Gennadius）］、棉盲蝽和棉叶螨等。研究表明，棉蚜、烟粉虱和棉叶螨等在转基因抗虫棉花的田间虫害发生中仍占有重要地位，而棉盲蝽的种群发生与危害则明显呈现加重趋势，已由原先发生并不严重的次要害虫上升成为主要害虫[23]。目前，转基因抗虫棉花的非靶标害虫已成为主要的化学防治对象，棉田农药使用量亦相应明显上升。2004—2007年用于防治非靶标次要害虫的农药用量已占总量的69%，其中用于防治棉盲蝽的用药量占用于防治次要害虫用量的40%[24]。转基因抗虫棉花对非靶标害虫的生态效应，可能直接降低或抵消转基因抗虫棉花种植所带来的经济效益。因此，开展转基因抗虫棉花对有害生物的风险评估、预测及其管理以完善棉田害虫的综合治理体系，确保转基因技术的可持续性已至关重要。

转基因抗虫棉花对棉田害虫天敌或生态系统服务功能的影响是转基因生态风险的评估重点。在棉田生态系统中，捕食性/寄生性天敌对害虫种群起着重要的生态调控作用。转基因抗虫棉花对害虫天敌的影响主要体现在个体水平和种群/群落水平。在个体水平上，转基因抗虫棉花可通过害虫天敌所取食的转基因花粉和汁液等，或因转基因而发生变化的挥发性物质对害虫天敌的存活、生长发育、繁殖和猎食功能反应等产生直接影响，亦可通过天敌所捕食/寄生的以转基因抗虫棉花为食的猎物/寄主而产生间接影响。至今尚未发现转基因抗虫棉花对害虫天敌产生直接的不利影响，而少数有关转基因抗虫棉花对捕食性天敌如花蝽［*Orius tristicolor*（White）］[25]和寄生性天敌如缘腹绒茧蜂［*Cotesia marginiventris*（Cressy）］、佛州点缘跳小蜂［*Copidosoma floridanum*（Ashmead）］和棉铃虫齿唇姬蜂（*Campoletis chlorideae* Uchida）等[26-27]的影响主要是由于试验中所用的猎物/寄主对Bt蛋白敏感而引起的营养质量变化所造成的间接影响[28]。在种群/群落水平上，转基因抗虫棉花主要通过食物链对以棉铃虫等靶标害虫为猎物/寄主的天敌产生影响。田间调查结果显示，棉铃虫优势寄生性天敌的数量和亚群落多样性随着棉铃虫种群发生的减少而减少，但其他寄生性天敌和广谱性的捕食性天敌未有明显变化，甚至反而增加[6,10,29]。事实上，转基因抗虫棉花田因广谱性化学杀虫剂用量的减少而降低了对害虫天敌及其非靶标猎物/寄主的直接毒害作用，增加了天敌的食物来源与数量，为其他寄生性天敌和广谱性的捕食性天敌提供了较为有利的生存环境，进而促进了对非靶标害虫的自然控制作用。

（二）转基因抗虫棉花的害虫综合治理

转基因抗虫棉花对棉铃虫等鳞翅目害虫的防控应用需纳入棉田害虫综合治理体系中。尽管转基因抗虫棉花兼有品种抗性和生物防治的特点，但只依赖转基因抗虫棉花的控害作用会导致靶标害虫产生抗性和非靶标次要害虫暴发成灾的高风险。转基因抗虫棉花主要通过改变棉田杀虫剂的使用模式来影响非靶标害虫和天敌昆虫的种群发生。这种转基因抗虫棉花的非靶标生态效应存在逐渐变化和积累的过程，并且受到不同地区害虫种类组成、作物种植制度、栽培管理水平和气候条件等因素的影响。由于非靶标杂食性害虫的扩散能力通常较高，转基因抗虫棉花田害虫的暴发往往波及同一区域的其他寄主作物，时而演化为多作物的虫害问题，因此开展区域性的统防统治颇为重要。

转基因抗虫棉花在为棉花害虫的综合治理带来机遇的同时，也面临着新的挑战。采取以转基因抗虫棉花为中心，以非靶标害虫生态调控和生物防治等为主，以应急化学防治为辅的区域性棉田害虫综合治理策略与措施不但能优化棉田的群落结构和生物多样性，增加天敌的数量和自然控害作用，降低次要害虫暴发成灾的风险，而且能有效地延缓棉铃虫等靶标害虫对转基因抗虫棉花的抗性形成。鉴于转基因抗虫棉花对棉田生态系统的影响具有长期性和复杂性[30]，仍需加强转基因生态风险的长期系统监测与评价，不断开发转基因生态风险检测的新方法和新技术，建立与转基因抗虫棉花相配套的病虫害可持续治理策略。

二、问题

1. 为什么我国棉铃虫等靶标害虫在田间没有对转基因抗虫棉花产生高水平抗性？

2. 为什么我国转基因抗虫棉花大面积商业化应用后，棉盲蝽种群会暴发成灾？

3. 如何开展具有复合性状以及经 RNAi 和基因编辑等新技术育成的转基因抗虫棉花的安全性评价？

三、案例分析

1. 为什么我国棉铃虫等靶标害虫在田间没有对转基因抗虫棉花产生高水平抗性？

目前，国外对转基因抗虫作物的抗性管理方法主要采用“高剂量/庇护所

(high - dose/refuge)”策略。美国和澳大利亚等国家在严格管理转基因抗虫棉花的商业化过程中，实施普通非转基因棉花的庇护所措施来控制靶标害虫的抗性风险，即在抗虫棉附近强制农户种植一定比例的非转基因作物作为害虫敏感种群的庇护所，以有效稀释害虫抗性基因频率。

与西方发达国家不同，我国没有强制采取庇护所策略来延缓棉铃虫等靶标害虫对转基因抗虫棉花的抗性发展。研究表明，棉铃虫的多食性与迁飞习性，以及我国多种作物的混合种植模式是延缓抗性发展的主要因素。在我国以小农经济作物种植模式为特点的棉田农业生态系统中，玉米、小麦、大豆和花生等非转基因寄主作物为棉铃虫提供了天然的庇护所，能较好地缓解转基因抗虫棉花对棉铃虫的选择压力。我国华北地区转基因抗虫棉花、大豆（花生）和玉米种植模式下棉铃虫的抗性风险相对较低。这是因为大豆和花生可为二至三代棉铃虫提供庇护所，玉米可为四代棉铃虫提供庇护所。棉铃虫对转基因抗虫棉花的抗性受一对单位点不完全隐性基因的控制，即使产生抗性种群，但每年敏感种群的迁入可有效稀释当地的抗性基因频率。此外，双价基因转基因抗虫棉花的种植也能有效延缓棉铃虫产生抗性。

针对寄主单一的红铃虫，虽然于 2008 年前后在我国长江流域已进入早期抗性阶段，但自 2010 年推广种植由转基因抗虫棉花和常规非转基因棉花杂交培育出的 F_2 代杂交抗虫棉以后，红铃虫的抗性发展得到了有效控制，甚至逆转。当时为了降低转基因抗虫棉花的种子生产成本，生产商将转基因抗虫棉花与非转基因棉花杂交培育出 F_1 代杂交种，进而通过自花授粉生产 F_2 代杂交种子，销售、种植后导致产生了 3/4 为转基因抗虫植株、1/4 为非转基因植株的田间随机混合。F_2 代中非转基因棉花的随机混合种植提高了红铃虫的庇护所比例，有效解决了红铃虫的抗性问题。其机制是在转基因抗虫植株上存活的抗性红铃虫与受庇护所保护存活的非抗性红铃虫交配产生的杂合子，仍可被转基因抗虫棉花杀死，从而不能形成抗性种群。“种子混合”策略的优势在于不需要强制要求即能产生庇护所的效果，不仅可以有效治理害虫对转基因抗虫棉花的抗性，还能推动转基因抗虫作物产业和转基因作物环境风险管理工作的可持续发展。

综上，多种非转基因寄主作物为棉铃虫提供天然的庇护所，较低育种成本的 F_2 代杂交种子随机混合种植为红铃虫提供较高比例的庇护所，以及双价基因转基因抗虫棉花的种植等因素使得靶标害虫对我国转基因抗虫棉花至今未产生高水平抗性。

2. 为什么我国转基因抗虫棉花大面积商业化应用后，棉盲蝽种群会暴发成灾？

棉盲蝽是棉田常见的一类刺吸式害虫，国内发生的种类主要有绿盲蝽

[*Apolygus lucorum* (Meyer - Dür.)]、中黑盲蝽(*Adelphocoris suturalis* Jackson)、三点盲蝽(*A. fasciaticollis* Reuter)、苜蓿盲蝽[*A. lineolatus* (Goeze)]和牧草盲蝽(*Lygus pratensis* L.)等，均属半翅目(Hemiptera)盲蝽科(Miridae)。棉盲蝽为多食性昆虫，寄主范围广，主要取食棉花、玉米、蔬菜和果树等栽培作物，常以复合种群发生危害。棉盲蝽具有环境适应性强、种群增长快、扩散能力强和极易暴发区域性灾害等特点。20世纪50年代和70年代，棉盲蝽曾在我国长江、黄河流域等棉区大暴发，后随着对棉铃虫化学防治力度的加大而发生较轻，成为棉田广谱性化学杀虫剂的兼治对象。

在我国大部分棉区，棉盲蝽成虫一般于4月下旬至6月上中旬从越冬早春寄主迁入棉田，恰好遇上二代棉铃虫的防治期，被用于防治棉铃虫的化学杀虫剂所除杀。此后，在对三、四代棉铃虫的连续防治下，棉盲蝽种群一直被控制在较低水平。1997年以后，我国转基因抗虫棉花大面积种植，棉铃虫等主要鳞翅目害虫得到有效控制，造成生态位空缺；而且防治棉铃虫的广谱杀虫剂使用量亦相应显著降低，为棉盲蝽种群快速增长提供了条件。由于转基因抗虫棉花对棉盲蝽不具有抗性，快速增长的棉盲蝽种群主动扩散或被动溢出到其他寄主植物上，并随着种群生态叠加效应衍生而暴发成灾，最终导致棉盲蝽由棉田次要害虫上升成为区域性多种作物的主要害虫。研究表明，棉花和其他寄主作物上的棉盲蝽种群发生与转基因抗虫棉花种植的区域性比例呈显著正相关；而用于转基因抗虫棉花田棉盲蝽防治的杀虫剂用量增加亦与转基因抗虫棉花种植比例呈线性相关。因此，转基因抗虫棉花田中化学杀虫剂使用的骤减是导致棉盲蝽生态位发生变化的根本原因。

3. 如何开展具有复合性状以及经 RNAi 和基因编辑等新技术育成的转基因抗虫棉花的安全性评价?

复合性状转基因植物是通过分子复合或育种复合的方式，将两种或两种以上的基因或性状导入同一植物中并使其稳定遗传给后代，从而获得含有两个或两个以上的基因或新性状。与单性状转基因植物相比，复合性状转基因植物具有集成创新、节省资源、聚合多个优良性状、满足种植者多元化需求，以及提高资源利用效率等优势，现已成为转基因植物研发及应用趋势之一。目前，国内外对具有复合性状的转基因植物安全性评价尚无统一标准。联合国粮农组织(FAO)、世界卫生组织(WHO)和国际植保协会(Crop Life International)等国际组织或机构认为复合性状转基因育种与传统育种具有实质等同性，即单性状亲本若是安全的，则其复合性状产品也是安全的。尽管不同国家对复合性状转基因植物采取不同的安全性评价模式，但其评价重点主要集中在遗传稳定性和基因互作。对于前者，从植物基因组可塑性、基因沉默和基因重组等方面评价复合性状对基因组稳定性的影响；对于后者，从基因间直接互作、基因表达模式和代谢途径等方面开展安全性评价。针对我国具有复合性状的转基因抗虫棉花，其安全性评价主要涉及：①采取个案分析、分类管理的原则。②分析复合性状转基因抗虫棉花的分子特征，包括目标基因在基因组中整合的稳定性、目标基因表达稳定性、外源插入片段的完整性及目标性状遗传稳定性等。③分析复合性状基因间的互作，包括单性状转化体的基本信息，如目标基因同源性、表达调控元件及标记基因、整合位点、目标蛋白作用机制等，以确定基因间存在互作的可能性。当目标基因间不存在互作可能性时，只需评价目标基因育种复合后的稳定性，可不再进行其他方面的安全性评价；当目标基因间存在互作可能性时，则需评价基因互作对环境安全性产生的影响。④通过等级测试和分层次评价来分析复合性状转基因抗虫棉与单性状亲本对非靶标生物影响的差异。

RNAi（RNA interference）即 RNA 干扰，是由双链 RNA（dsRNA）诱导的同源 mRNA 高效特异性降解，造成转录后水平的基因沉默（post - transcriptional gene silencing，PTGS），进而影响生物正常生理活动或导致生物死亡的现象。RNAi 技术作为一种具有高度特异性、高效性、持久性和信号可传导性等特点的新型基因阻断技术，已被大量应用于转基因作物的培育。与传统转基因作物相比，RNAi 转基因作物表达的不是蛋白，而是 dsRNA 或 siRNA，不但作用靶标的特异性强、效率高，而且没有外源蛋白质的积累，安全性高。同时，RNAi 也存在脱靶效应、沉默效率、靶标抗性和跨界调控等问题，从而产生潜在风险。相应的，在对 RNAi 转基因棉花的安全性评价中，需采用个案分析原则，针对其分子特征和环境安全性，重点开展功能效率、脱靶效应、非靶标生物效应和环境归趋，以及遗传稳定性、靶标害虫抗性等综合评价。

基因编辑技术是新兴的生物技术，主要利用核酸内切酶在基因组的靶位点进行特异性切割，使双链 DNA 在断裂和诱导修复过程中完成基因的定向修饰与编辑，包括插入、缺失和替换等，进而使生物体获得新性状。通过该技术可获得 3 类基因编辑作物：①基因突变型；②基因敲除型；③基因插入/替换型。其中，前 2 类不涉及外源基因序列的引入，第二类与 RNAi 转基因作物相似，第三类则与传统转基因作物类似，涉及外源基因的插入。与传统转基因技术相比，基因编辑技术具有高效、精准、经济、应用潜力大等优点，现已成为全球研究热点，但同样也存在诸如脱靶效应等技术风险。目前，国内外对于基因编辑作物是否属于转基因生物尚未达成统一认识，不同国家对其监管模式并不相同。其中，是否有外源基因的插入可能是各国对基因编辑作物监管存在差异的关键点，少量碱基突变且无外源基因插入的基因编辑作物更容易被公众接受，或可免受法律监管。针对不同类型的基因编辑作物，可采用实质等同和个案分析等原则，进行分类管理，并重点关注是否存在因非预期效应而产生的安全风险。通过基因编辑技术进行定点整合有外源DNA插入的，应按照传统的转基因生物进行安全性评价和管理；进行基因精准修饰获得的少量碱基缺失、替换或者敲除的，可简化安全性评价管理，重点开展分子特征评价和食用安全评价。

综上，对于当前应用不同新技术培育获得的转基因抗虫棉花，应采取个案分析、分类管理的原则，针对性地依法开展相应的系统评价和监管。

四、补充材料

(一) 棉花害虫的发生与危害

棉花是我国主要的经济作物，不仅可以为纺织工业提供原材料，还作为重要的战略物资，与国民经济和人民生活密切相关。我国棉花常年栽培面积为500多万 hm^2，主要分布于黄河流域、长江流域和西北内陆三大主产棉区，其中涉及2亿以上的农业人口、2 000多万直接从事棉纺及相关行业的人员和1亿以上的间接就业人员等。因此，棉花生产对我国的经济发展和社会稳定具有举足轻重的作用。

棉花是病虫害发生种类最多、受害最严重的作物之一。全世界记载的棉花害虫种类有1 326种。我国记载310种，在各棉区常见30种左右，而常年危害的仅有少数几种；每年因虫害造成的棉花损失通常在15%左右，严重年份在30%以上。虫害发生一直是棉花优质、高产和稳产的主要限制因素。同时，棉花也是化学农药用量最大的作物。据估计，全球约22.5%的化学农药被用于棉花生产。我国棉花农药用量占全部农作物农药总用量的30%～40%。棉田长期大量不合理使用化学农药已引发害虫抗药性和再猖獗、农药残留污染以及农田生态系统失衡等严重问题。

棉花害虫的发生与危害受到种植品种、栽培制度、气候环境以及防治措施等因子影响，在不同年代存在着种类的演替变化。20世纪初我国从美国大量引进脱字棉等陆地棉品种，导致棉红铃虫在30—40年代暴发成灾；50年代棉花苗期蚜虫成为主要害虫，60年代采用麦棉套种等栽培技术使棉蚜危害得到有效控制；但耕作制度的变化却导致棉铃虫在70年代猖獗危害，随后由于高效拟除虫菊酯类农药的推广使用而一度发生较轻，90年代以后棉铃虫因对拟除虫菊酯类农药产生严重抗性而持续大暴发，给棉花生产造成巨大损失。仅1992年，我国为防治棉铃虫就在棉田投入使用化学农药15万t以上，但仍然导致黄河流域棉区和长江流域棉区分别净减产152万t和10万t，总产量减少30%以上，直接经济损失近百亿元。因此，如何有效防控棉铃虫等危害，并减少化学农药用量，成为我国棉花害虫治理中亟待解决的重点问题。

（二）转基因抗虫棉花的发展历程

随着现代生物工程技术的迅猛发展，人类获得了人工遗传改造自然生物体的手段。1983 年世界上首例转基因植物培育成功，1986 年获准进入田间试验，1994 年第一例转基因作物在美国获得批准商业化种植。此后，全球转基因作物应用取得了飞速发展。截至 2014 年，全球转基因作物种植面积达到 1.81 亿 hm^2，较 1996 年的约 170 万 hm^2 增加了 100 倍以上。转基因作物已成为现代农业史上应用最为迅速的作物。目前，全球商业化种植的转基因作物主要有大豆、玉米、棉花和油菜等，涉及抗虫和耐除草剂等性状，并逐渐由单一性状向复合性状发展。转基因作物带来的社会、经济和生态效益十分明显。据估计，1996—2012 年，全球因种植转基因作物而获得的累计经济效益已高达 1 169亿美元。我国自 20 世纪 80 年代开始进行转基因作物研究，是国际上农业生物工程应用最早的国家之一。至今，我国已培育有转基因抗虫棉花、耐储藏番茄、改变花色矮牵牛花、抗病毒甜椒、抗病毒番木瓜、抗虫水稻和植酸酶玉米等转基因植物，其中转基因抗虫棉花和抗病毒番木瓜已商业化种植。

转基因抗虫作物通过基因工程手段将外源抗虫基因导入农作物中，并使其能稳定地遗传和表达。目前，在作物抗虫基因工程中使用的抗虫基因主要有两大类：一类是从微生物中分离出来的具有杀虫活性的基因，如 Bt 杀虫晶体蛋白（Cry）基因和营养期杀虫蛋白（Vip）基因等，另一类是从植物中分离出的杀虫基因，如豇豆胰蛋白酶抑制剂（CpTI）基因、淀粉酶抑制剂基因和外源凝集素基因等。其中，Bt 杀虫晶体蛋白基因的研究与利用最为广泛和深入。

1987 年，美国 Agractus 公司首次利用农杆菌介导法将 Bt 杀虫晶体蛋白基因导入棉花中，获得第一代转 Bt 基因棉花植株，但抗虫效果并不理想。1988 年，美国孟山都公司通过点突变和 DNA 人工合成的方法完成对 Bt 杀虫晶体蛋白基因的改造，采用农杆菌介导法将改良基因导入棉花中，获得了杀虫基因高水平表达的转基因抗虫棉花。大田试验结果表明，转基因抗虫棉花平均较对照增产 7.7%。1995 年，转基因抗虫棉花 MON531/757/1076 获准商业化种植，随后在全球范围内实现了大规模的商业化种植。

我国转基因抗虫棉花的研发工作虽然起步较晚，但进展迅速。1991 年国内首次通过花粉管通道法将 Bt 杀虫晶体蛋白基因转入棉花而获得转基因植株；1992 年人工合成拥有自主知识产权的融合杀虫基因 *GFM Cry1A*；1993 年通过花粉管通道法将该杀虫基因导入我国棉花主栽品种（泗棉 3 号和中棉所 12）中，获得中国第一代单价高抗转基因抗虫棉花。1994 年成功构建双价抗虫基因 *GFM Cry1A*+*CpTI*；1996 年导入多个棉花品种（系）中，获得双价转基因抗虫棉花，标志着我国第二代转基因抗虫棉花的研究达到国际领先水平。此后，又分别研制出转 *P-Lec*（豌豆外源凝集素）+*SKTI*（大豆 Kunitz 型胰蛋白酶抑制剂）、转 *Cry1A*（*c*）+*Sck* 和转 *Cry1A*（*c*）+*GNA*（雪花莲外源凝集素）等双价基因抗虫棉花。其中，1998 年中国抗虫棉 1 号（GK-1）和中国抗虫棉 95-1（GK95-1）分别通过品种审定，成为我国首批通过国家审定的转基因抗虫棉花品种，也使得我国成为继美国之后的第二个拥有自主研制转基因抗虫棉花的国家。

近年来，全球转基因抗虫棉花的研发与应用发展迅速。新 Bt 杀虫基因 *cry1F*、*cry2Ae* 和 *Vip3A* 等不断被用于转基因抗虫棉花工程。将 *cry10Aa* 基因转入棉花中，获得对棉铃象甲（*Anthonomus grandis* Boheman）的高水平抗性。针对靶标害虫的细胞色素 P-450 基因（*CYP6AE14*）和保幼激素（JH）调控相关基因，设计相应的特异性 dsRNA，并将其导入棉花，获得了多个对棉铃虫具有明显抗虫效果的 RNAi 转基因抗虫棉花。构建 Bt 转基因与 JH 相关基因 RNAi 的叠加转基因抗虫棉花（stacked transgenic insect-resistant cotton），可有效减缓棉铃虫的抗性发展。此外，抗虫靶标已由原先列为最高优先级的棉铃虫逐渐转变为刺吸性害虫——棉盲蝽。将中黑盲蝽（*Adelphocoris suturalis* Jakovlev）脂肪酰辅酶 A 还原酶（AsFAR）基因 dsRNA 片段导入棉花中，获得 RNAi 转基因棉花，能有效降低棉盲蝽子代数量。第三代转基因抗虫棉花的研发即将进入商业化应用阶段，其中包括能抗棉盲蝽的转基因抗虫棉花。

（三）转基因抗虫棉花的安全性评价

转基因抗虫棉花的生物安全包括转基因抗虫棉花的生态安全性和转基因抗虫棉花产品的食用安全性。转基因抗虫棉花作为转基因抗虫作物，其生态安全性不仅与外源基因供体、载体、受体、基因操作以及转基因作物的生物学特征密切相关，还受到转基因抗虫作物预设用途和释放环境条件等影响。事实上，系统、定量评估转基因抗虫作物环境释放后的生态风险是相当困难的。因此，在具体的生态风险评估实践中，为最大限度地保证风险评估的科学性和评估结果的准确性，通常遵循科学性原则（science-base principle）、熟悉原则（familiarity principle）、预防原则（precautionary principle）、个案分析原则（case-by-case principle）、逐步深入原则（step-by-step principle）、比较分析原则（comparative analysis principle）和实质等同原则（substantial-equivalent principle）等。转基因抗虫棉花的食用安全性评价适用于转基因食品的安全性评价，主要遵循实质等同原则，评价内容涵盖营养学、毒理学、致敏性及结合其他资料进行的综合评价。

1. 转基因抗虫棉花的生态安全性评价 转基因抗虫棉花生态安全性是指

转基因抗虫棉花在环境释放后可能产生的对生态环境及其各组成部分的影响和风险，通常主要包括以下几个方面：

（1）转基因抗虫棉花形成杂草的风险。明确转基因抗虫棉花的受体或亲本乃至野生近缘种是否具有杂草特征。如果杂草特征越多，其杂草化趋势越强。通常是比较转基因抗虫棉花与非转基因棉花亲本在生殖方式和生殖率、传播方式和传播能力、休眠期、适应性和生存竞争能力等方面的差异，或进行种群替代试验以检验转基因对棉花杂草化趋势的影响。

（2）外源基因漂移及其生态后果。明确外源杀虫基因能否通过基因漂移从转基因抗虫棉花向其他植物、动物、微生物发生转移的可能性及其所带来的后果。基因漂移的主要途径有种子和繁殖体通过自然媒介（如风力、水流或动物等）或人类活动的传播、水平转移（如从转基因抗虫棉花到远缘植物、动物或微生物等）和花粉通过自然媒介（如风力和动物等）的散布等。评价内容主要包括基因漂移发生的可能性及其影响因素，即转基因抗虫棉花与近缘种和野生种以及杂草杂交的可能性，以及外源杀虫基因融合到土壤微生物的可能性等。

（3）转基因抗虫棉花对靶标害虫的影响。明确转基因抗虫棉花在室内和田间条件下对靶标害虫——棉铃虫等鳞翅目昆虫的抗虫性效果。通过人工饲喂方法比较转基因抗虫棉花与非转基因棉花对靶标害虫的存活、生长发育和繁殖等指标的影响；在自然田间栽培环境中，评价转基因抗虫棉花对靶标害虫种群发生的影响。

（4）转基因抗虫棉花对非靶标生物的影响。转基因抗虫棉花对非靶标生物影响的风险评估通常采用分层次评价体系。具体流程可简述为：先选择合适的受试非靶标生物，然后依次开展从实验室试验（lower - tier）到半田间试验（middle - tier），再到田间试验（higher - tie）的分层次、分阶段的系统评价。由于棉田生态系统中非靶标生物种类繁多，不可能对所有的非靶标生物都进行风险评价，因此，选择合适的具有棉田生态和经济重要性的物种作为指示生物（indicator species）至关重要。指示生物的选择标准主要包括非靶标生物对转基因抗虫棉花及其杀虫蛋白的敏感性、暴露在转基因抗虫棉花杀虫蛋白危害作用下的可能性、生态学地位与功能（非靶标生物种群数量的变化能否引起所在生态系统生物群落结构与稳定性的变化）、是否具有重要的经济或文化价值，以及是否符合标准化评价实验的可操作性等。

在确定受试的非靶标生物后，首先在室内测定转基因抗虫棉花及其杀虫蛋白对受试生物的毒理学、生物学和生理学等指标的影响。试验条件通常设定为最坏情形（worst - case scenario），即将受试生物暴露在比田间环境中实际接触的杀虫蛋白浓度更高的条件下。试验结果如能确定受试生物各检测指标未受转基因抗虫棉花及其杀虫蛋白的显著影响，则认为转基因抗虫棉花对该非靶标生物应不存在风险，评价工作就此终止；但如果发现存在负面影响或对试验结果不能完全确定，则应重新设计以开展更为严格的室内试验，或者进入下一个评价阶段，开展与大田环境接近的半田间试验。半田间试验通常在玻璃温室、网室等封闭环境中进行。试验时应充分考虑受试生物在自然条件下实际暴露在杀虫蛋白作用下的途径和程度，使试验条件更接近自然实际情况。同样，如果半田间试验未能检测到转基因抗虫棉花对受试生物的负面影响，或者影响微弱至可以忽略，即可终止评价工作；但如果存在明显的不利影响，则需进入最后的田间试验验证阶段。在田间试验中，通过比较转基因抗虫棉花和非转基因亲本棉花田间的非靶标生物群体动态，如种群密度及其动态变化等差异，以明确转基因抗虫棉花对非靶标生物的生态风险。田间试验通常需要多年的重复。

（5）转基因抗虫棉花对生物多样性的影响。明确转基因抗虫棉花的种植对棉田生态系统中节肢动物多样性的影响。通过比较转基因抗虫棉花与非转基因亲本棉花的棉田生态系统中节肢动物（包括非靶标植食性、捕食性、寄生性和腐食性等节肢动物）群落结构及其动态变化的差异，主要检测优势节肢动物的种类、密度乃至基本型等指标，计算物种多样性、物种权重和遗传多样性等参数。

（6）靶标害虫对转基因抗虫棉花产生抗性的风险。在室内人为胁迫条件下评估棉铃虫等靶标害虫对转基因杀虫蛋白产生抗性的风险；在田间条件下监测靶标害虫对转基因抗虫棉花的敏感性变化。棉铃虫对转基因抗虫棉花产生抗性的检测技术包括传统生物测定确定抗性指数法、生物诊断剂量检测抗性个体法、与抗性种群单对杂交检测抗性基因法、F_2 代检测法、用转基因抗虫棉花在田间直接检测法和抗性基因分子检测法等。

（7）转基因抗虫棉花通过食物链对生态环境的其他有益或有害作用的影响。建立对转基因抗虫棉花及其环境效应的长期监测体系，采用大量不同地域不同时间不同物种的检测数据，构建共享的转基因抗虫棉花环境安全性评价信息数据库系统，应用云计算等技术进行数学模型模拟和预测，以实现转基因抗虫棉花的安全应用。

2. 转基因抗虫棉花的食用安全性评价 用于人类食用的主要棉花产品有精炼棉籽油和棉籽粉等。精炼棉籽油清除了棉酚等有毒物质，可供人食用。棉籽粉有限地用于食品着色剂和婴儿食品的蛋白添加剂。经过加工的棉短绒浆也少量用于香肠的包装，而棉纤维作为黏稠剂用于冰淇淋和色拉调味酱的制作。在饲用方面，棉籽粕、棉籽和棉籽壳用于反刍动物的蛋白饲料。

转基因抗虫棉花产品的信用安全性评价依据实质等同原则，将转基因抗虫棉花产品与非转基因棉花产品进行比较，根据结果将前者分类为：①与非转基因棉花产品及其成分有实质等同性；②除个别特定性状外，具有实质等同性；

③无实质等同性。比较分析的内容主要涉及营养学评价（包括直接测定关键性营养成分和抗营养因子等，以及通过动物实验观察转基因抗虫棉花产品对动物取食、健康和生长性能的影响）、毒理学评价（通过分析与已知毒性蛋白的核酸和氨基酸序列的同源性，开展热稳定性和胃肠道模拟消化实验，并根据需要进行急性毒性实验、遗传毒性实验、亚慢性毒性实验和慢性毒性实验等不同阶段实验）、过敏性评价（采用过敏原评价决定树的评价策略，主要包括氨基酸序列同源性比较、血清筛选实验、模拟胃肠液消化实验和动物模型实验等）和非预期效应（unintended effect）评价（包括功能基因组学、蛋白质组学和代谢组学等不同层次）等。

参考文献

[1] 黄季焜，米建伟，林海，等．中国 10 年抗虫棉大田生产：Bt 抗虫棉技术采用的直接效应和间接外部效应评估 [J]. 中国科学（生命科学），2010，40（3）：260-272.

[2] 喻树迅．我国棉花生产现状与发展趋势 [J]. 中国工程科学，2013，15（4）：9-13.

[3] James C. 2010 年全球生物技术/转基因作物商业化发展态势 [J]. 中国生物工程杂志，2011，32（1）：1-14.

[4] Li Y H，Hallerman E，Wu K M，et al. Insect-resistant genetically engineered crops in China：development，application，and prospects for use [J]. Annu Rev Entomol，2020，65：273-292.

[5] Wu K M，Guo Y Y. The evolution of cotton pest management practices in China [J]. Annu Rev Entomol，2005，50：31-52.

[6] 夏敬源，崔金杰，马丽华，等．转 Bt 基因抗虫棉在害虫综合治理中的作用研究 [J]. 棉花学报，1999，11（2）：57-64.

[7] Wu K M，Lu Y H，Feng H Q，et al. Suppression of cotton bollworm in multiple crops in China in areas with Bt toxin-containing cotton [J]. Science，2008，321（5896）：1676-1678.

[8] Huang J K，Rozelle S，Pray C，et al. Plant biotechnology in China [J]. Science，2002，295（5555）：674-677.

[9] Lu Y H，Wu K M. Mirid bugs in China：pest status and management strategies [J]. Outlook Pest Manag，2011，22（6）：248-252.

[10] Lu Y H，Wu K M，Jiang Y Y，et al. Widespread adoption of Bt cotton and insecticide decrease promotes biocontrol services [J]. Nature，2012，487（7407）：362-365.

[11] James C. 2008 年全球生物技术/转基因作物商业化发展态势 [J]. 中国生物工程杂志，2009，29（2）：1-10.

[12] 许智宏．我国转基因生物产业化亟待突破 [N]. 中国科学报，2021-03-18（1）.

[13] 吴孔明．我国 Bt 棉花商业化的环境影响与风险管理策略 [J]. 农业生物技术学报，2007，15（1）：1-4.

[14] 沈晋良，吴益东．棉铃虫抗药性及其治理［M］．北京：中国农业出版社，1995.

[15] Wu K M，Guo Y Y，Head G. Resistance monitoring of *Helicoverpa armigera*（Lepidoptera：Noctuidae）to Bt insecticidal protein during 2001 - 2004 in China［J］．J Econ Entomol，2006，99（3）：893 - 898.

[16] Li G P，Wu K M，Gould F，et al. Frequency of Bt resistance genes in *Helicoverpa armigera* populations from the Yellow River cotton - farming region of China［J］．Entomol Exp Appl，2004，112（2）：135 - 143.

[17] Zhang H N，Tian W，Zhao J，et al. Diverse genetic basis of field - evolved resistance to Bt cotton in cotton bollworm from China［J］．Proc Natl Acad Sci USA，2012，109（26）：10275 - 10280.

[18] Zhang H N，Yin W，Zhao J，et al. Early warning of cotton bollworm resistance associated with intensive planting of Bt cotton in China［J］．PLoS ONE，2011，6（8）：e22874.

[19] Jin L，Wei Y，Zhang L，et al. Dominant resistance to Bt cotton and minor cross - resistance to Bt toxin Cry2Ab in cotton bollworm from China［J］．Evol Appl，2013，6（8）：1222 - 1235.

[20] Wan P，Huang Y，Wu H，et al. Increased frequency of pink bollworm resistance to Bt toxin Cry1Ac in China［J］．PLoS ONE，2012，7（1）：e29975.

[21] Wan P，Xu D，Cong S，et al. Hybridizing transgenic Bt cotton with non - Bt cotton counters resistance in pink bollworm［J］．Proc Natl Acad Sci USA，2017，114（21）：5413 - 5418.

[22] Wu K M，Guo Y Y，Lv N，et al. Efficacy of transgenic cotton containing a *cry1Ac* gene from *Bacillus thuringiensis* against *Helicoverpa armigera*（Lepidoptera：Noctuidae）in northern China［J］．J Econ Entomol，2003，96（4）：1322 - 1328.

[23] Lu Y H，Wu K M，Jiang Y，et al. Mirid bug outbreaks in multiple crops correlated with wide - scale adoption of Bt cotton in China［J］．Science，2010，328（5982）：1151 - 1154.

[24] 米建伟．Bt抗虫棉技术生产力的可持续性研究［D］．北京：中国科学院，2009.

[25] Ponsard S，Gutierrez A P，Mills N J. Effect of Bt - toxin（Cry1Ac）in transgenic cotton on the adult longevity of four Heteropteran predators［J］．Environ Entomol，2002，31（6）：1197 - 1205.

[26] Liu X X，Sun C G，Zhang Q W. Effects of transgenic *Cry1A* + *CpTI* cotton and Cry1Ac toxin on the parasitoid，*Campoketis chlorideae*（Hymenoptera：Ichneumonidae）［J］．Insect Sci，2005，12（2）：101 - 107.

[27] Baur M E，Boethel D J. Effect of Bt - cotton expressing Cry1A（c）on the survival and fecundity of two hymenopteran parasitoids（Braconidae，Encyrtidae）in the laboratory［J］．Biol Control，2003，26（3）：325 - 332.

[28] Romeis J，Meissle M，Bigler F. Transgenic crops expressing *Bacillus thuringiensis*

toxins and biological control [J]. Nat Biotechnol, 2006, 24 (1): 63－71.

[29] 吴孔明，郭予元，王武刚．部分 GK 系列 Bt 棉对棉铃虫抗性的田间评价 [J]. 植物保护学报，2000，27 (4)：317－321.

[30] Li W, Wang L, Jaworski C C, et al. The outbreaks of nontarget mirid bugs promote arthropod pest suppression in Bt cotton agroecosystems [J]. Plant Biotechnol J, 2020, 18: 322－324.

撰稿人

姚洪渭：男，博士，浙江大学农业与生物技术学院副教授。E－mail: hwyao@zju. edu. cn

叶恭银：男，博士，浙江大学农业与生物技术学院教授。E－mail: chu@zju. edu. cn

32 案例32 RNAi转基因抗虫玉米防控玉米根萤叶甲

一、案例材料

（一）玉米根萤叶甲的发生和危害

玉米根萤叶甲（western corn rootworm，*Diabrotica virgifera virgifera* Leconte）属鞘翅目（Coleoptera）叶甲总科（Chrysomeloidea）叶甲科（Chrysomelidae）萤叶甲亚科（Galerucinae）根叶甲属（*Diabrotica*），寄主范围广泛，可为害禾本科（玉米、大麦、小麦、狗尾草等）、菊科（向日葵）、豆科和葫芦科等多种植物，其中玉米受害最为严重。玉米根萤叶甲属于完全变态昆虫，具有卵、幼虫、蛹和成虫 4 个虫态。在不同纬度地区玉米根萤叶甲年发生代数不同，一般为 1～3 代。初孵幼虫主要以玉米的根毛和外皮层组织为食，大龄幼虫钻入根部组织内蛀食为害，随根的生长而移动，是为害玉米的主要虫态。成虫主要以玉米的雌穗花丝、雄穗、叶片以及幼嫩籽粒等为食[1-2]。

玉米根萤叶甲具有很强的入侵能力。该虫原产北美洲的南部和中美洲北部交界的热带和亚热带地区，现广泛分布于美洲和欧洲的多个国家和地区。在原产地，该虫主要以一些禾本科的野生植物为食，19 世纪末至 20 世纪初，当其扩展到美国中西部时，开始取食为害玉米。另外，该虫在美洲的加拿大、墨西哥、哥斯达黎加、危地马拉和尼加拉瓜等国家的玉米上发生危害，也造成了重大经济损失。在第二次世界大战后，玉米的种植范围不断扩大，然而，由于连续种植玉米而不轮作其他作物为玉米根萤叶甲的繁殖创造了天然场所，使其种群密度不断增长。玉米根萤叶甲自 1992 年在南斯拉夫的玉米田中被首次发现，后迅速扩散蔓延，目前在欧洲的 24 个国家均有分布，使这些国家的玉米产业遭受到了严重的打击。此外，玉米根萤叶甲也是玉米褪绿斑驳病毒的重要传播媒介。目前，该病毒在南美洲和美国的玉米产区均有发生。在美国，玉米褪绿斑驳病毒与小麦条纹花叶病毒共同为害玉米，造成的产量损失最高达 91%[2-3]。

玉米是我国主要粮食作物之一，在全国多数省份均有种植。玉米根萤叶甲一旦入侵我国，极有可能在大范围内迅速定殖、传播和扩散，因而防范该虫的入侵具有重大的意义。由于玉米根萤叶甲具有很强的适应性和入侵性，农业部于 2007 年将其列入进境植物检疫性有害生物名录。

（二）玉米根萤叶甲的防控

1. 农业防治

（1）调整玉米播期可以降低玉米根萤叶甲种群数量。晚播玉米会导致早孵化的幼虫因缺少食物而死亡，从而降低其种群数量。但晚播玉米通常不能达到高产的要求。

（2）玉米与玉米根萤叶甲的非寄主作物轮作。例如，同大豆、小麦、苜蓿轮作后，玉米根萤叶甲的数量减少，化学杀虫剂的使用量也随之降低。因此轮作是防治玉米根萤叶甲的有效措施之一。

2. 物理防治　利用玉米根萤叶甲对黄色的趋性，可将黄色黏性诱板挂于田间诱捕玉米根萤叶甲成虫。

3. 生物防治

（1）使用植物来源的挥发物作为引诱剂，用于生物信息素和化学毒素的混合物中，诱杀玉米根萤叶甲成虫。

（2）利用玉米根萤叶甲的天敌对其进行防治。例如：茧蜂（*Braconidae centistes*）、斯氏属和异小杆属等 5 个属的病原线虫（*Steinernema*、*Filipjevimermis*、*Hexamerimis*、*Heterorhaboditis*、*Howardula*）、球孢白僵菌（*Beauveria bassiana*）等均为玉米根萤叶甲的有效天敌[4]。

（3）种植抗玉米根萤叶甲的 Bt 转基因玉米。种植 Bt 转基因玉米是近年来发展的一类新型防治措施。一些生物技术种子公司现已开发了数种针对玉米根萤叶甲的经生物工程改良的 Bt 蛋白，如 Cry3Bb1、Cry34Ab1、Cry35Ab1 及 mCry3A，并将这些表达 Bt 蛋白的转基因玉米品系进行了商业化[5]。

4. 化学防治

（1）土壤处理。使用杀虫剂对土壤进行处理，可以保护玉米根部免受玉米根萤叶甲幼虫为害。土壤杀虫剂的杀虫效率取决于土壤和杀虫剂之间的相互作用，因此土壤特性（如有机物、pH 和黏土含量等）、机械和操作因素等均会影响杀虫剂防效的持久性。美国登记注册的可用于玉米根萤叶甲防治的土壤杀虫剂有联苯菊酯、七氟菊酯、拟除虫菊酯、毒死蜱、灭线磷、甲拌磷以及特丁硫磷等，但目前灭线磷、甲拌磷、特丁硫磷已被禁用。

（2）种子处理。种子处理能够促进植物的生长、增加产量和改善品质，其防治效果与时间、土壤特性、种子处理技术、生长环境（如温度和湿度）等有关。种子处理方法的有效期至少可以维持 10 周。噻虫嗪和噻虫胺是种子处理方法中最常用的杀虫剂，有着较好的防控效果。

(3) 飞机喷施药剂。20 世纪 70 年代飞机喷施药剂防治玉米根萤叶甲的方法兴起。该方法能够实现大面积的玉米根萤叶甲成虫防治。其中常用的药剂为氨基甲酸酯和有机磷类杀虫剂[6]。

二、问题

1. 为什么原先的防控措施不能很好地防控玉米根萤叶甲？
2. RNAi 转基因抗虫玉米防控玉米根萤叶甲的现状及优势是什么？

三、案例分析

1. 为什么原先的防控措施不能很好地防控玉米根萤叶甲？

大量研究表明玉米根萤叶甲已经适应了现有的防治措施。20 世纪 90 年代中期之前，在美国东部玉米带的大部分种植区，玉米与大豆等非玉米根萤叶甲寄主植物之间的轮作能明显降低玉米根萤叶甲的种群数量。但随着玉米轮作措施的大范围应用，玉米根萤叶甲经历了高强度的自然选择后，逐渐适应了轮作的种植方式。它可以延长卵的滞育期，直到有适宜的寄主条件时再孵化，卵在孵化前可在土壤中存活 2～3 年。玉米根萤叶甲的另外一种适应轮作的方式：将卵产在大豆田里，这样在第 2 年轮作玉米时，幼虫就会具有合适的寄主，得以生长发育。这是轮作措施导致的一种害虫适应性进化现象，使轮作方法对玉米根萤叶甲的防控失去了作用。

由于化学杀虫剂防控玉米根萤叶甲简单、高效，所以一直以来都是玉米根萤叶甲防控的主要手段。然而，随着化学杀虫剂的长期大量使用，玉米根萤叶甲对化学杀虫剂产生了高抗性。自 2003 年以来，随着 Bt 转基因玉米技术的成熟，一些针对玉米根萤叶甲及其近缘种的 Bt 转基因玉米品种已在指定的区域商业化种植。相对于传统的土壤和叶面使用化学农药，转基因抗虫玉米明显减少了对环境的污染和对人类健康的危害。但是，在转基因玉米种植几年后，美国几个州都出现了转基因玉米对玉米根萤叶甲防效不佳甚至失效的情况。表达数种具有不同杀虫机制 Bt 毒素的 Bt 转基因玉米品种正在创制中，以期防止或延缓玉米根萤叶甲的抗性。随着抗玉米根萤叶甲 Bt 转基因玉米种植面积的不断扩大，如何长久确保转基因抗虫玉米的抗虫效果正日益受到关注。同时，也正是因为玉米根萤叶甲对 Bt 转基因玉米产生抗性问题的出现，有观点认为即使采用这类 Bt 转基因玉米也无法避免玉米根萤叶甲的危害[7]。因此，迫切需要研制具有新的杀虫机制的害虫控制策略来防治玉米根萤叶甲。

2. RNAi 转基因抗虫玉米防控玉米根萤叶甲的现状及优势是什么?

RNA 干扰（RNAi）是一种由双链 RNA（double stranded RNA，dsRNA）引起的、具有序列特异性的转录后基因沉默现象，广泛发生在植物、动物和微生物等真核生物中[8]。具体而言，当 dsRNA 进入细胞后会被相关的核酸内切酶（Dicer 酶）切割为小分子干扰 RNA（small interfering RNA，siRNA），之后利用 siRNA 与 mRNA 同源序列特异结合的特点，使目标基因表达受阻，从而实现相应基因功能缺失的现象。以 RNAi 为基础的抗虫技术，通过干扰控制害虫发育或重要行为的关键基因，阻碍害虫正常生长和繁殖，甚至直接导致害虫死亡，从而达到害虫防控的目的。其主要成分 dsRNA 在生物体内普遍存在，在环境中易降解，因此无毒、无残留，因此以 RNAi 为基础的抗虫技术是一种新型绿色环保的害虫防控技术，展现出了广阔的应用前景。

研究发现，玉米根萤叶甲的幼虫和成虫摄入 dsRNA 后均表现出强烈的 RNAi 反应。Alves 等注射 ds*laccase2* 和 ds*CHS2* 到玉米根萤叶甲的二龄和三龄幼虫体内后，检测发现这两个基因的表达量显著降低，并且表现出抑制蜕皮后角质层黑化的现象。结果表明，RNAi 介导的基因沉默能在玉米根萤叶甲幼虫中出现系统性应答，为利用 RNAi 研究玉米根萤叶甲基因功能奠定了基础。Baum 等[9]使用饲喂法 RNAi 测定了玉米根萤叶甲中 290 个基因的 dsRNA 致死效果，发现玉米根萤叶甲对不同基因的 dsRNA 敏感性差异很大，有 125 个基因被发现在高剂量时能使幼虫死亡或发育缓慢，其中有 67 个基因在低剂量时也能表现出显著的致死或抑制发育的能力，比如 *v-ATPase A*、*v-ATPase D*、*Snf7* 等基因。基于致死基因的筛选结果，Baum 等成功研发了用于防控玉米根萤叶甲的 RNAi 转基因抗虫玉米，其结果表明，玉米根萤叶甲幼虫在摄入转基因抗虫玉米表达的 *v-ATPase A* dsRNA（ds*v-ATPase A*）后会出现快速和系统性的 RNAi 反应，主要表现为幼虫死亡或发育受到抑制，该研究为玉米根萤叶甲的防治提供了新策略。

2012 年，Rangasamy 和 Siegfried[10]首次报道了玉米根萤叶甲成虫具有强烈的 RNAi 效应。该研究发现玉米根萤叶甲成虫暴露在 ds*v-ATPase A* 中 24h 后便会出现靶基因沉默，并且有 95%的成虫在连续暴露于 ds*v-ATPase A* 的两周内死亡。此外，Vélez 等[11]的研究进一步发现对玉米根萤叶甲成虫具有高致死能力的 *Sec23* 基因对其幼虫同样具有很强的致死能力，研制并评估了表达 ds*Sec23* 的转基因玉米对玉米根萤叶甲的防控效果，验证了 RNAi 转基因抗虫玉米能够有效防治玉米根萤叶甲对玉米的危害。这些研究同样证实了可以通过对成虫进行生物测定，筛选潜在的杀虫靶基因，该方法有助于在实验室中尚未建立幼虫饲养体系的害虫 RNAi 研究。

Khajuria 等[12]首次发现了玉米根萤叶甲具有亲代 RNAi 效应，在饲喂玉

米根萤叶甲雌虫 *hunchback* 和 *brahma* 基因的 dsRNA 后，结果显示虫体内 *hunchback* 和 *brahma* 基因的表达被抑制，但是取食 dsRNA 并没有引起其短期内明显的死亡，且后代产卵量与对照组相比无明显差异，然而摄入 ds*hunchback* 和 ds*brahma* 的玉米根萤叶甲雌虫所产的卵孵化率显著低于对照组。这些结果表明，*hunchback* 和 *brahma* 基因在玉米根萤叶甲的胚胎发育中起重要作用，可以通过影响其后代孵化率降低种群数量。这种通过对玉米根萤叶甲成虫进行 RNAi 处理后跨代传递 dsRNA 效应的方式，为 RNAi 防治提供了新的研究方向。随后，Niu 等[13]利用转基因玉米表达玉米根萤叶甲生殖有关基因 *dvbol* 的 dsRNA，证实了生殖有关的基因用于防控玉米根萤叶甲的可行性，研究结果显示该虫摄入 ds*dvbol* 后其繁殖能力明显下降。

由此可见，可以利用 RNAi 技术选择不同功能的靶基因防治玉米根萤叶甲。由于 RNAi 机制的特异性，利用 RNAi 进行害虫防治具有精准杀虫的优势。Whyard 等[14]研究表明利用 RNAi 的序列特异性设计 dsRNA，能够选择性地杀死目标害虫而对其近缘种无影响。目前，表达 ds*Snf7* 的转基因玉米 MON 87411 已被美国环境保护署批准商业化种植用于玉米根萤叶甲的防控[15]，因此 RNAi 在玉米根萤叶甲防控方面有广阔的应用前景。

四、补充材料

（一）RNAi 技术的回顾

从 20 世纪 80 年代开始，人们观察到了许多转基因植物出现转录后基因沉默（PTGS）或者共抑制的现象，插入植物基因组的转基因序列经常出现基因瞬时表达，随后该基因沉默并且转基因植物获得的新性状丢失。当与外壳蛋白序列或病毒基因序列匹配的 DNA 序列作为转基因序列插入植物基因组中时，植物却对 RNA 病毒表现出良好的抗性性状。尽管科学家对这两种现象提出了许多理论和假设，但对其真正的分子机制知之甚少。

1998 年，Fire 和 Mello 的实验室以秀丽隐杆线虫（*Caenorhabditis elegans*）作为研究对象，发现注射与秀丽隐杆线虫 *mex-3* 基因序列相匹配的 dsRNA 会导致秀丽隐杆线虫 *mex-3* mRNA 的表达受到抑制并且相关的表型发生变化。该研究首次发现了 RNAi 是由 dsRNA 诱导的基因沉默。直到该研究的发表，人们才将关于基因沉默的谜团解开，Fire 和 Mello 也因此获得了 2006 年的生理学和医学诺贝尔奖[8]。

（二）RNAi 机制

RNAi 机制分成 3 个主要的阶段。

（1）起始阶段。dsRNA进入细胞，被Dicer酶特异识别，以一种依赖ATP的形式将dsRNA切割成长21～23nt的小片段siRNA，siRNA的生成启动了RNAi反应。

（2）效应阶段。siRNA通过与核酸酶等蛋白质结合形成RNA诱导沉默复合体（RNA-induced silencing complex，RISC），并依靠ATP提供能量解开siRNA双链，激活RISC。活化后的RISC定位到与siRNA中的反义链互补的靶基因mRNA转录本上，进而切割mRNA，使靶基因mRNA降解。在RNAi的效应阶段，RISC复合物起了相当重要的作用。siRNA与RISC复合物形成一种小干扰核糖蛋白粒子（small interfering ribonucleic protein particles，siRPP）。RISC与Dicer都具有RNA酶的活性，但是它们的底物却不同，RISC常常针对单链RNA分子，而Dicer则针对双链RNA分子。另外，它们酶切RNA分子的方式和酶切的产物也不同，Dicer属于RNA内切酶，而RISC则属于RNA外切酶。因此，它们是性质和功能各异的两种酶类复合物。

（3）放大效应阶段。RNAi效应阶段的mRNA降解产物，反过来可以作为RNA依赖RNA多聚酶（RNA dependent RNA polymerase，RdRP）的模板，合成dsRNA分子，加入RNA干扰的启动阶段，从而放大RNAi的作用。也就是说，在RNAi的启动和效应阶段，都存在着siRNA的扩增和RNAi的放大效应。因此也说明，RNAi的启动和效应阶段并不是两个绝对独立的过程，而是相互交错进行的[16]。

（三）环境风险评估

1. 生态风险评估

（1）脱靶效应。RNAi技术的目标是抑制靶基因的表达，而不影响其他基因正常表达。但事实上科学家们已经发现，如果siRNA与非靶标mRNA具有一定的序列一致性，就可能导致非靶标基因沉默。脱靶效应可能会影响植物新陈代谢，导致出现生理和表型方面的非预期效应，如降低花粉活力。因此脱靶效应是RNAi转基因作物安全性评价的重要内容之一。靶外结合的对象可能是RNAi转基因植物自身的基因，也可能是直接或间接接触siRNA的其他生物的基因，后者会引入对非靶标生物的影响的风险。

通过分析非靶标生物基因组是否存在与外源dsRNA序列同源的基因，可以预测脱靶效应。Margaret[17]将北美大斑长足瓢虫的转录组序列与一些RNAi抗虫转基因作物中导入的dsRNA进行序列比较，发现瓢虫中存在与dsRNA序列高度一致的转录本，这可能带来靶外结合的风险，对非靶标生物产生不良影响。然而，由于可获得的基因组数据库信息有限，这种对脱靶效应的预测方法也存在局限性，但随着越来越多的生物基因组序列被测定，对脱靶效应的研究将会更容易。

（2）对非靶标节肢动物的影响。基于RNAi的转基因植物或生物农药产品的安全性评价是市场化应用之前必不可少的一个重要环节。RNAi转基因抗虫玉米的环境风险问题备受人们关注。20多年来，人们对许多Bt转基因作物进行了环境风险评估，这些评估的方法为表达dsRNA的RNAi转基因抗虫作物的风险评估提供了基本框架。为了评估对玉米根萤叶甲有高致死作用的*v-ATPase A*和*v-ATPase E* dsRNA对非靶标物种的影响，研究人员对马铃薯甲虫（*Leptinotarsa decemlineata*）、墨西哥棉铃象（*Anthonomus grandis*）、南方玉米根萤叶甲（*Diabrotica undecimpunctata howardi*）均进行了dsRNA的生物测定，结果显示，玉米根萤叶甲的*v-ATPase A*和*v-ATPase E* dsRNA饲喂马铃薯甲虫和南方玉米根萤叶甲后均出现了显著的死亡，但马铃薯甲虫死亡率低于玉米根萤叶甲，而对墨西哥棉铃象无致死作用[9]。也有学者研究玉米根萤叶甲ds*Snf7*对4个目共10个科的非靶标昆虫的致死和亚致死效应，结果表明，玉米根萤叶甲ds*Snf7*的杀虫活性范围较窄，只对金龟子科的甲虫亚科昆虫有一定的杀虫活性[18]。由于与靶标害虫具有高序列相似性的物种更容易受靶标害虫dsRNA的影响，所以在靶标害虫dsRNA序列设计时可以通过序列分析，精准设计dsRNA，进而避免其对非靶标生物产生生态影响。Ahmad等[19]对表达玉米根萤叶甲ds*Snf7*和*Cry3Bb1*基因的玉米品系MON 87411的田间试验也证实了MON 87411对非靶标节肢动物群落无影响。并且，玉米根萤叶甲dsRNA对蜜蜂进行的毒力测定也得到了类似的结果，取食ds*v-ATPase A*和ds*Snf7*对蜜蜂幼虫和成虫均没有负面影响[20]。这些结果表明，某些生物群体自身对经口摄入的dsRNA并不敏感，除了dsRNA的序列特异性外，靶标特异性和非靶标生物的RNAi应答都存在固有的屏障。然而，由于RNAi独特的作用模式，科学家提出需要对目前已有的风险评估框架针对dsRNA所可能产生的环境问题进行修改完善。例如，对与靶标物种关系密切且具有生态重要性的非靶标生物进行全面的分析，并且科学家认为，每一个有效的靶标基因dsRNA投入市场前都需要进行严格的评估，要遵循个案评估的原则。

（3）评估dsRNA在环境中的稳定性。RNAi转基因抗虫植物生态风险评估的一个重要内容是确定其在环境中残留的可能性，以及dsRNA存留对非靶标生物种群的潜在影响。Dubelman等[21]对MON 87411玉米品系表达的ds*Snf7*的生物降解能力进行了探究，试验对不同理化性质的土壤加入体外转录的ds*Snf7*（包括淤泥质土壤、沙质土壤和黏质土壤）进行测试，并将培养土壤中的南方玉米根萤叶甲暴露于dsRNA中，以评估其生物活性。该研究表明，48h后无法在3种土壤类型中检测到ds*Snf7*，由此可知ds*Snf7*的半衰期小于 30h。此外，2d 内没有观察到南方玉米根萤叶甲的死亡现象。这些结果表明，dsRNA 不可能在土壤中长期稳定存在。由此可见，裸露的 dsRNA 会在土壤中快速降解，为界定基于 RNAi 的生物农药在环境中残留的潜在生态风险提供了依据。

2. 抗性管理　转基因抗虫作物可以产生防止昆虫取食的物质来保护自身免受侵害，然而靶标害虫可能会随着时间的演化而对该物质产生抗性，使得转基因作物的抗虫能力下降甚至消失，最终造成经济损失。害虫可以通过主动避害、降解杀虫物质以及降低靶标位点的敏感性等方式对杀虫物质产生抗性。

当前，害虫对 dsRNA 产生抗性的机制、抗性来源、潜在暴露形式等都存在着猜测性，即在害虫对 dsRNA 抗性方面存在着亟待解决的知识缺口。美国孟山都公司采用实验室汰选的方法，建立了一个抗 ds*Snf7* 的玉米根萤叶甲种群[22]。发现玉米根萤叶甲种群对 ds*Snf7* 的抗性基因位于常染色体的 LG4 中，并且是完全隐性的。ds*Snf7* 对玉米根萤叶甲的 *Snf7* 转录水平存在一定的影响，但是 RNAi 的作用却不足以引起玉米根萤叶甲抗性成虫的死亡。其他基因 dsRNA 对玉米根萤叶甲 ds*Snf7* 抗性种群杀虫活性的生物测定，证明了对 *Snf7* 产生抗性的玉米根萤叶甲，对靶向其他 3 个基因的 dsRNA 也同样具有抗性，但有趣的是，这个玉米根萤叶甲种群没有对 Bt 蛋白产生抗性，这给 dsRNA 在害虫防治方面的应用提供了新的思路。

要想延缓或者避免害虫对 RNAi 生物农药产生抗性，应该从害虫产生抗性的机制、抗性的来源、dsRNA 在害虫体内的传递以及害虫对 dsRNA 的摄取等方面制定合理的抗性管理策略。

（1）同时靶向一个以上的必需基因。比如，通过在同一植株中共表达两种不同基因的 dsRNA，或产生由两个或多个靶序列组成的长嵌合体 dsRNA。此外，在质体中表达 dsRNA 能提高 RNAi 的效率，可以更有效地对植物进行全面保护[23]。

（2）化学农药以及针对抗性基因的 dsRNA 联合处理害虫。该策略已成功应用于亚洲柑橘木虱的防控。例如，以谷胱甘肽 *S*-转移酶为靶点的 dsRNA 与两种杀虫剂（噻虫嗪和甲氰菊酯）共同作用的亚洲柑橘木虱，与单纯用 dsRNA 处理的木虱相比，死亡率分别提高了 23%和 15%[24]；化学农药和 dsRNA 的联合作用能有效减缓害虫对 dsRNA 抗性的发展，对比单一使用 dsRNA，化学农药和 dsRNA 联合处理可以减缓害虫对 dsRNA 敏感度的下降速率。

（3）在转基因植物中同时表达 Bt 毒素和 dsRNA。由于 Bt 毒素与 dsRNA 之间不存在交互抗性，所以培育能够同时表达 Bt 毒素和致死基因 dsRNA 的转基因植物，可以缓解害虫对 Bt 产生抗性[25-26]。而且，Bt 生物农药与 RNAi

生物农药联合使用也可以导致那些已经对 Bt 毒素产生抗性或者对 dsRNA 产生抗性的害虫死亡。

（4）用以不同基因为目标的 dsRNA 的混合物饲喂害虫。dsRNA 摄入后的沉默效应一般取决于靶基因的活力和组织表达水平。例如，饲喂白蜡窄吉丁（*Agrilus planipennis*）的幼虫和成虫两个重要靶基因（*heat shock protein 70* 或 *shibire*）的高浓度 dsRNA（10μg/μL），结果显示处理后该昆虫的死亡率分别达到 90%。在较低浓度（1μg/μL）下，两种 dsRNA 的共处理也显示出协同效应，害虫死亡率与饲喂高浓度 dsRNA 结果相似（90%）[27]。

（5）目标基因的突变和多态性可以引起 dsRNA 和 mRNA 序列之间的错配，从而引起抗性的进化[28]。多态性在自然中是普遍存在的，且与生物多样性及进化密切相关。利用生物信息学工具，通过筛选更多的潜在靶点及其多态性频率来识别物种间的保守结构域，可以最大限度地减少由多态性引起的 dsRNA 和 mRNA 序列不匹配的现象。

此外，还应该继续利用合适的抗性综合治理策略，包括种植害虫避难所、dsRNA 与其他具有不同作用机制的活性化合物聚合，以减缓害虫对 dsRNA 抗性的产生与发展。然而，延缓或避免害虫对 dsRNA 产生抗性的方法还存在着一定的知识缺口，例如对于昆虫中肠细胞摄取 dsRNA 受损，昆虫的围食基质对 RNAi 效应传播的不利因素等。因此，如何解决 dsRNA 在肠道内的运输受阻现象，是未来需要深入研究的问题。

参考文献

[1] 施宗伟．玉米根萤叶甲 [J]．植物检疫，1997（2）：101－103.

[2] 张桂芬，王玉生，郭建洋，等．重大检疫性害虫玉米根萤叶甲的种特异性 SS－COI 快速检测技术研究 [J]．植物保护，2019，45（1）：114－120.

[3] Kiss J，Edwards C R，Berger H K，et al. Monitoring of western corn rootworm（*Diabrotica virgifera virgifera* LeConte）in Europe 1992－2003 [J]．Ecol Manag，2015：29－39.

[4] 张丽杰，杨星科．警惕危险性害虫——玉米根萤叶甲传入我国 [J]．昆虫知识，2002（2）：81－88.

[5] Vaughn T，Cavato T，Brar G，et al. A method of controlling corn rootworm feeding using a *Bacillus thuringiensis* protein expressed in transgenic maize [J]．Crop Sci，2005，45：931－938.

[6] Van Rozen K，Ester A. Chemical control of *Diabrotica virgifera virgifera* LeConte [J]．J Appl Entomol，2010，134（5）：376－384.

[7] Tollefson J J，Rice M E. Bt rootworm corn failures：under－standing the issues [J]．Integr Crop Manag，2006，496：254－255.

[8] Fire A, Xu S, Montgomery M K, et al. Potent and specific genetic interference by double - stranded RNA in *Caenorhabditis elegans* [J]. Nature, 1998, 391: 806 - 811.

[9] Baum J A, Bogaert T, Clinton W, et al. Control of coleopteran insect pests through RNA interference [J]. Nature Biotechnol, 2007, 25 (11): 1322 - 1326.

[10] Rangasamy M, Siegfried B D. Validation of RNA interference in western corn rootworm *Diabrotica virgifera virgifera* LeConte (Coleoptera: Chrysomelidae) adults [J]. Pest Manag Sci, 2012, 68 (4): 587 - 591.

[11] Vélez A M, Fishilevich E, Rangasamy M, et al. Control of western corn rootworm via RNAi traits in maize: lethal and sublethal effects of *Sec23* dsRNA [J]. Pest Manag Sci, 2020, 76 (4): 1500 - 1512.

[12] Khajuria C, Vélez A M, Rangasamy M, et al. Parental RNA interference of genes involved in embryonic development of the western corn rootworm, *Diabrotica virgifera virgifera* LeConte [J]. Insect Biochem Molec, 2015, 63: 54 - 62.

[13] Niu X, Kassa A, Hu X, et al. Control of western corn rootworm (*Diabrotica virgifera virgifera*) reproduction through plant - mediated RNA interference [J]. Sci Rep, 2017, 7 (1): 1 - 13.

[14] Whyard S, Singh A D, Wong S. Ingested double - stranded RNAs can act as species - specific insecticides [J]. Insect Biochem Molec, 2009, 39 (11): 824 - 832.

[15] Juraj K, Ramaseshadri P, Bolognesi R, et al. Ultrastructural changes caused by *Snf7* RNAi in larval enterocytes of western corn rootworm (*Diabrotica virgifera virgifera* LeConte) [J]. PLoS ONE, 2014, 9 (1): e83 985.

[16] Xie Z, Johansen L K, Gustafson A M, et al. Genetic and functional diversification of small RNA pathways in plants [J]. PLoS Biol, 2004 (2): e104.

[17] Margaret L A. Comparison of RNAi sequences in insect - resistant plants to expressed sequences of a beneficial lady beetle: a closer look at off - target considerations [J]. Insects, 2017 (8): 27.

[18] Bachman P M, Bolognesi R, William J M, et al. Characterization of the spectrum of insecticidal activity of a double - stranded RNA with targeted activity against western corn rootworm (*Diabrotica virgifera virgifera* LeConte) [J]. Transgenic Res, 2013, 22 (6): 1207 - 1222.

[19] Ahmad A, Negri I, Oliveira W, et al. Transportable data from non - target arthropod field studies for the environmental risk assessment of genetically modified maize expressing an insecticidal double - stranded RNA [J]. Transgenic Res, 2016, 25 (1): 1 - 17.

[20] Velez A M, Jurzenski J, Matz N, et al. Developing an *in vivo* toxicity assay for RNAi risk assessment in honey bees, *Apis mellifera* L. [J]. Chemosphere, 2016, 144: 1083 - 1090.

[21] Dubelman S, Fischer J R, Zapata F, et al. Environmental fate of double - stranded RNA in agricultural soils [J]. PLoS ONE, 2014, 9 (3): e93155.

[22] Khajuria C, Ivashuta S, Wiggins E, et al. Development and characterization of the first dsRNA - resistant insect population from western corn rootworm, *Diabrotica virgifera virgifera* LeConte [J]. PLoS ONE, 2018, 13 (5): e0197059.

[23] Zhang J, Khan S A, Hasse C, et al. Full crop protection from an insect pest by expression of long double - stranded RNAs in plastids [J]. Science, 2015, 347 (6225): 991 - 994.

[24] Yu X, Killiny N. RNA interference of two glutathione *S* - transferase genes, *Diaphorina citri DcGSTe2* and *DcGSTd1*, increases the susceptibility of Asian citrus psyllid (Hemiptera: Liviidae) to the pesticides fenpropathrin and thiamethoxam [J]. Pest Managt Sci, 2018, 74 (3): 638 - 647.

[25] Levine S L, Tan J, Mueller G M, et al. Independent action between *DvSnf7* RNA and Cry3Bb1 protein in southern corn rootworm, *Diabrotica undecimpunctata howardi* and Colorado potato beetle, *Leptinotarsa decemlineata* [J]. PLoS ONE, 2015, 13 (5): e0197059.

[26] Moar W, Khajuria C, Pleau M, et al. Cry3Bb1 - resistant western corn rootworm, *Diabrotica virgifera virgifera* (LeConte) does not exhibit cross - resistance to dv*Snf7* dsRNA [J]. PLoS ONE, 2017, 12 (1): e0169175.

[27] Rodrigues T B, Duan J J, Palli S R, et al. Identification of highly effective target genes for RNAi - mediated control of emerald ash borer, *Agrilus planipennis* [J]. Sci Rep, 2018, 8 (1): 5020.

[28] Scott J G, Michel K, Bartholomay L C, et al. Towards the elements of successful insect RNAi [J]. J Insect Physiol, 2013, 59 (12): 1212 - 1221.

撰稿人

潘慧鹏：男，博士，华南农业大学植物保护学院副教授。E - mail：panhuipeng@scau. edu. cn

33 案例33

溴氰虫酰胺纳米缓释剂防治田间稻纵卷叶螟兼治二化螟的应用

一、案例材料

（一）湖北地区水稻稻纵卷叶螟和二化螟发生危害现状

稻纵卷叶螟（*Cnaphalocrocis medinalis* Guénee）和二化螟（*Chilo suppressalis* Walker）均是水稻上的重要害虫，主要以幼虫为害水稻。稻纵卷叶螟卷曲水稻叶片并取食叶肉，常造成大面积白叶，而二化螟以钻蛀稻秆后取食造成危害，致使分蘖期水稻枯心和枯鞘，孕穗期、抽穗期水稻形成枯孕穗、白穗、虫伤株。稻纵卷叶螟在湖北省一年通常发生7代，而二化螟在湖北省一年通常发生3代。调查结果表明，2011—2015年湖北省武穴市一代二化螟加权平均发生量达41 337.0头/hm^2，二代次之，为害时间从4月持续至9月[1]，2019年湖北省稻纵卷叶螟和二化螟发生面积分别高达约100万hm^2和173.3万hm^2[2]，严重影响了水稻的安全生产。

稻纵卷叶螟每年大概5月中旬迁入湖北省，成虫具有趋光性，喜栖荫蔽处，产卵具有趋嫩性，初孵幼虫多数钻入心叶为害，进入二龄后则在叶上结苞，幼虫藏于其中取食叶肉，致使水稻叶片呈白色条斑，严重时白叶满田。水稻二化螟在湖北省多以四至六龄幼虫于稻桩、稻草、田间杂草中越冬，翌年羽化高峰期在4月底至5月上旬，越冬代成虫羽化多在夜间进行，进而造成一代危害，而二代和三代则主要发生在7月上旬至9月中旬。近些年来，两种害虫常同时发生，严重影响了水稻的产量。

（二）防治水稻稻纵卷叶螟和二化螟的农药登记现状

通过对中国农药信息网农药登记数据的检索统计，截至2022年7月24日，水稻稻纵卷叶螟登记用药1 309种，其中单剂产品796种，涉及有效成分34种，混剂513种，涉及有效成分组合75种；水稻二化螟登记农药831种，其中单剂427种，涉及有效成分39种，混剂404种，涉及有效成分组合78种。防治水稻稻纵卷叶螟和二化螟登记农药剂型分别见表33-1和表33-2。

由表可知，防治水稻稻纵卷叶螟和二化螟主要以乳油和可湿性粉剂等传统剂型为主，两种剂型登记数量占登记农药剂型总产品数量的 50%以上。乳油和可湿性粉剂等剂型对环境污染较大，亟须对现有剂型进行改良。

表 33-1　防治水稻稻纵卷叶螟的登记农药剂型

剂型	产品总数（个）	单剂产品（个）	混剂产品（个）
乳油	456	299	157
悬浮剂	216	127	89
粉剂	181	77	104
可湿性粉剂	167	65	102
水乳剂	96	74	22
微乳剂	77	57	20
水分散粒剂	57	46	11
颗粒剂	20	18	2
可溶粉剂	12	10	2
微囊悬浮剂	10	9	1
可分散油悬浮剂	7	6	1
超低容量液剂	5	4	1
水剂	3	2	1
可溶粒剂	1	1	0
可溶性粉剂	1	1	0

表 33-2　防治水稻二化螟的登记农药剂型

剂型	产品总数（个）	单剂产品（个）	混剂产品（个）
乳油	420	220	200
可湿性粉剂	100	7	93
悬浮剂	73	32	41
可溶粉剂	71	69	2
颗粒剂	34	23	11
微乳剂	33	11	22
水剂	32	27	5
水乳剂	20	5	15
水分散粒剂	16	10	6
可溶粒剂	7	7	0
大粒剂	6	6	0
油悬浮剂	5	3	2
可分散油悬浮剂	4	2	2
挥散芯	3	0	3
微囊悬浮剂	2	1	1
超低容量液剂	2	2	0

（续）

剂型	产品总数（个）	单剂产品（个）	混剂产品（个）
种子处理悬浮剂	1	1	0
泡腾粒剂	1	1	0
微囊悬浮－悬浮剂	1	0	1

（三）溴氰虫酰胺纳米缓释剂

鉴于传统溴氰虫酰胺农药制剂在应用过程中存在利用率低、有效成分易光解、持效期短且易被雨水从植物组织上冲刷掉等缺陷，借助纳米技术，设计合成了一种黏附性溴氰虫酰胺纳米缓释剂用于防治二化螟、稻纵卷叶螟等害虫[3-4]。

该纳米缓释剂的合成方法如图 33－1 所示，使用时将其均匀分散至 0.1% TritonX－100 水溶液后均匀喷雾至水稻植株上，操作简单，使用便捷。

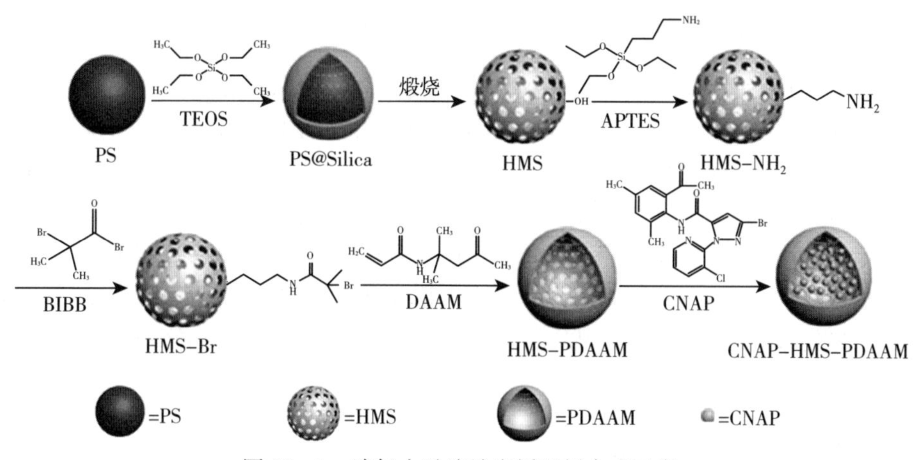

图 33－1　溴氰虫酰胺纳米缓释剂合成示意

PS. 聚苯乙烯　HMS. 中空介孔二氧化硅　$HMS-NH_2$. 氨基功能化中空介孔二氧化硅
TEOS. 正硅酸乙酯　BIBB. 2－溴异丁酰溴　DAAM. 双丙酮丙烯酰胺
APTES. 3－氨丙基三乙氧基硅烷　PDAAM. 聚双丙酮丙烯酰胺　CNAP. 溴氰虫酰胺

（四）溴氰虫酰胺纳米缓释剂防治田间稻纵卷叶螟兼治二化螟

（1）试验时间。根据二化螟、稻纵卷叶螟田间虫口基数状况，确定用药时间为 2017 年 8 月 2 日。

（2）试验地点。试验在湖北省武穴市周梓村（东经 115°35′58″、北纬 29°57′39″）水稻田进行，试验地为平地，海拔约 20m，肥水管理、长势等条件基本一致，供试水稻生长较好。

（3）试验用药情况。利用溴氰虫酰胺纳米缓释剂防治水稻稻纵卷叶螟兼治二化螟，每公顷分别喷施有效成分含量为30.0g、34.5g、39.0g、69.0g的溴氰虫酰胺纳米缓释剂，以10%溴氰虫酰胺可分散油悬浮剂（有效成分为34.5g/hm^2）为对照，同时设置清水对照，每处理重复4次。用药后进行田间调查（图33-2）。

图33-2　溴氰虫酰胺纳米缓释剂防治稻纵卷叶螟兼治二化螟处理后田间调查

（4）防治效果比较。黏附性纳米农药缓释剂对稻纵卷叶螟和二化螟的田间防效见图33-3，用药后3～14d，各浓度的黏附性纳米农药缓释剂与溴氰虫酰胺可分散油悬浮剂对稻纵卷叶螟的防效没有显著性差异，另外用药后28d的结果表明，30～69g/hm^{2}剂量下的黏附性纳米农药缓释剂对稻纵卷叶螟的防效（57.4%、64.8%、72.2%和72.9%）均显著优于10%溴氰虫酰胺可分散油悬浮剂（21.3%）。类似的，用药后21d，相同剂量的黏附性纳米农药缓释剂对二化螟的防效（53.0%）显著优于10%溴氰虫酰胺可分散油悬浮剂（14.8%）。

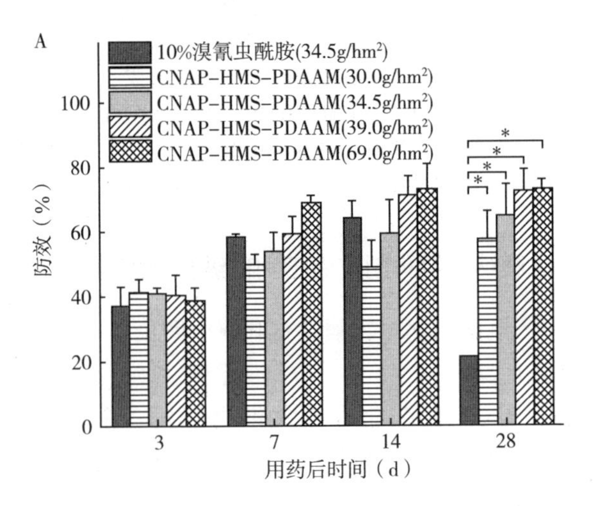

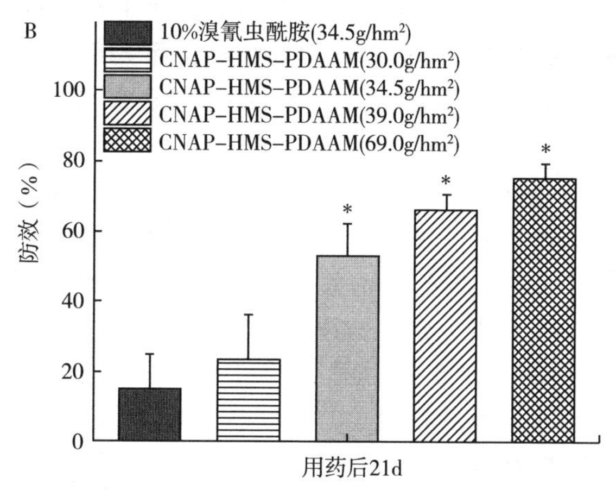

图33-3　50%溴氰虫酰胺纳米缓释剂和10%溴氰虫酰胺可分散油悬浮剂对稻纵卷叶螟（A）和二化螟（B）的防效

二、问题

1. 溴氰虫酰胺纳米缓释剂的设计合成有什么启发？

2. 为什么溴氰虫酰胺纳米缓释剂在田间应用时14d内对稻纵卷叶螟的防治效果与10%溴氰虫酰胺可分散油悬浮剂相当，而21d对二化螟防治效果和28d对稻纵卷叶螟的防治效果显著优于10%溴氰虫酰胺可分散油悬浮剂？

三、案例分析

1. 溴氰虫酰胺纳米缓释剂的设计合成有什么启发？

水稻田实际应用时，农药有效成分易被紫外线所降解，持效期短且沉积在水稻上的农药易因雨水的冲刷而流失到土壤和水体中，不仅会造成土壤和水体环境等的污染，还会对非靶标生物的安全性构成威胁，但应用设计合成的溴氰虫酰胺纳米缓释剂后，由于纳米载体将溴氰虫酰胺有效成分包裹在内部，避免其直接暴露于太阳光下，从而避免溴氰虫酰胺的快速降解，药剂持效期延长。此外，水稻叶表皮的主要成分是羟基脂肪酸和环氧脂肪酸聚酯化形成的角质，聚双丙酮丙烯酰胺中含有大量的酰胺基团（$—CONH_2—$），表面经聚双丙酮丙烯酰胺功能化的溴氰虫酰胺纳米缓释剂能与水稻叶片表面形成大量氢键，进而增强溴氰虫酰胺纳米缓释剂在水稻叶片上的黏附性能，从而可以提高溴氰虫酰胺在实际应用过程中的耐雨水冲刷能力。

2. 为什么溴氰虫酰胺纳米缓释剂在田间应用时14d内对稻纵卷叶螟的防治效果与10%溴氰虫酰胺可分散油悬浮剂相当，而21d对二化螟防治效果和28d对稻纵卷叶螟的防治效果显著优于10%溴氰虫酰胺可分散油悬浮剂？

溴氰虫酰胺纳米缓释剂相比于传统剂型（10%溴氰虫酰胺分可散油悬浮剂），具有较强的耐雨水冲刷性能和缓释性能。纳米缓释剂施用后有效成分存在突释现象，从而能够迅速、有效控制田间稻纵卷叶螟和二化螟的危害，14d内对稻纵卷叶螟的防治效果与10%溴氰虫酰胺分可散油悬浮剂相当，随着载体内有效成分含量的逐渐降低，溴氰虫酰胺由孔道内开始缓慢向环境中释放，而10%溴氰虫酰胺分可散油悬浮剂在环境中被光降解和雨水冲刷，导致其处理后持效期较短，因此溴氰虫酰胺纳米缓释剂的耐雨水冲刷能力和缓慢释放能力，是使其在应用21d后对二化螟和28d后对稻纵卷叶螟依然具有较好防效的重要原因。

四、补充材料

（一）溴氰虫酰胺纳米缓释剂的制备

1. 制备中空介孔二氧化硅纳米粒子（HMS） 首先合成聚苯乙烯纳米粒子模板。称取0.61g聚乙烯吡咯烷酮溶解至盛有395g去离子水的500mL圆底烧瓶中，40g苯乙烯逐滴加入聚乙烯吡咯烷酮溶液中，搅拌30min，通氮气20min后加热至70℃，然后加入10mL含有0.65g 2,2-偶氮二（2-甲基丙基咪）二盐酸盐水溶液，在氮气保护下继续反应24h完成聚合得到聚苯乙烯纳米粒子。

称取0.8g十六烷基三甲基溴化铵溶解至含有9.6g去离子水、11g无水乙醇和1.5mL氨水的混合溶液中。25g聚苯乙烯纳米粒子逐滴加至以上混合液中并剧烈搅拌，超声波处理30min，继续持续搅拌30min后，逐滴加入1.5mL正硅酸乙酯。室温下继续搅拌48h后，离心收集沉淀用乙醇洗涤并在室温下干燥。最后，在600℃马弗炉中煅烧8h除去模板，获得中空介孔二氧化硅（HMS）。

2. 合成氨基功能化中空介孔二氧化硅（HMS-NH_2） 将0.5g HMS在超声波处理下分散于100mL甲苯溶液中，通入氮气20min后加热到110℃，将2.5mL 3-氨丙基三乙氧基硅烷注射到以上悬浮液中，继续搅拌24h。反应完成后离心收集沉淀，用丙酮洗涤数次，真空干燥后得到氨基功能化中空介孔二氧化硅（HMS-NH_2）。

3. 合成引发基团功能化中空介孔二氧化硅（HMS-NH-Br） 取100mg HMS-NH_2在超声波处理下分散在20mL二氯甲烷中，加入0.3mL三乙胺。

冰浴至0℃后，滴加2mL含有587mg 2-溴异丁酰溴的二氯甲烷溶液。滴加完毕后，冰浴下继续反应2h，然后室温搅拌24h。反应完成后用乙醇洗涤数次，真空干燥，得到引发基团功能化中空介孔二氧化硅（HMS-NH-Br）。

4. 合成聚双丙酮丙烯酰胺功能化中空介孔二氧化硅（HMS-PDAAM）　将0.3g HMS-NH-Br在超声波处理下分散到6mL环己酮中，加入5.07g双丙酮丙烯酰胺，搅拌使其分散均匀。抽真空后通入氮气，将0.831 8g N,N,N',N'',N''-五甲基二亚乙基三胺和0.344 3g溴化亚酮的环己酮溶液注射到反应体系中，加热到90℃反应6h。反应结束后用四氢呋喃洗涤数次，真空干燥，得到聚双丙酮丙烯酰胺功能化中空介孔二氧化硅（HMS-PDAAM）。

5. 模式农药溴氰虫酰胺的负载　采用溶剂挥发法进行模式农药的负载。将一定量的HMS-PDAAM分散到CNAP丙酮溶液中，其中溴氰虫酰胺与HMS-PDAAM的重量比为1∶1，然后在40℃的旋转蒸发仪中通过逐渐减压使溶剂缓慢挥发，干燥后即得溴氰虫酰胺纳米缓释剂（CNAP-HMS-PDAAM）。

（二）溴氰虫酰胺纳米缓释剂的表征

采用扫描电镜观察了HMS和HMS-PDAAM的形貌和表面结构。HMS的扫描电镜显示，HMS颗粒呈规则球形，表面质地粗糙（图33-4A）。与HMS比较，HMS-PDAAM的表面更光滑（图33-4B）。另外，HMS粒径约500nm，经双丙酮丙烯酰胺表面接枝后，HMS-PDAAM的尺寸增大至约560nm，表面完全被聚双丙酮丙烯酰胺包裹。

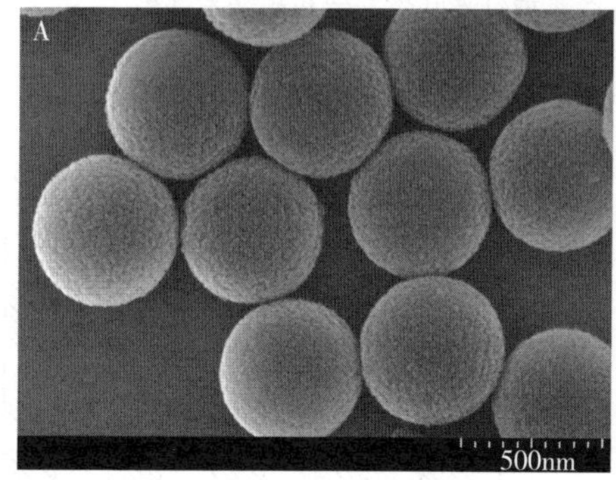

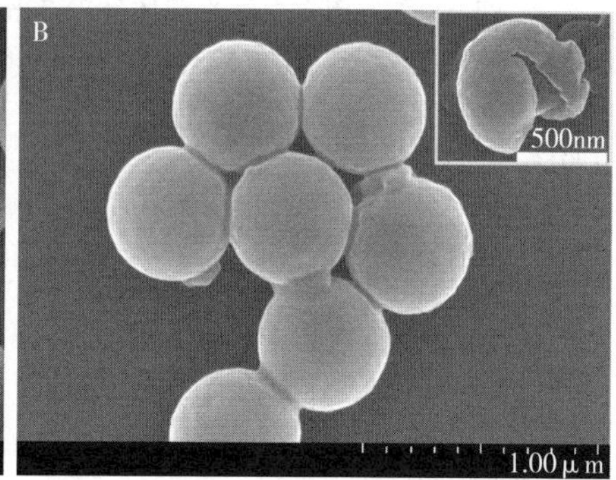

图33-4　中空介孔二氧化硅（HMS，A）和聚双丙酮丙烯酰胺功能化中空介孔二氧化硅（HMS-PDAAM，B）的扫描电镜图像

（三）室内评价缓释剂载体对稻纵卷叶螟和二化螟的毒力及对水稻的安全性

农药在实际应用时不仅要求对靶标生物高效，还要求对非靶标生物安

全。为了更好地评价溴氰虫酰胺纳米缓释剂的生物活性，分别研究了其空白载体对稻纵卷叶螟和二化螟的毒力及其对水稻植株的生物相容性，试验结果表明，经 25～200mg/L 范围内空白载体处理后，稻纵卷叶螟和二化螟与空白对照组存活率无显著性差异（图 33－5），这说明溴氰虫酰胺纳米缓释剂载体本身并不具有杀虫活性，起到杀虫作用的是农药有效成分。类似的，经 25～200mg/L 范围内空白载体处理后水稻幼苗地上部分（图 33－6A）和地下部分(图 33－6B)鲜重与对照组相比均无显著性差异，表明缓释剂载体对水稻具有良好的生物相容性，安全性较好，缓释剂适用于水稻田防治稻纵卷叶螟、二化螟等害虫。

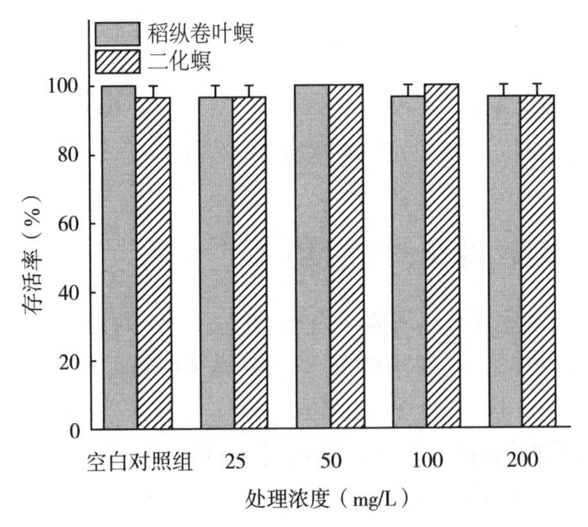

图 33－5　用空白纳米载体处理 72h 后，稻纵卷叶螟和二化螟的存活率

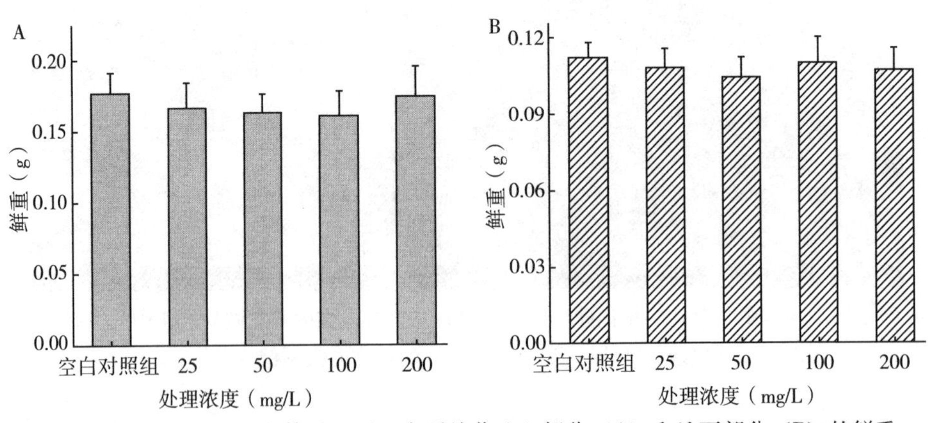

图 33－6　用空白纳米载体处理后，水稻幼苗地上部分（A）和地下部分（B）的鲜重

参考文献

[1] 潘学艺，李艳君，李胜春．武穴市二化螟发生现状及绿色防控对策［J］．现代农业科技，2016，683：97-98.

[2] 刘芹，杨俊杰，张凯雄，等．2019年湖北省农作物主要病虫害发生趋势［J］．湖北植保，2019（2）：39-42.

[3] Gao Y H，Kaziem A E，Zhang Y H，et al. A hollow mesoporous silica and poly（diacetone acrylamide）composite with sustained-release and adhesion properties［J］．Microp Mesopor Mat，2018，255：15-22.

[4] Gao Y H，Li D L，Xu P F，et al. Efficacy of an adhesive nanopesticide on insect pests of rice in field trials［J］．J Asia-Pac Entomol，2020，23：1222-1227.

[5] Qi G，Wang Y，Estevez L，et al. Facile and scalable synthesis of monodispersed spherical capsules with a mesoporous shell［J］．Chem Mater，2010，22：2693-2695.

撰稿人

何顺：男，博士，华中农业大学植物科学技术学院副教授。E-mail：heshun@mail. hzau. edu. cn

34 案例34

茶叶中农药残留的形成与控制

一、案例材料

（一）茶叶中农药残留的形成

我国是茶的故乡，是茶叶生产、茶叶消费和茶叶出口大国。2020 年我国茶园面积 317 万 hm^2，茶叶总产量 297 万 t，均列世界第一位。我国茶叶主要种植在南方各省份，集中于东经 94°—122°、北纬 18°—37°的范围。该范围处于湿热的热带和亚热带，这种气候条件同样适合茶树病虫草害的发生。

化学农药作为茶树病虫草害防治的必要手段，仍将在较长时间内发挥茶叶增产保质的重要作用，尤其是在害虫暴发期。茶叶中的农药残留主要来自人们为了保护茶树喷施的农药。农药喷施到茶树后，首先沉积在茶树表面，发挥杀虫杀菌作用，部分农药会渐渐渗入茶树组织。茶鲜叶中的农药残留水平一般高于其他茶组织。除直接喷施外，茶鲜叶中的农药残留还可能来自农药的空气飘移[1]和水体污染[2]。

1. 农药残留在茶园中的降解 正常喷施条件下，农药在农作物、土壤、水中残留量会随时间的延长发生变化，该变化可用于评价农药在农作物和环境中的稳定性和持久性，用以指导农药的安全合理使用。农药在茶园的消解快慢通常以农药残留量消解一半所需的时间，即半衰期（HL_{50}）表示。茶园喷施农药的消解半衰期受环境因素、茶树生长稀释因素和农药性质的影响。茶园环境因素主要包括光照和降水两个方面。日光可显著影响茶叶中的农药残留量[3]，其影响机制是紫外线的光解作用。光稳定性越差的农药，其残留半衰期越短。在田间条件下，易于光解的辛硫磷的降解速度快于乙硫磷，辛硫磷在药后 1d 的平均降解率达 95%，乙硫磷在药后 3d 的降解率仅有 77.6%[4]。降水对农药的降解主要体现在雨水对农药的淋洗和溶解。随着时间的延长，降水对农药残留的降低作用逐渐减弱，主要是因为茶鲜叶表面的残留农药逐渐向叶表蜡质层和角质层渗入，叶表面的农药残留量降低[4]。温度对化学农药在茶叶中降解的影响不显著，主要是因为茶树生长季节的气温一般在15～40℃，该温幅对农药降解影响较小。生长稀释作用是农药在茶树上的消解半衰期短于其他作物的重要原因。与其他植物相比，茶树的采收部位为顶端幼嫩组织，其单位重量的表面积较大，因此在同样的用药量下，茶叶中农药残留量较高。由于顶端优势，茶芽的生长速度快，萌动的茶芽生长到1芽3叶的采收芽叶时，重量和表面积均增长了2倍以上，大大降低了单位重量茶鲜叶中的农药残留量。

农药本身的物理化学性质是影响其在茶叶中降解的内在因素。在相同条件下，不同理化性质的农药，持久性差异较大。蒸气压低、光稳定性好的农药，如拟除虫菊酯类农药，茶芽的生长稀释作用在其降解中占主导地位；蒸气压高、光稳定性好的农药以热消解为主；辛硫磷、二溴磷等光敏感性农药则以光解为主；水溶性好的农药，易被雨水淋失；残留农药还可被氧化或水解，或被生物体内的酶所分解。

2. 农药残留在加工过程中的降解　茶鲜叶需经历多道加工工序才能成为干茶，该加工过程中的农药残留总降解率为20％～80％。茶叶加工工艺各步骤均对茶叶中农药残留降解有一定贡献。干燥步骤对加工过程中农药降解的贡献最为显著，主要的原因是高温引起的农药挥发和分解。不同农药品种间的降解差异主要与其蒸气压相关[5]。蒸气压越大的农药品种，在加工过程中的挥发性越大，降解率越高。因此在相似的病虫害防效情况下，应选择蒸气压高的农药品种用于茶园。

3. 农药残留在泡茶过程中的浸出　茶叶与粮食、蔬菜、水果等食品的不同点在于茶叶多是冲泡饮用，而不是吃入茶叶。只有在泡茶过程中进入茶汤中的农药才可能随饮茶进入人体，对饮茶者造成健康风险，因此农药在茶汤中的浸出率是评估农药残留对人体危害水平的重要因子。农药在茶汤中的浸出率与农药性质、冲泡次数、冲泡温度、茶叶整碎程度等条件密切相关[6]。农药水溶解度是影响农药水浸出率的关键物化参数，农药水浸出率随农药水溶解度的增大而增大。低水溶解度的有机氯农药，如滴滴涕、六六六、三氯杀螨醇和硫丹的泡茶浸出率＜7％[6-8]，远低于高水溶解度的新烟碱类农药噻虫嗪、吡虫啉、啶虫脒、多菌灵的水浸出率（62.2％～100％）[9-10]。根据浸出率和水溶解度的正相关关系，可预测农药在泡茶时的水浸出率。多菌灵在泡茶过程中的浸出率随冲泡次数的增加而增加，在高温（80～100℃）下的浸出率是常温冲泡条件下的3倍，且茶叶越碎其浸出率越高[10]。因此在相同的防效情况下，应选择水溶解度低的农药品种用于茶园病虫草害防治。

（二）茶叶中农药残留的控制技术

众所周知，农药的不合理使用，为人类带来了严重的“3R”（抗性，resistance；再增猖獗，resurgence；残留，residue）问题。茶叶作为世界上第二大饮品，其农药残留问题是全球关注的热点。由于我国茶叶中农药残留限量标准体系与国际限量标准体系的差异，以及农药使用的问题，农药残留成为制约我国茶叶出口贸易的因素之一。据欧盟门户网站统计，2006—2011 年，我国茶叶被欧盟通报的次数为 1～13 次，因农药残留超过限量标准被通报的比例也较低，为 8.3%～28.6%。2012—2019 年，出口茶叶中农药和污染物超过欧盟标准成为通报的最主要原因。除 2016 年外（11.1%），我国茶叶因农残超标被通报的比例为 62.5%～83.3%，其中吡虫啉和啶虫脒是近年来通报比例较高的农药品种，2012 年吡虫啉（33.3%）和啶虫脒（47.2%）的超标通报情况最为严重。因此建立茶叶中农药残留控制技术意义重大。

由于茶叶中农药残留主要来自为防控茶园病虫草害而人为使用的农药，因此茶叶中农药残留控制的根本手段是不使用农药，或合理使用农药将农药残留控制在合理水平。具体措施如下：

1. 茶园有害生物的绿色防控技术 茶园绿色防控技术是在充分了解有害生物本身的习性、行为、寄主植物定位、取食等特点的基础上，采用物理学、化学生态学、生物学创新技术，如友好型色板、狭波诱虫灯、性信息素、捕食性和寄生性天敌、植物源和微生物源药剂等手段防控茶园有害生物，减少化学农药的使用。

（1）物理防治。悬挂粘虫板和杀虫灯诱杀害虫是目前茶园常用的两种物理防治技术。粘虫板对茶小绿叶蝉、蓟马、黑刺粉虱等具有良好的诱杀效果。相较于常规粘虫板，可生物降解的双色复合的天敌友好型粘虫板可同时达到诱杀害虫和驱避天敌昆虫的目的[11]。杀虫灯是茶园重要的物理诱杀工具。天敌友好型 LED 杀虫灯克服了电网型频振式杀虫灯对天敌杀伤量大和对叶蝉、粉虱等小型茶园害虫捕杀能力差的缺点，凭借其发射光谱范围窄的特点以及风吸负压装置对小型害虫的强捕杀能力，实现了茶园害虫的精准高效诱杀[12-13]。

（2）化学生态防治。性信息素技术是茶毛虫防治的一种有效手段。21 世纪初已尝试利用性信息素对茶毛虫进行防治，性信息素诱杀可使下一代幼虫数量减少 81%，性信息素迷向可使下一代幼虫数量减少 60%[14-15]。灰茶尺蠖高效性诱剂的使用，可高效诱杀 50%的第一代灰茶尺蠖雄蛾，连续诱杀两代，防效可达 67%[16]。性信息素技术已成为茶园绿色防控中一项重要措施。

(3) 生物防治。用于茶树害虫防治中的有益微生物有苏云金杆菌、短稳杆菌、绿僵菌、白僵菌、蚜霉、韦伯虫座孢菌、座壳孢菌等。短稳杆菌对鳞翅目害虫有较好的致死效果[17]，且杀虫谱广、见效时间快，已成为茶园鳞翅目害虫无害防治的有效武器。茶尺蠖核型多角体病毒（NPV）、茶毛虫NPV在我国已大规模应用，茶尺蠖NPV Bt混剂、茶毛虫NPV Bt混剂均实现了商品化，田间防治效果达90%以上[18]。茶尺蠖NPV高效毒株Q4对灰茶尺蠖的致死率比原毒株提高50%，对茶尺蠖的致死率与原毒株相似[19]。茶园高效寄生、捕食性天敌昆虫有寄生茶小卷叶蛾和茶毛虫卵的赤眼蜂、寄生茶尺蠖幼虫的绒茧蜂、寄生茶小绿叶蝉卵的缨小蜂、捕食茶网蝽的军配盲蝽等。

2. 茶园有害生物的化学防治　应用化学农药对茶园中病虫草害进行防治仍是一种必要手段。尤其在茶园有害生物暴发期，化学农药仍是茶叶产量和质量的保障措施。如何科学选用和使用化学农药是控制茶叶中农药残留在合理范围的关键步骤。

(1) 茶园化学农药的科学选用技术。要想最大程度降低由于化学农药使用造成的茶叶安全问题和环境安全问题，首先是选择合适的化学农药品种。根据茶叶的特殊性，基于农药在茶叶中的残留半衰期是表征农药在茶园环境变化的重要参数，残留半衰期越短，采收的茶叶鲜叶中的农药残留量越低；蒸气压是表征农药在加工过程消解的关键参数，蒸气压越高，加工过程中的农药损失率越高；农药水溶解度是残留农药有效风险量的关键指标，随着水溶解度的升高，农药从干茶中浸出进入茶汤中的含量越高；农药的每日允许摄入量（ADI）和大鼠急性致死中量是农药急慢性健康风险的指标，鱼类和蜜蜂的毒理学是农药生态毒性的指标，陈宗懋建立了以上7个指标基础上的茶园农药选用准则[20]。将7个指标按照分级标准进行1～5分评分，乘以对应因素的权重系数，得到权重分值，分值越低表示该农药在茶园中使用安全性越高，为茶园农药选用提供了依据。其中农药水溶解度、残留半衰期和ADI是茶园安全选药中最重要的3个评价因素，因此高水溶性、长残效期和高毒农药不适于茶园应用。以联苯菊酯、虫螨腈、茚虫威、啶虫脒农药为例，表34-1中列出了各物质的7个参数指标，表34-2中列出了7个参数的评分及评分准则，表34-3为4种农药的评价结果，其中指标为各项参数之和乘以10。以主要产茶国76种农药的评价结果得出，25是作为农药是否适合茶园应用的评价指标值。以此评价，吡虫啉、啶虫脒等农药不适合在茶园应用。目前虫螨腈、茚虫威、唑虫酰胺（欧盟市场不适用）、菊酯类等农药适于茶园害虫防治。

表 34-1 农药在茶叶中的消解半衰期、物化参数和毒理学参数

农药名称	半衰期（HL_{50}，d）/分级	蒸气压（mPa，25℃）/分级	生态毒性		水溶解度（mg/L，20℃）/分级	ADI（mg/kg）/分级	大鼠急性经口 LD_{50}（mg/kg）/分级
			蜜蜂 LD_{50}（48h）（μg/只）/分级	虹鳟鱼 LC_{50}（96 h）（mg/L）/分级			
联苯菊酯	0.52～3.20[1,2]/4	1.78×10^{-3}/4	0.015[a]；0.1[b]/4	0.000 15/5	0.001/1	0.02/1	54.5/3
虫螨腈	3.9～8.1[4]/5	9.81×10^{-3}/4	0.12[c]/4	7.44/3	0.14/1	0.015/1	441/3
茚虫威	3.4[4]/4	2.5×10^{-5}/5	0.094[a]；0.26[b]/4	0.65/4	0.2/1	0.006/2	268/3
啶虫脒	3.24；3.85[3]/4	$<1\times10^{-3}$/5	8.1[a]；14.5[b]/3	>100/1	4 250/5	0.07/1	146/3

注：1. 引自 Chen Z，Wan H. Environ Monit Assess，44：303-313（1997）。

2. 引自 Tewary D K，et al. Food Control，16：231-237（2005）。

3. 引自 Hou R Y，et al. Food AdditContamA，30：1761（2013）。

4. 引自笔者实验室结果。

蒸气压、水溶解度、生态毒性、ADI 和大鼠急性经口 LD_{50} 引自 PPDB 和 e-Pesticide Manual V5.0 System Info。

a 表示 LD_{50}（48h，接触）；b 表示 LD_{50}（48h，经口）；c 表示未知模式急性 LD_{50}（48h）。

表 34-2 分级标准

等级	半衰期（HL_{50}，d）	蒸气压（mPa，25℃）	生态毒性		水溶解度（mg/L，20℃）	ADI（mg/kg）	大鼠急性经口 LD_{50}（mg/kg）
			蜜蜂 LD_{50}（48h）（μg/只）	虹鳟鱼 LC_{50}（96 h）（mg/L）			
1	<1.0	> 1.33	>50	>100	<1	>0.01	>2 000
2	1.0～2.0	0.13～1.33	11～49.9	11～100	1～200	0.005～0.01	501～2 000
3	2.1～3.0	0.013～0.129	1.0～10.9	2～10	201～400	0.001～0.004 9	51～500
4	3.1～5.0	0.001 3～0.012 9	0.01～0.99	0.1～1	401～1 000	0.000 1～0.009 9	10～50
5	>5.0	<0.001 3	<0.01	<0.1	>1 000	<0.000 1	<10

表 34-3 茶园农药的分级评价指标

农药名称	半衰期等级×C3	蒸气压等级×C1	生态毒性		水溶解度等级×C2	ADI 等级×C4	大鼠急性致死量等级×C5	指标值
			蜜蜂等级×C7	鱼等级×C6				
联苯菊酯	0.772	0.148	0.16	0.105	0.437	0.192	0.237	20.51
虫螨腈	0.965	0.148	0.16	0.063	0.437	0.192	0.237	22.02
茚虫威	0.772	0.185	0.16	0.084	0.437	0.384	0.237	22.59
啶虫脒	0.772	0.185	0.12	0.021	2.185	0.192	0.237	37.12

注：C 为各参数权重，其中 C1 为 0.037，C2 为 0.437，C3 为 0.193，C4 为 0.192，C5 为 0.079，C6 为 0.021，C7 为 0.040。

（2）茶园化学农药的合理使用技术。农药的合理使用在很大程度上保障了茶叶中的农药残留处于较低水平。农药使用过程中需注意：①选择恰当的用药时期。根据防治对象的监测结果和防治指标，并考虑茶树生长状况进行施药。②根据温度和降水情况选择恰当的用药时间。一般选择在每天的早晨和傍晚用药。雨前不宜用药。③轮换用药，减缓抗药性的发生。④严格按照我国发布的农药合理使用准则用药，执行用药浓度、使用次数和鲜叶采收的安全间隔期规定。⑤为保护消费者健康，我国陆续对茶叶中使用的农药和化学品采取了禁限用措施。至 2023 年 1 月，我国将禁止 60 多种/类农药和化学品在茶叶中的使用（表 34-4），茶园禁限用农药均不得在茶园中使用。

表 34-4 茶园禁用化学农药和化学品

农药和化学品	依据
六六六、滴滴涕、毒杀芬、二溴氯丙烷、杀虫脒、二溴乙烷、除草醚、艾氏剂、狄氏剂、汞制剂、砷类、铅类、敌枯双、氟乙酰胺、甘氟、毒鼠强、氟乙酸钠、毒鼠硅	农业部第 199 号公告，2002-06
甲胺磷、甲基对硫磷、对硫磷、久效磷、磷胺	农业部第 274 号公告，2003-04 农业部第 322 号公告，2003-12
八氯二丙醚	农业部第 747 号公告，2006-11
氟虫腈	农业部第 1157 号公告，2009-02
甲拌磷、甲基异柳磷、内吸磷、克百威、涕灭威、灭线磷、硫环磷、氯唑磷、三氯杀螨醇、氰戊菊酯	农农发〔2010〕2 号，2010-04
治螟磷、蝇毒磷、特丁硫磷、硫线磷、磷化锌、磷化镁、甲基硫环磷、磷化钙、地虫硫磷、苯线磷、灭多威	农业部第 1586 号公告，2011-06
氯磺隆、胺苯磺隆、甲磺隆、福美胂、福美甲胂	农业部第 2032 号公告，2013-12

（续）

百草枯水剂	农业部第 1745 号公告，2014 - 04
氯化苦、杀扑磷	农业部第 2289 号公告，2015 - 08
2,4-滴丁酯	农业部第 2445 号公告，2016 - 09 2023 年 1 月 29 日起，禁止使用
乙酰甲胺磷、乐果、丁硫克百威、硫丹、溴甲烷	农业部第 2552 号公告，2017 - 07
林丹	生态环境部 2019 年第 10 号公告，2019 - 03
氟虫胺	农业农村部第 148 号公告，2019 - 03 2020 年 1 月 1 日起，禁止使用

二、问题

1. 茶叶中农药残留的来源主要包括哪些？
2. 残留农药在茶叶种植过程中的降解因素包括哪些？
3. 茶叶中的残留农药从干茶浸出到茶汤中的影响因素包括哪些？
4. 茶叶中农药残留的控制技术主要包括哪些？
5. 茶园病虫草害的防治措施包括哪些？

三、案例分析

1. 茶叶中农药残留的来源主要包括哪些？

茶叶中的农药残留主要来自人们为了保护茶树喷施的农药，还可能来自农药的空气飘移和水体污染。1974 年我国禁止在茶树上使用六六六农药后，虽然茶叶中六六六的残留水平明显下降，但是在 70 年代后期至 80 年代初，其总体残留水平仍维持在 0.3～0.5mg/kg，基于茶园茶梢中的六六六残留水平与茶园空气中的六六六含量呈正相关，探明当时茶鲜叶中六六六的污染来自附近水稻田中施用的六六六的空气飘移。此外，水体污染也是茶叶中农药残留的来源。一些内吸性的农药，如乐果可通过根系吸收并转运到地上部分形成茶鲜叶中的农药残留。

2. 残留农药在茶叶种植过程中的降解因素包括哪些？

农药在茶园中的降解与三方面因素相关，包括环境因素、生长稀释因素和农药本身的性质。在光照条件下，农药分子可以直接接收阳光辐射或间接获得光化学反应中的能量发生农药光化学反应，引起分子异构化或裂解。光稳定性越差的农药，其残留半衰期越短。降水对农药的降解主要体现在雨水对农药的淋洗和溶解。温度对化学农药在茶园中降解的影响不显著。生长稀释作用是农药在茶树上的消解半衰期短于其他作物的重要原因。由于顶端优势，茶芽的生长速度快，萌动的茶芽生长到 1 芽 3 叶的采收芽叶时，重量和表面积均增长了 2 倍以上，大大降低了单位重量茶鲜叶中的农药残留量。不同理化性质的农药，持久性差异较大。蒸气压低、光稳定性好的拟除虫菊酯类农药，茶芽的生长稀释作用在其降解中占主导地位；水溶性好的农药，易被雨水淋失。

3. 茶叶中的残留农药从干茶浸出到茶汤中的影响因素包括哪些?

农药性质、冲泡次数、冲泡温度、茶叶整碎程度等均会对农药浸出率产生影响。农药水浸出率随农药水溶解度的增大而增大。低水溶解度的有机氯农药，如滴滴涕、六六六、三氯杀螨醇和硫丹的泡茶浸出率<7%，远低于高水溶解度的新烟碱类农药噻虫嗪、吡虫啉和啶虫脒的水浸出率（62.2%～81.6%）。多菌灵在泡茶过程中的浸出率随冲泡次数的增加而增加，在高温（80～100℃）下的浸出率是常温冲泡条件下的 3 倍，且茶叶越碎其浸出率越高。

4. 茶叶中农药残留的控制技术主要包括哪些?

由于茶叶中的残留农药主要来自人为使用的农药，因此茶叶中农药残留控制的根本手段是不使用化学农药。但是在害虫暴发期，化学农药防治仍是必要手段。所以降低茶叶残留农药的手段包括研发利用茶园害虫绿色防控技术、合理选用和使用农药等。具体措施包括：

①采用天敌友好粘虫板防治小绿叶蝉、蓟马、黑刺粉虱等，采用天敌友好型 LED 杀虫灯实现对小绿叶蝉的精准高效诱杀。应用性信息素诱杀技术控制茶毛虫、茶尺蠖、灰茶尺蠖、茶细蛾等茶树鳞翅目害虫。配合应用短稳杆菌、茶尺蠖病毒对目标害虫进行防治。

②科学选药和用药方面，应选择高效、低水溶性茶园化学农药；选择恰当的用药时期，根据温度和降水情况选择恰当的用药时间，轮换用药以减缓抗药性的发生；严格按照我国发布的农药合理使用准则用药；不使用茶园禁限用农药。

5. 茶园病虫草害的防治措施包括哪些?

茶园病虫草害的防治以“预防为主，综合防治”为方针，综合运用农艺措施，如栽培技术、绿色防控技术和化学防治等技术。

四、初充材料

1. 我国茶园虫害概况　世界上已记载有茶树害虫 1 400 多种，我国有记载的茶树害虫有 800 多种。新中国成立以来，我国茶园害虫的区系种类发生了较大变化。新中国成立以前，我国茶树大多以山区种植为主，稳定的生态环境和长期粗放的管理模式，使得茶毛虫、茶蚕、茶蓑蛾、茶天牛、茶枝镰蛾、茶堆沙蛀蛾等食叶和钻蛀性害虫成为茶园优势害虫种群。新中国成立以来，我国茶园种植面积持续增加了20多倍，并且茶园栽培技术不断革新，导致茶园生态环境发生了较大改变。从栽逐渐发展成条植，从自然生长到修剪、深修剪或台刈等人工干预生长，分批采摘和留养结合的生产方式，以及优质高产茶园和复合生态茶园建设，促进了茶园生态种群的结构性变化。例如通过台刈进行衰老茶园的复壮，可使茶堆沙蛀蛾等钻蛀性害虫数量急剧下降；而分批采摘和留养结合的生产方式助长了趋嫩性害虫茶小绿叶蝉的种群数量。

茶园农药的使用对我国茶区的生物种群变化具有明显的影响。20世纪50年代起有机氯农药（滴滴涕、六六六）的使用，显著降低了对有机氯农药敏感的茶毛虫、茶蚕等食叶类鳞翅目害虫的种群数量，但是大量茶园天敌的杀灭，引发了蚧类害虫（长白蚧、龟蜡蚧、椰圆蚧）的发生。60年代初有机磷农药的使用显著降低了蚧类的种群优势，却导致了害螨类的发生。现阶段茶园害虫由大体型害虫（如茶毛虫）向小体型害虫（如叶蝉、螨类、蚧类、蓟马、粉虱、蚜、网蝽）方向演替；由咀食害虫向吸汁害虫方向演替；由发生代数少、繁殖率低的害虫向发生代数多、繁殖率高的害虫方向演替；由栖息叶面、易于接触农药的害虫向栖息部位隐蔽而不易接触农药的方向演替（如卷叶、潜叶，有蜡壳、介壳保护）。

2. 我国茶园病害概况 目前，世界上记载的茶树病害有500多种，我国有130多种，以华南和西南茶区的病害种类较多，北方茶区发生较轻。茶树的叶、茎、根、花、果实均会发生病害，其中叶片是茶叶的收获部位，叶部病害逐步成为影响茶叶生产和经济效益的重要因素。茶树上常见的重要叶部病害包括茶炭疽病、茶饼病、茶白星病、茶轮斑病、茶云纹叶枯病和茶芽枯病等。茶园病害的主要防控措施需贯彻“预防为主，综合防治”的植保方针，加强栽培管理，定向改变环境条件，必要时施以化学农药。

3. 我国茶园草害概况 茶园杂草防控是茶产业发展的重要问题之一。根据1959—2018年中国茶区茶园杂草文献及茶园杂草信息，筛选出有效杂草名录241条，其中高频杂草（出现频率＞29%）34种，包括单子叶类杂草11种，双子叶类杂草22种，蕨类杂草1种。12种恶性杂草中，马唐、牛筋草、白茅、看麦娘、香附子、碎米莎草属于单子叶类杂草，马齿苋、小蓬草、一年蓬、铁苋菜、猪殃殃、酸模叶蓼属于双子叶类杂草。这些种类的杂草繁殖能力和入侵能力非常强，极有可能发展为茶园主要恶性杂草。茶园杂草的主要防控措施包括化学除草、人工与机械除草、覆盖抑草和间套作抑草等方式。目前我国农药登记数据库登记的茶园可用除草剂主要有六大类，分别为西玛津、扑草净、莠去津、草甘膦（草甘膦铵盐、草甘膦异丙胺盐、草甘膦钾盐）、草铵膦、灭草松。

参考文献

[1] 陈宗懋，韩华琼，万海滨，等．茶叶中六六六、DDT污染源的研究 [J]. 环境科学学报，1986 (6)：278-285.

[2] 夏会龙，屠幼英．茶树根系吸收对茶叶中农药残留的影响 [J]. 茶叶，2003，29 (1)：23-24.

[3] 姚建仁，焦淑贞，钱盖新，等．化学农药光解研究进展 [J]，农药译丛，1989 (1)：26-30.

[4] 陈宗懋，岳瑞芝．化学农药在茶叶中的残留降解规律及茶园用药安全性指标的设计 [J]. 中国农业科学，1983 (1)：62-70.

[5] Karthika C，Muraleedharan N. Influence of manufacturing process on the residues of certain fungicides used on tea [J]. Toxicol Environ Chem，2010，92 (7-8)：1249-1257.

[6] Chen Z，Wan H. Factors affecting residues of pesticides in tea [J]. Pest Manag Sci，1988，23 (2)：109-118.

[7] Jaggi S，Sood C，Kumar V，et al. Leaching of pesticides in tea brew [J]. J Agric Food Chem，2001，49 (11)：5479-5483.

[8] Manikandan N，Seenivasan S，Mnk G，et al. Leaching of residues of certain pesticides from black tea to brew [J]. Food Chem，2009，113 (2)：522-525.

[9] Hou R，Hu J，Qian X，et al. Comparison of the dissipat ion behaviour of three neonicotinoid insecticides in tea [J]. Food Addit Contam A，2013，30 (10)：1761-1769.

[10] Zhou L，Jiang Y，Lin Q，et al. Residue transfer and risk assessment of carbendazim in tea [J]. J Sci Food Agric，2018，98：5329-5334.

[11] 边磊．茶小绿叶蝉天敌友好型粘虫色板的研发及应用技术 [J]. 中国茶叶，2019，41 (3)：39-42.

[12] 边磊，苏亮，蔡顶晓．天敌友好型LED杀虫灯应用技术 [J]. 中国茶叶，2018，40 (2)：5-8.

[13] Bian L，Cai X M，Luo Z X，et al. Decreased capture of natural enemies of pests in light traps with light-emitting diode technology [J]. Ann Appl Biol，2018，173：251-260.

[14] 戈峰，王永模，刘向辉，等．茶毛虫性引诱剂诱杀效果分析 [J]. 昆虫知识，2003 (3)：237-239.

[15] 王永模，戈峰，刘向辉，等．应用性信息素迷向法防治茶毛虫的田间试验 [J]. 昆虫知识，2006 (1)：60-63.

[16] 陈宗懋，蔡晓明，周利，等．中国茶园有害生物防控40年 [J]. 中国茶叶，2020 (1)：1-8.

[17] 姚惠明，叶小江，吕闰强，等．短稳杆菌防治茶尺蠖的室内生物测定和田间试验

[J]. 浙江农业科学，2017，58 (5)：809 - 810.

[18] 殷坤山，陈华才，唐美君，等. 茶尺蠖病毒杀虫剂田间使用技术的研究 [J]. 中国病毒学，2003 (5)：84 - 87.

[19] 唐美君，郭华伟，葛超美，等. EoNPV 对灰茶尺蠖的致病特性及高效毒株筛选 [J]. 浙江农业学报，2017，29 (10)：1686 - 1691.

[20] Chen Z，Zhou L，Yang M，et al. Index design and safety evaluation of pesticides application based on a fuzzy AHP model for beverage crops：tea as a case study [J]. Pest Manag Sci，2020，76：520 - 526.

撰稿人

周利：女，博士，中国农业科学院茶叶研究所研究员。E - mail：lizhou@tricaas. com

35 案例35

棉蚜的化学防治及抗药性治理

一、案例材料

棉蚜（*Aphis gossypii*）属半翅目（Hemiptera）蚜科（Aphididae），是一种世界性的棉花害虫，其生态幅度广泛，在古北、东洋、大洋洲、非洲、新北和新热带六大区系中均有分布，能够在多种多样的环境条件下生活。已知寄主有 74 科 285 种植物，我国记载有 113 种[1]，其中棉花和瓜类受害最重。

棉蚜是新疆棉区主要害虫之一，棉蚜的发生和危害严重制约着棉花产业经济的发展。自 20 世纪 80 年代中后期，新疆北部棉区发现棉蚜危害，棉蚜的发生与危害经历了从无到有，到逐步加剧的演变过程[2-3]。据历史资料统计，奎屯垦区自 1991 年每隔 3 年大发生一次，棉蚜给当地棉花生产带来了较大损失[4]。李国英等[5]报道自 20 世纪 90 年代至今，棉蚜每年都有不同程度的发生，其中严重发生 3 次（1994 年、2001 年和 2003 年），中度发生 1 次（2004 年），近年来其发生量呈明显上升趋势。2003 年新疆生产建设兵团针对北部棉区棉蚜发生组织专家进行过专题调研，发现 2003 年北部棉区棉蚜发生早（5 月下旬在棉田发生，比 2002 年早 1 个月），且发生普遍，危害重。其中新疆生产建设兵团农五师棉蚜发生普遍及严重程度是历年之最，全师棉蚜发生面积 100%。根据兵团农五师 81 团调查，棉蚜发生时间长，发生量大。2003 年 6 月 25 日至 7 月 25 日百株蚜量均在 1 000 头以上，其中 7 月 15 日百株蚜量高达 124 006 头[6]。

棉蚜以成虫、若虫群集于棉叶背面和嫩叶上刺吸汁液，造成被害部位组织受到破坏使棉叶正、反面生长不平衡，致使叶片向背面卷曲，植株矮缩呈拳头状。同样根系发育不良，棉苗发育迟缓，主茎节数、果枝数、叶数、蕾铃数减少，蕾铃大量脱落，生育期推迟，造成减产和品质下降。另外，棉蚜在吸食过程中，同时排出大量蜜露，附在茎叶表面，不仅影响光合作用和导致病害发生，还在吐絮期污染棉纤维，使棉纤维含糖量过高，严重影响皮棉的品质，给棉纺织造成很大的困难。棉蚜还可传播 60 多种作物病毒，如甜瓜病毒病，造成更大的危害和损失[7]。

棉蚜繁殖速度快，世代多，防治十分困难，长期以来，棉蚜的防治主要依赖化学防治。但是随着化学药剂的大量、不合理使用，尤其是长期使用单一农药品种，随意增加用药剂量和施药频率，不仅大量杀伤了农田中棉蚜的自然天敌，还导致棉蚜抗药性发展速度加快，抗性程度升高，抗性背景复杂。棉蚜已对许多化学药剂如有机氯类、有机磷类、拟除虫菊酯类、氨基甲酸酯类和新烟碱类等杀虫剂产生了高水平的抗性，导致棉蚜的防治越来越困难，防治成本越来越高[8]。很多常规防治棉蚜的化学农药不但不能有效杀死棉蚜，反而能刺激棉蚜的取食、加快棉蚜的繁殖，农田中棉蚜“越打越多”的现象频繁出现。

纵观棉蚜的化学防治和抗药性研究史，在 20 世纪 50 年代初，我国主要使用滴滴涕、六六六等有机氯类杀虫剂对棉蚜进行防治，对其产生的抗药性也开始引起人们的关注[9]。由于有机氯类杀虫剂会严重污染环境，因此世界各国都颁布了禁用此类农药的法令，对其抗药性的研究越来越少。50—70 年代，我国防治棉蚜主要使用有机磷类农药，在刚开始用药时，防治效果极好。但随着有机磷类农药的大量使用，棉蚜对此类农药的抗药性也很快表现出来，其中在新疆生产建设兵团 147 团和新湖农场，棉蚜种群对辛硫磷的抗性分别达到 951.8 倍和 1 236.9 倍[10]；在新疆五家渠地区，棉蚜田间种群对氧乐果的抗性达到 9 501 倍[11]。进入 80 年代以后，拟除虫菊酯类农药大量用来防治棉蚜，此类农药极易产生抗药性，并且抗性发展迅速，抗药性水平较高，在短短几年间，我国各棉区棉蚜对拟除虫菊酯类农药产生了不同程度的抗药性[12]。其中在新疆库尔勒地区，棉蚜田间种群对溴氰菊酯的抗性达到 4 153 倍；在博乐地区，棉蚜田间种群对高效氯氰菊酯的抗性达到 4 932 倍[11]。在 90 年代，棉蚜的抗性背景已经相当复杂，国内外棉区的棉蚜对有机磷类、拟除虫菊酯类、氨基甲酸酯类等传统杀虫剂均产生较高的抗药性，而此时新烟碱类杀虫剂被研发出来，成为防治刺吸式口器害虫杀虫剂发展中的“里程碑”[13]。但是随着长期、大规模、不合理地使用，棉蚜对以吡虫啉、噻虫嗪和噻虫啉为代表的新烟碱类杀虫剂也产生了不同程度的抗性，导致对棉蚜的化学防治越来越困难。在新疆地区，帕提玛・乌木尔汗等[11]测定了五家渠、石河子、奎屯、博乐、伊犁和库尔勒地区的棉蚜田间种群对新烟碱类杀虫剂吡虫啉、啶虫脒和噻虫嗪的抗性，结果表明，这 6 个地区的棉蚜田间种群对这 3 种杀虫剂产生了中、高水平抗性，抗性分别达到 85.2～412 倍、221～777 倍和 122～1 095 倍。

二、问题

1. 为什么每一类化学农药刚开始使用时对棉蚜防治效果很好，后期防效越来越差?

2. 棉蚜抗药性产生的机制是什么?

3. 如何能在化学防治的同时降低棉蚜抗药性?

4. 如何才能更好地防治棉蚜?

三、案例分析

1. 为什么每一类化学农药刚开始使用时对棉蚜防治效果很好，后期防效越来越差?

这是因为棉蚜对某一种或某一类化学农药产生了抗药性。近年来，为追求棉花产量最大化和预期经济效益，棉农对棉蚜的危害采取“零容忍”态度，加大棉田化学农药的使用次数，有时候甚至打“保险药”“放心药”“安慰药”，使得农药含量逐年增加。一种化学药剂刚开始使用时，防治效果往往很好，但随着用量不断增加和使用范围不断扩大，棉蚜的抗药性也不断上升，导致后期该药剂防治效果越来越差。在自然界中，棉蚜种群中本来就存在对化学农药敏感程度不同的个体，而杀虫剂的使用过程，实际上是对棉蚜种群进行选择的过程，每使用一次杀虫剂，就会留下相对有抗性的个体，杀死相对敏感的个体，也就使棉蚜群体抗药性水平获得了提高，从而对这种药剂产生了较高的抗药性，导致防效降低。

2. 棉蚜抗药性产生的机制是什么?

棉蚜抗药性机制主要涉及化学药剂对棉蚜体壁穿透性的降低、对化学药剂的代谢能力增加和靶标敏感度降低等。其中涉及羧酸酯酶（酯酶）代谢增加或作为结合蛋白而产生抗性的药剂如有机磷类、拟除虫菊酯类和氨基甲酸酯类等；涉及 P-450 代谢增加而产生抗性的药剂如毒死蜱、氧乐果、乙酰甲胺磷、克百威、马拉硫磷、灭多威、高效氰戊菊酯等；涉及乙酰胆碱酯酶敏感度降低而产生抗性的药剂如杀扑磷、内吸磷、毒死蜱、氧乐果、乐果、甲胺磷、对硫磷、硫丙磷、甲基对硫磷、丁硫克百威、抗蚜威、磷胺、甲萘威、灭多威等；涉及 GABA-氯离子通道复合体变异而产生抗性的药剂如硫丹等；涉及乙酰胆碱受体变异而产生抗性的药剂如啶虫脒、吡虫啉、噻虫嗪等；涉及钠离子通道点突变而产生抗性的药剂如溴氰菊酯、联苯菊酯、氟氯氰菊酯、甲氰菊酯、氯氟氰菊酯、高效氰戊菊酯、氯氰菊酯等。

3. 如何能在化学防治的同时降低棉蚜抗药性?

在我国棉区，棉蚜的田间种群对化学农药的抗性发展速度非常快，几乎对所有使用的化学杀虫剂均产生了不同程度的抗性。用化学药剂防治，除了合理、正确地选择化学药剂品种外，还要重点掌握用药时间和用药方法，做到科学用药，合理防治。首先推广隐蔽用药技术，尽最大可能保护天敌，积极推广棉花种子包衣技术、随水滴灌施药技术、全程绿色防控技术等隐蔽用药技术，减少用药次数，压低棉蚜种群，减轻对天敌的伤害。其次，棉蚜一般情况下选择在叶片的背部、嫩梢和嫩茎等处聚集，在喷药时应该将喷头朝上，自下而上，喷匀打透。另外，还要交替使用化学药剂，尽量降低用药频率，避免同一种药剂连续长时间使用（禁用菊酯类药剂），以防止或减缓棉蚜抗药性的产生。加强田间调查和监测，当棉田中棉蚜点片发生或零星分布时，可以结合棉花的田间管理，对棉蚜进行挑治，不必进行全田喷药。如果棉蚜处在发生初期，应该采取点片防治，尽量选用高效低毒低残留、对自然天敌伤害小、对环境友好的化学药剂防治，以延缓棉蚜的抗药性产生，保护自然天敌。

4. 如何才能更好地防治棉蚜?

对棉蚜的防治要实施综合治理措施。①要选用耐（抗）蚜性品种，加强棉花田间管理，使棉花群体均匀、长势健壮，以增强对蚜虫的抵抗能力。②还要优化作物布局，合理灌水，科学施肥，以消灭越冬虫源。③树立大农业、全局观点，尽量使花卉、瓜、菜地远离棉田，特别注意花卉和瓜、菜等作物上的蚜虫，要将其消灭于迁飞前，以免转移扩散至棉田。④在田间定苗、间苗时，注意调查，及时将棉蚜消灭在点片发生期。⑤棉农要摒弃“零容忍”观念，重视天敌生物控害功能以及棉花植株的补偿能力，推荐使用“益害比”指标，尽最大可能保护和利用天敌，维持生态平衡。⑥采用“预防为主，综合防治”的手段压低棉蚜数量，通过实行麦棉邻作或棉田周围种红花、油菜、苜蓿等诱集作物，可以吸引和涵养天敌资源，发挥自然天敌对棉蚜的控害作用，减轻化学农药对环境产生的污染。⑦棉蚜在棉田扩散危害面积较大，天敌又不能控制棉蚜数量快速增殖时，实行药剂挑治，不宜全田喷药，应使用生物制剂苦参碱和植物源制剂藜芦碱等，可获得较好的防治效果，禁用有机磷类和菊酯类农药，慎用新烟碱类农药，避免棉蚜种群产生抗药性。同时还要避免生长期连续使用单一药剂，应交替、轮换使用农药，保护天敌，充分发挥天敌的自然控害作用。

四、补充材料

1. 棉蚜的形态特征（图 35－1、图 35－2）

（1）干母。是越冬受精卵孵化的幼虫。体长 1.6mm，宽卵圆形，体多暗绿色。触角 5 节，约为体长之半。尾片常有毛 7 根。

（2）无翅孤雌成蚜。体长 1.5～1.9mm，卵圆形，夏季黄绿色，春秋深绿色或棕色。体表具清楚的网纹构造。触角不及体长的 2/3。尾片常有毛 5 根。

腹管长圆筒形，黑色，上有瓦砌纹。盛夏常发生小型蚜，俗称伏蚜，体淡黄色，触角可见5节。尾片有毛4根或5根。

（3）有翅孤雌蚜。体长1.2～1.9mm，触角6节，比体短，第三节常有次生感觉圈6～7个。前胸背板黑色，腹部各节节间斑明显。尾片有毛6根。前翅中脉3分支。

（4）有翅性母蚜。体背骨化斑纹更明显。触角6节，第三节常有次生感觉圈7～14个，一般9个，第四节为0～4个，第五节偶有1个。

（5）无翅性雌蚜。体长1.0～1.5mm，体色草绿、灰褐、墨绿、暗红等。触角5节。后足胫节膨大，有多数小圆形的性外激素分泌腺。尾片常有毛6根。

（6）有翅雌蚜。体长1.3～1.9mm，长卵形。腹部背片各节中央均有1条黑色横带。触角6节，第三至五节依次有次生感觉圈33个、25个、14个。尾片常有毛5根。

（7）若蚜。共4龄。一龄触角4节，腹管长宽相等；二龄触角5节，腹管长为宽的2倍；三龄触角5节，腹管长为一龄的2倍；四龄触角6节，腹管长为二龄的2倍。体色夏季为黄色或黄绿色，春秋季为蓝灰色，复眼红色。无尾片。

图35-1　棉蚜及棉蚜为害状（卷叶）
（王少山摄）

图35-2　棉蚜（伏蚜）
（白冰摄）

2. 棉蚜的生活史　苗伟等[14]研究表明，棉蚜在新疆可以发育完成25～35代，地区之间的温度差异决定了棉蚜在新疆不同地区发育代数不同。

孟玲等[15]研究初步推断棉蚜在新疆存在3种生活周期型：①异寄主全周期型，以石榴和黄金树等为越冬寄主，棉花为侨居寄主；②同寄主全周期型，初步观察棉蚜在黄金树上能完成生活周期；③不全周期型有两种情况，一是瓜蚜型，夏季在田间瓜类作物上营孤雌生殖生活，秋季进入温室和大棚黄瓜等寄主上继续营孤雌生殖生活；二是夏季在棉花上营孤雌生殖生活，秋季进入温室和大棚扶桑等寄主上继续营孤雌生殖生活。

棉蚜种群发生过程可以划分为以下几个时期（贺福德等，2001）：

侵入前期：播种至出苗破膜前，此时棉田无棉蚜的寄主，而大棚及露地黄瓜、葫芦和室外菊花、石榴等成为棉蚜的寄主，在其上繁殖1～3代，棉花出苗后陆续向棉田迁飞，是侵入棉田的早期蚜源。

侵入、定居期：侵入期从5月1日前后至5月底不一，这与蚜源基地棉蚜产生有翅蚜的时期和数量有关，其又受温度、降水因素的制约。5月中旬至6月中旬，棉蚜种群数量快速增长，单株蚜量达千头，个别棉田有蚜率达70%以上。此时中心株多少及蚜量大小与当年棉田蚜害程度有关，是不容忽视的重要时期。

种群数量高峰期：于6月中旬开始迅猛增长，此时温度适宜，天敌数量不大；6月20日至7月初达到最高峰，此时气温多在23～26℃。平均气温25.3℃时，若蚜平均历期仅5.1d。棉蚜具有极强的繁殖力，这是造成猖獗发生的内在因素。

种群波动期：7月中旬至8月中旬由于高温（29℃以上）天气多、降水以及天敌大量迁入棉田，其峰值都低于第一次高峰值，棉蚜种群数量在较低水平波动，常发年份不至于导致棉花减产。

迁回期：8月下旬棉花吐絮，使棉蚜的营养条件恶化，并随着气温逐渐降低，日照缩短，棉蚜陆续产生有翅蚜迁出棉田，向第一寄主迁飞。8月下旬至9月上旬气温高、棉花旺长时还会发生一次秋蚜高峰，对棉花产量及质量造成一定损失，并增大了越冬基数。

按棉蚜在棉田发生危害的时间也可以分为苗蚜和伏蚜两个阶段。苗蚜发生在出苗到现蕾以前，适合偏低的温度，气温超过27℃时繁殖受到抑制，虫口迅速下降。伏蚜主要发生在7月中下旬到8月，适合偏高的温度，在27～28℃大量繁殖，当平均气温高于30℃时虫口迅速减退。大雨对蚜虫虫口有明显的抑制作用，因此多雨的天气不利于蚜虫发生，而时晴时雨天气有利于伏蚜虫口增长。苗蚜10多d繁殖一代，伏蚜4～5d繁殖一代。每头成蚜繁殖期10多d，共产60～70头仔蚜。有翅蚜有趋黄色的习性。

参考文献

[1] 郭予元，戴小岚，王武刚，等．棉花虫害防治新技术［M］．北京：金盾出版社，1991.

[2] 郭文超，刘永江，徐建辉，等．新疆北部棉花主要病虫害发生趋势及防治策略［J］．新疆农业科学，1998（1）：20-22.

[3] 姚源松．新疆棉花高产优质高效理论与实践［M］．乌鲁木齐：新疆科学技术出版

社，2004.
[4] 冯志超，王永安，程国荣．新疆北部棉区棉蚜大发生原因及综合防治 [J]. 新疆农业科学，2005，42 (4)：265 - 268.
[5] 李国英，王佩玲，刘政，等．近年来新疆棉区病虫发生的特点及其原因分析 [C] //兵团精准农业技术研讨会论文汇编，2006：39 - 43.
[6] 贺福德，王少山．2003 年北疆棉区棉蚜发生及防治专题调研报告 [C] //兵团精准农业技术研讨会论文汇编，2004：289 - 292.
[7] 贺福德，陈谦，孔军．新疆棉花害虫及天敌 [M]. 乌鲁木齐：新疆大学出版社，2001.
[8] 梁彦，张帅，邵振润，等．棉蚜抗药性及其化学防治 [J]. 植物保护，2013，39 (5)：70 - 80.
[9] 石绪根．棉蚜对吡虫啉抗性机理的研究 [D]. 泰安：山东农业大学，2012.
[10] 张学涛，柳建伟，李芬，等．北疆地区棉蚜对不同杀虫剂敏感度水平测定 [J]. 植物保护，2012，38 (2)：163 - 166.
[11] 帕提玛·乌木尔汗，郭佩佩，马少军，等．新疆地区棉蚜田间种群对 10 种杀虫剂的抗性 [J]. 植物保护，2019，45 (6)：273 - 278.
[12] 慕立义，王开运．我国棉花蚜虫对菊酯类农药及呋喃丹抗药性调查与研究 [J]. 农药，1986 (2)：1 - 6.
[13] 郭天凤．新疆棉区棉蚜对新烟碱类杀虫药剂抗性监测、风险评估及抗性机制的研究 [D]. 北京：中国农业大学，2014.
[14] 苗伟，郭忠勇，吕昭智，等．基于正选函数拟合估算新疆棉铃虫及棉蚜的发生代数 [J]. 新疆农业科学，2006，43 (3)：186 - 188.
[15] 孟玲，李保平．新疆棉蚜生物型的研究 [J]. 棉花学报，2001，13 (1)：30 - 35.

撰稿人

王少山：男，博士，石河子大学农学院副教授。E - mail：wang_shaoshan@163.com

蔡志平：男，博士，石河子大学农学院副教授。E - mail：caizp@shzu.edu.cn

36 案例36

喷杆可伸缩静电喷雾器

一、案例材料

（一）农药喷雾技术应用现状

农药用药技术是科学使用农药的重要环节。喷雾是农药应用最为广泛的用药技术[1-2]。农药喷雾质量和效率，不仅取决于农药品种、剂型、环境条件、人们对病虫害生物习性及其发生规律的认识水平，还取决于施药器械的结构和性能。

研究表明，用药时喷洒方式、喷洒方向、喷头结构、雾滴尺寸、用液量、喷洒行进速度、植株形态结构和田间的气候条件包括风向级、温度和湿度等因素，皆可能影响药液雾滴在作物和田间的运动、沉积、持留和分布，从而影响用药效果和农药利用率。

随着农业生产规模化和集约化程度及植保技术的不断提高，农药和药械的使用得到了迅速发展。喷雾机械由手动向电动、无人机方向发展，喷雾水平由常量喷雾向低容量、超低容量喷雾方向发展，适应了“绿色植保”“科学植保”政策要求，使农药减量成效显著[3]。我国现有背负式手动植保机械的保有量约为 6 000 万台，机动喷雾喷粉机及电动喷雾机的保有量为 300 多万台，自走式大型植保机械保有量 4 万余台；植保无人机保有量超过 10 万架，作业面积突破到 10 亿亩次。

欧美发达国家规模化的大农场经营模式于 20 世纪中期开始形成，促使农业机械化与自动化得到全面、快速的发展，病虫草害防控用药技术以航空植保机械和大型自走式植保喷雾机械作为主体。国外大型植保机械采用了诸多的先进技术，主要包括：①精准变量喷药技术。成熟的基于 GPS（全球定位技术）、GIS（地理信息系统）及传感器技术的可实时变量喷药控制系统，可通过多种控制方式，根据灾害情况和受害位置变量喷药，使农药的利用率达到最大和污染降到最小，减小对农业环境的破坏。②精准定靶喷药的杂草识别技术。采用遥感技术和机器视觉技术进行田间病虫草检测和识别，节约 66%～

80%的农药，目标作物上的雾滴沉降效率提高 2.5～3.7 倍，空中飘移减少 62%～93%。③防飘移技术。使用风幕技术、防飘移喷头和静电喷雾技术，减少雾滴的飘移，增加药液的附着率，提高农药利用率，降低对非靶标生物的风险。④全液压驱动技术。国外的大中型自走式喷雾机在行走、转向、制动、喷杆升降和折叠、整机地隙的升降等方面，已实现了全液压控制。行走系统主要由液压马达驱动，使整机结构简化，底盘升高，更适合中耕作物喷药，且增加了传动系统的可靠性。⑤安全自动混药技术。根据需要调节混药比例，减少人、药接触，有效地避免中毒事件发生，混药操作方便灵活。

目前我国主要使用的植保器材仍然是背负式手动或电动喷雾器，与国外相比，在用药器械专业化、关键性的基础部件、用药机具的信息化智能化程度等方面存在短板，亟须结合各学科进行系统深入研究，不断提高农药喷雾技术。

（二）喷杆可伸缩静电喷雾器

为了解决小规模农业合作组织和分散农户的用药难题，满足对高秆作物及丘陵、山地等无人植保机或自走式机械喷雾机不适合作业的病虫害防治需求，以及解决喷洒雾滴不均匀导致农药浪费和施药过程弥雾危害身体健康等问题，创新设计了喷杆可伸缩静电喷雾器。该产品由可伸缩喷杆、静电发生器、储液桶、电池和水泵组成。储液桶采用 8L 小容量设计，在背负用药过程中，可减轻作业者的负荷。该产品能够对靶用药定向沉积、伸展喷杆提高喷幅，实现减药增效、节水省工、安全高效的目的。主要创新特征包括：

1. 可伸缩喷杆（图 36－1）　喷杆杆身采用碳纤维材质，轻便舒适，减少手腕承重，结构严密，具有极强的稳定性。其可伸缩的特性使用药距离在传统喷杆基础上增加 5 倍。将输液管内穿在喷杆内部，美观大方，且不改变农户使用习惯。接口采用铝合金，与输液管结合紧密，杜绝传统农业喷杆的跑、冒、滴、漏问题。喷杆采用多层套管，强度高，套管壁薄，不需特殊加工或加装固定组件，拉伸后通过摩擦力即可固定。

图 36－1　可伸缩喷杆（A）与传统喷杆（B）对比

喷杆可伸缩 5m，最大展幅可达 10m，具有轻便、可靠、成本低、易维护的特点。传统背负式喷雾器喷杆 0.6m，施药 667m^2 需要配药液 30L，作业需 45min，而使用本产品仅配药液 4L，作业时间不到 9min，用药效率提高 5 倍。生产上大幅度降低劳动强度，可实现大田少走圈、小田不下田。

2. 金属三喷头（图 36－2） 在传统单喷头基础上，创新设计不锈钢三喷头，适应不同的防控要求。三喷头设计为同向或异向，降低药液雾滴粒径，更易吸附并沉积到作物表面，从而达到精准用药、省药节水的目的。同时，还可以增加喷幅，提高作业效率。单位时间出水量是反映雾滴粒径的重要参数之一，本产品单个组合喷头流量控制在 0.45L/min，仅为普通喷雾器喷头流量的 1/5。

图 36－2 金属三喷头（A）与传统喷头（B）对比

3. 静电雾化组件（图 36－3） 通过静电和喷头压力两次雾化，雾滴粒径 100～150μm，小于传统手动或电动喷雾器雾滴粒径，且荷电雾滴定向运动精准沉积在防治作物的各个部位，沉积效率高、雾滴飘移散失少，具有提高生物防效、改善生态环境等良好的效果[4]。当作物冠层比较高大，枝叶茂密时，如棉花、烟草等大田作物，以及设施农业中的果菜类作物的生长中后期，由于枝叶的遮蔽作用，使得农药雾滴沉积到冠层内部以及叶片背部等部位非常困难，而通过静电雾化微液滴可解决此类难题，实现低容量用药，表现出卓越的防效[5-6]。

图 36－3 静电雾化组件

4. 操作简便，应用场景灵活（图 36－4） 本产品适合小规模农业合作组织和分散农户使用，无须改变使用习惯，对农药剂型适应性宽，使用简便，可完全替代传统手动/电动喷雾器。

图 36-4　不同应用场景

植保无人机作业效率高，但是受到禁飞和空间障碍限制，续航时间短，飘移风险大。自走式用药机械适应地势平坦地区，在南方水田和丘陵地区使用受限。植保无人机和自走式用药机械购置成本高，需要专业人员操作。喷杆可伸缩静电喷雾器的用药距离比传统喷杆最大可延长 5 倍，折叠后长度仅 1m，满足水稻、高秆作物、果树等作物的喷药需求，应用场景灵活，能够有效解决传统农业喷杆用药劳动强度大、作业效率低、迎面用药对操作者存在中毒风险的缺点。喷杆可伸缩静电喷雾器与传统电动喷雾器性能分析见表 36-1。

表 36-1　喷杆可伸缩静电喷雾器与传统电动喷雾器性能对比

性能指标	传统电动喷雾器	可伸缩静电喷雾器
杆身材质	塑料	碳纤维
喷头	塑料单喷头/三喷头	不锈钢三喷头
杆身全长（m）	0.6	5
施药展幅（m）	1.5	10
沉积量（%）	30～50	50～70
储液桶容量（L）	15	8
雾滴粒径（μm）	120～200	100～150
每 667m² 用水量（L）	30	4
用药量	常规用药	常规用药的 70%
农药利用率（%）	40	65
作业效率［亩/（人·d)］	8～10	40～50

二、问题

1. 农药用药方法主要有哪些?
2. 植保无人机在可持续农业发展中的应用前景如何?

三、案例分析

1. 农药用药方法主要有哪些?

(1) 喷雾法。最普遍、最重要的一种农药使用方法，是指药液通过药械的机械力作用而雾化，形成细小雾滴喷洒在靶标上。很多剂型的农药都是兑水喷雾使用，配制药液前要根据农药制剂中有效成分的含量，计算单位面积使用农药量，确定配制药液量及兑水量。常规喷雾用水量没有严格的规定，一般依照田间植株的生长情况而定。生产中常用倍数法来稀释喷雾，如50%异菌脲可湿性粉剂800倍液防治细辛叶枯病。用倍数法稀释要注意稀释倍数小于100倍时，加水的份数为稀释倍数减1。

(2) 喷粉法。用手动或机动喷粉机将农药粉剂从器械中吹送出来，经过短距离飘散落到靶标表面的施药方法。喷施粉剂操作方便，不用水，工效高，对作物安全，而且不增加环境湿度，适合在环境密闭的保护地内使用，可节省用药，提高沉积量；另外，由于不给环境附加额外的湿度，比喷雾法降低了病害发生的可能性。粉剂的缺点是飘移性强，露地使用时附着力差，风吹雨淋都会使粉剂颗粒从靶标上脱落，使用时要严格控制好条件，使较多的药粉能够落在防治对象上。

(3) 毒饵法。用害虫喜食的麦麸、豆饼及谷物种子等作为饵料，加适量的水拌匀后再加具有胃毒作用的农药混合而成毒饵。毒饵主要用于金针虫、蝼蛄、蛴螬、地老虎等地下害虫的防治，用药时间得当可获得很好的防治效果。毒饵可以在播种时随种子一起撒埋在土壤中，也可以撒在幼苗茎基部周围，用少量土覆盖可以延长药效，尤其是毒性高的药剂制成毒饵后，使用时必须埋在土中，以免造成对家禽和鸟类的伤害。饵料也可以用鲜草、野菜等切碎而成，制作毒饵最常见的药剂是敌百虫和辛硫磷。用干的麦麸、豆饼作为饵料，农药用量为饵料量的1%～3%。鲜草作为饵料，农药用量为饵料量的0.2%～0.3%。一般在傍晚，尤其是雨后的傍晚撒施毒饵效果最理想。

(4) 熏蒸法。利用常温下有效成分为气体，或者是遇到空气就产生化学反应形成有生物活性气体的药剂，在相对密闭的空间进行病虫害防治的方法。目前，熏蒸法主要有两类。一类是仓库、车船、集装箱及堆放物等熏蒸，这类熏蒸环境条件容易控制，防治对象明确，熏蒸效率高，如豆象、麦蛾、谷盗等仓储害虫的防治，采用熏蒸方法防治效果很好。另一类是土壤熏蒸，随着新型熏蒸剂的不断涌现，土壤熏蒸应用得越来越多。一次性熏蒸可以对土壤中几乎所有的病原菌、害虫、害螨、线虫及杂草同时产生杀伤作用，缺点是土壤中有益微生物也被杀灭，而且土壤密封难度大，费工费时。另外还要考虑熏蒸材料的污染、残留及对种子出苗的影响等问题。如在黄芪播种前用必速灭进行土壤熏蒸处理后2个月内，土壤线虫总量减少约60%，黄芪齐苗后杂草控制率仍达80%以上。

2. 植保无人机在可持续农业发展中的应用前景如何？

（1）植保无人机作业具有精准、高效、环保、智能化、操作简单等特点，此外，植保无人机体积小，重量轻，运输方便，飞行操控灵活，对于不同的地块、作物均具有良好的适用性[7]。

（2）植保无人机在植保领域得到快速的应用与推广。植保无人机保有量持续增加，市场规模逐年上升。2016年植保无人机保有量仅6 500架。2019年底，我国共生产各类植保无人机170多个品种，保有量5.5万余架，作业面积超过8.5亿亩次，市场规模46.60亿元。在疫情、春耕、5G等多方面因素影响下，2020年植保无人机再度迎来发展，我国植保无人机保有量超过10万架，作业面积突破10亿亩次，市场规模增至67.9亿元。预计到2021年，我国植保无人机数量将达16万架，市场规模将达95.61亿元。

（3）对于传统农业生产来说，植保无人机具备灵活高效、操作便捷和成本低廉等优势，作用于农业耕、种、管、收等环节，不仅能提高农业生产的质量与效率，还能减少人力依赖和成本，能够有效推动农业智能化、信息化的升级[8]。我国“十四五”规划纲要提出，加快发展智慧农业，推进农业生产经营和管理服务数字化改造。完善农业科技创新体系，创新农技推广服务方式，建设智慧农业。国家大力发展智慧农业，将利好植保无人机发展。随着5G、人工智能、物联网、云计算、大数据等新型智能化技术的不断成熟与落地，植保无人机技术也将继续更新与迭代，相关产品将朝更加智能化、人性化的方向发展，从而推动植保无人机在农业领域的深化应用[9]。

（4）甘蔗生长后期植株高大，存在手工操作难、作业效率低、喷药风险大的问题，而应用植保无人机在甘蔗害虫防治上表现优异的效果。2018年在云南陇川试验示范，结果表明，在甘蔗根施农药防治的基础上，选用植保无人机喷33%氯氟·吡虫啉悬浮剂240mL/hm^{2}对甘蔗蓟马的防治效果较好，与防治前相比，相对防效为83.5%，与根施70%噻虫嗪种子处理可分散粒剂240mL/hm^{2}相比，相对防效为67.6%；在甘蔗螟虫蛀茎为害初期，选用植保无人机喷40%氯虫·噻虫嗪水分散粒剂240g/hm^{2}对甘蔗螟虫的防治效果显著，与根施4%吡虫·毒死蜱颗粒剂30kg/hm²相比，对螟害株率的相对防效为91.2%，对螟害节率的相对防效为96.1%，与根施2%吡虫啉颗粒剂30kg/hm²+0.4%氯虫苯甲酰胺颗粒剂30kg/hm²相比，对螟害株率的相对防效为52.0%，对螟害节率的相对防效为53.8%。以上数据说明植保无人机进行甘蔗害虫防治具有作业效率高、对甘蔗安全和防效好的优势。

四、补充材料

（一）喷雾法雾滴的分类

雾滴的分类是按它的大小进行的[10]，以前有许多不同的分类方法，沿用较多的是英国科学家Matthews在1975年提出的分类方法，如表36-2所示。

表36-2 雾滴类型按其大小分类

雾滴的体积中径（μm）	雾滴大小分类
<50	气雾滴
50～100	弥雾滴
101～200	细雾滴
201～400	中等雾滴
>400	粗雾滴

Matthews的雾滴分类方法，基本上沿用至今。英国作物保护委员会（British Crop Protection Council）提出的标准是根据雾滴大小把喷雾分为很细VF（≤100μm）、细F（101～200μm）、中等（201～300μm）、粗（301～450μm）和很粗VC（>450μm）5个等级。

测量雾滴大小最常使用的参数是体积中径（VMD），度量单位为μm。体积中径的定义：在一次喷雾中，将全部雾滴的体积按从小到大的顺序累加，累加值等于全部雾滴体积50%时，所对应的雾滴的直径。

对于特定的目标，在选择合适的雾滴大小时，应考虑雾滴或粒子从喷头向用药目标的运动，以及重力、气象条件和静电等对雾滴运动的影响[11]。在减少用药量的趋势下，只有使用大量小雾滴才能获得有效的覆盖。如果均一的雾滴分布在平滑表面上，理论上的雾滴密度如表36-3所示。

一定的药液产生的雾滴数目，与这些雾滴直径的立方成反比，这样落在1cm²平滑表面上的雾滴数目n可以由下式算出：

$$n=\frac{60}{\pi}\left(\frac{100}{d}\right)Q$$

式中　d——雾滴的 VMD；

Q——喷雾量。

从雾滴覆盖量出发，雾滴越小，药效越好，由此就可以减小药液的用量。但在实际应用中，由于雾滴飘移的影响和雾滴穿透力的要求，不同的喷雾对象和喷雾条件对雾滴大小的要求是不同的（表 36－3、表 36－4）。

表 36－3　当 1L 药液平均分布在 1hm² 面积上时雾滴的理论密度

雾滴的直径（μm）	每平方厘米面积上雾滴数目
10	19 099
20	2 387
50	153
100	19
200	2.4
400	0.298
1 000	0.019

表 36－4　不同温度、湿度条件下，雾滴在静止空气中存在的时间和下落的距离

雾滴起始大小（μm）	温度 20℃，ΔT2.2℃，相对湿度 80%		温度 30℃，ΔT7.7℃，相对湿度 80%	
	雾滴存在时间（s）	下落距离（cm）	雾滴存在时间（s）	下落距离（cm）
50	12.5	12.7	3.5	3.2
100	50	670	14	180
200	200	8 170	56	2 100

（二）雾滴运动的影响因素

雾滴运动受到诸多因素的影响，而这些影响因素大多对喷雾质量是至关重要的[12]。其中，最主要的影响因素有蒸发、重力和气象条件[13]。

1. 蒸发的影响　当液体被分离成小雾滴时，其表面积会大大增加，而且在总体积不变的情况下，雾滴直径越小，其比表面积越大，特别是当雾滴直径小于 50μm 时，随着雾滴直径的减小，其表面积急剧增加[14]。这种非线性的关系对于小雾滴的利用是非常不利的。小雾滴有利于雾滴对喷雾目标的覆盖，但由于小雾滴表面积的增大，使雾滴与空气接触面积加大，蒸发性加强。导致的结果是，在湿度较小的空气中，小雾滴在空气中存在的时间很短，往往在到达目标之前已完全蒸发，这是实际喷雾作业过程中不得不重视的问题，也是小雾滴的应用受到限制的因素之一。

2. 重力的影响 在静止的空气中，雾滴在重力的作用下，加速下落，直至重力与空气的阻力平衡时为止。通常，小于 100μm 直径的雾滴末速度可达 25cm/s。直径 500μm 的雾滴末速度可达 70cm/s。末速度受雾滴的大小、比重、形状以及空气的密度、黏度等综合因素影响[15]。

3. 气象条件的影响 影响雾滴运动的气象因素主要有气温、相对湿度、风速和风向等。气温和相对湿度对雾滴运动的影响，主要表现为对雾滴的蒸发，另外，温度和湿度的极端情况都会影响雾滴在植物叶面上的附着。风力对雾滴运动的影响更大，它不但会加速雾滴的蒸发，更主要的是它会造成雾滴飘移而脱离目标[16]。

（二）植保无人机控制喷雾飘移的主要参数及影响

飘移始终是影响植保无人机用药效果和造成环境污染的重要原因[17]。在喷雾过程中，飘移现象是不可避免的，对喷雾技术改进的目的是通过开发高效的喷雾装置，选择合理的使用参数和有效地控制喷雾条件，减少飘移量，使药物飘移造成的危害降到最低[18-19]。

1. 雾滴大小、风速和相对湿度对飘移距离的影响 以 20m/s 的速度从 0.5m 的高度喷向喷嘴下方或上方的目标，直径 50μm 或更小的雾滴都对飘移非常敏感，在风速为 0.5～10.0m/s、相对湿度为 20％～80％的条件下，所有这些雾滴都在达到地面以前完全蒸发了。当风速增加时，小雾滴的平均飘移距离增加很快。在相对湿度 60％和 0.5m/s、5m/s 和 10m/s 的不同风速下，直径 50μm 的雾滴在完全蒸发以前分别飞行了 3.86m、22.1m 和 42.1m。随着环境湿度的增加，直径 50μm 或更小的雾滴的飞行距离也随之增加，这是因为湿度有利于延长雾滴在完全蒸发以前的生命期。实际应用中大多喷嘴产生的雾滴直径都在 70μm 以上[20]，当环境湿度为 40％或更高、在任何风速下直径 70μm 以上的雾滴都可以到达喷嘴 0.5m 以下或以上的某一点。可见风速、相对湿度和雾滴大小对雾滴的蒸发率有很大的影响，从而也决定了雾滴能够在空中的飞行距离。直径 200μm 或更大的雾滴比直径 100μm 的雾滴在相同条件下飘移的距离要小得多。所有直径 200μm 和更大的雾滴在 10m/s 的风速范围内其飘移距离未超过 0.82m。

2. 环境温度和相对湿度对飘移的综合影响 在环境温度对雾滴到达飞行终点时雾滴直径的影响方面，环境温度对小雾滴的影响程度大于大雾滴。直径 70μm 的雾滴在 2.5m/s 的风速和 50％的相对湿度下，在 10℃、20℃和 30℃ 3 种不同温度下到达终点时的直径分别为 59.24μm、2.7μm 和 0μm，而一个直径 200μm 的雾滴在相同的飞行条件下，到达终点时的直径分别为 200μm、

199μm 和 199μm。在 10m/s 风速的范围内，风速对整个飞行过程中雾滴直径变化的影响也是小雾滴大于大雾滴。温度能影响蒸发率，从而影响飞行中雾滴大小的变化和飞行距离，因为小雾滴表面积与体积之比大于大雾滴，并且在空中的飞行时间要长于大雾滴，所以温度对小雾滴飞行距离的影响要大于大雾滴。在 2.5m/s 的风速、50%的相对湿度下，一个直径 50μm 的雾滴在 10℃和 30℃两种温度下在完全被蒸发前的飞行距离分别是 16.2m 和 7.17m，但是在相同条件下，一个直径 100μm 的雾滴在完全被蒸发前的飞行距离分别是 3.21m 和 3.55m。在 0.5～10m/s 的风速范围内，环境温度对直径 200μm 以上雾滴的飘移没有多大影响，因为大雾滴在空中飞行的时间很短。

在相对湿度对不同大小雾滴飘移的距离影响方面，相对湿度对小雾滴的影响程度大于大雾滴。在环境温度为 20℃、风速为 5m/s 的模拟条件下，当相对湿度为 10%～80%时，直径 10μm 和 50μm 的雾滴在完全蒸发以前的飘移距离随着相对湿度的增加而增加，但相对湿度增加至 100%时，直径 50μm 的雾滴在水平方向飘移 28.4m 后落到地面的某一点，而直径 10μm 的雾滴在完全蒸发以前飘到了 200m 以外的地方。对于一个直径 200μm 的雾滴来说，在整个相对湿度变化范围内其飘移距离没有什么变化。

3. 喷嘴高度对飘移距离的影响　喷嘴在喷雾目标上方的高度取决于几个因素，其中包括喷雾器的设置、目标的形态和操作条件等[20]。在 50%的相对湿度和 20℃的环境温度下，直径 50μm 或更小的雾滴在某一风速下，在0.25～3m 的高度范围内其飘移距离基本是不变的，因为这些雾滴的生命期很短，在能够到达地面某一点之前已完全蒸发了。对直径 200μm 以上的雾滴，增加喷嘴的高度则雾滴的飘移距离也相应地增加。

4. 雾滴初速度对飘移距离的影响　雾滴的初速度取决于喷雾系统参数的设置和喷雾条件[21]。增加雾滴初速度会减小直径 80μm 以上雾滴的飘移距离。当风速分别为 0.5m/s、5m/s 和 10m/s 时，一个初速度为 0m/s、初始高度为 0.5m、直径为 100μm 的雾滴的水平飘移距离分别为 0.03m、0.64m 和 1.72m，但当其他条件不变，把初速度提高到 20m/s 时，该雾滴在 10m/s 风速下的飘移只有 0.03m。当风速在5～10m/s 时，没有一个直径 50μm 或更小的雾滴以初速度 0～50m/s 在完全蒸发以前到达地面的某一点。在温度为 20℃、相对湿度为 50%、风速为 5m/s 的模拟环境下，直径 100μm 以上的雾滴的飘移距离随着雾滴初速度的增加而减小。

5. 不同因素对雾滴飘移影响的综合分析　风速、喷嘴高度、环境温度和相对湿度对直径 100μm 及以下雾滴的飘移距离的影响远远大于对直径 200μm 以上雾滴的影响。对未蒸发完而能够到达喷嘴下地面某一点的雾滴来说，其飘移距离与风速之间近乎线性关系。在 100%相对湿度、大于 2.5m/s 风速的环境中，一个直径 10μm 的雾滴能够飘移到 200m 以外的地方。当相对湿度在60%以下、环境温度在 10～30℃时，直径 50μm 的雾滴在到达地面某一点之前就被完全蒸发了，这一类雾滴的飘移距离会随雾滴直径的增大而增加。直径 100μm 以上雾滴的飘移距离会随着风速的增大和喷嘴高度的增高而增加，但会随着雾滴直径的增大和雾滴初速度的提高而减小。

参考文献

[1] 何雄奎．中国植保机械与施药技术研究进展［J］．农药学学报，2019，21（5－6）：921－930.

[2] Frost A. A pesticide injection metering system for use on agricultural spraying machines［J］．J Agr Eng Res，1990，46（1）：55－70.

[3] 傅泽田，祁力钧，王秀．农药喷施技术的优化［M］．北京：中国农业科学技术出版社，2002.

[4] 茹煜，贾志成，周宏平，等．荷电雾滴运动轨迹的模拟研究［J］．中国农机化学报，2011（4）：51－5.

[5] 贺文智，陈宇峰，孟庆．液体雾化机理的研究进展［J］．内蒙古石油化工，1996（3）：13－16.

[6] 王贞涛，闻建龙，王晓英，等．高压静电液体雾化技术［J］．高电压技术，2008，34（5）：1067－1072.

[7] Huang Y，Thomson S J，Hoffmann W C，et al. Development and prospect of unmanned aerial vehicle technologies for agricultural production management［J］．Int J Agr Biol Eng，2013，6（3）：1－10.

[8] Yang F，Xue X，Cai C，et al. Numerical simulation and analysis on spray drift movement of multirotor plant protection unmanned aerial vehicle［J］．Energies，2018，11（9）：2399.

[9] 蒋智超，刘朝宇．浅谈植保无人机发展现状及趋势［J］．新疆农机化，2016（2）：30－31，42.

[10] Matthews G. Determination of droplet size［J］．PANS Pest Articles & News Summaries，1975，21（2）：213－225.

[11] Chen S，Lan Y，Zhou Z，et al. Effect of droplet size parameters on droplet deposition and drift of aerial spraying by using plant protection UAV［J］．Agronomy，2020，10（2）：195.

[12] Johnstone D，Rendell C，Sutherland J. The short－term fate of droplets of coarse aerosol size in ultra－low－volume insecticide application on to a tropical field crop［J］．J Aerosol Sci，1977，8（6）：395－407.

[13] 陈宝昌，李存斌，王立军，等．雾滴运动影响因素分析［J］．农业与技术，2014，34（5）：190－191.

[14] 袁江涛，杨立，孙嵘，等．高温气流内雾滴运动与蒸发特性的理论分析［J］．海军工

程大学学报，2008，20 (2)：5 - 8.
[15] Zheng Y，Cheng J，Zhou C，et al. Droplet motion on a shape gradient surface [J]. Langmuir，2017，33 (17)：4172 - 4177.
[16] 袁江涛，金仁喜，杨立 . 高温气流中单个雾滴运动与蒸发的耦合特性 [J]. 华中科技大学学报（自然科学版），2009 (12)：92 - 95.
[17] Chen H，Lan Y，Fritz B K，et al. Review of agricultural spraying technologies for plant protection using unmanned aerial vehicle (UAV) [J]. Int J Agr Biol Eng，2021，14 (1)：38 - 49.
[18] 孙婧元，楼佳明，黄正梁，等 . 液体雾化效果的检测及流体力学模拟 [J]. 浙江大学学报（工学版），2012，46 (2)：218 - 225.
[19] 王昌陵，何雄奎，王潇楠，等 . 基于空间质量平衡法的植保无人机施药雾滴沉积分布特性测试 [J]. 农业工程学报，2016，32 (24)：89 - 97.
[20] Krishnan P，Gal I，Kemble L，et al. Effect of sprayer bounce and wind condition on spray pattern displacement of TJ60 - 8004 fan nozzles [J]. T ASAE，1993，36 (4)：997 - 1000.
[21] Lv M，Xiao S，Yu T，et al. Influence of UAV flight speed on droplet deposition characteristics with the application of infrared thermal imaging [J]. Int J Agr Biol Eng，2019，12 (3)：10 - 17.

撰稿人

李晓刚：男，博士，湖南农业大学植物保护学院教授。E - mail：lxgang@hunau. edu. cn

王娅：女，博士研究生，湖南农业大学植物保护学院。E - mail：15211062742@163. com

37 案例37
两种植物源农药的研发与应用

一、案例材料

（一）植物源农药苦参碱研发与应用

在远古时代，人们就知道利用苦参碱来防治害虫。明代李时珍所著《本草纲目》中记述了1 892种药物，其中具有防治害虫作用的植物就有苦参。20世纪40年代，赵善欢等开始了苦参在农业应用上的调查研究，报道了苦参对黑足守瓜（*Aulacophora nigripennis*）和黄足守瓜（*A. temoralis*）有毒杀作用。20世纪60年代之后，有机合成农药广泛应用，有关苦参在农业害虫上应用的报道甚少。

20世纪80年代以来，由于有机合成农药应用中出现的问题，人们又重新将目光投向了天然源农药的研究与开发。早在1987年，科学家从西伯利亚的苦参根中分离出生物碱sofranol（羟基苦参碱），并发现sofranol有镇定、催眠、抗惊厥和止痛作用[1]。1989年和1991年Kazuhika Matsuda报道了苦参甲醇提取物的杀松材线虫活性[2]。经生物追踪分离鉴定，认为槐果碱的杀线虫活性最强。然而，在长期的生产实践中发现，单一的苦参碱杀虫效果并不理想，苦参总碱的效果相对尚可。1993年，苦参碱在我国首次作为杀虫剂登记以来，苦参碱的应用开始“丰富”起来。苦参碱的田间使用量逐年上升，多家专业性生产企业进行苦参碱的生产，还有部分原来生产苦参碱中药的企业也纷纷转向农业领域。据2015年资料，苦参碱杀虫剂登记产品数有20余个，其在杀虫剂领域的应用已全面开启。截至2021年9月，苦参碱杀虫剂登记的产品数量有107个，是目前植物源农药产品中登记数量最多、使用范围最广的植物源杀虫剂。

在早期利用苦参碱防治田间害虫的实践中，研究人员仅关注苦参碱对蚜虫、菜青虫等主要害虫的防治效果[3]，随后人们很快发现，在田间条件下，苦参碱制剂对部分病原真菌也具有很好的预防和治疗效果。于是，有研究人员利用苦参碱粗提物在室内对病原真菌进行抑菌生物活性测试，结果发现，苦参碱提取物对小麦赤霉病菌、小麦纹枯病菌、苹果炭疽病菌、番茄灰霉病菌等10余种病原真菌菌丝生长和孢子萌发都有明显的抑制作用，表明苦参各单碱对病原真菌也有明显的抑制作用[4]。截至目前，苦参碱制剂已在10多种病原菌上进行登记使用，为苦参碱的应用和推广奠定了坚实的基础。

此外，人们在实践应用中还发现了苦参碱具有刺激植物生长和诱导作物产生抗逆性等多重功效[5-6]。苦参碱制剂既能明显增加作物长势，又能诱导作物抗病以及抵御不良环境，同时还可以有效实现药肥的一体化，集绿色、安全、高效的农药特征于一体。作为一种优良的"植物保健和和谐植保"的农业投入品，苦参碱制剂无论是市场销量还是登记次数在植物源农药产品中都占据首位。

（二）植物源农药印楝素研发与应用

早在公元前，古印度人就已经利用燃烧的印楝树叶驱蚊，或将印楝树叶放入谷物或衣物中驱虫。印度的农民也知道印楝树能够经受住周期性的大批蝗虫的侵扰。20世纪20年代，印度科学家开始对印楝进行研究[7]，但直到1959年，在一位德国昆虫学家目睹了苏丹发生的一场蝗灾以后，印楝的相关研究工作才受到广泛的重视。在亿万只蝗虫侵袭植物期间，这位昆虫学家注意到印楝树是唯一剩下的绿色植物。经过仔细的调查，他发现蝗虫虽然成群地停留在印楝树上，却没有取食印楝树的叶子，最后蝗虫飞走了[8]。

德国昆虫学家发现印楝具有杀虫活性以后，德国、美国和印度等国家先后投入大量的人力和物力用于研究印楝的杀虫活性物质，掀起了一场国际性的研究热潮。1987年，德国的Kraus、英国的Ley和美国的Nakanishi 3位科学家团队分别研究确定并首次同时公开发表了印楝素A（azadirachtin A，CAS登录号为11141－17－6）的分子。随后，全世界多个国家进行印楝的引种栽培试验，多个国家对印楝生物农药进行研究。各国学者对印楝的研究主要集中于其抽提物的防治害虫效果试验、繁殖和栽培技术、生物农药及医药保健品的研制和使用。印楝生物农药还处于起始阶段，美国的印楝生物农药生产发展得最快，产品最多，其次是德国、印度、澳大利亚和缅甸，此外加拿大、泰国和海地等国家也开始兴建印楝农药生产厂。

我国不是印楝的原产国，没有自然分布，1986年，华南农业大学赵善欢院士首次将印楝引入国内，并在海南成功试验种植。随后国内云南、海南、四川均有种植，其中云南种植面积最为广阔，称为全球最大的印楝人工种植地区，面积达2.67万hm^2[9]。印楝素被发现为印楝树内部100多种杀虫活性较强的四环三萜类化合物中最具有代表性的活性物质，是具有很大的潜在毒性、可生物降解、环境友好型的天然杀虫剂[10]。印楝素对昆虫的主要作用机制是对昆虫产生拒食作用，能够有效地抑制或忌避昆虫的生长发育[11]，从而扰乱昆虫的内分泌，使害虫在蜕皮期和化蛹期生育受到影响而致畸或者致死，导致害虫不会产生抗药性[12]。印楝素杀虫剂是全球各国研究最多，全球范围内公认的广谱、高效环保型植物源杀虫剂[13]。2009 年 6 月，成都绿金生物科技有限责任公司登记 10%印楝素母药和 0.3%印楝素乳油[14]。2015 年后，印楝素产品主要集中于生物农药、健康护理、食品饲料、有机肥料 4 个领域。

二、问题

1. 植物源农药研发的依据是什么？
2. 农药植物资源发现有哪些途径？
3. 植物源农药研发的一般程序有哪些？
4. 植物源农药为什么不宜产生抗药性？
5. 植物源农药与土农药有何区别？
6. 植物源农药的特点有哪些？

三、案例分析

1. 植物源农药研发的依据是什么？

植物是地球上初级能源的制造者、食物链的最前端。植物群落直接影响着周围一切生物的有限繁衍，其可采用各种“隐秘”的手段来“科学”地调控整个自然界的持续发展。多途径、深层次地寻找和发现植物自我防卫功能和自身免疫功能的信息物质和功能基础，并以此作为植物源农药研究和开发的依据。

以植物源杀虫剂举例来说，植食性昆虫与寄主植物之间经过长期协调进化，它们之间形成的关系的多样性相当复杂，因为每一种昆虫对它的寄主植物都表现出一系列的适应性。世界上还没有发现一种能取食所有植物的昆虫，也没有发现一种能被所有植食性昆虫取食的植物。例如，一般所谓的“多食性”昆虫，能取食的植物不过一二百种，只占数十万种植物中极小的一部分；一些寡食性、单食性昆虫的取食范围就更狭小了。一种植物有可能被 300 多种昆虫取食，但在数十万种植食性昆虫中，这又是一个极小的部分。这些事实足以说明，植物在承受这种自然压力中，已经产生了强大的防御能力。一方面植物对来自外界的不利环境具有强大的自身免疫性，另一方面植物的表面结构和代谢具有特定的防御功能，包括固有的防御功能和被伤害诱导产生的防御功能。更具体而言，植食性昆虫对寄主植物的选择是由不同植物所含有的次生物质所造成的，这些信息物质（如野靛碱、马钱子碱、锥丝碱、印楝素、异茴芹内酯、胡椒酮等）一般有防御昆虫取食的作用，引起它们离弃植物或拒绝取食。尽管昆虫对存在于寄主植物中的某些植物次生物质能够忍受或解毒，但存在于其他植物上的大多数此类物质仍然起着毒素的作用。这些来自植物自身的信息物质或来自不同物种间的信号物质即是植物源农药研究和开发的依据。

2. 农药植物资源发现有哪些途径？

植物源农药能否大规模生产，很大程度上取决于生产该农药产品的植物资源的丰富程度，没有规模化的植物生产资源，就没有规模化植物源农药产品的市场效应。进行资源调查的目的就是掌握特定植物在国内的分布情况以及植物生长的土壤、环境、生态气候等因素，评估每年可以利用的数量，或者能否人工栽培等，以进行资源的规划和综合利用。资源的调查应采取实际勘查，选择有代表性的多个调查点，根据不同的海拔高度、不同的经纬度、不同的地质地貌、不同的土壤类型进行调查。人工栽培则以根插繁殖为好，生长迅速健壮。

现行有针对性的植物资源普查与开发主要从以下几个方面着手进行：①从民间经验和传说入手；②从分类学入手；③借鉴中草药已有的研究成果和相关的文献记载；④从观察中发现。这几个方面的信息为农药科学家加快对植物资源的普查与分析提供了思路和捷径。

3. 植物源农药研发的一般程序有哪些？

植物源农药研究开发可分为直接利用与间接利用。

直接利用主要包括植物资源的调查、活性成分在植株中的分布、活性成分的地域和季节性变化以及活性成分的稳定性等基础性调查研究工作。在此基础上，进一步开展活性成分提取工艺研究、加工工艺研究、应用技术研究和剂型研究等，进而为产业化开发奠定基础。

农药植物资源的间接开发，即在生物活性追踪指导下，提取分离植物中的有效成分，鉴定其分子结构，研究有效成分的作用机制，研究结构与活性的关系，进而人工模拟合成筛选，从中开发新型的有害生物控制剂。这里面包含了化合物的毒性试验、合成工艺、剂型研究、产品化合和使用技术等方面的具体内容。

4. 植物源农药为什么不宜产生抗药性？

植物源农药产品大多为多种活性化合物的混合物，各活性成分的作用方式不同，作用机制（靶标）可能有所不同，长期使用不易产生抗药性。

比如印楝素具有拒食、忌避、内吸和抑制昆虫生长发育的作用，被国际公认为最重要的昆虫拒食剂。其可直接或间接通过破坏昆虫口器的化学感受器产生拒食作用；通过对中肠消化酶的作用使食物的营养转换不足，影响昆虫的生命力。高剂量的印楝素可以直接杀死昆虫；低剂量则致其出现永久性幼虫，或畸形的蛹、成虫等。通过抑制脑神经分泌细胞对促前胸腺激素（PTTH）的合成与释放，影响前胸腺对蜕皮甾类的合成和释放，以及抑制咽侧体对保幼激素的合成和释放，导致昆虫血淋巴内保幼激素正常浓度水平的破坏，同时使昆虫卵成熟所需要的卵黄原蛋白合成不足而导致不育。可防治 10 目 400 余种农林、仓储、卫生害虫，特别是对鳞翅目、鞘翅目等害虫有特效。使用印楝素杀虫剂可有效地防治棉铃虫、舞毒蛾、日本金龟甲、烟芽夜蛾、谷实夜蛾、斜纹夜蛾、小菜蛾、潜叶蝇、草地贪夜蛾、沙漠蝗、非洲飞蝗、玉米螟、稻褐飞虱、蓟马、钻心虫、果蝇、黏虫等害虫。可广泛用于粮食、棉花、林木、花卉、瓜果、蔬菜、烟草、茶叶、咖啡等作物，害虫不易对其产生抗药性。

又如苦参碱，其主要成分有苦参碱、氧化苦参碱、槐果碱、氧化槐果碱、槐定碱等，为广谱性植物源杀虫剂，对害虫具有胃毒和触杀作用。主要作用于昆虫的神经系统，对昆虫神经细胞的钠离子通道有浓度依赖性阻断作用，可引起中枢神经麻痹，进而抑制昆虫的呼吸作用，使害虫窒息死亡。可有效防治鳞翅目、同翅目、鞘翅目、蜱螨目害虫，如蚜类、蝽类、菜青虫、小菜蛾、桃小食心虫、稻飞虱、稻纵卷叶螟、红蜘蛛等。同时，对蔬菜霜霉病、疫病、炭疽病等也有兼治效果。害虫和病菌对其不宜产生抗药性。

5. 植物源农药与土农药有何区别？

植物源农药与土农药从概念、加工、产品形态、使用等多个方面都有实质性的不同：①从概念上看，《新语词大词典》中“土农药”指“大跃进”中各地群众为消灭农作物病虫害而就地寻找、采集、挖掘能做农药的各种野生植物和矿物，如何首乌、山里红等。②从提取加工工艺和产品形态上看，“土农药”多是利用水煮提取液或植物直接粉碎物。如“艾蒿剂”是“将鲜艾蒿切碎、加水煮沸、冷却”即得，又如蓖麻叶秆晒干、磨成粉末埋入土内可防治地下害虫等；而现代植物源农药的加工，一般是先采用科学的提取工艺，将植物原材料通过水或有机溶剂提取、浓缩制得母药，然后再加入溶剂、填料、表面活性剂、稳定剂等农药助剂，加工成如乳油、水剂、可溶液剂、可湿性粉剂等制剂。③从产品质量及其控制上看，“土农药”中活性成分稳定性较差，一般不进行质量检测，因而均采用现制现用的方法使用；植物源农药产品活性成分和产品质量稳定，均要根据产品标准进行严格的质量检测，因而具有明显的货架期和商品性。④从使用技术上看，“土农药”一般没有规范的使用方法，而植物源农药产品则均有科学、规范的使用方法。⑤从管理的角度看，国家和政府对“土农药”不进行管理，“土农药”无须登记；而植物源农药的生产、销售和使用则必须按照国家农药管理的相关法律、制度进行，必须进行登记，等等。

6. 植物源农药的特点有哪些？

植物源农药的出现和应用已有悠久的历史。该类农药在长期的研究和应用中所表现出的特点可归纳为以下几点：

（1）对环境安全。植物源农药的主要成分是天然存在的化合物，这些活性物质主要由C、H、O等元素组成，来源于自然，在长期的进化过程中已形成了其固定的参与能量与物质的循环代谢途径，所以应用于环境中或作物上，不易产生残留，不会引起生物富集现象。印楝素、川楝素、烟碱、除虫菊素等均易降解，不易残留，对环境安全。

（2）对非靶标生物相对安全。从进化的角度来看，植物中的许多次生代谢物是植物在抵御有害生物侵袭的过程中逐渐形成的，而这些有害生物一般是以植物为寄主，所以，应该对肉食性生物没有太大影响。另外，从植物源农药的作用方式看，一般对害虫是胃毒作用或特异性作用，很少为触杀作用，因此对非靶标生物也应是相对安全的。印楝素、川楝素、雷公藤生物碱、枯茗酸等均对非靶标生物的毒性较小，相对安全。

（3）作用方式特异。植物源杀虫剂除具有和合成杀虫剂相同的作用方式（触杀、胃毒、熏蒸）外，还表现出一些特异的作用方式，包括拒食、抑制生长发育、忌避、麻醉、抑制种群形成等。上述特殊作用方式并不直接杀死害虫，而是阻止害虫直接为害，或抑制种群形成，达到对害虫的可持续控制。

（4）作用机制不同于常规农药。传统的杀虫剂大多是神经毒剂，而植物源农药的作用机制较复杂。如印楝素主要是扰乱昆虫内分泌系统，影响促前胸腺激素（PTTH）的合成与释放，致使昆虫变态、发育受阻；金丝桃蒽酮（hypericin）的杀草机制为分子首先通过吸收光被激活，然后与靶标植物体中的DNA结合，破坏DNA的功能或使其氧化，形成破坏力极强的单分子氧，单分子氧致膜脂发生一系列的过氧化反应，从而使靶标植物体内的生物膜和细胞迅速崩溃，致使植株死亡。

（5）不易产生抗药性。植物源农药产品大多为多种活性化合物的混合物，且各活性成分的靶标可能有所不同，长期使用不易产生抗药性。

（6）大多具有促进作物生长、提高抗病性的特点。植物源农药产品中除含具有可杀灭病虫草等有害生物的活性成分外，还含有如氨基酸、鞣质、有机酸、醇、酮、酚、醌等成分。这些成分往往与作物的生长及抗逆性有关，故多数产品在田间应用中表现出刺激作物生长、提高作物的抗病性等特点。

（7）种类繁多，开发利用途径多。有6 000余种植物具有控制有害生物的活性，研发的候选资源非常丰富。对自然资源量大的植物可直接开发利用，即将植物本身或其提取物加工成农药商品；对那些在植物体内含量甚微，但生物活性较高的化合物，可进行全人工仿生合成利用；对那些含高活性物质，但化合物难以人工合成或植物体本身不易获得，如珍稀物种、难以栽植或生物收获量很少的植物种类，可采用细胞培养等技术进行生物合成利用。

但是，需要指出的是，在现有农业生产技术和水平下，上述植物源农药的特点也使得其在生产应用中受到一定的限制，如速效性差，一般是调节有害生物种群的形成和发展，并不直接杀死有害生物，不能起到“立竿见影”的效果；易降解，持效期短，需多次用药。

四、补充材料

(一) 苦参碱

苦参碱是从苦豆子（*Sophora alopecuroides* L.）、苦参（*Sophora flavescens*. Ait）、广豆根（*Sophora subprostrata* Chun et T. Chen）、山豆根（*Sophora tongkinensis* Gapnep.）等槐属（*Sophora*）植物的根、茎中提取得到的水溶性总碱，是多种生物碱的总称，具有较为广泛的医用和农用活性。鉴于该总碱中的代表性活性单体为苦参碱，因此在现有文献及生产应用中，往往以“苦参碱”替代“苦参总碱”。

1. 苦参碱农药活性成分 目前，自苦参总碱和苦豆子总碱中分离、鉴定的生物碱主要属于喹诺里西啶（quinolizidine）类，还有一小部分属于双哌啶（dipiperidine）类。喹诺里西啶类生物碱，多数为苦参型总碱，如苦参碱、氧化苦参碱、羟基苦参碱、别苦参碱、异苦参碱、槐果碱、异槐果碱、氧化槐果碱、*N*-氧化苦参醇碱、槐胺碱、Δ^7-脱氢槐胺碱、槐定碱，以及 9α-羟基苦参碱、7,11-脱氢苦参碱、5α-9α-二羟基苦参碱、13,14-脱氢苦参碱啶、9α-羟基槐果碱、9α-氧化羟基槐果碱、9α-羟基槐胺碱等微量总碱；还有两种金雀花碱型生物碱 *N*-甲基野靛碱（*N*-甲基金雀花碱）和 rhombifoline；3 种无叶豆碱型生物碱臭豆碱、赝靛叶碱、白金雀花碱；一种羽扇豆碱型生物碱。双哌啶类生物碱只有苦参胺碱和异苦参胺碱两种（赵玉英和张如意，1991）。

其中，苦参碱、槐定碱、槐果碱、槐胺碱、氧化苦参碱、氧化槐果碱、*N*-甲基野靛碱的研究及报道相对较多，其结构见图 37-1[15]。

2. 苦参碱毒性及环境安全性 苦参碱对大鼠急性经口 LD_{50} 和急性经皮 LD_{50} 均大于 2 000mg/kg。对鹌鹑、意大利蜂、家蚕、赤眼蜂等陆生生物，对鲤鱼、大型溞、普通小球藻、泽蛙幼体等水生生物及两栖类，对蚯蚓、土壤微生物等土壤生物均属于低毒安全性农药，而且对作物的危害影响风险属于低风险性。苦参碱在自然水体中易降解，降解方式为微生物降解；苦参碱在水体环境易光解，光解半衰期在 1h 内。在土壤环境中为中等吸附，易移动，但主要集中在土壤表层，且易被微生物降解。所以，苦参碱对土壤和水体环境较为安全。苦参碱和苦豆子总碱在小白菜、黄瓜和土壤环境残留量较低，属于易消解农药，在土壤环境中不易残留[16-18]。

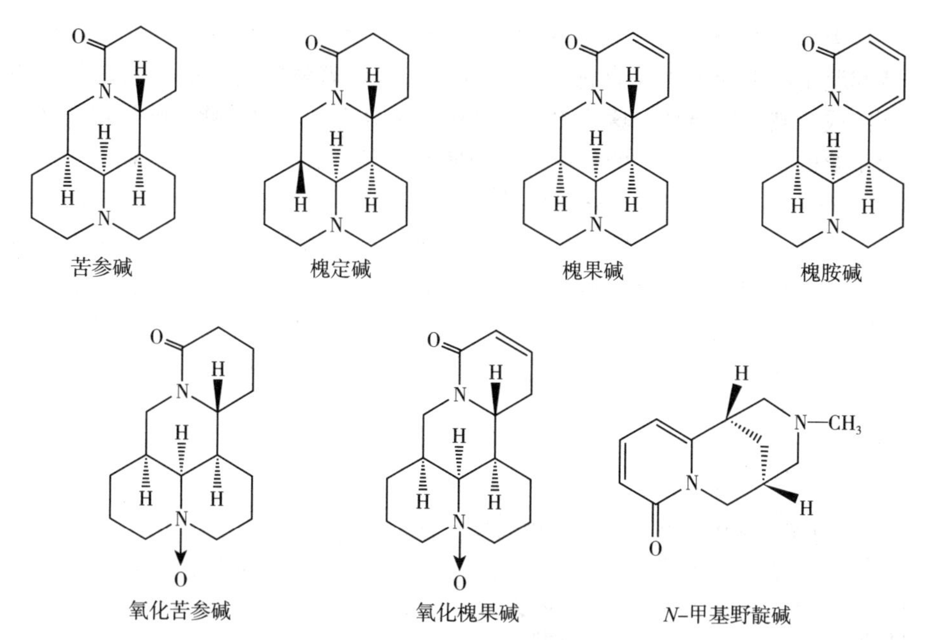

图 37－1　苦参碱主要成分的化学结构

3. 苦参碱登记使用情况　苦参碱杀虫抑菌作用历史上已有不少记载，仅《中国土农药志》报道苦参碱防治农业和卫生害虫就达 20 多种。现代研究也表明，苦参碱能防治蔬菜上的菜青虫、菜蚜、瓜蚜、螟虫、甜菜夜蛾、小菜蛾、甘蓝夜蛾、黄条跳甲、韭蛆，果（茶）树上的天幕毛虫、刺蛾、尺蠖、红蜘蛛和蜡蚧，粮食作物上的黏虫、小麦吸浆虫和蝗虫等多种害虫。与此同时，苦参碱对水稻条纹叶枯病、黄瓜霜霉病、马铃薯晚疫病、番茄灰霉病、辣椒炭疽病、葡萄霜霉病、花卉白粉病等多种植物真菌病害也表现出较好的防效。

目前，苦参碱相关产品登记在植物源农药中属于热点，参与企业、产品登记数量均排植物源农药登记的首位。截至 2021 年 9 月，国内有 90 余家企业，共登记苦参碱杀虫剂、杀菌剂和杀螨剂产品 123 个。据苦参碱产品登记资料统计，绝大多数产品登记在蔬菜、茶树等植物上防治蚜虫、菜青虫、小菜蛾、茶毛虫、茶尺蠖等害虫，也有几个产品登记在黑星病、霜霉病以及白粉病的防治上（中国农药信息网）。

（二）印楝素

印楝的果实、种子、种仁、枝条、树叶、树皮及树液中都含有活性物质，但以种子尤甚。印楝素是从印楝树中提取的一种生物杀虫剂，可防治 200 多种农、林、仓储和室内卫生害虫，是世界公认的广谱、高效、低毒、易降解、无残留的杀虫剂。

1. 印楝的化学成分 萜类化合物是印楝中所含的最重要成分，从印楝中分离和鉴定出来的萜类化合物已有 100 余种。随着科学研究的深入，仍不断有新的成分被分离出来，这些化合物又可以细分为二萜和三萜。萜类化合物中较为主要的是四环三萜类的印楝素，印楝素有多个结构相近的类似物，它们被称为 azadirachtin A（1）、B（2）、C、D、E、F、G、H、I、J、K 等，其中 azadirachtin A 是通常所指的印楝素。azadirachtin A 在印楝植物全株均有分布，而在种仁中含量最高，可达 0.2%～0.4%；azadirachtin B 也称 3－tigloylazadirachtol，其占所有印楝素的含量为 20%，其余的几种含量则相当低。此外，印楝中还含有多酚化合物（3、4、5）、脂肪酸（7、8、9）和其他化合物等（图 37－2）。

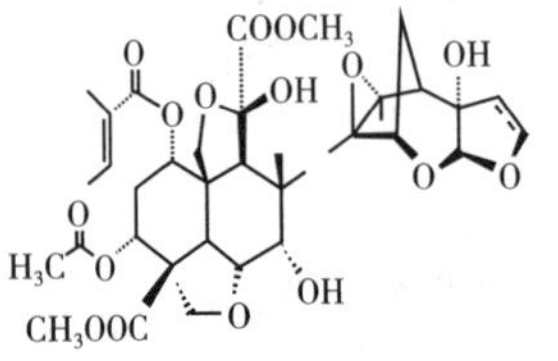

azadirachtin A（1） 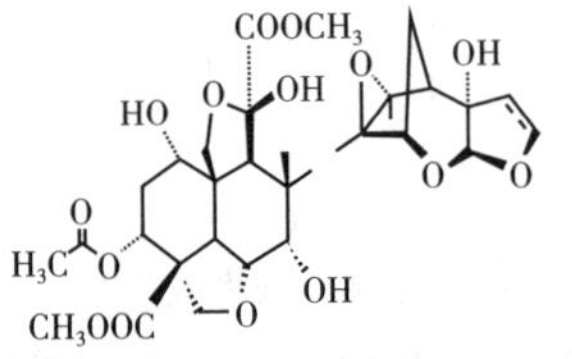　azadirachtin B（2） 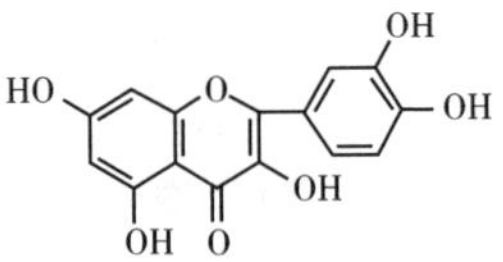　槲皮素（3）

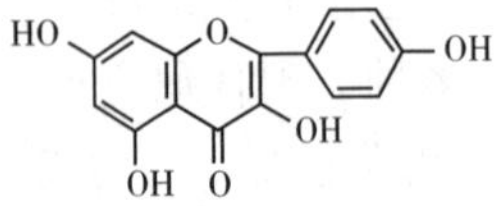

山柰酚（4） 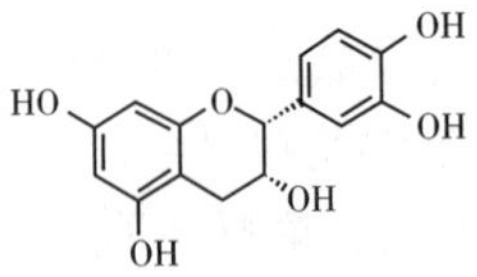　儿茶素（5） 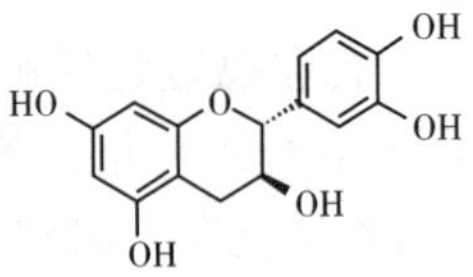　表儿茶素（6）

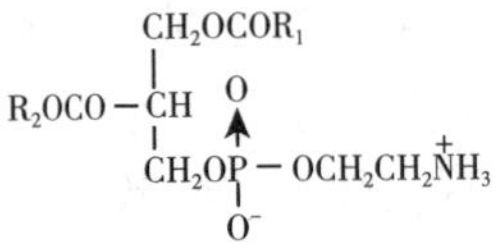

磷酯酰乙醇胺（7） 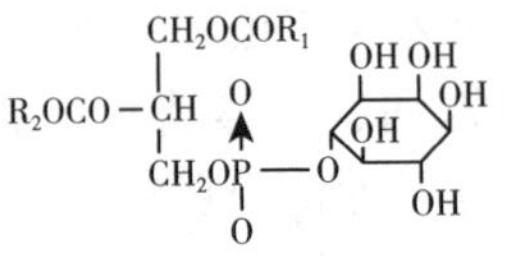　磷酯酰肌醇（8） 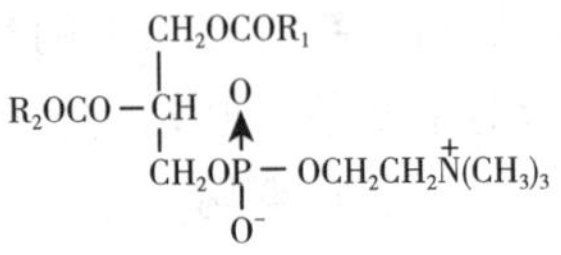　卵磷脂（9）

图 37－2　印楝的化学成分
（引自谭卫红等，2005）

2. 印楝素的杀虫作用机制 印楝素的杀虫作用机制主要是扰乱昆虫的内分泌活动，从而干扰昆虫的正常发育进程，使其最终死亡。这种扰乱作用是建立在整个相互协调、相互作用的内分泌系统基础上的一种综合作用，而非就某单一靶标而言。

科学家研究印楝素作用于害虫的靶标器官主要集中在脑、心侧体和前胸腺等。印楝素可间接抑制脑神经分泌细胞合成促前胸腺激素，还可以影响由脑释放到心侧体的脑神经分泌蛋白在心侧体中的“转换”，致使脑神经分泌蛋白大量积累，释放受阻而影响变态激素合成。此外，印楝素扰乱昆虫内分泌系统，影响促前胸腺激素的合成与释放，减低前胸腺对前胸腺激素的感应而造成20-羟基蜕皮酮合成、分泌不足，从而导致昆虫变态、发育受阻，直至死亡。

3. 印楝素登记和应用情况　印度是印楝的原产国，印楝中多种化合物具有治疗多种疾病的功效，但总体而言，印楝中被使用最多的还是其中所含有的萜类物质的杀虫作用。它的杀虫效果好，对蝗虫、飞虱、棉铃虫、小菜蛾、菜青虫、蚜虫、烟芽夜蛾、草地贪夜蛾、蚊、蝇等鳞翅目、鞘翅目及双翅目类害虫有特效。自1985年第一个商品化的印楝素制剂Margosan-O®在美国获准登记后，多个国家也都成功开发出了商品化的印楝素制剂。其中，印楝化合物商品化的制剂以美国居多，也有来自印度、加拿大和德国等国的制剂产品。具体为Neemix®（美国）、Azatin-EC®（美国）、RH-9999®（美国）、Bioneem®（美国）、Neemgard®（印度）、Neemark®（印度）、Neem EC®（加拿大）、Neemazal®（德国）等十几种。这些制剂中有乳油、可湿性粉剂、悬浮剂、颗粒剂等多种剂型。

截至2021年9月，在我国登记的印楝素产品有29个，分别由19家中国公司和1家印度公司登记，其中以成都绿金生物科技有限公司登记的产品个数最多，达到6个产品或复配产品（中国农药信息网）。此外，我国科研人员还研究了5%印楝素微乳剂配方，该配方制备工艺简单，成本低廉，制得的5%印楝素微乳剂外观透明、浊点高、抗冻、乳液稳定性合格[15]。陈坚等[16]制备的8%印楝素·多杀菌素悬浮剂对小菜蛾具有较好的防治效果。江定心等[17]利用干法经超微粉碎捏合技术制得可湿性粉剂，加入含有黏结剂的水造粒制备出了20%印楝素水分散粒剂，采用界面聚合法，进行微胶囊化，并通过正交试验优化制备出印楝素胶囊剂。

参考文献

[1] 李先荣，方增．苦参生物碱的药理研究及其临床应用［J］．山西中医，1985，1（8）：49-51.

[2] Matsuda K，Yamada K，Kimura，M，et al. Nematicidal activity of matrine and its derivatives against pine wood nematodes［J］．J Agric Food Chem，1991，39（1）：189-191.

[3] 刘丙涛．6种苦豆子生物碱单体及其不同组合的杀蚜活性研究［D］．杨凌：西北农林科技大学，2013.

[4] 苏克跃，王云海，严寒，等．苦参碱防治甘蓝蚜虫和茄子灰霉病的田间防效评价［J］．中国植保导刊，2013（12）：66-67.

[5] 李秀丽，张庆霞，纪瑛，等．苦参根水浸液对玉米种子萌发和幼苗生长的影响［J］．中国种业，2010（3）：37-38.

[6] 王宁宁，朱建新，王淑芳，等．苦参碱对小麦旗叶中蔗糖磷酸合成酶活性的调节［J］．南开大学学报（自然科学版），2000，33（1）：19-103.

[7] 许木成．印楝树种核抽提物对伊蚊幼虫的防治 [J]．世界农药，1986 (8)：34-36.

[8] Subapriya R，Nagini S. Medicinal properties of neem leaves：a review [J]. Curr Med Chem Anti-Cancer Agents，2005 (5)：149-156.

[9] 何玲，王李斌．印楝的杀虫作用研究进展 [J]．农药科学与管理，2012，33 (5)：23-28.

[10] Durand-Reville T，Gobbi L B，Gray B L，et al. Highly selective entry to theazadirachtin skeleton via a Claisen rearrangement/radical cyclization sequence [J]. Org Lett，2002，4 (22)：3847-3850.

[11] 荣晓东，徐汉虹，赵善欢．植物性杀虫剂印楝的研究进展 [J]．农药学学报，2000 (2)：9-14.

[12] 陈小军，杨益众，张志祥，等．印楝素及印楝杀虫剂的安全性评价研究进展 [J]．生态环境学报，2010 (6)：1478-1484.

[13] 徐汉虹．杀虫植物与植物性杀虫剂 [M]．北京：中国农业出版社，2001.

[14] 王亚维，张国洲，张金海，等．印楝素的生物活性研究进展综述 [J]．农技服务，2014，31 (6)：89

[15] 刘刚．印楝素微乳剂剂型开发成功 [J]．农药市场信息，2009，24 (10)：33.

[16] 陈坚，张胡焕，陈泰龙．8%印楝素·多杀菌素悬浮剂对小菜蛾的毒力测试及田间药效评价 [J]．现代农业科技，2017，16 (16)：100-101.

[17] 江定心，徐汉虹，杨晓云．植物源农药印楝素微胶囊化工艺及防虫效果 [J]．农业工程学报，2008，24 (2)：205-208.

撰稿人

吴华：男，博士，西北农林科技大学植保学院副教授。E-mail：wgf20102010@nwsuaf. edu. cn

冯俊涛：男，博士，西北农林科技大学植保学院教授。E-mail：fengjt@nwsuaf. edu. cn

案例38

利用可降解型除草布物理防除黄连杂草

一、案例材料

黄连是我国常用的中药之一，《中华人民共和国药典》（《中国药典》）2015版一部收载的黄连来源于毛茛科植物黄连（*Coptis chinensis* Franch.）、三角叶黄连（*Coptis deltoidea* C. Y. Cheng et Hsiao）或云连（*Coptis teeta* Wall.）的干燥根茎，具有清热燥湿、泻火解毒的功效[1]。黄连的主要成分为多种生物碱，包括小檗碱、黄连碱、甲基黄连碱、巴马亭、药根碱、表小檗碱、木兰花碱及阿魏酸等。现代药理研究发现黄连具有抗癌、抗菌、抗病毒、改善心血管疾病、降血糖、抗高血压等功能[2]。黄连喜生长于亚热带中高山海拔500～2 000m的山林地及山谷阴处，年均气温13～17℃，年降水量1 000～1 500mm[3]。黄连商品主要来源于栽培品种味连，分为“鸡爪连”“单枝连”两种，“鸡爪连”是药农采收加工的味连商品，“单枝连”是药商对“鸡爪连”进行二次加工的味连商品。产于重庆石柱、南川，湖北利川、宣恩、来风、恩施等地的，称“南岸连”，产量大；产于重庆城口、巫溪，湖北房县、巴东、竹溪、竹山等地的，称“北岸连”，产量少。

长期以来，在黄连的种植过程中，杂草危害非常严重，造成黄连缺窝减产、品质退化。杂草同时也是病虫害的寄主，可导致黄连病虫害的发生。经实地调研发现黄连地常见杂草有28科65余种，重庆石柱重点危害杂草有蕨科的凤尾蕨、荨麻科的透茎冷水花、三白草科的蕺菜等；其中透茎冷水花发生较为密集，数量较多，杂草发生区域的黄连生长与除草区域相比植株相对矮小、稀疏；蕺菜与凤尾蕨发生相对稀疏，但较为广泛，地块各区域均有发生；菊科的野艾蒿、石竹科的繁缕、蓼科的尼泊尔蓼危害一般，其他类杂草发生较少。杂草的大量生长繁殖争夺土壤中养分，又与黄连争夺生长空间、光照等，且寄宿、诱发病虫害，严重影响黄连的正常生长，甚至遮掩黄连使其郁闭而死亡[4]。

目前还没有除草剂在黄连上登记使用，农户自发的化学除草发现，杂草对除草剂的抗性比黄连强得多，除草效果很不理想。原始的人工除草作业方式，工作量大、效率低，操作时易扯出黄连苗，大大增加了黄连药材种植栽培的生产成本。按照常规采用聚乙烯有色地膜覆盖除草，又因黄连特殊的生长条件与生产方式，在栽培时极易弄坏地膜，且无法解决黄连根系透气性、黄连栽种的密度和施肥培土，以及地膜使用后的无害处理、不造成土壤污染等问题。因此，为了避免以上问题，除草布被开发出来应用在黄连的杂草防控中。

除草布是采用聚丙烯扁丝编织成的布状材料。相较原有的有色地膜，除草布具有防潮、透气、柔韧、质轻、不助燃、容易分解、无刺激性、价格低廉、可循环再利用等特点。目前除草布主要应用在果园、茶园等一些株行距较大，多年生作物田间的杂草防除中，如幼龄茶园[5]、花椒园[6]和柑橘园等。除草布不仅在粮食和果蔬生产过程中应用广泛，还在中药材的种植生产中具有广泛的应用价值。目前已经在黄连、柴胡、百合、皱皮木瓜等药材杂草防控中应用，并逐渐辐射到黄芩、羌活、金果榄和木香等中药材。尽管除草布解决了聚乙烯有色地膜在杂草防除中产生的一些问题，但是在实际应用过程中仍然还有一些问题亟待解决。例如除草布降解时间的控制，不同农作物的生长年限不一样，要求除草布的降解时长也不一致。此外，目前除草布的自我降解仍然不彻底。经过田间风化后，细小的颗粒仍会在田间存留较长的时间。因此，除草布仍然需要从田间清除，进行统一处理。面对这些仍然存在的问题，更先进材料的除草布的开发将会是这类物理防控草害措施的发展趋势，例如开发具有可彻底降解、无污染，还可作为有机肥还田特性的材料。

利用杂草黑暗条件不能进行光合作用的特点，结合黄连种植特点及杂草发生规律，研发出一套“除草布覆盖除草”的绿色除草技术，解决黄连人工除草成本高以及化学除草剂带来的药害和农药残留问题，实现黄连绿色除草的目的。先用专门的电钻开孔（或工厂定制），孔径 4～6cm，孔间距为 20cm，可确保黄连的根系透气性、光合作用和施肥，使黄连能够正常生长。具体操作过程中，首先整地去除大土块，将打好孔的除草布铺平整并固定，然后将黄连小苗移栽到孔中。黄连移栽 1 个月后追肥，主要集中在除草布孔中，为了避免烧苗，施用前将氮肥暴晒 2d，除去里面的氨气，施用化肥的量为常规用量的 1/3～1/2，1～2 年后去除除草布。该技术采用物理除草方法，操作简单、绿色环保、成本低廉、防治效果好，成功攻克了黄连地杂草防治的难题，该套技术以绿色防控为基础，为实现黄连生产的长期可持续发展服务，可在我国黄连主产区推广应用，其他中药材杂草的绿色防控也可参考借鉴。

二、问题

1. 杂草怎样影响黄连的生长？

2. 黄连地的杂草有哪些？
3. 为什么不适合用化学方法防除黄连地杂草？
4. 除草布防除黄连地杂草的原理及优势是什么？
5. 什么情况下可以考虑使用除草布防控杂草？

三、案例分析

1. 杂草怎样影响黄连的生长？

杂草是指生长在有害于人类生存和活动场地的植物，一般是非栽培的野生植物或对人类有碍的植物。杂草的大量生长繁殖争夺土壤中养分，又与黄连争夺生长空间、光照等，且寄宿、诱发病虫害，严重影响黄连的正常生长，甚至遮掩黄连使其郁闭而死亡。杂草不但对黄连的生长有着直接的影响，造成黄连缺窝减产、品质退化，而且黄连地中由于杂草的生长，往往形成利于黄连病虫害发生和发展的环境条件，助长病虫害的发生和蔓延，招致病虫害大量发生，而使黄连蒙受其害。同时有许多杂草又是危险性病虫害的寄主和媒介，使病虫害在寄主黄连未成长时，先寄生为害杂草，或在黄连成熟时，转寄主为害杂草，并在其上产卵繁殖，来年时再侵染黄连，成为病虫害的转主寄主和传播者[7]。

2. 黄连地的杂草有哪些？

黄连地发生杂草种类较多，经调研发现湖北恩施、重庆石柱、四川成都等地区黄连地共有杂草 28 科 65 种（表 38－1），其中菊科杂草和禾本科杂草较多，分别为 14 种和 9 种；其次，唇形科有 5 种杂草，石竹科、莎草科、蓼科各有 3 种杂草，荨麻科、十字花科、豆科、蔷薇科、茜草科分别有 2 种杂草；其他科均发现 1 种杂草。重庆石柱地区重点危害杂草有蕨科的凤尾蕨、荨麻科的透茎冷水花、三白草科的蕺菜；其中透茎冷水花发生较为密集，数量较多，杂草发生区域的黄连生长与除草区域相比植株相对矮小、稀疏；蕺菜与凤尾蕨发生相对稀疏，但较为广泛，地块各区域均有发生；菊科的野艾蒿、石竹科的繁缕、蓼科的尼泊尔蓼危害一般，其他类杂草发生较少。

表 38－1　黄连地杂草名录

科	杂草中文名	杂草拉丁名	杂草调查地点
菊科	野茼蒿	*Crassocephalum pidioides*（Benth.）S. Moore	四川成都
	鼠曲草	*Gnaphalium affine* D. Don	湖北恩施
	野艾蒿	*Artemisia lavandulaefolia* DC.	重庆石柱、湖北恩施
	胜红蓟	*Ageratum conyzoides* L.	四川成都

（续）

科	杂草中文名	杂草拉丁名	杂草调查地点
菊科	马兰	*Kalimeris indica* (Linn.) Sch.	重庆石柱、四川成都
	天名精	*Carpesium abrotanoides* L.	四川成都
	钻叶紫菀	*Aster subulatus* Michx	四川成都
	三叶鬼针草	*Bidens pilosa* L.	四川成都
	小白酒草	*Conyza canadensis* (Linn.) Crong	重庆石柱、四川成都
	牛膝菊	*Galinsoga parviflora* Cav.	重庆石柱、四川成都、湖北恩施
	山莴苣	*Lagedium sibiricum* (L.) Sojak	四川成都
	鱼眼草	*Dichrocephala benthamii* C. B. Clarke	重庆石柱
	小蓟	*Cirsium setosum* (Willd.) MB	重庆石柱
	狼把草	*Bidens tripartita* L.	重庆石柱
禾本科	看麦娘	*Alopecurus aequalis* Sobol	四川成都
	马唐	*Digitaria sanguinalis* (L.) Scop	四川成都
	牛筋草	*Eleusine indica* (L.) Gaertn	四川成都
	稗草	*Echinochloa crusgalli* (L.) Beauv	四川成都
	千金子	*Leptochloa chinensis* (L.) Nees	四川成都
	虮子草	*Leptochloa panicea* (Retz.) Ohwi	四川成都
	金色狗尾草	*Setaria glauca* (L.) Beauv	四川成都
	柔枝莠竹	*Microstegium vimineum* (Trin.) A. Camus	重庆石柱
	白茅	*Imperata cylindrica* (L.) Beauv	重庆石柱
唇形科	细风轮菜	*Clinopodium gracile*	重庆石柱、四川成都
	夏至草	*Lagopsis supina* (Stephan ex Willd.) Ikonn. - Gal. ex Knorr.	四川成都
	野薄荷	*Mentha haplocalyx* Briq	重庆石柱、四川成都
	宝盖草	*Lamium amplexicaule* L.	重庆、湖北恩施
	香薷	*Elsholtzia ciliata* (Thunb.) Hyland	重庆石柱
石竹科	繁缕	*Stellaria media* (L.) Cyr	重庆、四川成都、湖北恩施
	蚤缀	*Arenaria serpyllifolia* L.	四川成都
	簇生卷耳	*Cerastium caespitosum* Gilib	四川成都

（续）

科	杂草中文名	杂草拉丁名	杂草调查地点
三白草科	蕺菜	*Houttuynia cordata* Thunb	湖北恩施、重庆石柱
蓼科	尼泊尔蓼	*Polygonum nepalense* Meisn	重庆、四川成都、湖北恩施
	长鬃蓼	*Polygonum longisetum* De. Br.	四川成都
	牛耳大黄	*Rumex crispus* L.	四川成都
毛茛科	人字果	*Dichocarpum sutchuenense*	湖北恩施
荨麻科	透茎冷水花	*Pilea pumila*（L.）A. Gray	重庆石柱、湖北恩施
	珠芽艾麻	*Laportea bulbifera*（Sieb. et Zucc.）Wedd. subsp. *bulbifera*	重庆石柱
金星蕨科	渐尖毛蕨	*Cyclosorus acuminatus*（Houtt.）Nakai	湖北恩施
报春花科	过路黄	*Lysimachia christinae* Hance	湖北恩施
莎草科	异型莎草	*Cyperus difformis* L.	四川成都
	碎米莎草	*Cyperus iria* L.	四川成都
	香附子	*Cyperus rotundus* Linn.	四川成都
十字花科	荠菜	*Capsella bursa-pastoris*（Linn.）Medic	四川成都
	碎米荠	*Cardamine hirsuta* L.	重庆石柱
豆科	窄叶野豌豆	*Vicia angustifolia* L. ex Reichard	四川成都
	三叶草	*Trifolium stellatum*	重庆石柱
蔷薇科	蛇莓	*Duchesnea indica*（Andr.）Focke	重庆石柱、四川成都
	插田泡	*Rubus coreanus* Miq.	重庆石柱
茜草科	猪殃殃	*Galium aparine* L.	重庆石柱
	六叶葎	*Galium asperuloides* Edgew subsp. *hoffmeisteri*（Klotzsch）Hara	重庆石柱
桔梗科	荠苨	*Adenophora trachelioides*	重庆石柱
伞形科	天胡荽	*Hydrocotyle sibthorpioides*	重庆石柱
酢浆草科	酢浆草	*Oxalis corniculata* L.	重庆石柱
商陆科	商陆	*Phytolacca acinosa* Roxb	重庆石柱
柳叶菜科	大花柳叶菜	*Epilobium wallichianum* Hausskn	重庆石柱
紫草科	琉璃草	*Cynoglossum furcatum* Wall	重庆石柱
苋科	反枝苋	*Amaranthus retroflexus* L.	四川成都
卷柏科	翠云草	*Selaginella uncinata*	重庆石柱、四川成都

（续）

科	杂草中文名	杂草拉丁名	杂草调查地点
木贼科	节节草	*Equisetum ramosissimum* Desf.	四川成都
苹科	四叶苹	*Marsilea quadrifolia* L.	四川成都
马钱科	醉鱼草	*Buddleja lindleyana* Fortune	重庆石柱
凤尾蕨科	凤尾蕨	*Pteris cretica* L. var. *nervosa* (Thunb.) Ching et S. H. Wu	重庆石柱
地钱科	地钱	*Marchantia polymorpha* L.	重庆石柱

3. 为什么不适合用化学方法防除黄连地杂草?

首先，目前还没有化学除草剂在中药材黄连上登记使用，因此在黄连上自行或推荐使用除草剂将违反《农药管理条例》，属于事实上的违规用药；其次，在黄连上使用化学除草剂存在极大的风险，如对黄连的药害以及药材中农药残留超标。

4. 除草布防除黄连地杂草的原理及优势是什么?

利用杂草黑暗条件不能进行光合作用以及除草布的机械张力，黑色除草布覆盖可以阻止杂草的萌发和幼苗出土，从而控制杂草。同时除草布与常规的黑色塑料地膜相比，具有较好的延展性、透气性、透水性和可降解性，有利于农事操作、保护土壤墒情和减少污染；与人工除草相比，可大幅降低黄连生产成本（表 38－2）。如图 38－1、图 38－2 所示，覆盖除草布后的黄连生长较好，无杂草生长；不防除杂草的田中黄连被杂草覆盖，影响了黄连的生长。

表 38－2　黄连人工拔草与除草布除草亩成本比较

项目	人工拔草种植	除草布覆盖种植
2 年除草用工	除草 6 次，人工费用共计 4 800 元	—
除草布费用	—	1 200 元
除草布打孔、铺设	—	450 元
施肥	每亩肥料费用共计 5 000 元，人工 3 000 元（5 年，每年施肥 3 次）	每亩肥料费用共计 1 667 元，人工费用共计 1 000 元
移栽苗	90 000 株/亩，共计 4 500 元	80 000 株/亩，共计 4 000 元
其他	—	施肥较常规麻烦一些
合计	17 300 元	8 317 元

图38－1　除草布覆盖黄连生长状况

图38－2　未使用除草布杂草生长情况

5. 什么情况下可以考虑使用除草布防控杂草?

从除草成本、种植特点和除草布降解年限等方面考虑，使用除草布防除杂草时，一般应满足以下要求：

①无除草剂登记产品、人工除草成本高的高经济价值作物或中药材。

②移栽种植、有一定株行距的多年生作物（如果树）或中药材。

四、补充材料

1. 黄连种植技术　在漫长的黄连生产过程中，连农逐渐积淀总结出了一套相当成熟的黄连种植技术，即采种育苗、搭棚栽连、连棚管理和起连加工等一系列技术[7]。

采种时间多在立夏前后10d的晴天，避开早上的露水，为的是避免水分过多种子难以从果壳中脱落。育苗一般在立春前后进行，方式有粗放型育苗（毛林育苗）和精细型育苗（搭棚育苗）。

搭棚首先是选地，接着是砍山（砍脚荫），将树木杂草齐地面砍断，然后选取棚桩、领子、横杆等，之后砍桩、立桩，前者是把选好的棚桩下端削尖，上端砍成凹形碗口状，后者是双手紧握棚桩高举用力扎进土里，反复数次，棚桩稳固即可。连棚搭建好以后，春秋两季均可以栽连苗，称“春排”和“秋排”（图38－3）。

连棚管理主要包括除草补苗、施肥培土、连棚修补等方面。黄连移栽后一二年内，常有死苗缺株现象，需及时选用大苗、壮苗来补苗，确保黄连的种植密度。连地前两年杂草较多，每年要除草4～5次，并用竹撬松土，之后每年除草2次即可。黄连是喜肥作物，移栽后10d左右要施一次农家肥，称刀口肥，能使连苗存活后快速生长，其后每年的春秋两季各施 1 次肥，一般以农家肥为主，化肥为辅。黄连根茎有向上生长而又不长出土面的特性，所以要逐年培土（俗称撒灰或上泥）。根据黄连生长年限的不同，连棚的遮阴度要进行调整，移栽后 4～5 年以前的黄连要有足够的遮阴度。在此期间，由于风吹雨打导致连棚损坏，需在每年下雪之前和春季修补连棚。移栽 5 年后的黄连面临采收，在立秋后应拆除连棚，让黄连接受阳光照射，俗称亮棚。对于非采种植株，还应在早春黄连抽薹时及时摘除其花薹，以增加黄连产量。

黄连收获的最佳时节是霜降到立冬，称起连（图 38－4），用两齿铁爪从连地里抓起黄连，抖落附着的泥沙，再用专用剪刀剪去黄连须根和叶片，留下根茎部分，得到鲜连“砣子”。鲜连“砣子”含有大量水分，附着许多泥土、须根、叶柄、芽苞等，需要进行干燥加工，统称“炕连”。其工序有“毛炕”、“细炕”和“打槽”。

图 38－3　搭棚栽连

图 38－4　起　连

2. 黄连地主要杂草的生物学　重庆石柱黄连重点危害杂草有蕨科的凤尾蕨、荨麻科的透茎冷水花、三白草科的蕺菜，菊科的野艾蒿、石竹科的繁缕、蓼科的尼泊尔蓼危害一般，其他类杂草发生较少。

透茎冷水花［*Pilea pumila*（L.）A. Gray］是冷水花属一年生草本植物，高 20～50cm；茎肉质，鲜时透明。叶卵形或宽卵形，顶端渐尖，无锯齿，基部楔形，边缘有三角状锯齿，两面疏生短毛和细密的线形钟乳体。花雌雄同株或异株，成短而紧密的聚伞花序，无花序梗或有短梗；雄花花被片 2，裂片顶端下有短角，雄蕊 2；雌花花被片 3，近等长，线状披针形，内有退化雄蕊 3。瘦果扁卵形，表面散生有褐色斑点。花果期 7—9 月。生长于海拔 400～2 200m山坡林下或岩石缝的阴湿处（图 38－5）。

凤尾蕨［*Pteris cretica* L. var. *nervosa*（Thunb.）Ching et S. H. Wu］，植株高 50～70cm。根状茎短而直立或斜升，粗约 1cm，先端被黑褐色鳞片。叶边仅有矮小锯齿，顶生三叉羽片的基部常下延于叶轴，其下一对也多少下延。叶边仅有矮小锯齿，叶干后纸质，绿色或灰绿色，无毛；叶轴禾秆色，表面平滑（图 38－6）。

蕺菜（*Houttuynia cordata* Thunb）茎呈扁圆柱形，扭曲，长 20～35cm，直径 0.2～0.3cm；表面棕黄色，具纵棱数条，节明显，下部节上有残存须根；质脆，易折断。叶互生，叶片卷折皱缩，展平后呈心形，长 3～5cm，宽 3～4.5cm；先端渐尖，全缘；上表面暗黄绿色至暗棕色，下表面灰绿色或灰棕色；叶柄细长，基部与托叶合生成鞘状。穗状花序顶生，黄棕色。搓碎有鱼腥气味（图 38－7）。

图 38－5　透茎冷水花

图 38－6　凤尾蕨

图 38－7　蕺　菜

3. 可降解型除草布　除草布又称园艺地布，颜色以黑色为主，主要应用于高标准农业生产中抑制杂草生长，在农业节水灌溉、改良土壤环境等方面也有一定作用。

除草布采用无纺布基材，常使用的宽幅规格有 0.8m、1.0m、1.2m、1.6m，具有良好的透气性及环保性，使用性能稳定，与地面亲和力极佳，易铺盖，保水保温性能好，在无纺布基材的上侧面设有反光层，有效反射光照于农作物上，促进作物生长，提升果实的品质，达到抗紫外线、抗老化的功效，同时覆盖于地面上可有效阻止杂草生长，达到除草功效，符合现代农业生产需要[8]。

除草布的应用特点体现在 6 个方面：一是除草，通过有效过滤直射太阳光，有效抑制杂草生长；二是透气，改善土壤团粒结构；三是渗水，无纺布基材构成的除草布，能够自动吸收渗入布面的积水到布下土壤，有效减少部分人工作业；四是环保可降解，可以最大程度缓解废弃除草布可能造成的土地污染问题；五是保湿、保温、保肥；六是有效减少病虫害。

黄连地杂草防除主要是黄连移栽后苗期的杂草防除，通过 1～2 年的除草布覆盖后，去除除草布覆盖，此时杂草生长竞争不过黄连自身生长，可有效抑制杂草的危害（图 38-8 至图 38-10）。

图 38-8　除草布覆盖

图 38-9　在除草布孔内移栽黄连

图 38-10　移除除草布后的黄连

参考文献

[1] 国家药典委员会．中华人民共和国药典：一部［M］．北京：中国医药科技出版社，2015.

[2] 徐萍，顾治平．黄连的药理作用研究进展［J］．临床医药文献电子杂志，2017，4（27）：5333，5336.

[3] 黄骥，陈浙，夏志华，等．国产黄连属植物的染色体核型分析［J］．西北植物学报，2013，33（5）：931-938.

[4] 黄明远，范晶，周英玖，等．地膜除草技术在小葱种植上的应用性试验研究［J］．北方园艺，2011（14）：42-44.

[5] 孙光德，马良才．幼龄茶园防草布控草技术［J］．西北园艺（综合），2021（4）：39-40.

[6] 陈政，龚霞，李佩洪，等．花椒园不同控草方式的比较［J］．四川林业科技，2021，42（3）：89-93.

[7] 马玉峰，余继平．重庆石柱黄连种植文化研究［J］．安徽农业科学，2014，42（18）：6104-6107.

[8] 黄明，廖云，钟厚，等．防草布在赣南脐橙水肥一体化中的应用［J］．基层农技推广，2019，7（5）：94-95.

撰稿人

何林：男，博士，西南大学植物保护学院教授。E-mail：helinok@vip.tom.com

钱坤：男，博士，西南大学植物保护学院教授。E-mail：qiankun1982@163.com

图书在版编目（CIP）数据

植物保护案例分析教程 / 潘慧鹏主编；霍静倩，李晓刚副主编. —北京：中国农业出版社，2022.8
ISBN 978-7-109-29649-7

Ⅰ.①植… Ⅱ.①潘… ②霍… ③李… Ⅲ.①植物保护—案例—高等学校—教材 Ⅳ.①S4

中国版本图书馆 CIP 数据核字（2022）第 117835 号

中国农业出版社出版
地址：北京市朝阳区麦子店街 18 号楼
邮编：100125
责任编辑：郭　科　孟令洋
版式设计：杜　然　　责任校对：周丽芳
印刷：北京通州皇家印刷厂
版次：2022 年 8 月第 1 版
印次：2022 年 8 月北京第 1 次印刷
发行：新华书店北京发行所
开本：700mm×1000mm　1/16
印张：26.75　　插页：10
字数：550 千字
定价：80.00 元

部分黑白图的彩色版

图 1-1　水稻二化螟对水稻的典型为害状

A. 枯鞘　B. 枯心　C. 白穗

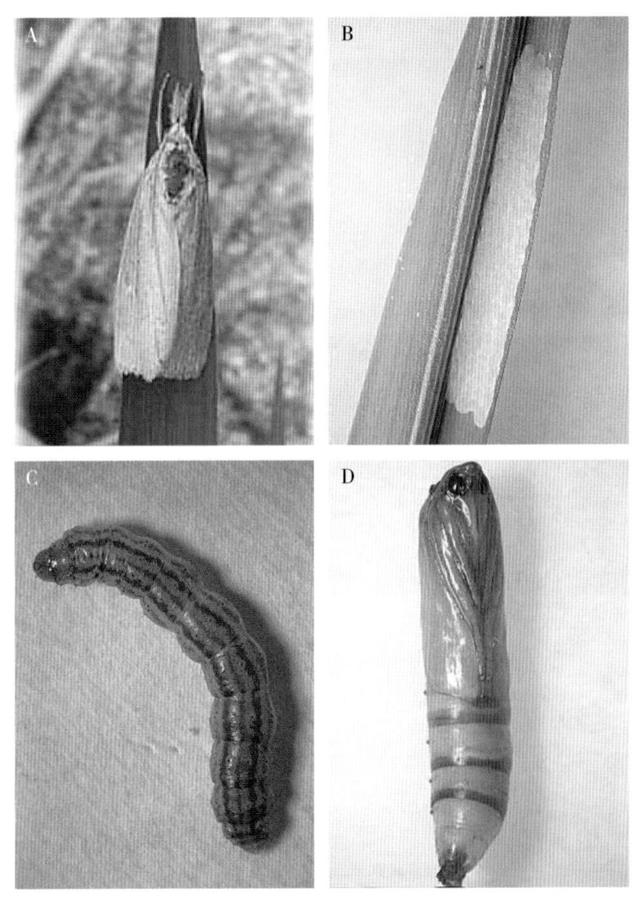

图 1-7　二化螟各虫态

A. 成虫　B. 卵　C. 幼虫　D. 蛹

图 1-8　四种赤眼蜂成虫的形态

A. 稻螟赤眼蜂　B. 螟黄赤眼蜂　C. 玉米螟赤眼蜂　D. 松毛虫赤眼蜂

图 2-1　棉铃虫各虫态及其为害状

A. 卵　B. 幼虫　C. 幼虫取食花蕾　D. 幼虫取食棉铃　E. 蛹　F. 成虫

（毛志明，2014）

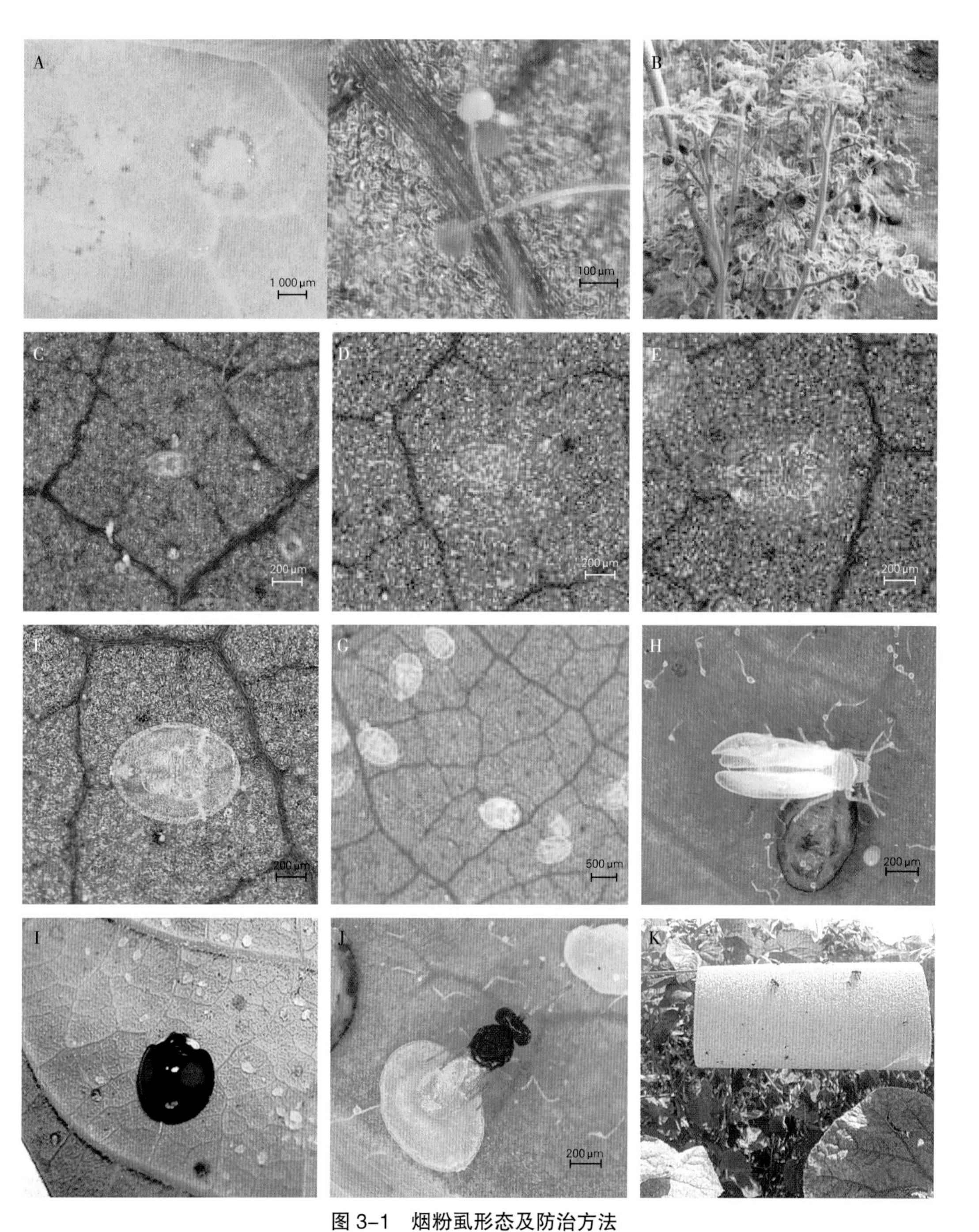

图 3-1　烟粉虱形态及防治方法

A. 卵　B. 番茄被害状　C. 一龄若虫　D. 二龄若虫　E. 三龄若虫　F. 四龄若虫　G. 伪蛹
H. 成虫　I. 红星盘瓢虫成虫　J. 丽蚜小蜂成虫　K. 黄板诱虫
［邱宝利（广州），2014］

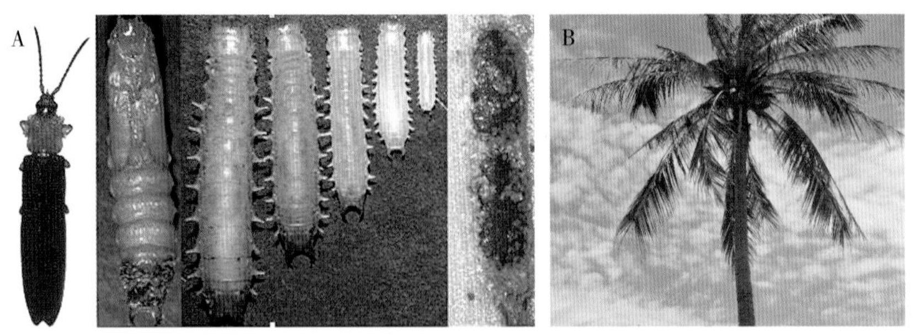

图 4-1 椰心叶甲各虫态与椰子树被害状

A. 椰心叶甲各虫态 B. 椰子树被害状

图 4-2 椰心叶甲啮小蜂人工繁殖、田间释放和防治效果

A. 正在产卵 B. 人工繁殖 C. 田间释放 D. 防治效果比较（上为未放蜂；下为放蜂）

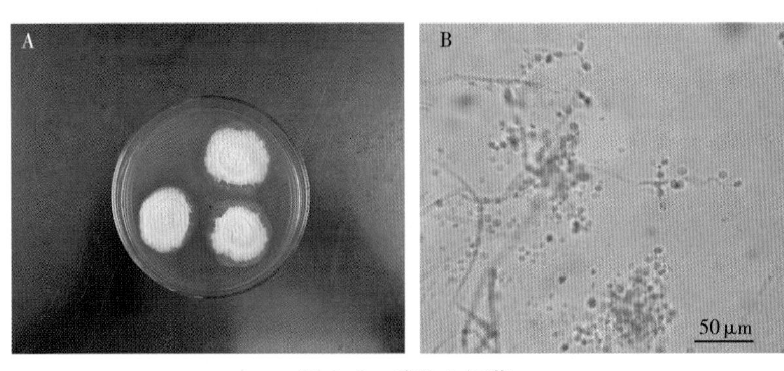

图 9-3 球孢白僵菌

A. 菌落 B. 分生孢子

（胡琼波，2012）

图 10-1　红火蚁的形态特征、危害与防治处理

A. 红火蚁各品级和生活史　B. 数量巨大的蚁群（陆永跃，2012）
C. 地面隆起的蚁丘（陆永跃，2014）　D. 蚁丘内部结构（陆永跃，2014）
E. 应用火腿肠监测红火蚁（陆永跃，2014）　F. 应用毒饵防治红火蚁（陆永跃，2014）
G. 应用粉剂防治红火蚁（陆永跃，2014）　H. 被红火蚁叮蜇致重度过敏者入院治疗（陆永跃，2014）

图 11–1　向日葵螟对向日葵的为害状及不同防治措施

A. 向日葵螟在葵盘的为害状（白全江，2013）　B. 同时在葵盘上活动的向日葵螟成虫和蜜蜂（杜磊，2014）
C. 调整播期对向日葵螟的控制效果（云晓鹏，2013）　D. 性信息素诱捕器诱杀向日葵螟（云晓鹏，2012）
E. 释放赤眼蜂防治向日葵螟（杜磊，2013）　F. 利用杀虫灯防治向日葵螟（云晓鹏，2012）

图 11-2　向日葵螟各虫态

A. 向日葵螟茧（杜磊，2013）　B. 向日葵螟成虫（云晓鹏，2013）
C. 小花外壁的向日葵螟卵（白全江，2013）　D. 小花内壁的向日葵螟卵（白全江，2013）
E. 向日葵螟初孵幼虫（白全江，2013）　F. 向日葵螟低龄幼虫（白全江，2013）

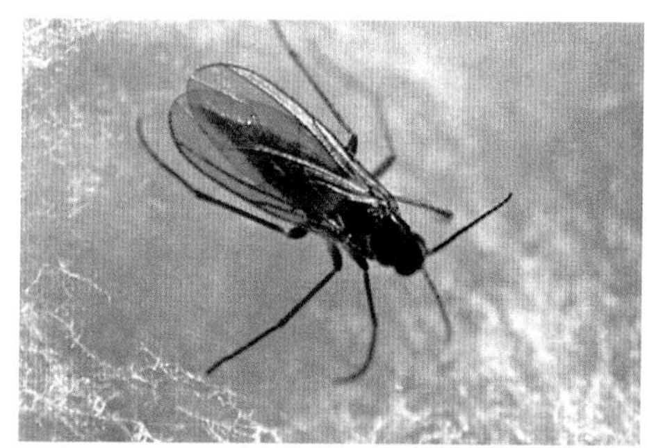

图 12-1　韭菜迟眼蕈蚊
（郑方强提供）

图 12-2　韭菜迟眼蕈蚊幼虫
（郑方强提供）

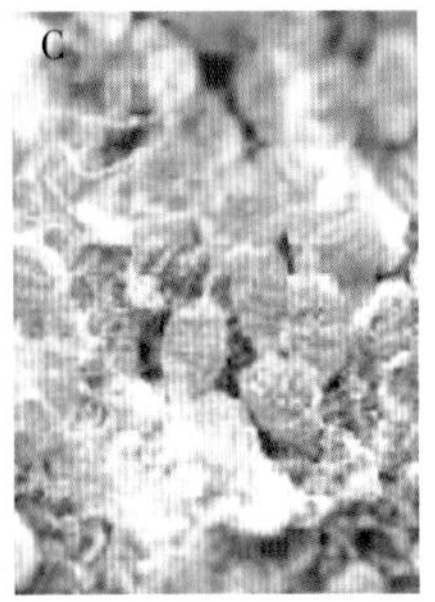

图 13-1　花椒桑拟轮蚧形态

A. 介壳多集中在树干的背阴面　B. 树干上的白色介壳　C. 初孵若虫

图 14-1 南方水稻黑条矮缩病在水稻各部位所致症状

A. 秧苗早期病株（右）矮缩、叶片僵硬　B. 秧苗期病株（前）移栽后严重矮化
C. 分蘖早期病株（前）矮缩、过度分蘖　D. 分蘖期或拔节期病株穗小、瘪粒
E. 病株上的气生须根和高位分枝　F. 病株茎秆上成排的白色或黑褐色蜡状小瘤突
G. 病株（右）根系呈黄褐色，发育不良
（周国辉，2008）

图 15-1　稻瘟病的田间症状

A. 慢性病斑（李湘民，2011）　B. 急性病斑（李湘民，2014）
C. 穗颈瘟（李湘民，2010）　D. 穗瘟（李湘民，2012）

图 16-1　柑橘溃疡病症状

（刘琼光摄）

图 17-1　感染全蚀病的小麦植株

A. 苗期（上：病；下：健康）　B. 拔节期（左：病；右：健康）　C. 乳熟期（白穗）
（刘冰，2014）

图 18-1　马铃薯晚疫病症状与病原菌形态

A. 病叶正面（罗建军，2013）　B. 病叶背面（罗建军，2013）
C. 全株发病（罗建军，2013）　D. 致病疫霉菌丝体及游动孢子囊（罗建军，2014）

图 20-1　番茄黄化曲叶病毒病症状

A. 田间病株（胡琼波，2012）　B. 室内健珠（胡琼波，2012）　C. 田间病株（何自福，2010）
D. 室内接种番茄黄化曲叶病毒的病株（何自福，2010）　E. 田间健株（胡琼波，2012）

图 21-1　番茄和辣椒感染番茄褪绿病毒的症状

A. 番茄田间病株（张宇摄）　B. 番茄室内接种病株（左：健康；右：接种番茄褪绿病毒）（张宇摄）
C、D. 辣椒接种番茄褪绿病毒的症状（左：健康；右：接种番茄褪绿病毒）

图 22-1 车前穗枯病症状

A. 车前穗枯病田间初期症状　B. 车前穗枯病田间后期症状
C. 穗尖发病后向穗基部蔓延　D. 穗中部感病后易折断　E. 穗轴发病初期至后期
F. 车前穗枯病叶片症状　G. 车前穗枯病叶柄初期至后期症状
（蒋军喜，2015）

图 22-2　车前花穗感染菌核病初期至后期症状

（蒋军喜，2015）

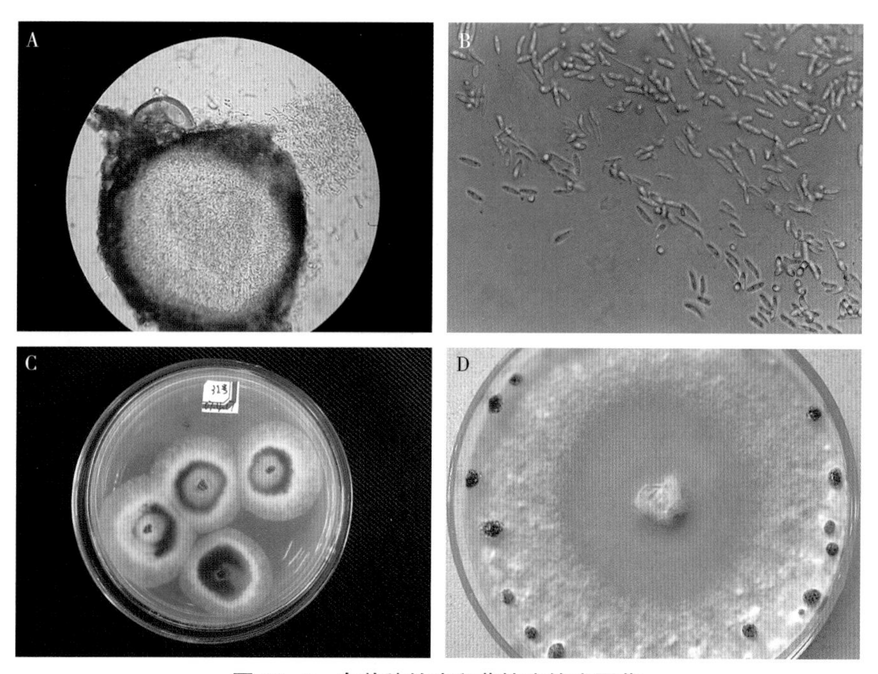

图 22-3　车前穗枯病和菌核病的病原菌

A. 车前穗枯病菌分生孢子器　B. 车前穗枯病菌分生孢子

C. 车前穗枯病菌在 PDA 上的菌落背面特征（培养 3d）　D. 车前菌核病菌在 PDA 上的菌落正面特征（培养 6d）

（蒋军喜，2015）

图 23-1　柑橘黄龙病的症状

A、B. 叶片斑驳黄化　C. 新叶均匀黄化　D. 红鼻子果

（徐长宝、张旭颖摄）

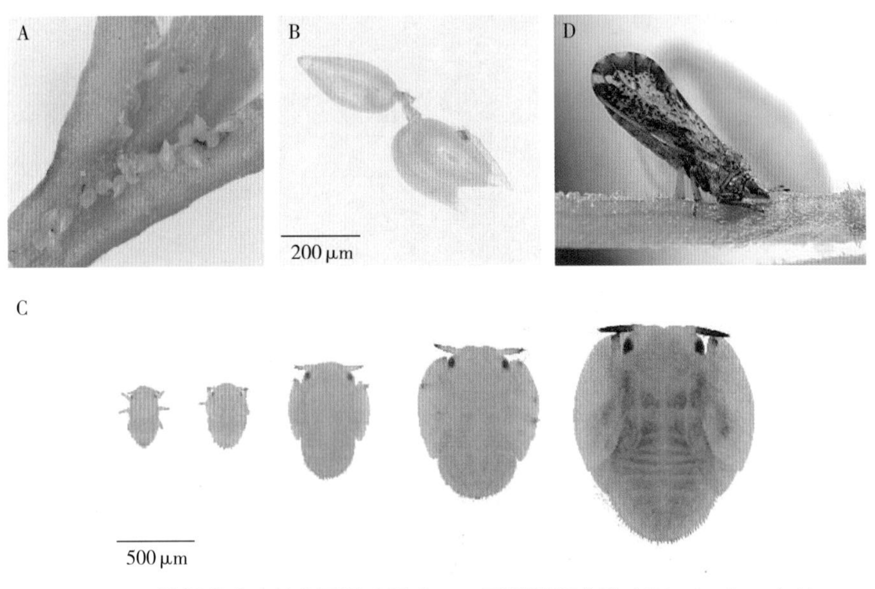

图 23-2　柑橘黄龙病的主要媒介昆虫——亚洲柑橘木虱（*Diaphorina citri*）

A、B. 卵　C. 一至五龄若虫　D. 成虫

（陶磊摄）

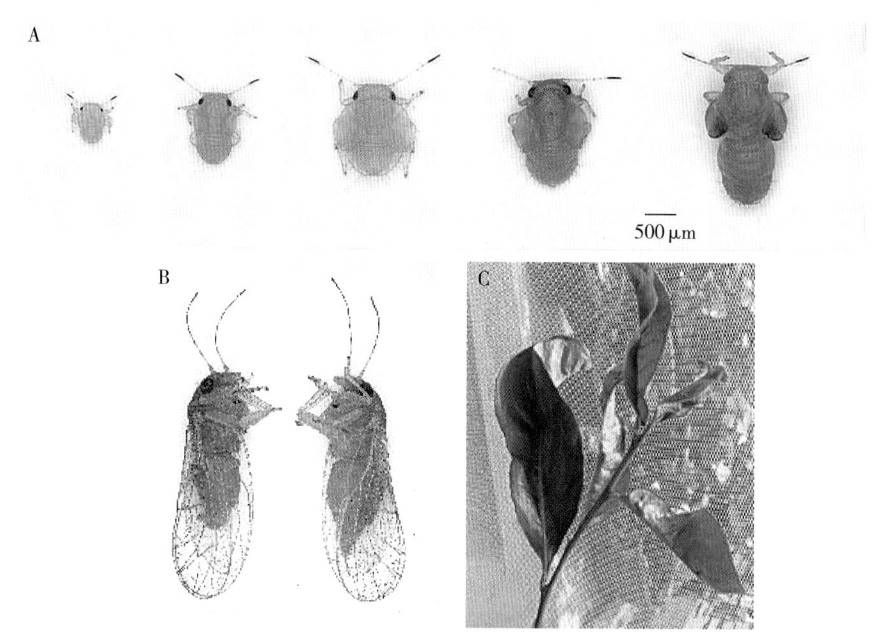

图 23-3 云南瑞丽海拔 1 000m 以上柑橘产区发现的黄龙病新虫媒——柚喀木虱［*Cacopsylla* (*Psylla*) *citrisuga*］

A. 一至五龄若虫 B. 成虫 C. 柑橘受害状

（王吉锋、岑伊静摄）

图 24-3 象耳豆根结线虫侵害番石榴的症状

图 25-1　黄顶菊的形态特征

A. 黄顶菊群体　B. 黄顶菊花序　C. 黄顶菊叶片　D. 黄顶菊种子

（张金林，2010）

图 25-2　黄顶菊的危害

A. 黄顶菊危害棉花　B. 黄顶菊危害玉米　C. 黄顶菊危害谷子　D. 黄顶菊形成的单一群落

（张金林，2010）

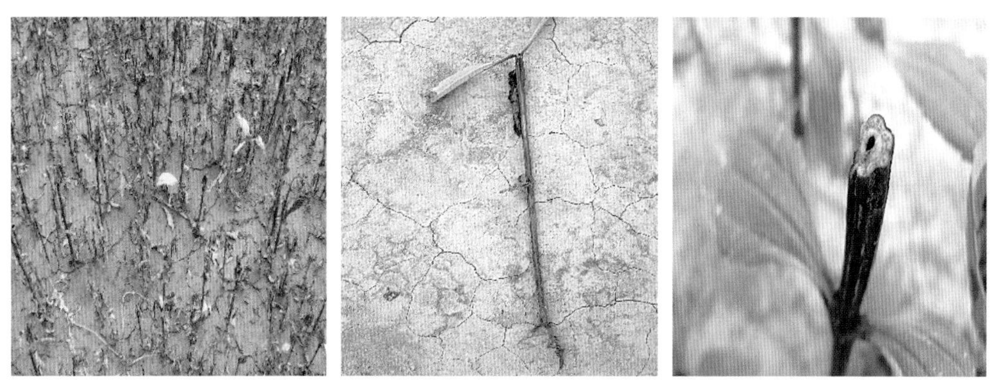

图 25-3　苯磺隆对黄顶菊的防治效果

图 28-1　节节麦的形态

A. 节节麦种子　B. 节节麦幼苗　C. 节节麦单株　D. 小麦田中的节节麦

E. 小麦田未成熟节节麦　F. 小麦田成熟节节麦

（张金林，2010）

图 29-1　刺果瓜的危害

A. 刺果瓜造成的玉米倒伏　B. 被刺果瓜缠绕的玉米秸秆
C. 刺果瓜对玉米的吸盘式危害　D. 被刺果瓜缠绕的大树
（张金林，2013—2014）

图 29-2　刺果瓜的形态

A. 刚出土的刺果瓜幼苗　B. 刺果瓜幼苗　C. 刺果瓜的花
D. 刺果瓜的幼果　D. 刺果瓜的青果　F. 刺果瓜的种子
（张金林，2014）

图 30-1　龙葵的形态

A. 幼苗　B. 花　C. 成熟果实　D. 未成熟果实

（张金林，2012）

图 30-2　刺萼龙葵的形态

A. 玉米田中的刺萼龙葵幼苗　B. 刺萼龙葵的花和刺毛　C. 刺萼龙葵种群优势

D. 刺萼龙葵的毒刺　E. 刺萼龙葵的果实　F. 刺萼龙葵的种子

（张金林，2012）

图 35-1　棉蚜及棉蚜为害状（卷叶）

（王少山摄）

图 35-2　棉蚜（伏蚜）

（白冰摄）